高手 응용역학

공동저자

보다 안전한 세상에 관심있는 사람들

| 토목구조기술사 | 선민호 · 이소림 · 유승엽 · 구자춘 · 김상길 · 서진환 · 김창성 |
| 토목시공기술사 | 김석태(공학박사)　구조물안전진단 전문가 | 최종오 · 김병일 |

도서출판 **오스틴북스**

"고수 응용역학"을 펴내면서

이 책은 역학이란 과목을 처음 접하는 분들부터 기사, 기술직 공무원을 준비하시는 분들이 이해하기 쉽게 전체 내용을 구성하였으며 기술사나 기술고시 등의 준비를 하시는 분들을 위해서 기본 응용역학의 이해도를 가지고도 충분히 기술사 문제를 풀 수 있는 예제를 포함 시켰습니다.

또한 응용역학의 이해도를 가지고 현장에서, 실무에서 적용 가능하게 간단한 예를 들어 왜 응용역학이 중요한가에 대한 공감대를 형성하려고 노력하였습니다. 응용역학이 기본이기에 입문자부터 고급엔지니어도 활용이 가능할 것입니다.

이 책을 준비하면서 제가 토목공학과에 입학하고 배운 첫 전공과목 중 하나가 응용역학이었고 당시 어렵기도 했고 수업시간에 적응을 잘못했던 기억이 납니다. 하지만 응용역학이 결국 공업 수학과 같이 공학의 기본이며 지금도 가끔 기초원리를 확인할 때 다시 보기도 합니다. 응용역학은 재료역학과 구조역학을 합쳐놓은 과목이면서도 공대생들에게는 기초 과목이라고 하겠습니다. 기초원리는 현재 인공지능이며 전산프로그램의 기능이 아무리 뛰어 난다고 해도 반드시 공학자 또는 엔지니어 본인이 기본원리를 정확히 이해하고 있어야만 하는 과목입니다.

원리의 이해와 공감 없이 단순히 매뉴얼만 가지고 전산프로그램을 운용하는 데에는 한계가 있으며, 그 결과에 책임을 지는 것은 결국 엔지니어 본인임을 가끔 망각하여 어처구니없는 결과를 가끔 초래하는 경우를 볼 때는 안타깝습니다. 제아무리 근본 원리가 200~300년 전에 나온 오래된 원리처럼 보이고, 그리고 요즘 시대에 컴퓨터가 알아서 화려한 결과

물들을 만들어 주는 것처럼 보일 수 있더라도 기본원리를 이해하여야 하며 컴퓨터가 엔지니어의 경험을 대신하기에는 아직 한계가 있습니다.

현장과 실무에서 전산프로그램을 운용하는 데에는 반드시 기초 이론에 대한 이해가 필요합니다. 전산프로그램은 말 그대로 근사값을 구하는 반복 작업이므로 운용하는 엔지니어의 능력에 따라 전산 해석 결과물이 공학적 가치가 있는 결과물일 수도 아닐 수도 있습니다.

최종 판단은 엔지니어의 몫입니다.

기초가 튼튼해야 나중에 흔들림이 없다는 말이 있습니다. 그 기초 중에 응용역학이 있습니다. 그리고 더 고차원적인 구조역학을 하기 위해서도 응용역학의 이해 없이 불가합니다. 이왕에 공부할 때 차근차근 원리에 대하여 고민하고 하나하나 공감을 한다면 너무나 재밌는 과목이기도 합니다.

2024년 10월 보안관 대표

선 민 호

"고수 응용역학" 공동저자 후기

역학이라고 하면 막연한 두려움이 앞서는 것이 사실입니다. 외워야 할 많은 공식과 복잡한 계산식, 미분, 적분, 통계 등 공학을 전공하고 실무에서 일하는 사람들도 역학이 어려운 것은 마찬가지입니다.

여기 모인 저자들은 짧게는 20여 년 길게는 30년 가까운 기간 동안 구조물 설계, 시공, 안전진단, 보수보강 업무 등에 종사하면서 다양한 경험을 통해 항상 기본적인 구조 상식의 중요성을 느끼고 있습니다.

이 책은 설계, 시공 및 안전진단 분야 등을 망라한 여러 분야에서 핵심적인 역할을 하고있는 응용역학의 기본 개념과 원리를 예제와 함께 체계적으로 정리한 것으로, 특히 이 교재는 다양한 분야의 경험을 가지고 있는 전문가들이 모여 꼭 필요하다고 느꼈던 구조 상식을 모은 책이라 할 수 있습니다.

구조(Structure)라는 학문을 현업에 직접 응용하기 위해서는 단순 계산력만으로는 부족하며, 구조물의 거동과 특성에 대한 기본적인 이해가 없다면 압축부에서 인장균열을 찾거나 압축부에 인장 보강을 하는 등의 우(愚)를 범하게 됩니다.

이 책은 구조물의 하중 전달 메커니즘, 재료 특성, 부재 거동 등 응용역학의 핵심 원리를 상세히 다루고 있으며, 이를 통해 구조물의 기본적인 특성과 거동을 깊이 있게 이해할 수 있습니다. 또한, 장마다 실제 사례와 연습문제를 제시하였으며 이론 학습과 실무 적용을 연계할 수 있도록 구성하여 단순한 지식 전달을 넘어 실무 역량 향상에도 도움이 되도록 노력했습니다.

이번 '고수 응용역학' 출간을 계기로 여기 모인 저자들과 같은 길을 걷고 있는 독자들의 전문성 향상과 기술력 발전에 조금이나마 이바지하기를 바라며, 특히 건설 분야의 기본이 되는 구조 상식의 중요성을 강조한 이 책이 해당 분야의 핵심 교재로 자리 잡을 수 있기를 기대합니다.

마지막으로 이 교재의 출간이 공동저자들의 모임인 '보안관'이 꿈꾸는 보다 안전한 세상을 위해서도 한 알의 밀알이 되기를 희망하며 글을 마칩니다.

공동저자 일동

고수 응용역학

제1장 정역학의 기초(힘과 모멘트) ················· 1
제2장 단면의 성질 ································· 28
제3장 재료역학적 성질 ···························· 64
제4장 구조물 개론 ································ 118
제5장 보(단순보, 캔틸레버보, 내민보, 겔버보) ······ 147
제6장 영향선 및 최대 단면력 ····················· 181
제7장 정정라멘 및 정정아치 ······················ 200
제8장 보의 응력 및 설계 ·························· 225
제9장 트러스 ····································· 261
제10장 기둥 ······································ 296
제11장 구조물의 변형(처짐, 처짐각, 변형에너지) ··· 326
제12장 부정정 구조물 ····························· 391
제13장 혼합법(Mixed method) ···················· 425

부록1 엔지니어 보안관 소개
부록2 엔지니어가 알아야 할 법과 설계기준 위계
부록3 트러스해석, 아치해석, 소성해석
부록4 구조물의 이해와 유지관리 및 점검의 기본사항

차 례

제1장 정역학의 기초(힘과 모멘트) ········· 1

1.1 힘 ········· 1

1.2 힘의 합성 ········· 4

1.3 힘의 분해 ········· 11

1.4 모멘트와 우력 ········· 16

1.5 힘의 평형 ········· 20

1.6 공간 역계 ········· 22

1.7 마찰 ········· 25

제2장 단면의 성질 ········· 28

2.1 단면 1차 모멘트 ········· 28

2.2 도심(도형의 중심) ········· 31

2.3 단면 2차 모멘트 ········· 38

2.4 단면계수(힘에 대한 저항성) ········· 45

2.5 단면 2차 반경(좌굴에 대한 저항성) ········· 49

2.6 단면 극 2차 모멘트(극관성 모멘트) ········· 51

2.7 단면 상승모멘트(관성상승 모멘트) ········· 53

2.8 단면의 주축과 주단면 2차 모멘트 ······················· 55

2.9 주단면 2차 반경과 관성 타원 ·························· 60

2.10 질점계의 관성 모멘트 ································· 61

제 3 장 재료역학적 성질 ······································· 64

3.1 응력과 변형률 ······································· 64

3.2 훅크(Hooke)의 법칙과 응력-변형율 그래프 ················ 74

3.3 조합 응력 ·· 79

3.4 응력과 변형률의 관계 ································· 87

3.5 원환응력과 원축응력 ·································· 91

3.6 합성부재의 응력 ······································ 92

3.7 비틀림 응력 ··· 98

3.8 연결부재의 강도 ····································· 100

3.9 응력집중 ··· 105

3.10 허용응력과 안전율 ··································· 107

제 4 장 구조물의 개론 ······································· 118

4.1 구조의 일반사항 ····································· 118

4.2 구조물의 분류 및 작용하는 하중 ······················· 120

4.3 구조물의 판별 ………………………………………………… 123

4.4 구조물의 판별식 ……………………………………………… 127

4.5 매트릭스에 의한 구조해석의 자유도 ……………………… 131

4.6 보의 종류와 지간 ……………………………………………… 134

4.7 보의 응력 ……………………………………………………… 139

제5장 보 ………………………………………………………… 147

5.1 단순보 …………………………………………………………… 147

5.2 캔틸레버보 ……………………………………………………… 165

5.3 내민보 …………………………………………………………… 170

5.4 게르버보 ………………………………………………………… 174

제6장 보의 영향선 및 최대 단면력 ……………………… 181

6.1 영향선 …………………………………………………………… 181

6.2 보의 최대 단면력 ……………………………………………… 190

6.3 등치 등분포 하중 ……………………………………………… 198

제7장 정정라멘 및 정정아치 ……………………………… 200

7.1 정정라멘 ………………………………………………………… 200

7.2 정정아치 ………………………………………………………… 215

7.3 아치교의 종류와 구조적 장점 ·················· 221

7.4 아치와 케이블 구조 비교 ·················· 224

제8장 보의 응력 및 설계 ·················· 225

8.1 휨응력 ·················· 225

8.2 보의 소성이론 ·················· 234

8.3 전단응력 ·················· 241

8.4 전단 중심 ·················· 246

8.5 전단류(전단흐름) ·················· 249

8.6 보의 주응력 ·················· 251

제9장 트러스 ·················· 261

9.1 트러스의 일반사항 ·················· 261

9.2 트러스의 판별 ·················· 269

9.3 트러스의 해법 ·················· 277

9.4 영부재의 판별과 설치이유 ·················· 278

9.5 트러스의 부재력 계산 ·················· 282

9.6 트러스의 영향선 ·················· 285

9.7 트러스 구조의 응용 ·················· 288

제10장 기둥 ········· 296

10.1 기본이론 ········· 296

10.2 장주 ········· 305

10.3 스프링구조의 강봉 ········· 315

10.4 편심하중을 받는 기둥의 하중과 처짐관계 ········· 317

제11장 구조물의 변형(처짐, 처짐각, 변형에너지) ········· 326

11.1 변위(처짐)와 변위각(처짐각) ········· 326

11.2 기하학적 방법 ········· 330

11.3 에너지 방법 ········· 347

11.4 퍼텐셜 에너지(변분) ········· 377

제12장 부정정 구조물 ········· 391

12.1 부정정 구조물 ········· 391

12.2 변형 일치법(Deformation method) ········· 392

12.3 3연모멘트(Three moment method) ········· 396

12.4 처짐각법(Slope deflection method) ········· 400

12.5 모멘트분배법(고정모멘트법) ········· 412

12.6 부정정 구조물의 영향선 ········· 424

제13장 혼합법(Mixed method) ·········· 425

13.1 혼합법 소개 ·········· 425

13.2 혼합법 단계별 적용 순서 ·········· 425

13.3 혼합법 단계별 적용 상세(오른손 법칙) ·········· 426

13.4 혼합법 문제 풀이 ·········· 430

부록

부록 1. 엔지니어 보안관 소개

부록 2. 엔지니어가 알아야 할 법과 설계기준 위계

부록 3. 대칭트러스해석, 아치해석, 소성해석

부록 4. 구조물의 이해와 유지관리 및 점검의 기본사항

참 고 문 헌

01. "고수 구조역학", 선용, 선민호, 이소림, 서진환, 유승엽
02. "구조역학(변형도로 배우는)", 심재수
03. "구조역학", 양창현
04. "응용역학", 홍여신
05. "스트럿-타이 모델이란 무엇일까요?", MIDAS IT 기술노트, 2023.3.16.
06. "도로교설계기준(한계상태설계법) 5장 콘크리트교", 김우(전남대학교) 기술강습회
07. "토목기술자가 범하기 쉬운 Trouble 원인과 대책", 황승현 역
08. "45m 이상 개량형 PSC거더 특화 시방기준 개발", 한국도로공사
09. "교량계획과 설계", 오제택
10. "구조안정해석", 김상식
11. "MECHANICS OF MATERIALS" 6Edition, Ferdinand P. Beer
12. "Matrix Structural Analysis" 2Edition, William McGuire
13. "Concrete Repair and Maintenance Illustrated", Peter H. Emmons

제1장　정역학의 기초(힘과 모멘트)

1.1 힘 ··· 1
1.2 힘의 합성 ·· 4
1.3 힘의 분해 ·· 11
1.4 모멘트와 우력 ·· 16
1.5 힘의 평형 ·· 20
1.6 공간 역계 ·· 22
1.7 마찰 ··· 25

제 1 장 정역학의 기초

1.1 힘

1.1.1 정의

힘이란 물체에 작용해 그의 운동 상태나 형상을 바꾸는 원인이 되는 것을 말한다.

1.1.2 단위

힘의 단위는 절대단위계와 중력단위계로 구분된다.

---

1) 힘의 물리단위 (절대단위)

① 1dyne (CGS단위) :
  i. 질량 1 gram의 물체에 작용하여 1cm/sec² 의 가속도를 내게 하는 힘
  ii. 질량 1 gram의 물체에 작용해 매초당 1cm/sec의 속도로 가속시키는 힘

② 1Newton (MKS 단위) :
  i. 질량 1kg의 물체에 작용해 1m/sec² 의 가속도를 내게하는 힘

  ■ 힘의 CGS 단위와 MKS 단위 사이의 관계

  $1N = 1kg \times 1m/sec^2 = 1kg \cdot m/sec^2 = 10^5 dyne$

---

2) 힘의 공학단위 (중력단위)

질량 1kg의 물체에 작용하여 중력가속도를 내게 하는 힘(f=ma, W=mg)

즉, 1kg·f의 힘 또는 1kg·w의 힘 축약해서 1kg이라 한다

(몸무게가 60kg 라고 하면 실제 표현은 60kgf이다. 즉 무게는 **힘(W=mg)**이다)

■ 힘의 절대단위와 중력단위 사이의 관계

$1kg \cdot f = mg = 1000 gram \times 980 cm/\sec^2 = 9.8 \times 10^5 gram \cdot cm/\sec^2 = 9.8 \times 10^5 dyne$

$W(무게) = 1kg \cdot f = mg = 1kg \times 9.8 m/\sec^2 = 9.8N$ (지구에서 무게)

$\therefore 1N = \dfrac{1}{9.8} kg \cdot f \Rightarrow 10N \approx 1kg$ 으로 적용하기도 함

제 1 장 정역학의 기초

1.1.3 SI 단위 (국제단위)와 절대단위의 비교

1) 응력(압력) 단위 : 단위 면적당 작용하는 힘

- **SI 단위** : 1pascal = 1Pa = 1N/m² =1kg/m·sec²
- CGS 단위 : 1dyne/cm²
- MKS 단위 : 1kg·f/m²

2) 일(에너지)의 단위 : (힘) × (거리)

- **SI 단위** : 1joule=1N·m=1kg · m²/sec²
- CGS 단위 : 1erg=1dyne · cm=10⁻⁷j=1cm² · gr/sec²
- MKS 단위 : 1kg · f · m

예) 질량(m) 4t의 물체에 작용하는 중력(W)은 몇 N인가?

$$W = mg = 4t \cdot f = 4,000 kg \cdot f = 4,000 \times 9.8 = 39,200 N = 39.2 kN$$

$$W = mg = 4t \cdot f = 4,000 kg \cdot f \approx 4,000 \times 10 = 40,000 N = 40 kN$$

SI계 CGS계 및 MKS계의 단위 대조문 (N : Newton, Pa : Pascal, J : Joule, W : Watt)

단위/양	길이(L)	질량(M)	시간(T)	힘	응력	압력	에너지(일)	공률
SI계	m	kg	s	N	N/m^2 또는 Pa	Pa	J	W
CGS계	cm	g	s	dyn	dyn/cm^2	dyn/cm^2	erg	erg/s
MKS계	m	$kgf \cdot s^2/m$	s	kgf	$kgf \cdot m^2$	$kgf \cdot m^2$	$kgf \cdot m$	$kgf \cdot m/s$

제 1 장 정역학의 기초

1.1.4 힘의 3요소

크　기 : 선분의 길이로 표시 (ℓ)
방　향 : 선분의 기울기와 화살표로 표시 (θ)
작용점 : 선분상의 한 점인 좌표로 표시 (x, y),

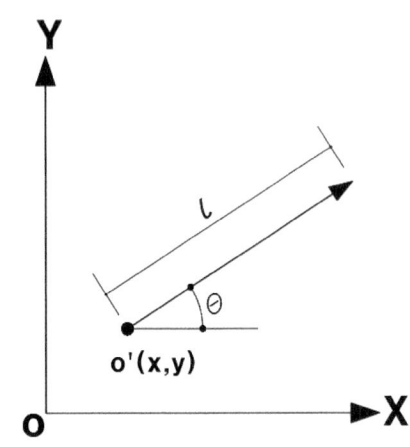

▸ 크기: kg, 방향: $\tan\theta$, 작용점: x, y (좌표)

예1) 다음 중 힘의 3요소는?

① kg, 방향, 작용선
② kg, 방향, 단위
③ 크기, 척도, 작용점
④ kg, $\tan\theta$, 작용점
⑤ 세기, 기울기, 작용선

예2) 응력에 대한 국제단위 (SI)는?

① N/m　② $g \cdot cm/\sec^2$　**③ Pa**　④ N　⑤ Joule

예3) 다음 기술 중에서 힘의 설명으로 틀린 것은?

① 힘의 3요소는 크기, 방향, 작용점이다.
② 힘의 단위로 뉴톤(Newton)을 사용할 수 있다.
③ 힘은 벡터(vector)량이다.
④ 힘 = 질량 × 가속도
⑤ 힘은 에너지이다.

1.2 힘의 합성

1.2.1 정의

여러 개의 힘의 효과와 같은 1개의 힘을 구하는 것을 힘의 합성이라 하며, 합성된 1개의 힘을 합력이라 한다.

1) 동점역계를 합성하면 1개의 힘으로 된다.
2) 평면역계를 합성하면 1개의 힘 또는 우력으로 된다.
3) 공간역계를 합성하면 1개의 힘과 우력으로 된다.

평면 역계의 합력은?

① 1개의 힘으로 표시한다.

② 1개의 힘과 우력으로 표시한다.

③ **1개의 힘 또는 우력으로 표시한다.**

④ 1개의 우력으로 표시한다.

⑤ 2개의 힘으로 표시한다.

1.2.2 한 점에 작용하는 두 힘의 합성

1) 도해법 : 힘의 평행사변형 법칙, 힘의 삼각형법칙

2) 해석법 : 피타고라스의 정리, 삼각함수의 cosine 법칙

① **두 힘이 직교하는 경우**

합력의 크기 : $R = \sqrt{P_1^2 + P_2^2}$

방　　향 : $\tan\theta = \dfrac{P_2}{P_1}$

작 용 점 : 한 점(동일점)

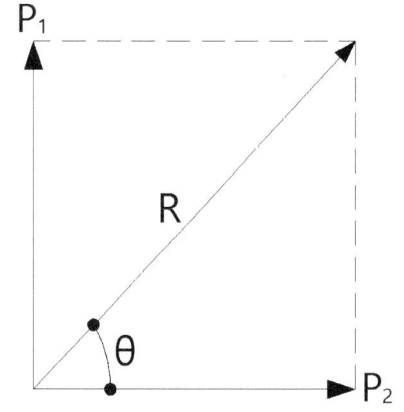

제 1 장 정역학의 기초

2) 해석법 : 피타고라스의 정리, 삼각함수의 cosine 법칙

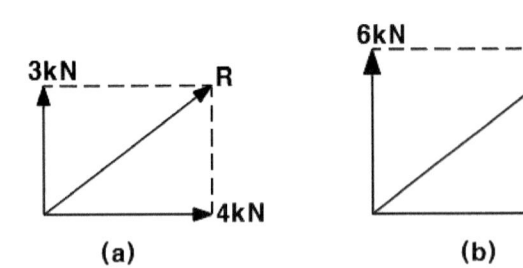
(a)

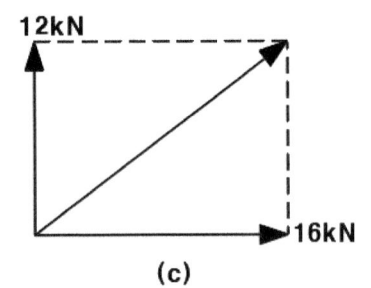
(b)

(c)

	P1	P2	R	기준치(5)
(a)	3	4	5	5×1=5
(b)	6	8	10	5×2=10
(c)	12	16	20	5×4=20

2) 해석법 : 피타고라스의 정리, **삼각함수의 cosine 법칙**

② 두 힘 사이의 각을 이루는 경우

합력의 크기 : $R = \sqrt{P_1^2 + P_2^2 + 2P_1P_2\cos\alpha}$

방   향 : $\tan\theta = \dfrac{P_1\sin\alpha}{P_2 + P_1\cos\alpha}$

작 용 점 : 한 점

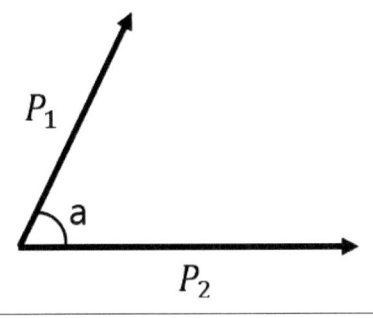

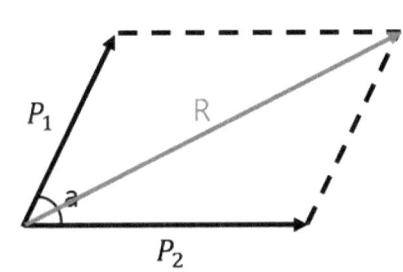

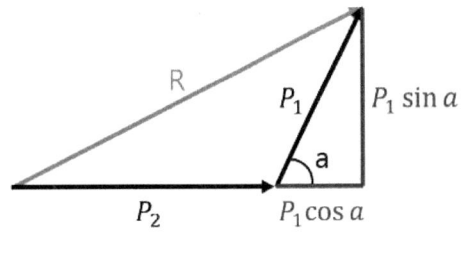

$R = \sqrt{(P_2 + P_1\cos\alpha)^2 + (P_1\sin\alpha)^2}$

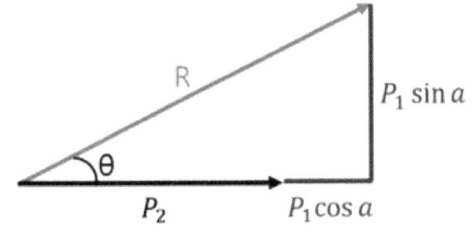

$R = \sqrt{(P_2 + P_1\cos\alpha)^2 + (P_1\sin\alpha)^2}$

예제 : 힘의 합력을 구하시오

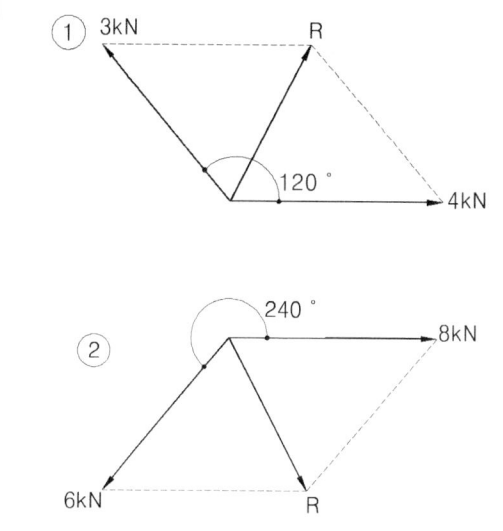

$R = \sqrt{3^2 + 4^2 + 2(3)(4)2\cos(120)} = 3.6kN$

▶ 별해(속산법)

① $R = \dfrac{P_1 + P_2}{2} = \dfrac{4+3}{2} = 3.5 \quad \therefore R = 3.6t$

(정답은 보기에서 가까운 값을 찾는다)

$R = \sqrt{6^2 + 8^2 + 2(6)(8)2\cos(120)} = 7.2kN$

② $R = \dfrac{6+8}{2} = 7t \quad \therefore R = 7.2t$

(정답은 보기에서 가까운 값을 찾는다)

1.2.3 한 점에 작용하는 여러 힘의 합성

1) 도해법

① 합력의 크기 및 작용방향은 시력도에 의해 구한다.

② 합력이 영이 되는 경우는 시력도가 폐합되었을 경우이다.

힘의 위치도	시력도

2) 해석법

여러 힘을 수직분력과 수평분력으로 분해하여 계산한다.

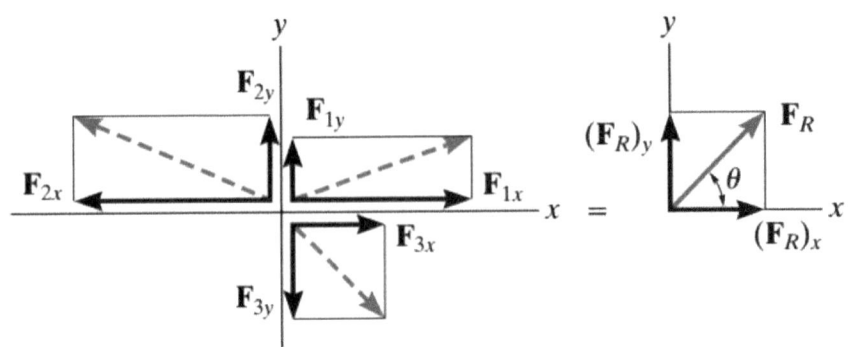

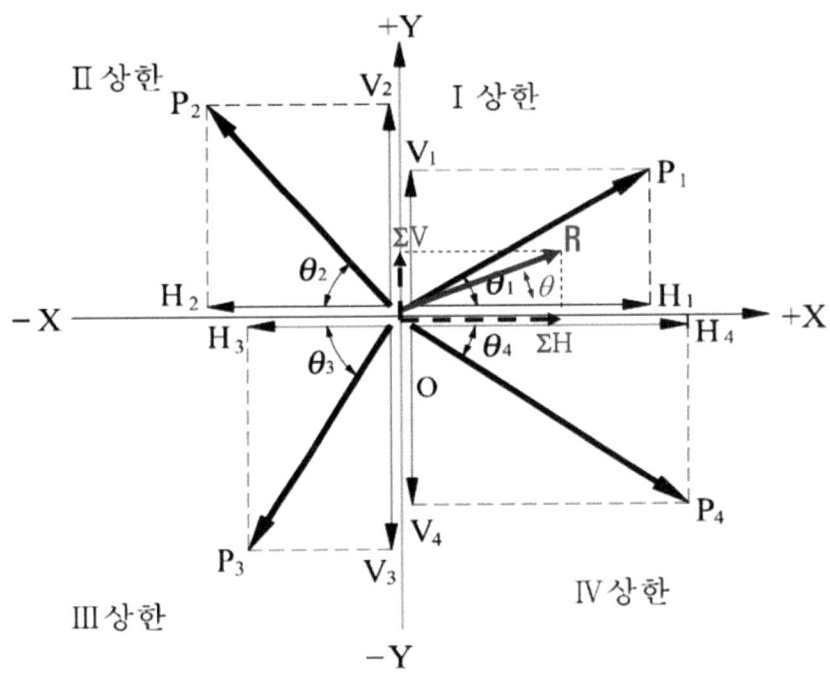

합력의 크기 : $R = \sqrt{(\Sigma H)^2 + (\Sigma V)^2}$

방   향 : $\tan\theta = \dfrac{\Sigma V}{\Sigma H}$, $\theta = \tan^{-1}\dfrac{\Sigma V}{\Sigma H}$

θ의 위치	제1상한	제2상한	제3상한	제4상한
ΣV	+	+	-	-
ΣH	+	-	-	+

EX : 그림과 같이 여러 힘이 작용할 때 합력은 몇 상한에 위치하는가?

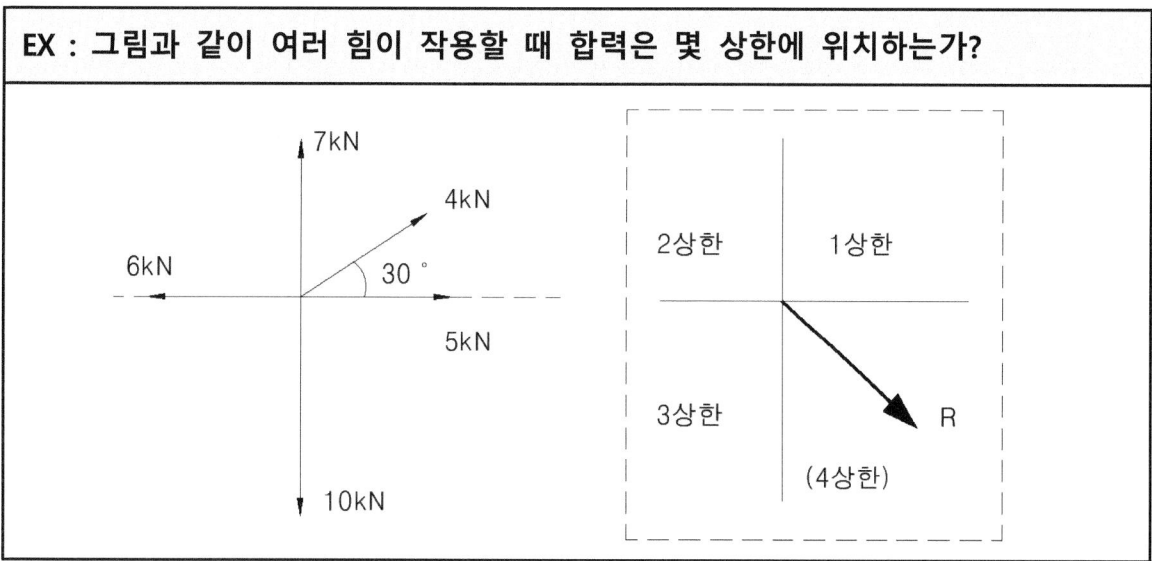

1.2.4 한 점에 작용하지 않는 여러 힘의 합성

1) 도해법

시력도에 의해서 합력의 크기 및 방향을 구하고, 합력의 작용점은 교차법과 연력도법에 의해 구한다.

① 교차법 (쿨만법)
- 시력도에 의해서 합력의 크기와 방향을 구하고
- 힘의 위치도에서 힘의 작용선을 순차로 교차시켜 합력의 작용점을 구한다.
  ▸ 교차법은 두 힘이 거의 평행하여 교점(제한된 도면)을 구할 수 없을 경우는 사용할 수 없다.

② 연력도법
- 시력도에 의해서 합력의 크기와 방향을 구하고
- 연력도에 의해서 합력의 작용점을 구한다.
  * 연력도법은 두 힘이 어떤 상태의 역계로 작용하든 힘을 쉽게 합성할 수 있다.

■ 연력도법의 특성
1) 여러 개의 힘이 거의 평행하여 교차법으로는 제한된 도면 내에서 두 힘의 교차점을 구할 수 없기 때문에 이 때 합력의 작용점은 연력도법에 의하여 구한다.
2) 연력도법을 이용하면 어떠한 역계도 힘을 쉽게 합성할 수 있다.
3) 연력도법은 특히 한 점에 작용하지 않는 여러 개의 힘을 합성할 때 합력의 작용점을 찾는 가장 적합한 도해법이다.

연력도	시력도

2) 해석법

① 수평 및 수직 분력들의 합을 구하고

$\Sigma H = H_1 + H_2 + H_3 = \Sigma P \cos\alpha$

$\Sigma V = V_1 + V_2 + V_3 = \Sigma P \sin\alpha$

② 합력 R의 크기와 방향을 구하고

크기 : $R = \sqrt{(\Sigma H)^2 + (\Sigma Y)^2}$

방향 : $\tan\theta = \dfrac{\Sigma Y}{\Sigma H}$, $\alpha = \tan^{-1}\dfrac{\Sigma Y}{\Sigma H}$

③ 합력의 작용점

$x_0 = \dfrac{V_1 x_1 + V_2 x_2 + V_3 x_3}{V_1 + V_2 + V_3} = \dfrac{\Sigma V \cdot x}{\Sigma V}$

$y_0 = \dfrac{H_1 y_1 + H_2 y_2 + H_3 y_3}{H_1 + H_2 + H_3} = \dfrac{\Sigma H \cdot y}{\Sigma H}$

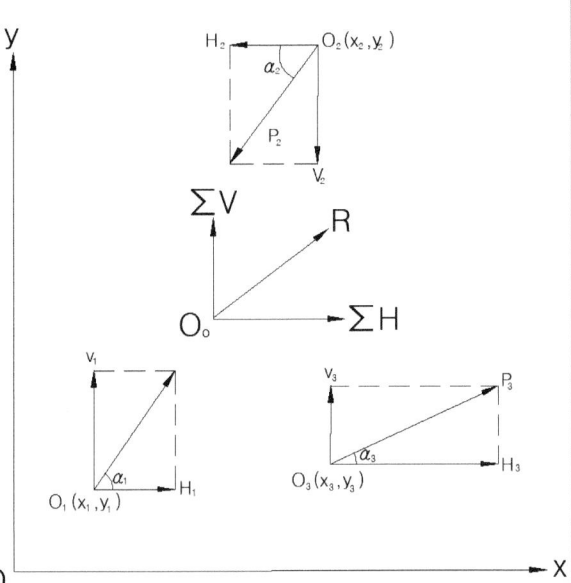

EX : 다음 그림에서 합력의 작용선이 기초 저면과 만나는 점의 위치는 A점으로부터 몇 m 거리인가?

$20 x = 2 \times 6 + 20 \times 3$

$\therefore x = \dfrac{76}{20} = 3.6 m$

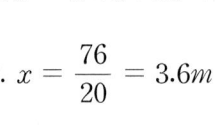

1.2.5 평행한 힘의 합성

1) 도해법

평행한 힘의 도해적인 합성은 앞에서 설명한 연력도법과 같은 방법으로 구한다.

2) 해석법

① 합력의 크기와 방향

: 각 힘의 대수합에 의해서 구한다.

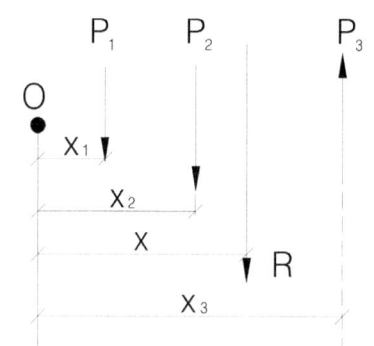

크기 : $R = P_1 + P_2 + P_3 = \Sigma P$

방향 : 각 힘의 대수합이 (+) 이면 상향 ↑, (-) 이면 하향 ↓

② 합력의 작용점

: 바리뇽의 정리를 이용해 구한다.

■ **바리뇽의 정리 → 합력 모멘트 = 분력모멘트의 합**

$R \cdot x = P_1 \cdot x_1 + P_2 \cdot x_2 - P_3 \cdot x_3$

$$\therefore x = \frac{P_1 \cdot x_1 + P_2 \cdot x_2 - P_3 \cdot x_3}{R}$$

1.3 힘의 분해

1.3.1 정의

1개의 힘과 똑같은 효과를 내는 2개 이상의 힘으로 나누는 것을 힘의 분해라 하며, 나누어진 각 힘을 분력이라 한다.

1.3.2 한 개의 힘을 크기를 기준으로 두 힘으로 분해

1) 도해법

   힘의 평행사변형 법칙, 힘의 삼각형 법칙

2) 해석법

① sine 법칙 (라미의 정리)

$$\frac{a}{\sin A} = \frac{b}{\sin B} = \frac{c}{\sin C}$$

$$\frac{P_1}{\sin(\alpha-\theta)} = \frac{P_2}{\sin\theta} = \frac{R}{\sin(180-\alpha)} = \frac{R}{\sin\alpha}$$

$$\therefore P_1 = \frac{\sin(\alpha-\theta)}{\sin\alpha}R, \quad P_2 = \frac{\sin\theta}{\sin\alpha}R$$

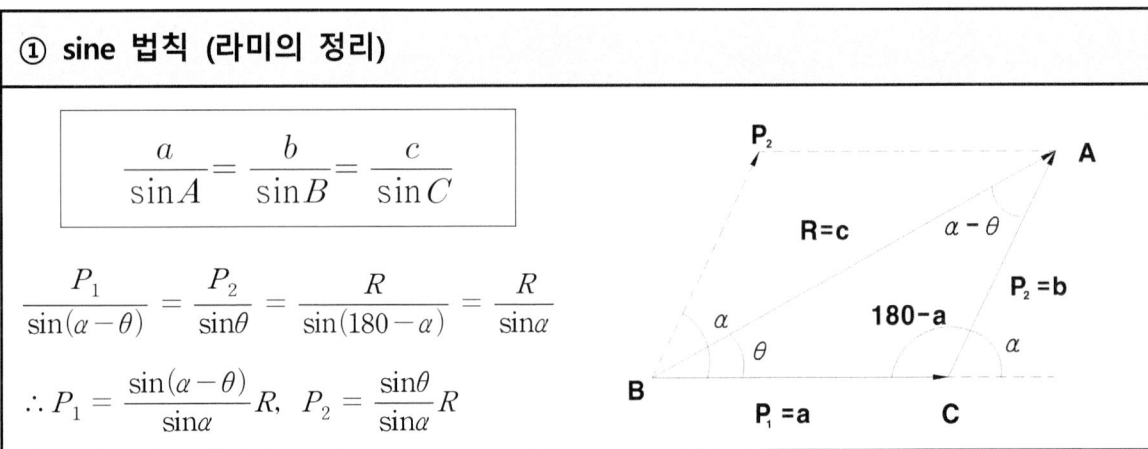

② 라미의 정리(Lami's Theorem)

나란하지 않은 세 힘이 평형을 이룰 때, 이들은 동일 평면상에 있으며 한 점에서 만난다. 이 때 각각의 힘은 다른 두 힘 사이각 sine에 정비례하는 sine법칙이 성립한다.

※ $\sin(180-\alpha) = \sin\alpha$

$$\therefore \frac{P_1}{\sin\alpha_1} = \frac{P_2}{\sin\alpha_2} = \frac{P_3}{\sin\alpha_3}$$

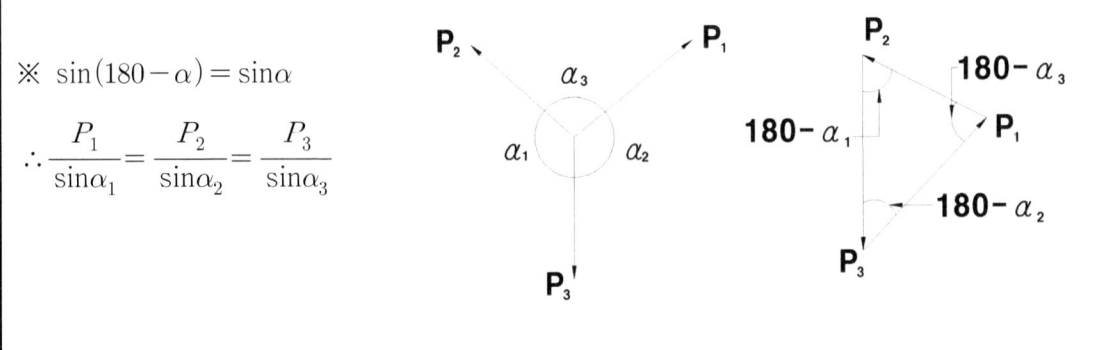

sine 법칙을 사용하지 않으면 미지수가 2개이므로 **2개의 방정식을 구해야** 한다.

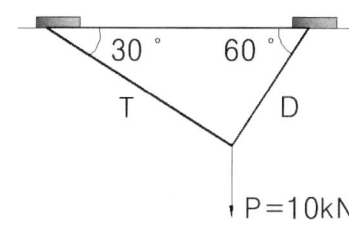

$$\frac{10}{\sin 90}=\frac{T}{\sin(180-30)}=\frac{D}{\sin(180-60)}$$

$$\frac{10}{\sin 90}=\frac{T}{\sin(30)}=\frac{D}{\sin(60)}$$

$10=2T,\ T=5kN$

$10=\dfrac{2}{\sqrt{3}}D,\ D=5\sqrt{3}\,kN$

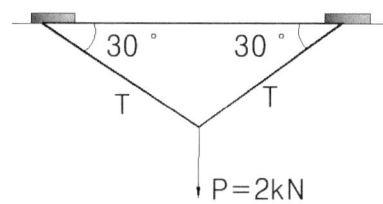

$2ea(T\sin 30)=P$

$T=P=2kN$

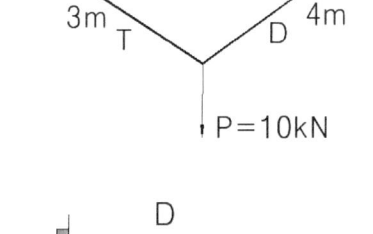

$T=P\times\dfrac{4}{5}=10\times\dfrac{4}{5}=8kN$

$D=P\times\dfrac{3}{5}=10\times\dfrac{3}{5}=6kN$

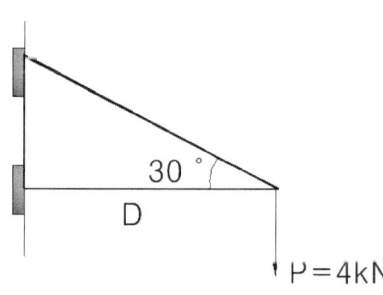

$$\frac{P}{\sin 30}=\frac{D}{\sin 60}=\frac{T}{\sin 90}$$

$T=2P=2\times 4=8kN(압축)$

$D=\sqrt{3}\,P=4\sqrt{3}\,kN$

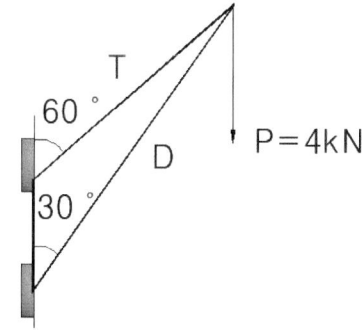

$$\frac{P}{\sin 30}=\frac{D}{\sin 60}$$

$T=2P=2\times 4=8kN(인장)$

$D=\sqrt{3}\,P=4\sqrt{3}\,kN$

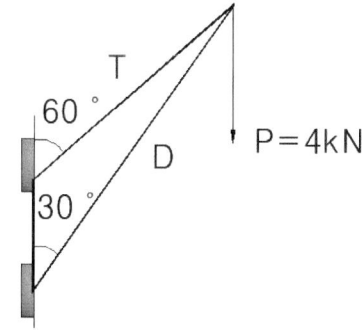

$$\frac{P}{\sin 30}=\frac{D}{\sin(180-60)}=\frac{T}{\sin 30}$$

$T=P=4kN$

$D=\sqrt{3}\,P=4\sqrt{3}\,kN$

제 1 장 정역학의 기초

생각하기 : 사인법칙 사용 / 힘의 평형 사용

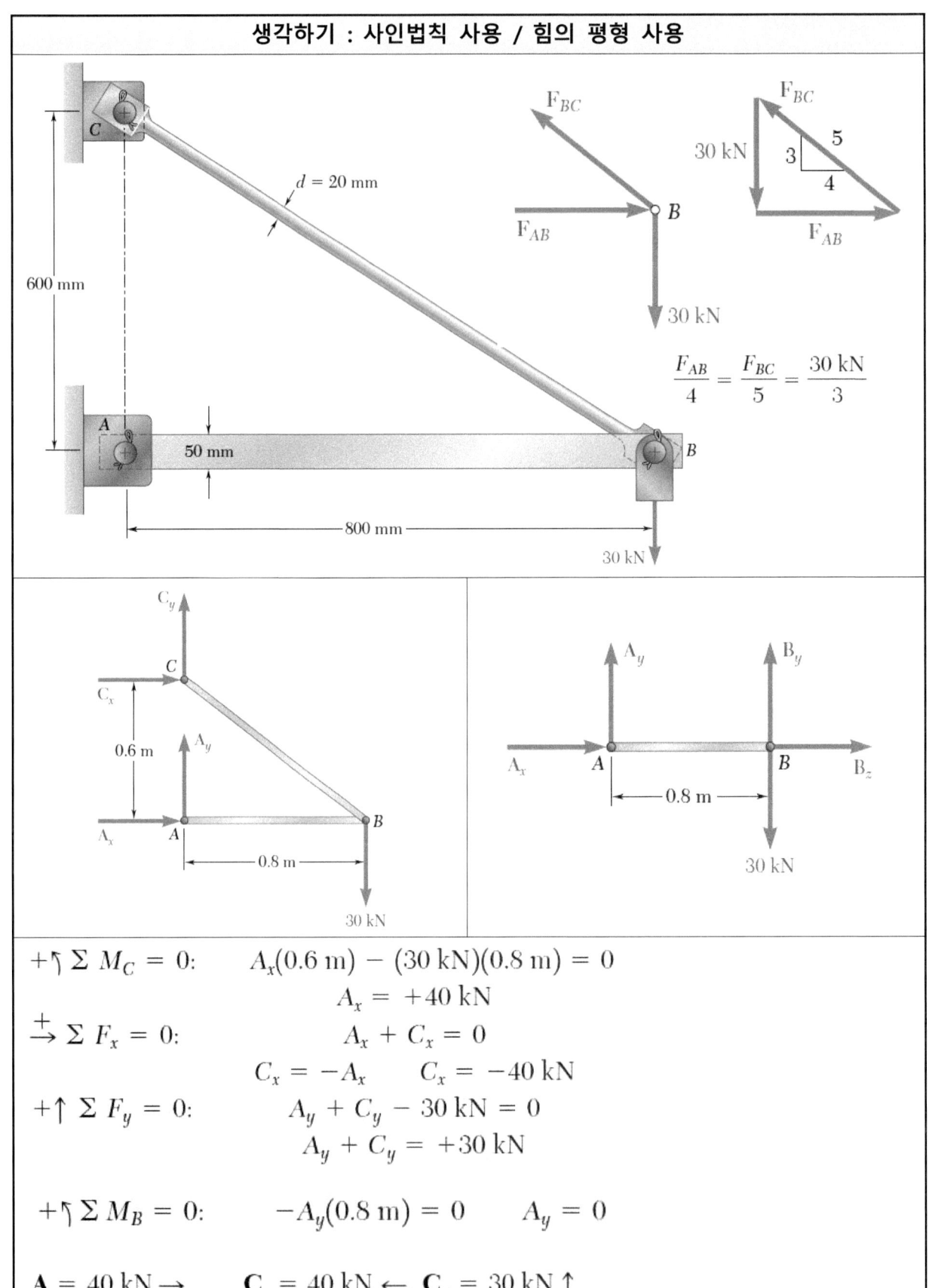

$$\frac{F_{AB}}{4} = \frac{F_{BC}}{5} = \frac{30 \text{ kN}}{3}$$

$+\curvearrowleft \Sigma M_C = 0$: $A_x(0.6 \text{ m}) - (30 \text{ kN})(0.8 \text{ m}) = 0$
$\qquad\qquad\qquad A_x = +40 \text{ kN}$

$\xrightarrow{+} \Sigma F_x = 0$: $\qquad A_x + C_x = 0$
$\qquad\qquad\qquad C_x = -A_x \qquad C_x = -40 \text{ kN}$

$+\uparrow \Sigma F_y = 0$: $\qquad A_y + C_y - 30 \text{ kN} = 0$
$\qquad\qquad\qquad A_y + C_y = +30 \text{ kN}$

$+\curvearrowleft \Sigma M_B = 0$: $\qquad -A_y(0.8 \text{ m}) = 0 \qquad A_y = 0$

$\mathbf{A} = 40 \text{ kN} \rightarrow \qquad \mathbf{C}_x = 40 \text{ kN} \leftarrow, \mathbf{C}_y = 30 \text{ kN} \uparrow$

2017년 7급 - 국가직 응용역학 기출문제

문 1. 그림과 같이 질량 m인 블록이 스프링에 매달려 평형 상태에 있을 때, 블록의 질량 m[kg]은? (단, 블록을 설치하기 전 스프링 AB의 길이는 4m이고, 중력가속도 g = 10 m/s²이며, 모든 스프링 및 부재의 자중은 무시한다)

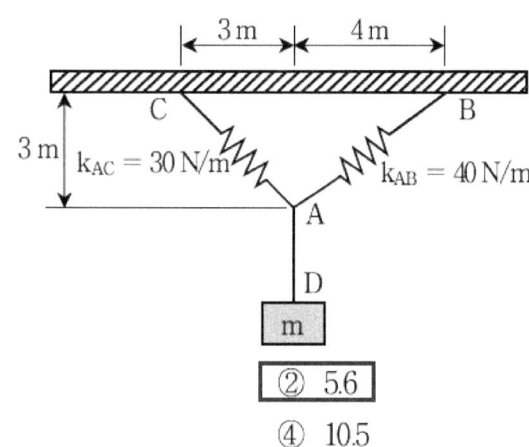

① 4.0
② 5.6
③ 8.0
④ 10.5

스프링 AB가 설치 전 길이가 4m였고 현재는 5m 이니 늘음량은 1m 이다. 따라서

$T_{AB} = k_{AB} \times \delta = 40 \times 1m = 40N$

$\Sigma H = 0, \ T_{AC} \times \dfrac{1}{\sqrt{2}} = T_{AB} \times \dfrac{4}{5}$

$\therefore T_{AC} = 32\sqrt{2}$

$\Sigma V = 0, \ T_{AC} \times \dfrac{1}{\sqrt{2}} + T_{AB} \times \dfrac{3}{5} = m \cdot g$

$\therefore m = 5.6N$

1.3.3 한 개의 힘을 방향을 기준으로 두 힘으로 분해

$$\cos\alpha = \frac{P_1^2 + R^2 - P_2^2}{2P_1 R}$$

$$\cos\beta = \frac{P_2^2 + R^2 - P_1^2}{2P_2 R}$$

$$R = \sqrt{P_1^2 + P_2^2 + 2P_1 P_2 \cos(\alpha + \beta)}$$

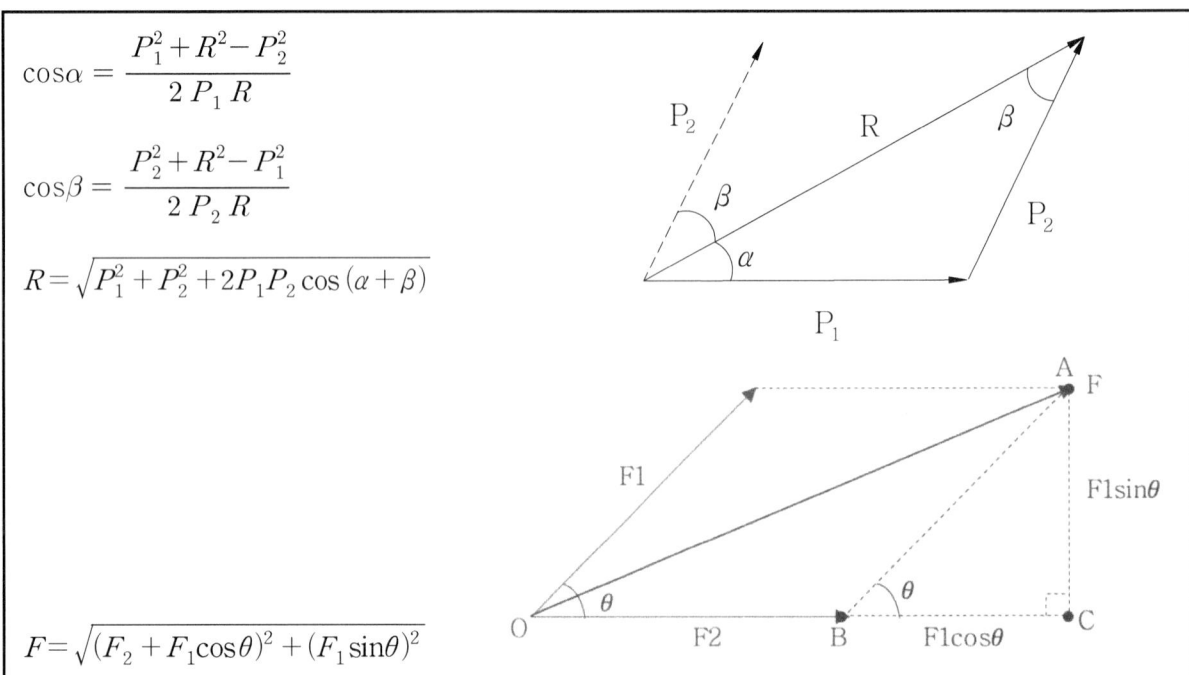

$$F = \sqrt{(F_2 + F_1 \cos\theta)^2 + (F_1 \sin\theta)^2}$$

1.3.4 한 개의 힘을 두 개의 평행한 힘으로 분해

EX : 합력 R=400N을 m, n선상으로 분해했을 때 두 분력 Pm, Pn의 크기는?

▸ 바리뇽의 정리 이용

$\Sigma M_m = 0$

$-P_n \times b = R \times a$

$\therefore P_n = \dfrac{-400 \times 2.4}{6} = -160 N(\downarrow)$

$\Sigma V = 0$

$P_m - P_n = R$

$\therefore P_m = R + P_n = 400 + 160 = 560 N$

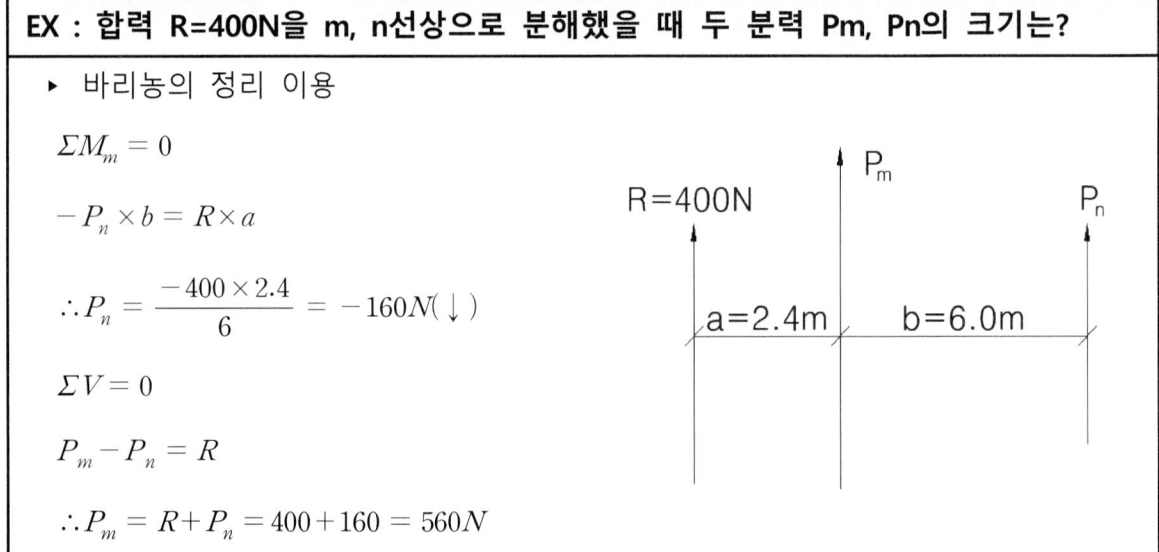

EX : 다음 그림에서 합력의 위치 x는?

$R = 20 + 10 - 5 - 15 = 10 kN(\uparrow)$

$\Sigma M_{5kN} = 0$

$-10x = -20 \times 4 + 15 \times 8 - 10 \times 10$

$x = \dfrac{180 - 120}{10} = 6m$

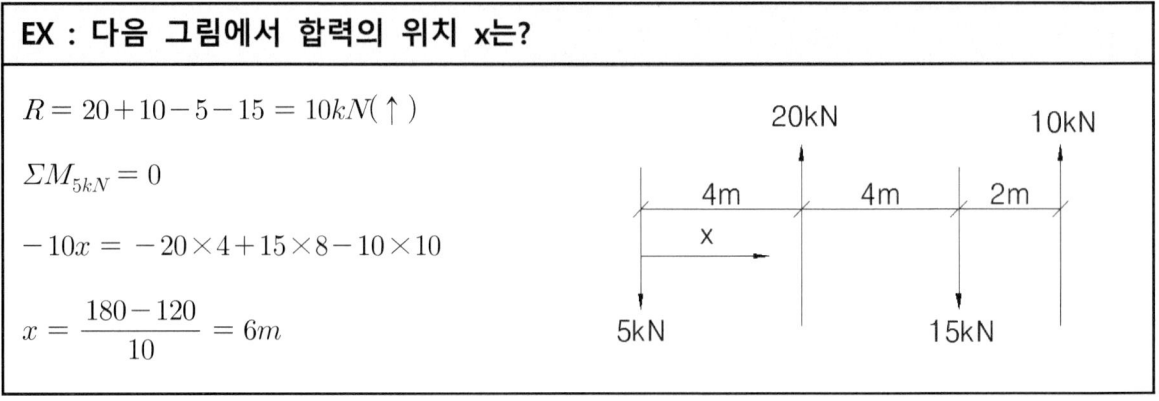

1.4 모멘트와 우력

1.4.1 모멘트

(1) 정의

어떤 점을 중심으로 회전시키려고 하는 힘, 모멘트 = (힘)×(거리), M = pℓ

(2) 모멘트의 기하학적 의의

힘에 의한 모멘트의 크기는 힘의 크기를 밑변으로 하고 모멘트의 중심을 꼭지점으로 하는 삼각형의 면적의 2배와 같다. ■ 모멘트 = 모멘트가 이루는(삼각형) 면적의 2배이다. ① 모 멘 트 : $M_0 = 2A$ ② 하   중 : $P = \dfrac{2A}{\ell}$ ③ 모멘트면적 : $A = \dfrac{M_0}{2}$

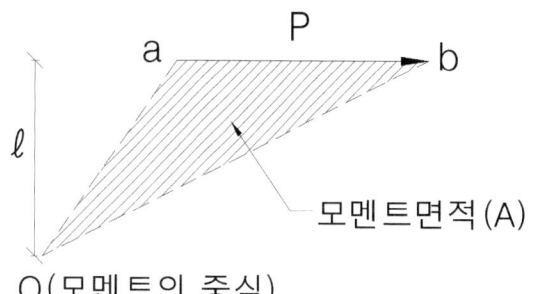

모멘트면적(A)
O(모멘트의 중심)

EX : 빗금친 부분의 면적이 24kN이다. P의 값은?
$P = \dfrac{2A}{\ell} = \dfrac{2 \times 24}{4} = 12 kN$

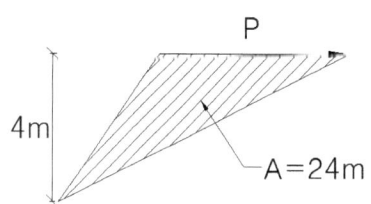

EX : 빗금친 부분의 면적이 20kN이다. O점의 모멘트는?
$M_0 = 2A = 2 \times 20 = 40 kN$

(3) 단위 : N-m, ton-m, kg-cm

(4) 부호 : 회전 방향이 시계 방향이면 ↷ (+) / 회전 방향이 반시계 방향이면 ↶ (-)

(5) 바리농의 정리 : (모멘트의 합성)

① 합력모멘트는 분력모멘트의 합과 같다.

② 합력이 일으키는 모멘트는 분력이 일으키는 모멘트의 합과 같다.

③ 합력모멘트는 그 수직분력 모멘트와 수평분력의 모멘트의 합과 같다.

EX : 합력의 크기와 위치는?

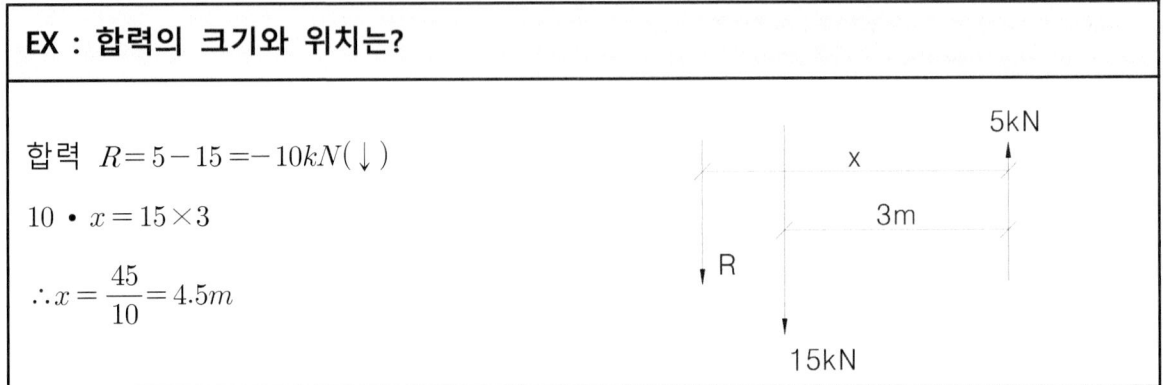

■ 바리농의 정리는 어떠한 평면력이라도 적용할 수 있다.

(6) 모멘트의 성질

① 힘의 작용점을 작용선상에서 임의로 옮겨도 모멘트는 변하지 않는다.
② 모멘트의 중심을 힘의 작용선에 평행하게 이동시켜도 모멘트는 변하지 않는다.
③ 모멘트가 0인 경우는 작용 거리가 0일 때에 한정된다.

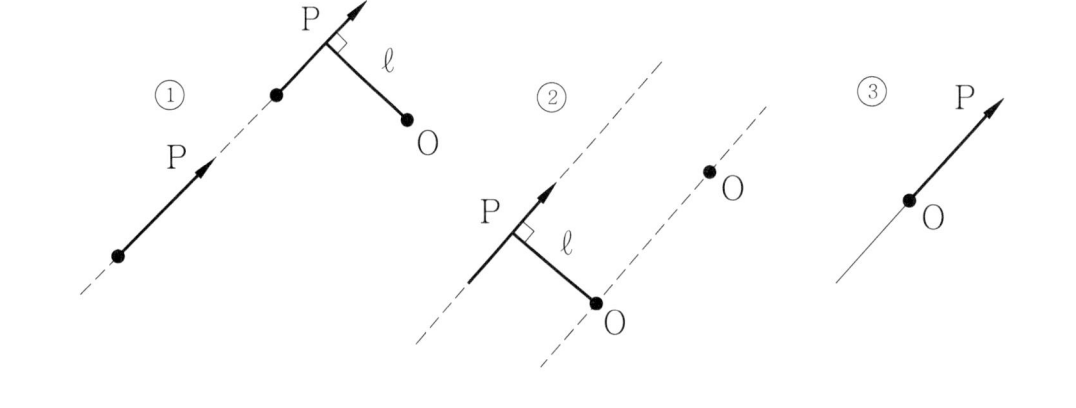

1.4.2 우력 (짝힘)

(1) 정의

    크기가 같고 방향이 서로 반대인 나란한 한 쌍의 힘.

(2) 우력의 합은 영이다.

(3) 우력의 크기

모멘트로 표시한다. (우력모멘트 = 회전모멘트)

① 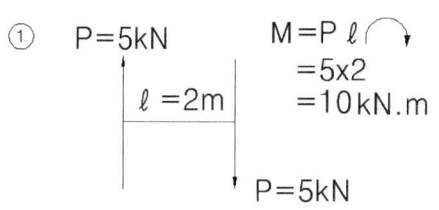   ②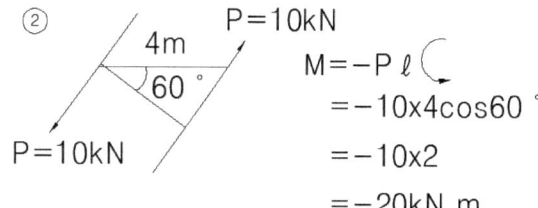

(4) 단위와 부호 : 모멘트와 같다.

(5) 우력의 성질

① 물체에 우력이 작용하면 합력은 영이나, 그 물체를 회전시킨다.
  - 우력은 1개의 힘으로 합성할 수 없다. → 합력 영
  - 우력은 1개의 힘과 평형될 수 없다. → 회전

② 임의점의 우력의 크기는 모두 같다.

$M_a = 10 \times 2 = 20 kN.m$ ↻

$M_b = 10 \times 6 - 10 \times 4 = 20 kN.m$ ↻

$M_c = -10 \times 1 + 10 \times 3 = 20 kN.m$ ↻

③ 우력은 크기, 방향을 바꾸지 않고 다른 우력으로 바꿀 수 있다.

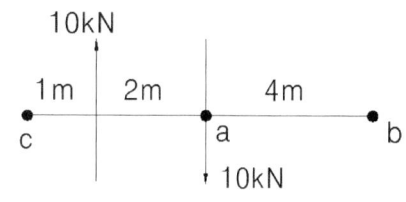

④ 하나의 힘은 주어진 점을 지나고 그 힘에 나란한 크기, 방향이 같은 하나의 힘과 우력으로 분해할 수 있다. 또 이 역도 성립된다.

EX : 평면역계의 합력은?

$R = 10 - 5 - 10 + 5 = 0$

$M = 5 \times 2 + 10 \times 4 - 5 \times 6 = 20 tm \curvearrowleft$

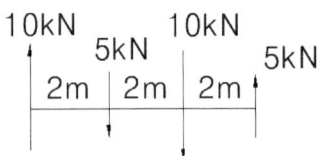

EX : 힘 P를 주어진 점 B로 분해할 경우 분력은?

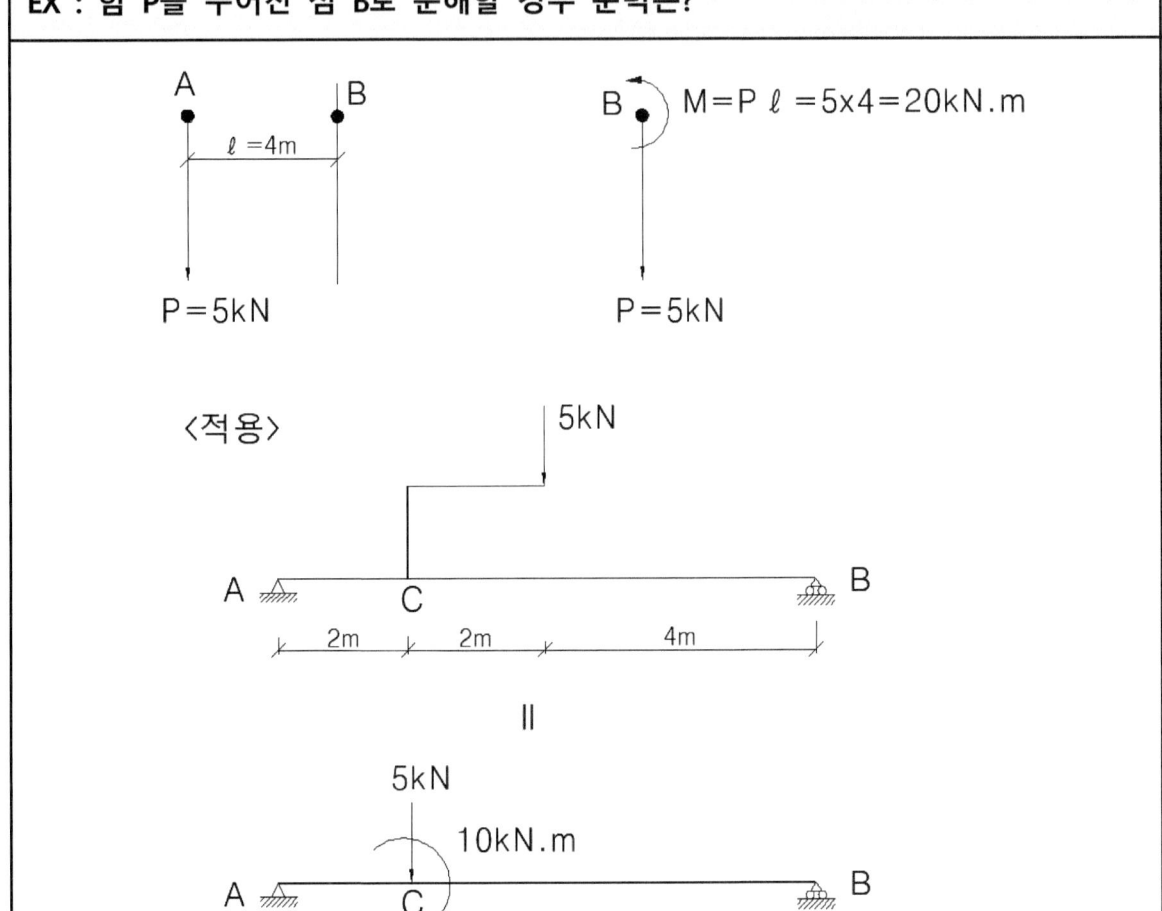

1.5 힘의 평형

1.5.1 한 점에 작용하는 여러 힘의 평형

1) 도해법

시력도가 폐합되어야 한다.

2) 해석법

$\Sigma H = 0 \rightarrow$ 모든 힘의 수평분력의 대수합이 영이 되어야 한다.

$\Sigma V = 0 \rightarrow$ 모든 힘의 수직분력의 대수합이 영이 되어야 한다.

▸ 동점역계에서 평형조건의 충분한 조건식은 $\Sigma H = 0, \Sigma V = 0$ 이다.

합력 $R = \sqrt{(\Sigma H)^2 + (\Sigma V)^2}$

1.5.2 한 점에 작용하지 않는 여러 힘의 평형

1) 도해법

시력도와 연력도가 폐합되어야 한다.

2) 해석법

$\Sigma H = 0, \ \Sigma V = 0, \ \Sigma M = 0$

→ 모든 힘의 임의점에 대한 모멘트의 대수합이 0이 되어야 한다.

▸ 평면역계에서 평형 조건의 필요충분 조건식은 $\Sigma H = 0, \ \Sigma V = 0, \ \Sigma M = 0$이다.
▸ 합력이 0이 되어도 우력으로 나타내면 회전하려 하기 때문에 모멘트도 0이 되어야 완전히 평형이 된다.

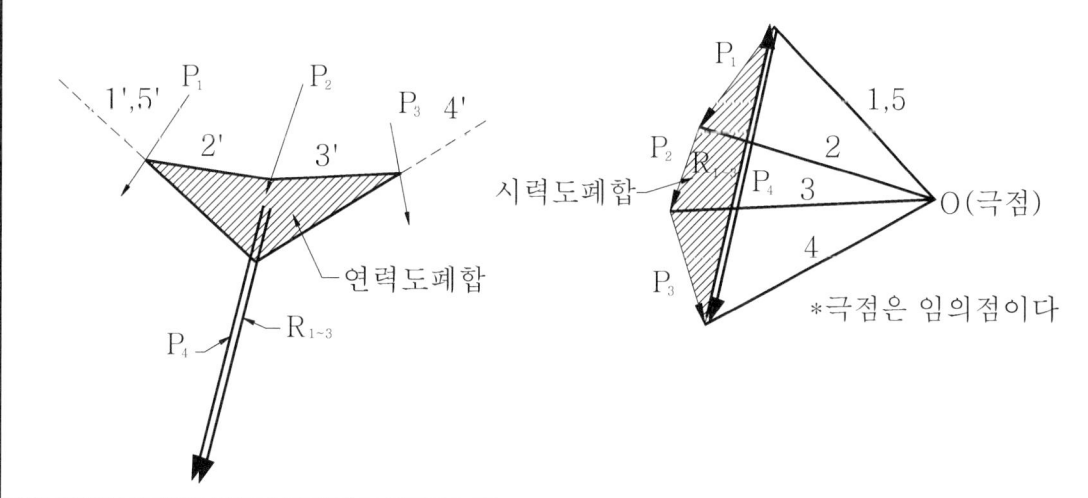

EX - 1 : 비탈면에 물체가 미끄러지지 않기 위한 최소의 P값은? (W=10kN이다.)

$P = H \geq W\sin 30° = 10 \times \dfrac{1}{2} = 5kN$

$V = W\sin 60° = 10 \times 0.866 = 8.6kN$

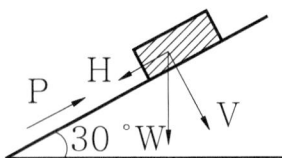

EX - 2 : T부재가 받는 힘은?

$\varSigma M_A = 0,\ T\sin 30°(4) - (10 \times 2)(5) = 0$

$T = -\dfrac{(10 \times 2) \times 5}{2}$

$\quad = -50kN$

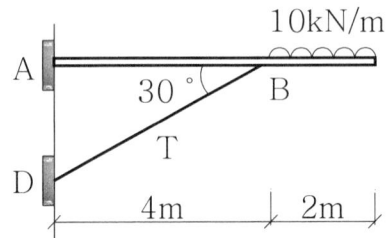

EX - 3 : 차륜이 장애물 20cm를 넘을 수 있는 견인력 P의 최소값은? (단, W=10kN)

$P \times 0.3 = 10 \times 0.4$

$\therefore P = \dfrac{4}{3} \times 10 = 13.3\,kN$

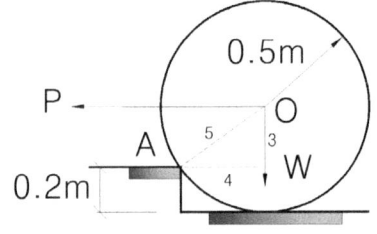

EX - 4 : 다음 그림에서 AB의 장력은?

$\varSigma M_c = 0$

$2 \times 2r - AB \times r = 0$

$\therefore AB = 4\,kN$

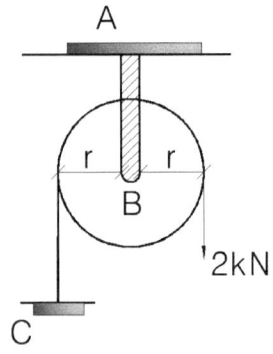

EX - 5 : 그림과 같은 구조물에 하중 W가 작용할 때 P값은?

$\varSigma V = 0\ (T = P)$

$-W + 2T\cos\dfrac{\alpha}{2} = 0$

$W = 2T\cos\dfrac{\alpha}{2},\ \therefore P = \dfrac{W}{2\cos\dfrac{\alpha}{2}}$

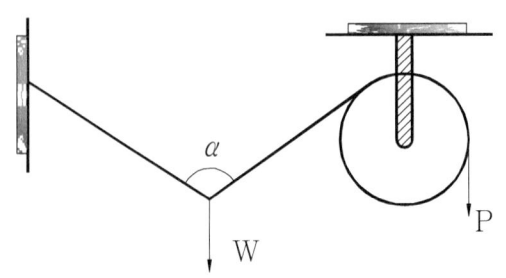

제 1 장 정역학의 기초

1.6 공간역계

1.6.1. 공간에 작용하는 힘의 분해와 합성

공간상에서 한 힘 P를 Vector로 표시하면 다음과 같다.

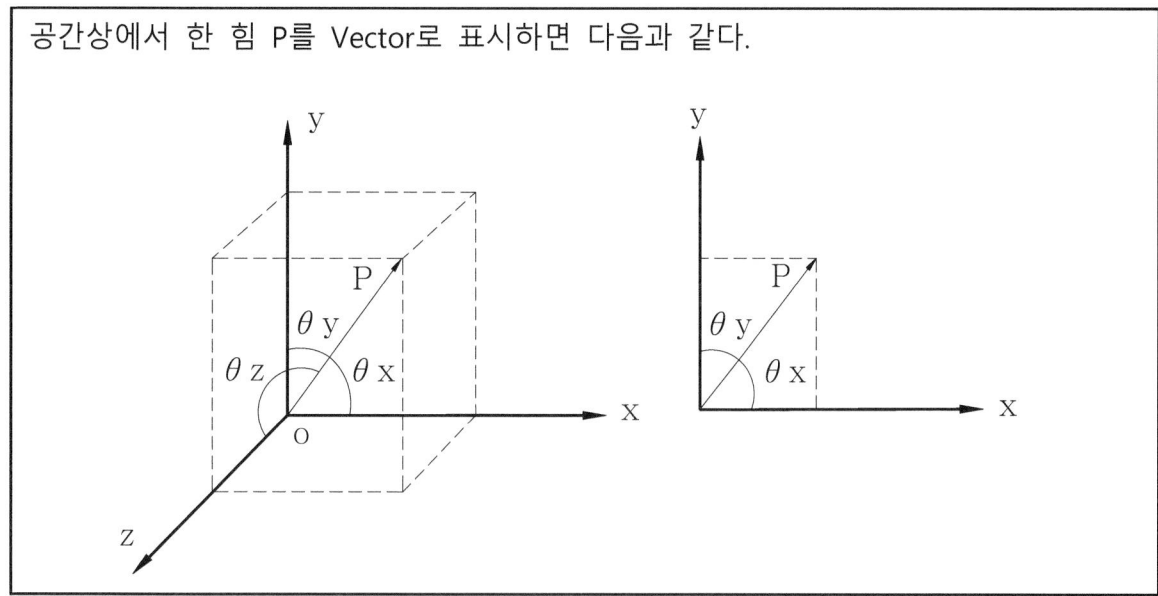

1) 힘 P의 x, y, z축 방향의 분력

① 분력

$P_x = P\cos\theta_x,\ P_y = P\cos\theta_y,\ P_z = P\cos\theta_z$

서로 직교하는 세 힘 $P_x,\ P_y,\ P_z$ 의 합력 $R = \sqrt{P_x^2 + P_y^2 + P_z^2}$

② 방향

$\cos\theta_x = \dfrac{P_x}{P}$

$\cos\theta_y = \dfrac{P_y}{P}$ $\quad \therefore \cos^2\theta_x + \cos^2\theta_y + \cos^2\theta_z = 1$

$\cos\theta_z = \dfrac{P_z}{P}$

EX : 그림에서 P=20t이고 방향각이 다음과 같을 때 x, y, z축 방향의 분력은?

$P_x = 20\cos30° = 20\dfrac{\sqrt{3}}{2} = 10\sqrt{3}\,kN$

$P_y = 20\cos60° = 20\dfrac{1}{2} = 10\,kN$

$P_z = 20\cos45° = 20\dfrac{1}{\sqrt{2}} = 10\sqrt{2}\,kN$

2) 공간상의 두 점 A(x_1, y_1, z_1), B(x_2, y_2, z_2)를 지나는 1개의 힘의 분력

- 두 점 사이의 직선 거리

$X = x_2 - x_1$

$Y = y_2 - y_1$

$Z = z_2 - z_1$

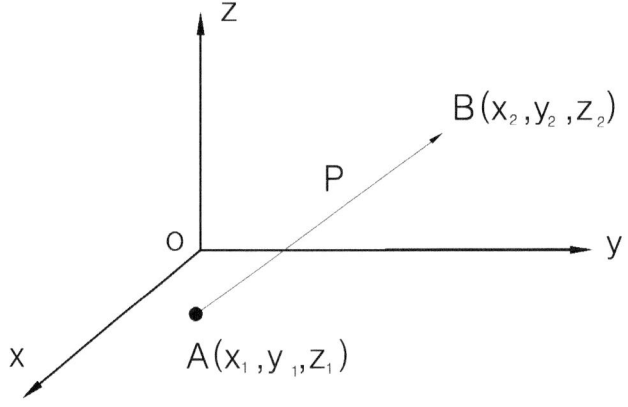

- AB사이의 거리를 d라고 하면 피타고라스 정리에 의해서

$d = \sqrt{X^2 + Y^2 + Z^2}$, $\dfrac{P_x}{X} = \dfrac{P_y}{Y} = \dfrac{P_z}{Z} = \dfrac{P}{d}$

① 분력

$$P_x = \dfrac{P}{d}x,\ P_y = \dfrac{P}{d}y,\ P_z = \dfrac{P}{d}z$$

② 방향

$$\cos\theta_x = \dfrac{P_x}{P},\ \cos\theta_y = \dfrac{P_y}{P},\ \cos\theta_z = \dfrac{P_z}{P}$$

$$\therefore \cos^2\theta_x + \cos^2\theta_y + \cos^2\theta_z = 1$$

3) 평행하지 않은 여러 힘의 합력

각 힘에 대해서 x, y, z 방향의 분력의 대수합을 $\Sigma P_x, \Sigma P_y, \Sigma P_z$ 라고 하면

$R_x = \Sigma P_x, R_y = \Sigma P_y, R_z = \Sigma P_z$

① 합력 $R = \sqrt{R_x^2 + R_y^2 + R_z^2}$

② 방향

$\cos\theta_x = \dfrac{R_x}{R}$

$\cos\theta_y = \dfrac{R_y}{R}$

$\cos\theta_z = \dfrac{R_z}{R}$

$\therefore \cos^2\theta_x + \cos^2\theta_y + \cos^2\theta_z = 1$

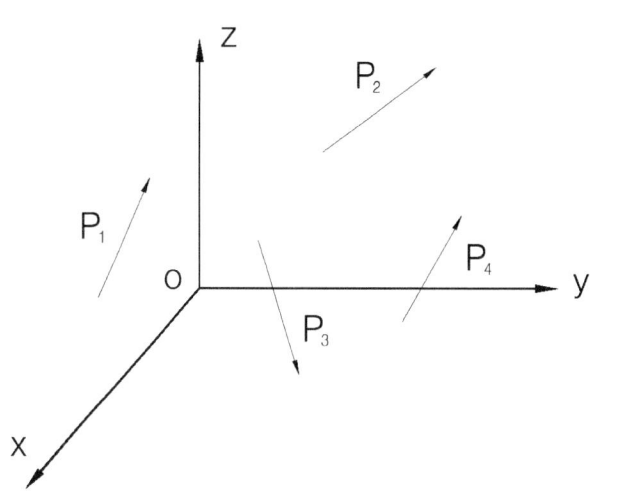

1.6.2 공간에 작용하는 힘의 모멘트

힘 P는 그 힘을 포함하는 평면에 수직인 축에 대하여 회전을 일으킨다. 이때 힘 P의 y축에 대한 모멘트는 $M_y = P \cdot \ell$

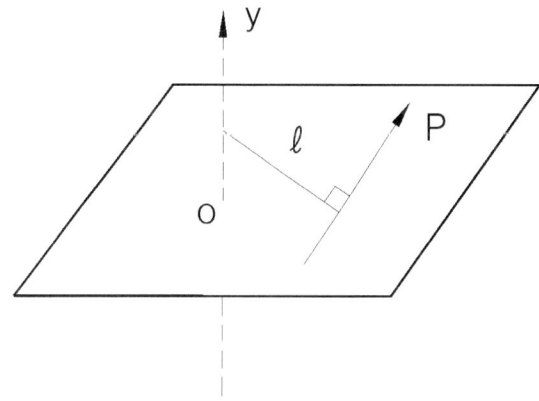

- 어떤 축에 평행한 힘은 그 축에 대하여 모멘트를 일으키지 않는다. 모멘트에 관한 Varignon의 정리는 공간역계의 모멘트에도 성립한다.

제 1 장 정역학의 기초

1.6.3 공간역계의 힘의 평형 조건

$\Sigma X = 0$, $\Sigma M_X = 0$

$\Sigma Y = 0$, $\Sigma M_Y = 0$

$\Sigma Z = 0$, $\Sigma M_Z = 0$

EX : 그림과 같이 힘 P=30kN이 A, B점을 통과할 때, 이 힘의 x축 방향의 분력은?

AB사이의 거리를 d라고 하면,

$d = \sqrt{x^2 + y^2 + z^2}$

$\quad = \sqrt{5^2 + 4^2 + (-6)^2} = 8.78$

$X = 3 - (-2) = 5$

$Y = 5 - 1 = 4$

$Z = -3 - 3 = -6$

x축 방향의 분력 $\dfrac{P_x}{X} = \dfrac{P}{d}$

$\therefore P_x = \dfrac{P}{d}X = \dfrac{30}{8.78} \times 5 = 17.1 kN$

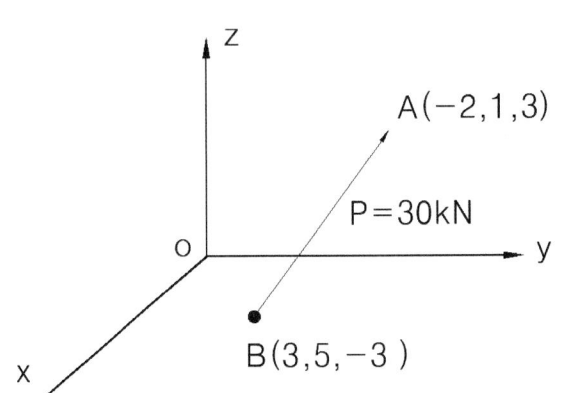

1.7 마찰

1.7.1 운동의 종류에 따른 분류

1) 미끄럼 마찰

2) 굴림 마찰

1.7.2 미끄럼 마찰

1) 정지마찰

   물체가 움직이기 직전까지의 마찰

2) 동마찰

   물체가 움직이는 과정에서의 마찰

   ▸ 마찰력은 반드시 운동 반대방향으로 작용하게 된다.

   ▸ 마찰력, $F = N\mu$: **마찰력은 연직력과 계수의 곱**

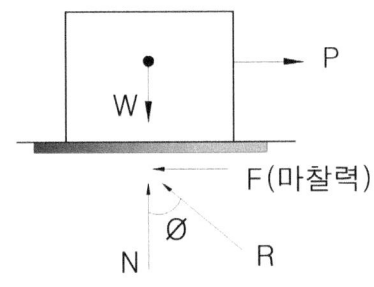

$\varPhi$: 마찰각, N : 마찰력의 법선방향 힘

$\tan\varPhi = \dfrac{F}{N} = \dfrac{\mu N}{N} = \mu$

정지마찰계수 $\mu = \tan\varPhi$

제 1 장 정역학의 기초

◎ 마찰의 법칙 (Coulomb의 법칙)

① 마찰력은 수직 반력에 비례한다.

② 마찰력은 접촉면적의 대소와는 관계없다.

$$\mu s = \frac{f}{N}$$ (μs : 정마찰계수, f : 마찰력, N : 법선력)

③ 동마찰은 미끄럼 속도의 대소에는 무관하다.

$$\mu k = \frac{f'}{N}$$ (μk : 동마찰계수, f' : 활동중일때마찰력)

④ 정마찰력은 동마찰력보다 크다. (경험적)

▶ 휴식각이 마찰각보다 클 때 미끄러진다.

EX : 물체 A를 밀어 올리는데 소요되는 최소의 P는? (단, 정마찰계수 μ=0.25이다)

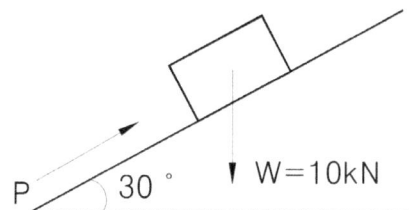

P > F 일 때 물체를 밀어 올릴 수 있다.
마찰력은 마찰면에 대한 **연직성분 힘과 마찰계수의 곱**이다.

$$F = N\mu = W\cos30\,(0.25)$$

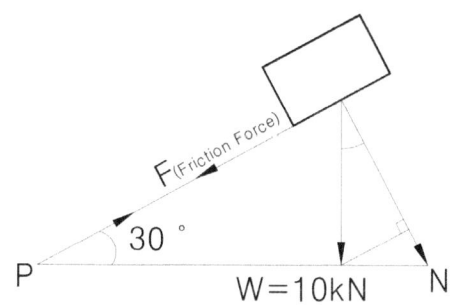

$$F = N\mu = (10)(\frac{\sqrt{3}}{2})(\frac{1}{4}) = \frac{5\sqrt{3}}{4}kN$$

마찰력은 마찰면에 대한 연직성분 **힘과 마찰계수의 곱**이란 것을 명확히 이해하여야 한다.

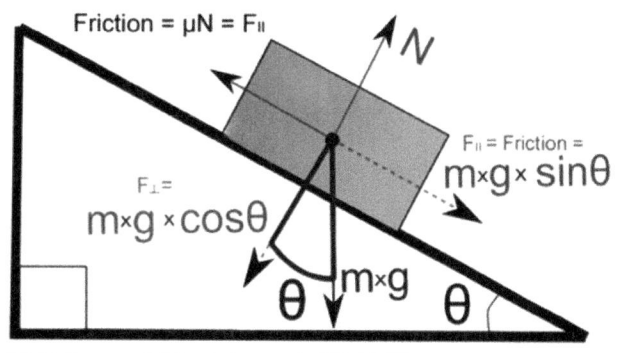

마찰력 = 마찰계수 x 수직항력

1.7.3 굴림마찰

원주 또는 구가 평면 위를 미끄러지지 않고 구를 때, 이것을 방해하려고 하는 구르는 방향과는 반대 방향의 모멘트가 작용하는데 이와 같은 현상을 굴림마찰이라 한다.

$\Sigma M_B = 0$

$W \cdot f = F \cdot h \, (h ≒ r 로 간주)$

$F = f \dfrac{W}{r}$

F : 굴림마찰력

f : 굴림마찰계수

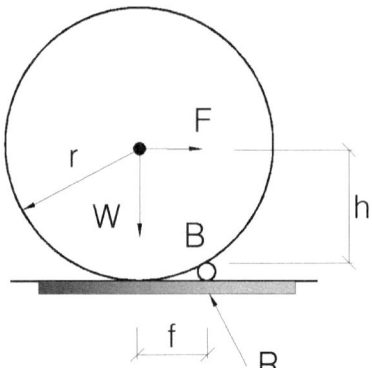

- 굴림마찰계수(f)는 길이의 차원을 갖고 있다.

EX) 무게가 40kN 지름이 0.3m인 구를 굴리는데 필요한 힘은? (단, 굴림마찰계수 f=0.03)

$$F = f \dfrac{W}{r} = 0.03 \dfrac{40,000}{150} = 8N$$

제2장 단면의 성질

2.1 단면 1차 모멘트 ·· 28

2.2 도심(도형의 중심) ·· 31

2.3 단면 2차 모멘트 ·· 38

2.4 단면계수(휨에 대한 저항성) ························· 45

2.5 단면 2차 반경(좌굴에 대한 저항성) ·········· 49

2.6 단면 극 2차 모멘트(극관성 모멘트) ········· 51

2.7 단면 상승모멘트(관성상승 모멘트) ············· 53

2.8 단면의 주축과 주단면 2차 모멘트 ············· 55

2.9 주단면 2차 반경과 관성 타원 ···················· 60

2.10 질점계의 관성 모멘트 ································· 61

제 2 장 단면의 성질

2.1 단면 1차 모멘트

2.1.1 정의

임의 축에 대한 어떤 단면의 모멘트를 말한다.

2.1.2 공식

$$Gx = \int_A y\,dA$$

$$Gy = \int_A x\,dA$$

1) 도형의 면적(A)과 도심 (x₀, y₀)을 알고 있을 때

$$Gx = A \cdot \bar{y}$$

$$Gy = A \cdot \bar{x}$$

2) 임의축에 대한 단면 1차 모멘트

$$Gx = G_0 + A \cdot e$$

여기서, G_0 : 알고 있는 단면 1차 모멘트

　　　　A : 단면적

　　　　e : G_0으로부터 축까지의 거리

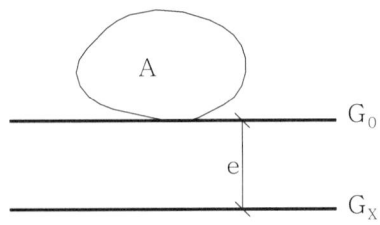

2.1.3 단위 : mm^3, m^3

▶ (주의) : 체적을 표시하는 것이 아니고 면적보다 1차만큼 차수가 높다고 하는 의미에 지나지 않는다.

2.1.4 부호

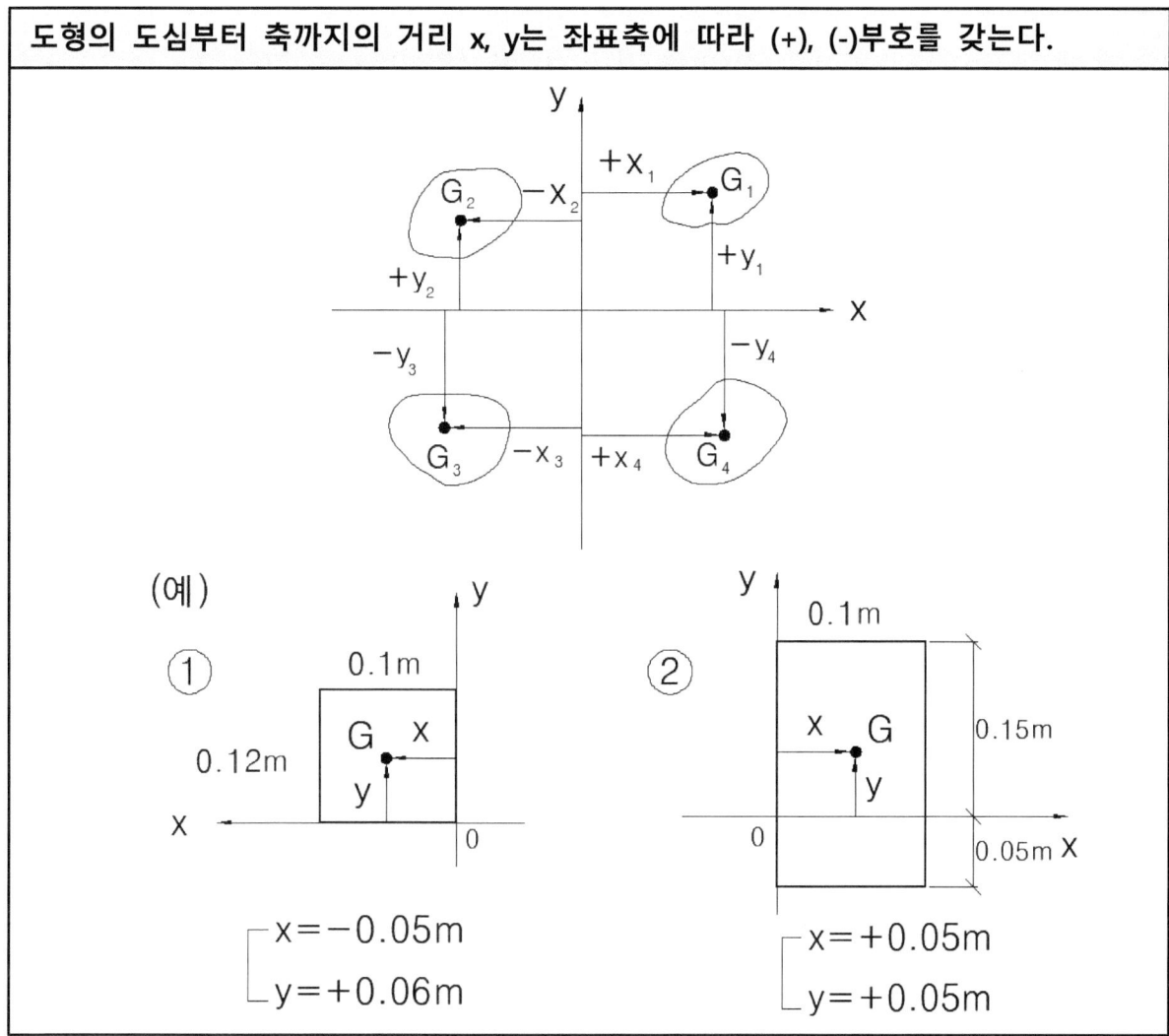

2.1.5 용도

1) 도심의 위치 계산

2) 보의 전단응력 계산

3) 구조물의 안전 계산

2.1.6 특성

도형의 도심을 지나는 축에 대한 단면 1차 모멘트는 영이다.

제 2 장 단면의 성질

EX : 다음 도형의 밑변 x축에 대한 단면 1차 모멘트

① $y_0 = \dfrac{h}{3}$

$Gx = A \cdot y_0 = \dfrac{bh}{2} \times \dfrac{h}{3} = \dfrac{bh^2}{6}$

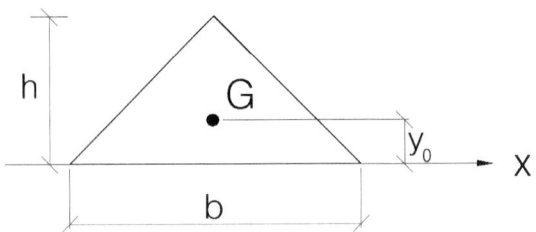

② $y_0 = \dfrac{4r}{3\pi}$

$Gx = A \cdot y_0 = \dfrac{\pi r^2}{2} \times \dfrac{4r}{3\pi} = \dfrac{2r^3}{3}$

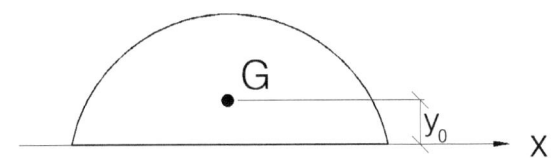

EX : 다음 도형에서 x축에 대한 단면 1차 모멘트는?

(단, $A = 1,000 mm^2$, $G_0 = 20,000 mm^3$)

$Gx = G_0 + A \cdot e$

$= 20,000 + 1,000 \times 20 = 40,000 mm^3$

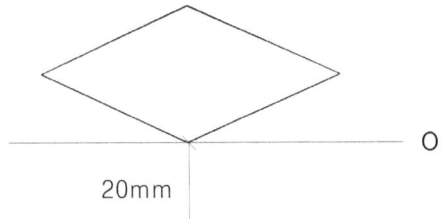

제 2 장 단면의 성질

2.2 도심 (도형의 중심)

2.2.1 정의

어느 도형의 한 점을 지나는 직교 좌표축에 대한 단면 1차 모멘트가 영일 때 그 점을 도형의 도심이라 한다.

▸ 도형의 면적에서 두께나, 무게는 관계가 없는 까닭으로 도심의 위치는 질량이나 중력에 관계가 없다.

2.2.2 공식

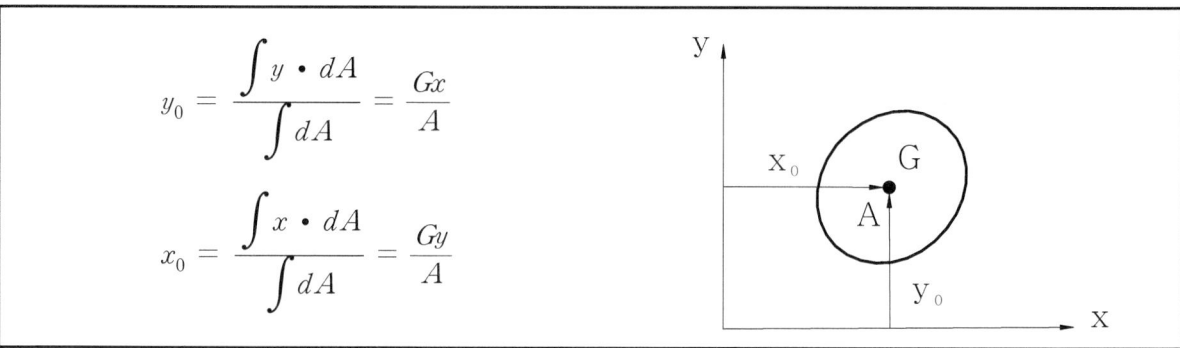

2.2.3 기본 도형의 도심위치

1) 구형(직사각형), 평행사변형 : 도심은 대각선의 교점

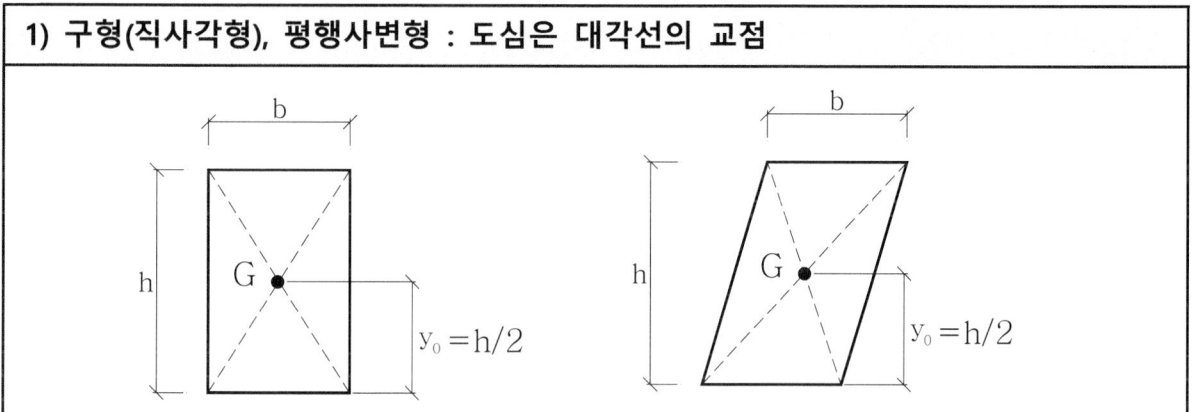

2) 삼각형 : 도심은 3중선의 교점

■ 삼각형은 비대칭 도형이므로 두 개의 도심거리를 갖는다.

$y_1 = \dfrac{2}{3}h$

$y_2 = \dfrac{h}{3}$

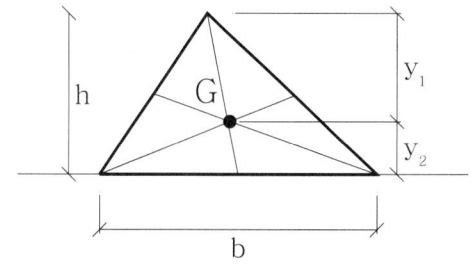

3) 원형 : 도심은 원의 중심(中心) 점

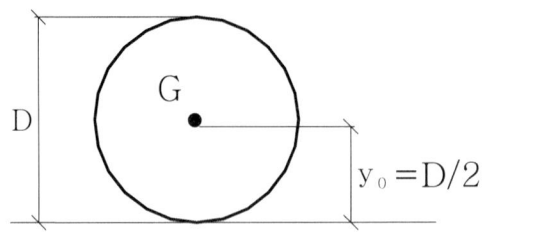

4) 사다리꼴

$$y_1 = \frac{h}{3} \cdot \frac{a+2b}{a+b}$$

$$y_2 = \frac{h}{3} \cdot \frac{2a+b}{a+b}$$

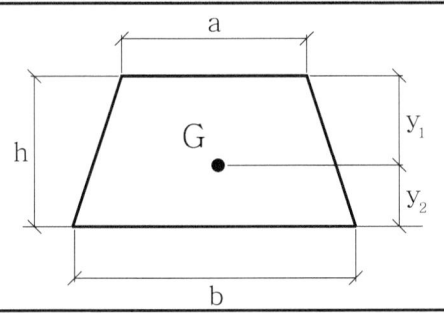

2.2.4 단면의 증가로 인한 도심의 이동

- 도심의 이동량 δ는 단면적 A_1, A_2 를 힘으로 생각하여 바리뇽 정리를 적용한다.

$$(A_1 + A_2)\delta = A_2 \cdot y$$

$$\therefore \delta = \frac{A_2 \cdot y}{A_1 + A_2}$$

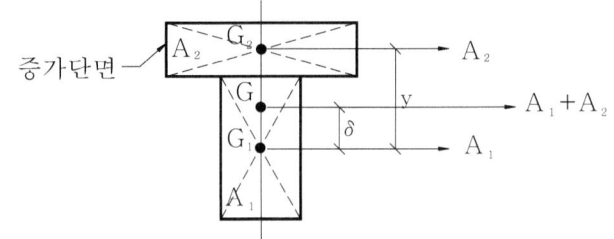

2.2.5 파푸스 (Pappus)의 정리

1) 제 1 정리 (표면적) :

- 길이 L인 선분 AB를 x축 또는 y축 중심으로 θ만큼 회전시켰을 때 생기는 표면적을 구할 수 있다.

표면적 = (선분)×(도심이동거리)

$A = L \cdot y_c \cdot \theta$

▶ 용도: 선분의 도심을 구할 때

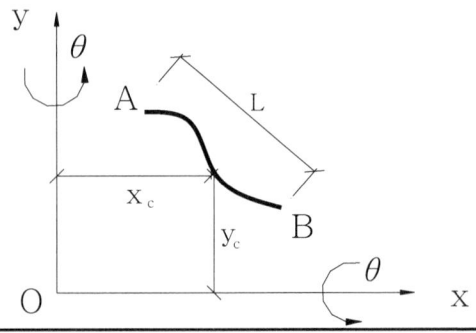

2) 제 2 정리 (체적) :

- 면적 A인 도형을 x축 또는 y축 중심으로 θ만큼 회전시켰을 때 생기는 체적을 구할 수 있다.

체적 = (면적)×(도심이동거리)

$V = A \cdot y_c \cdot \theta$

▸ 용도: 면적의 도심을 구할 때

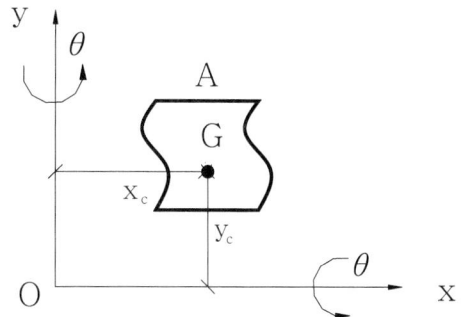

EX : 반원호와 $\frac{1}{4}$ 원호의 도심 (Pappus 정리 이용)

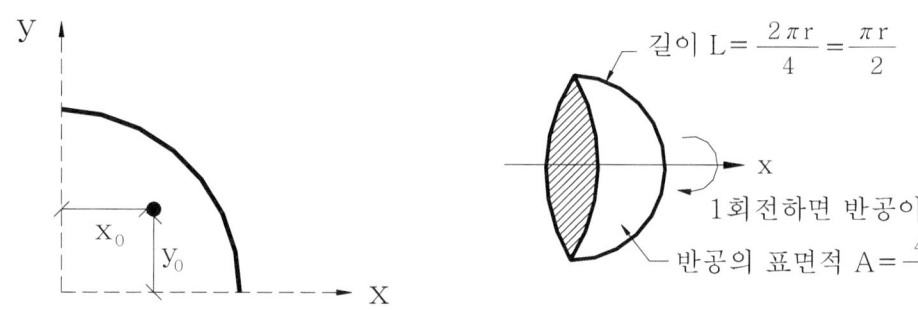

$A = L \cdot y_0 \cdot \theta, \quad 2\pi r^2 = \frac{\pi r}{2} \cdot y_0 \cdot 2\pi, \quad \therefore y_0 = \frac{2r}{\pi}$

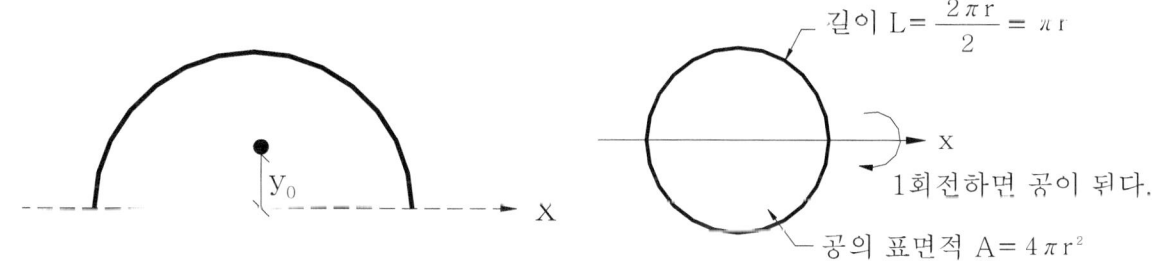

▸ 반원호와 $\frac{1}{4}$ 원호의 도심의 위치는 같다.

$A = L \cdot y_0 \cdot \theta, \quad 4\pi r^2 = \pi r \cdot y_0 \cdot 2\pi, \quad \therefore y_0 = \frac{2r}{\pi}$

제 2 장 단면의 성질

EX : 반원호와 $\frac{1}{4}$원호의 도심 (Pappus 정리 이용)

$\frac{1}{4}$원을 1회전 시키면 반구(半球)

반구의 체적 $V = \frac{1}{2} \cdot \frac{4}{3}\pi r^3 = \frac{2}{3}\pi r^3$

$\frac{1}{4}$원의 면적 $A = \frac{\pi r^2}{4}$

$V = A \cdot y_0 \cdot \theta$

$\frac{2}{3}\pi r^3 = \frac{\pi r^2}{4} \cdot y_0 \cdot 2\pi$

$\therefore y_0 = \frac{4r}{3\pi}$

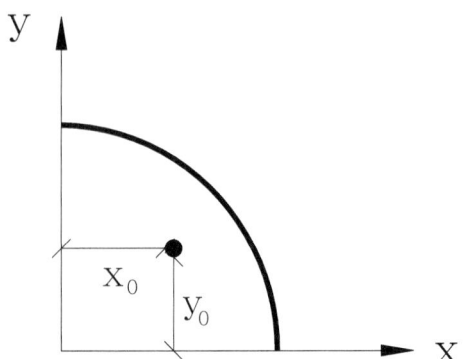

반원을 1회전 시키면 구(球)

구의 체적 $V = \frac{4}{3}\pi r^3$

반원의 면적 $A = \frac{\pi r^2}{2}$

$V = A \cdot y_0 \cdot \theta$

$\frac{4}{3}\pi r^3 = \frac{\pi r 2}{2} \cdot y_0 \cdot 2\pi, \quad \therefore y_0 = \frac{4r}{3\pi}$

참고) 구 $A = 4\pi r^2 = \pi D^2$

$V = \frac{4}{3}\pi r^3 = \frac{1}{6}\pi D^3$

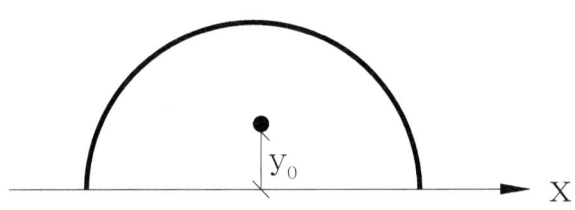

2.2.6 각 도형의 도심

1) 정사각형 도형에 $\frac{1}{4}$원을 뺀 나머지 부분의 도심

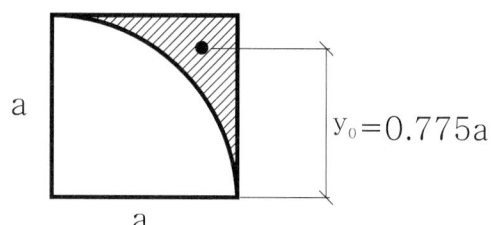

2) $\frac{1}{4}$원에서 직각 이등변삼각형을 뺀 나머지 부분의 도심

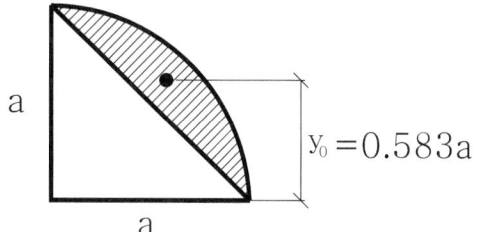

3) 정사각형 도형에서 이등변 삼각형을 뺀 나머지 부분의 도심

$y_1 = \dfrac{7}{18}a$

$y_1 = \dfrac{11}{18}a$

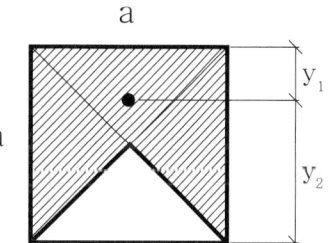

4) 정사각형 도형에서 $\frac{1}{4}$정사각형을 뺀 나머지 부분의 도심

$y_0 = \dfrac{5}{12}a$

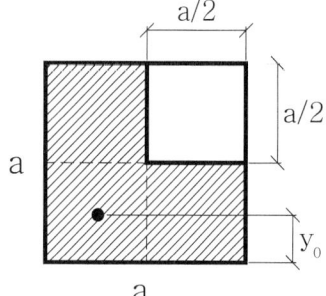

5) 반지름 r인 원에서 지름 r인 원을 뺀 나머지 부분의 도심

$x_1 = \dfrac{5}{6}r$

$x_2 = \dfrac{7}{6}r$

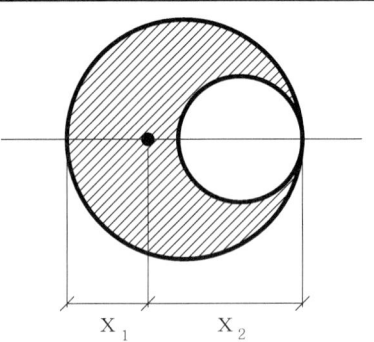

6) 2차 포물선 도형의 도심

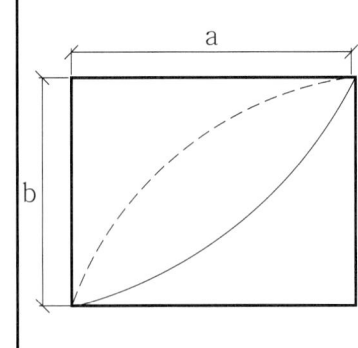 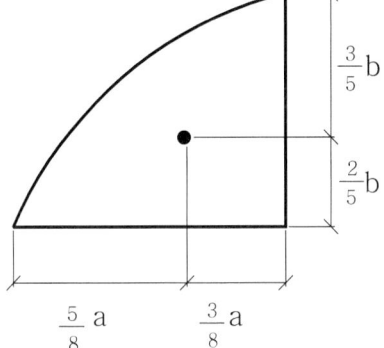 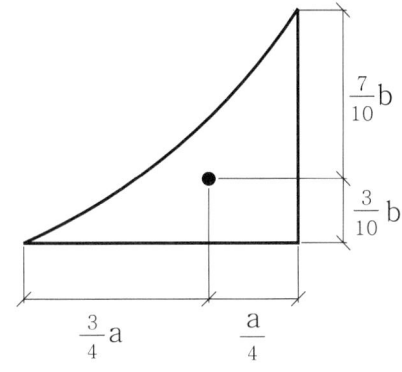

▶ 기억하기   분모 : 8 · 5 = 4 · 10 = 40

　　　　　　분자 : (5+3)(3+2)　(3+1)(7+3)

2017년 7급 – 국가직 응용역학 기출문제

문 20. 그림과 같은 분포하중을 받는 단순보에서 B점의 수직반력[kN]은?
(단, 보의 자중은 무시한다)

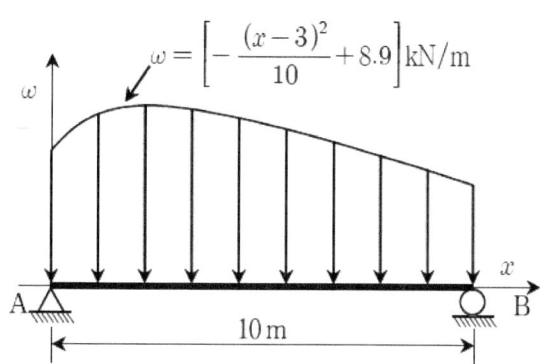

① 32.5
② 35
③ 37.5
④ 40

$$x_o = \frac{\int x \cdot dA}{\int dA} = \frac{Gy}{A}, \quad dA = \left[-\frac{(x-3)^2}{10}+8.9\right] \cdot dx, \quad \int_0^{10}\left[-\frac{(x-3)^2}{10}+8.9\right] \cdot dx = \frac{230}{3}$$

$$x_o = \frac{\int_0^{10} x \cdot \left[-\frac{(x-3)^2}{10}+8.9\right] \cdot dx}{\int_0^{10}\left[-\frac{(x-3)^2}{10}+8.9\right] \cdot dx}$$

$$x_o = \frac{105}{23} m$$

$$\therefore R_B = \frac{P \cdot a}{L} = \frac{\frac{320}{3} \cdot \frac{105}{23}}{10} = 35$$

제 2 장 단면의 성질

2.3 단면 2차 모멘트 (관성모멘트)

2.3.1 정의

기준 축에서 미소면적에 이르는 거리 x (또는 y)의 제곱과 미소면적을 곱해 전단면에 대해서 적분한 것을 단면 2차 모멘트라 한다.

▸ 단면 2차 모멘트는 부재설계에 있어 모든 저항성에 대한 기본이 된다.

2.3.2 공식

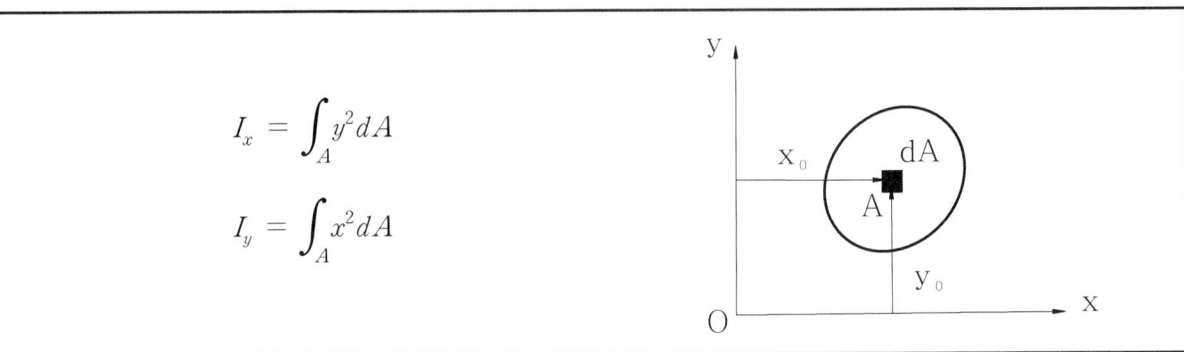

$$I_x = \int_A y^2 dA$$

$$I_y = \int_A x^2 dA$$

2.3.3 좌표의 평행이동

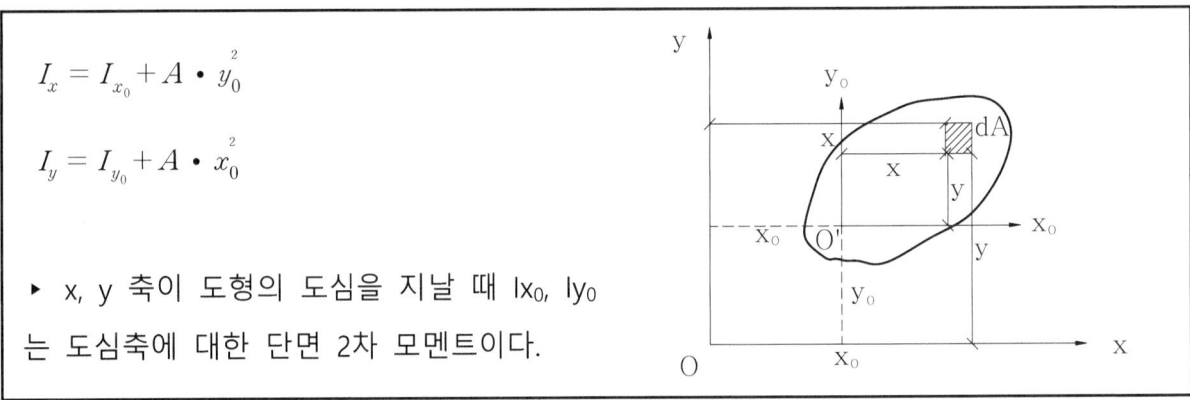

$$I_x = I_{x_0} + A \cdot y_0^2$$

$$I_y = I_{y_0} + A \cdot x_0^2$$

▸ x, y 축이 도형의 도심을 지날 때 I_{x_0}, I_{y_0}는 도심축에 대한 단면 2차 모멘트이다.

2.3.4 단위 : mm^4, m^4

2.3.5 부호

단면 2차 모멘트 = (면적)×(거리)^2 이므로 항상 (+)이다.

2.3.6 용도

제 2 장 단면의 성질

> 1) 단면계수와 단면 2차 반경(회전반경)의 계산
> 2) 강비, 처짐량, 좌굴하중의 계산
> 3) 휨응력, 전단응력의 계산
> 4) 단면극 2차 모멘트, 단면의 주축계산

2.3.7 특성

1) 나란한 축에 대한 단면 2차 모멘트 중에서 도심축에 대한 단면 2차 모멘트가 최소가 된다.
2) 정삼각형, 정사각형, 정다각형의 도심축에 대한 단면 2차 모멘트는 축의 회전에 관계없이 일정한 값이다. $I_1 = I_2 = I_3 = I_4$

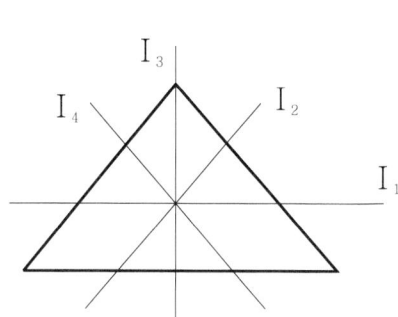 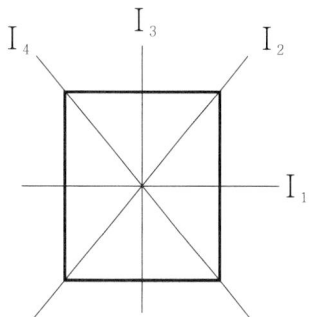

▶ 구형(직사각형)단면의 최대, 최소 단면 2차 모멘트

최소 단면 2차 모멘트 $= \dfrac{(큰 변) \times (작은 변)^3}{12}$

최대 단면 2차 모멘트 $= \dfrac{(작은 변) \times (큰 변)^3}{12}$

2.3.8 기본 도형의 단면 2차 모멘트

1) 구형(직사각형) 단면

도심축 : $I_{x_0} = \dfrac{bh^3}{12}$

밑변, 윗변 : $I_{x_1} = I_{x_2} = 4 I_{x_0} = 4 \dfrac{bh^3}{12} = \dfrac{bh^3}{3}$

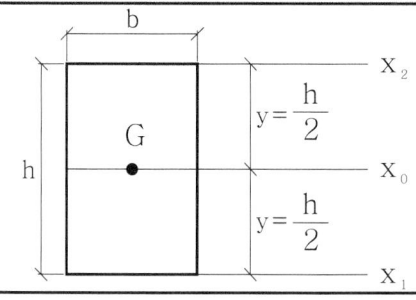

제 2 장 단면의 성질

2) 원형 단면

도심축 : $I_{x_0} = \dfrac{\pi D^4}{64} = \dfrac{\pi r^4}{4}$

가장자리 : $I_{x_1} = I_{x_2} = 5I_{x_0} = \dfrac{5\pi D^4}{64} = \dfrac{5\pi r^4}{4}$

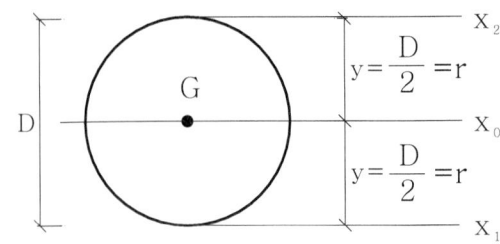

3) 삼각형단면

도심축 : $I_{x_0} = \dfrac{bh^3}{36}$

밑변 : $I_x = 3I_{x_0} = 3\dfrac{bh^3}{36} = \dfrac{bh^3}{12}$

꼭지 : $I_{x_2} = 9I_{x_0} = 9\dfrac{bh^3}{36} = \dfrac{bh^3}{4}$

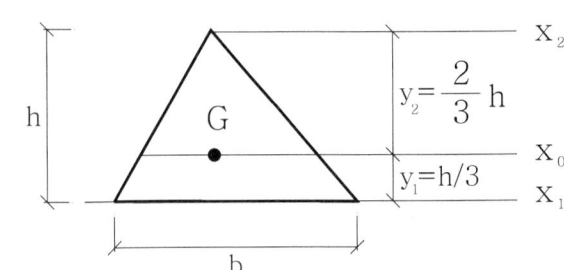

4) 정사각형 단면

도심축 : $I_{x_0} = \dfrac{a^4}{12}$

밑변, 윗변 : $I_{x_1} = I_{x_2} = 4\dfrac{a^4}{12} = \dfrac{a^4}{3}$

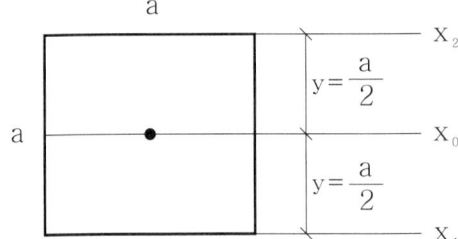

도심축 : $I_{x_0} = \dfrac{a^4}{12}$

꼭지 : $I_{x_1} = I_{x_2} = 7I_{x_0} = \dfrac{7a^4}{12}$

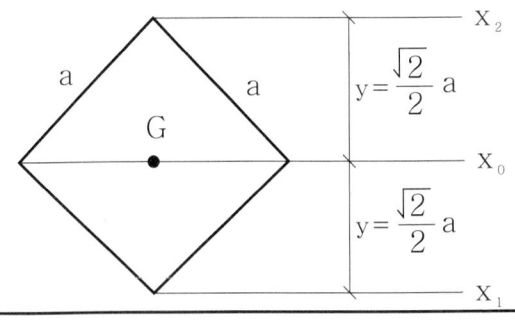

5) I형 단면과 상자형 단면

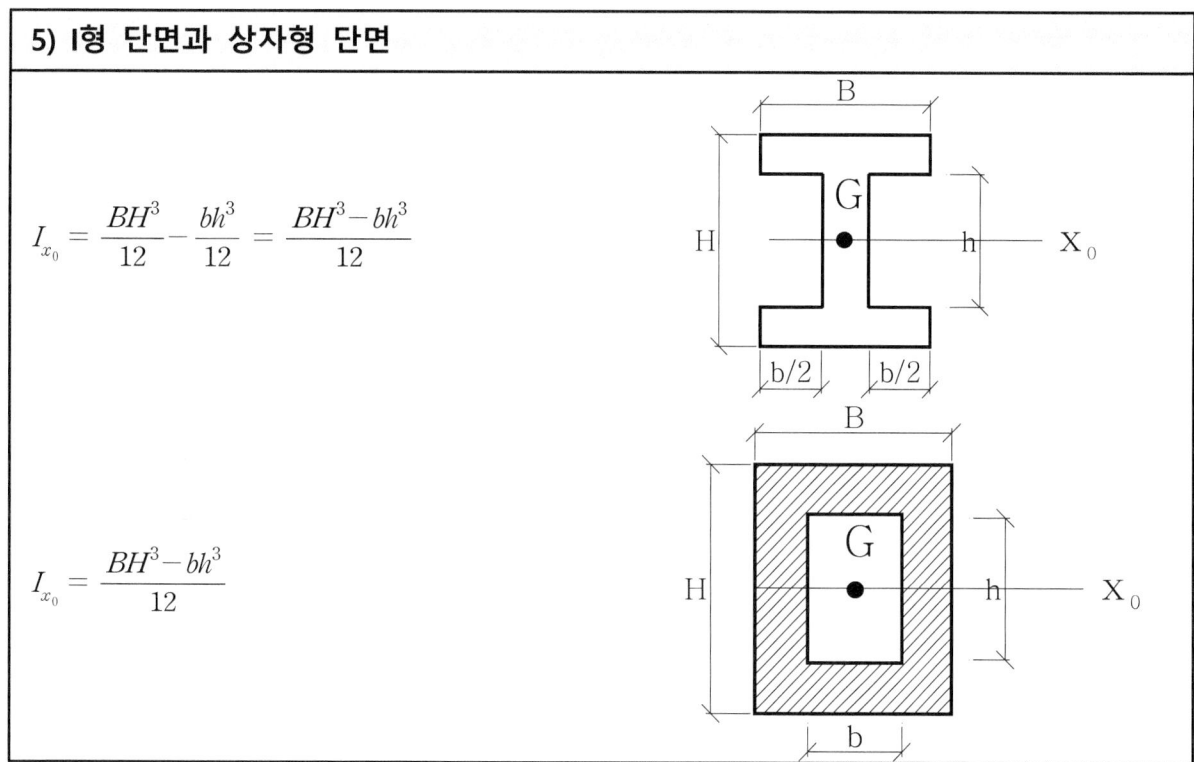

$$I_{x_0} = \frac{BH^3}{12} - \frac{bh^3}{12} = \frac{BH^3 - bh^3}{12}$$

$$I_{x_0} = \frac{BH^3 - bh^3}{12}$$

6) 기타

$$I = \frac{1}{2} \cdot \frac{bh^3}{12} = \frac{bh^3}{24}$$

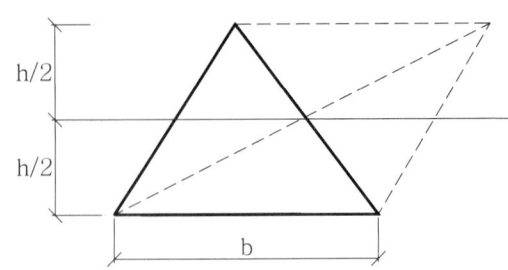

$$I = \frac{1}{2} \cdot \frac{\pi r^4}{4} = \frac{\pi r^4}{8}$$

또는 $I = \frac{1}{2} \cdot \frac{\pi D^4}{64} = \frac{\pi D^4}{128}$

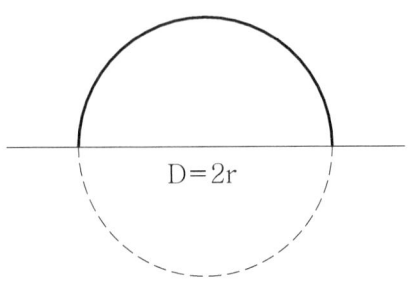

$$I = \frac{1}{4} \cdot \frac{\pi r^4}{4} = \frac{\pi r^4}{16}$$

$$I_x = \frac{bh^3}{12} + \frac{ah^3}{4} = \frac{h^3}{12}(b+3a)$$

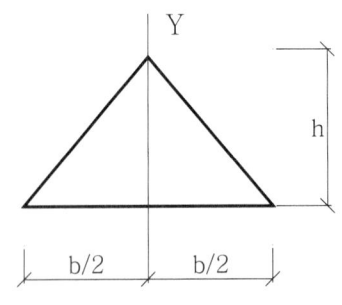

$$I_y = 2\frac{h(\frac{b}{2})^3}{12} = \frac{hb^3}{48}$$

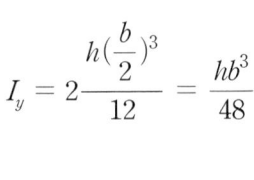

$$I_x = \frac{bh^3}{3}$$

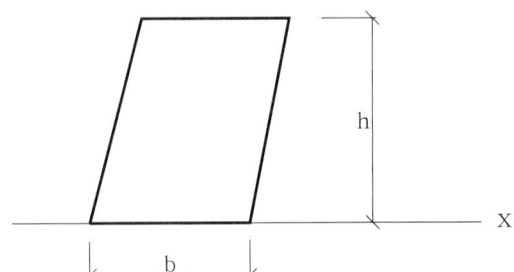

제 2 장 단면의 성질

1) I-Beam을 겹이음해서 사용하는 이유는?

① 단면의 높이를 크게 하기 위해서
② 단면 2차 모멘트를 크게 하기 위해서
③ 구조적으로 안전하게 하기 위하여

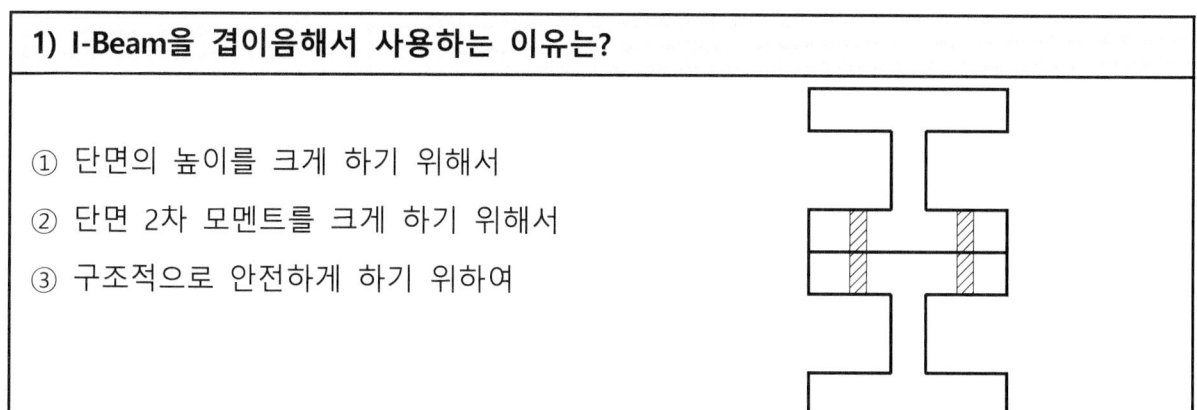

예2) 그림(a)와 같은 I형보를 그림(b), (c)와 같이 보의 단면으로 사용할 때 (c)는 (b)보다 얼마나 강한가? (단, n-n축과 m-m축의 단면 2차 모멘트의 차를 s로 한다.)

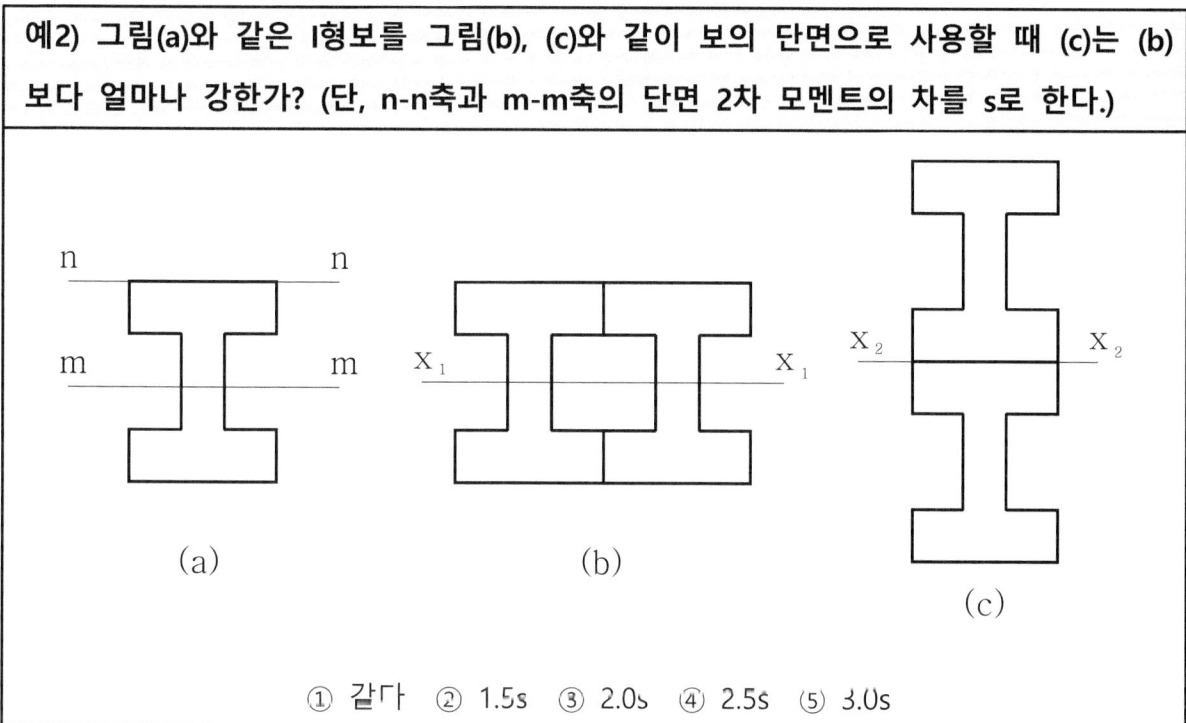

(a)　　　　　(b)　　　　　(c)

① 같다　② 1.5s　③ 2.0s　④ 2.5s　⑤ 3.0s

예3) 다음 도형의 x축에 대한 단면 2차 모멘트는?

$$I_x = \frac{bh^3}{21}$$

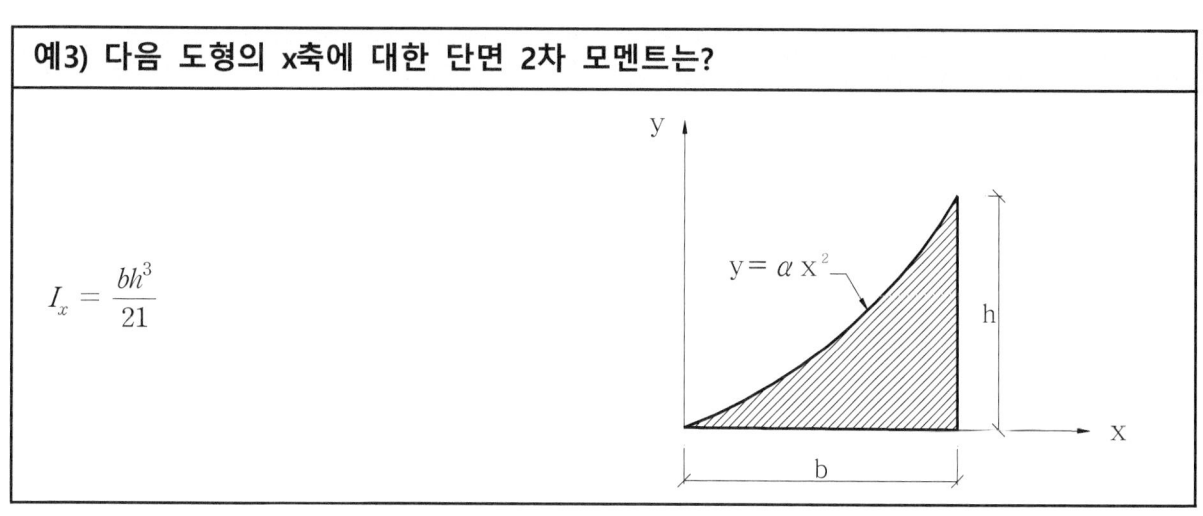

제 2 장 단면의 성질

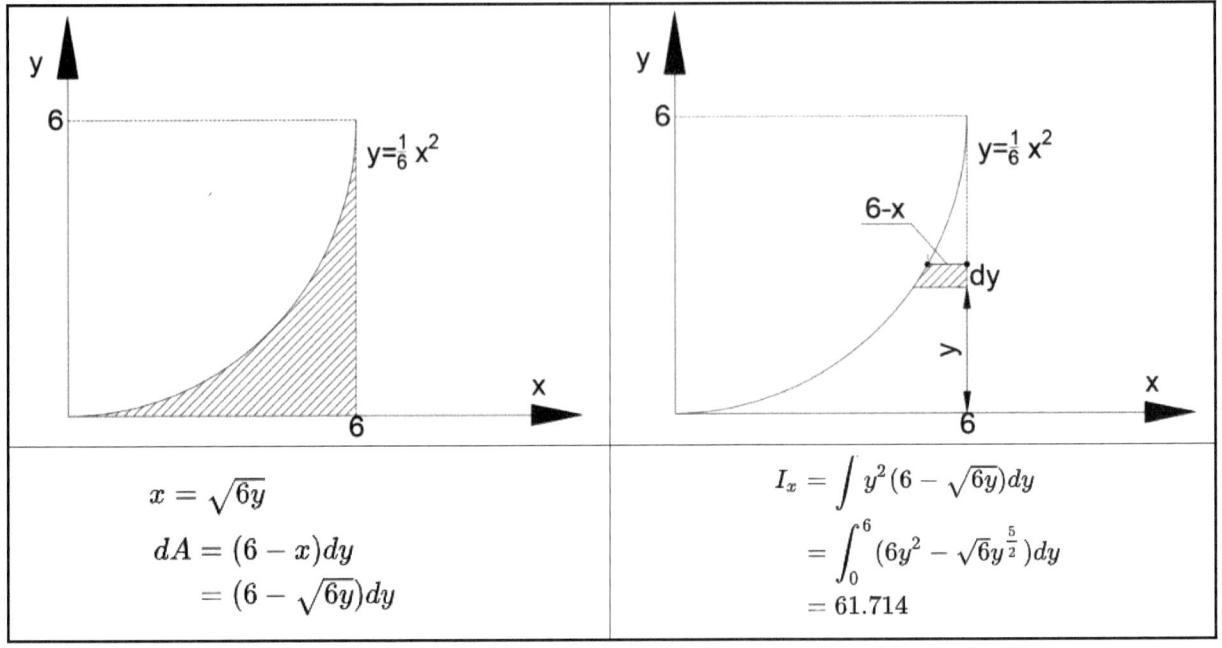

$$x = \sqrt{6y}$$
$$dA = (6-x)dy$$
$$= (6-\sqrt{6y})dy$$

$$I_x = \int y^2(6-\sqrt{6y})dy$$
$$= \int_0^6 (6y^2 - \sqrt{6}y^{\frac{5}{2}})dy$$
$$= 61.714$$

4) 다음 도형의 최소 단면 2차 모멘트는?

$$Imin = \frac{(큰변) \times (작은변)^3}{12} = \frac{4 \times 3 \times 3 \times 3}{12} = 9m^4$$

5) 다음 도형에서 x-x축에 대한 단면 2차 모멘트는?

$$I_x = I_{x_0} + A \cdot y_0^2 = \frac{3 \times 4^3}{12} + 3 \times 4 \times 4^2$$
$$= \frac{3 \times (4 \times 4 \times 4)}{12} + (3 \times 4)(4 \times 4)$$
$$= 208 m^4$$

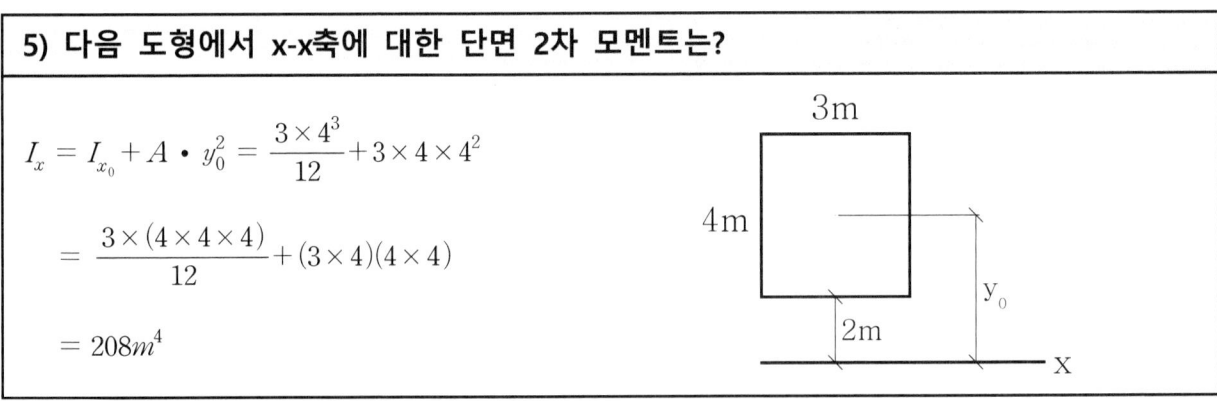

6) $b+h=\ell$ 인 구형(직사각형) 단면에서 최대 단면 2차 모멘트를 갖는 폭 b와 높이 h는?

▶ 생각하기 : 단면 2차 모멘트의 단위가 4승이므로

$b = \dfrac{\ell}{4}, h = \dfrac{3}{4}\ell$

2.4 단면계수 (휨에 대한 저항성)

2.4.1 정의

도심축에 대한 단면 2차 모멘트를 도심부터 상. 하단까지의 거리로 나눈 값을 단면계수라 한다.

▶ 단면계수는 휨부재(보)의 휨저항계수로서 그 값이 클 때 저항에 대한 효율이 커진다.

2.4.2 공식

1) 축이 대칭일 때는 한 개의 단면계수만이 존재한다.

$$Z_r = \frac{I_x}{y}$$

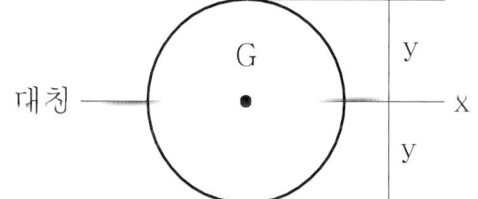

2) 축이 비대칭일 때는 두 개의 단면계수가 존재한다.

상연에 대하여 : $Z_1 = \dfrac{I_x}{y_1}$

하연에 대하여 : $Z_2 = \dfrac{I_x}{y_2}$

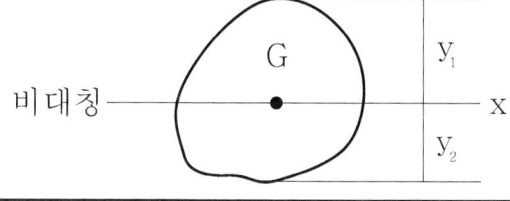

2.4.3 단위

mm^3, m^3

▶ 단면계수와 단면 1차 모멘트는 3승의 단위로 같다.

2.4.4 부호

항상 (+)이다.

2.4.5 용도

보와 같은 휨부재가 휨모멘트에 저항하는 강도를 구하는 계수로서 부재의 경제적인 단면설계에 적용한다.

2.4.6 각종 도형의 단면계수

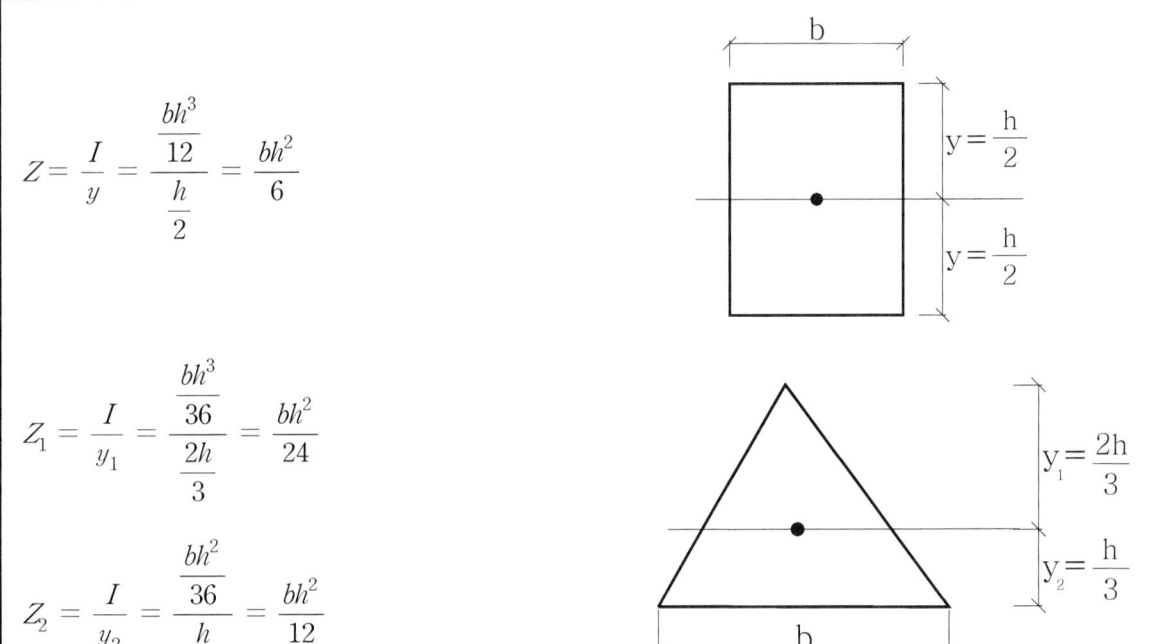

$$Z = \frac{I}{y} = \frac{\frac{bh^3}{12}}{\frac{h}{2}} = \frac{bh^2}{6}$$

$$Z_1 = \frac{I}{y_1} = \frac{\frac{bh^3}{36}}{\frac{2h}{3}} = \frac{bh^2}{24}$$

$$Z_2 = \frac{I}{y_2} = \frac{\frac{bh^2}{36}}{\frac{h}{3}} = \frac{bh^2}{12}$$

▶ 삼각형과 같은 비대칭 도형의 단면계수는 작은 값의 단면계수($bh^2/24$)를 사용한다.

제 2 장 단면의 성질

$$Z = \frac{I}{y} = \frac{\frac{\pi D^4}{64}}{\frac{D}{2}} = \frac{\pi D^3}{32}$$

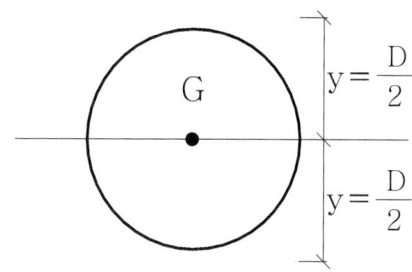

$$Z = \frac{I}{y} = \frac{\frac{a^4}{12}}{\frac{a}{2}} = \frac{a^3}{6}$$

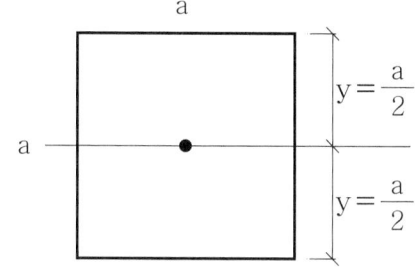

$$Z = \frac{I}{y} = \frac{\frac{a^4}{12}}{\frac{\sqrt{2}}{2}a} = \frac{a^3}{6\sqrt{2}}$$

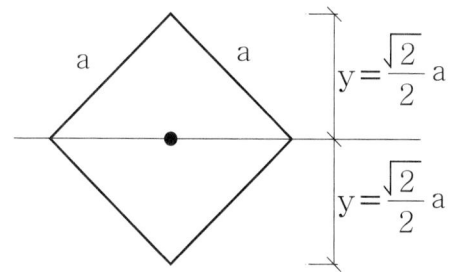

- 정사각형과 정사각 마름모꼴의 단면 2차 모멘트는 같으나, 단면계수는 정사각형이 마름모꼴보다 $\sqrt{2}$ 배가 크다.

$$Z = \frac{I}{y} = \frac{\frac{BH^3 - bh^3}{12}}{\frac{H}{2}} = \frac{BH^3 - bh^3}{6H}$$

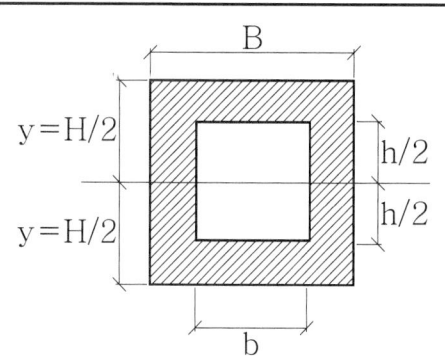

EX : $b + h = \ell$ 인 구형(직사각형) 단면에서 최대 단면계수를 갖는 폭 b와 높이 h는?

▶ 생각하기 : 단면계수의 단위가 3승이므로

$b = \dfrac{\ell}{3}, \; h = \dfrac{2}{3}\ell$

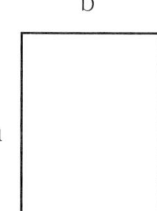

제 2 장 단면의 성질

EX : 지름 D인 원형단면에서 최대 단면계수를 갖는 구형(직사각형) 보의 폭 b와 높이 h는?

▶ 생각하기 :

단면계수의 단위가 3승이고, 경사 길이 D에 대한 b, h는 제곱근 $b = \dfrac{D}{\sqrt{3}}$, $h = \dfrac{\sqrt{2}}{\sqrt{3}}D$

① $b : h = 1 : \sqrt{2}$

  $b : D = 1 : \sqrt{3}$

  $h : D = \sqrt{2} : \sqrt{3}$

② 단면계수 :

$Z = \dfrac{bh^2}{6} = \dfrac{1}{6}\left(\dfrac{D}{\sqrt{3}}\right)\left(\dfrac{\sqrt{2}}{\sqrt{3}}D\right)^2 = \dfrac{D^3}{9\sqrt{3}}$

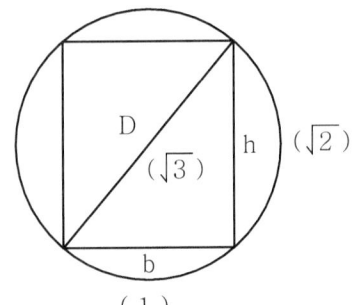

EX : 삼각형 단면에서 최대 단면계수를 갖는 구형(직사각형) 보의 폭 b와 높이 h는?

▶ 생각하기 : 단면계수의 단위가 3승이므로

$x = \dfrac{b}{3}$, $y = \dfrac{2h}{3}$

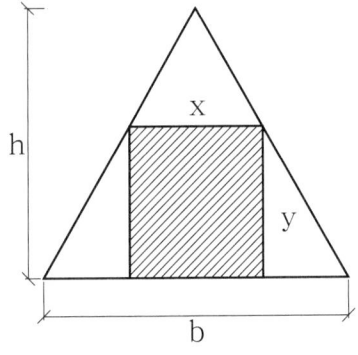

2.5 단면 2차 반경 (좌굴에 대한 저항성)

2.5.1 정의

단면 2차 모멘트를 단면적으로 나눈 값의 제곱근을 단면 2차 반경이라 한다.

* 압축부재(기둥)의 좌굴저항계수로서 그 값이 클 때 저항에 대한 효율이 커진다.

2.5.2 공식

$$r_x = \sqrt{\frac{I_x}{A}}, \quad r_y = \sqrt{\frac{I_y}{A}}$$

2.5.3 단위

mm, m

2.5.4 부호

항상 (+) 이다.

2.5.5 용도

장주와 같은 압축재의 좌굴에 저항하는 경제적인 단면설계에 사용된다.

- 일반적으로 도심을 지나는 축에 대하 회전반경을 사용하며, 실제 설계에 필요한 것은 주축의 회전반경이다.
- 주축 중에서 최소 단면 2차 모멘트에 대한 것을 최소 회전반경이라 하며 기둥설계에서는 최소 회전반경을 사용한다.

2.5.6 좌표축의 평행이동

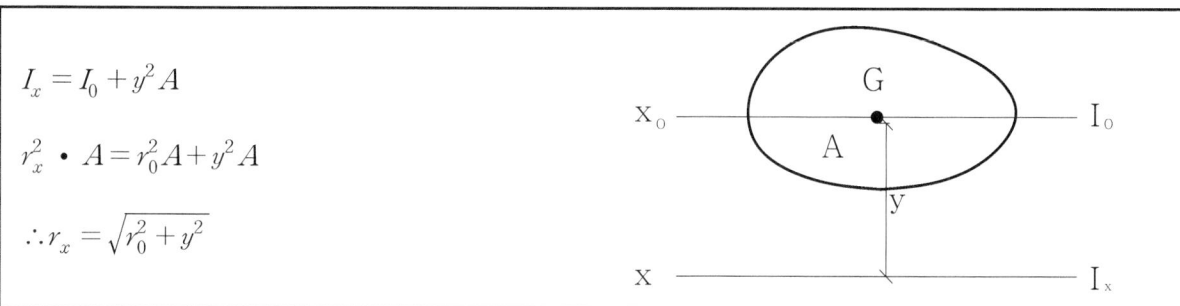

$I_x = I_0 + y^2 A$

$r_x^2 \cdot A = r_0^2 A + y^2 A$

$\therefore r_x = \sqrt{r_0^2 + y^2}$

2.5.7 기본 도형의 회전반경

$$r = \sqrt{\frac{I}{A}} = \sqrt{\frac{\frac{bh^3}{12}}{bh}} = \sqrt{\frac{h^2}{12}} = \frac{h}{\sqrt{12}} = \frac{h}{2\sqrt{3}}$$

- b<h 일 때 최소회전반경은 :

$$r_{\min} = \frac{\text{작은변}}{2\sqrt{3}} = \frac{b}{2\sqrt{3}}$$

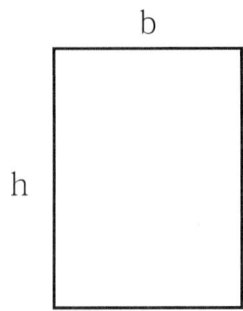

$$r = \sqrt{\frac{I}{A}} = \sqrt{\frac{\frac{bh^3}{36}}{\frac{bh}{2}}} = \sqrt{\frac{h^2}{18}} = \frac{h}{\sqrt{18}} = \frac{h}{3\sqrt{2}}$$

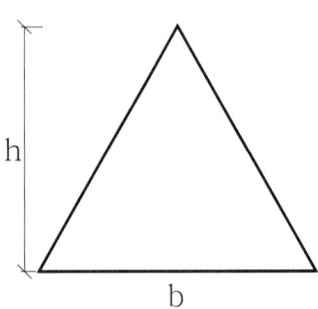

$$r = \sqrt{\frac{I}{A}} = \sqrt{\frac{\frac{\pi D^4}{64}}{\frac{\pi D^2}{4}}} = \sqrt{\frac{D^2}{16}} = \frac{D}{4}$$

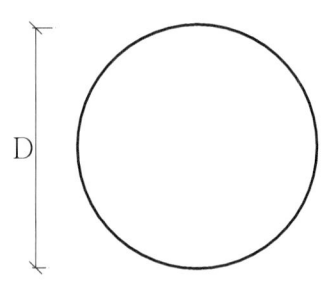

단면 2차 모멘트 (I) : 원조
구조물의 강약을 조사할 때, 설계할 때

휨부재	압축부재
회전반경 ($r = \sqrt{I/A}$)	단면계수 (Z=I/y)
부재가 좌굴할 때의 저항계수	부재가 휠 때의 저항계수

2.6 단면 극 2차 모멘트 (극관성 모멘트)

2.6.1 정의

미소 면적 dA에 직교좌표의 원점까지의 거리 (극거리) r의 제곱을 곱한 합계를 그 좌표에 대한 단면 극 2차 모멘트라 한다.

2.6.2 공식

(1) 적분식

$$I_p = \int_A r^2 dA$$

(2) 단면 2차 모멘트와의 관계

$$I_p = I_x + I_y$$

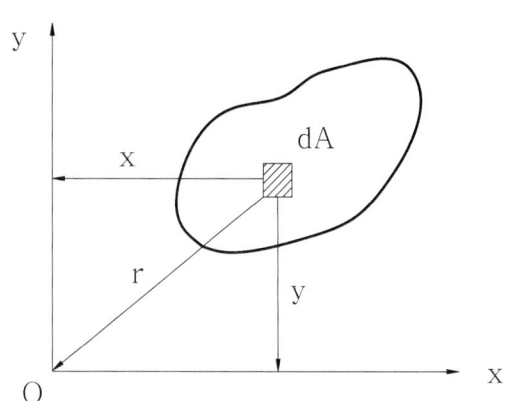

* 원형단면 (정사각형단면, 정삼각형단면, 정다각형단면)

$$I_x = I_y$$

$$I_p = I_x + I_y = 2I_x = 2I_y$$

(3) 좌표의 회전

$$I_p = I_x + I_y = I_{x'} + I_{y'}$$

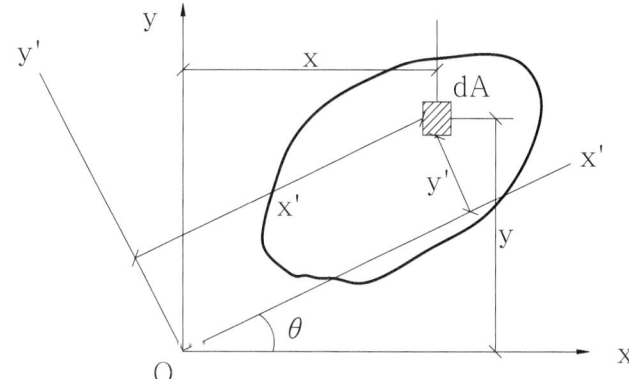

2.6.3 단위

mm^4, m^4

2.6.4 부호

항상 (+)이다.

2.6.5 용도

비틀림에 의한 전단응력 계산 (리벳 및 볼트의 접합부 설계)

2.6.6 특성

극2차 모멘트 I_p의 값은 좌표축의 회전에 관계없이 일정한 값이다.

2.6.7 각종 도형의 극 2차 모멘트

도심축 : $I_p = I_x + I_y = \dfrac{bh^3}{12} + \dfrac{b^3h}{12} = \dfrac{bh}{12}(b^2 + h^2)$

x, y축 : $I_p = I_x + I_y = \dfrac{bh^3}{3} + \dfrac{b^3h}{3} = \dfrac{bh}{3}(b^2 + h^2)$

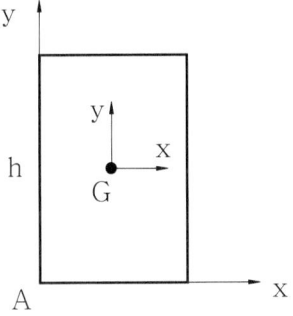

도심축 : $I_p = I_x + I_y = 2I_x = 2I_y = 2\dfrac{\pi D^4}{64} = \dfrac{\pi D^4}{32}$

원주상 한점 A :

$I_p = I_x + I_y = \dfrac{\pi D^4}{64} + \dfrac{5\pi D^4}{64} = \dfrac{6\pi D^4}{64} = \dfrac{3\pi D^4}{32}$

또는 $I_p = I_x + I_y = \dfrac{\pi r^4}{4} + \dfrac{5\pi r^4}{4} = \dfrac{6\pi r^4}{4} = \dfrac{3\pi r^4}{2}$

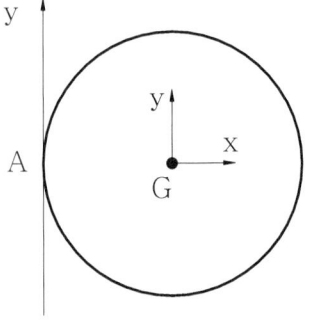

도심축 : $I_p = I_x + I_y = \dfrac{bh^3}{36} + \dfrac{b^3h}{36} = \dfrac{bh}{36}(b^2 + h^2)$

x, y 축 : $I_p = I_x + I_y = \dfrac{bh^3}{12} + \dfrac{b^3h}{12} = \dfrac{bh}{12}(b^2 + h^2)$

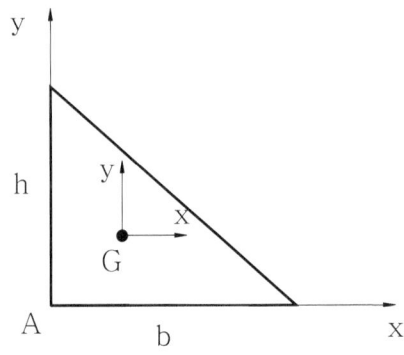

$I_p = I_x + I_y = (\dfrac{a^4}{12} + a^2 \cdot y_0^2) + (\dfrac{a^4}{12} + a^2 \cdot x_0^2)$

$\therefore I_p = \dfrac{a^4}{6} + a(x_0^2 + y_0^2)$

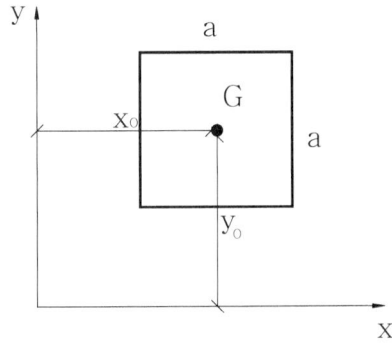

2.7 단면 상승모멘트 (관성상승모멘트)

2.7.1 정의

미소면적 dA에 직교축 까지의 거리 x, y를 곱한 것을 전단면에 걸쳐 합한 것을 단면의 상승모멘트라 한다.

2.7.2 공식

(1) 적분식

$$I_{xy} = \int_A x \cdot y \, dA$$

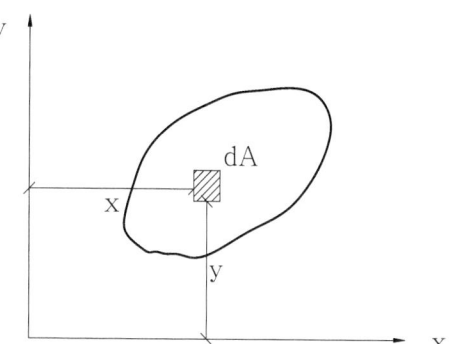

* 단면이 대칭도형이고 X_0, Y_0축 중 어느 한 축이 그 대칭축일 때는 $I_{X_0 Y_0} = 0$이다.

(2) 축의 이동

$$I_{xy} = I_{X_0 Y_0} + Axy$$

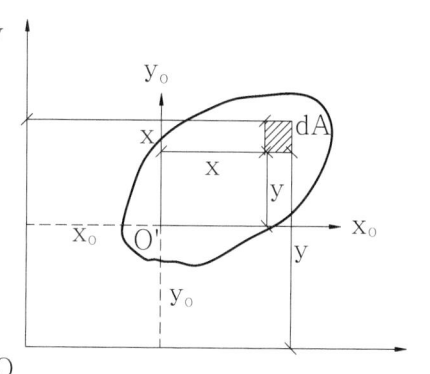

* 단면이 1개 이상의 대칭축을 갖는 대칭도형이면 ($I_{X_0 Y_0} = 0$), 위 식은 다음과 같이 된다.

$$I_{xy} = Axy$$

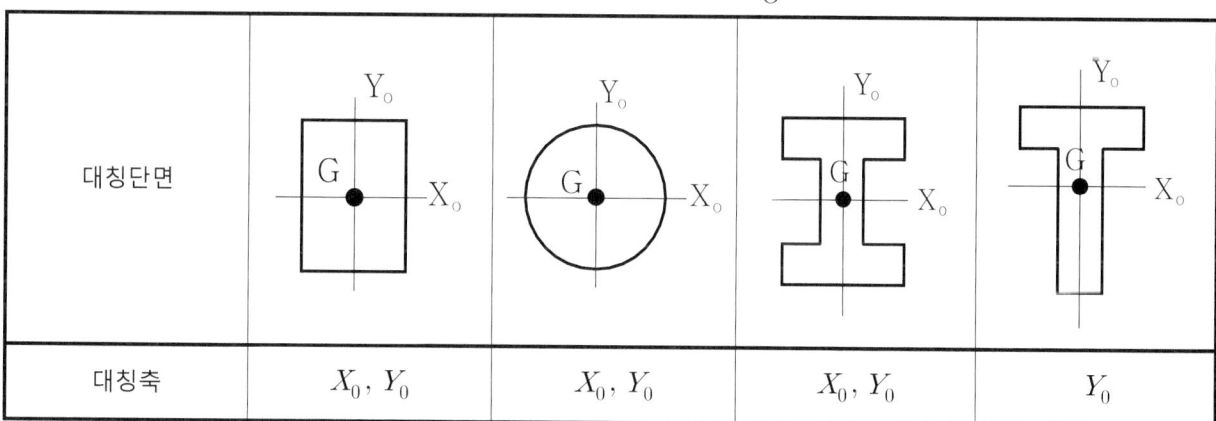

대칭단면				
대칭축	X_0, Y_0	X_0, Y_0	X_0, Y_0	Y_0

2.7.3 단위

mm^4, m^4

2.7.4 부호

좌표축에 따라서 (+), (-) 부호를 갖는다.

2.7.5 용도

단면의 주축, 주단면 2차 모멘트 계산에 사용되며 이것은 기둥 등 압축재의 설계에 적용된다.

2.7.6 각종 도형의 단면 상승 모멘트

도심축 : $I_{XY} = 0$

x, y 축 : $I_{xy} = A \cdot xy = bh\dfrac{b}{2} \cdot \dfrac{h}{2} = \dfrac{b^2 h^2}{4}$

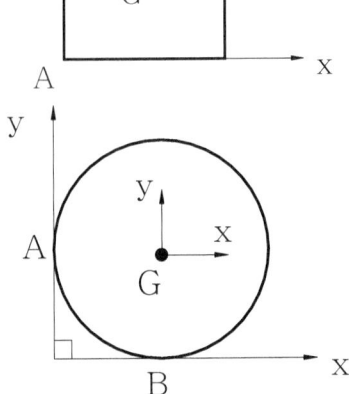

도심축 : $I_{XY} = 0$

원주상 한점 A : $I_{XY} = 0$

x, y축 (직교) : $I_{xy} = A \cdot xy = \pi r^2 \cdot r \cdot r = \pi r^4$

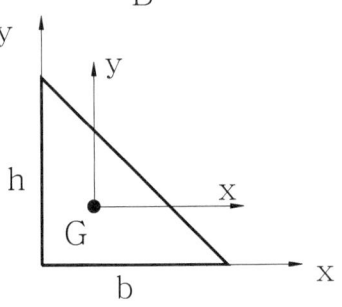

x, y 축 : $I_{xy} = \displaystyle\int_A x \cdot y \, dA = \dfrac{b^2 h^2}{24}$

도심축 : $I_{XY} = I_{xy} - xyA = \dfrac{b^2 h^2}{24} - \dfrac{b}{3}\dfrac{h}{3}\dfrac{bh}{2}$

$\therefore I_{XY} = -\dfrac{b^2 h^2}{72}$

$$y = h - \dfrac{h}{b}x = h\left(1 - \dfrac{x}{b}\right)$$
$$dA = ydx$$
$$I_{xy} = \int_A xy\,dA = \int_0^b x\left(\dfrac{y}{2}\right)y\,dx$$
$$= \dfrac{h^2}{2}\int_0^b x\left(1 - \dfrac{x}{b}\right)^2 dx$$
$$= \dfrac{b^2 h^2}{24}$$

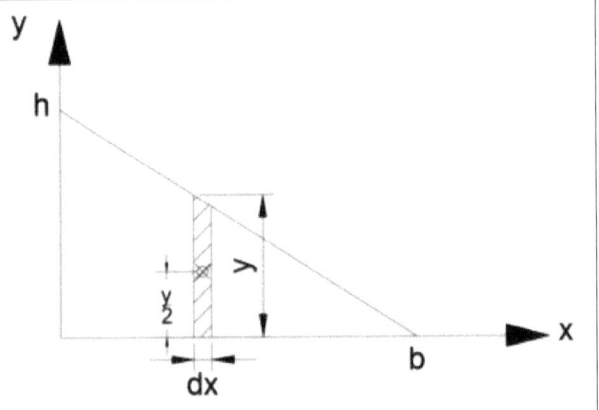

2.7.7 특성

(1) 대칭축에 대한 단면 상승모멘트는 영이다.

(2) 도심을 지나는 단면 상승모멘트는 영이다. (단, 대칭도형일 때)

(3) 단면 상승모멘트가 영이 되는 (직교하는) 두 축을 공액축이라 한다.

(4) 단면 상승모멘트는 좌표축에 따라 (+)(-) 부호를 갖는다.

2.8 단면의 주축과 주단면 2차 모멘트

2.8.1 단면의 주축

(1) 정의 : 직교한 어떤 두 축에 대한 단면 2차 모멘트의 값이 최대, 최소가 되는 두 축을 주축이라 한다.

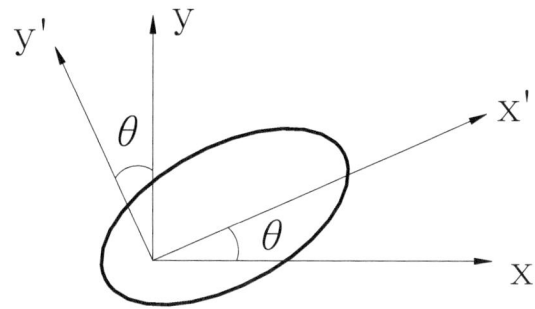

(2) 특성

① 주축에 대한 상승모멘트는 영이다.

② 주축에 대한 단면 2차 모멘트는 그 점을 지나는 다른 어떤 축에 대한 것보다 최소, 또는 최대가 된다.

③ 모든 대칭축은 주축이다. (즉, 대칭축은 주축의 하나이다)

④ 정다각형이나 원형단면은 대칭축이 여러 개 있으므로 주축은 여러 개 있다.

2.8.2 주단면 2차 모멘트

(1) 정의 : 주축에 대한 단면 2차 모멘트를 주 단면 2차 모멘트라 한다.

(2) 공식 : 주축의 경사각 θ는 $\tan 2\theta = -\dfrac{2I_{XY}}{I_X - I_Y}$ 또는 $\tan 2\theta = \dfrac{2I_{XY}}{I_Y - I_X}$

* 주축의 경사각 θ의 값은 $0° \leq \theta < 180°$의 범위 내에 두 개 있으며, 그 차는 $90°$ (직교)이다.

(3) 주축에 대한 최대, 최소의 주단면 2차 모멘트

$$I_{\max} = \frac{I_X + I_Y}{2} + \frac{1}{2}\sqrt{(I_X - I_Y)^2 + 4I_{XY}^2} , \quad I_{\min} = \frac{I_X + I_Y}{2} - \frac{1}{2}\sqrt{(I_X - I_Y)^2 + 4I_{XY}^2}$$

(4) 주축의 판정

조건	$I_{\max}$	$I_{\min}$
$I_{XY} > 0$	I_Y'	I_X'
$I_{XY} < 0$	I_Y'	I_Y'

(5) 단위 : mm^4, m^4

(6) 부호 : 항상 (+)이다.

(7) 용도 : 최소 2차 반경의 계산으로 장주의 좌굴에 대한 안전한 단면설계

예1) 다음 도형에서 주축의 방향은?

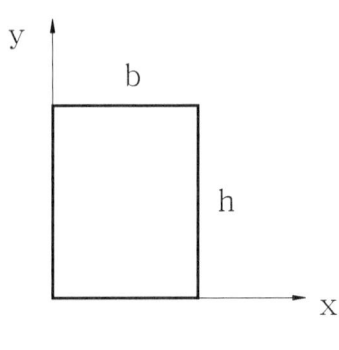

$$I_x = \frac{bh^3}{3}, I_y = \frac{b^3h}{3}, I_{xy} = \frac{b^2h^2}{4}$$

$$\therefore \tan2\theta = -\frac{2I_{xy}}{I_x - I_y} = -\frac{2\frac{b^2h^2}{4}}{\frac{bh^3}{3} - \frac{b^3h}{3}}$$

$$= \frac{-3bh}{2(h^2 - b^2)}$$

예2) 다음 도형에 O점 기준으로 θ만큼 회전시켰을 때 I_V는?

(단, $I_X = 600mm^4, I_Y = 200mm^4, I_u = 500mm^4$ 이다.)

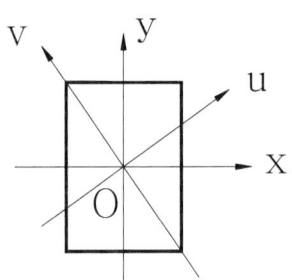

$$I_X + I_Y = I_u + I_V$$
$$\therefore I_V = I_X + I_Y - I_u = 600 + 200 - 500 = 300mm^4$$

예3) 그림과 같은 단면의 주축으로 잘못된 것은?

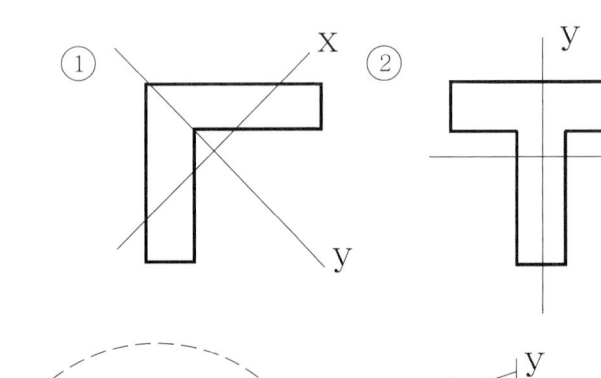
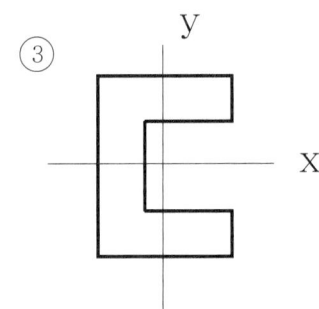
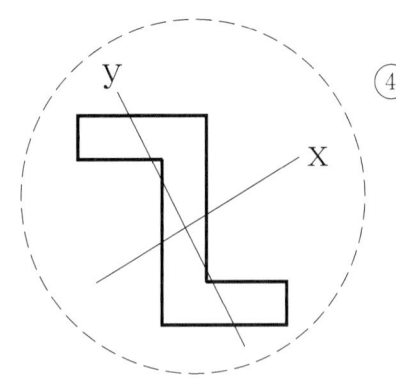
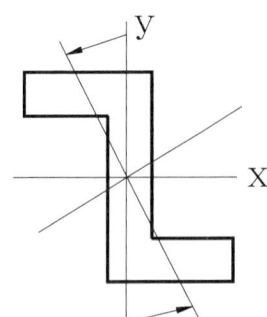
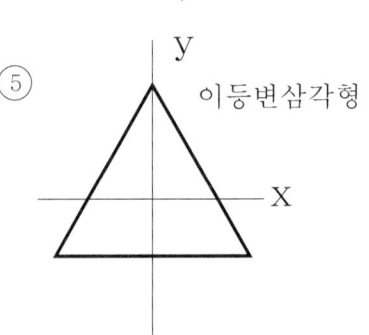

예4) 그림과 같은 타원의 극관성 모멘트는?

x축에 대한 관성모멘트 비 : b^3/a^3

y축에 대한 관성모멘트 비 : a^3/b^3

$$I_x = \frac{\pi a^4}{4}(\frac{b^3}{a^3}) = \frac{\pi ab^3}{4}$$

$$I_y = \frac{\pi b^4}{4}(\frac{a^3}{b^3}) = \frac{\pi ba^3}{4}$$

$$I_p = I_x + I_y = \frac{\pi b^4}{4}(a^2 + b^2)$$

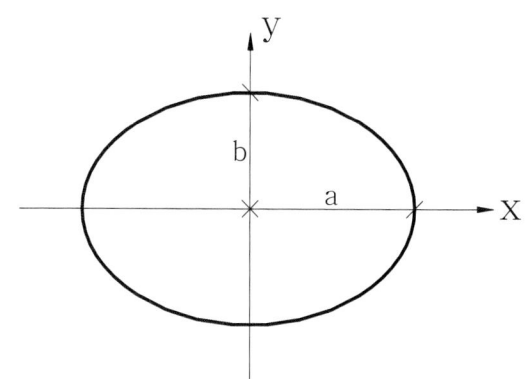

예5) 그림과 같은 L형 단면에서 O점을 원점으로 하는 주축의 방향각 α는?

$$I_{xy} = \frac{1^2 \times 10^2}{4} + \frac{1^2 \times 10^2}{4} - \frac{1^2 \times 1^2}{4} = 49.75 mm^4$$

$$I_x = I_y = \frac{1 \times 10^3}{3} + \frac{9 \times 1^3}{3} = 336.3 mm^4$$

$$\tan 2\alpha = \frac{2I_{xy}}{I_y - I_x} = \frac{2 \times 49.75}{336.3 - 336.3} = \infty$$

$\therefore 2\alpha = 90°$, $\therefore \alpha = 45°$

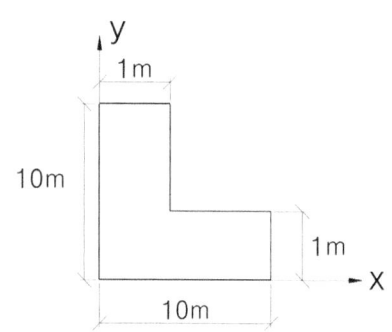

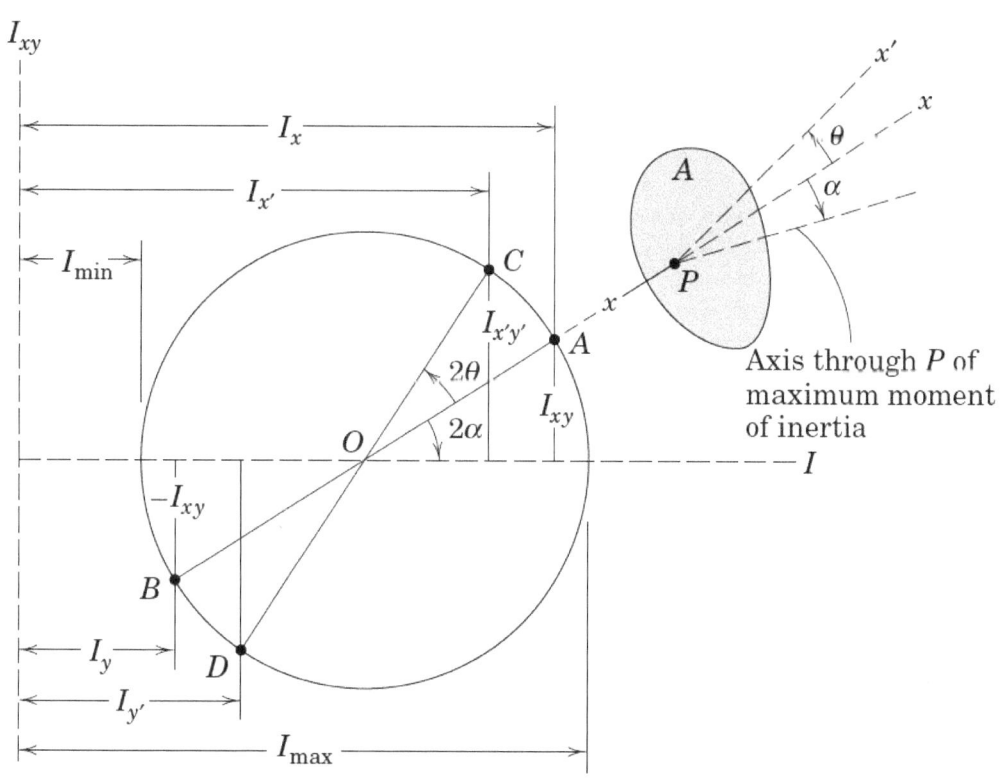

예제 6 - 주축 1/2

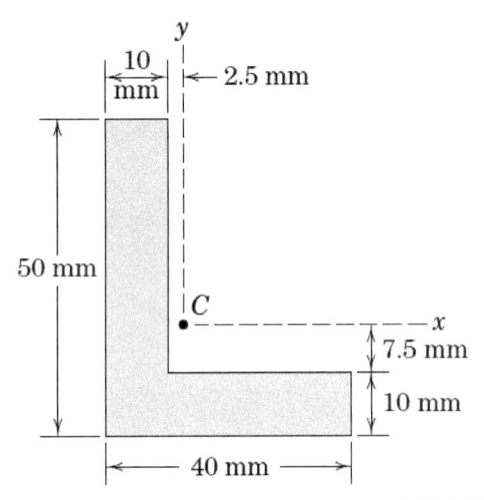
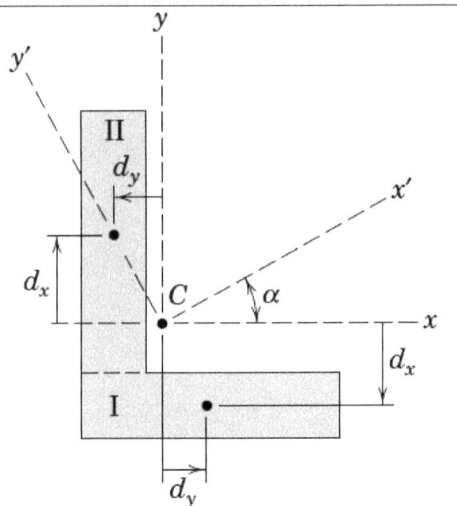

Moments of Inertia. The moments of inertia about the x- and y-axes for part I are

$[I = \bar{I} + Ad^2]$ $I_x = \frac{1}{12}(40)(10)^3 + (400)(12.5)^2 = 6.58(10^4)$ mm^4

$I_y = \frac{1}{12}(10)(40)^3 + (400)(7.5)^2 = 7.58(10^4)$ mm^4

and the moments of inertia for part II about these same axes are

$[I = \bar{I} + Ad^2]$ $I_x = \frac{1}{12}(10)(40)^3 + (400)(12.5)^2 = 11.58(10^4)$ mm^4

$I_y = \frac{1}{12}(40)(10)^3 + (400)(7.5)^2 = 2.58(10^4)$ mm^4

Thus, for the entire section we have

$$I_x = 6.58(10)^4 + 11.58(10)^4 = 18.17(10^4) \text{ mm}^4$$

$$I_y = 7.58(10^4) + 2.58(10^4) = 10.17(10^4) \text{ mm}^4$$

Products of Inertia. The product of inertia for each rectangle about its centroidal axes parallel to the x-y axes is zero by symmetry. Thus, the product of inertia about the x-y axes for part I is

$[I_{xy} = \bar{I}_{xy} + d_x d_y A]$ $I_{xy} = 0 + (-12.5)(+7.5)(400) = -3.75(10^4)$ mm^4

where $d_x = -(7.5 + 5) = -12.5$ mm

and $d_y = +(20 - 10 - 2.5) = 7.5$ mm

Likewise for part II,

$[I_{xy} = \bar{I}_{xy} + d_x d_y A]$ $I_{xy} = 0 + (12.5)(-7.5)(400) = -3.75(10^4)$ mm^4

where $d_x = +(20 - 7.5) = 12.5$ mm, $d_y = -(5 + 2.5) = -7.5$ mm

For the complete angle,

$$I_{xy} = -3.75(10^4) - 3.75(10^4) = -7.5(10^4) \text{ mm}^4$$

예제 6 – 주축 2/2

Principal Axes. The inclination of the principal axes of inertia is given by Eq. A/10, so we have

$$\left[\tan 2\alpha = \frac{2I_{xy}}{I_y - I_x}\right] \quad \tan 2\alpha = \frac{2(-7.50)}{10.17 - 18.17} = 1.875$$

$$2\alpha = 61.9° \quad \alpha = 31.0° \qquad Ans.$$

We now compute the principal moments of inertia from Eqs. A/9 using α for θ and get I_{max} from $I_{x'}$ and I_{min} from $I_{y'}$. Thus,

$$I_{max} = \left[\frac{18.17 + 10.17}{2} + \frac{18.17 - 10.17}{2}(0.471) + (7.50)(0.882)\right](10^4)$$

$$= 22.7(10^4) \text{ mm}^4 \qquad Ans.$$

$$I_{min} = \left[\frac{18.17 + 10.17}{2} - \frac{18.17 - 10.17}{2}(0.471) - (7.50)(0.882)\right](10^4)$$

$$= 5.67(10^4) \text{ mm}^4 \qquad Ans.$$

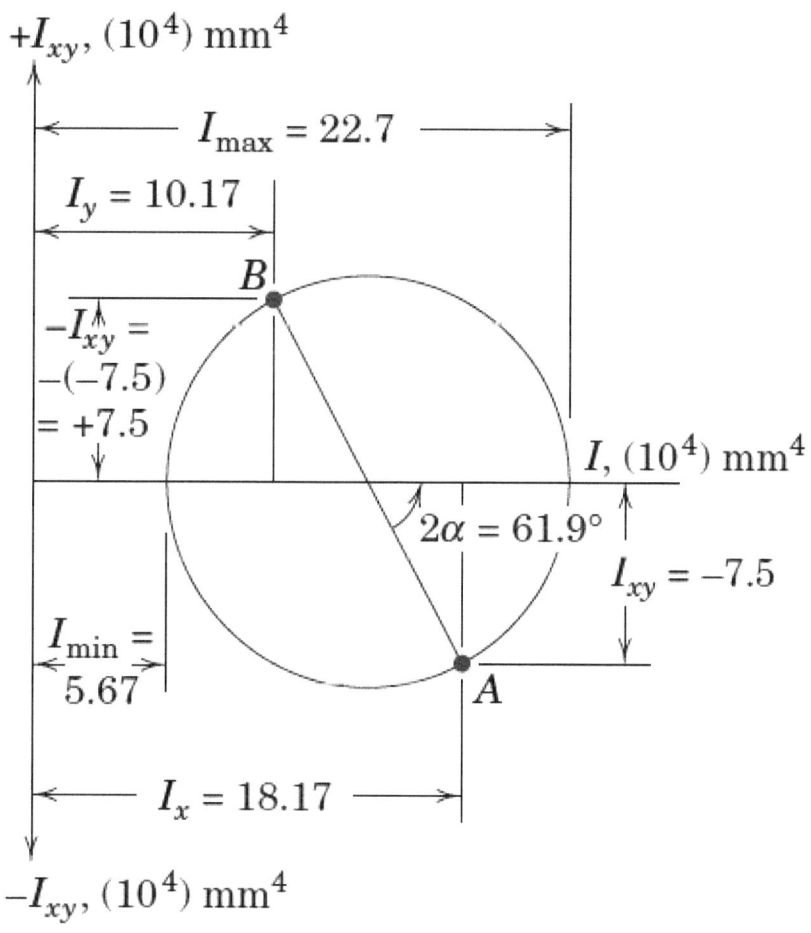

2.9 주단면 2차 반경과 관성타원

2.9.1 주단면 2차 반경

주축에 대한 단면 2차 반경(회전반경)을 주단면 2차 반경이라 한다.

최대 주단면 2차 반경 : $K_1 = \sqrt{\dfrac{I_1}{A}}$

최소 주단면 2차 반경 : $K_2 = \sqrt{\dfrac{I_2}{A}}$

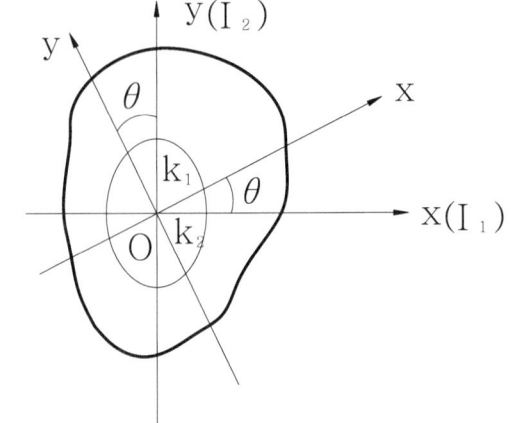

2.9.2 관성타원

K_1, K_2를 반지름으로 하는 타원

타원방정식 : $\dfrac{X^2}{K_2^2} + \dfrac{Y^2}{K_1^2} = 1$ (X, Y축이 주축일 때)

2.10 질점계의 관성모멘트

물체의 관성모멘트는 회전축에 대하여 물체의 질량이 어떻게 분포되어 있는가에 따라 결정되며, 회전운동에서 관성모멘트는 선운동에서의 질량에 대응되는 역할을 한다.

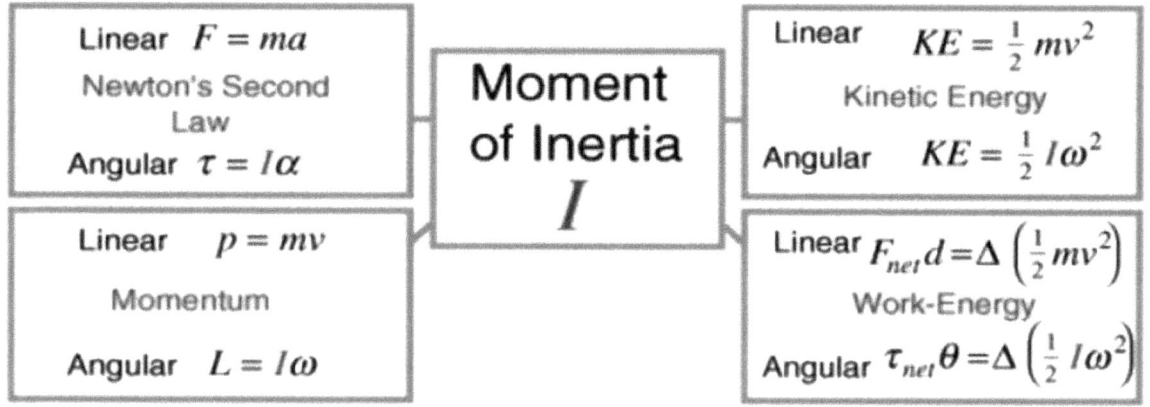

1) 연속적이 아닌 물질분포의 관성모멘트

   $I = \sum_{i=1} m_i r_i^2$ (r_i : 회전축에서 i번째 결점까지의 거리)

예) 그림과 같이 반지름 R 질량 M인 가는 원환의 중심을 지나며 원환에 수직인 축에 대한 관성모멘트는? (미소 입자 관점)

$I_z = m_1 R^2 + m_2 R^2 + \cdots\cdots + m_n R^2$

$\quad = (m_1 + m_2 + \cdots\cdots + m_n)R^2 = MR^2$

$I_z = I_x + I_y = 2I_x = 2I_y \, (I_x = I_y)$

$\therefore I_x = \dfrac{1}{2} I_z = \dfrac{1}{2} MR^2$

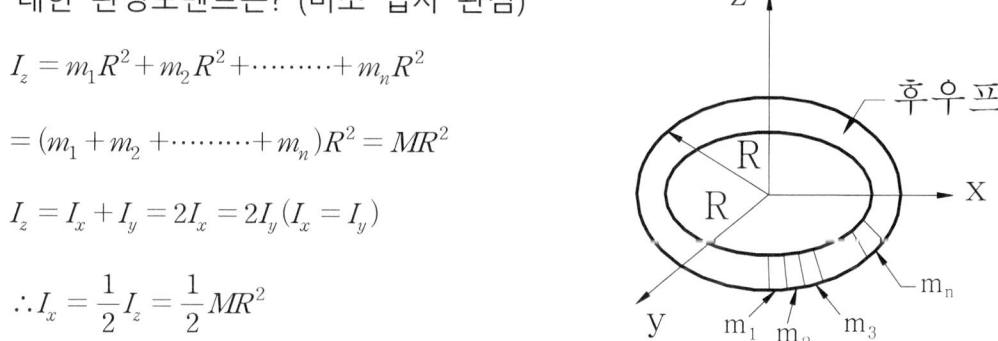

2) 연속적인 물질분포의 관성모멘트

   물체를 질량이 각각 dm인 무한히 작은 요소로 나누었다고 생각하자. r를 임의의 요소에서 회전축까지의 거리라 하면 각 질량 dm과 거리 r의 제곱을 곱한 $r^2 dm$을 물체 전체에 걸쳐 적분하면 $I = \int r^2 dm$

   * 관성모멘트의 단위는 $kg \cdot m^2, gr \cdot cm^2, slug \cdot ft^2$ 등으로 표시한다.

예) 길이 ℓ, 질량 M인 균일한 막대가 있다. 막대의 중점을 지나며 막대에 수직인 축에 대한 관성모멘트는?

$$I = \int_{-\frac{\ell}{2}}^{\frac{\ell}{2}} x^2 dm = \int_{-\frac{\ell}{2}}^{\frac{\ell}{2}} x^2 \rho dx$$

$$= \rho \left[\frac{x^3}{3} \right]_{-\frac{\ell}{2}}^{\frac{\ell}{2}} = \frac{\rho}{12} \ell^3 = \frac{1}{12} M\ell^2$$

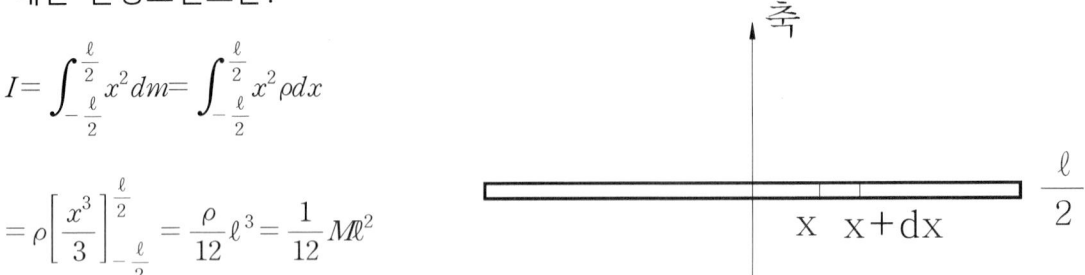

3) 평행이동한 축에 관한 관성 모멘트

$I = I_0 + Mh^2$

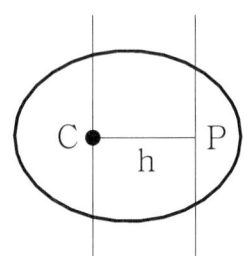

예) 길이 L인 막대의 한 끝을 지나는 수직축에 관한 관성 모멘트는?

① $I = \int_0^\ell x^2 dm = \int x^2 \cdot \rho dx$
$= \rho \left[\frac{x^3}{3} \right]_0^\ell = \frac{\ell \cdot \ell^3}{3} = \frac{1}{3} M\ell^2$

② $I = I_0 + Mh^2 = \frac{1}{12} ML^2 + M\left(\frac{L}{2}\right)^2$
$= \frac{1}{12} ML^2 + \frac{1}{4} ML^2 = \frac{1}{3} M\ell^2$

4) 평면 강체에 관한 관성 모멘트

$I_x = \sum_i m_i y_i^2$

$I_y = \sum_i m_i x_i^2$

$I_z = I_x + I_y$

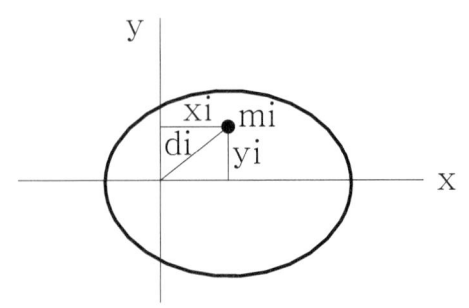

예) 반지름 R 질량 M인 균일한 원판이 있다. 그 중심을 지나면서 원판에 수직인 축에 관한 관성모멘트는?

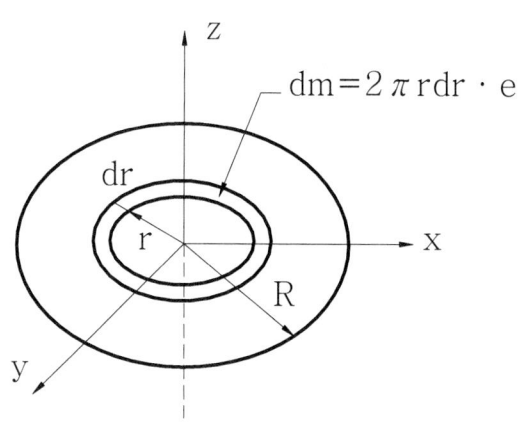

$$I = \int_0^R r^2 dm = \int_0^R r^2 \cdot 2\pi r dr \cdot \rho$$

$$= 2\pi \cdot \rho \int_0^R r^3 dr = 2\pi \cdot \rho \left[\frac{r^4}{4}\right]_0^R$$

$$= \frac{1}{2}\pi \cdot \rho \cdot R^4$$

$$= \frac{1}{2}MR^2$$

예) 반지름 R, 질량 M인 균일한 원판이 있다. 그 한 지름에 관한 원판의 관성 모멘트는?

$$I_z = \frac{1}{2}MR^2, \ I_z = I_x + I_y, \ I_x = I_y, \ I_x = \frac{1}{2}I_z = \frac{1}{4}MR^2$$

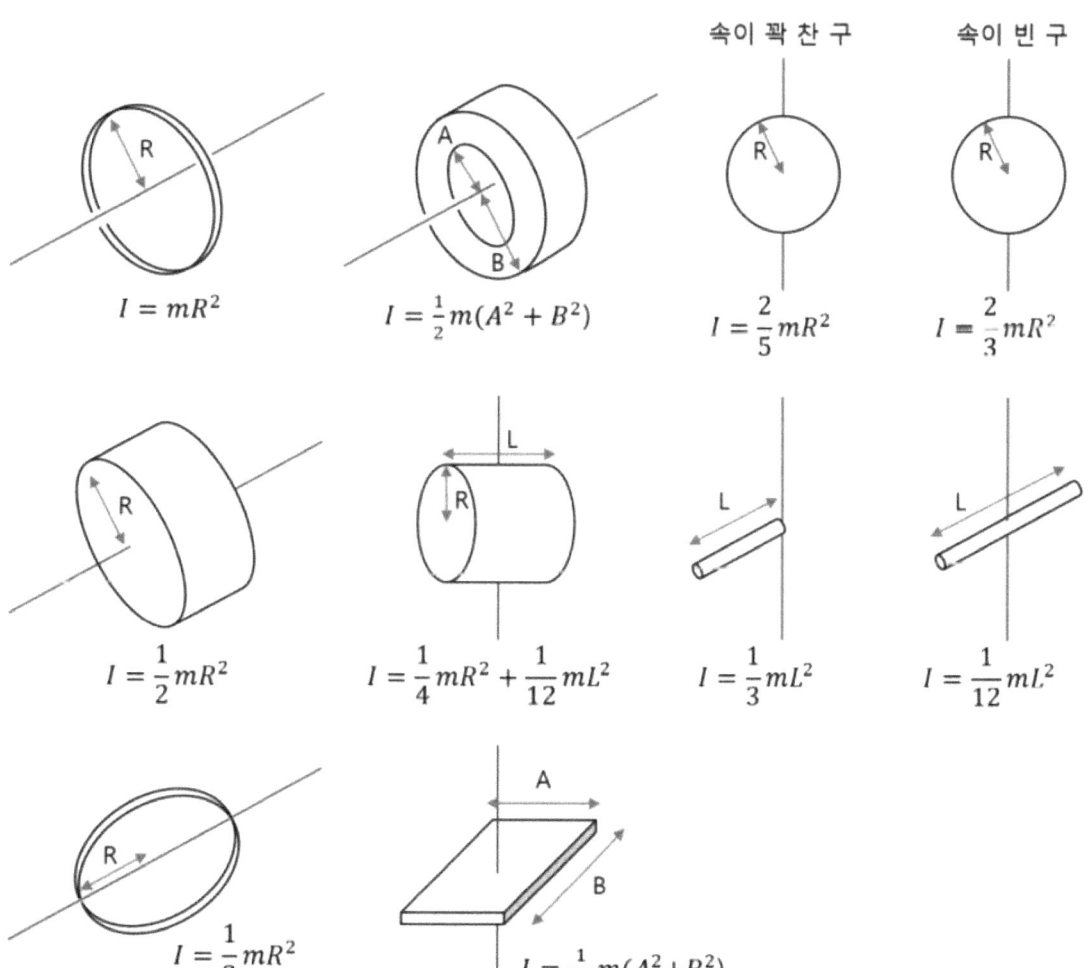

제3장 재료역학적 성질

3.1 응력과 변형률 ··· 64
3.2 훅크(Hooke)의 법칙과 응력-변형율 그래프 ·· 74
3.3 조합 응력 ·· 79
3.4 응력과 변형률의 관계 ······························· 87
3.5 원환응력과 원축응력 ································ 91
3.6 합성부재의 응력 ······································· 92
3.7 비틀림 응력 ··· 98
3.8 연결부재의 강도 ···································· 100
3.9 응력집중 ·· 105
3.10 허용응력과 안전율 ······························· 107

제 3 장 재료의 역학적 성질

3.1 응력과 변형률

3.1.1 응력 (stress)

(1) 정의

물체에 외력이 작용하면 물체 내부에 외력과 크기가 같고 방향이 반대인 내력이 생기는데 이와 같이 물체 내부에 생기는 힘을 면적으로 나눈 것을 응력이라 한다.

* 전응력 (total stress) : 단면 전체에 대하여 생각한 응력

$$P = \Sigma \sigma$$

* 응력 : 단위 면적당의 힘

단위 : $1Pa = 1N/m^2$, $1kPa = 10^3 Pa$

$1MPa = 1N/mm^2 = 1000\,kPa = 10^6\,Pa$

(2) 응력의 종류 (수직 응력, 전단 응력, 휨 응력, 비틀림 응력, 열 응력)

응력의 종류	세부 종류 1	세부 종류 2
수직 응력	인장 응력, $\sigma_t = \dfrac{P}{A}$	압축 응력, $\sigma_c = \dfrac{P}{A}$
전단 응력	수직력에 의한 전단 응력, $\tau = \dfrac{V}{A}$	휨에 의한 전단 응력, $\tau = \dfrac{V \cdot Q}{I \cdot b}$
휨 응력	$\sigma = \dfrac{M}{I} y$	
비틀림 응력	$\tau = \dfrac{T \cdot r}{J} = \dfrac{T \cdot r}{I_p}$	
온도 응력	$E = \dfrac{\sigma_H}{\epsilon}$, $\epsilon = \dfrac{\Delta \ell}{\ell} = \alpha(t_2 - t_1)$, $\sigma = E\alpha\Delta T$	

제 3 장 재료역학적 성질

① 수직응력 (normal stress, 축방향응력)

  i) 인장응력 (tensile stress): 부재가 인장을 받을 때 생기는 응력

$$\sigma_t = \frac{P}{A}$$

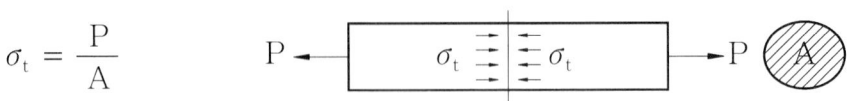

  ii) 압축응력 (compressive stress): 부재가 압축을 받을 때 생기는 응력

$$\sigma_C = -\frac{P}{A}$$

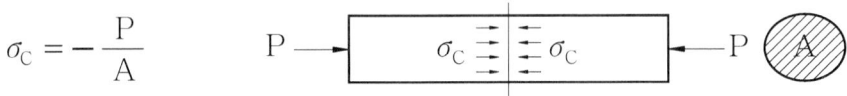

② 전단응력 (shearing stress, 접선응력)

  i) 봉 부재 : 부재축 직각방향의 전단력에 의해서 생기는 응력

$$\tau = \frac{S}{A}$$

  ii) 휨 부재 : $\tau = \dfrac{S \cdot G}{I \cdot b} = \dfrac{V \cdot Q}{I \cdot b}$

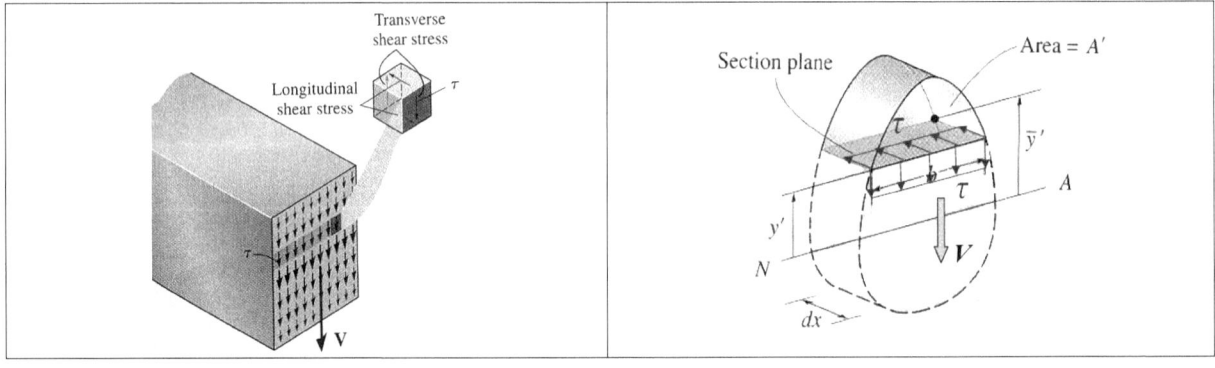

③ 휨응력 (bending stress), $\sigma = \dfrac{M}{I} y$

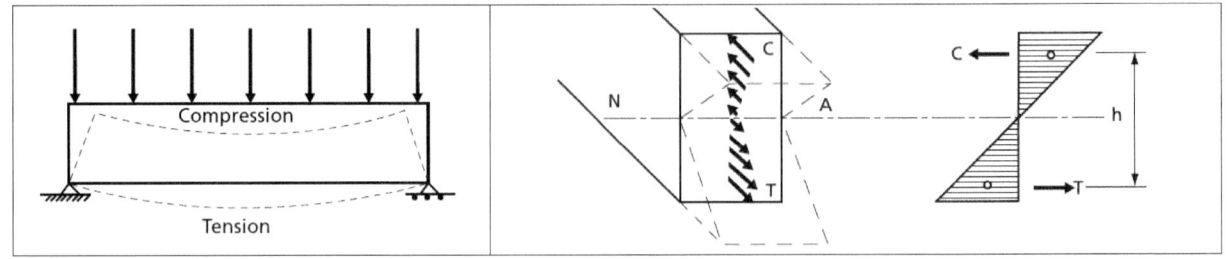

제 3 장 재료역학적 성질

④ 비틀림 응력 (torsional stress)

부재의 양단에 우력 모멘트가 작용하게 되면 부재는 비틀려져서 일종의 전단 응력을 받게 된다. 이것은 전단응력과 성질이 비슷하다.

$$\tau = \frac{T \cdot r}{J} = \frac{T \cdot r}{I_p} = \frac{T\frac{D}{2}}{\frac{\pi D^4}{32}} \text{ (원형단면일 때)}$$

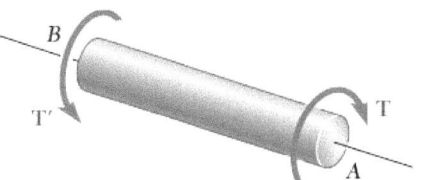

⑤ 온도응력 (열응력)

$$E = \frac{\sigma_H}{\epsilon},\ \epsilon = \frac{\Delta \ell}{\ell} = \alpha(t_2 - t_1),\ \sigma = E\alpha \Delta T$$

(3) 축방향 응력

봉, 트러스 중심축 하중을 받는 단주에 적용

부재 축방향에 수직인 단면에 생기는 압축 및 인장 응력

$$\text{응력 : } \sigma = \frac{P}{A},\ \text{하중 : } P = \sigma_a \cdot A,\ \text{면적 : } A = \frac{P}{\sigma_a}$$

예1) 12N의 하중이 단면 $2m \times 3m$인 단주에 작용시 압축 응력은?

$$\sigma = \frac{P}{A} = \frac{12}{2 \times 3} = 2 N/m^2 = 2\,Pa$$

예2) 하중 200kN을 받는 정사각형 단주의 1변의 길이는? (단, $\sigma_a = 5\,MPa$)

$$A = \frac{P}{\sigma_a} = \frac{200kN}{5000k\frac{N}{m^2}} = 0.04\,m^2,\ a^2 = A = 0.04m^2 \quad \therefore a = 0.2\,m$$

예3) 단면적 $10cm^2$인 환강봉에 매달 수 있는 하중의 크기는? (단, $\sigma_a = 160\,MPa$)

$$\sigma_a \cdot A = 160(1000)\frac{kN}{m^2} \times 10 \times (0.01m)^2 = 160kN$$

(4) 전단응력

① 연결부재의 전단응력

1면 전단응력 : $\tau = \dfrac{S}{A} = \dfrac{4}{\pi d^2}(S)$

2면 전단응력 : $\tau = \dfrac{S}{2A} = \dfrac{1}{2}(\dfrac{4}{\pi d^2})(S) = \dfrac{2S}{\pi d^2}$

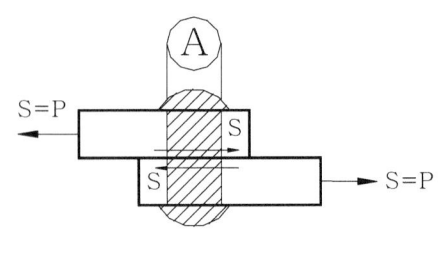
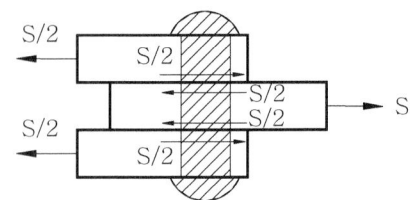

② 볼트/리벳/핀의 강도 및 소요개수

ⅰ) 전단강도(F_s)

1면 전단강도(단전단강도) : $F_s = \tau_a A = \tau_a \dfrac{\pi d^2}{4}$

2면 전단강도(복전단강도) : $F_s = \tau_a 2A = \tau_a \dfrac{\pi d^2}{2}$

ⅱ) 지압강도(F_b) :

$F_b = \sigma_{ba} \cdot d \cdot t$,   t=강판두께, d=리벳 지름

ⅲ) 볼트/리벳/핀의 강도(값)

전단강도와 지압강도 중에서 작은 값을 리벳의 강도로 택한다

ⅳ) 볼트/리벳/핀의 소요개수(n)

$n = \dfrac{외력}{리벳의 강도} = \dfrac{P}{F}$

1면 / 2면 전단 / 파괴	지압 응력 / 파괴

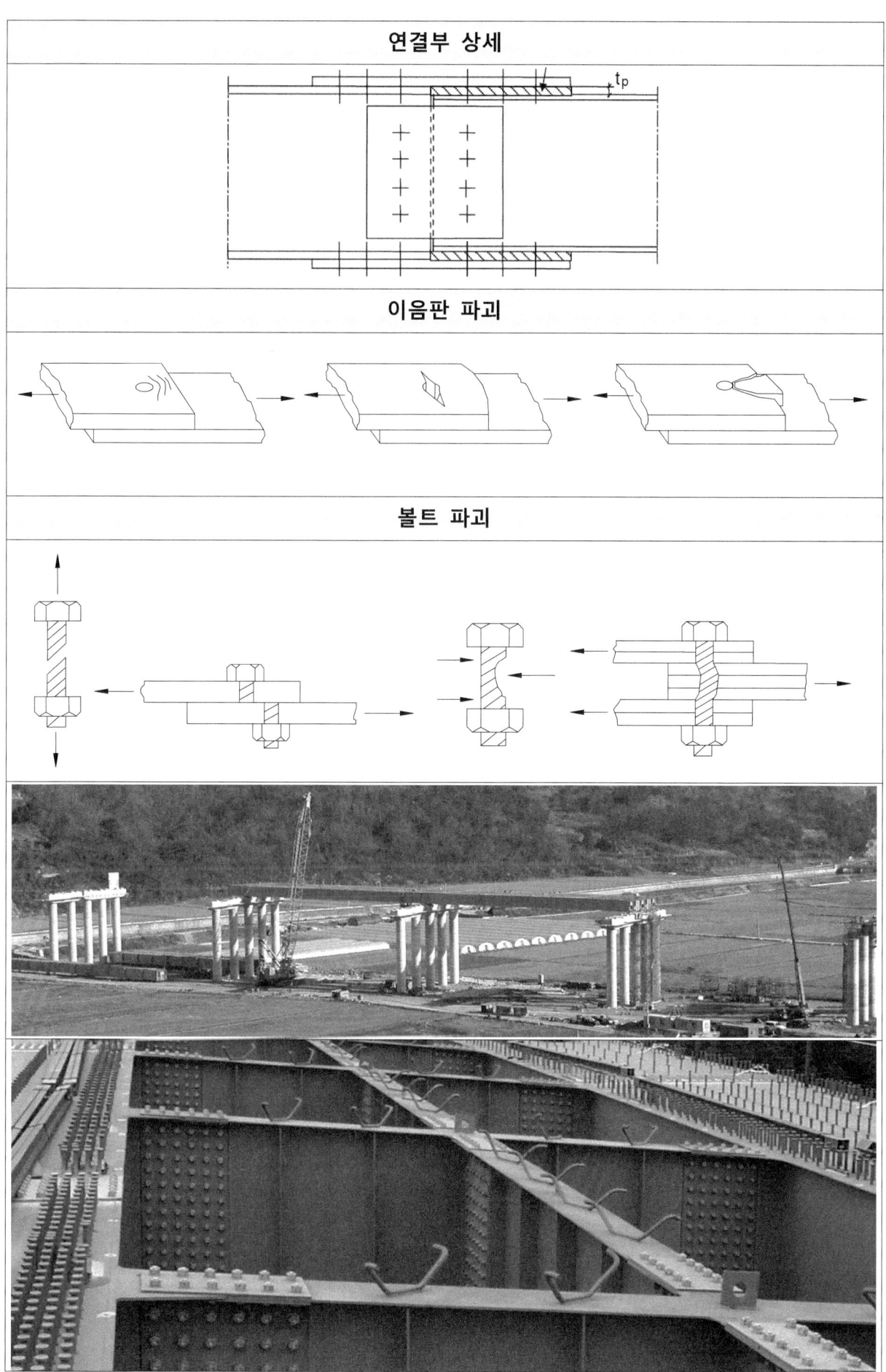

예) 다음 연결부재의 리벳의 수는 (단, 리벳의 직경 $d=20mm$, 판의 두께 $t=5mm$, 허용 전단 응력 $\tau_a=100MPa$, 허용 지압응력 $\sigma_{ba}=200MPa$)

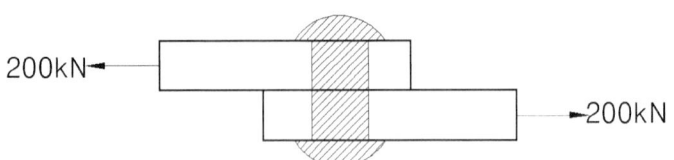

○ 전단강도 : $F_s = \tau_a \dfrac{\pi d^2}{4} = 100(1000) \times \dfrac{3.14 \times 0.02^2}{4} = 31.4 kN$

○ 지압강도 : $F_b = \sigma_{ba} \cdot d \cdot t = 200(1000) \times 0.02 \times 0.005 = 20 kN$

○ 리벳의 강도 : $F_s > F_b$ 이므로 $F = F_b = 20 kN$

○ 리벳의 소요개수 : $n = \dfrac{P}{F} = \dfrac{200}{20} = 10$개

○ 전단응력 : $Z = \dfrac{S}{A} = \dfrac{P}{A} = \dfrac{4P}{\pi d^2} = \dfrac{4 \times 200(1000)}{3.14 \times 20^2} = 637 MPa$

볼트	리벳	볼트 연결 예시

(5) 온도응력 (열응력)

어떤 물체의 온도가 상승하거나 하강하면 그 물체는 팽창 수축한다.
이 팽창 수축에 의해 부재 내부에 발생하는 응력을 온도응력이라 한다.

① 온도가 $t_1\,℃$에서 $t_2\,℃$로 상승할 경우 (팽창)

$E = \dfrac{\sigma_H}{\epsilon}, \epsilon = \dfrac{\Delta \ell}{\ell} = \alpha(t_2 - t_1)$

$\therefore \sigma_H = E\alpha(고온-저온) = E\alpha(t_2 - t_1)$

② 온도가 $t_1\,℃$에서 $t_2\,℃$로 하강할 경우 (수축)

$\therefore \sigma_H = E\alpha(고온-저온) = E\alpha(t_1 - t_2)$

* **온도 응력은 재료의 형상과 치수(단면적 A)와는 관계가 없다.**

③ 온도의 힘

$$P = \sigma_H \cdot A = EA\alpha(고온-저온) = E\alpha \cdot A \cdot \Delta t$$

* 온도에 의한 힘은 부재 길이(L)와 관계가 없다.

예1) 온도가 5℃에서 15℃로 상승할 때 열 응력은?

(단, $E = 200\,GPa$, $\alpha = 0.00001$)

$$\sigma = E\alpha(t_2 - t_1) = 200 \times 10^3 \times 10^{-5}(15-5) = 20\,MPa$$

예2) 온도가 5℃에서 영하 5℃로 하강시 온도 응력은?

(단, $E = 210\,GPa$, $\alpha = 0.000012$)

$$\sigma = E\alpha(t_1 - t_2) = 210(1000) \times 1.2 \times 10^{-5}[5-(-5)] = 25.2\,MPa$$

예3) 단면적 $10\,cm^2$인 강재의 온도가 5℃에서 15℃로 상승시 그 물체가 받는 힘은?

(단, $E = 210\,GPa$, $\alpha = 0.000012$)

$$\sigma = 210(1000) \times 1.2 \times 10^{-5}(15-5) = 25.2\,MPa$$

$$\therefore P = \sigma \cdot A = 25.2 \times 10(10^2) = 25,200\,N = 25.2\,kN$$

* 부재가 구속을 받을 때 온도가 상승하면 부재에는 압축응력이, 온도가 하강하면 부재에는 인장응력이 일어난다.

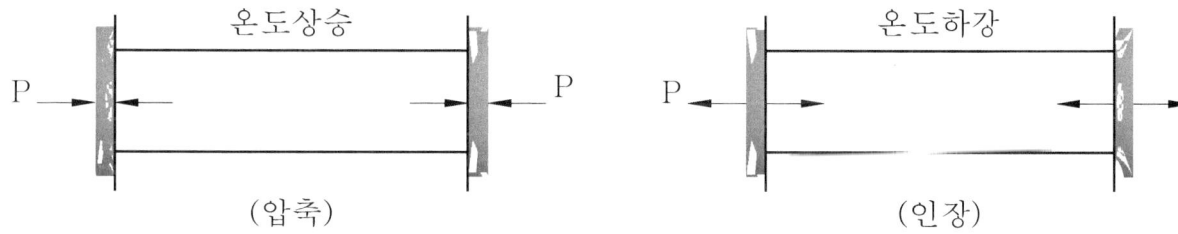

(압축)   (인장)

제 3 장 재료역학적 성질

3.1.2 변형률(strain)

(1) 정의

물체는 외력을 받으면 형상이 변화한다. 이것을 변형이라 하며, 변형정도를 변형률 이라 한다.

(2) 변형률의 종류

① 선변형률 (=수직변형률): 축방향으로 인장 또는 압축을 받을 때 생기는 변형률

ⅰ) 세로 변형률 : $\epsilon = \dfrac{\Delta\ell}{\ell}$ ($\Delta\ell = \ell_1 - \ell$) ⇒ 부재축 방향 변형률

ⅱ) 가로 변형률 : $\beta = \dfrac{\Delta d}{d}$ ($\Delta d = d_1 - d$) ⇒ 부재축 직각 방향 변형률

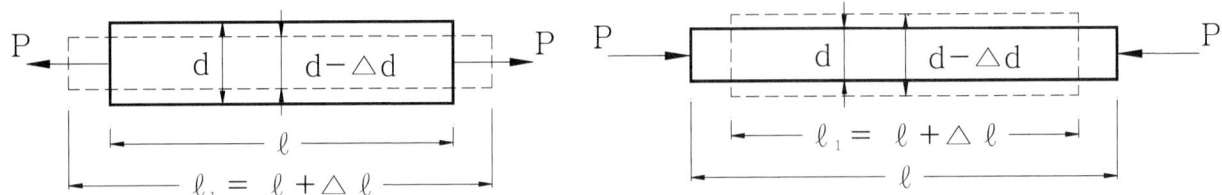

○ 단위 : 선변형률의 단위는 없다

ⅲ) 포와송 비와 포와송 수

포와송 비 : $\nu = \dfrac{\text{가로변형율}}{\text{세로변형율}} = \dfrac{\beta}{\epsilon} = \dfrac{\Delta d/d}{\Delta\ell/\ell} = \dfrac{\ell \cdot \Delta d}{d \cdot \Delta\ell}$

∗ 기억하기 : 비. 가. 센다

포와송 수 : $m = \dfrac{\text{세로변형율}}{\text{가로변형율}} = \dfrac{\epsilon}{\beta} = \dfrac{\Delta\ell/\ell}{\Delta d/d} = \dfrac{d \cdot \Delta\ell}{\ell \cdot \Delta d}$

∗ 기억하기 : 수(물) 세. 가운다

즉, $\nu = -\dfrac{\beta}{\epsilon} = -\dfrac{1}{m}$ 포와송 비와 포와송 수는 역수 관계이다.

∗ 고무는 비압축성 재료로서 포와송 비 $\nu = 0.5$

포와송 수(m)와 포와송 비(ν)의 값 (∗ 완전 유체일 때는 m=2이다)

제 3 장 재료역학적 성질

기억법	종류	포와송 수	포와송 비
고	고무	2	1/2
구	구리	2.6	1/2.6
마	놋쇠	3	1/3
강	강재	3~4	1/3~1/4
콘	콘크리트	6~12	1/6~1/12

ⓐ 봉이 축방향력을 받는 경우 탄성한도 내에서는 가로 변형률과 세로 변형률과의 비는 재료에 따라 일정하다.

ⓑ 포와송 수는 어떠한 재료일지라도 2보다 작지는 않다.

ⓒ 포와송 비의 역수를 포와송 수라 하며 단위는 무명수이다.

ⓓ 포와송 비에 (-)부호를 붙인 까닭은 한 부재에 있어서 세로 변형률과 가로 변형률은 변형의 성질이 반대이기 때문이다.

ⓔ 탄성한계 내에서 가로변형률과 세로변형률의 비는 1보다 작은 값이다.

예) 길이 2m 폭 20cm인 강재에 하중을 가했더니 길이 0.3cm늘고 폭 0.01cm가 줄었다. 포와송 비는?

$$\nu = \frac{\beta}{\epsilon} = \frac{\ell \cdot \Delta d}{\Delta \ell \cdot d} = \frac{200 \times 0.01}{20 \times 0.3} = \frac{1}{3}$$

② 전단변형률(면적 변형률) ⇒ 모양을 찌그러지게 하는 변형

정사각형 단면에 전단응력이 작용하면 각 변의 길이는 변하지 않고 각도가 변한다. 이 각도의 변화를 전단변형률이라 한다

$$\gamma = \frac{\lambda}{\ell}$$

γ : 전단각 = 전단변형률
λ : 전단변형량

* 단위 : 무명수이며, **레디안(Radian)**으로 표시한다.
* 정사각형 단면의 BDE는 이등변 삼각형으로 볼 수 있으므로

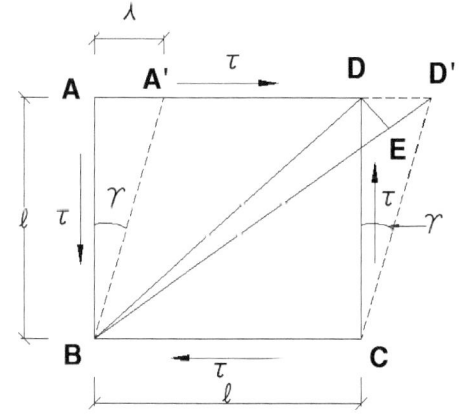

$$\epsilon = \frac{D'E}{BD} = \frac{DD'\frac{1}{\sqrt{2}}}{CD\sqrt{2}} = \frac{1}{2} \times \frac{DD'}{CD} = \frac{1}{2}\gamma$$

$$\therefore \gamma = 2\epsilon$$

(전단변형률은 길이 변형률의 2배)

③ 체적변형률 ⇒ 모양은 유지하고 팽창 / 수축하는 변형

$$\epsilon_v = \frac{V_1 - V}{V} = \frac{\Delta V}{V}$$

$$\Delta V = V_1 - V = (\ell \pm \Delta \ell)^3 - \ell^3$$
$$= \ell^3 \pm 3\ell^3 \Delta \ell \pm 3\ell(\Delta \ell)^2 \pm (\Delta \ell)^3 - \ell^3$$

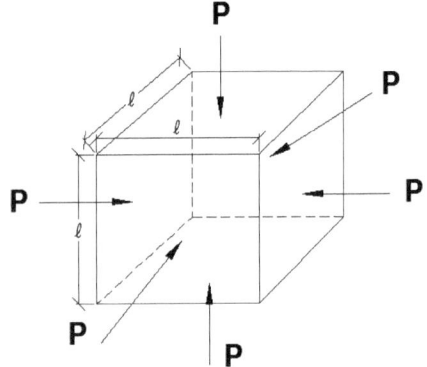

$\Delta \ell$ 은 극히 미소하므로 $\Delta \ell^2, \Delta \ell^3$를 무시한다.

$$\therefore \Delta V = \pm 3\ell^2 \Delta \ell$$

$$* \epsilon = \frac{\Delta V}{V} = \pm \frac{3\ell^2 \Delta \ell}{\ell^3} = \pm 3 \frac{\Delta \ell}{\ell} = \pm 3\epsilon_l$$

(체적변형률은 길이 변형률의 3배이다)

3.2 훅크(Hooke)의 법칙과 응력-변형률 그래프

3.2.1 훅크의 법칙

탄성한도 내에서 응력은 그 변형률에 비례한다.

$\sigma = E\epsilon$

$E = \dfrac{\sigma}{\epsilon} = \dfrac{\dfrac{P}{A}}{\dfrac{\Delta\ell}{\ell}} = \dfrac{P \cdot \ell}{A \Delta \ell}$ (N/m^2)

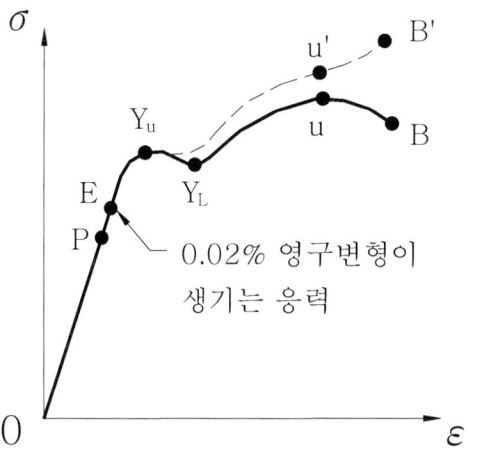

0.02% 영구변형이 생기는 응력

3.2.2 응력-변형률 선도

1) 인장시험 : 비 → 탄 → 항 → 극 → 파

○ P점(Proportional Limit) : 비례한도 → 응력과 변형률이 정비례

○ E점(Elastic Limit) : 탄성한도 → 하중을 제거하면 원상태로 회복

○ Y_u, Y_L (Yielding Point) : 상,하 항복점 → 하중을 증가시키지 않아도 변형이 계속 증가

○ 강재의 항복강도는 항복강도를 말한다.

○ 강재의 인장응력은 극한강도를 말한다.

○ U (Ultimate Strength) : 극한강도 → 하중이 감소해도 변형이 커짐(최대응력)

○ 연강의 허용응력은 항복강도를 기준으로 측정한다.

○ B(Breaking Strength) : 파괴강도, 파괴

* 진응력 $\sigma' = \dfrac{하중}{줄어든단면적} = \dfrac{P}{A'}$ → OB' 곡선

공칭응력 : $\sigma = \dfrac{하중}{원래단면적} = \dfrac{P}{A}$ → OB 곡선

* 진응력 > 공칭응력

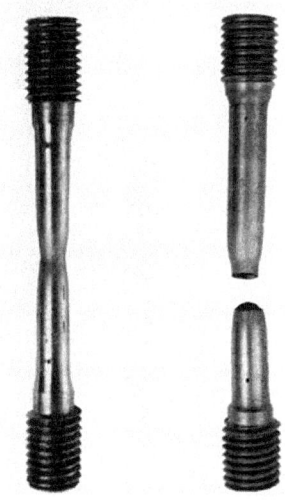

2) 재료의 성질

① 탄성 : 외력을 받아서 변형한 물체가 외력을 제거하면 본래 모양으로 되돌아가는 성질

② 소성 : 변형된 물체가 외력을 제거해도 본래 모양으로 되돌아가지 않는 성질

③ 취성 : 소성변형을 일으키지 않고 파괴되는 성질 → 유리, 콘크리트, 주철

④ 연성 : 파괴되지 않고 소성변형을 일으키는 성질 → 구리, 납, 아연

⑤ 전성 : 망치로 때리면 넓게 퍼지는 성질 → 구리, 납, 아연

⑥ Creep(유동성) : 응력이 어느 한도 이상이면 응력변화 없이도 시간이 경과하면서 변형이 증가하는 현상을 Creep라 한다.

3.2.3 탄성계수

(1) 정의 : 재료의 응력은 탄성한도 내에서는 「응력과 변형률은 정비례한다」라는 훅크의 법칙에서 비례상수를 탄성계수라 하며, 재료에 따라 일정한 값을 갖는다.

(2) 탄성계수의 종류

① 영계수(Young's Modulus) = 종탄성계수 = 세로탄성계수

$$E = \frac{\sigma}{\epsilon} = \frac{P/A}{\Delta \ell / \ell} = \frac{P\ell}{A \cdot \Delta \ell}$$

② 전단탄성계수(Shear Modulus of Elasticity) = 횡탄성계수 = 강성률

$$G = \frac{\tau}{\gamma} = \frac{S/A}{\lambda/\ell} = \frac{S\ell}{A \cdot \lambda}, \quad G = \frac{E}{2(1+\nu)}$$

* $G = \frac{2}{5}E$ (포아송비 $\nu = 1/4$인 강재인 경우)

③ 체적탄성계수

$$K = \frac{\sigma}{\epsilon_v}$$

σ : 응력 $(\sigma_x + \sigma_y + \sigma_z)$

ϵ_v : 체적변형률 $\frac{\Delta V}{V} = \epsilon_x + \epsilon_y + \epsilon_z$

$$\epsilon_v = \frac{\Delta V}{V} = \frac{(1-2\nu)}{E}(\sigma_x + \sigma_y + \sigma_z) = \frac{3(1-2\nu)}{E}\sigma$$

$$\therefore K = \frac{\sigma}{\frac{3(1-2\nu)}{E}\sigma} = \frac{E}{3(1-2\nu)}$$

$$\epsilon_x = \frac{\sigma_x}{E} - \frac{\nu}{E}(\sigma_y + \sigma_z)$$

$$\epsilon_y = \frac{\sigma_y}{E} - \frac{\nu}{E}(\sigma_x + \sigma_z)$$

$$\epsilon_z = \frac{\sigma_z}{E} - \frac{\nu}{E}(\sigma_x + \sigma_y)$$

(3) 탄성계수의 단위 : 응력단위와 같다 (Pa, MPa, GPa)

제 3 장 재료역학적 성질

(4) 각 탄성계수간의 관계

$$G = \frac{E}{2(1+\nu)} = \frac{E}{2(1+\frac{1}{m})} = \frac{m \cdot E}{2(m+1)}$$

$$E = 2G(1+\nu) = 2G(1+\frac{1}{m}) = \frac{2G}{m}(m+1)$$

$$K = \frac{E}{3(1-2\nu)} = \frac{E}{3(1-2\frac{1}{m})} = \frac{mE}{3(m-2)}$$

$$E = 2G(1+\nu) = 3k(1-2\nu) = \frac{9GK}{G+3K}$$

예1) 단면적 $1\,cm^2$ 길이 4m의 철선에 500kg의 하중을 가했을 때 0.5cm가 늘어났다. 종탄성계수는?

$$E = \frac{\sigma}{\epsilon} = \frac{P/A}{\Delta \ell / \ell} = \frac{P \cdot \ell}{A \cdot \Delta \ell} = \frac{500 \times 400}{1 \times 0.5} = 4 \times 10^5 kg/cm^2$$

예2) 단면적 $500\,mm^2$의 재료에 3kN의 전단력을 가했더니 1/1200rad의 전단변형이 일어났다. 전단탄성계수는?

$$G = \frac{\tau}{\Upsilon} = \frac{S}{A}\frac{l}{\lambda} = \frac{3000}{500}(1200) = 7,200\,MPa = 7.2\,GPa$$

예3) 포와송 비 $\nu = 0.3$, 탄성계수 $E = 2.6 \times 10^5\,MPa = 260\,GPa$ 일 때 횡탄성계수는?

$$G = \frac{E}{2(1+\nu)} = \frac{260}{2(1+0.3)} = 100\,GPa$$

예4) 봉이 축방향으로 단면에 균일한 인장응력을 받고 있다. $\sigma = 20\,MPa$이면 체적변형률은? (단, $E = 210\,GPa$)

$$1축 \rightarrow \epsilon_v = \frac{\sigma}{E}(1-2\nu) = \frac{20}{210 \times 10^3}(1-2 \times 0.3) = 3.8 \times 10^{-5}$$

예5) 포와송 비 $\nu = 0.3$, 탄성계수 $E = 120\,GPa$ 일 때 체적 탄성계수는?

$$G = \frac{E}{2(1+\nu)},\ K = \frac{E}{3(1-2\nu)} = \frac{120,000}{3(1-2 \times 0.3)} = 100\,GPa$$

3.2.4 하중과 신장량 사이의 선형적인 관계

봉이 단순 인장하중을 받으면 축응력 $\sigma = P/A$이고, 축방향의 변형률 $\epsilon = \dfrac{\Delta \ell}{\ell}$ 이므로 Hooke의 법칙에 의하여

○ 신장량 : $\delta = \dfrac{P\ell}{AE}$ ($\Delta \ell = \delta$),

○ 하중 : $P = \dfrac{AE}{\ell} \delta$

* 유연도=$f(\dfrac{\ell}{AE})$: 단위 하중으로 발생된 변형량

* 강성도=$k(\dfrac{AE}{\ell})$: 단위 변형을 일으키는 데 필요한 힘

○ 줄음량(지름 줄어드는 양 산정)

$\Delta D = \nu D \epsilon = \nu D \dfrac{\Delta \ell}{\ell}$

예1) 하중 20kN 길이 2m 단면적 2,000mm^2 탄성계수 $E = 200\, GPa$ 일 때 신장량 $\Delta \ell$는?

$$\Delta \ell = \dfrac{P\ell}{AE} = \dfrac{20{,}000 \times 2{,}000}{2{,}000(200{,}000)} = \dfrac{1}{100} = 0.1 mm$$

예2) 길이 200mm, 지름 30mm의 강봉을 당겼더니 20mm가 늘어났다. 지름은 얼마가 줄겠는가? (단, 포와송비 $\nu = 1/3$)

$$\Delta D = \nu D \epsilon = \nu D \dfrac{\Delta \ell}{\ell} = \dfrac{1}{3} \times 30 \times \dfrac{20}{200} = 1 mm$$

제 3 장 재료역학적 성질

예3) 다음 그림에서 CD구간의 변형량은? (단, 단면적 $200\,mm^2$, $E=210\,GPa$)

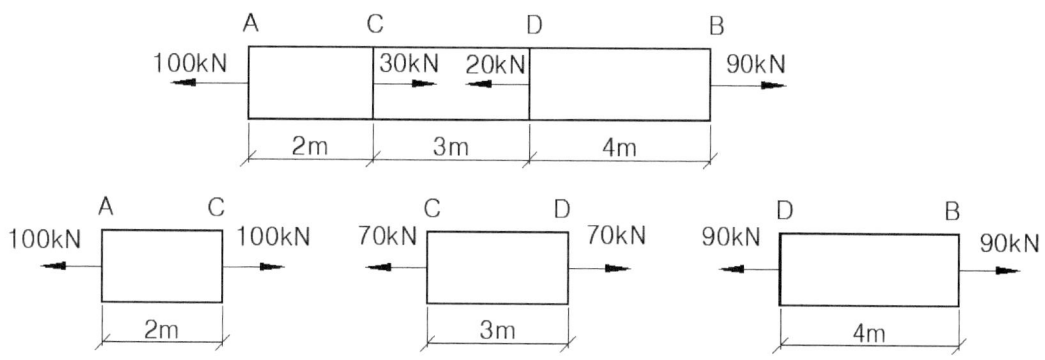

$$\Delta\ell_{(CD)} = \frac{P\ell}{EA} = \frac{70,000 \times 3,000}{210,000 \times 200} = 5\,mm \text{ (늘어남)}$$

예4) 지름 10cm의 봉에 축력 P를 작용시켜 지름이 0.0025cm만큼 줄었다. 1/m=0.3, $E=2.0 \times 10^6\,kg/cm^2 = 200\,GPa$이면 P의 값은?

$$\frac{1}{m} = \nu = \frac{3}{10} = \frac{\text{가로변형율}}{\text{세로변형율}} = \frac{0.0025/10}{\epsilon}, \quad \therefore \epsilon = 0.0008333$$

$$P = EA\epsilon = 200(10^9)(10^{-3})(\frac{\pi \times 0.1^2}{4})(0.0008333) = 1,308\,kN$$

3.3 조합응력

3.3.1 경사평면의 응력(법선응력, 접선응력) - 1축응력

1축 응력으로써 x축(또는 y축) 한 축에만 수직응력이 작용하는 경우

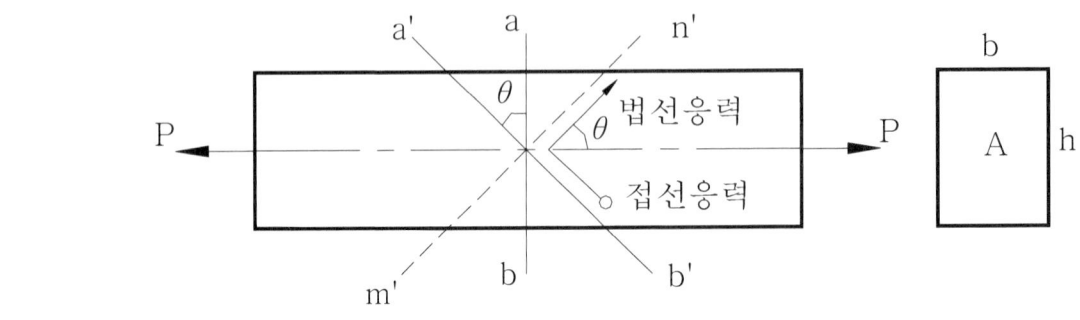

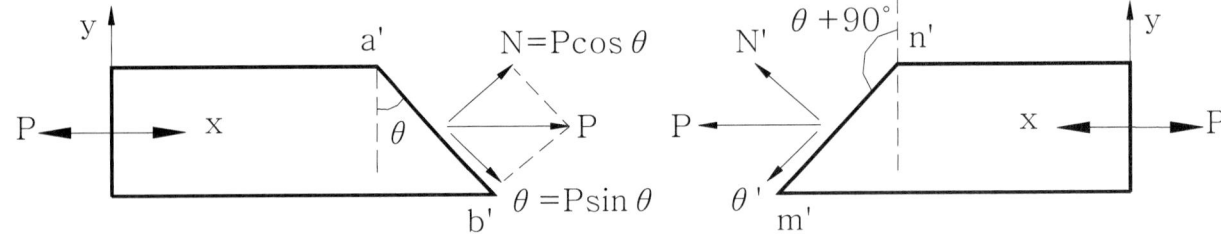

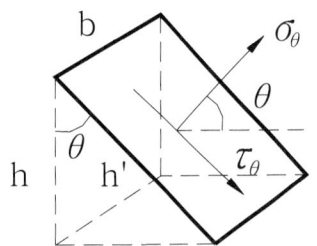

$N = P\cos\theta$ (P의 법선방향 분력)
$Q = P\sin\theta$ (P의 접선방향 분력)

◎ 모어의 응력원에 의해 경사단면의 응력을 구하면

1) 경사단면 $a'b'$의 응력

① 수직응력(법선응력)

$$\sigma_\theta = OA + AB = \frac{\sigma_x}{2} + \frac{\sigma_x}{2}\cos2\theta$$
$$= \sigma_x \frac{1+\cos2\theta}{2}$$
$$\therefore \sigma_\theta = \sigma_x \cos2\theta = \frac{P}{A}\cos^2\theta$$

* 최대의 수직응력은 $\theta = 0°$ 일 때

$$\sigma_{\max} = \frac{P}{A} \rightarrow Rankine의 \text{ 최대 응력}$$

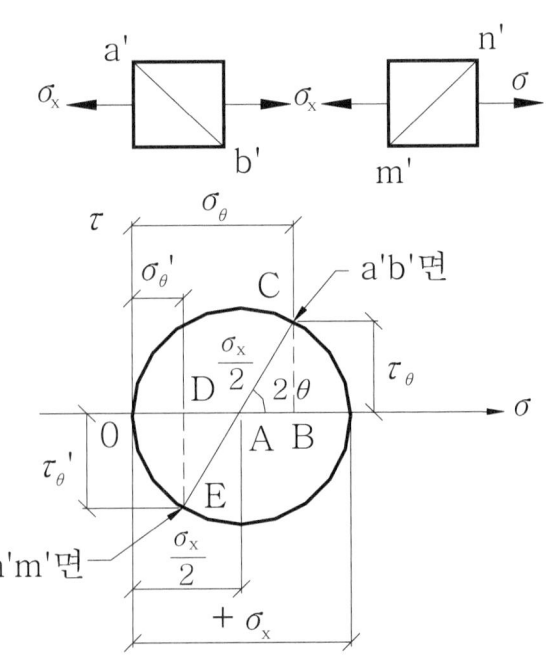

② 전단응력(접선응력)

$$\tau_\theta = BC = \frac{\sigma_x}{2}\sin2\theta = \sigma_x \sin\theta\cos\theta$$

$$\therefore \tau_\theta = \frac{P}{A}\sin\theta\cos\theta = \frac{P}{2A}\sin2\theta$$

* 최대의 전단응력은 $\theta = 45°$ 일 때 $\tau_{\max} = \dfrac{P}{2A}$ → $coulomb$의 최대전단응력

2) 경사 단면 $n'm'$ 의 응력

① 수직응력

$$\sigma_\theta' = OA - DA = \frac{\sigma_x}{2} - \frac{\sigma_x}{2}\cos2\theta = \sigma_x \frac{1-\cos2\theta}{2}$$

$$\therefore \sigma_\theta' = \sigma_x \sin^2\theta = \frac{P}{A}\sin^2\theta$$

② 전단응력

$$\tau_\theta' = -DE = -\frac{\sigma_x}{2}\sin2\theta = -\sigma_x \sin\theta\cos\theta$$

$$\therefore \tau_\theta' = -\frac{P}{A}\sin\theta\cos\theta = -\frac{P}{2A}\sin2\theta$$

3) 공액응력

서로 직교하는 두 평면상의 응력으로 이들을 공액응력이라 한다.

* 공액응력 사이의 관계

$$\sigma_\theta + \sigma_\theta' = \frac{P}{A}(\sin^2\theta + \cos^2\theta) = \sigma_x$$

$$\tau_\theta + \tau_\theta' = 0 \;\to\; \tau_\theta = -\tau_\theta'$$

* $\sigma_\theta, \sigma_\theta'$ 를 공액응력이라 한다.
  $\tau_\theta, \tau_\theta'$

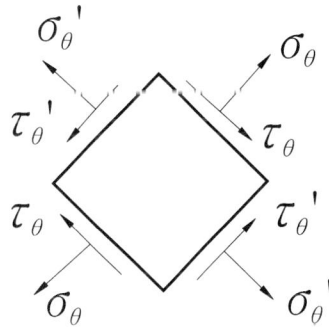

3.3.2 2축 응력

x, y 두 평면에 σ_x, σ_y가 작용할 경우

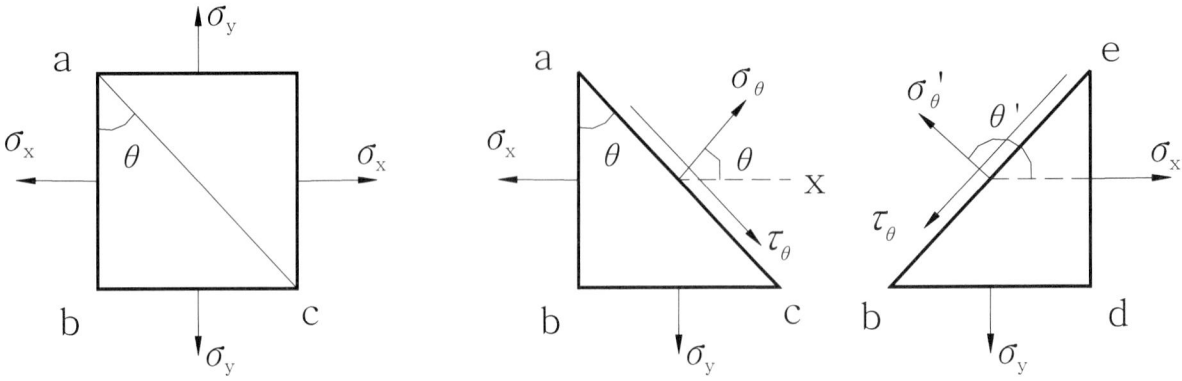

◎ 모어의 응력원에 의해 경사단면의 응력을 구하면

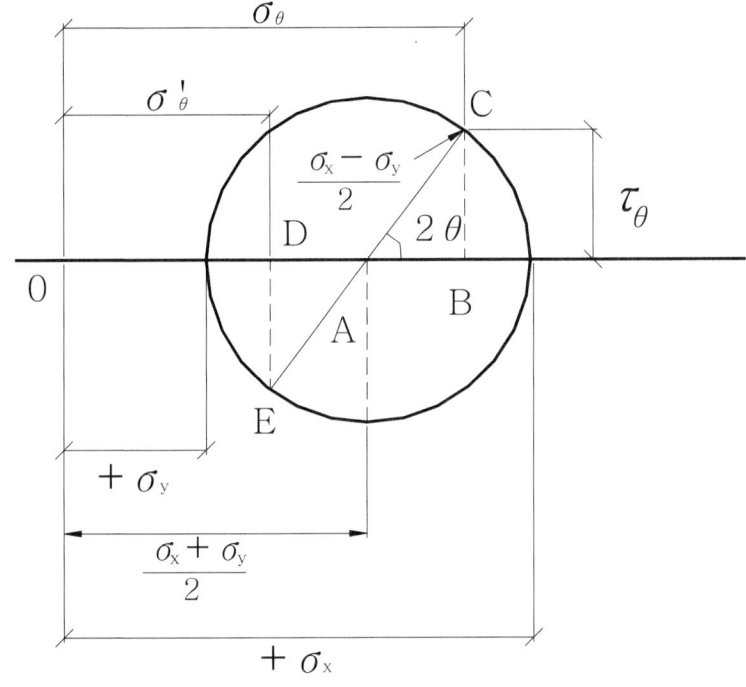

1) 경사단면 ac의 응력

① 수직응력

$$\sigma_\theta = OA + AB = \frac{\sigma_x + \sigma_y}{2} + \frac{\sigma_x - \sigma_y}{2}\cos2\theta$$

② 전단응력

$$\tau_\theta = BC = \frac{\sigma_x - \sigma_y}{2}\sin2\theta$$

* 최대전단응력은 $\theta = 45°$ 일 때 : $\tau_{\max} = \dfrac{\sigma_x - \sigma_y}{2}$

제 3 장 재료역학적 성질

2) 경사단면 eb의 응력

① 수직응력

$$\sigma_\theta' = OA - DA = \frac{\sigma_x + \sigma_y}{2} - \frac{\sigma_x - \sigma_y}{2}\cos2\theta$$

② 전단응력

$$\tau_\theta' = -DE = -\frac{\sigma_x - \sigma_y}{2}\sin2\theta$$

3) 공액응력 관계

$$\sigma_\theta + \sigma_\theta' = \sigma_x + \sigma_y$$
$$\tau_\theta = -\tau_\theta'$$

* 고찰

① 2축 응력의 경우에도 공액응력 σ_θ와 σ_θ'의 합은 일정하며 주어진 두 응력의 합 ($\sigma_x + \sigma_y$)과 같다.

② 공액전단 응력 τ_θ와 τ_θ'는 같은 크기와 반대 부호를 갖는다.

③ 최대 전단응력은 두 주응력차의 1/2와 같다.

④ 두 주응력이 서로 같을 경우에는 경사평면에도 전단응력은 작용하지 않는다.

예) 정사각형 단면에 서로 직교하는 인장응력 $\sigma_x = 40MPa$, 압축응력 $\sigma_y = -20MPa$, 이 작용할 때 최대 전단응력은?

$\theta = 45°$ 일 때 최대 전단응력이 일어난다.

$$\tau_{max} = \frac{\sigma_x - \sigma_y}{2} = \frac{40 - (-20)}{2} = 30MPa$$

3.3.3 순수전단

특별한 2축응력 상태 즉, σ_x가 인장응력이고, σ_y는 같은 크기의 압축응력인 경우를 순수전단이라 한다.

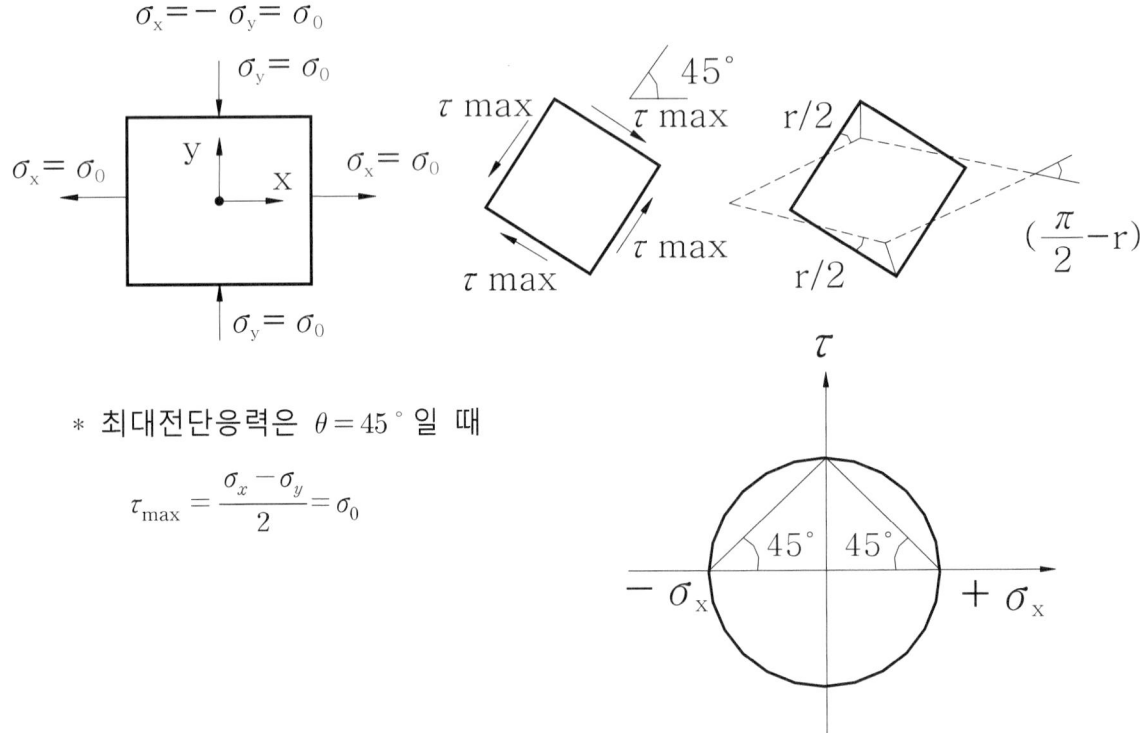

* 최대전단응력은 $\theta = 45°$ 일 때

$$\tau_{\max} = \frac{\sigma_x - \sigma_y}{2} = \sigma_0$$

* 순수 전단상태 : 45° 경사단면에서 수직응력 σ_θ가 생기지 않으며 전단응력 τ만 생기는데 그 때의 τ는 최대값이 되며 σ_x 또는 σ_y 값이다.

예) 그림과 같이 한 탄성체 내의 한 점 A에서의 응력이 $\sigma_x = -40 MPa$ $\sigma_y = 40 MPa$이다. X축에서 그림과 같이 45° 기울어진 단면에서의 응력 $\sigma 45°$ 및 $\tau 45°$ 는?

순수전단상태 :

$\tau 45° = 0$

$\tau 45° = \dfrac{\sigma_x - \sigma_y}{2} = \dfrac{-40-40}{2} = -40 MPa$

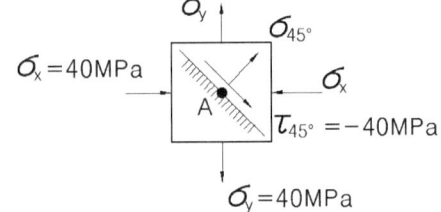

3.3.4 평면응력

x, y 두 평면에 $\sigma_x, \sigma_y, \tau_{xy}, \tau_{yx}$ 가 작용하는 경우를 평면응력이라 한다.

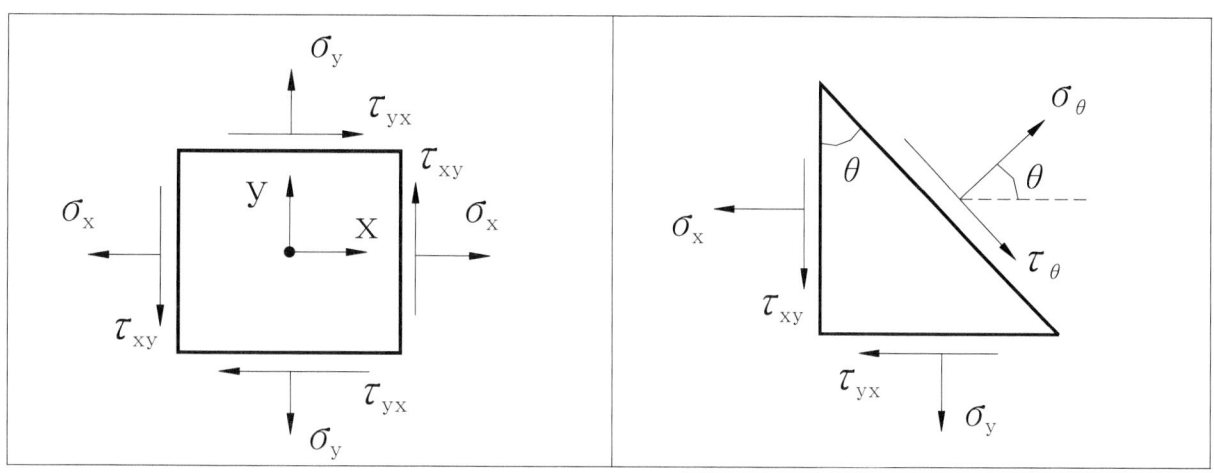

◎ 모어의 응력원에 의해 경사단면의 응력을 구하면

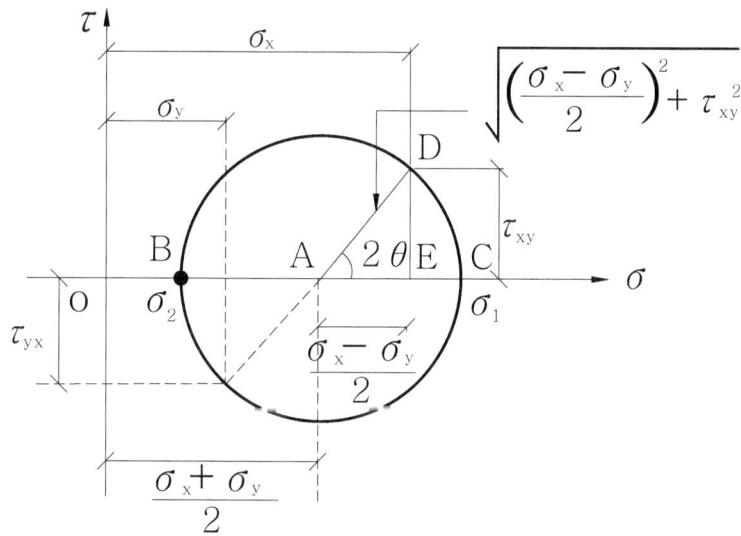

1) 평면응력 상태에서 θ 경사면의 수직응력 σ_θ 와 전단응력 τ_θ 는

$$\sigma_\theta = \sigma_x \cos^2\theta + \sigma_y \sin^2\theta + 2\tau_{xy}\sin\theta\cos\theta$$
$$\therefore \sigma_\theta = \frac{\sigma_x + \sigma_y}{2} + \frac{\sigma_x - \sigma_y}{2}\cos 2\theta + \tau_{xy}\sin 2\theta$$
$$\tau_\theta = (\sigma_x - \sigma_y)\sin\theta\cos\theta + \tau_{xy}(\sin^2\theta - \cos^2\theta)$$
$$\therefore \tau_\theta = \frac{\sigma_x - \sigma_y}{2}\sin 2\theta - \tau_{xy}\cos 2\theta$$

2) 평면응력상태의 주응력, 주전단응력
  ① 주응력

$$\sigma_1 = OA + AC = \frac{\sigma_x + \sigma_y}{2} + \sqrt{(\frac{\sigma_x - \sigma_y}{2})^2 + \tau^2_{xy}}$$

$$\sigma_2 = OA - AB = \frac{\sigma_x + \sigma_y}{2} + \sqrt{(\frac{\sigma_x - \sigma_y}{2})^2 + \tau^2_{xy}}$$

* 주응력면 : $\tan 2\theta = \dfrac{DE}{AE} = \dfrac{2\tau_{xy}}{\sigma_x - \sigma_y}$

② 주전단응력

$$\tau_1 = \tau_{\max} = +\sqrt{(\frac{\sigma_x - \sigma_y}{2})^2 + \tau^2_{xy}}$$

$$\tau_2 = \tau_{\min} = -\sqrt{(\frac{\sigma_x - \sigma_y}{2})^2 + \tau^2_{xy}}$$

* 주전단응력면 : $\cos 2\theta = -\dfrac{2\tau xy}{\sigma_x - \sigma y}$

3.3.5 주응력, 주전단응력

1) 주응력의 정의 : 전단응력이 0이되고 수직응력이 최대 또는 최소로 되는 면을 주응력면이라 하며, 이 면에서의 수직응력을 주응력이라 한다.

2) 주전단응력의 정의 : 전단응력이 최대 또는 최소로 되는 면을 주전단응력면이라 하며, 이 면에서의 전단응력을 주전단응력이라 한다.

3) 주응력면과 주전단응력면의 성질
① 주응력면은 서로 직교한다.
② 주전단응력면은 서로 직교한다.
③ 주응력면과 주전단응력면은 45°의 차가 있다.
④ 주응력면에서는 전단응력은 0이다.
⑤ 주전단응력면에서는 수직응력과 전단응력은 같다.

예1) 그림과 같이 한 탄성체 내부의 0점 부근의 응력상태가 전단응력만 존재하고 수직응력은 모두 0일 때 법선이 x축에서 45°되는 단면에서의 수직응력 $\sigma 45°$의 값은?

$$\sigma_{\theta=45°} = \frac{\sigma_x + \sigma_y}{2} - \frac{\sigma_x - \sigma_y}{2}\cos 2\theta \rightarrow \tau xy \sin 2\theta$$
$$\therefore \sigma_{45°} = -\tau xy \sin 2\theta = -10\sin 2 \times 45° = -10 MPa$$

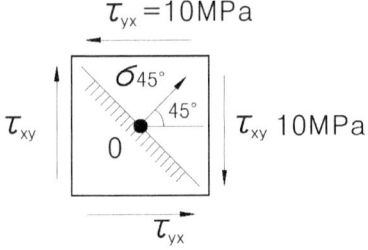

예2) 단순보의 어떤 단면상의 한 점의 휨응력이 $8MPa$ 전단응력이 $3MPa$이다. 최대 주응력은?

$$\sigma_{\max} = \frac{\sigma}{2} + \sqrt{\frac{\sigma^2}{4} + \tau^2} = \frac{8}{2} + \sqrt{\frac{8^2}{4} + 3^2} = 4 + \sqrt{16+9} = 4+5 = 9Mpa$$

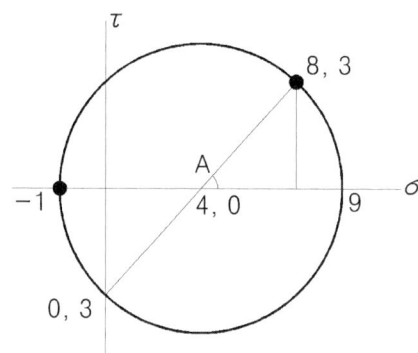

제 3 장 재료역학적 성질

3.4 응력과 변형률의 관계

3.4.1 1축 응력과 변형률 관계

$$\epsilon = \frac{\Delta \ell}{\ell} = \frac{\sigma}{E} = \frac{P}{EA}$$

$$\sigma = E\epsilon = E\frac{\Delta \ell}{\ell}$$

3.4.2 2축 응력과 변형률 관계

$$\epsilon_x = \frac{\sigma_x}{E} - \nu\frac{\sigma_y}{E}, \quad \epsilon_y = \frac{\sigma_y}{E} - \nu\frac{\sigma_x}{E}$$

σ_x로 인한 x방향의 변형률 $= \frac{\sigma_x}{E}$

σ_y로 인한 x방향의 변형률 $= -\nu\frac{\sigma_y}{E}$

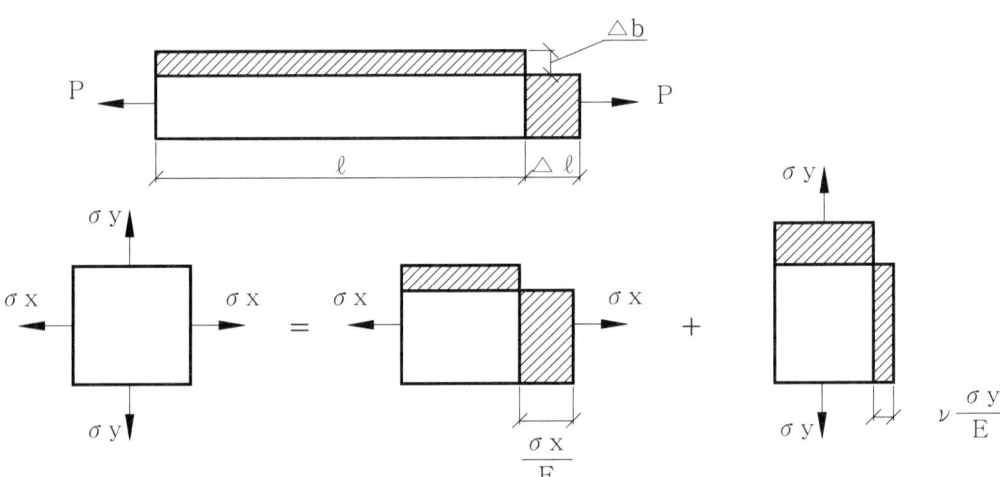

위 식을 연립으로 풀면 응력과 변형률 관계는

$$\sigma_x = \frac{E}{1-\nu^2}(\epsilon_x + \epsilon_y)$$

$$\sigma_y = \frac{E}{1-\nu^2}(\epsilon_y + \epsilon_x)$$

3.4.3 3축 응력을 받는 경우 체적변화율

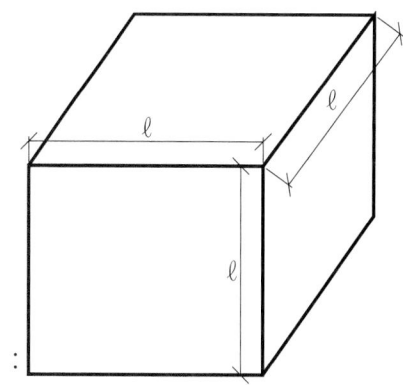

$$V = 1cm^3$$
$$V + \Delta V = (1+\epsilon_x)(1+\epsilon_y)(1+\epsilon_z)$$
$$\fallingdotseq (1+\epsilon_x+\epsilon_y+\epsilon_z)$$
$$\therefore \Delta V = \epsilon_x + \epsilon_y + \epsilon_z$$

체적변화율

$$\frac{\Delta V}{V} = \epsilon_x + \epsilon_y + \epsilon_z$$

$$= (\frac{\sigma_x}{E} - \nu\frac{\sigma_y}{E}) + (\frac{\sigma_y}{E} - \nu\frac{\sigma_x}{E}) + (-\nu\frac{\sigma_x}{E} - \nu\frac{\sigma_x}{E})$$

$$\therefore \frac{\Delta V}{V} = \frac{1-2\nu}{E}(\sigma_x + \sigma_y)$$

3.4.4 봉의 자중에 의한 응력과 변형률

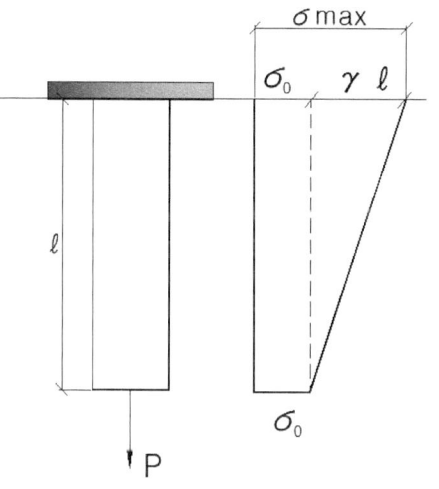

1) 고정단의 응력(최대응력)

$$\sigma_{\max} = \frac{P + A\ell r}{A} = \frac{P}{A} + r\ell = \sigma_0 + r\ell$$

  r : 봉의 단위중량
  A : 봉의 단면적

2) 끝단(자유단의 응력)

$$\sigma_0 = \frac{P}{A}$$

3) 자유단에서 고정단까지의 평균응력

$$\sigma_m = \frac{\sigma_0 + \sigma_{\max}}{2} = \frac{P}{A} + \frac{r \cdot \ell}{2}$$

4) 봉 전체의 늘음량 δ는 $\delta = \dfrac{P\ell}{EA} = \dfrac{\sigma_m A\ell}{EA} = \dfrac{\ell}{E}\left(\dfrac{P}{A} + \dfrac{r\cdot\ell}{2}\right)$

$$\therefore \delta = \dfrac{\ell}{AE}\left(P + \dfrac{1}{2}Ar\ell\right)$$

예) 그림과 같은 봉을 수직으로 매달 때 자중에 의한 늘음량 δ는? (단, 단면적 A, 길이 ℓ, 재료의 비중량은 r이다.)

① $r\ell^2/2E$ ② $r\ell/2E$ ③ $3r\ell/2E$
④ $rE/2\ell$ ⑤ $rE/2\ell^2$

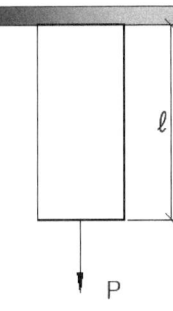

3.4.5 충격응력

1) 충격응력(σ_i)

봉의 단면적 A, 봉의 늘음량 δ일 때 중량 W의 추를 h의 높이에서 낙하할 때 한 일은 $W(h+\delta)$가 되며, 이것이 봉의 탄성에너지와 같을 것이므로 따라서,

봉의 탄성변형 에너지(E)=W의 위치에너지 이다.

탄성변형에너지 E는

$$E = \dfrac{1}{2}P\delta = \dfrac{1}{2}P\left(\dfrac{Pl}{EA}\right) = \dfrac{P^2 l}{2EA} = \dfrac{(\sigma A)^2 l}{2EA} = \dfrac{\sigma^2 Al}{2E}$$

$$E = \dfrac{1}{2}\cdot\dfrac{\sigma_i^2}{E}A\ell = W(h+\delta)$$

$$\sigma_i = \sqrt{\dfrac{2EW(h+\delta)}{A\ell}}$$

h에 비하여 δ는 극히 작으므로 δ를 생략한다.

$$\therefore \sigma_i = \sqrt{\dfrac{2EWh}{A\ell}}$$

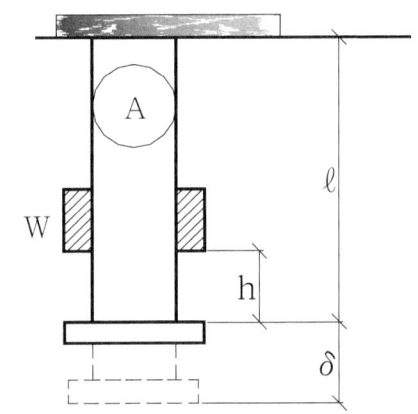

* 충격하중에 의한 변형량(늘음량) δ

$$\delta_i = \dfrac{\ell\cdot\sigma}{E} = \sqrt{\dfrac{2Wh\ell}{AE}}$$

2) 하중을 갑자기 가할 경우

추를 낙하하지 않고 갑자기 그 자리에 올려놓으면 $h=0$ 이므로

$$\sigma_i = \sqrt{\frac{2WE\delta}{A\ell}} \quad (\frac{E\delta}{\ell} = \epsilon E = \sigma_i)$$

$$\therefore \sigma_i = \sqrt{\frac{2\sigma_i W}{A}} \quad \text{양변을 제곱하면}$$

$$\sigma_i^2 = \frac{2\sigma_i W}{A}$$

$$\therefore \sigma_i = 2\frac{W}{A} = 2\sigma_{st} \quad (\sigma_{st} = \frac{W}{A} : \text{정적인 상태의 응력})$$

$$\delta_i = 2\delta_{st} \quad (\delta_{st} = \frac{P\ell}{AE} : \text{정적인 상태의 변형량})$$

* 충격응력(충격변형량)은 정적응력(정적변형량)의 두배이다.

예) 그림에서 봉의 단면적 $A = 100mm^2$ 길이 $L = 1000mm$, $h = 50mm$ 추의 무게 $W = 8kg$일 때 충격응력은? (단, $E = 200GPa$이다.)

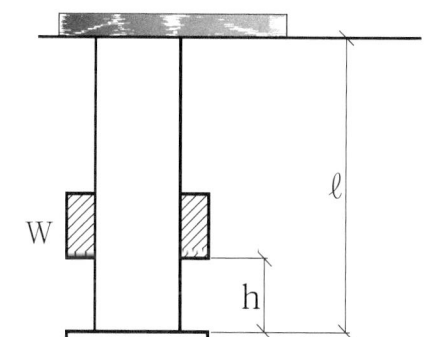

① $2000MPa$ ② $3000MPa$ ③ $4000MPa$
④ $5000MPa$ ⑤ $6000MPa$

(풀이)

$$\sigma_i = \sqrt{\frac{2EWh}{A\ell}} = \sqrt{\frac{2 \times 200,000 \times 80,000 \times 50}{100 \times 1000}} = \sqrt{16000000}$$
$$= 4,000MPa$$

3.5 원환응력 및 원축응력

얇은 원통 용기에 작용하는 응력	원환응력(원주응력)	원축응력
원환응력, σ_θ 또는 σ_h 원축응력, σ_a	$2\sigma_h t\,dx = p\,2r\,dx$ $\sigma_h = \dfrac{P \cdot r}{t} = \sigma_\theta$	$2\pi r t \sigma = p\pi r^2$ $\sigma = \dfrac{P \cdot r}{2t}$
$\sigma_1(2t\,\Delta x) - p(2r\,\Delta x) = 0 \;\Rightarrow\; \sigma_1 = \dfrac{pr}{t}$ $\sigma_2(2\pi rt) - p(\pi r^2) = 0 \;\Rightarrow\; \sigma_2 = \dfrac{pr}{2t} \;\Rightarrow\;$ 원환응력이 원축응력의 2배		

예1) 관경 $500mm$, 관두께 $5mm$ 수압 $1MPa$인 원관의 원환응력은?

$$\sigma = \frac{P \cdot d}{2t} = \frac{1 \times 500}{2 \times 5} = 50 MPa$$

예2) 관경 $500mm$, 수압 $1MPa$ 원환응력 $\sigma = 50MPa$일 때 관두께는?

$$t = \frac{P \cdot d}{2\sigma} = \frac{1 \times 500}{2 \times 50} = 5mm$$

3.6 합성부재의 응력

1. 합성부재는 어느 재료이든 변형률(ϵ)은 같다.

$$\epsilon = \epsilon_1 = \epsilon_2 \ (\because \epsilon_1 = \frac{\sigma_1}{E_1}, \epsilon_2 = \frac{\sigma_2}{E_2})$$

$$\sigma_1 = \epsilon E_1 \ \rightarrow \ P_1 = \sigma_1 A_1 = \epsilon E_1 A_1$$

$$\sigma_2 = \epsilon E_2 \ \rightarrow \ P_2 = \sigma_2 A_2 = \epsilon E_2 A_2$$

$\Sigma V = 0$ 에서

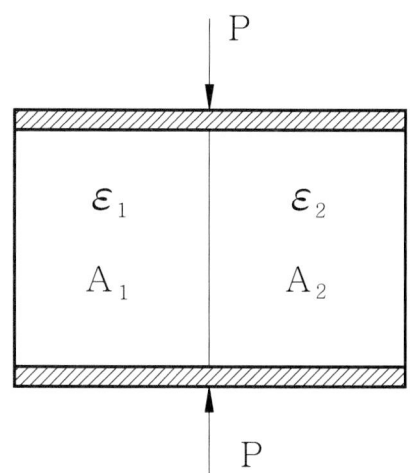

$$P = P_1 + P_2 = \sigma_1 A_1 + \sigma_2 A_2 = \epsilon(E_1 A_1 + E_2 A_2)$$

$$\therefore \epsilon = \frac{P}{E_1 A_1 + E_2 A_2}, \ \sigma_1 = \frac{E_1 P}{E_1 A_1 + E_2 A_2}, \ \sigma_2 = \frac{E_2 P}{E_1 A_1 + E_2 A_2}$$

예) 그림과 같이 강(steel)과 콘크리트로 조합된 부재에서 EcAc=EsAs=EA이면 줄음량 $\triangle \ell$은?

① $\dfrac{P\ell}{EA}$ ❷ $\dfrac{P\ell}{2EA}$ ③ $\dfrac{P\ell}{3EA}$

④ $\dfrac{P\ell}{4EA}$ ⑤ $\dfrac{P\ell}{5EA}$

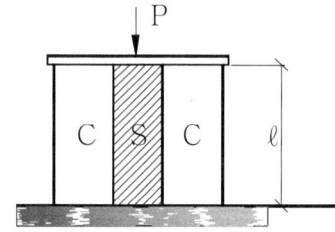

※ 별해

합성부재의 양단의 변위는 콘크리트와 강재와 같으므로 병렬강성 구조이다.
따라서 전체 강성은,

$k = k_c + k_s$ 이고 축방향에 대한 강성은 $k = \dfrac{EA}{l}$ 따라서 전체 구조계의 강성은

$$k = k_c + k_s = \frac{EA}{l} + \frac{EA}{l} = \frac{2EA}{l}$$

$$F = k\Delta \rightarrow \Delta = \frac{F}{k}$$

$$\Delta = \frac{F}{k} = \frac{Fl}{2EA}$$

제 3 장 재료역학적 성질

<부재(목재)를 α 각도로 붙일 경우 받침길이>

① $\sum H = 0$, $P\cos\alpha = \tau a \cdot a \cdot b$, $\therefore a = \dfrac{P\cos\alpha}{\tau_a \cdot b}$

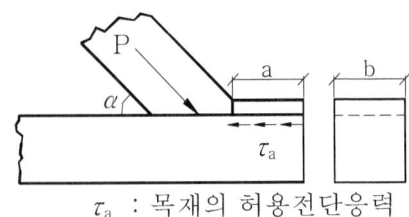

τ_a : 목재의 허용전단응력

② <a 길이가 작을 경우 홈을 판다>

$a = \dfrac{P\cos\alpha}{\tau_a(b+2t)}$

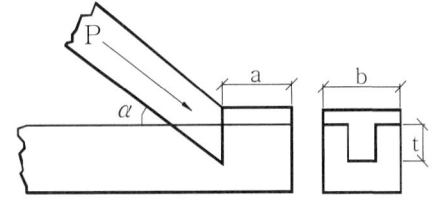

예) 그림과 같이 $P = 2t$, $b = 100mm$, $\alpha = 30°$, 목재의 허용전단응력 $\tau_a = 0.3 MPa$이라 할 때 받침길이 a의 값은? (단, 평균전단응력으로 계산한다.)

$H = P\cos\alpha = \tau ab \cdot a$

$a = \dfrac{P\cos\alpha}{\tau_a \cdot b} = \dfrac{20,000\dfrac{\sqrt{3}}{2}}{0.3 \times 100} = 574mm$

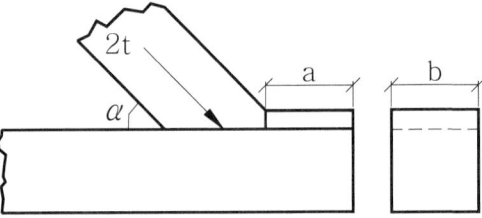

2. Mohr의 응력

1) 보 (1축응력)

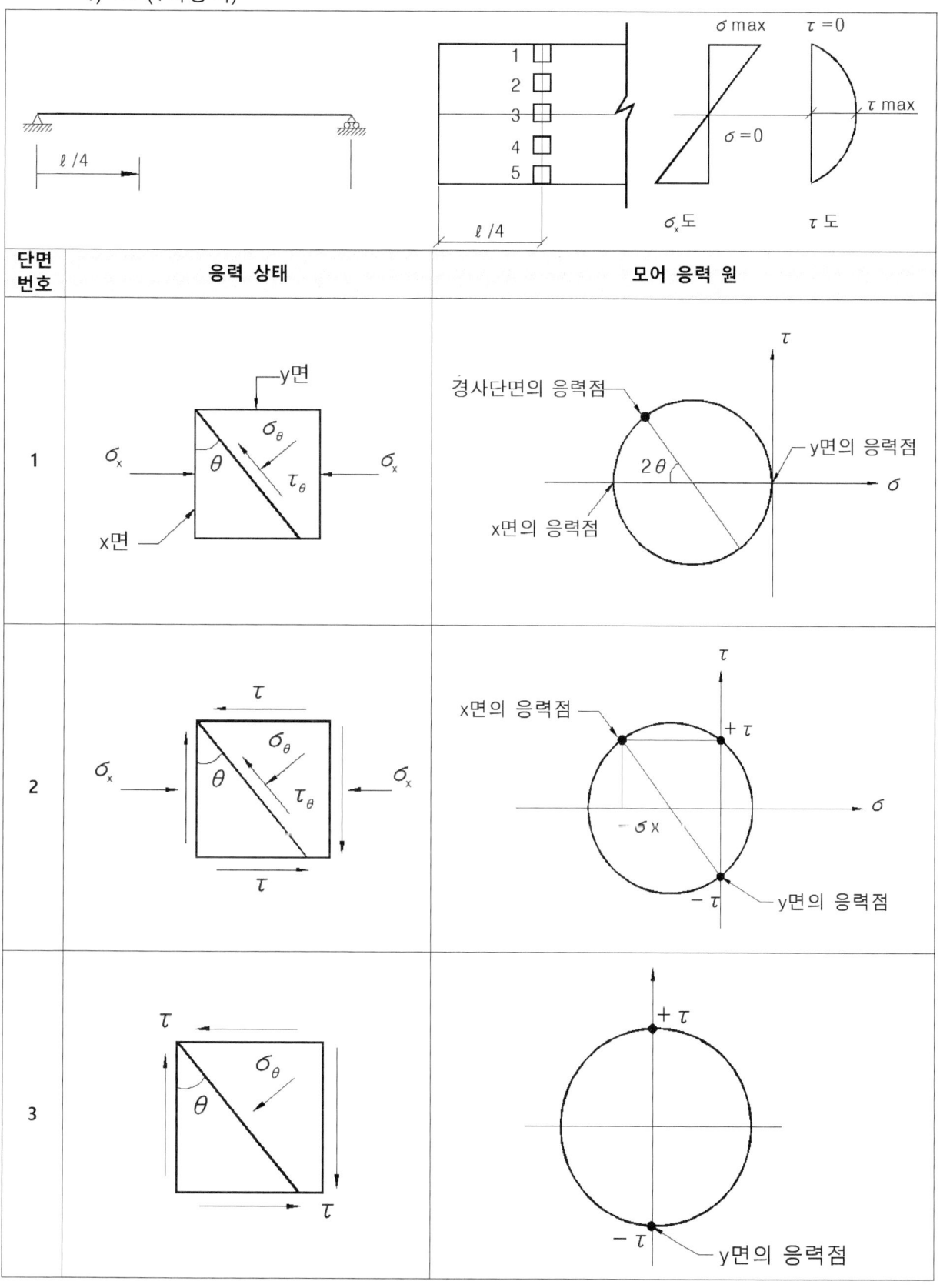

제 3 장 재료역학적 성질

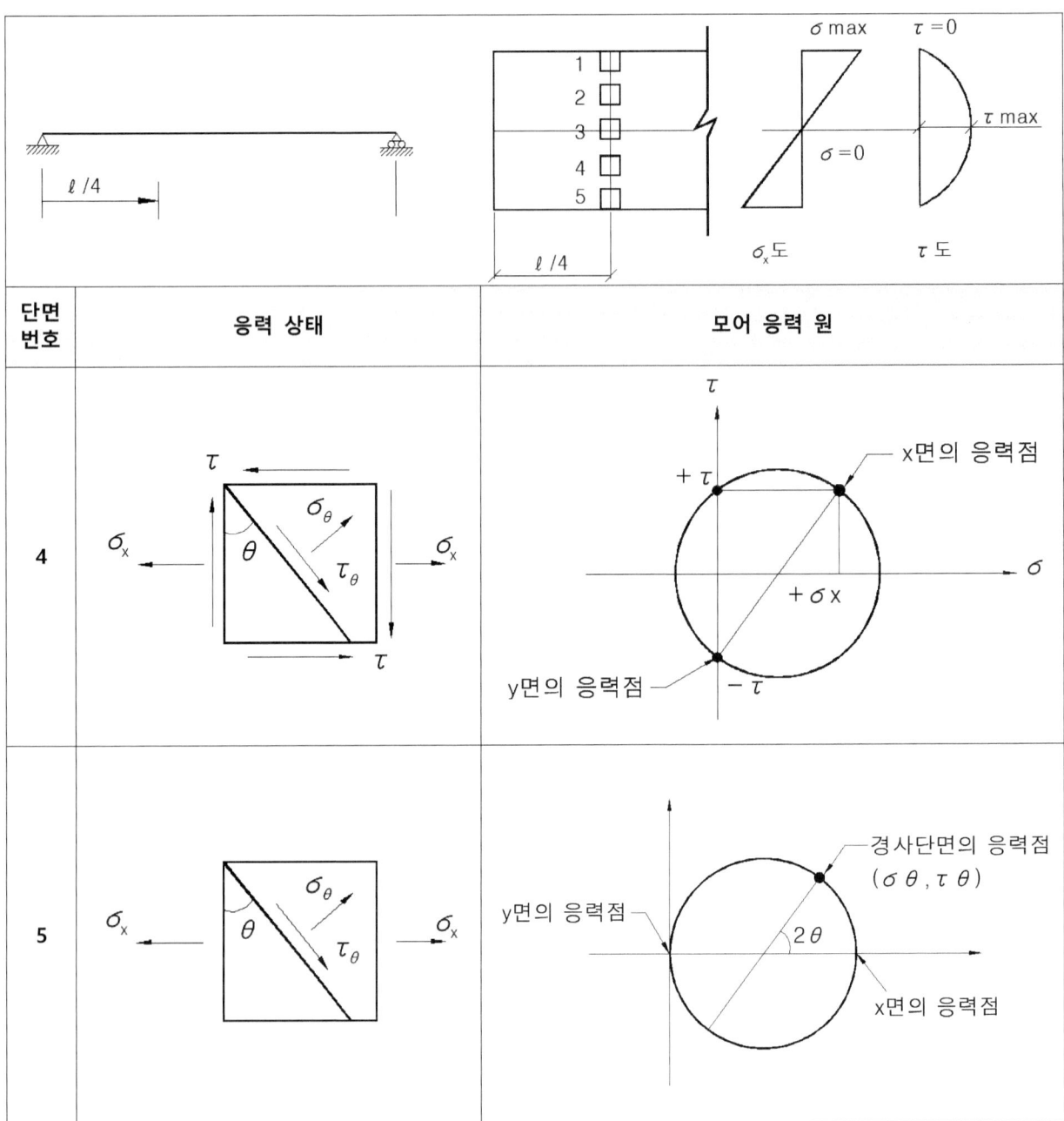

제 3 장 재료역학적 성질

2) 2축 응력

응력 상태	모어 응력 원
(σ_y 상하 인장, σ_x 좌우 인장, 경사단면 σ_θ, τ_θ, 각도 θ)	y면의 응력점, 경사단면의 응력점 $(\sigma\theta, \tau\theta)$, 2θ, x면의 응력점 원의 중심 : $\dfrac{\sigma_x + \sigma_y}{2}$, 반경 : $\dfrac{\sigma_x - \sigma_y}{2}$
(σ_x 인장, σ_y 압축)	$-\sigma y$, $+\sigma x$ (τ-σ 좌표)
순수 전단 ($\sigma_x = -\sigma_y$)	**모어 응력 원**
(θ = 45°, σ_θ, τ_θ 표시)	45°, θ = 45°, $-\sigma y$, $+\sigma x$ *$\sigma_{\theta = 45°} = 0$

제 3 장 재료역학적 성질

3) 평면응력

응력 상태	모어 응력 원
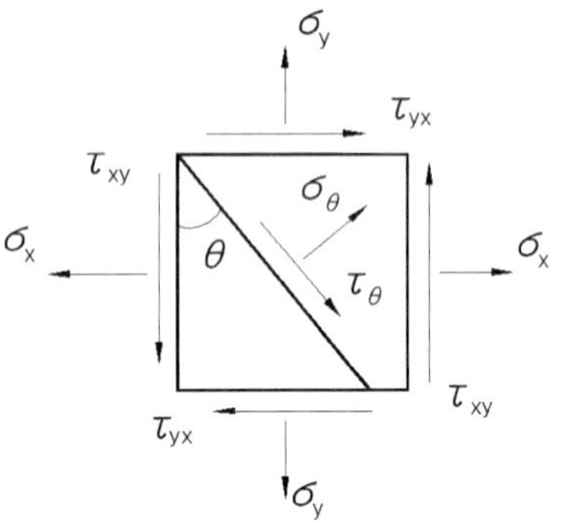	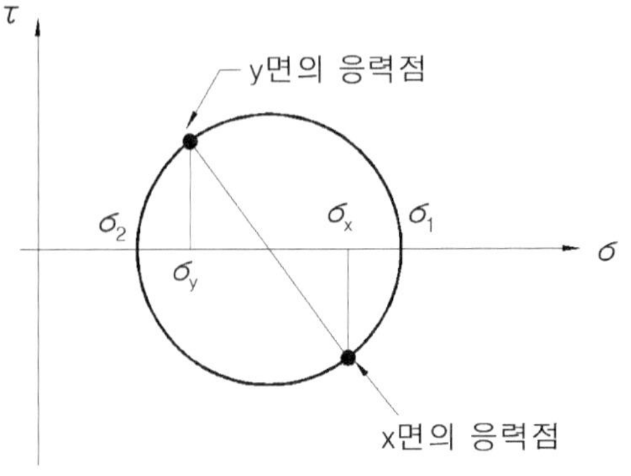 원의 중심 : $\dfrac{\sigma_x + \sigma_y}{2}$, 반경 : $\sqrt{(\dfrac{\sigma_x - \sigma_y}{2})^2 + \tau_{xy}^2}$
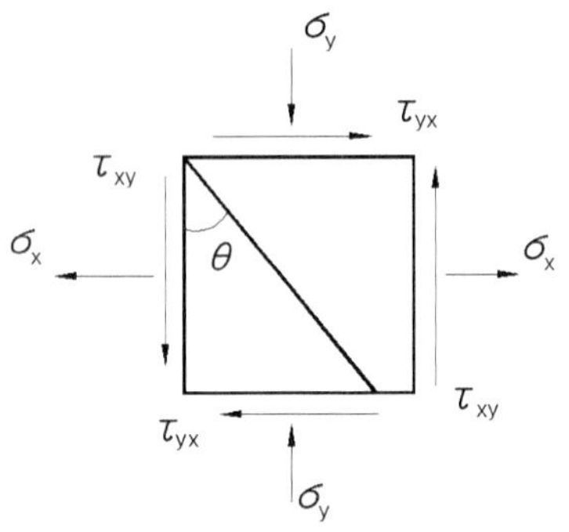	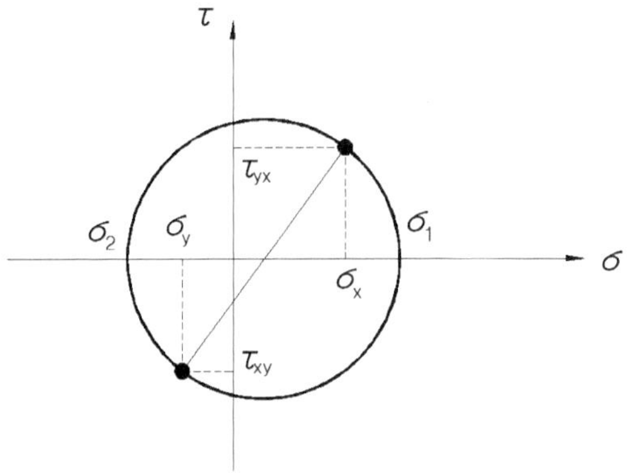

예) 그림과 같은 Mohr의 원으로 나타나는 요소단면의 상태는?

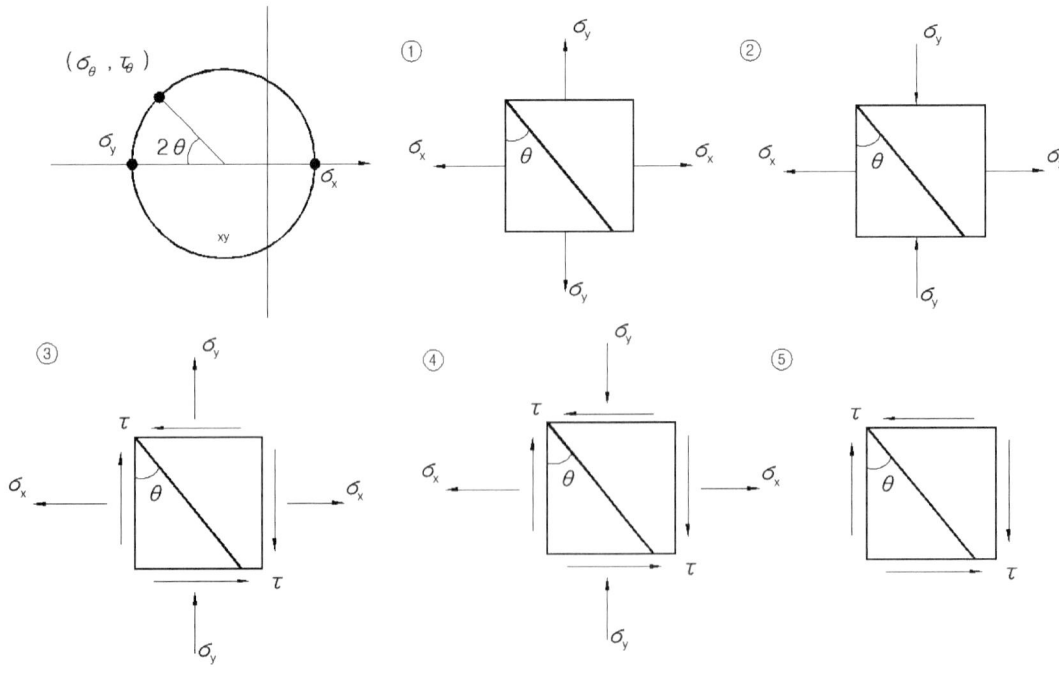

제 3 장 재료역학적 성질

3.7 비틀림 응력

3.7.1 원형단면의 비틀림

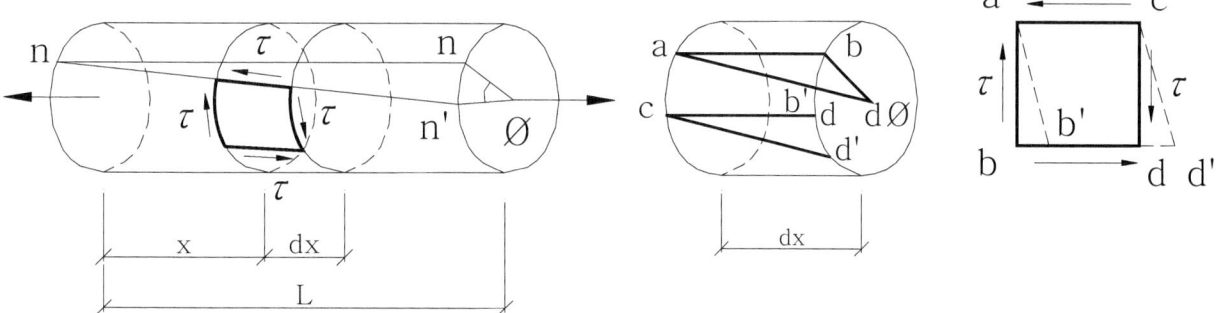

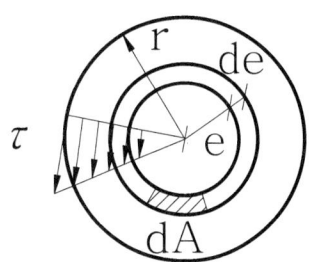

$$T = \int G\theta \rho^2 dA = G\theta \int \rho^2 dA$$

$$\therefore T = G\theta \cdot I_p$$

여기서 $I_p = \int \rho^2 dA$는 원형단면의 극관성모멘트 (극2차모멘트)

$$(I_p = \frac{\pi r^4}{2} = \frac{\pi d^4}{32})$$

① 단위 길이에 대한 비틀림 각

$$\theta = \frac{T\ell}{GI_p}$$

② 총길이에 대한 전 비틀림각

$$\phi = \theta L = \frac{T \cdot L}{G \cdot I_p}$$

* Hooke의 법칙에 의하면

전단 변형률 : $\gamma = \rho\theta$

전단 응력 : $\tau = G \cdot \gamma = G\rho\theta$

③ 중실원형단면 축에 대한 최대전단응력

γ : 비틀림에 의한 전단변형률

J : 비틀림 상수

GJ : 비틀림 강성

* 원형단면의 경우에는 단면 극2차 모멘트의 비틀림 상수와 같음

$$J = I_p = \frac{\pi D^4}{32}$$

3.7.2 중공단면의 비틀림

$$J = I_p = \frac{\pi}{2}(R^4 - r^4) = \frac{\pi}{32}(D^4 - d^4)$$

최대 전단 응력

$$\tau_{\max} = \frac{T \cdot r}{J} = \frac{T \cdot r}{I_p} = \frac{16 T \cdot D}{\pi (D^4 - d^4)}$$

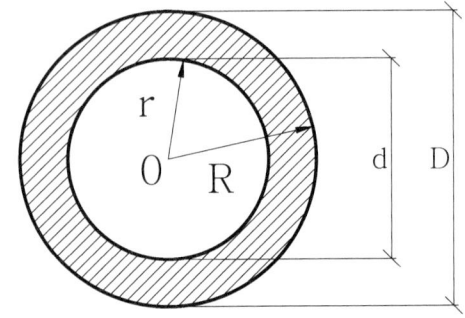

예) 그림과 같은 중공원형 단면에 비틀림력 T=75kN.m 가 작용할 때 전단응력은?

$$\tau = \frac{16 T \cdot D}{\pi (D^4 - d^4)} = \frac{16 \times 75,000 \times 4}{3.14(4^4 - 2^4)}$$
$$= 6369 \, Pa$$

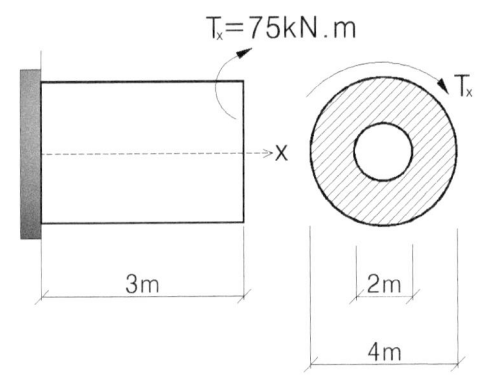

3.8 연결 부재의 강도

3.8.1 리벳 연결부의 강도

1) 인장부재의 전체강도

부재에 인장력이 작용하는 인장재는 항상 리벳 구멍의 크기를 뺀 순단면적을 계산한다.

$$p \leq \sigma_{ta} \cdot A_n$$

P : 부재에 작용하는 인장력

σ_{ta} : 부재의 연장강도

A_n : 부재의 순단면적

① 순단면적(A_n)

부재의 순단면을 계산할 경우, 리벳구멍의 지름은 리벳지름에 3mm를 더한 것으로 본다.

$$A_n = b_n \cdot t$$

b_n : 순폭 → 인장일 때

t : 부재의 두께

② 순폭(b_n)

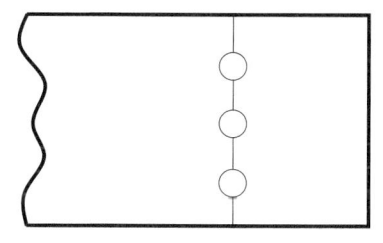

ⅰ) 일렬배열

$b_n = b_g - 3d$

b_g : 총 폭

d : 리벳구멍의 지름 (리벳지름 + 3mm)

ⅱ) 지그재그 배열

최초의 리벳구멍에 대해서는 그 지름을 빼고 그 다음 리벳구멍에 대해서는 순차적으로 w를 총폭에서 뺀다.

$w = d - \dfrac{p^2}{4g}$, g : 리벳선간의 거리 p : 리벳 피치

● 단면 ABCD

$bn = bg - 2d$

● 단면 ABECD

$bn = bg - d - w - w$
$= bg - d - (d - \dfrac{p_1^2}{4g_1}) - (d - \dfrac{p_2^2}{4g_2})$

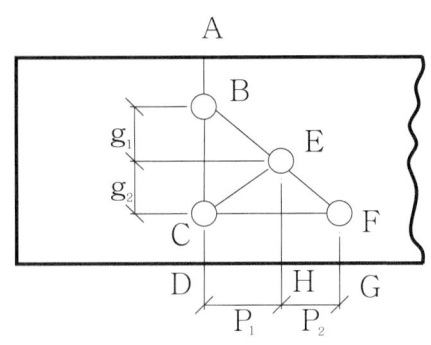

● 단면 ABEH

$bn = bg - d - w = bg - d - (d - \dfrac{p^2}{4g})$

● 단면 ABEFG

$bn = bg - d - w - w = bg - d - (d - \dfrac{p^2}{4g}) - (d - \dfrac{p^2}{4g})$

이들 중 가장 적은 값을 순폭으로 취한다.

2) 압축부재의 전체강도

부재에 압축력이 가해지면 총단면이 유효하다고 본다.

$$p = \sigma_a \cdot A_g \qquad (A_g : \text{총단면적}, \sigma_a : \text{허용 압축응력})$$

예1) 그림과 같은 강판에 80kN의 인장력을 받을 때 인장응력은? (단, 판의 두께는 10mm, 리벳의 지름은 19mm)

$$\sigma = \dfrac{P}{A_n} = \dfrac{P}{b_n t} = \dfrac{80,000}{156 \times 10} = 51.3 MPa$$

$bn = bg - d - d = bg - 2d = 200 - 2(22) = 156mm$

예2) 그림과 같은 리벳이음강판의 전체강도는? (단, 리벳의 지름 22mm, 강판두께 12mm, 허용인장응력 $\sigma_{ta} = 160 MPa$)

<A-A 단면>

$$bn = bg - d - d = bg - 2d$$
$$= 150 - 2(25) = 100 mm$$

<A-B 단면>

$$bn = bg - d - (d - \frac{p^2}{4g}) - (d - \frac{p^2}{4g})$$
$$= bg - 3d + \frac{P^2}{4g} + \frac{P^2}{4g}$$
$$= 150 - 3(25) + \frac{50^2}{4 \times 30} + \frac{50^2}{4 \times 30}$$
$$= 117 mm$$

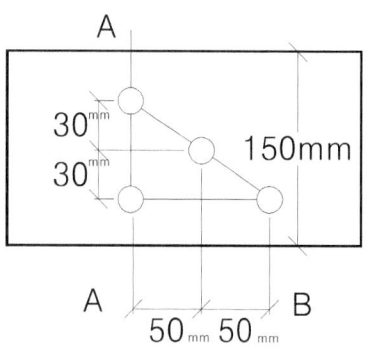

$d = \emptyset + 3^{mm} = 25^{mm}$

● 순단면 $A_n = b_n \times t = 100 \times 12 = 1200 mm^2$

● 전체강도 $P = \sigma_{ta} A_n = 160 \times 1200 = 192,000 N = 192 kN$

3.8.2 용접부의 강도

용접부의 강도는 용접의 목두께와 유효길이에 비례하며

(목두께)×(유효길이) = 면적 $\sum a\ell$

(면적)×(허용응력) = 용접부의 강도

1) 목두께와 유효길이

① 목두께 : 응력을 전달하는 용접부의 유효 두께

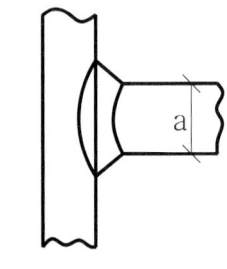
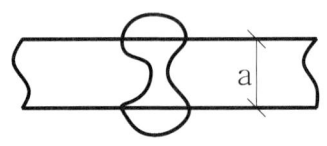

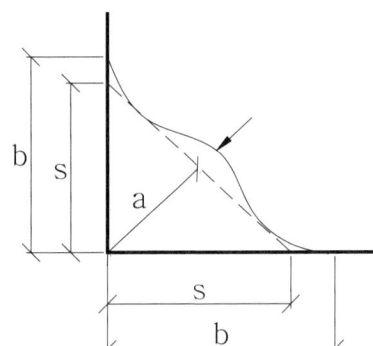

a : 목두께=0.707×s

b : 다리길이

s : 용접 치수

c : 보강 덧붙이기

② 유효길이 : 이론상의 목두께를 가지는 용접부의 길이로 한다.

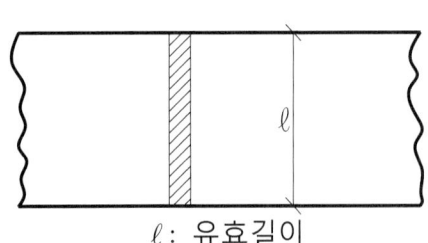

ℓ : 유효길이

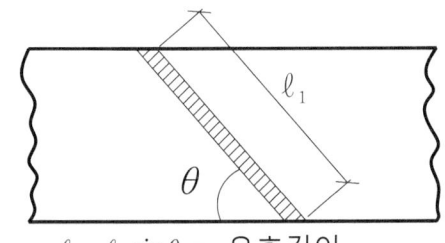

$\ell = \ell_1 \sin\theta$ = 유효길이

2) 인장력, 압축력 또는 전단력을 받는 이음부의 응력

ⅰ) 인장 및 압축응력 (σ)

$$\sigma = \frac{P}{\sum a\ell}$$

ⅱ) 전단응력 (τ)

$$\tau = \frac{P}{\sum a\ell}$$

P: 이음부에 작용하는 힘
a: 목두께
ℓ: 용접의 유효길이
$\sum a\ell$: 용접의 유효단면적의 합

예1) 그림과 같은 용접이음부의 응력은?
(단, 인장력 P=400kN)

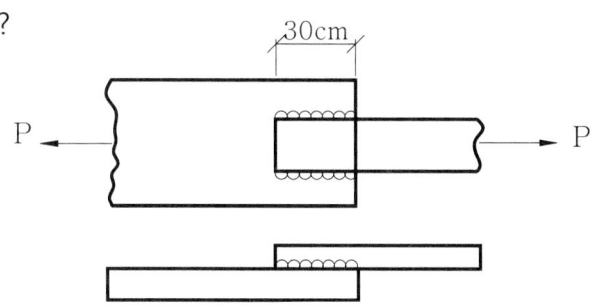

치수 $s = 9mm$

목두께 $a = 0.707s = 0.707 \times 0.9$
$ = 0.6363$

$$\tau = \frac{P}{\sum a\ell} = \frac{400,000}{2 \times 6.4 \times 300} = 104.2 MPa$$

예2) 그림과 같이 전단력 P=250kN이 작용할 때 발생하는 전단응력은?

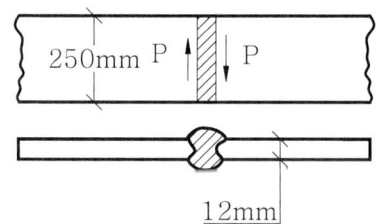

$$\tau = \frac{P}{\sum a\ell} = \frac{250,000}{12 \times 250} = 83.3 MPa$$

예3) 그림과 같이 인장력이 P=360kN이 작용할 때 용접이음부의 응력은?

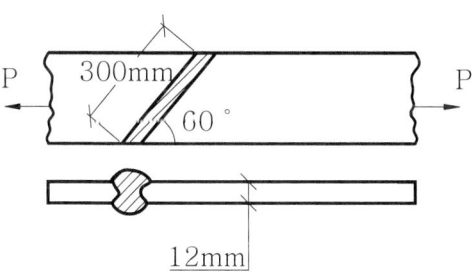

유효 길이 $\ell = 300 \sin 60°$
$ \fallingdotseq 260mm$

$$\sigma = \frac{P}{\sum a\ell} = \frac{360,000}{12 \times 260} = 11.54 MPa$$

3.9 응력집중(stress concentration)

그림과 같이 균일한 단면인 판의 중앙에 작은 원형구멍을 갖는 판이나 환봉의 도중에 노치(notch)가 있을 때, 인장하중을 가하면 원형구멍 부분에서 균열 또는 파괴가 일어나는 경우가 있다. 이와 같은 현상이 급격히 변화한 부분에는 다른 부분과 비교하며 큰 응력이 발생하게 된다. 이런 현상을 응력집중이라 한다.

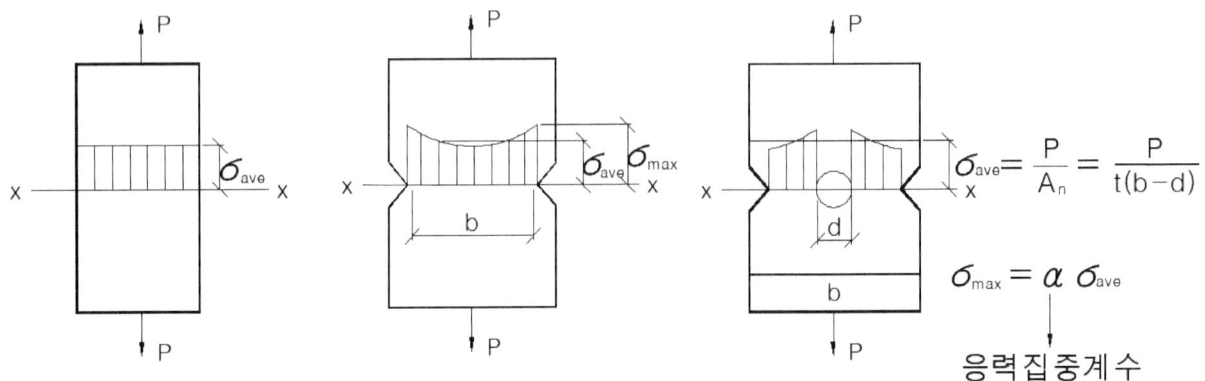

$$\sigma_{ave} = \frac{P}{A_n} = \frac{P}{t(b-d)}$$

$$\sigma_{max} = \alpha \, \sigma_{ave}$$

응력집중계수

판폭 b, 두께 t인 균일한 단면판에 인장하중 P가 작용하면

$\sigma = \dfrac{P}{bt} \rightarrow$ 이 응력은 균일하게 분포한다.

판에 직경 d인 원형구멍이 뚫려 있을 때 이 구멍의 중심을 통하는 횡단의 평균응력은 σ_{av} 는 $\sigma_{av} = \dfrac{P}{(b-d)t}$

판에 가해지는 응력은 구멍 가까운 부분에서 최대가 되며, 또 구멍에서 좀 떨어진 부분에는 최소가 된다. 여기서 최대 집중응력 ($\sigma_{\max}$)과 평균응력 (σ_{av}) 과의 비를 형상계수 또는 응력집중계수라 하며 α_k로 표시한다. $\alpha_k = \dfrac{\sigma_{\max}}{\sigma_{av}}$ α_k를 알게 되면 구멍 인접부분에서 실제 일어나는 최대 집중응력은 $\sigma_{\max} = \alpha_k \cdot \sigma_{av} = \alpha_k \dfrac{P}{(b-d)t}$

* 일반적으로 강판에 원형 구멍을 뚫었을 때 응력집중계수를 3으로 본다.

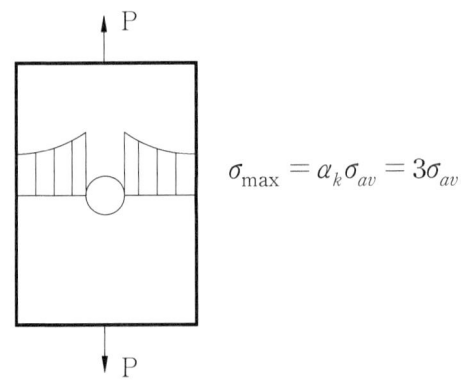

$$\sigma_{\max} = \alpha_k \sigma_{av} = 3\sigma_{av}$$

예) 폭 120mm, 두께 10mm의 판인 중심에 직경 40mm 원형 구멍이 뚫려 있다. 이 판에 6kN의 인장하중이 작용했을 때 구멍 주변의 최대 집중응력은? (단, 응력집중계수 $\alpha_k = 3$이다.)

$$\sigma_{ave} = \frac{6,000}{(120-40)(10)} = 7.5 MPa$$

$$\sigma_{\max} = \alpha_k \sigma_{av} = 3\sigma_{av} = 22.5 MPa$$

3.10 허용응력과 안전율

3.10.1 허용응력

구조물을 설계할 때 그 재료의 탄성한도 이내의 안전상 허용되는 최대의 응력을 허용응력이라 한다.

① 사용응력 : 실제로 작용하는 하중에 의하여 일어나는 응력을 사용응력(또는 실응력) 이라 한다.

② 극한 강도 (σ_u 종극응력), 항복강도 (σ_y), 탄성한계 (σ_E), 사용응력 (σ_s)과의 관계

극한강도 > 항복강도 > 탄성한계 > 허용응력 ≥ 사용응력

* 탄성설계법에서는 다음과 같은 관계를 만족해야 한다.

　탄성한도 > 허용응력 ≥ 사용응력

3.10.2 안전율

재료가 받을 수 있는 최대 응력인 극한 응력(σ_u) (또는 항복강도(σ_y))를 허용응력(σ_a)으로 나눈 1보다 큰 값을 안전율이라 한다.

① 취성재료 : 안전율 S= $\dfrac{극한강도}{허용응력} \geq 1 \rightarrow$ (주철, 콘크리트, 석재, 목재)

② 연성재료 : 안전율 S= $\dfrac{항복강도}{허용응력} \geq 1 \rightarrow$ (강철, 연강)

③ 반복하중을 받는 부재 S= 피로강도/허용강도

예) 단면적 $60cm^2$ 좌굴응력 $3,330 kg/cm^2$, 하중 $40t$일 때 안전율은?

$$\sigma_a = \frac{P}{A} = \frac{40,000}{60} = 666.7 kg/cm^2$$
$$S = \frac{\sigma_u}{\sigma_a} = \frac{3,330}{666.7} = 5$$

*참고

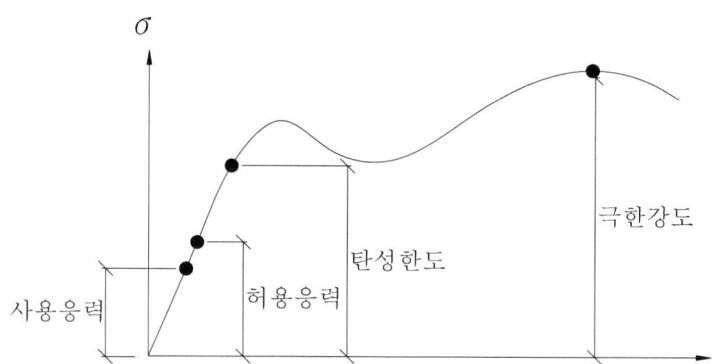

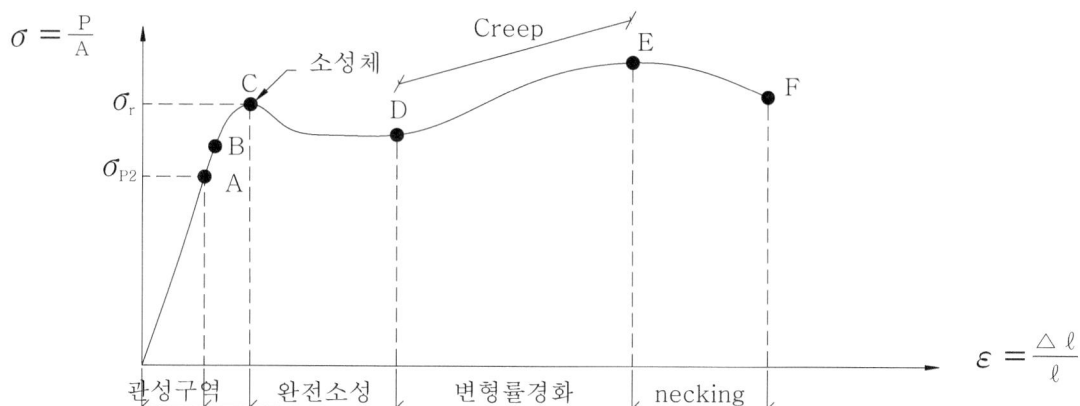

A : 비례한도

B : 탄성한도 (0.002%의 영구변형이 생기는 응력)

C : 항복응력

E : 극한응력

F : 파괴응력 (파단이 일어남)

● 변형률 경화(strain hardening) : 하중의 증가에 대하여 부가적인 저항을 보이기 시작하는 현상

● 네킹(necking) : 단면적의 감소하면서 파괴

● 탄성여효(elastic after effect) : 하중을 제거하면 시간이 지나면서 잔류변형이 감소되는 현상

제 3 장 재료역학적 성질

EX 3-1 : 5. 그림과 같이 기둥 플랜지에 브라켓이 양면 필릿용접되어 있다. 모재 SM275의 인장강도 Fu =410MPa이고 계수하중 P=300kN일 때, 접합부의 안전성을 검토하시오. (단, 필릿용접부의 저항계수 $\phi = 0.75$를 적용한다) 토목구조기술사 133회 3교시 5번

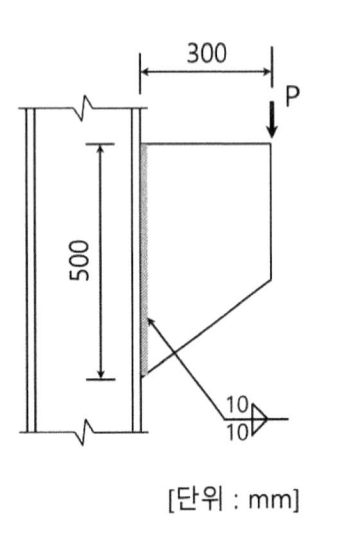

[단위 : mm]

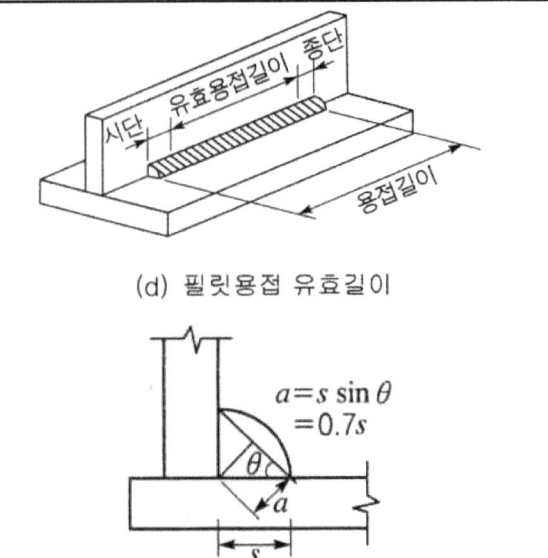

(d) 필릿용접 유효길이

2.6.4 항복조건

2.4 강재의 기계적 성질에서 항복강도(F_y)를 정의하였으나 이것은 단일 응력이 작용했을 때를 말한다. 강재는 일반적인 상태로는 수직응력(σ)과 전단응력(v)을 동시에 받는다. 이러한 경우 강재가 항복할 때를 항복조건이라 하고 강재의 경우는 폰 미세스(von Mises)가 제안한 다음 식을 사용한다.

$$\boxed{F_y = \sqrt{\sigma^2 + 3v^2}} \tag{2.4}$$

이 식은 접합부의 조합응력 검토 등에서 사용된다.

다만 필릿용접부의 응력산정에는 필릿용접의 저항은 전단항복에 상당하는 것으로 하여 이 식을 사용하지 않고 다음 식을 사용한다.

$$\boxed{F_y = \sqrt{\sigma^2 + v^2}}$$

$P_u = 300\,kN,\ M = P_u \times e = 300(300) = 90{,}000\,kN.mm,\ a = 0.707\,S = 0.7(10) = 7\,mm$

$l_e = l - 2s = 500 - 2(10) = 480\,mm$

$I = \dfrac{a\,l_e^3}{12} = \dfrac{(7)(480)^3}{12} = 64{,}512{,}000\,mm^4 \quad \sigma = \dfrac{M}{I}y = \dfrac{(90{,}000)(1000)}{(2\text{면})64{,}512{,}000}(250) = 174\,MPa$

$v = \dfrac{P}{A_w} = \dfrac{(300)(1000)}{(2\text{면})(7)(480)} = 45\,MPa \Rightarrow$ 필릿 용접이므로 조합 응력 검토를 한다

$\sqrt{\sigma_u^2 + v_u^2} < \phi F_w = 0.75(0.6 F_u),\quad \sqrt{\sigma_u^2 + v_u^2} = \sqrt{174_u^2 + 45_u^2} = 180\,MPa$

$\phi F_w = 0.75(0.6 F_u) = 0.75(0.6)(410) = 184.5\,MPa \Rightarrow \sqrt{\sigma_u^2 + v_u^2} < \phi F_w$ OK !!!

제 3 장 재료역학적 성질

EX 3-2 : 4. 그림과 같은 공항 구조물의 인장력을 받는 강구조 접합부 설계저항강도를 강구조부재설계기준 (KDS 14 31 10, 하중저항계수설계법)의 설계규정에 따라 산정하시오. 토목구조기술사 133회 2교시 4번

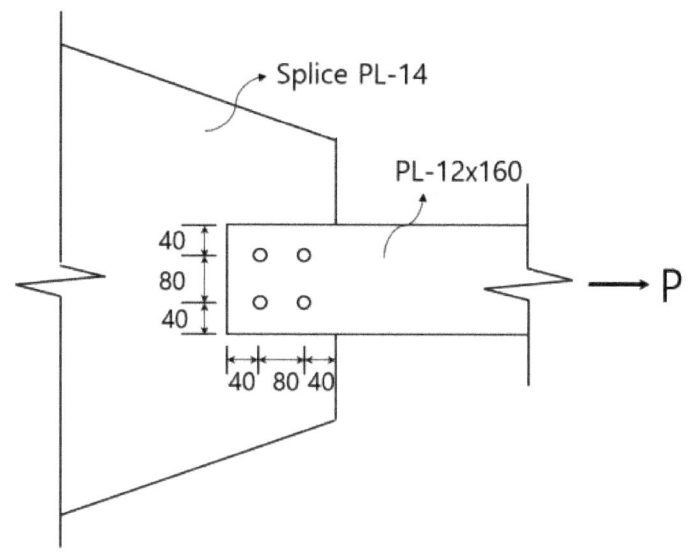

[조건]

- 사용강재
  - SM335(F_y =355 MPa, F_u =490 MPa)
  - 유효순단면적 A_e는 순단면적 A_n과 같고, 인장응력은 균일
- 고장력볼트
  - M20(F10T)로 표준구멍(k_h =1.0) 사용
  - 나사부가 전단면에 포함됨(F_{nv} =400 MPa)
  - 설계볼트장력 T_o =165kN
  - 사용하중상태에서 볼트구멍의 변형이 설계에 고려됨
  - 페인트칠하지 않은 블라스트 청소된 마찰면(μ =0.5)으로 미끄럼이 허용되지 않음
  - 끼움재는 사용되지 않음(k_f =1.0)
  - 모든 치수는 mm 임

제 3 장 재료역학적 성질

EX 3-2 : 4. 그림과 같은 공항 구조물의 인장력을 받는 강구조 접합부 설계저항강도를 강구조부재설계기준 (KDS 14 31 10, 하중저항계수설계법)의 설계규정에 따라 산정하시오. 토목구조기술사 133회 2교시 4번

1. 연결판의 강도와 고장력 볼트의 강도 중 최소값이 접합부 설계저항강도이다

2. 연결판의 인장재의 설계인장강도 $\phi_t P_n$ = 총단면의 항복한계상태, 유효순단면의 파단한계상태중 작은값으로 한다.

1) 총단면의 항복 한계상태	2) 유효순단면의 파단한계상태
$\phi P_n = 0.9 F_y A_g$	$\phi P_n = 0.75 F_u A_e$
A_g : 부재의 총단면적 (mm²)	A_e : 유효 순단면적 (mm²)
F_y : 항복강도 (MPa)	F_u : 인장강도 (MPa)
P_n : 공칭인장강도 (N)	P_n : 공칭인장강도 (N)
$A_g = 160(12) = 1,920 mm^2$	$A_n, A_e = 160(12) - (2)(22)(12) = 1,392 mm^2$
$\phi P_n = \dfrac{0.9(355)(1920)}{1000} = 613.44 kN$	$\phi P_n = \dfrac{0.75(490)(1392)}{1000} = 511.56 kN$

3. 볼트검토는 주어진 조건에 따라 전단강도 및 마찰접합의 미끄럼 강도 각각 검토

1) KDS 14 31 25 : 4.1.3.3 볼트의 인장 및 전단강도

밀착조임 볼트, 장력도입 볼트, 또는 나사강봉의 설계인장강도 또는 설계전단강도는 인장파단과 전단파단의 한계상태에 대하여 다음과 같이 산정한다.

$$\phi R_n = 0.75 F_n A_b \quad \textbf{(4.1-6)}$$

F_n : 표 4.1-9에 따른 공칭인장강도 F_{nt}, 또는 공칭전단강도 F_{nv} (MPa)

A_b : 볼트, 또는 나사강봉의 나사가 없는 부분의 공칭단면적 (mm²)

표 4.1-9 볼트의 공칭강도 (MPa)

강도	강종	고장력볼트			일반볼트
		F8T	F10T	F13T	4.6[5]
공칭인장강도, F_{nt} [1]		600	750	975	300
지압접합의 공칭 전단강도, F_{nv} [2]	나사부가 전단면에 포함될 경우[3]	320	400	520	160
	나사부가 전단면에 포함되지 않을 경우[4]	400	500	650	200

1면 전단이므로, $\phi R_n = 0.75(400)(4ea)(0.25)(3.14)(20^2) = 376.8 kN$

2) 고장력 볼트의 마찰접합의 설계강도

$$\phi R_n = (1)\mu h_f T_o N_s = (1)(0.5)(1)(165)(4ea) = 330 kN$$

제 3 장 재료역학적 성질

EX 3-2 : 4. 그림과 같은 공항 구조물의 인장력을 받는 강구조 접합부 설계저항강도를 강구조부재설계기준 (KDS 14 31 10, 하중저항계수설계법)의 설계규정에 따라 산정하시오. 토목구조기술사 133회 2교시 4번

4. 접합부의 설계저항강도 산정

1) 연결판의 강도	2) 고장력 볼트의 강도
$\phi P_n = 511.56 kN$	$\phi R_n = 330 kN$

따라서 접합부의 설계저항 강도는 330kN 으로 정해야 한다.

제 3 장 재료역학적 성질

EX 3-3 : 4. 프리스트레스트 콘크리트의 전단거동 특징을 철근콘크리트와 비교하여 설명하시오. 토목구조기술사 129회 4교시 4번

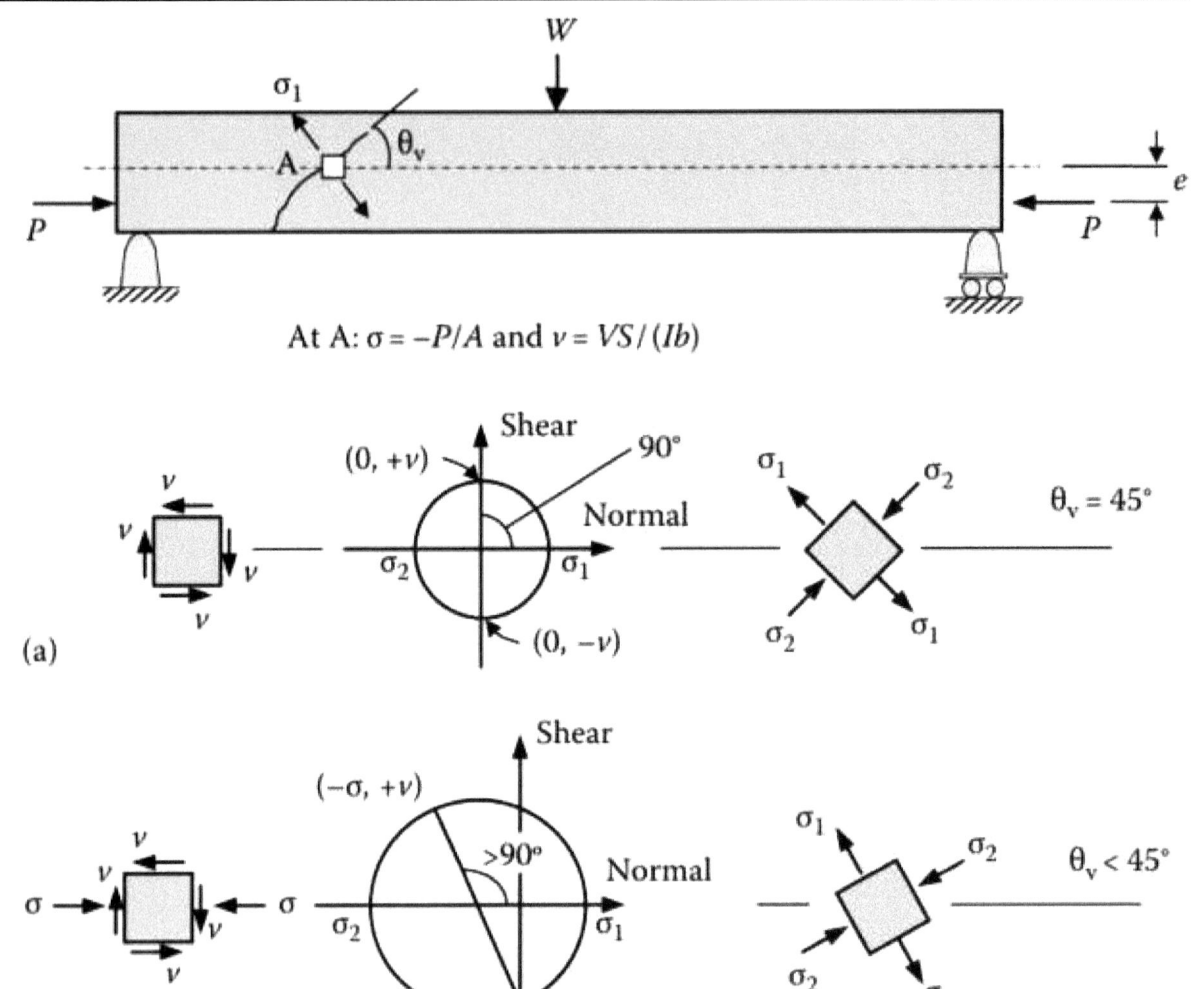

그림에서 보듯이 PSC 보의 프리스트레스 도입력에 의한 응력($\sigma_p = \dfrac{P}{A}$)이 x면에 작용하여 주인장 응력, σ_1을 감쇄시킨다. 그리고 주인장응력은 보의 축에 대하여 45도보다 큰 각으로 작용하여 중심축과의 균열각이 45도보다 작게 되어 PC 보의 사인장 균열은 RC 보 보다 옆으로 더 눕는다. 그러므로 전단철근으로 스터럽을 사용할 경우 PC 보가 RC 보 보다 더 많은 스터럽이 균열과 교차할 수 있어 더 효과적이다.

RC 보의 45도 사인장 균열부의 모어 응력상태를 순수전단 이라고 한다.

제 3 장 재료역학적 성질

EX 3-4 : 아래 그림과 같이 평면응력상태에 있는 요소의 주응력과 주응력면을 모어(Mohr)의 원을 이용하여 구하시오. 토목구조기술사 127회 1교시 13번

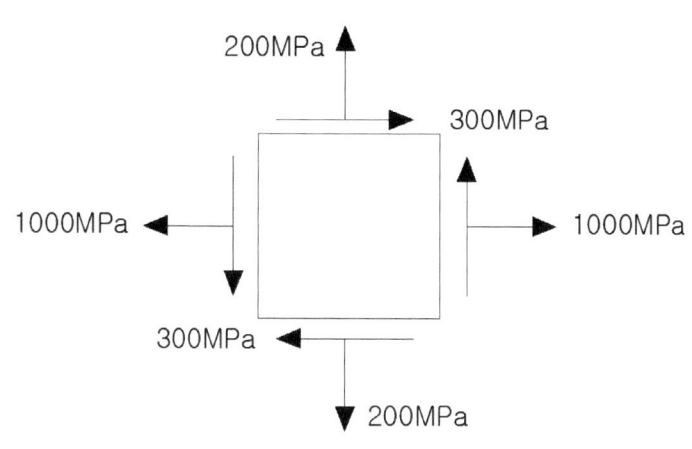

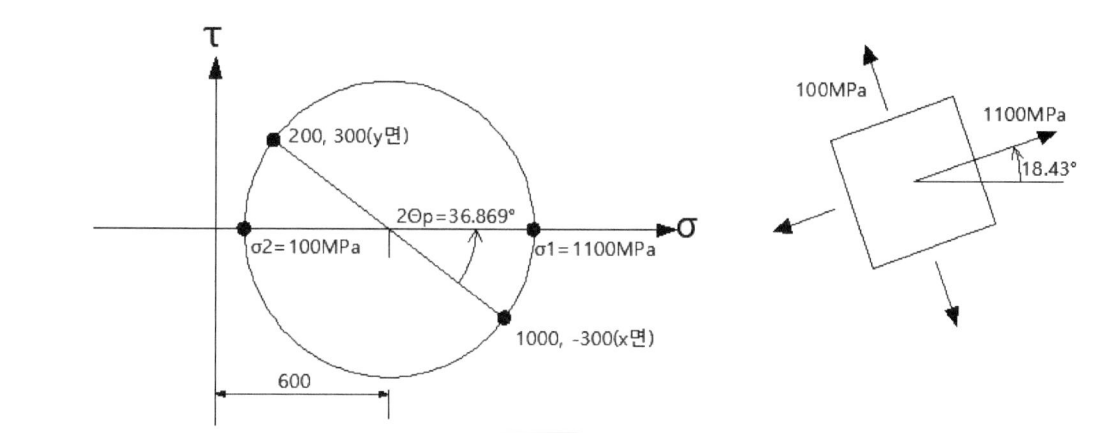

매트릭스 표현으로 하면 $\begin{bmatrix} \sigma_{xx} & \tau_{xy} \\ \tau_{yx} & \sigma_{yy} \end{bmatrix} = \begin{bmatrix} 1000 & 300 \\ 300 & 200 \end{bmatrix}$, 전단력은 ⟳⟲ 부호 규약을 정리하여 모어원을 그린다. 여기서 시계방향을 +로 잡았는데 오른손 법칙으로 적용하여도 무방.

모어원 중심좌표는 $\dfrac{1000+200}{2} = 600$, 모어원 반지름은 $R = \sqrt{300^2 + 400^2} = 500$ 따라서 $\sigma_1 = 600 + 500 = 1100 MPa$, $\sigma_2 = 600 - 500 = 100 MPa$,

$\sin^{-}(\dfrac{3}{5}) = 0.6435\,Rad = 2\theta_p \therefore \theta_p = \dfrac{0.6435}{2}(\dfrac{180}{\pi}) = 18.43°$ **(반시계방향)**

EX 3-4 : 아래 그림과 같이 평면응력상태에 있는 요소의 주응력과 주응력면을
모어(Mohr)의 원을 이용하여 구하시오. 토목구조기술사 127회 1교시 13번

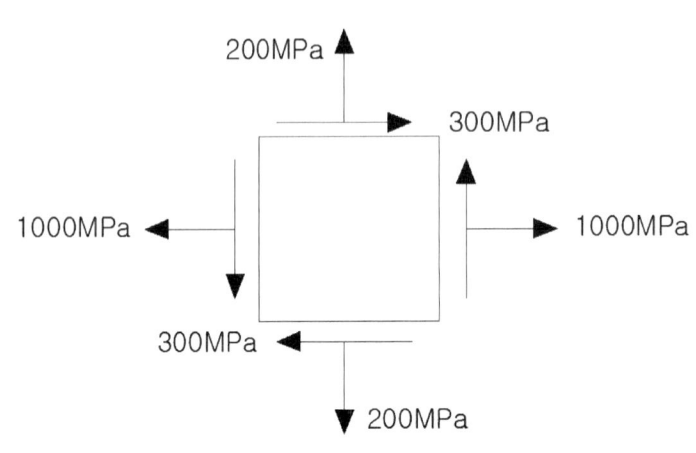

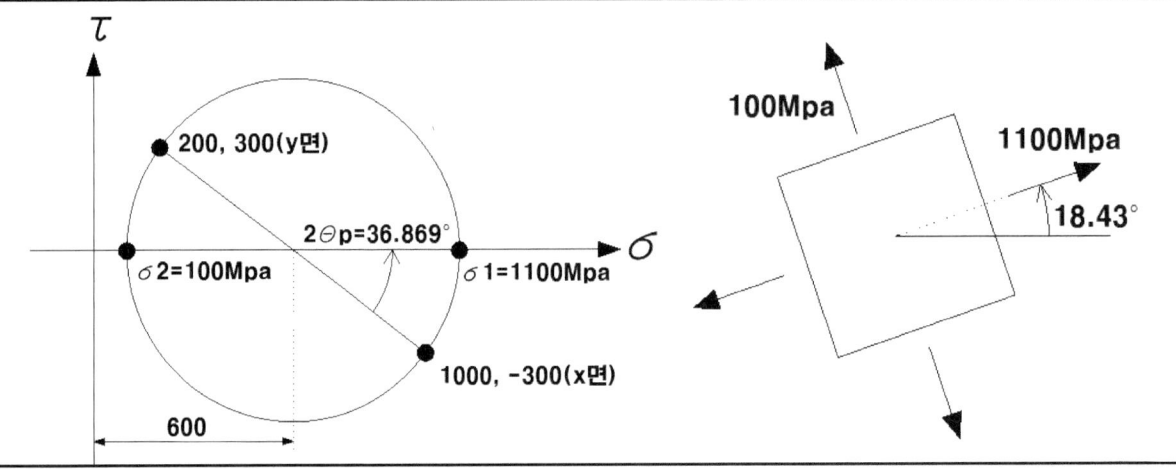

계산기로 Eigenvalue, Eigenvector로 풀면

$$eigenValue \begin{bmatrix} 1000 & 300 \\ 300 & 200 \end{bmatrix} = [1100, 100]$$

$$eigenVector \begin{bmatrix} 1000 & 300 \\ 300 & 200 \end{bmatrix} = \begin{bmatrix} 0.94868 & -0.316 \\ 0.316 & 0.94868 \end{bmatrix}$$, **EigenVector는 방향 코싸인이므로**

$$\cos^-(0.9486) = 0.3217 = \theta_p = 0.3217(\frac{180}{\pi}) = 18.43°$$

주응력도 고유치(eigenvalue) 문제임을 기억하자

좌표변환=방향코싸인도 기억하자.

EX 3-5 : 6. 구조물의 임의 지점에 $45°$ 스트레인 로제트를 사용하여 변형률을 측정한 결과 $\epsilon_a = 70 \times 10^{-6}$, $\epsilon_b = 40 \times 10^{-6}$, $\epsilon_c = -20 \times 10^{-6}$로 계측되었다. 재료의 탄성계수 $E = 30,000 MPa$, 포아송비 $\mu = 0.167$ 일 때 스트레인 로제트를 설치한 계측지점의 최대 주변형률 및 주응력을 구하시오. 토목구조기술사 125회 3교시 6번

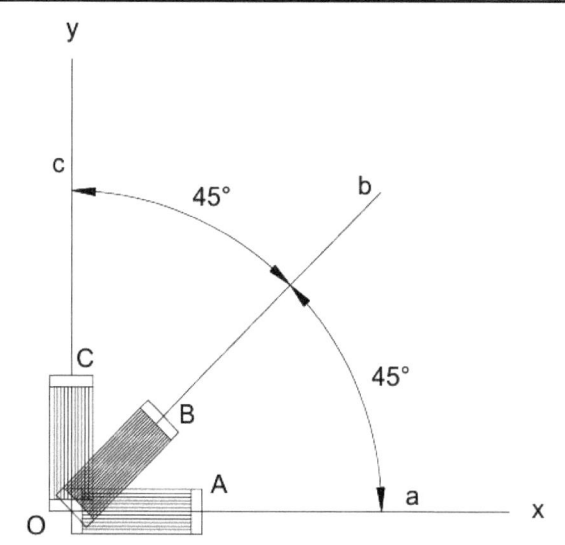

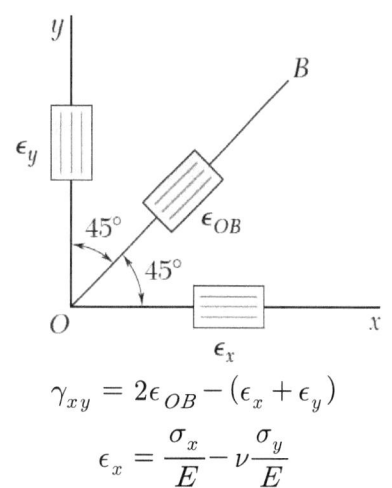

$$\gamma_{xy} = 2\epsilon_{OB} - (\epsilon_x + \epsilon_y)$$

$$\epsilon_x = \frac{\sigma_x}{E} - \nu\frac{\sigma_y}{E}$$

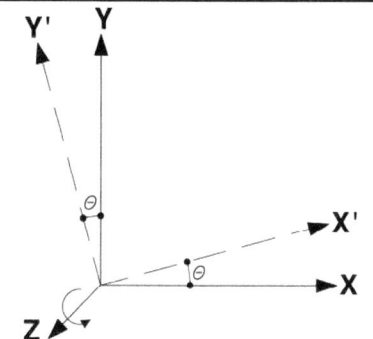

$K = T^T \cdot k \cdot T$ → 전체 구조 강성매트릭스

$\sigma' = a \cdot \sigma \cdot a^T$ → 응력 텐서

$\epsilon' = a \cdot \epsilon \cdot a^T$ → 변형률 텐서

$$a = \begin{bmatrix} \cos\theta & \sin\theta \\ -\sin\theta & \cos\theta \end{bmatrix}, \therefore \epsilon = \begin{bmatrix} \epsilon_x & \epsilon_{xy} = \frac{\gamma_{xy}}{2} \\ \epsilon_{yx} = \frac{\gamma_{yx}}{2} & \epsilon_y \end{bmatrix}$$

따라서 $\epsilon' = a \cdot \epsilon \cdot a^T$ 이용하여 전단변형률을 구한다.

	x	y	z
x'	$\cos(\theta)$	$\cos(\theta - 90) = \sin\theta$	$\cos(90) = 0$
y'	$\cos(\theta + 90) = -\sin\theta$	$\cos(\theta)$	$\cos(90) = 0$
z'	$\cos(90) = 0$	$\cos(90) = 0$	$\cos(0) = 1$

$\epsilon' = a \cdot \epsilon \cdot a^T$ 에서 45도 회전하면 주어진 ϵ_b가 되므로

$$a = \begin{bmatrix} \cos 45° & \sin 45° \\ -\sin 45° & \cos 45° \end{bmatrix}, \therefore \epsilon = \begin{bmatrix} 70 & \epsilon_{xy} = \frac{\gamma_{xy}}{2} \\ \epsilon_{yx} = \frac{\gamma_{yx}}{2} & -20 \end{bmatrix}$$

$\epsilon' = a \cdot \epsilon \cdot a^T$, $\epsilon' = \begin{bmatrix} 40 & ? \\ ? & ? \end{bmatrix}$, $40 = 25 + \epsilon_{xy}$, $\epsilon_{xy} = 15 = \frac{\gamma_{xy}}{2}$, $\therefore \gamma_{xy} = 30(10^{-6})$

$\epsilon = \begin{bmatrix} 70 & 15 \\ 15 & -20 \end{bmatrix}$ 에서 Eigen Value를 구하면

$\epsilon_1 = 72.434(10^{-6})$, $\epsilon_2 = -22.434(10^{-6})$

제 3 장 재료역학적 성질

EX 3-5 : 6. 구조물의 임의 지점에 $45°$ 스트레인 로제트를 사용하여 변형률을 측정한 결과 $\epsilon_a = 70 \times 10^{-6}$, $\epsilon_b = 40 \times 10^{-6}$, $\epsilon_c = -20 \times 10^{-6}$로 계측되었다. 재료의 탄성계수 $E = 30,000 Mpa$, 포아송비 $\mu = 0.167$ 일 때 스트레인 로제트를 설치한 계측지점의 최대 주변형률 및 주응력을 구하시오. 토목구조기술사 125회 3교시 6번

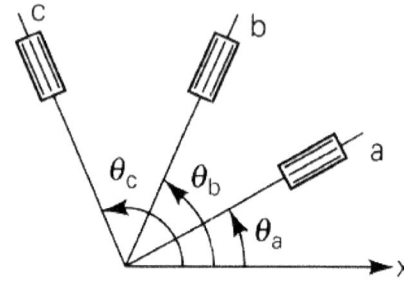

$$\varepsilon_a = \varepsilon_x \cos^2\theta_a + \varepsilon_y \sin^2\theta_a + \gamma_{xy}\sin\theta_a\cos\theta_a$$

$$\varepsilon_b = \varepsilon_x \cos^2\theta_b + \varepsilon_y \sin^2\theta_b + \gamma_{xy}\sin\theta_b\cos\theta_b$$

$$\varepsilon_c = \varepsilon_x \cos^2\theta_c + \varepsilon_y \sin^2\theta_c + \gamma_{xy}\sin\theta_c\cos\theta_c$$

Rectangular rosette or 45° strain rosette

Principal strains:

$$\varepsilon_{1,2} = \tfrac{1}{2}\left[\varepsilon_a + \varepsilon_c \pm \sqrt{(\varepsilon_a - \varepsilon_c)^2 + (2\varepsilon_b - \varepsilon_a - \varepsilon_c)^2}\right]$$

Principal stresses:

$$\sigma_{1,2} = \frac{E}{2}\left[\frac{\varepsilon_a + \varepsilon_c}{1-\nu} \pm \frac{1}{1+\nu}\sqrt{(\varepsilon_a - \varepsilon_c)^2 + (2\varepsilon_b - \varepsilon_a - \varepsilon_c)^2}\right]$$

Directions of principal planes:

$$\tan 2\theta_p = \frac{2\varepsilon_b - \varepsilon_a - \varepsilon_c}{\varepsilon_a - \varepsilon_c}$$

$\gamma_{xy} = 2\epsilon_{OB} - (\epsilon_x + \epsilon_y) = 2(40) - (70 - 20) = 30(10^{-6})$

$\epsilon_{1,2} = \dfrac{\epsilon_x + \epsilon_y}{2} \pm \sqrt{(\dfrac{\epsilon_x - \epsilon_y}{2})^2 + (\dfrac{\gamma_{xy}}{2})^2}$

$\epsilon_{1,2} = \dfrac{70-20}{2} \pm \sqrt{(\dfrac{70+20}{2})^2 + (\dfrac{30}{2})^2}$

$\epsilon_{1,2} = 25 \pm 47.434 = 72.434(10^{-6}), -22.434(10^{-6})$

$\epsilon_1 = \dfrac{\sigma_1}{E} - \nu\dfrac{\sigma_2}{E}, \epsilon_2 = \dfrac{\sigma_2}{E} - \nu\dfrac{\sigma_1}{E}$ **연립해서 풀면**

$\sigma_1 = 2.12\,Mpa, \sigma_2 = -0.319\,Mpa$

좌표변환 이해하면 별도로 공식을 외우지 않아도 된다. 모어원에 대하여 본질을 파악하도록 한다. 단순 공식 암기는 오래가지 않고 의미가 없다.

제 3 장 재료역학적 성질

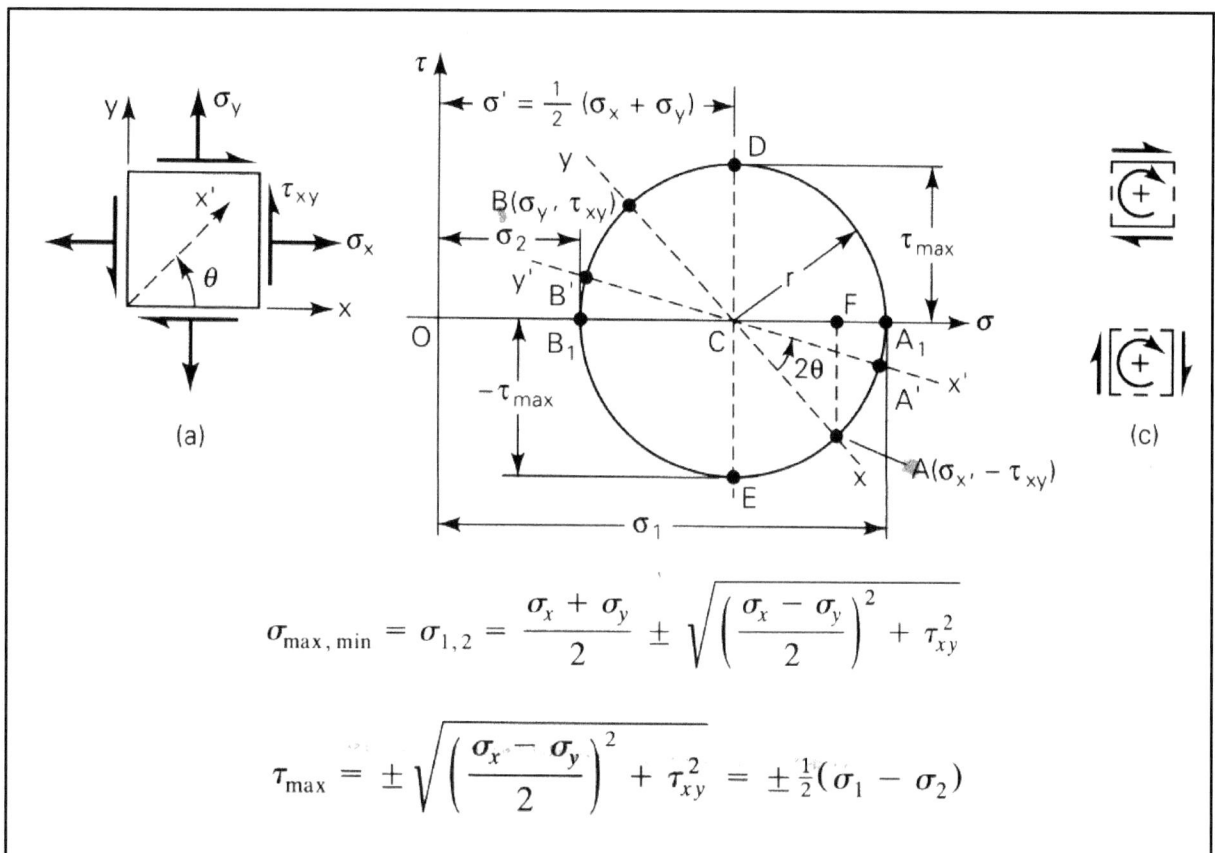

$$\sigma_{max,min} = \sigma_{1,2} = \frac{\sigma_x + \sigma_y}{2} \pm \sqrt{\left(\frac{\sigma_x - \sigma_y}{2}\right)^2 + \tau_{xy}^2}$$

$$\tau_{max} = \pm \sqrt{\left(\frac{\sigma_x - \sigma_y}{2}\right)^2 + \tau_{xy}^2} = \pm \tfrac{1}{2}(\sigma_1 - \sigma_2)$$

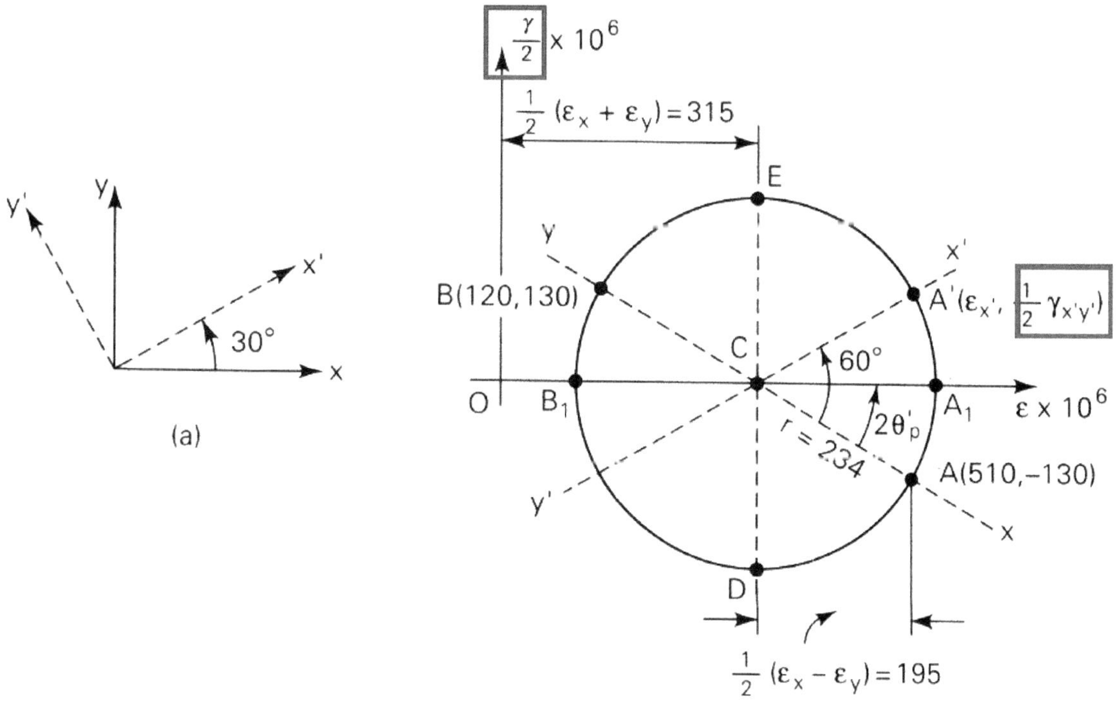

$$\varepsilon_{1,2} = \frac{\varepsilon_x + \varepsilon_y}{2} \pm \sqrt{\left(\frac{\varepsilon_x - \varepsilon_y}{2}\right)^2 + \left(\frac{\gamma_{xy}}{2}\right)^2}$$

제4장 구조물의 개론

4.1 구조의 일반사항 ················ 118
4.2 구조물의 분류 및 작용하는 하중 ············ 120
4.3 구조물의 판별 ················ 123
4.4 구조물의 판별식 ················ 127
4.5 매트릭스에 의한 구조해석의 자유도 ············ 131
4.6 보의 종류와 지간 ················ 134
4.7 보의 응력 ················ 139

4장 구조물의 개론

4.1 구조의 일반사항

4.1.1 지점 및 절점

1) 지점(supporting point)

   구조물 전체가 기초 또는 지지대 등에 연결된 곳을 지점이라 한다.

   ① 지점의 종류

	이동지점(Roller)	회전지점(Hinge)	고정지점(Fixed)
지지 방법			
도면 표시	R	R_x, R_y	M_R, R_1, R_2
반력수	회전과 이동 가능 수직반력만 생긴다.	회진가능, 이동불가능 수직, 수평 반력 생김	회전과 이동 불가능 수직, 수평, 모멘트 반력 생김

   ② 지점반력 : 구조물에 능동적인 외력(하중)이 작용할 때 구조물이 평형상태를 유지하기 위해서 지점에는 수동적으로 힘이 생기며, 이를 반력이라 한다.

2) 절점

   골조를 구성하는 부재 상호간의 접합점을 절점이라 한다. 절점에는 구조물에 작용하는 외력에 저항하여 내력이 일어난다.

제 4 장 구조물의 개론

① 절점의 종류

	회전절점(Hinge, pin)	강절점(Rigid)
연결방법		
도면표시		
부재력수	회전가능 2개(축방향력, 전단력)	회전불가능 3개(축방향력, 전단력, 휨모멘트)

② 강절점수 : 어떤(모재) 부재에 강결로(회전구속) 접합된 부재수

부재				
절점수(P)	1	1	1	1
부재수(m)	4	4	4	4
강절점수(s)	0	1	2	3

* 강절점수는 회전이 불가능한 부재의 총수에서 하나를 감한 값

③ 힌지절점수

부재				
부재수(m)	4	4	4	4
힌지절점수(s)	3	2	1	0

4.2 구조물의 분류 및 작용하는 하중

4.2.1 1차원 구조물

세 개의 축 중에서 한 축의 방향으로 길이가 긴 구조물

1) 봉 구조 (Bar structure) : 단일부재
   ① 보 (Beam) : 단일부재가 2개 이상의 지점에 지지되면서 부재의 축에 수직인 하중(즉, 휨)을 받는 구조 (*단독 구조물)
   ② 아치 (Arch) : 곡선보가 양단이 지지되어 주로 축방향 압축력을 받는 구조 (* 복합 구조물)
   ③ 기둥 (Column) : 축방향으로 압축력을 받는 구조
   ④ 샤프트 (Shaft) : 비틀림을 받는 구조

2) 뼈대구조 (Framed Structure) : 두 개 이상의 봉을 연결한 구조
   ① 트러스 (Truss) : 각 부재가 마찰이 없는 힌지로 연결되어 축방향력만 받는 구조 (*복합구조물)
   ② 라멘 (Rahmen) : 수평재와 수직재가 강절로 접합된 구조 (*복합구조물)

4.2.2 2차원 구조물

세 개의 축 중에서 두 축 방향의 길이가 다른 한 축에 비하여 긴 구조

① 슬래브 (slab) : 평면으로 배치하여 수직방향의 하중을 받도록 하는 구조
② 샤이베 (schiebe) : 슬래브를 세워서 하중을 받도록 하는 구조
③ 쉘 (shell) : 주로 면내력으로 외력에 저항하는 곡선판 구조

* 구조물의 종류
  ① 단독 구조물 : 단 1개의 부재로 되어있다. (인장재, 압축재, 보)
  ② 복합 구조물 : 여러 개의 부재로 되어있다. (트러스, 아치, 라멘)

예) 다음 중 복합 구조물이 아닌 것은?
  ① 트러스 ② 아치 ❸ 보 ④ 라멘 ⑤ 합성라멘

4.2.3 링크 (link)의 구속조건

지지 또는 연결	반력	적용 사진
Rollers / Rocker / Frictionless surface		
Short cable / Short link		
Collar on frictionless rod / Frictionless pin in slot		
Frictionless pin or hinge / Rough surface		
Fixed support		

제 4 장 구조물의 개론

4.2.4 작용하는 하중

1) 하중의 종류 및 재하 방법

① 고정하중/영구하중 (Dead / Permanent load; D) : 설계에 설정된 기간 동안 (Design Life) 지속적으로 작용하는 하중

② 활하중/변동하중 (Live / Variable load; L) : 시간에 따라 크기가 변화하는 하중

- 이동하중 (Moving load) : 일정한 크기의 무게가 이동하며 작용하는 하중 (자동차 바퀴 등)
- 연행하중 (Travelling load) : 하중의 간격이 일정한 이동하중 (기차 바퀴 등)
- 충격하중 (Impulsive load)
- 반복하중 (Repeated load) : 인장하중 또는 압축하중만이 어느 범위 내에서 되풀이해서 작용하는 하중
- 교번하중 (Alternated load) : 인장하중과 압축하중이 서로 바뀌어 가며 계속적으로 작용하는 하중

③ 풍하중 (Wind load)
④ 설하중 (Snow load)
⑤ 지진하중 (Seismic load)

2) 하중의 분포상태에 따른 분류

① 집중하중 (Concentrated load)

② 분포하중 (Distributed load)
   a) 등분포하중
   b) 등변분포하중

③ 모멘트 하중 (Moment load)

제 4 장 구조물의 개론

4.3 구조물의 판별

4.3.1 구조물의 안정. 불안정

구조물이 어떠한 외력을 받더라도

① 이동 (상·하 및 좌·우 방향)과 회전을 하지 않고 원위치를 유지하며,

② 큰 변형이 생기지 않으며,

③ 구조물에 가해진 외력과 부재에 발생한 내력이 힘의 평형을 이룰 때 그 구조물은 안정하다고 하며, 그렇지 못한 구조물은 불안정하다고 한다.

1) 안정 구조물

　① 외적안정 (지지상태의 안정): 지점의 반력수가 3개 이상으로 힘의 평형조건을 만족할 때

　　ⅰ) 상·하로 이동하지 않음 : $\sum V = 0$
　　ⅱ) 좌·우로 이동하지 않음 : $\sum H = 0$
　　ⅲ) 어떤 방향으로도 회전하지 않음 : $\sum M = 0$

　② 내적안정 (형태의 안정) : 어떠한 외력이 작용하여도 그 **형상이 변하지 않는 것**

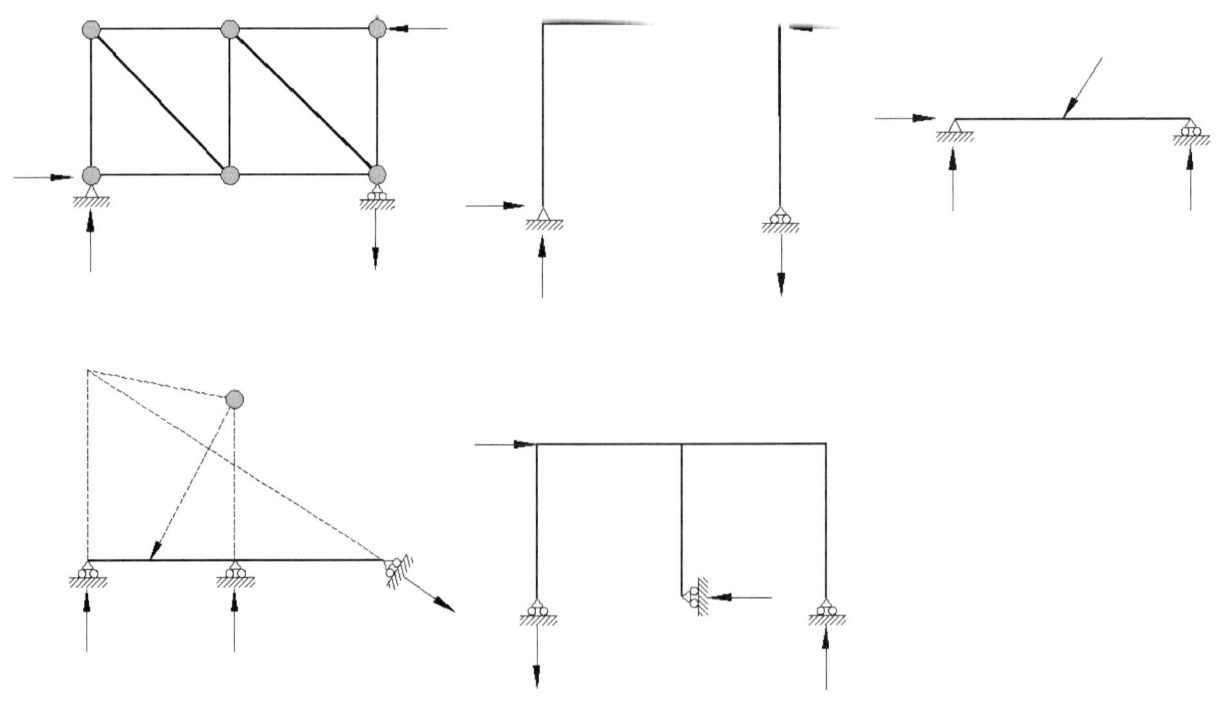

2) 불안정 구조물

　① 외적 불안정 : 지점의 반력수가 2 이하인 경우와 3 이상이라도 힘의 평형조건을 만족하지 못할 때

　ⅰ) 상·하 또는 좌·우로 이동하거나
　ⅱ) 어떤 방향으로 회전할 때

　② 내적 불안정 : 어떠한 외력이 작용하면 그 형상이 변하는 것

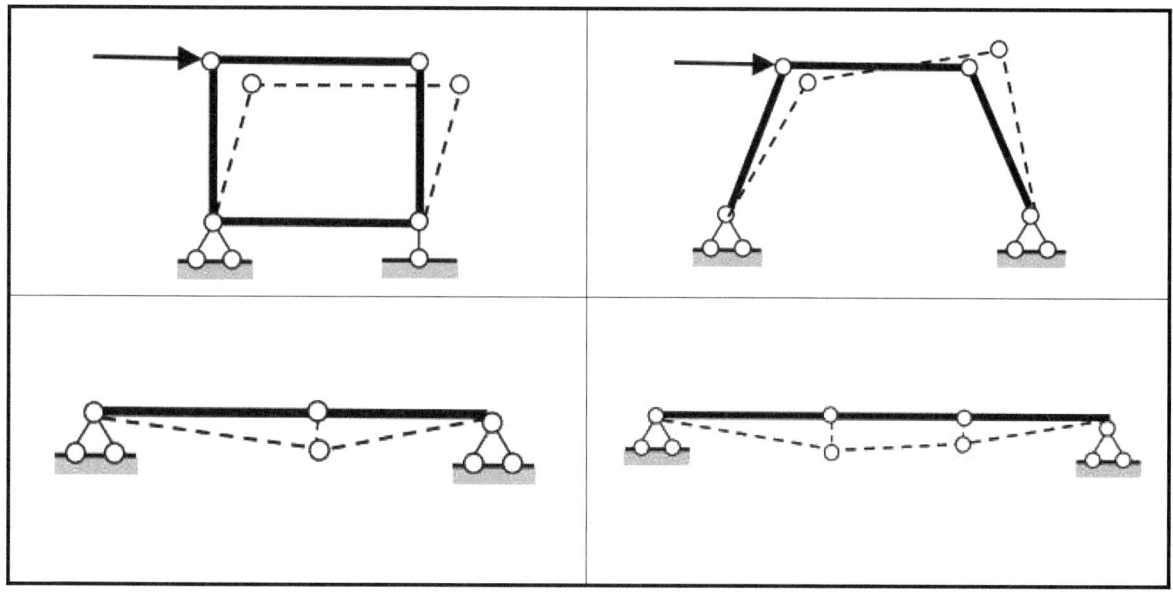

4.3.2 구조물의 정정 · 부정정

1) 정정 구조물 :

   힘의 평형 조건 만으로 구조물의 반력, 부재력이 구해지면 그 구조물은 정정이라 한다.

   ① 외적 정정(지지상태의 정정) : 외적으로 안정한 구조물에서 그 지점 반력을 힘의 평형 조건식만으로 구할 수 있는 것

   ② 내적 정정(모양상태의 정정) : 내적으로 안정한 구조물에서 그 구조물을 구성하고 있는 모든 부재의 부재력을 힘의 평형 조건식 만으로 구할 수 있는 것

2) 부정정 구조물 :

   정정 구조물보다 과잉 구속된 구조물로서 힘의 평형조건 뿐만 아니라 변형 조건을 이용하여 반력과 부재력을 구할 필요가 있는 구조를 부정정이라 한다.

   ① 외적 부정정 : 외적으로 안정한 구조물에서 그 지점 반력을 힘의 평형조건 뿐만 아니라 골조 각부의 변형 조건을 이용하여 구할 수 있는 것

   ② 내적 부정정 : 내적으로 안정한 구조물에서 그 구조물을 구성하고 있는 모든 부재의 부재력을 힘의 평형조건 뿐만 아니라 골조 각부의 변형 조건을 이용하여 구할 수 있는 것

* 구조물의 안정. 불안정, 정정. 부정정의 판별은 각종 방법과 판별식이 있으나 관찰로도 어느 정도 판별이 가능하다.

제 4 장 구조물의 개론

구분	정정 구조물	부정정 구조물
보		
라멘		
트러스		
아치		

4.4 구조물의 판별식

4.4.1 구조물의 안정, 불안정 판별

① 관찰로 형태(내적)의 안정을 대략 판단한 뒤에

② 힘의 3평형식 ($\sum V = 0, \sum H = 0, \sum M = 0$)으로 지지의 안정을 검토한다.

4.4.2 판별식

(1) 모든 구조물의 전체 부정정 차수 (대표적인 공용식)

$N = R + m + s - 2j$

* 판별 ① N<0 이면 : 불안정 (이때 N의 수를 운동의 자유도라 한다.)
  ② N=0 이면 : 정정
  ③ N>0 이면 : 부정정 (②,③은 안정 – 필요조건이지 충분조건은 아님)

N : 부정정 차수, R : 반력수,   m : 부재수,   s : 강절점수

j : 절점수(지점과 자유단도 절점으로 본다.)

(2) 모든 구조물의 내적, 외적 부정정 차수

외적 : $N_e = R - 3$

내적 : $N_i = 3 + m + s - 2j$

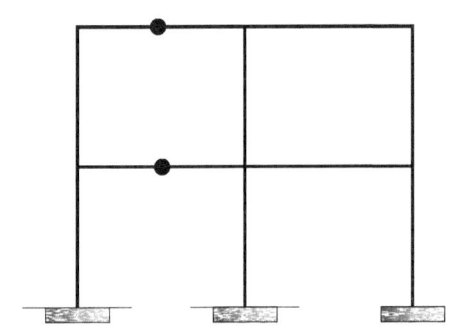

(3) 단층 구조물의 전체 부정정 차수의 약산식

$N = (R - 3) - h$

h : 구조물 내에 들어있는 hinge의 수

   (지점의 힌지는 제외됨)

3 : 힘의 평형조건식의 수

($\sum V = 0, \sum H = 0, \sum M = 0$)

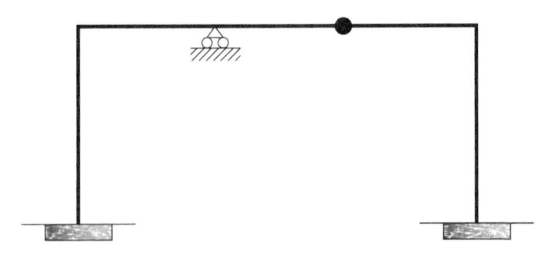

제 4 장 구조물의 개론

(4) 트러스의 부정정 차수

$N = R + m - 2j$

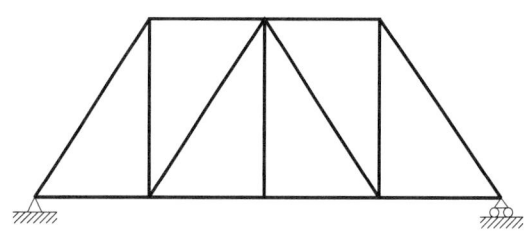

N>0 : R+m>2j 부정정
N=0 : R+m=2j 정정
N<0 : R+m<2j 불안정

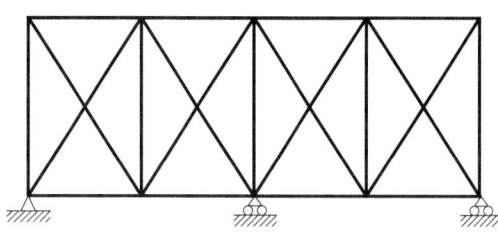

① 내적정정 : 3+m=2j
② 내적부정정 : 3+m>2j
③ 내적불안정 : 3+m<2j

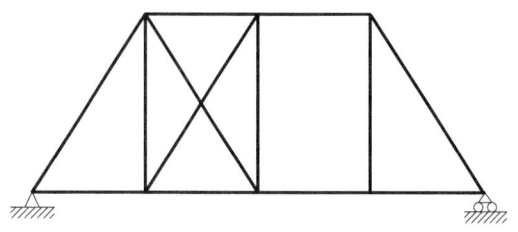

(5) 라멘의 부정정 차수

$N = R + 3m - 3j$

N>0 : R+m>3j 부정정
N=0 : R+m=3j 정정
N<0 : R+m<3j 불안정

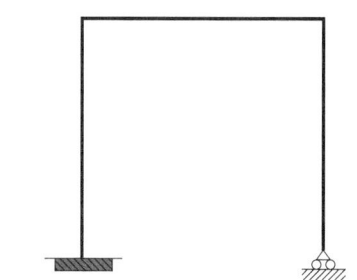

(6) 라멘 및 합성라멘의 부정정 차수

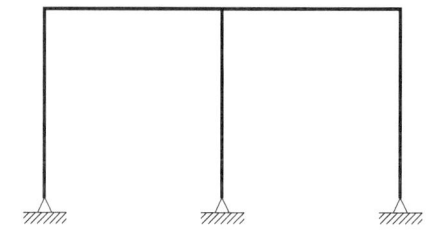

$N = 3B - H$

B : 폐합된 방의 수
H : 힌지절점과 힌지지점의 수

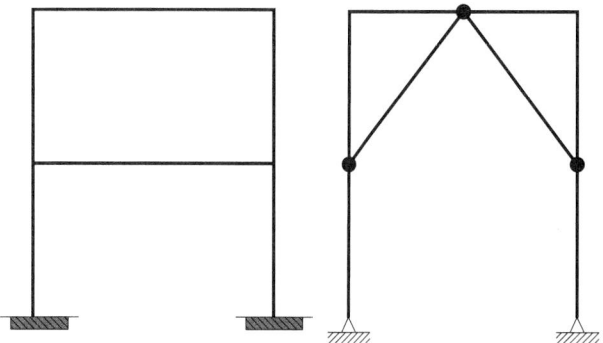

예) 단층구조물의 부정정 차수

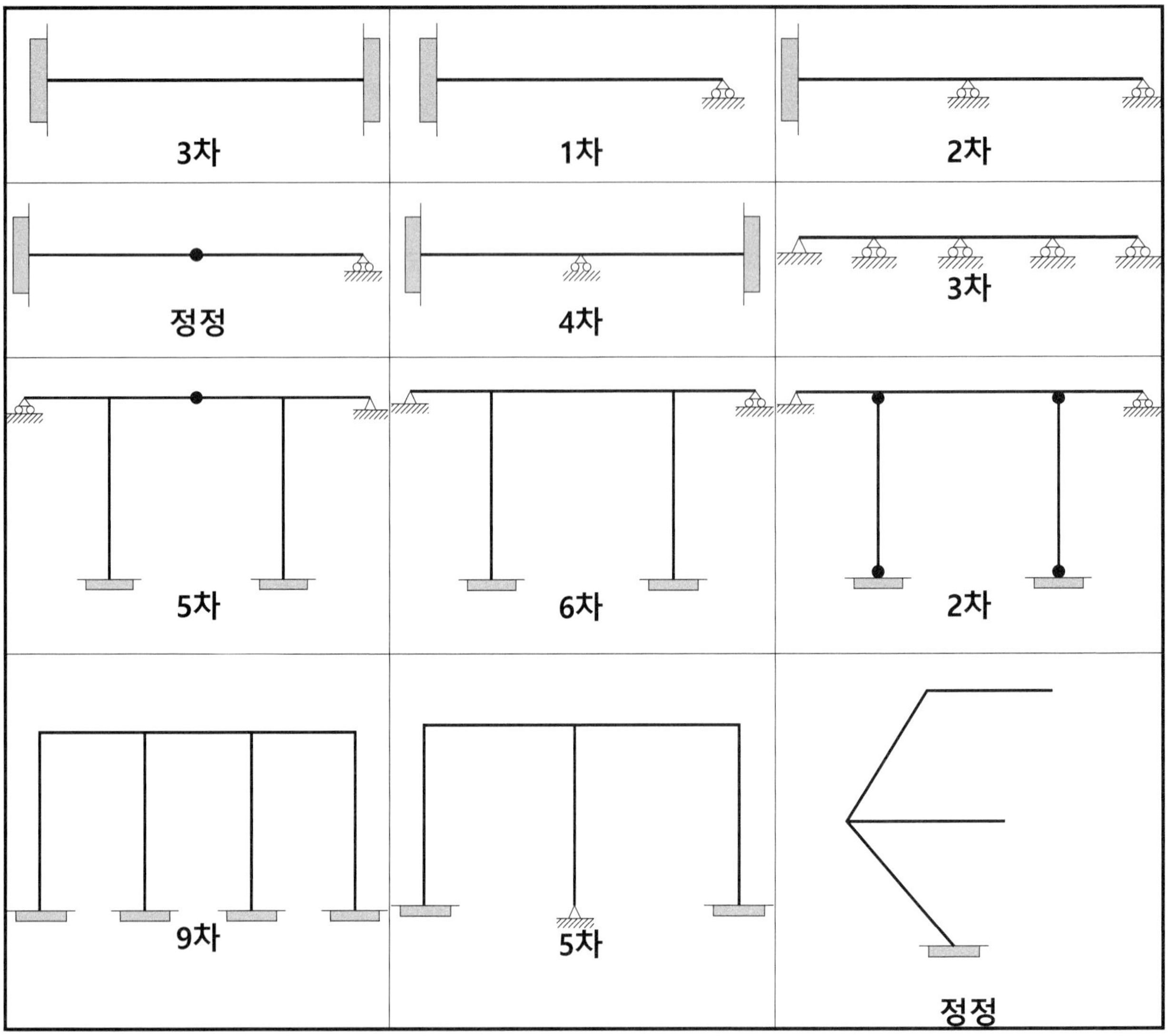

예) 트러스의 부정정 차수

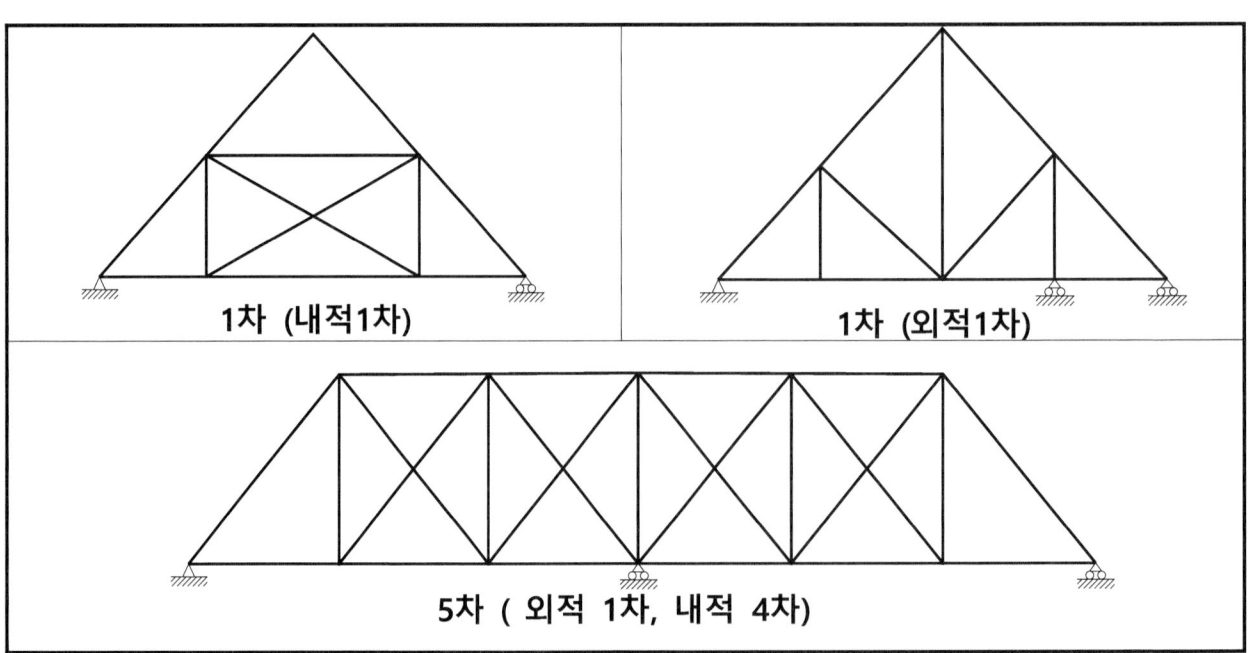

예) 라멘 및 합성라멘의 부정정 차수 : $N=3B-H$

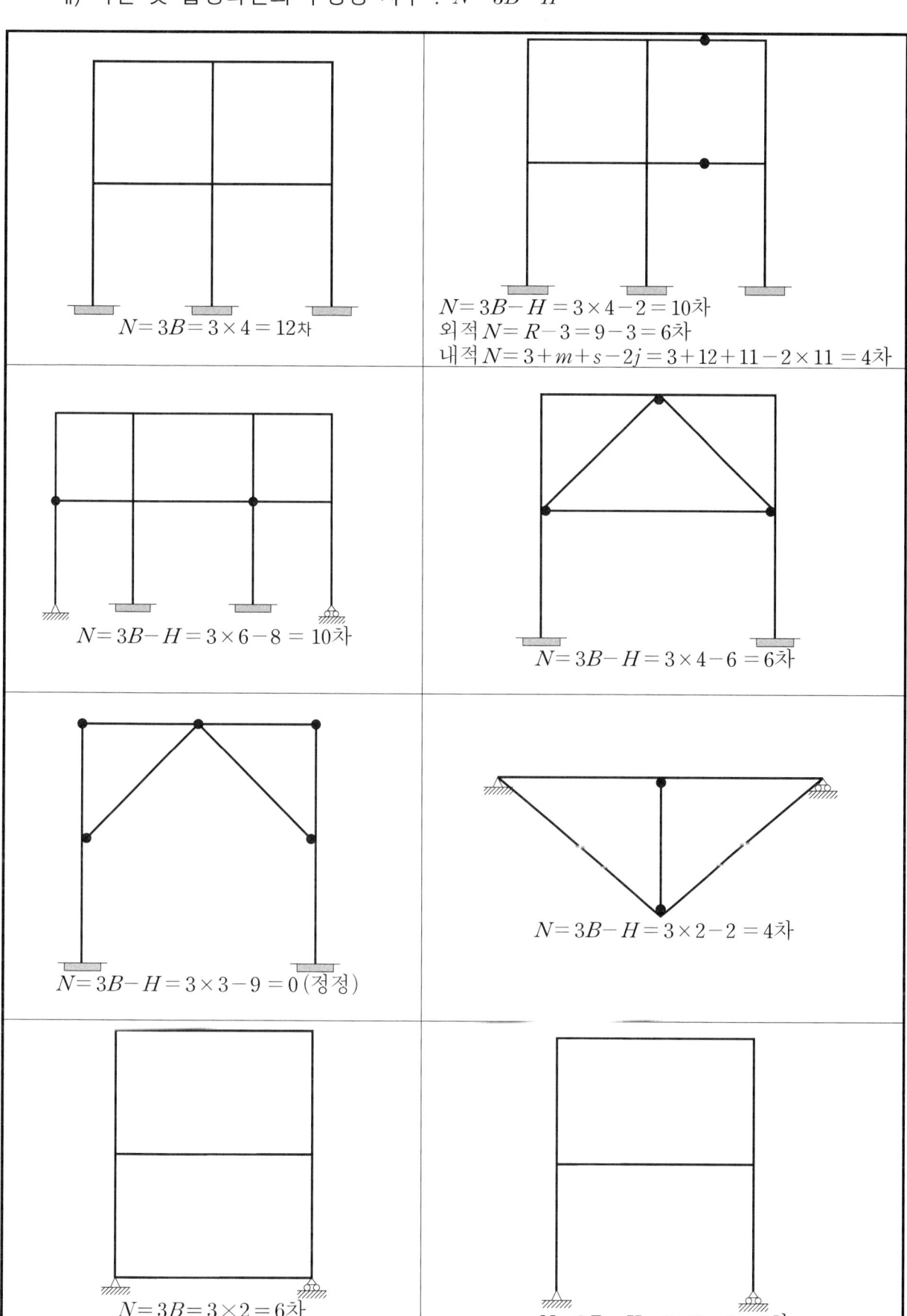

제 4 장 구조물의 개론

4.5 매트릭스에 의한 구조해석의 자유도

4.5.1 자유도 (운동학적 부정정도)

구조물이 하중을 받았을 때 발생하는 각 결점의 독립적인 변위 성분의 수를 그 구조물의 자유도라 한다.

4.5.2 자유도 수의 판별

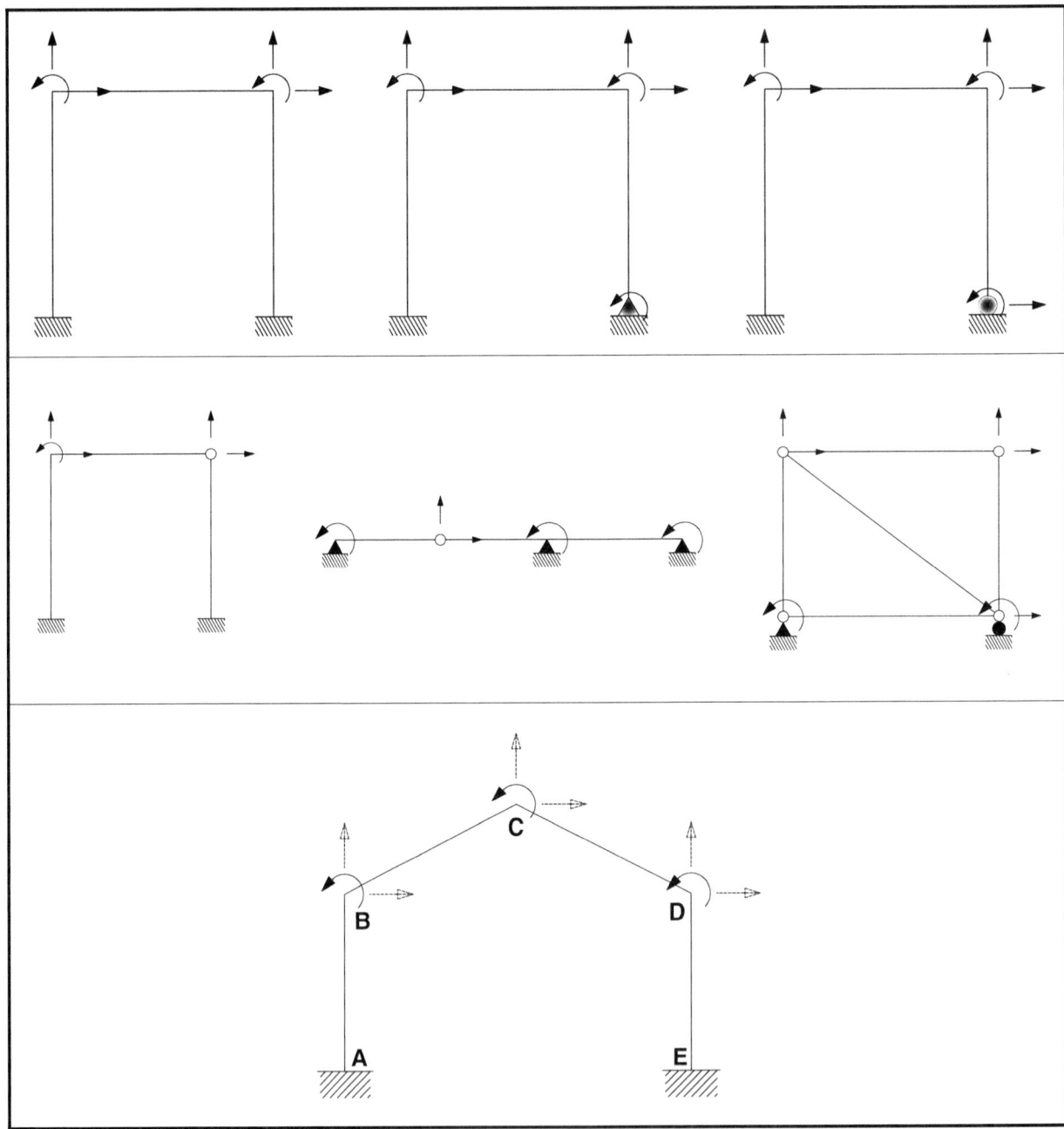

4.5.3 부정정 차수 (NI)=NF-NP

부정정 차수$(NI) = NF - NP$

NF : 독립 미지 부재력 → 부재변위와 대응

NP : 독립 외력 → DOF와 대응

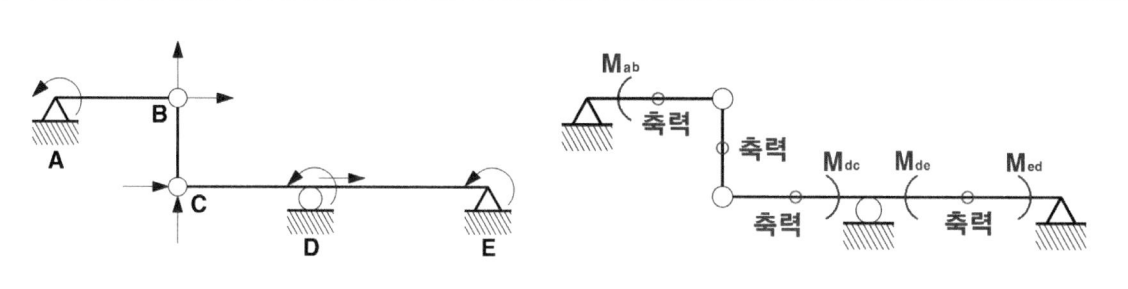

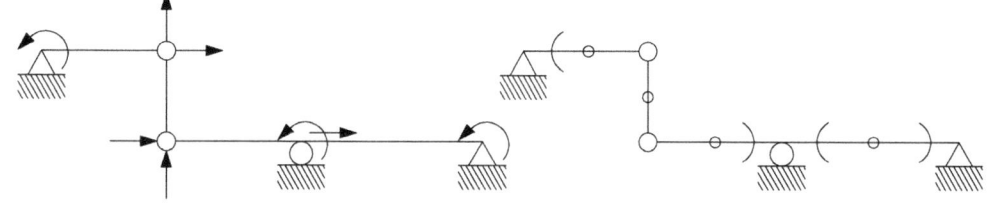

∴ NI = 8(NF) - 8(NP) = 정정 구조이다.

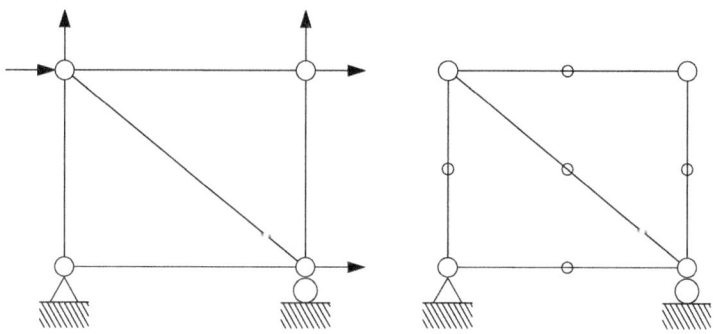

∴ NI = 5(NF) - 5(NP) = 정정 구조이다.

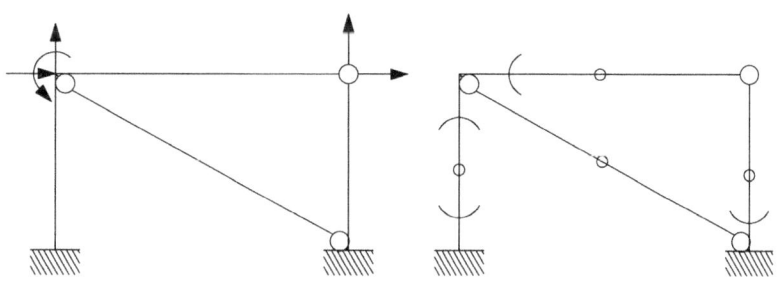

∴ NI = 8(NF) - 5(NP) = 3차 부정정 구조이다.

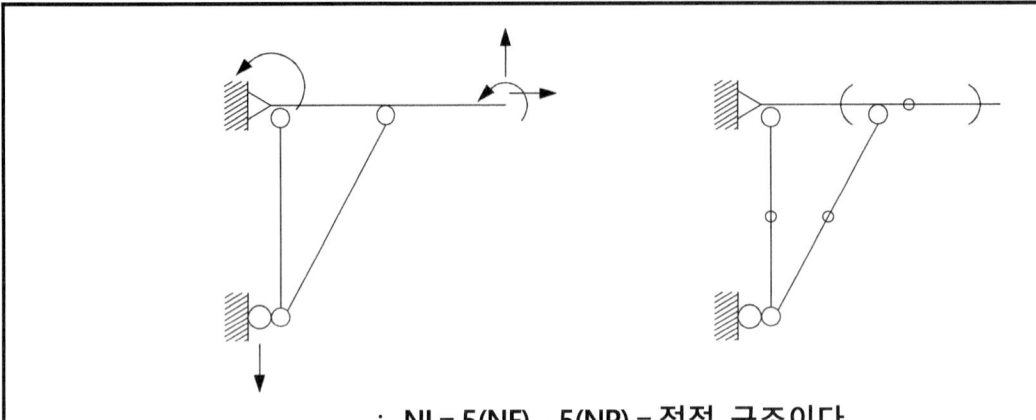

∴ NI = 5(NF) - 5(NP) = 정정 구조이다.

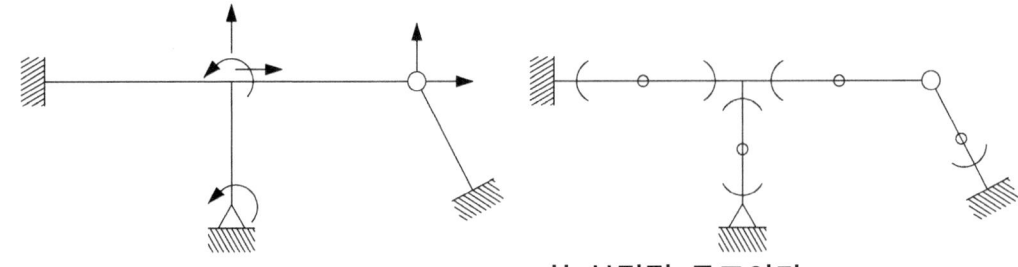

∴ NI = 10(NF) - 6(NP) = 4차 부정정 구조이다.

롤러 지점에 연결된 부재들은 트러스 절점과 같은 거동을 보이기 때문에 회전변위 무시

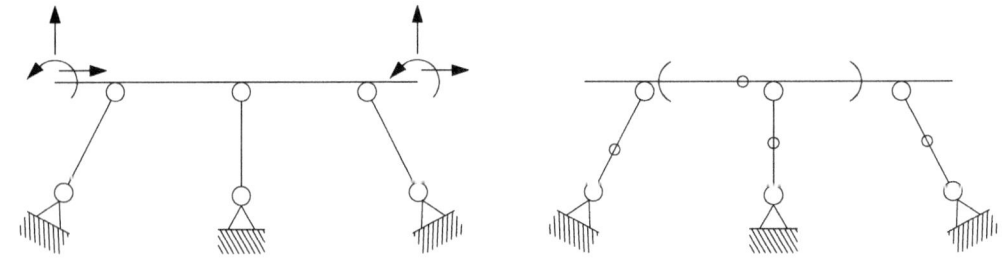

∴ NI = 6(NF) - 6(NP) = 정정 구조이다.

4.6 보의 종류와 지간

4.6.1 보의 종류

1) 정정보 : 힘의 평형조건 ($\sum V = 0, \sum H = 0, \sum M = 0$) 만으로 반력이나 단면력을 구할 수 있는 보 (정정보는 4종류)

구분	형상
① 단순보 : 1단 힌지, 타단 로울러	
② 캔틸레버보 : 1단 고정, 타단 자유	
③ 내민보 : 단순보의 부재 길이가 지간보다 길게 돌출된 보 (단순보+캔틸레버보)	
④ 겔버보 : 연속보(부정정보)에 힌지를 넣어서 정정구조로 한 보 (단순보+캔틸레버보), (단순보+내민보)	

2) 부정정보 : 힘의 평형조건 ($\sum V = 0, \sum H = 0, \sum M = 0$)만으로는 반력이나 부재력을 구할 수 없는 보

구분	형상
① 고정보 : 1단은 고정 타단 로울러 또는 양단고정	
② 연속보 : 3개 이상의 지점을 가진 보	

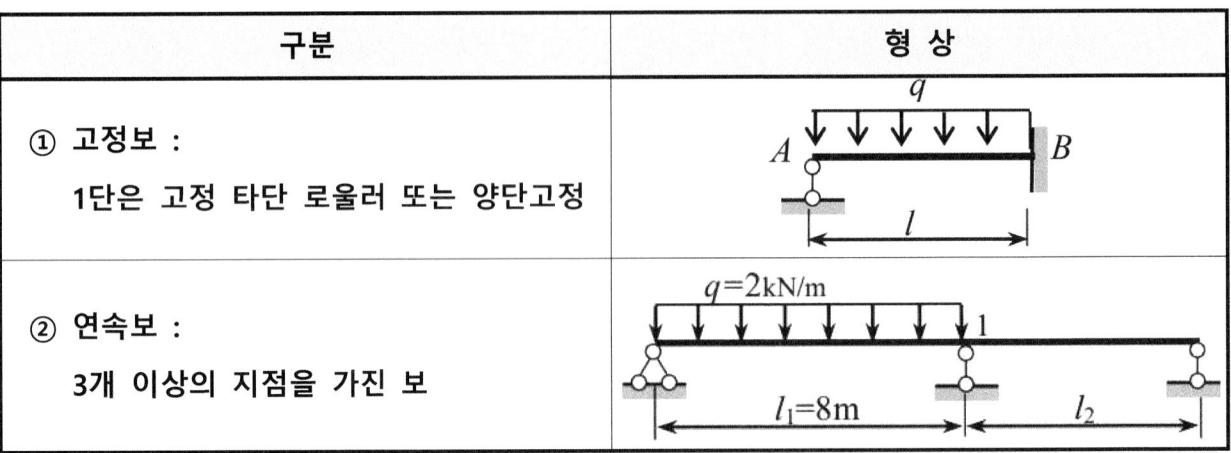

4.6.2 보의 지간과 경간

구분	형상
교장 : 교량의 길이 지간 : 두 지점 사이의 거리 경간 : 교대(또는 교각)의 내측간 거리 * 교장 > 지간 > 경간 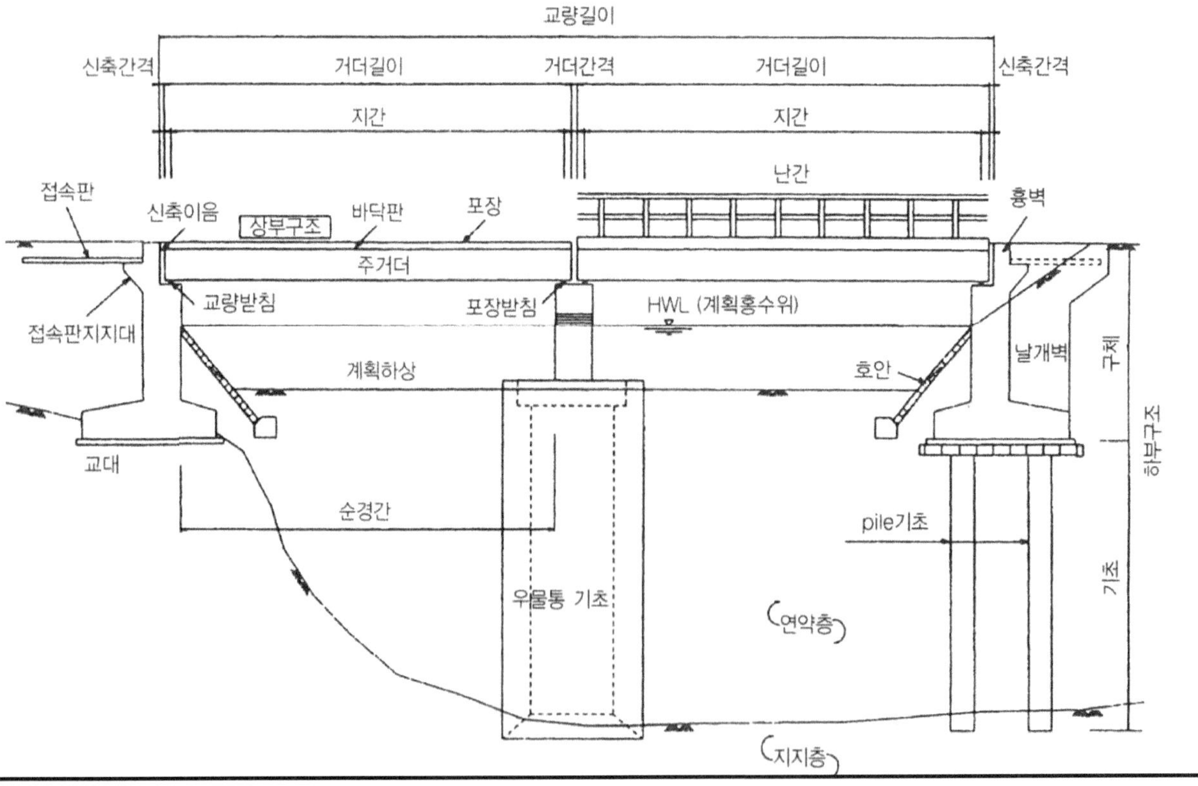	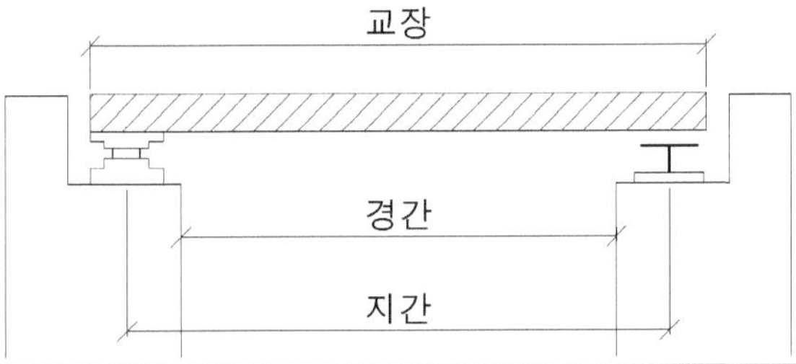

4.6.3 반력과 반력의 해법

1) 반력(Reaction) :

구조물에 작용한 하중에 대응하여 구조물의 지점에서 반작용으로 일어나는 일종의 외력이다.

● 능동적인 외력 : 하중 (힘)
  수동적인 외력 : 반력 (힘)

  ① 하중은 외력이다.
  ② 반력은 외력이나 하중은 아니다.
  ③ 반력은 내력은 아니다.

● 이동단(로울러 지점) : 지지대에 직각방향으로 반력 발생 (주로 수직반력 1개만 생김)

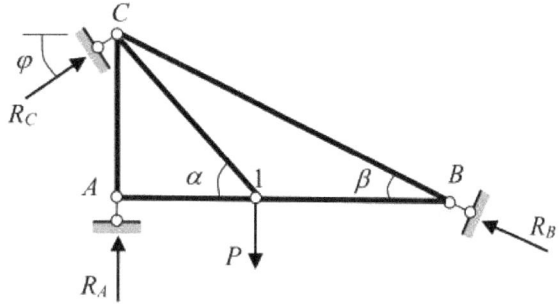

● 회전단(힌지지점) : 수평반력과 수직반력이 일어남. 이들을 합성하면 1개의 반력으로 표시할 수 있다.

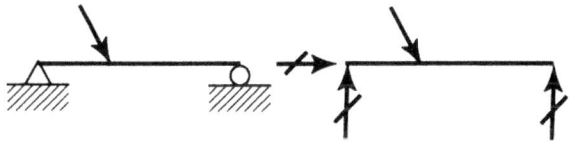

● 고정단(고정지점) : 수직, 수평, 모멘트의 반력이 일어나는 지점으로 3개의 지점 중 가장 지지력이 튼튼한 지점임

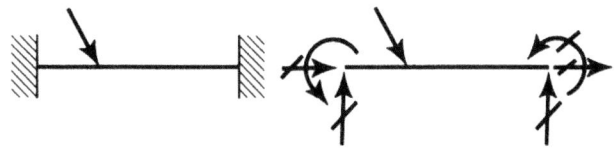

2) 반력의 해법

① 지점상태에 따라 반력 수와 작용선을 생각한다.

② 미지반력은 모두 그 작용선에 따라서 어느 한쪽으로 향한다고 가정하고, 반력의 기호를 붙인다. (즉 R_A, H_A, V_A, M_A 등)

③ 하중과 미지반력을 포함하는 모든 외력의 평형방정식을 세운다.

④ 방정식을 구한 결과 반력의 부호가

　(+)이면 → 반력은 가정한 방향으로 작용하고

　(-)이면 → 반력은 가정한 방향과 반대방향이 된다.

3) 반력의 부호

　수직 반력 : 상향↑(+), 하향↓(-)

　수평 반력 : 우향→(+), 좌향←(-)

　모멘트반력 : 시계방향 ↷ (+), 반시계방향 ↶ (-)

　　　　⇒ **오른손 법칙을 이용하기도 함. 시계방향 ↷ (-), 반시계방향 ↶ (+)**

4) 반력계산 원리

① 수직반력 : 두 지점에 대하여 $\sum M = 0$을 적용하여 수직반력을 구하고 $\sum V = 0$에 의하여 검산한다.

$\sum M = 0$ 에서 $R_A = \dfrac{1}{\text{지간}}$(상대편 B지점의 하중에 의한 모멘트의 대수합)

$R_B = \dfrac{1}{\text{지간}}$(상대편 A지점의 하중에 의한 모멘트의 대수합)

<검산> : $\sum V = 0$에서

$R_A + R_B +$ 하중의 합 $= 0$

R_B = - (하중의 합) - R_A

② 수평반력 : 수평분력을 가지는 하중이 작용하면 $\sum H = 0$에 의하여 수평반력을 구한다. (단, 3힌지 라멘의 수평반력은 $\sum M = 0$에 의하여 구한다.)

③ 모멘트반력 : 모멘트반력은 고정지점에서 일어나며 대수합에 의하여 구한다.

제 4 장 구조물의 개론

반 력	형 상
$V_A = \dfrac{\text{모멘트}}{\text{지간}} = \dfrac{P\sin\alpha \cdot b}{\ell}\ (\uparrow)$ $R_B = \dfrac{\text{모멘트}}{\text{지간}} = \dfrac{P\sin\alpha \cdot a}{\ell}\ (\uparrow)$ $H_A = P\cos\alpha\ (\rightarrow)$	
$R_A = P\sin\alpha\ (\uparrow)$ $H_A = P\cos\alpha\ (\leftarrow)$ $M_A = P\sin\alpha \cdot \ell\ (\curvearrowleft)$	

4.7 보의 내력

4.7.1 내력

구조물에 외력이 작용하면 부재내에는 저항력으로서 내력이 일어나 외력과 평형상태를 유지하며, 구조물은 일정한 모양을 유지한다.

부재 내부의 저항력을 내력이라 하는데, 특히 보에서는 단면력이라 하고 트러스 등에서는 부재력이라고도 한다.

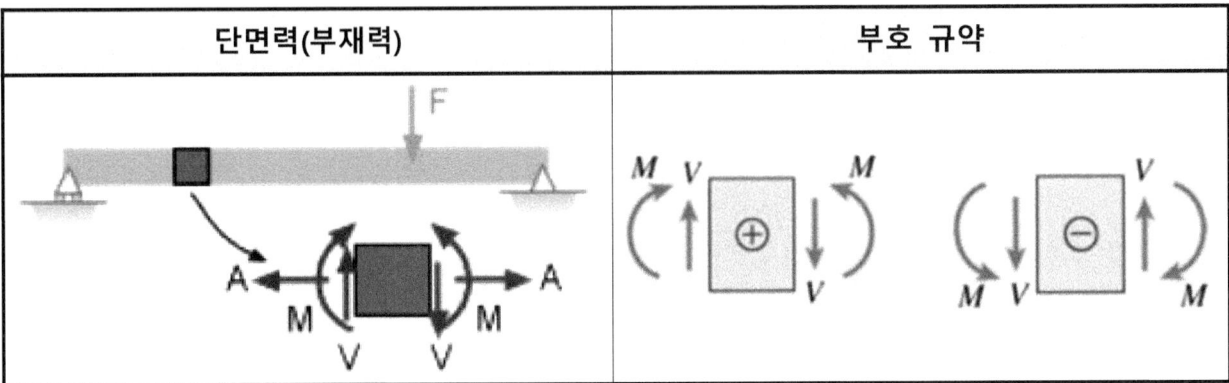

4.7.2 내력(=단면력)의 종류

1) 전단력(Shearing Force, SF)

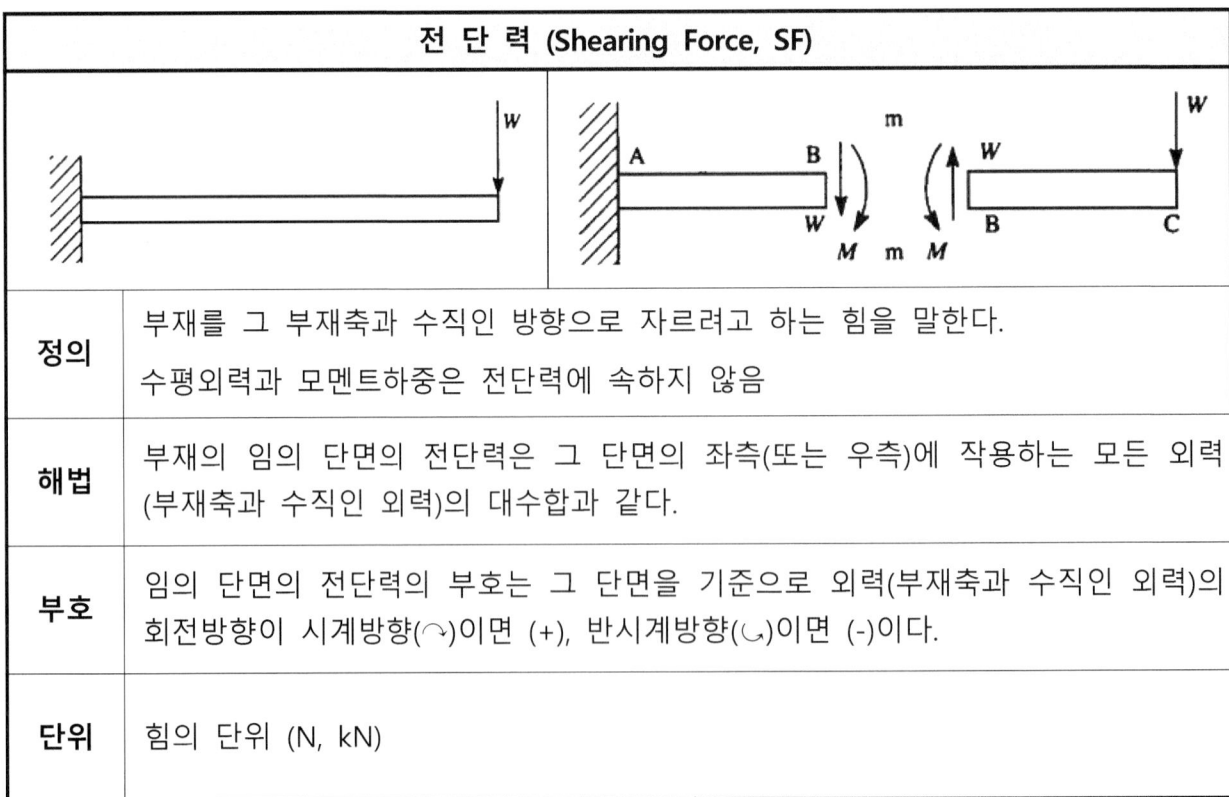

	전 단 력 (Shearing Force, SF)
정의	부재를 그 부재축과 수직인 방향으로 자르려고 하는 힘을 말한다. 수평외력과 모멘트하중은 전단력에 속하지 않음
해법	부재의 임의 단면의 전단력은 그 단면의 좌측(또는 우측)에 작용하는 모든 외력(부재축과 수직인 외력)의 대수합과 같다.
부호	임의 단면의 전단력의 부호는 그 단면을 기준으로 외력(부재축과 수직인 외력)의 회전방향이 시계방향(↷)이면 (+), 반시계방향(↶)이면 (-)이다.
단위	힘의 단위 (N, kN)

전 단 력 (Shearing Force, SF)
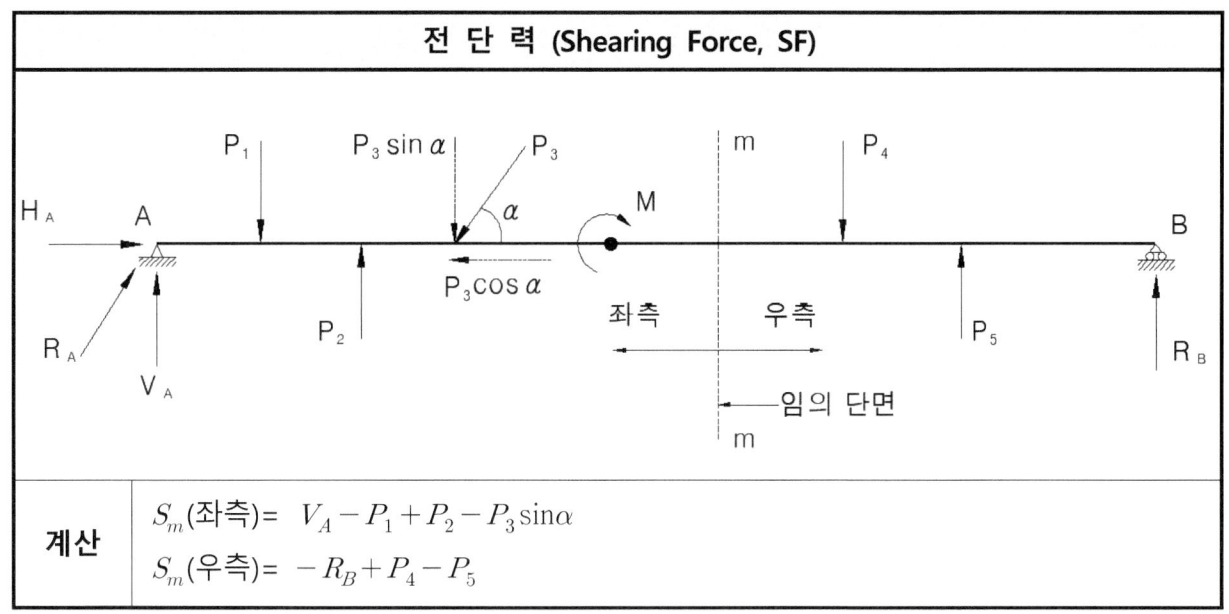
계산	S_m(좌측)= $V_A - P_1 + P_2 - P_3 \sin\alpha$ S_m(우측)= $-R_B + P_4 - P_5$

2) 휨모멘트 (Bending Moment, BM)

휨모멘트 (Bending Moment, BM)		
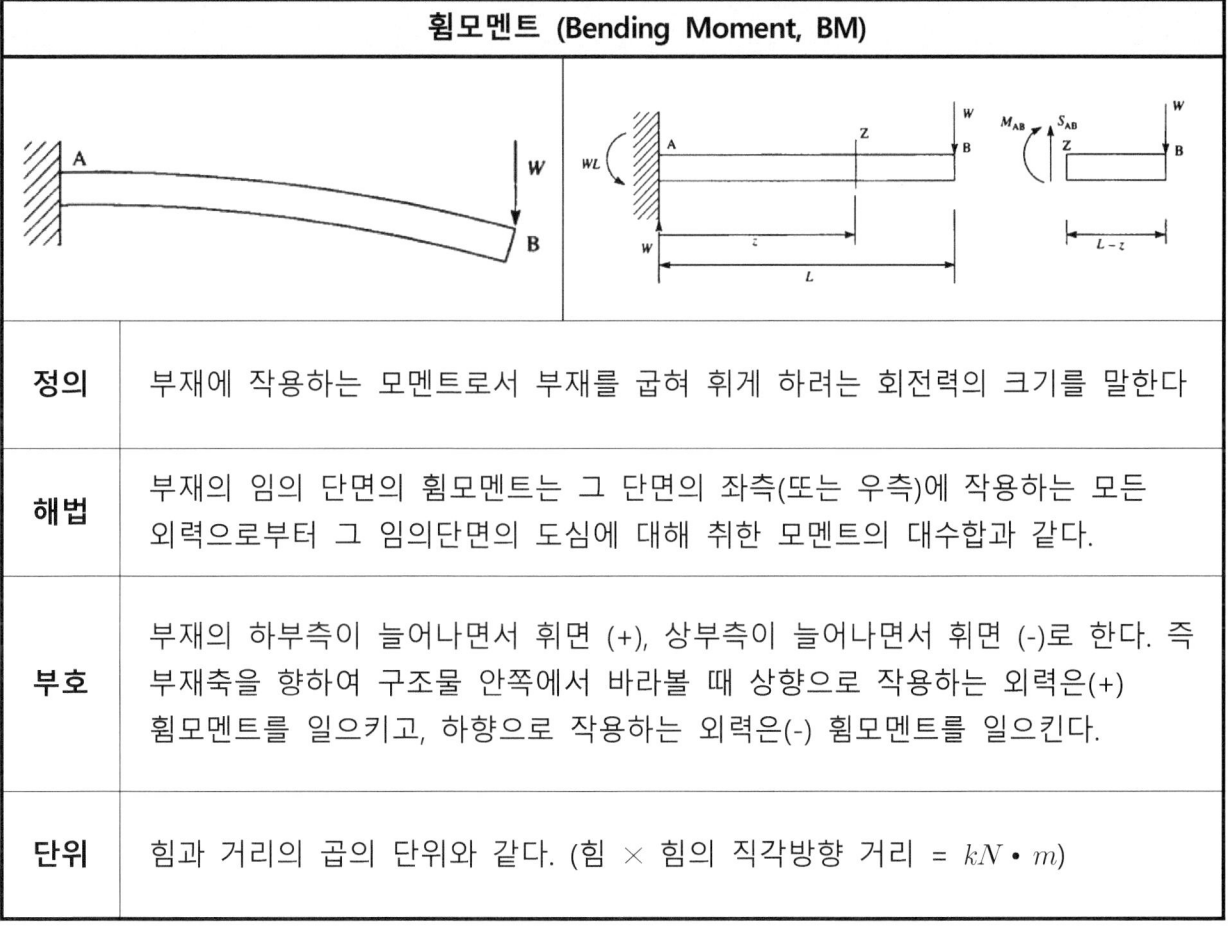	
정의	부재에 작용하는 모멘트로서 부재를 굽혀 휘게 하려는 회전력의 크기를 말한다
해법	부재의 임의 단면의 휨모멘트는 그 단면의 좌측(또는 우측)에 작용하는 모든 외력으로부터 그 임의단면의 도심에 대해 취한 모멘트의 대수합과 같다.
부호	부재의 하부측이 늘어나면서 휘면 (+), 상부측이 늘어나면서 휘면 (-)로 한다. 즉 부재축을 향하여 구조물 안쪽에서 바라볼 때 상향으로 작용하는 외력은(+) 휨모멘트를 일으키고, 하향으로 작용하는 외력은(-) 휨모멘트를 일으킨다.
단위	힘과 거리의 곱의 단위와 같다. (힘 × 힘의 직각방향 거리 = $kN \cdot m$)

휨모멘트 (Bending Moment, BM)

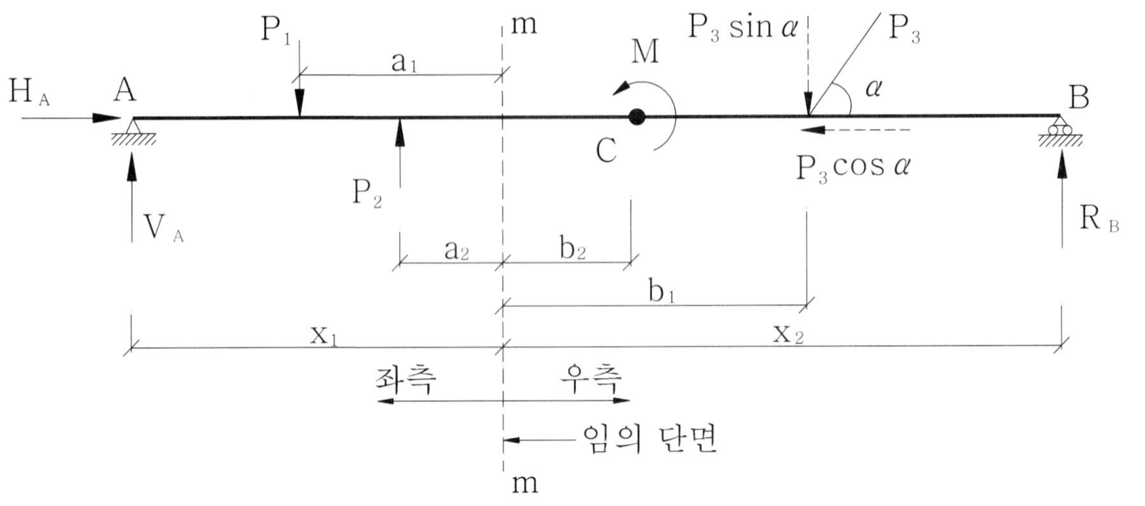	
계산	$M_m(좌측) = V_A \cdot X_1 - P_1 \cdot a_1 + P_2 \cdot a_2$ $M_m(우측) = R_B \cdot X_2 - P_2 \sin\alpha \cdot b_1 + M$ * 모멘트하중 M은 C단면 우측에 대해서 상향력으로 작용하므로 (+)휨모멘트 (즉 C단면 우측에 대해서 보는 이유는 m단면을 기준하여 휨모멘트를 우측으로부터 계산하기 때문에)

3) 축방향력 (Axial Force, AF)

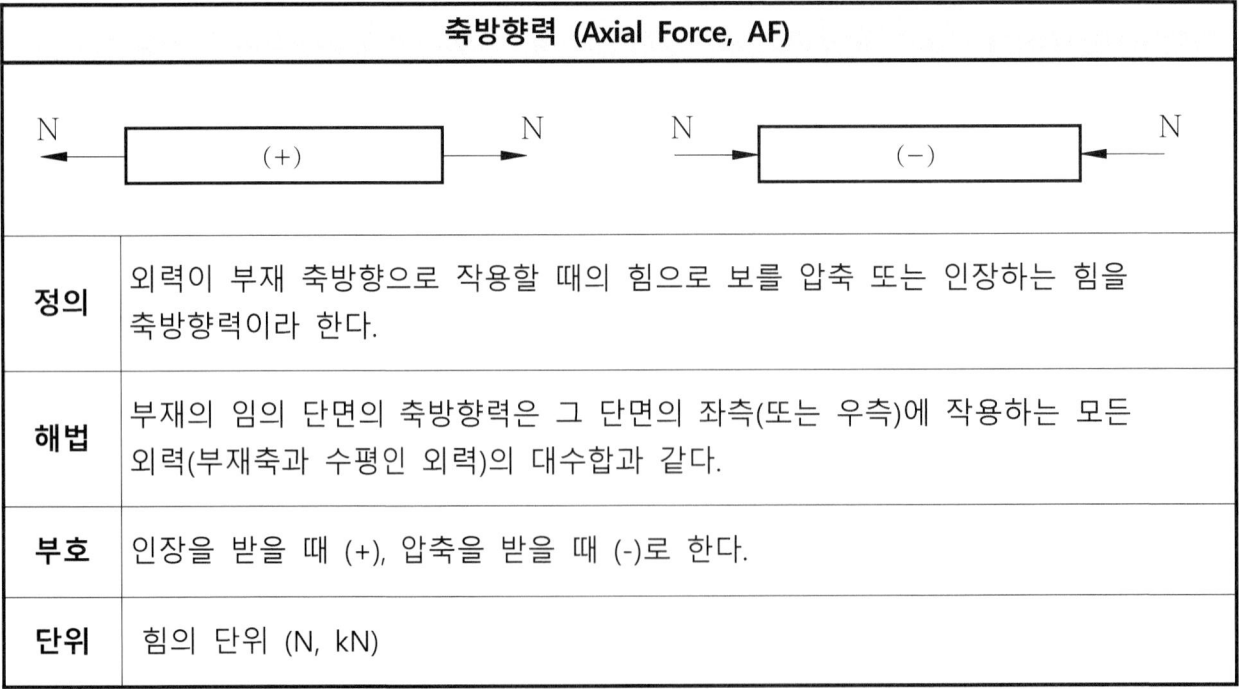

축방향력 (Axial Force, AF)

정의	외력이 부재 축방향으로 작용할 때의 힘으로 보를 압축 또는 인장하는 힘을 축방향력이라 한다.
해법	부재의 임의 단면의 축방향력은 그 단면의 좌측(또는 우측)에 작용하는 모든 외력(부재축과 수평인 외력)의 대수합과 같다.
부호	인장을 받을 때 (+), 압축을 받을 때 (-)로 한다.
단위	힘의 단위 (N, kN)

4.7.3 하중, 전단력 및 휨모멘트의 관계

하중, 전단력 및 휨모멘트의 관계	
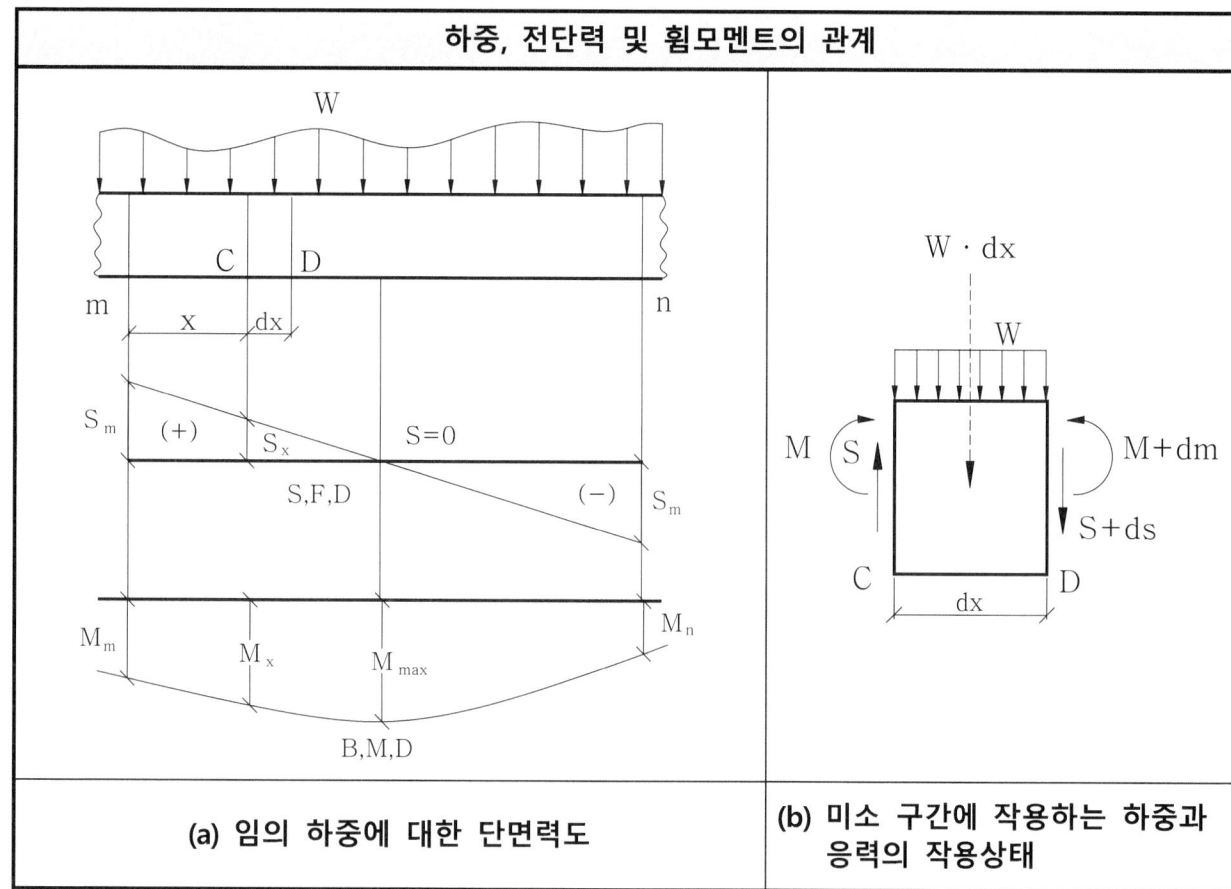	
(a) 임의 하중에 대한 단면력도	**(b)** 미소 구간에 작용하는 하중과 응력의 작용상태

1. 전단력과 하중의 관계
그림 (b)에서 $\sum V = 0$ $s - (s + ds) - w \cdot dx = 0$ $s - s - ds - w \cdot dx = 0$ $\therefore \dfrac{ds}{dx} = -w$ (하중의 작용 방향이 하향이므로 (-)가 됨)   * 전단력을 거리에 대하여 1차 미분하면 하중이 된다. $ds = -w \cdot dx$ $s = \displaystyle\int ds = -\int w dx + C_1 \; (C_1 = S_m)$ $\therefore S_n = S_m - \displaystyle\int_m^n w \cdot dx$ * 하중을 1차 적분하면 전단력이 된다.

2. 전단력과 휨모멘트의 관계

$\sum M = 0$ 에서

$M - (M+dM) + s \cdot dx - w \cdot dx \dfrac{dx}{2} = 0$

$M - M - dM + s \cdot dx - w\dfrac{dx^2}{2} = 0$ ← 고차의 미소량이므로 무시한다.

$\therefore \dfrac{dM}{dx} = s, \quad \therefore \dfrac{d^2M}{dx^2} = \dfrac{ds}{dx} = -w$

* 휨모멘트를 거리에 대하여 1차 미분하면 전단력이 된다.
* 휨모멘트를 거리에 대하여 2차 미분하면 하중이 된다. (즉 모멘트를 전단력에 대하여 2차 미분하면 하중)

$dM = s \cdot dx$

$M = \int dM = \int s \cdot dx + C_2 \ (C_2 = M_m)$

$\therefore M_n = M_m + \int_m^n s \cdot dx$

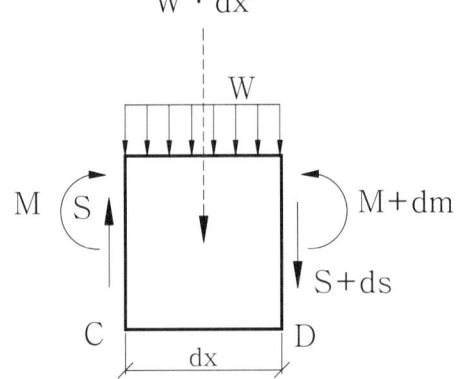

* 전단력을 1차 적분하면 모멘트가 된다.

$d^2M = -wdx^2$

$M = \iint dM = -\iint w \cdot dx \cdot dx$

* 하중을 2차 적분하면 모멘트가 된다

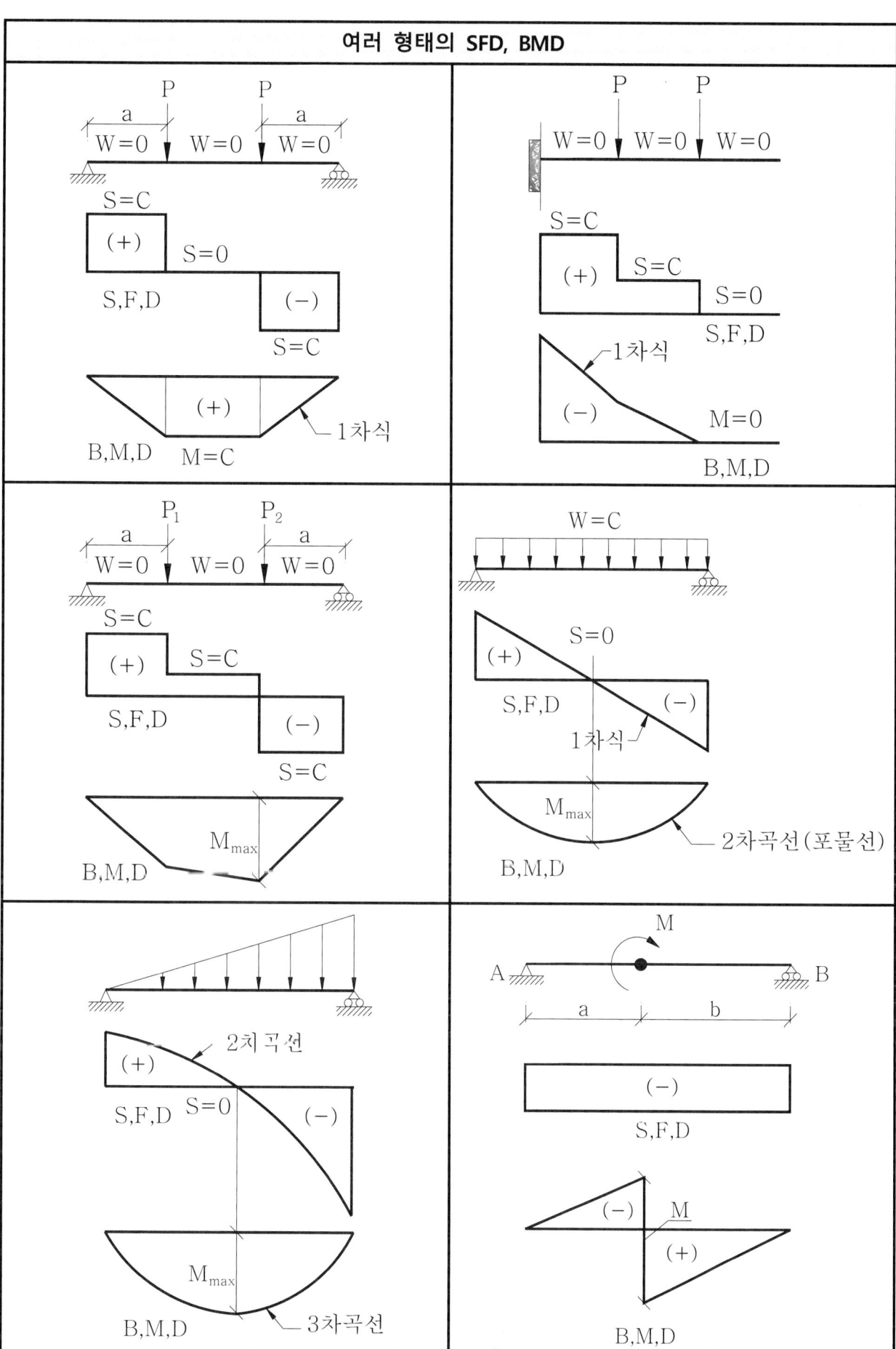

제 4 장 구조물의 개론

처짐, 처짐각, 휨모멘트, 전단력 및 하중의 관계
적분 ←────────────────────── 처짐(y) - 처짐각(θ) - 휨모멘트(M) - 전단력(S) - 하중(w) ──────────────────────→ 미분
$EIy = -\iiiint w \cdot dx\,dx\,dx\,dx$ $EI\theta = -\iiint w \cdot dx\,dx\,dx$ $w = \dfrac{d^2M}{dx^2}$ $w = \dfrac{dM}{dx}$
전단력을 1차 미분하면 하중 ($w = \dfrac{ds}{dx}$), 휨모멘트를 1차 미분하면 전단력 ($s = \dfrac{dM}{dx}$) 휨모멘트를 2차 미분하면 하중 ($w = \dfrac{d^2M}{dx^2}$), 휨모멘트는 전단력보다 차수가 하나 높다

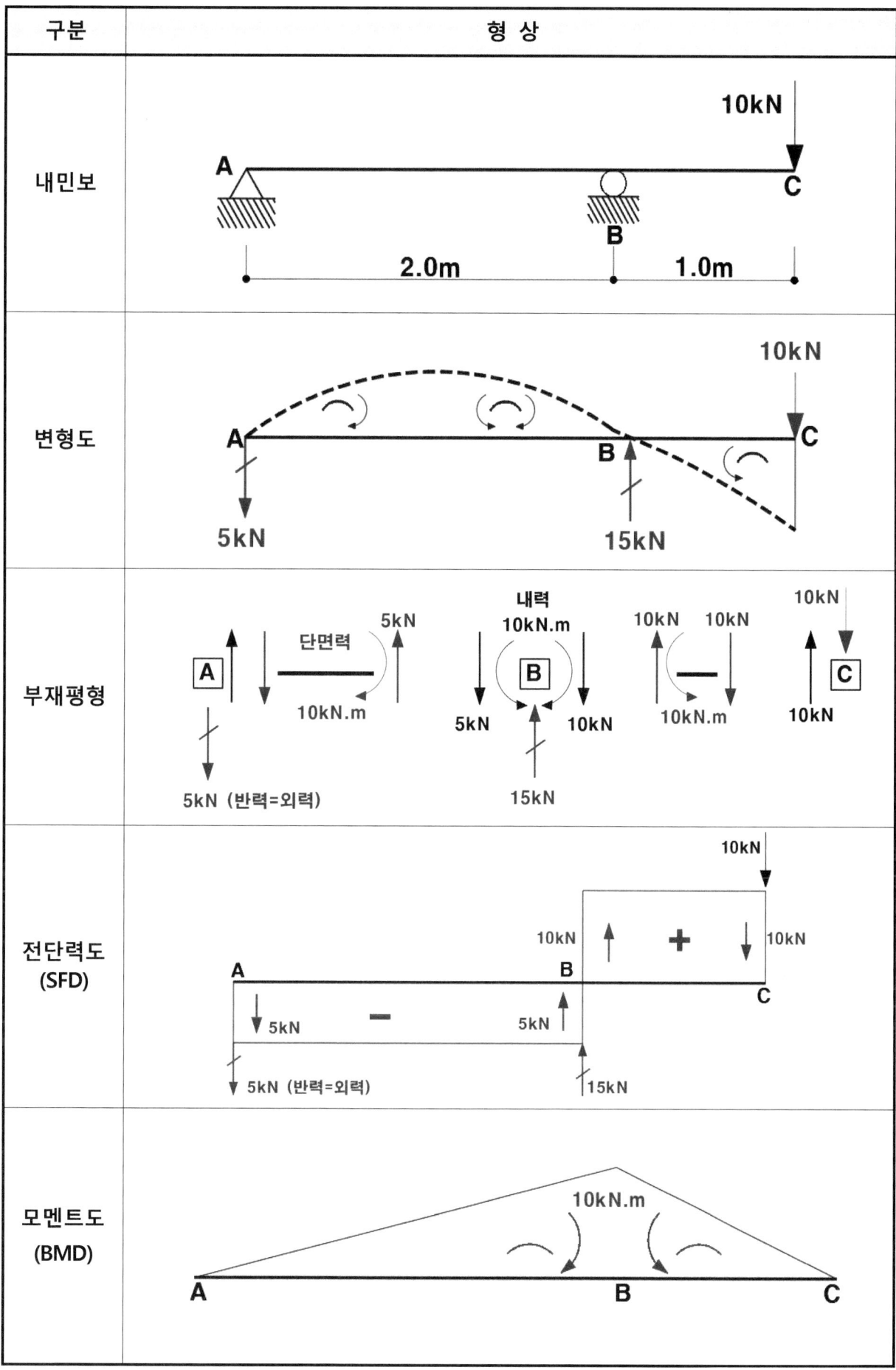

제5장　보

5.1 단순보 …………………………………… 147
5.2 캔틸레버보 ……………………………… 165
5.3 내민보 …………………………………… 170
5.4 게르버보 ………………………………… 174

5장 보

5.1 단순보

5.1.1 반력

1) 지지조건에 따른 반력

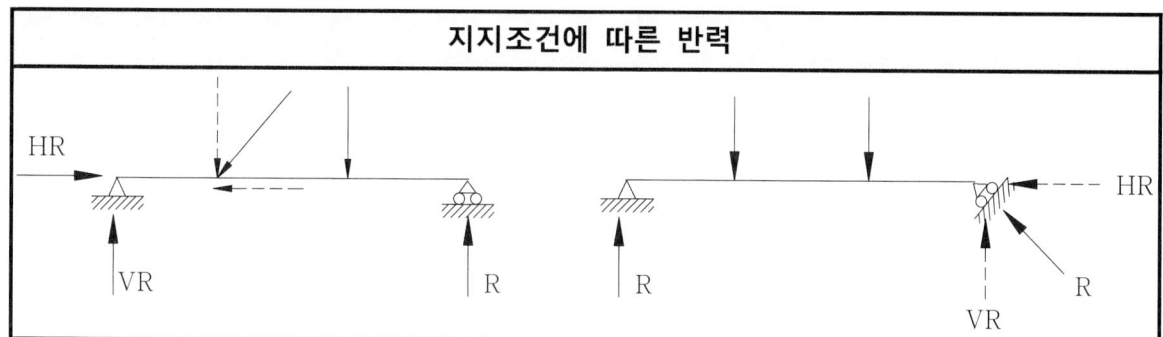

지지조건에 따른 반력

① 단순보의 힌지지점에는 수평, 수직 반력이 발생하고, 롤러지점에는 롤러 지지부에 직각방향(지지부가 수평이면 수직방향)의 반력이 발생한다.

② 경사진 롤러지점의 반력은 수평, 수직방향으로 분해된다. 따라서, 수직방향의 하중만이 작용하는 경우에도 힌지 지점에 수평 반력이 발생한다.

2) 모멘트 하중(우력)만이 작용할 경우 반력

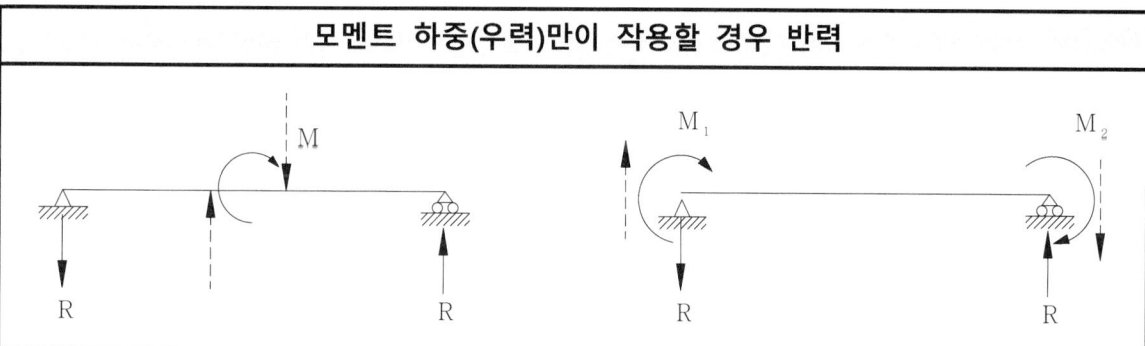

모멘트 하중(우력)만이 작용할 경우 반력

① 단순보의 임의 점에 모멘트 하중만이 작용하면 수직반력만이 발생하고, 양 지점의 수직반력은 크기는 같고 방향은 반대이다.

② 모멘트 하중은 우력이며 지점에 작용시는 재단 모멘트(즉, 하중항)가 된다.

③ 반력은 모멘트하중을 지간으로 나눈 값 $(R=\dfrac{M}{\ell})$이며, 반력의 방향은 모멘트하중(우력)과 반대방향이 된다.

④ 반력은 모멘트하중의 작용 위치에 관계없이 일정한 값을 갖지만, 휨모멘트는 모멘트 하중의 작용위치에 따라 그 값이 달라진다.

5.1.2 전단력

① 단순보에 하향의 수직분력을 가지는 하중만이 작용하면, 전단력의 부호는 좌측에서 (+) 우측에서 (-)이며 중간에서 부호가 한번 바뀐다. (따라서, S.F.D는 좌측지점의 반력 (+) R_A로부터 시작되어 우측 지점의 반력의 부호를 바꾼 (-)R_B로 끝난다.)

② 단순보의 SFD의 면적은 (+)의 부분과 (-)의 부분이 같다. (단, 모멘트 하중이 작용하지 않는 경우)

③ 단순보의 최대 전단력은 지점에서 일어난다. 따라서 양 지점의 수직반력 중 값이 큰 것이 최대 전단력이 된다.

5.1.3 휨모멘트

① 단순보에 하향의 수직분력을 가지는 하중만이 작용하면, 휨모멘트의 부호는 어느 단면에서나 (+)이다.

② 단순보의 최대 휨모멘트는 전단력의 부호가 바뀌는 점(집중하중만이 작용하면 어느 한 하중의 작용위치)에서 일어난다.

③ 단순보의 지점에서 임의점까지의 SFD의 면적은 그 점의 휨모멘트의 크기와 같다.

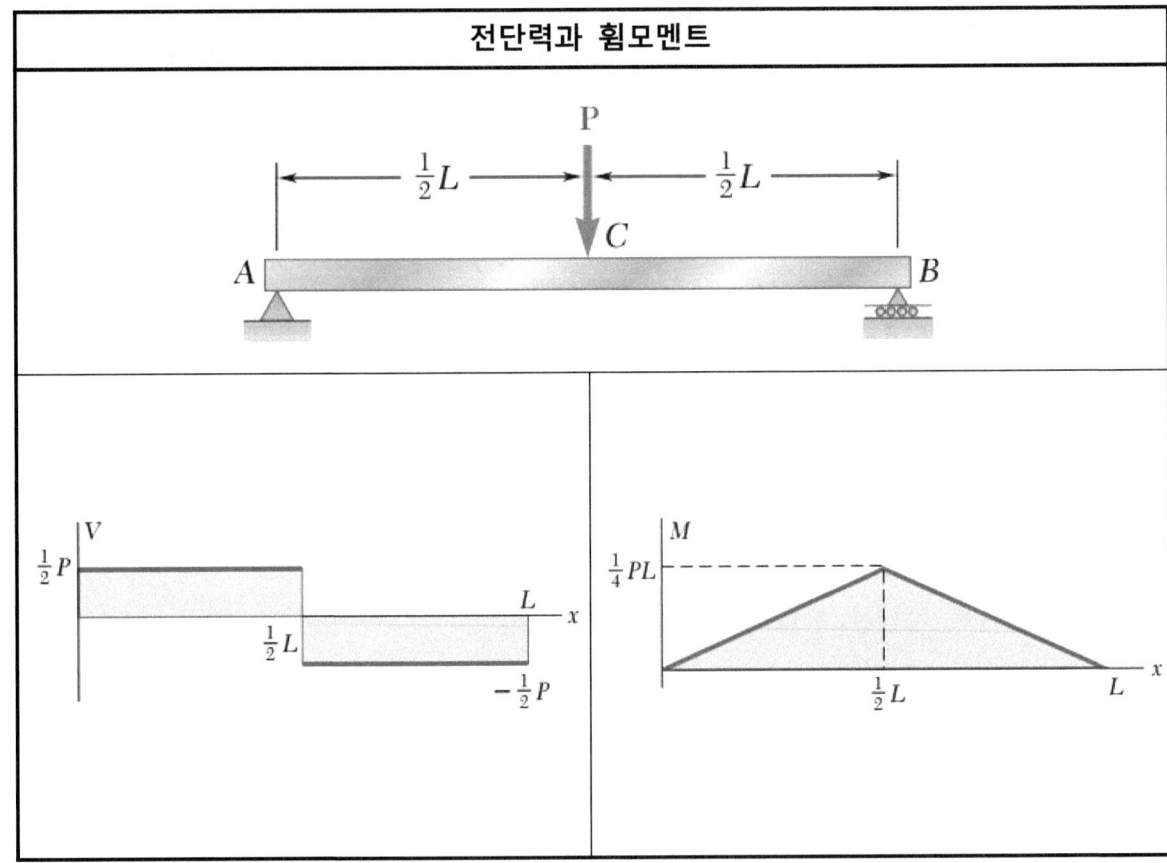

전단력과 휨모멘트

5.1.4 단순보의 풀이 : 대칭구조, 역대칭구조, 비대칭구조, 간접하중 작용하는 경우

1) 대칭구조

(A) 집중하중을 받는 경우

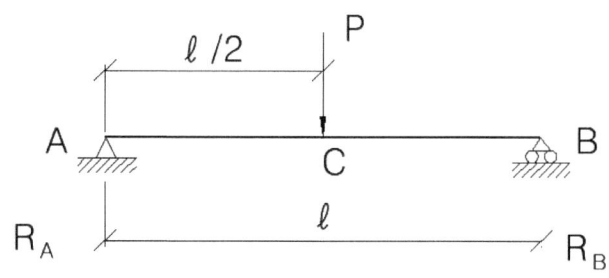

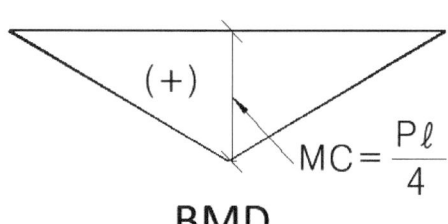

① 반력 : $R_A = R_B = P/2 (\uparrow)$

② 전단력 :

$S_A = R_A = P/2 \qquad S_C = \pm \dfrac{P}{2}$

$S_{A \sim C} = R_A = \dfrac{P}{2}$

$S_B = -R_B = -\dfrac{P}{2}$

$S_{B \sim C} = -R_B = -\dfrac{P}{2}$

③ 모멘트 :

일반식 $M_X = R_A \cdot X = \dfrac{P}{2}X$

(1차식=직선변화)

$M_A = M_B = 0$

$M_C = R_A \dfrac{\ell}{2} = R_B \dfrac{\ell}{2} = \dfrac{P}{2} \times \dfrac{\ell}{2} = \dfrac{P\ell}{4}$

제 5 장 보

(B) 등분포 하중을 받는 경우

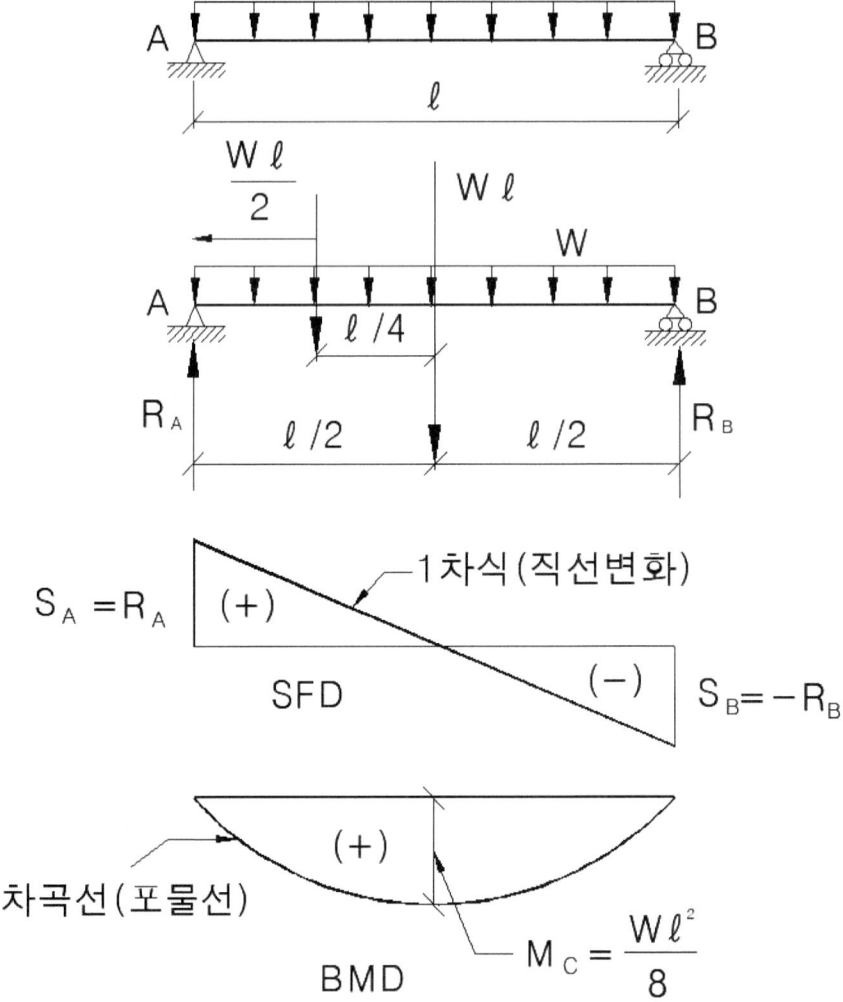

① 반력 : $R_A = R_B = P\dfrac{w\ell}{2}(\uparrow)$

② 전단력 :

일반식 : $S_X = R_A - wx = \dfrac{w\ell}{2} - wx$

$S_A = R_A = \dfrac{w\ell}{2}$,

$S_B = -R_B = -\dfrac{w\ell}{2}$,

$S_C = R_A - \dfrac{w\ell}{2} = 0$

③ 휨모멘트 :

일반식 : $M_x = R_A x - wx\dfrac{x}{2} = \dfrac{w\ell}{2}x - \dfrac{wx^2}{2}$

(2차식=2차곡선)

$M_A = M_B = 0$

$M_C = M_{\max} = R_A\dfrac{\ell}{2} - \dfrac{w\ell}{2} \times \dfrac{\ell}{4} = \dfrac{w\ell^2}{8}$

* 전단력이 0이 되는 곳은 $\dfrac{\ell}{2}$인 중앙단면으로 이곳에서 최대 휨모멘트가 발생한다.

(C) 집중하중과 등분포 하중을 받는 경우

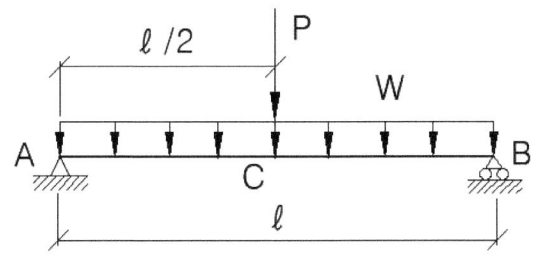

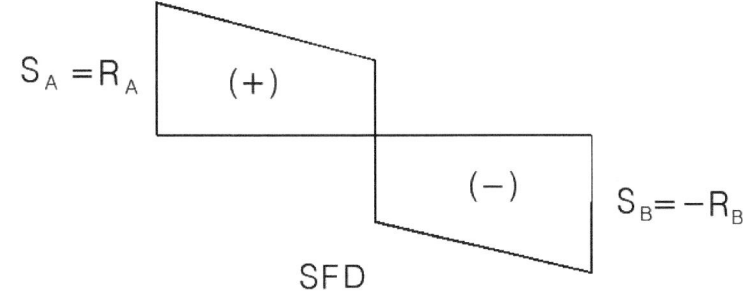

SFD

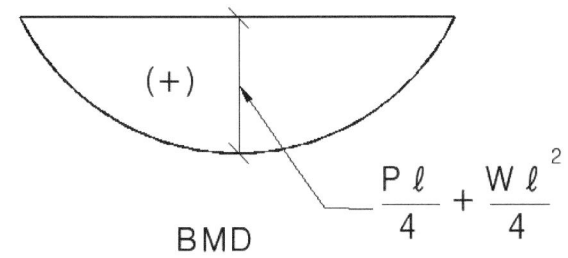

$\dfrac{P\ell}{4} + \dfrac{W\ell^2}{4}$

BMD

① 반력 : $R_A = R_B = \dfrac{P}{2} + \dfrac{w\ell}{2}(\uparrow)$

② 전단력 :

$S_A = R_A = \dfrac{P}{2} + \dfrac{w\ell}{2}$

$S_B = -R_B = -\dfrac{P}{2} - \dfrac{w\ell}{2}$

$S_C = \pm \dfrac{P}{2}$

③ 휨모멘트 :

$M_A = M_B = 0$

$M_C = \dfrac{P\ell}{4} + \dfrac{w\ell^2}{8}$

(D) 모멘트 하중을 받는 경우

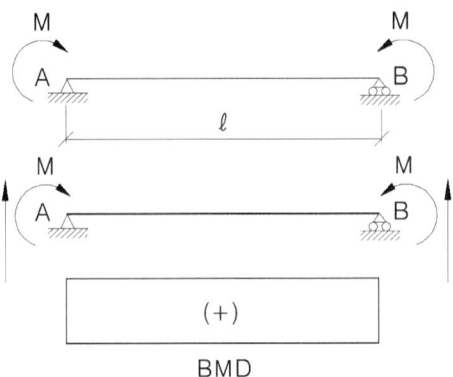

BMD

① 반력 : $R_A = R_B = \dfrac{M-M}{\ell} = 0$

② 전단력 : $S_x = 0 \, (S_{A \sim B} = 0)$

* 부재축에 수직 외력이 없으므로 S=0

③ 휨모멘트 : $M_{A \sim B} = M$

EX) E점의 전단력 및 휨모멘트?

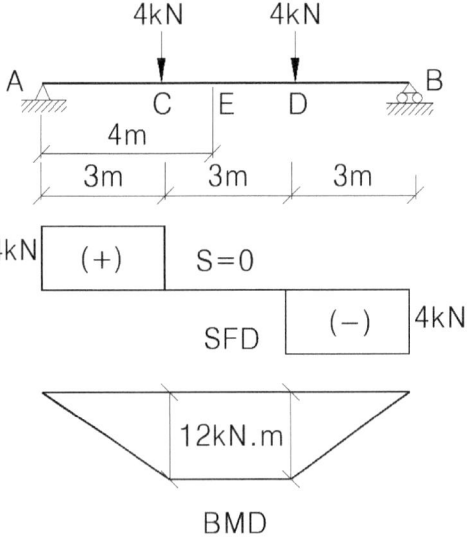

$M_A = M_B = 0$

$M_C = R_A \times 3$
$\quad = 4 \times 3 = 12 kN.m$

$M_E = R_A \times 4 - 4 \times 1$
$\quad = 4 \times 4 - 4 \times 1 = 12 kN.m$

$M_D = R_B \times 3 = 4 \times 3 = 12 kN.m$

$\sum M_B = 0$ 에서

$R_A = \dfrac{4 \times 6 + 4 \times 3}{9} = 4kN \, (\uparrow)$

$\sum M_A = 0$ 에서

$R_B = \dfrac{4 \times 6 + 4 \times 3}{9} = 4kN (\uparrow)$

$S_{A \sim C} = R_A = 4kN$

$S_{C \sim D} = R_A - s = 4 - 4 = 0$

$S_{B \sim D} = -R_B = -4kN$

EX) D점의 전단력 및 휨모멘트? A지점으로부터 전단력이 0이 되는 위치는?

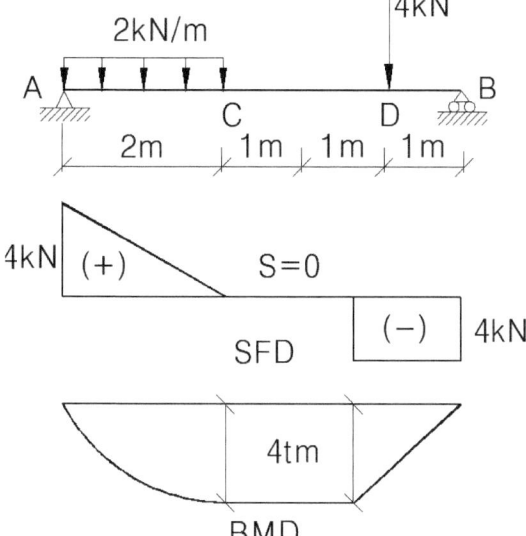

$M_A = M_B = 0$	$\sum M_B = 0$ 에서	$S_A = R_A = 4kN$
$M_C = R_A \times 2 - 4 \times 1$	$R_A = \dfrac{(2\times 2)\times 4 + 4\times 1}{5} = 4kN(\uparrow)$	$S_C = R_A - (2\times 2) = 4 - 4 = 0$
$\quad = 4\times 2 - 4\times 1 = 4kN.m$		$S_D = R_A - (2\times 2) = 4 - 4 = 0$
$M_D = R_A \times 3 - 4\times 2 = 4kN.m$	$\sum M_A = 0$ 에서	$S_{B \sim E} = -R_B = -4kN$
$M_E = R_A \times 1 = 4kN.m$	$R_B = \dfrac{4\times 4 + (2\times 2)\times 1}{5} = 4kN(\uparrow)$	

EX) 최대 휨모멘트 값은?

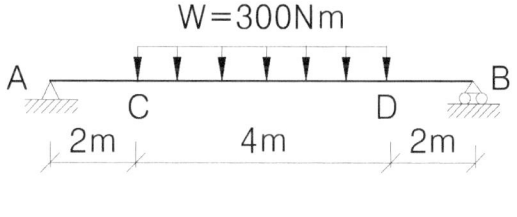

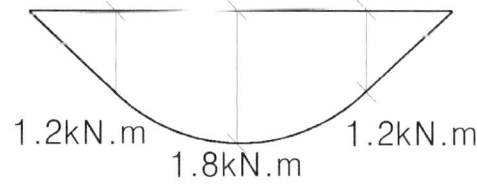

$R_A = R_B = \dfrac{300\times 4}{2} = 600N$	$M_C = R_A \times 2 = 600 \times 2$
	$\quad = 1200N.m = 1.2kN.m$
$M_{\max} = R_A \times 4 - (300\times 2)\times 1$	
$\quad = 600\times 4 - 600\times 1$	$M_D = R_B \times 2 = 600 \times 2$
$\quad = 1800N.m = 1.8kN.m$	$\quad = 1200N.m = 1.2kN.m$

제 5 장 보

EX) 최대 휨모멘트 값은?

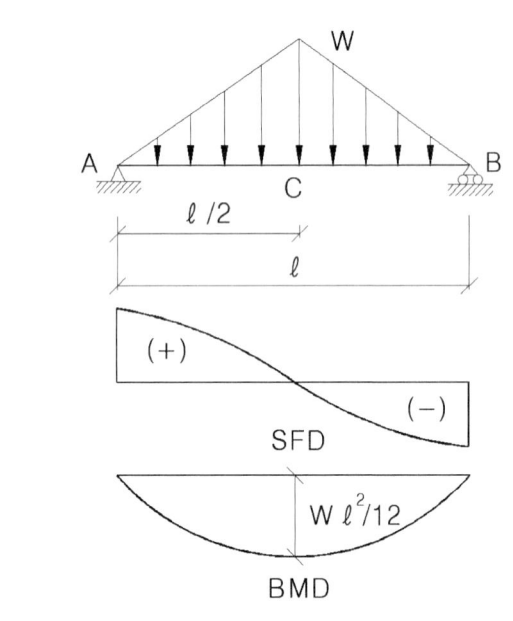

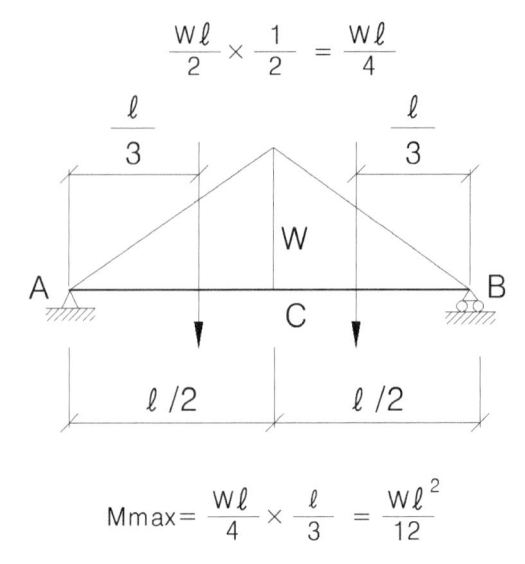

$$\frac{W\ell}{2} \times \frac{1}{2} = \frac{W\ell}{4}$$

$$M_{max} = \frac{W\ell}{4} \times \frac{\ell}{3} = \frac{W\ell^2}{12}$$

EX) m 단면의 전단력은?

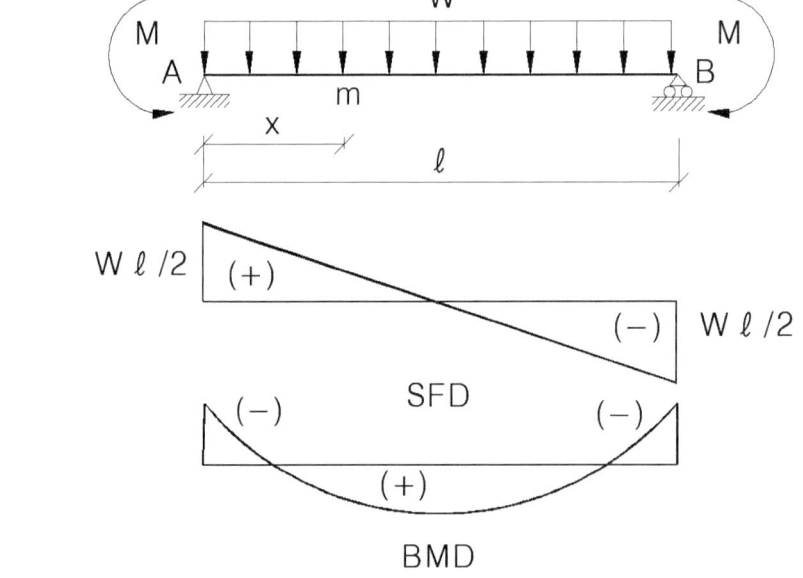

$S_m = R_A - w_x$
$\quad = \dfrac{w\ell}{2} - wx$

$R_A = w\ell/2$

$S_A = R_A = w\ell/2$

$S_B = -R_A = -w\ell/2$

$S(중앙) = R_A - w\ell/2 = 0$

$M_B = M_B = -M$

$M_m = R_A \cdot x - (wx) \cdot \dfrac{x}{2}$
$\quad = \dfrac{w\ell}{2}x - \dfrac{wx^2}{2}$

EX) D점의 전단력과 C점의 휨모멘트?

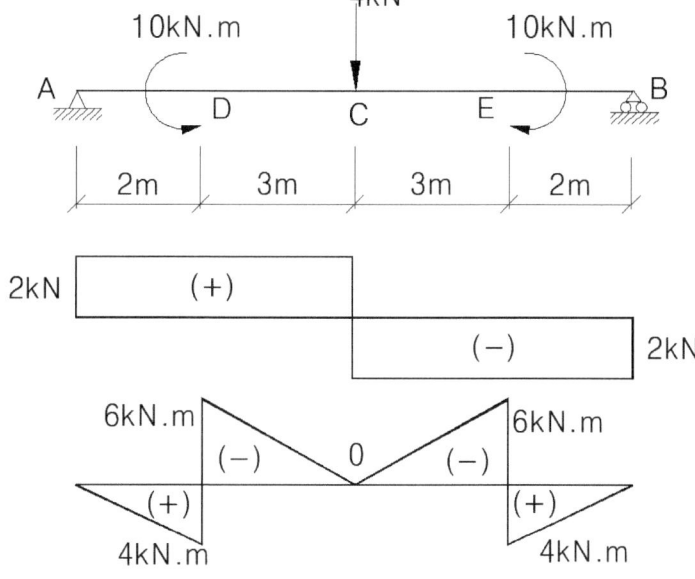

$R_A = R_B = \dfrac{4}{2} = 2kN,\ S_D = R_A = 2kN$

$S_C(좌) = R_A = 2kN,\ S_C(우) = -R_B = -2kN$

$M_D(좌) = R_A \times 2 = 2 \times 2 = 4kN$

$M_D(우) = R_A \times 2 - 10 = -6kN.m$

$M_C = R_A \times 5 - 10 = 2 \times 5 - 10 = 0$

제 5 장 보

2) 역대칭구조

   (A) 모멘트 하중을 받는 경우

EX) 모멘트 하중을 받는 구조

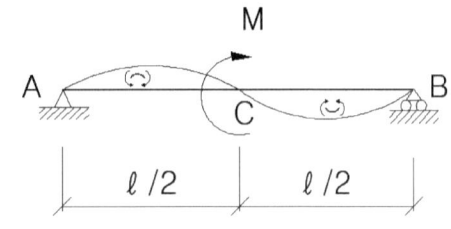

① 반력 : $R_A = \dfrac{-M}{\ell}(\downarrow)$

          $R_B = \dfrac{M}{\ell}(\uparrow)$

② 전단력 : $S_{A \sim B} = -R_A = -R_B = -\dfrac{M}{\ell}$

③ 휨모멘트: $M_A = M_B = 0$

□ 일반식 : $M_x = -R_A \cdot x = -\dfrac{M}{\ell}x$

          (1차식=직선변화)

$M_C(좌) = -R_A \cdot \dfrac{\ell}{2} = -\dfrac{M}{2}$

$M_C(우) = R_B \cdot \dfrac{\ell}{2} = \dfrac{M}{2}$

EX) 역대칭 모멘트 하중을 받는 구조

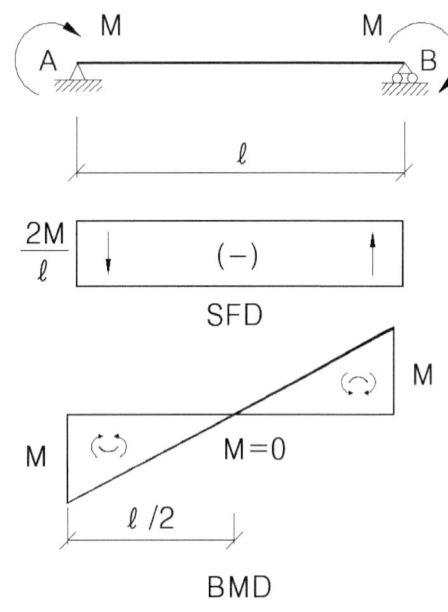

① 반력 : $R_A = \dfrac{-2M}{\ell}(\downarrow)$

          $R_B = \dfrac{2M}{\ell}(\uparrow)$

② 전단력 : $S_{A \sim B} = R_A = -R_B = -\dfrac{2M}{\ell}$

③ 휨모멘트 :

□ 일반식: $M_x = -R_A \cdot x + M$ (1차식)

              $= -\dfrac{2M}{\ell}x + M$

$M_A = M$

$M_B = -M$

(B) 우력을 받는 경우

EX) 우력을 받는 구조

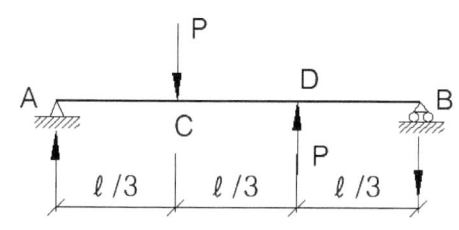

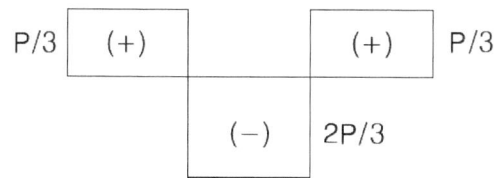

SFD

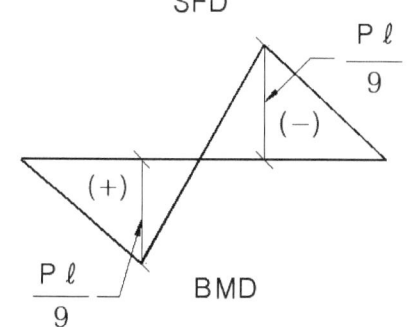

BMD

① 반력 : $R_A = \dfrac{P\dfrac{\ell}{3}}{\ell} = \dfrac{P}{3}(\uparrow)$

$R_B = \dfrac{-P\dfrac{\ell}{3}}{\ell} = -\dfrac{P}{3}(\downarrow)$

② 전단력 :

$S_{A \sim C} = R_A = \dfrac{P}{3}$

$S_{C \sim D} = R_A - p = \dfrac{P}{3} - P = -\dfrac{2P}{3}$

$S_{D \sim B} = R_A - P + P = R_A = \dfrac{P}{3} = R$

$S_{B \sim D} = R_B = \dfrac{P}{3}$

③ 휨모멘트 : $M_A = M_B = 0$

$M_C = R_A \cdot \dfrac{\ell}{3} = \dfrac{P}{3} \cdot \dfrac{\ell}{3} = \dfrac{P\ell}{9}$

$M_D = R_A \cdot \dfrac{2\ell}{3} - P\dfrac{\ell}{3}$

$= \dfrac{2P\ell}{9} - \dfrac{P\ell}{3} = -\dfrac{P\ell}{9}$

$M_D = -R_B \dfrac{\ell}{3} = -\dfrac{P}{3} \cdot \dfrac{\ell}{3} = -\dfrac{P\ell}{9}$

3) 비대칭구조

(A) 집중하중을 받는 경우

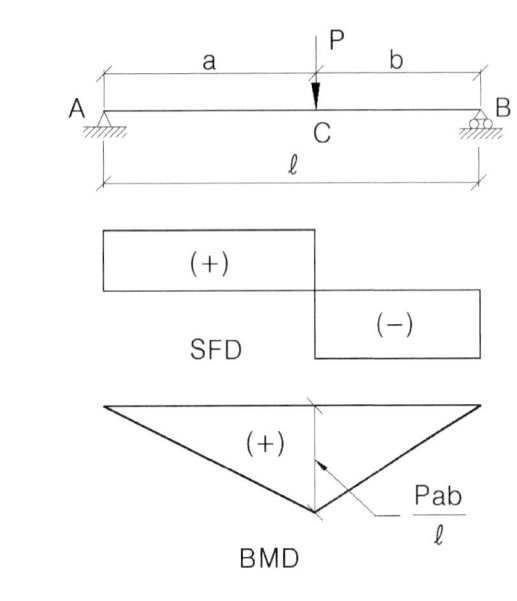

① 반력 : $R_A = \dfrac{Pb}{\ell}(\uparrow)$

$R_B = \dfrac{Pa}{\ell}(\uparrow)$

② 전단력 : $S_{A \sim C} = R_A = \dfrac{Pb}{\ell}$

$S_{B \sim C} = -R_B = -\dfrac{Pa}{\ell}$

③ 휨모멘트 : $M_A = M_B = 0$

$M_C = M_{\max} = R_A \cdot a = R_B \cdot b = \dfrac{Pab}{\ell}$

(B) 모멘트 하중을 받는 경우

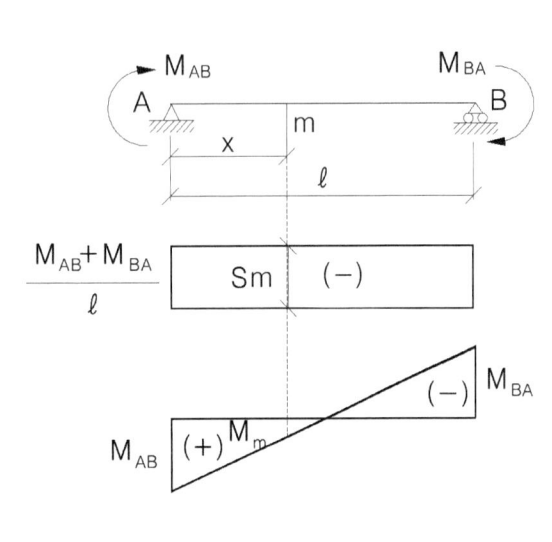

① 반력 : $R_A = -\dfrac{M_{AB} + M_{BA}}{\ell}(\downarrow)$

$R_B = \dfrac{M_{AB} + M_{BA}}{\ell}(\uparrow)$

② 전단력 :

$S_x = S_m = R_A = -\dfrac{M_{AB} + M_{BA}}{\ell}$

$S_{A \sim B} = R_A = -R_B = -\dfrac{M_{AB} + M_{BA}}{\ell}$

③ 휨모멘트 : $M_x = M_m = R_A \cdot x - M_{AB}$

$= \dfrac{M_{AB} + M_{BA}}{\ell} x - M_{AB}$

$M_A = M_{AB}, \ M_B = -M_{BA}$

ⅰ) 일반적으로 힌지점이나 힌지절점은 휨모멘트 값이 0이 되나 **지점에 모멘트하중이 작용할 때는 힌지지점에도 휨모멘트가 생긴다.**

ⅱ) $M_{AB} = M_{BA}$이고 크기가 같고 방향이 반대이면 부재의 어느 단면에서도 **전단력은 생기지 않고 일정한 휨모멘트만 생긴다.**

제 5 장 보

(C) 등변분포 하중을 받는 경우

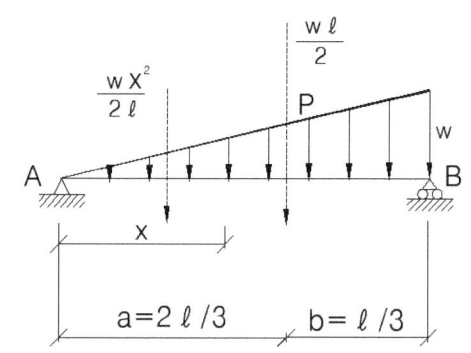

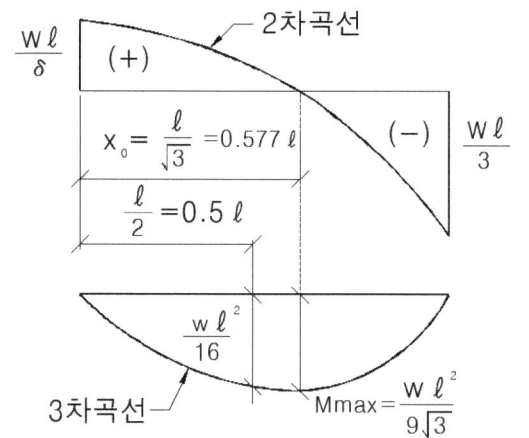

① 반력 : $R_A = \dfrac{1}{\ell}(\dfrac{w\ell}{2} \cdot \dfrac{\ell}{3}) = \dfrac{w\ell}{6}(\uparrow)$

$R_B = \dfrac{1}{\ell}(\dfrac{w\ell}{2} \cdot \dfrac{2\ell}{3}) = \dfrac{w\ell}{3}(\uparrow)$

② 전단력 : $S_x = R_A - \dfrac{wx^2}{2\ell} = \dfrac{w\ell}{6} - \dfrac{wx^2}{2\ell}$

$= \dfrac{w}{6\ell}(\ell^2 - 3x^2)$

* 전단력이 0이 되는 위치 X_0는

$S_x = \dfrac{w}{6\ell}(\ell^2 - 3x^2) = 0$

$\ell^2 - 3x^2 = 0, \quad \therefore x = \dfrac{\ell}{\sqrt{3}} = 0.557\ell$

$S_A = R_A = \dfrac{w\ell}{6}, \quad S_B = -R_B = -\dfrac{w\ell}{3}$

③ 휨모멘트

$M_x = R_A \cdot x - \dfrac{wx^2}{2\ell} \cdot \dfrac{x}{3}$

$= \dfrac{w\ell}{6}x - \dfrac{wx^3}{6\ell} = \dfrac{wx}{6\ell}(\ell^2 - x^2)$

* 전단력이 0이 되는 곳 ($x_0 = \dfrac{\ell}{\sqrt{3}}$)에서 최대 휨모멘트가 일어난다.

$M_{\max} = \dfrac{w\ell}{6} \cdot \dfrac{\ell}{\sqrt{3}} - \dfrac{w}{6\ell}(\dfrac{\ell}{\sqrt{3}})^3 = \dfrac{w\ell^2}{9\sqrt{3}}$

④ 중앙단면($x = \dfrac{\ell}{2}$)에서

$S_C = \dfrac{w\ell}{6} - \dfrac{wx^2}{2\ell} = \dfrac{w\ell}{6} - \dfrac{w}{2\ell} \times (\dfrac{\ell}{2})^2$

$= \dfrac{w\ell}{6} - \dfrac{w\ell}{8} = \dfrac{w\ell}{24}$

$M_C = \dfrac{w\ell}{6}x - \dfrac{wx^3}{6\ell} = \dfrac{w\ell}{6} \times \dfrac{\ell}{2} - \dfrac{w}{6\ell} \times (\dfrac{\ell}{2})^3$

$= \dfrac{w\ell^2}{12} - \dfrac{w\ell^2}{48} = \dfrac{4w\ell^2 - w\ell^2}{48} = \dfrac{3w\ell^2}{48} = \dfrac{w\ell^2}{16}$

또는 $M_C = \dfrac{1}{2} \cdot \dfrac{w\ell^2}{8} = \dfrac{w\ell^2}{16}$

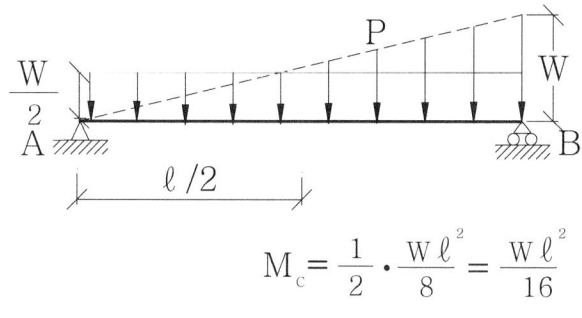

$M_C = \dfrac{1}{2} \cdot \dfrac{W\ell^2}{8} = \dfrac{W\ell^2}{16}$

(D) 기타 경우

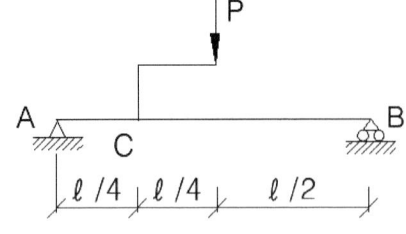

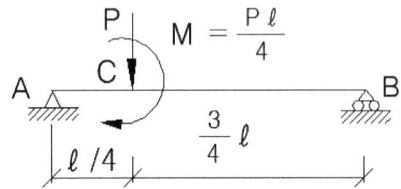

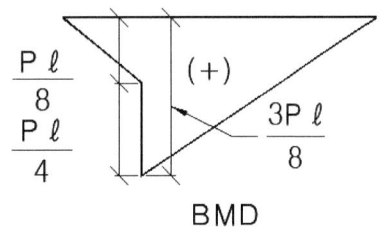

① 반력 : $R_A = R_B = \dfrac{P}{2}(\uparrow)$

② 전단력 : $S_{A \sim C} = R_A = \dfrac{P}{2}$

$S_{B \sim C} = -R_B = -\dfrac{P}{2}$

③ 휨모멘트 : $M_A = M_B = 0$

$M_c(좌) = R_A \cdot \dfrac{\ell}{4} = \dfrac{P}{2} \cdot \dfrac{\ell}{4} = \dfrac{P\ell}{8}$

$M_c(우) = R_B \cdot \dfrac{3\ell}{4} = \dfrac{P}{2} \cdot \dfrac{3\ell}{4} = \dfrac{3P\ell}{8}$

EX - 1

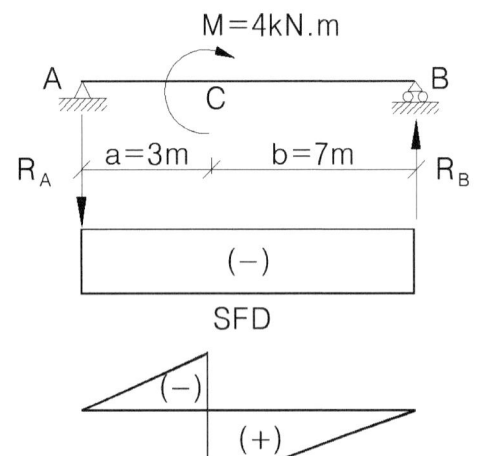

① $R_A = \dfrac{M}{\ell} = \dfrac{4}{10} = -0.4 kN(\downarrow)$

$R_B = \dfrac{M}{\ell} = \dfrac{4}{10} = 0.4 kN(\uparrow)$

$S_{A \sim B} = R_A = -R_B = -0.4 kN$

$M_c(좌) = R_A \times a = -0.4 \times 3 = -1.2 kN.m$

$M_c(우) = R_B \times b = 0.4 \times 7 = 2.8 kN.m$

EX - 2

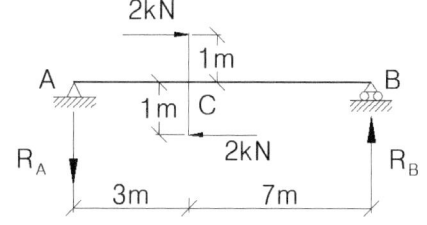

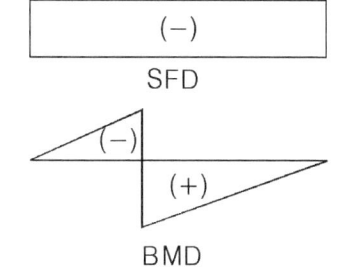

$R_A = \dfrac{2 \times 2}{10} = -0.4 kN(\downarrow)$

$R_B = \dfrac{2 \times 2}{10} = 0.4 kN(\uparrow)$

$S_{A \sim B} = R_A = -R_B = -0.4 kN$

$M_c(좌) = R_A \times a = -0.4 \times 3 = -1.2 kN.m$

$M_c(우) = R_B \times b = 0.4 \times 7 = 2.8 kN.m$

EX - 3

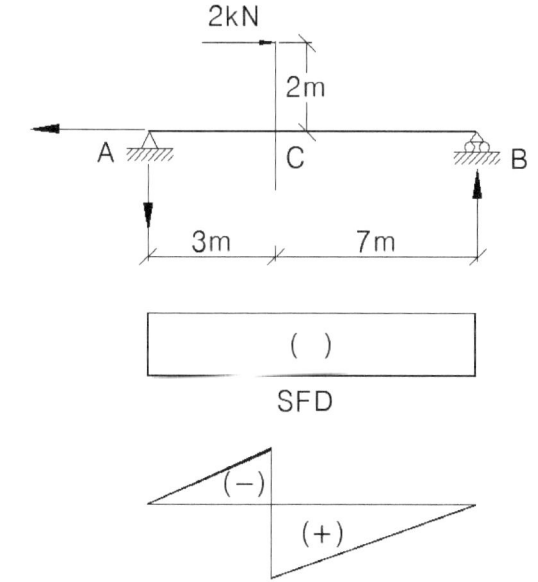

$R_A = \dfrac{2 \times 2}{10} = -0.4 kN(\downarrow)$

$R_B = \dfrac{2 \times 2}{10} = 0.4 kN(\uparrow)$

$H_A = -2kN(\leftarrow)$

$S_{A \sim B} = R_A = -R_B = -0.4 kN$

$M_c(좌) = R_A \times 3 = -0.4 \times 3 = -1.2 kN.m$

$M_c(우) = R_B \times 7 = 0.4 \times 7 = 2.8 kN.m$

$N_{A \sim C} = H_A = -2 kN(인장)$

$N_{C \sim B} = 0$

제 5 장 보

4) 간접하중이 작용하는 단순보

간접하중이 작용하는 단순보

(1) 해법원리

세로보를 가로보 위치에 지점을 둔 단순보로 생각하여 반력을 구하여 반력을 그 반력을 주형에 작용하는 집중하중으로 보고 직접 하중을 받는 단순보의 경우와 똑같이 푼다. (그림 참조)

(2) 성질

① 반력은 직접하중일 때와 같다.
② 집중하중은 물론 분포하중도 주형상의 가로보의 위치에 작용하는 집중하중으로 변한다.
③ 전단력도와 휨모멘트도는 가로보 위치에 집중하중이 작용할 때와 똑같이 변화한다. 즉, 격점과 격점 사이에서 전단력은 변하지 않고 휨모멘트는 직선변화 한다.

간접하중이 작용하는 단순보

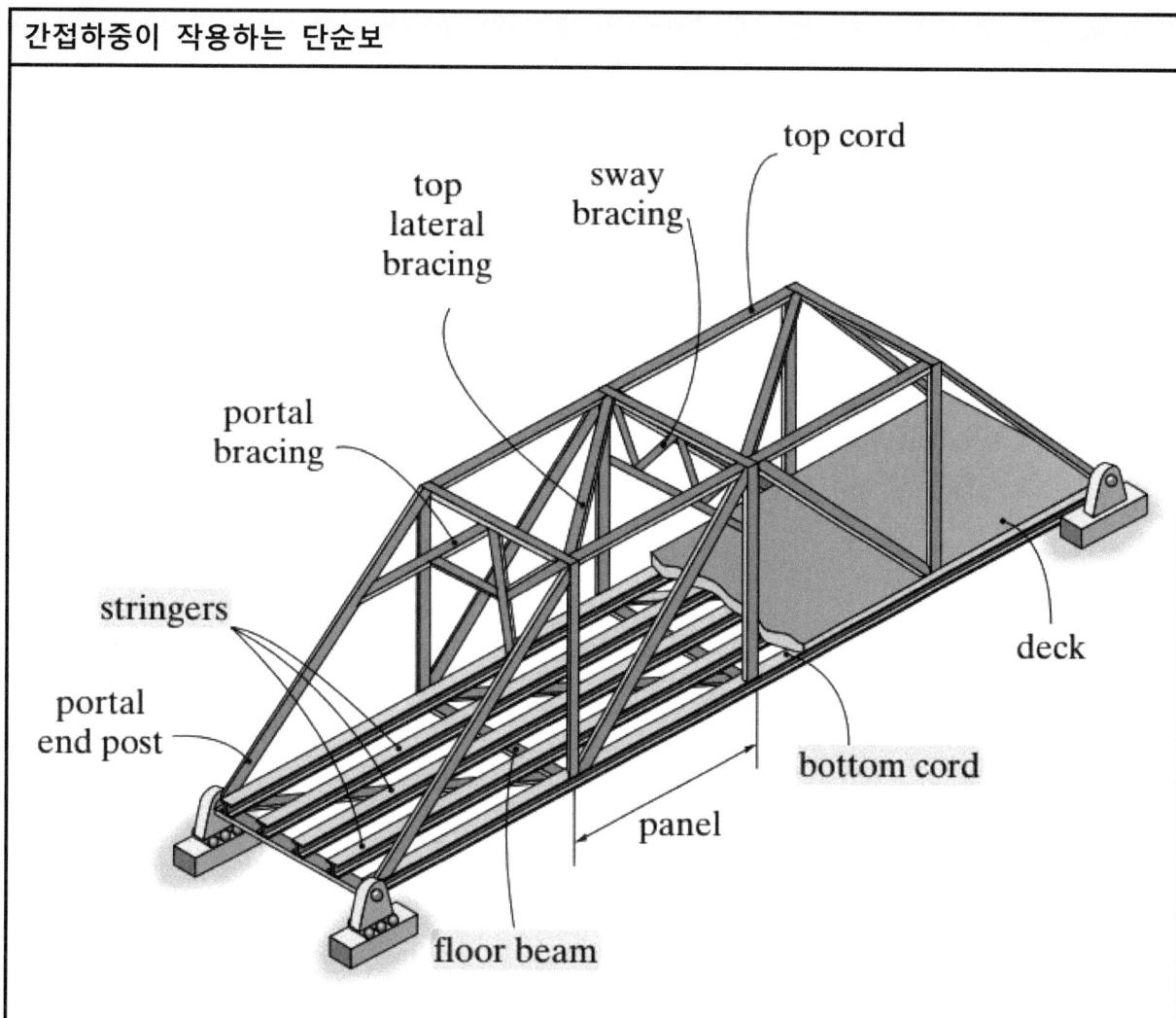

(3) 가로보의 위치에 따른 단면력의 변화
  ① 양단의 가로보가 시점 위에 있는 경우
    ⅰ) 최대 전단력은 직접하중일 때보다 작다.
    ⅱ) 최대 휨모멘트는 직접하중일 때보다 작거나 같다

  ② 양단의 가로보가 지점의 안쪽에 있는 경우
    ⅰ) 최대 전단력은 직접하중일 때와 같다.
    ⅱ) 최대 휨모멘트는 직접하중일 때보다 크거나 같다.

간접하중이 작용하는 단순보

간접하중 EX - 1

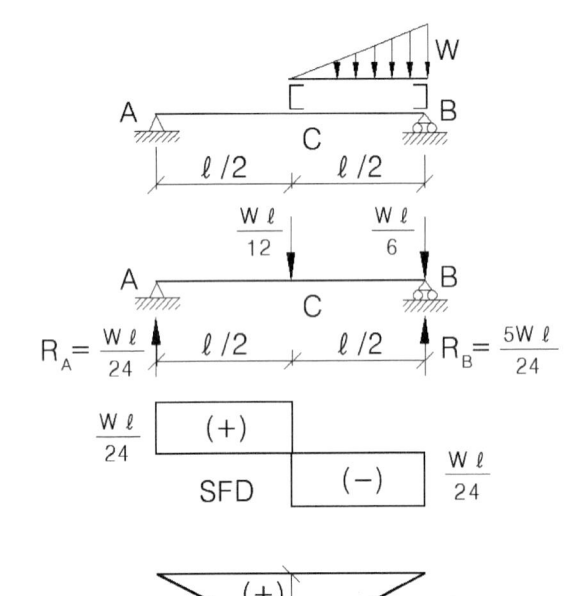

① 반력 : $R_B = \dfrac{1}{2} \cdot \dfrac{w\ell}{12} + \dfrac{w\ell}{6} = \dfrac{5w\ell}{24}$

$R_A = \dfrac{1}{2} \cdot \dfrac{w\ell}{12} = \dfrac{w\ell}{24}$

② 전단력 :

$S_{A \sim C} = R_A = \dfrac{w\ell}{24}$

$S_B = -R_B + \dfrac{w\ell}{6} = -\dfrac{5w\ell}{24} + \dfrac{w\ell}{6} = \dfrac{-w\ell}{24}$

③ 휨모멘트 : $M_A = M_B = 0$

$M_C = R_A \cdot \dfrac{\ell}{2} = \dfrac{w\ell}{24} \cdot \dfrac{\ell}{2} = \dfrac{w\ell^2}{48}$

간접하중 EX - 2

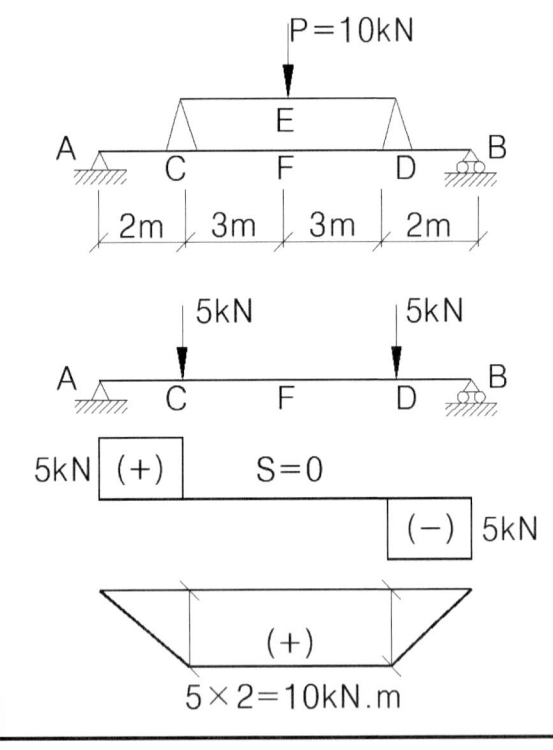

① 반력 : $R_A = R_B = \dfrac{10}{2} = 5\,kN$

② 전단력 : $S_{A \sim C} = R_A = 5\,kN$

$S_{C \sim D} = R_A - 5 = 0$

$S_{B \sim D} = -R_B = -5\,kN$

③ 휨모멘트 : $M_A = M_B = 0$

$M_C = M_D = 5 \times 2 = 10\,kN.m$

$M_E = 5 \times 3 = 15\,kN.m$

$M_F = 5 \times 2 = 10\,kN.m$

5.2 캔틸레버보

5.2.1 반력

① 캔틸레버보는 지점이 고정단 하나이므로 작용하는 전체 하중의 대수합이 반력이다. (고정단에는 수평, 수직, 모멘트반력이 일어난다.)

② 수직반력 : 수직력의 대수합 ($\sum V = 0, V_R$)

   수평반력 : 수평력의 대수합 ($\sum H = 0, H_R$)

   모멘트반력 : 모멘트의 대수합 ($\sum M = 0, M_R$)

   * 모멘트 반력의 부호는 시계방향(+), 반시계방향(-)이다.

③ 모멘트하중만 작용하면 모멘트반력만이 일어난다.

④ 캔틸레버보는 반력값을 구하지 않아도 단면력 (전단력, 휨모멘트, 축 방향력)을 계산할 수 있다.

5.2.2 전단력

① 전단력은 자유단측에 작용하는 하중에 의하여 계산하는 것이 좋다.

② 방향이 같은 하중에 의한 전단력의 부호는 고정단의 위치에 따라 바뀐다.

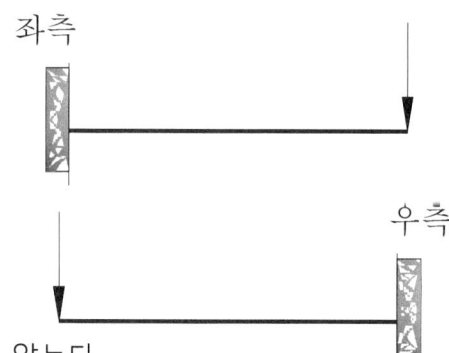

□ 작용 하중이 하향인 경우
ⅰ) 고정단이 좌측이면 (+) 전단력
ⅱ) 고정단이 우측이면 (-) 전단력

③ 모멘트 하중만이 작용하면 전단력은 일어나지 않는다.

④ 전단력은 하중이 하향 또는 상향으로만 작용할 때 고정단에서 최대가 된다.

5.2.3 휨모멘트

① 휨모멘트는 자유단측에 작용하는 하중에 의하여 계산하는 것이 좋다.

② 휨모멘트 부호는 하중이 하향일 경우 고정단의 위치에 관계없이 (-)이다. (단, 상향일 때는 이와 반대이다.)

③ 고정단에서 휨모멘트의 크기는 모멘트 반력의 크기와 같으나, 부호는 고정단 좌측에 있으면 같고 고정단이 우측에 있으면 반대이다.

④ 휨모멘트는 하중이 하향 또는 상향으로만 작용할 때 고정단에서 최대이다.

캔틸레버 EX - 1

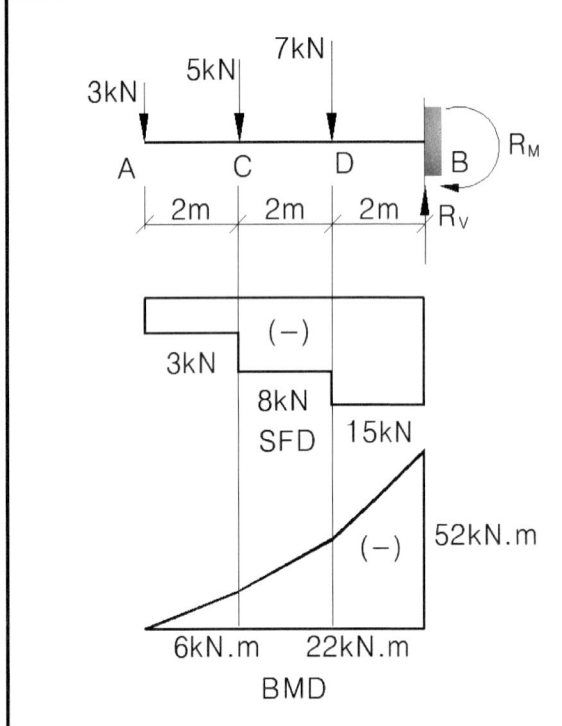

① 반력
수직반력 : $R_V = 3+5+7 = 15kN(\uparrow)$
수평반력 : $R_H = 0$
모멘트반력 :
$R_M = 3\times6 + 5\times4 + 7\times2 = 52kN.m\ (\curvearrowright)$

② 전단력 :
$S_{A \sim C} = -3kN$
$S_{C \sim D} = -3-5 = -8kN$
$S_{D \sim B} = -3-5-7 = -15kN(=-R_V)$

③ 휨모멘트 :
$M_A = 0$
$M_C = -3\times2 = -6kN.m$
$M_D = -3\times4 - 5\times2 = -22kN.m$
$M_B = -3\times6 - 5\times4 - 7\times2 = -52kN.m(=-R_V)$

캔틸레버 EX - 2

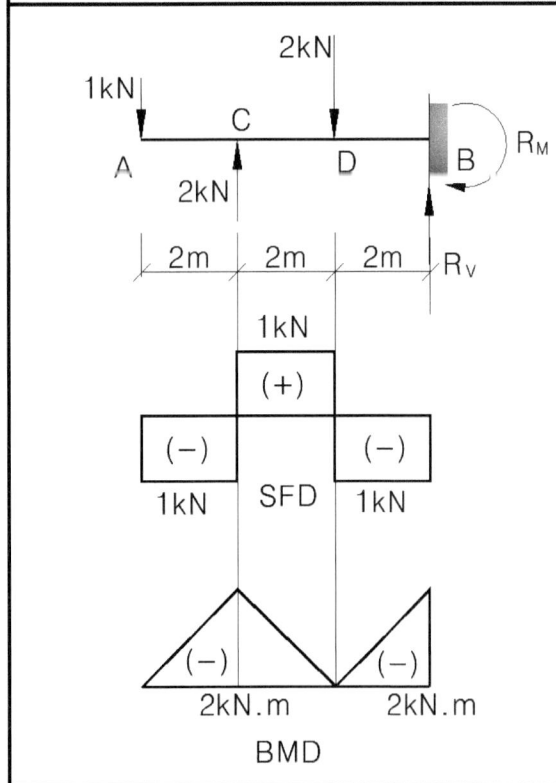

① 반력
$R_V = 1 - 2 + 2 = 1kN(\uparrow)$
$R_M = 1\times6 - 2\times4 + 2\times2 = 2kN.m(\curvearrowright)$

② 전단력 :
$S_{A \sim C} = -1kN$
$S_{C \sim D} = -1+2 = 1kN$
$S_{D \sim B} = -1 = 2-2 = -1kN(=-R_V)$

③ 휨모멘트 :
$M_A = 0$
$M_C = -1\times2 = -2kN.m$
$M_D = -1\times4 + 2\times2 = 0kN.m$
$M_B = -1\times6 + 2\times4 - 2\times2 = -2kN.m(=-R_M)$

제 5 장 보

캔틸레버 EX - 3

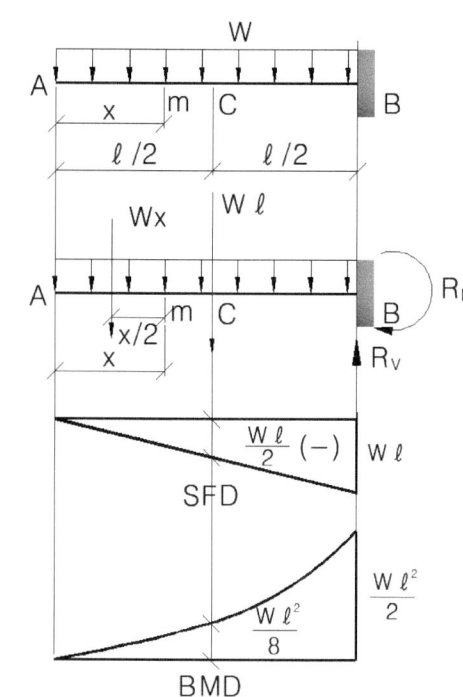

① 반력
$R_V = w\ell (\uparrow)$

$R_M = w\ell \dfrac{\ell}{2} = \dfrac{w\ell^2}{2} (\curvearrowright)$

② 전단력 : $S_A = 0$

$S_C = \dfrac{-w\ell}{2}$

$(S_x = S_m = -wx)$

$S_B = -w\ell = (=-R_V)$

③ 휨모멘트 :

$M_x = M_m = -wx\dfrac{x}{2} = -\dfrac{wx^2}{2}$

$M_A = 0$

$M_C = -\dfrac{w\ell}{2} \cdot \dfrac{\ell}{4} = -\dfrac{w\ell^2}{8}$

$M_B = -w\ell \dfrac{\ell}{2} = -\dfrac{w\ell^2}{2} (=-R_M)$

캔틸레버 EX - 4

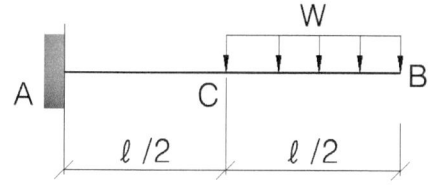

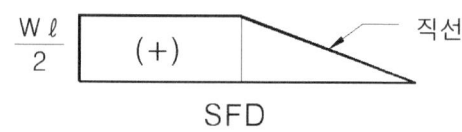

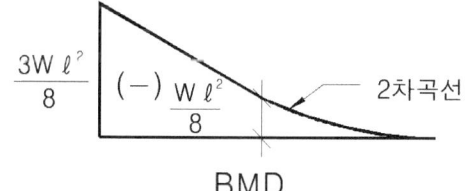

① 반력
$R_V = \dfrac{w\ell}{2} (\uparrow)$

$R_M = -\dfrac{w\ell}{2} \cdot \dfrac{3\ell}{4} = -\dfrac{3w\ell^2}{8} (\curvearrowright)$

② 전단력 : $S_B = 0$

$S_{C \sim A} = \dfrac{w\ell}{2} (= R_V)$

$S_x = wx$

③ 휨모멘트 :

$M_B = 0$

$M_C = -\dfrac{w\ell}{2} \cdot \dfrac{\ell}{4} = -\dfrac{w\ell^2}{8}$

$M_A = -\dfrac{w\ell}{2} \times \dfrac{3\ell}{4} = -\dfrac{3w\ell^2}{8} (=-R_M)$

캔틸레버 EX - 5

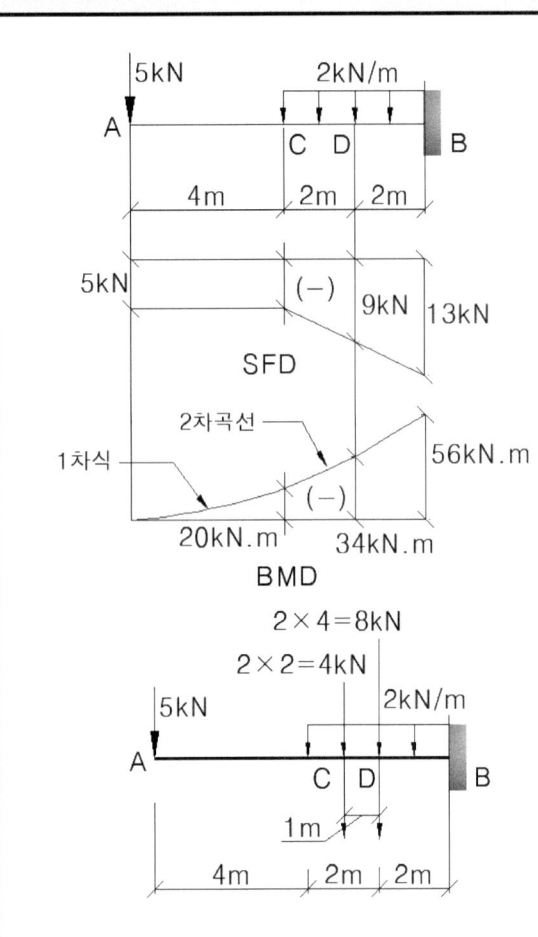

① 반력
$$R_V = 5 + (2 \times 4) = 13 kN (\uparrow)$$
$$R_M = 5 \times 8 + (2 \times 4 \times 2) = 56 kN.m (\curvearrowleft)$$

② 전단력: $S_{A \sim C} = -5 kN$
$$S_D = -5 - (2 \times 2) = -9 kN$$
$$S_B = -5 - (2 \times 4) = -13 kN$$

③ 휨모멘트:
$$M_A = 0$$
$$M_C = -5 \times 4 = -20 kN.m$$
$$M_D = -5 \times 6 - (2 \times 2 \times 1) = -34 kN.m$$
$$M_B = -5 \times 8 - (2 \times 4 \times 2) = -56 kN.m (= -R_M)$$

캔틸레버 EX - 6

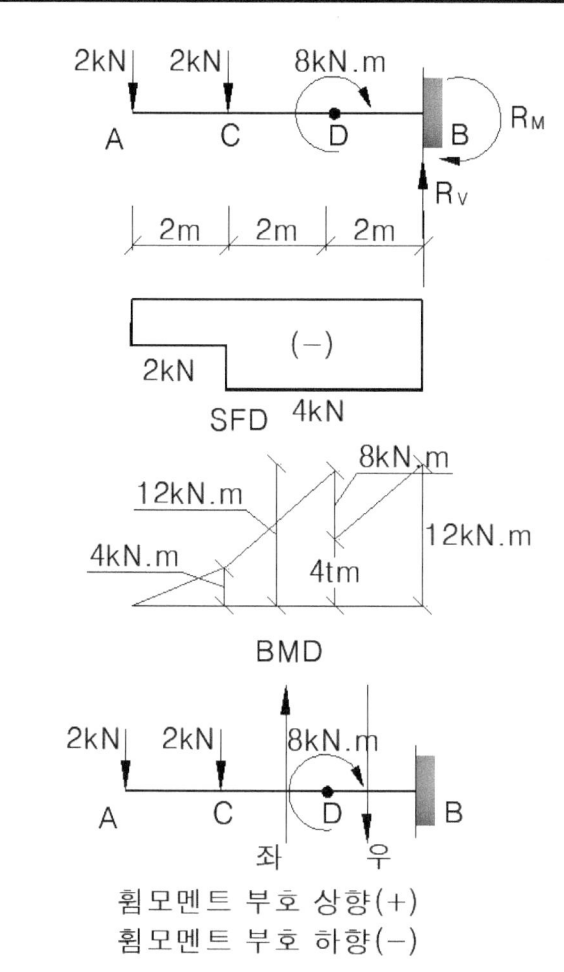

① 반력
$R_V = 2+2 = 4kN(\uparrow)$
$R_M = 2\times6 + 2\times4 - 8 = 12kN.m(\circlearrowleft)$

② 전단력 : $S_{A \sim C} = -2kN$
$S_{C \sim B} = -2-2 = -4kN(=-R_V)$

③ 휨모멘트 :
$M_A = 0$

$M_C = -2\times2 = -4kN.m$

$M_D(좌) = -2\times4 - 2\times2 = -12kN.m$

$M_D(우) = -2\times4 - 2\times2 + 8 = -4kN.m$

$M_B = -2\times6 - 2\times4 + 8$
$= -12kN.m(=-R_M)$

캔틸레버 EX – 7 : A점으로부터 휨모멘트가 0이 되는 위치 x는?

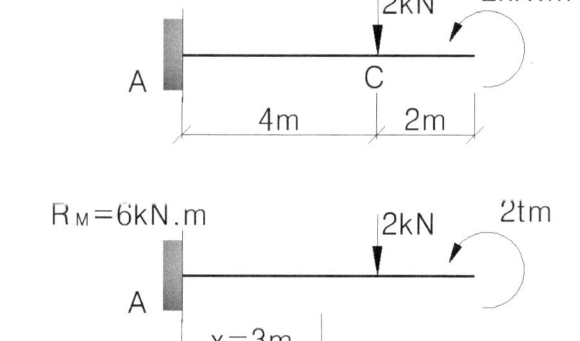

$R_V - 2kN(\uparrow)$

$R_M = -2\times4 + 2 = -6kN.m(\circlearrowleft)$

$M_x = R_V \cdot x - = 0$

$2x - 6 = 0$

$\therefore x = 3m$

5.3 내민보

1) 내민보의 성질 (내민보에 하향의 하중만이 작용할 경우)

① 내민부분의 한 쪽에 작용하는 하중은 반대측 지점에 (-)의 반력을 일으킨다.

② 내민 부분의 전단력은 캔틸레버와 같이 지점 좌측에서는 (-), 지점 우측에서는 (+)이다. (즉, 지점을 고정단으로 생각한 캔틸레버보와 같다.)

③ 내민보의 중앙부(단순보 구간)에만 하중이 작용할 때는 단순보와 같은 (+) 휨모멘트를 일으킨다.

④ 내민부에 하중이 작용하면 캔틸레버와 마찬가지로 (-)휨모멘트를 일으킨다.

⑤ 전단력의 부호가 바뀌는 점은 적어도 1개 이상 있으며 각기의 점에서 (+)또는 (-)의 극대 휨모멘트가 일어난다. 이 중 절대값이 최대인 것을 휨모멘트라 한다.

⑥ 휨모멘트의 부호가 바뀌는 점을 반곡점(변곡점)이라 하며 이 점에서 보가 휘는 방향이 상반된다.

⑦ S.F.D의 (+)의 면적과 (-)의 면적은 서로 같다. (단, 모멘트 하중이 작용하지 않는 경우)

⑧ 한 끝에서 임의 단면까지의 S.F.D의 면적은 그 단면의 휨모멘트의 크기와 같다.

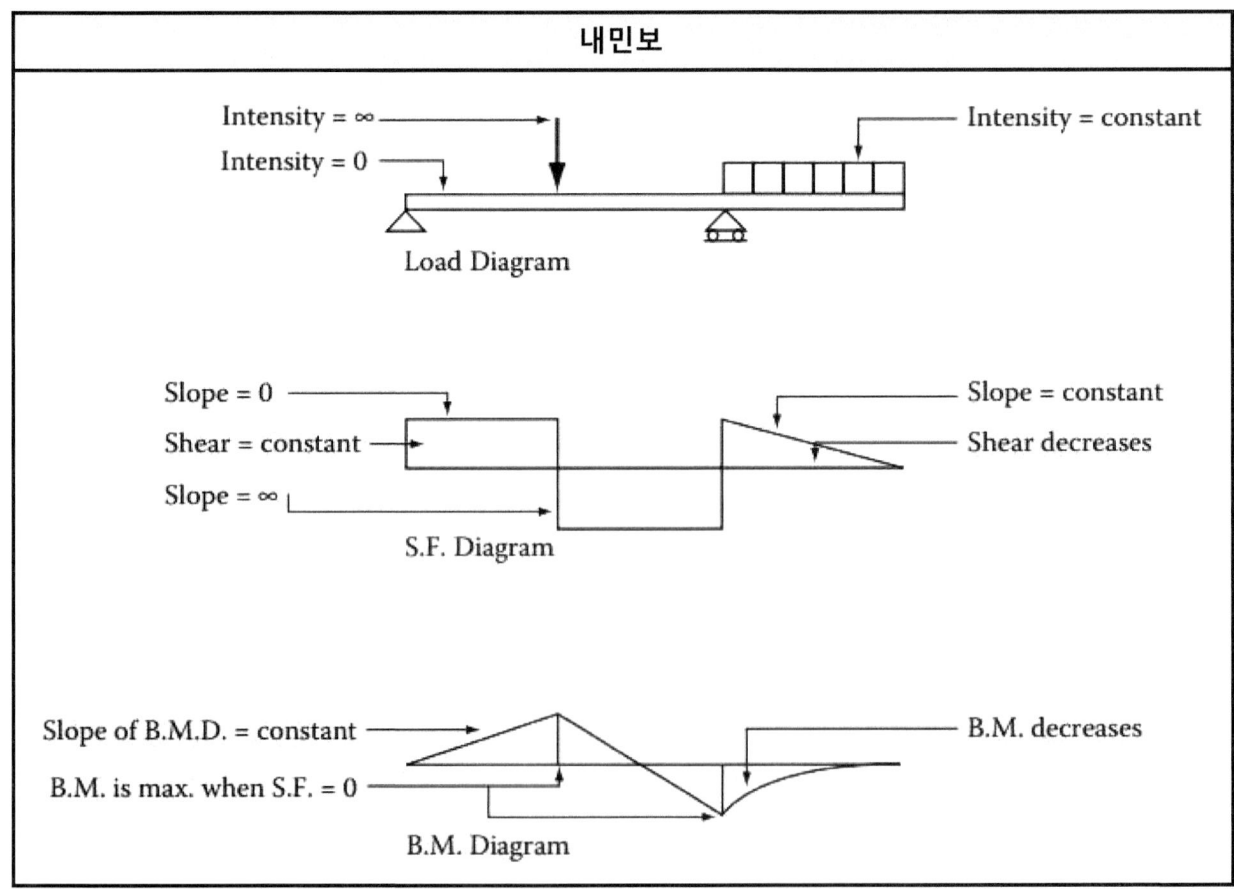

내민보

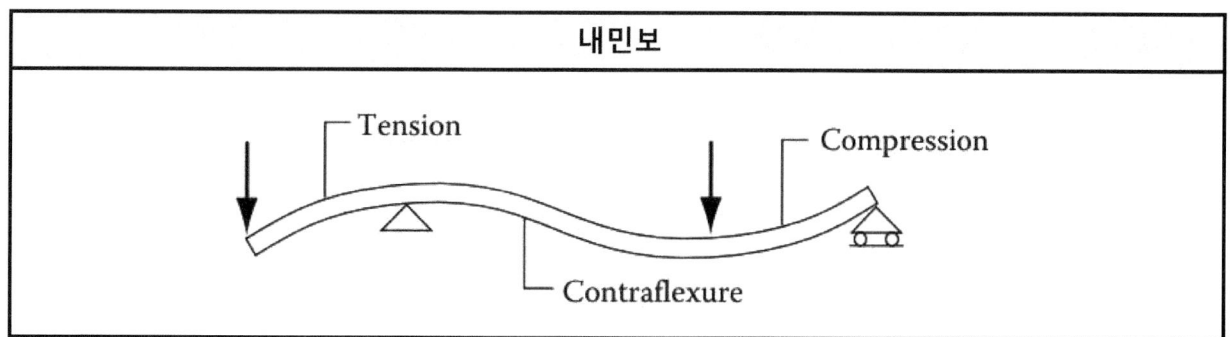

내민보 EX – 1 : (+), (-)의 최대 휨모멘트 크기를 같게 하는 ℓ_1/ℓ 의 비는

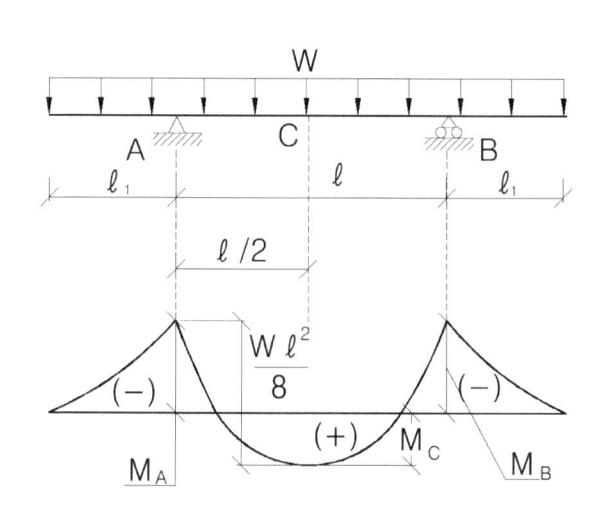

휨모멘트 $M_A = M_B = M_C$

$M_A = M_B = -w\ell_1 \dfrac{\ell_1}{2} = -\dfrac{w\ell_1^2}{2}$

$M_C = \dfrac{w\ell^2}{8} - \dfrac{w\ell_1^2}{2}$

$|M_C| = |M_A(=M_B)|$

$\dfrac{w\ell^2}{8} - \dfrac{w\ell_1^2}{2} = \dfrac{w\ell_1^2}{2}$

$\dfrac{w\ell^2}{8} = \dfrac{w\ell_1^2}{2} + \dfrac{w\ell_1^2}{2}$

$\therefore \ell = 2\sqrt{2}\,\ell_1 \rightarrow \dfrac{\ell_1}{\ell} = \dfrac{1}{2\sqrt{2}} = 0.354$

내민보 EX – 2 : B점과 D점의 휨모멘트의 절대값을 같게 하려면 $\ell : a$ 의 비는?

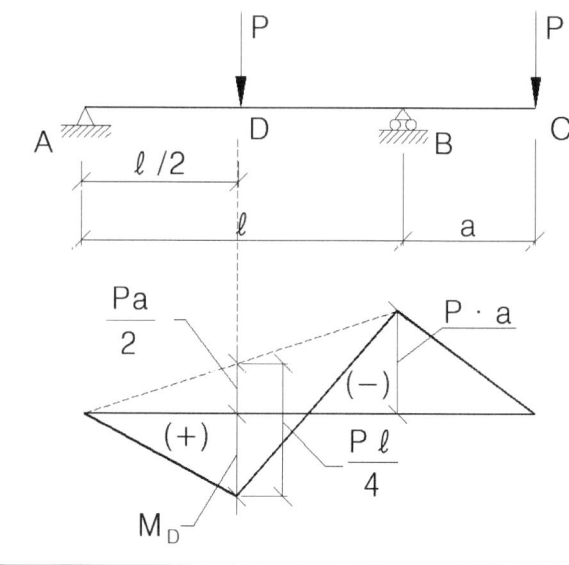

$M_B = -Pa$

$M_D = \dfrac{P\ell}{4} - \dfrac{P \cdot a}{2}$

$|M_D| = |M_B|$

$\dfrac{P\ell}{4} - \dfrac{P \cdot a}{2} = Pa$

$\dfrac{P\ell}{4} = \dfrac{3}{2}Pa$

$\therefore \ell = 6a \rightarrow \ell : a = 6 : 1$

내민보 EX – 3 : 내민보의 휨모멘트가 0인 반곡점의 위치는 C점에서부터 얼마인가?

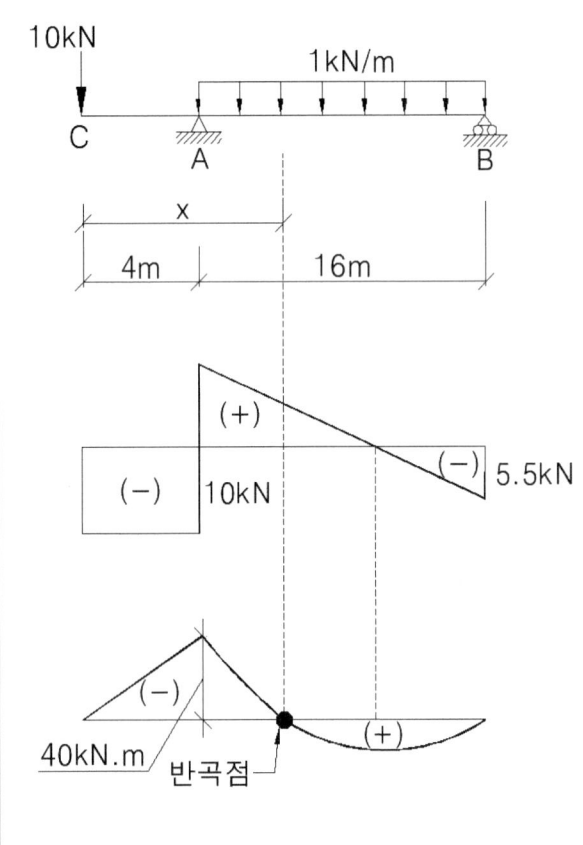

① 반력

$$R_A = \frac{1}{16}(10 \times 20 + 16 \times 8) = 20.5 kN$$

$$R_B = \frac{1}{16}(16 \times 8 - 10 \times 4) = 5.5 kN$$

② 전단력

$S_{C \sim A} = -10 kN$

$S_A(좌) = -10 kN$

$S_A(우) = -10 + 20.5 = 10.5 kN$

$S_B = -R_B = -5.5 kN$

* 전단력이 0이 되는 곳은 B지점으로부터 5.5m

$S_x = -R_B + wx = -5.5 + 1 \cdot x = 0$

$\therefore x = 5.5 m$

③ 휨모멘트

$M_B = 0, M_C = 0$

$M_A = -10 \times 4 = -40 kN.m$

* 휨모멘트가 0이 되는 곳은 B점으로부터 전단력도의 면적의 합이 0이 되는 곳

$x = 20 - 2(5.5) = 9m$

내민보 EX – 4 : 지점 B의 반력이 3P이면 하중 3P의 작용 위치 x는?

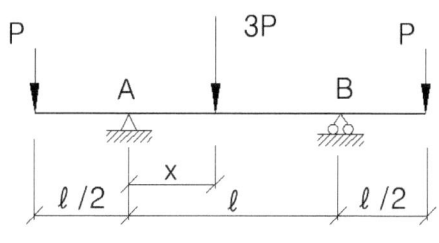

$$\sum M_A = 0$$

$$3Px = 2p \cdot \ell$$

$$\therefore x = \frac{2}{3}\ell$$

내민보 EX – 5 : 지점 B의 반력이 3P이면 하중 3P의 작용 위치 x는?

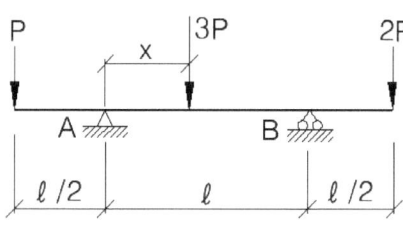

=

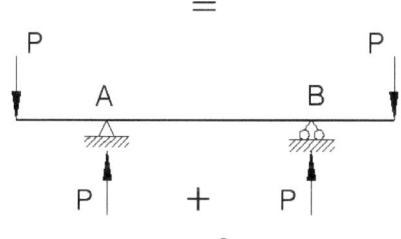

+

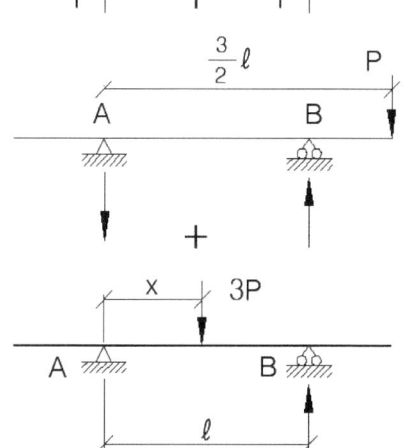

$$\sum M_A = 0$$

$$R_B = \frac{1}{\ell}(P\frac{3}{2}\ell) = \frac{3}{2}P$$

$$\sum M_A = 0$$

$$3P \cdot x = \frac{P}{2}\ell$$

$$\therefore x = \frac{\ell}{6}$$

5.4 게르버보

5.4.1 성질

① 부정정 연속보에 부정정차수 $(N=R-3)$만큼 힌지절점을 적당히 넣어 정정보로 만든 것으로 힘의 평형조건식 3개만으로도 풀 수 있다.

② 구조상 분류

 게르버보 = 내민보+단순보   * 부재 힌지수 = 지점수-2 (h=n-2)

 게르버보 = 캔틸레버+단순보

③ 힌지절점에서는 휨모멘트가 0이다.

④ 전단력이 0이 되는 곳에서 큰 휨모멘트가 생기며 그 중 절대값이 가장 큰 것이 최대 휨모멘트가 된다.

5.4.2 종류와 해법

1. 활절 1개인 게르버보

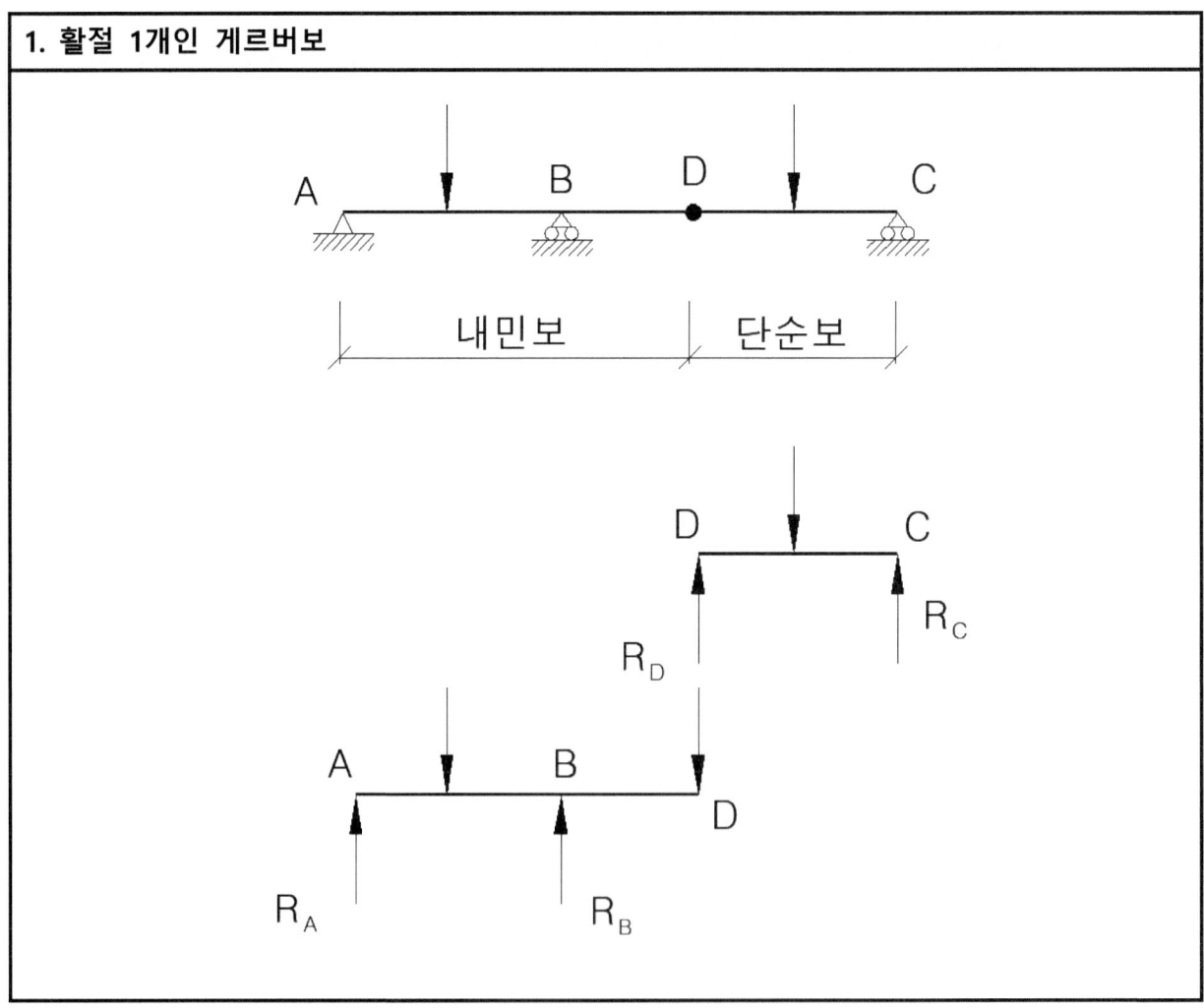

2. 측경간 활절 2개인 게르버보

3. 중앙경간 활절 2개인 게르버보

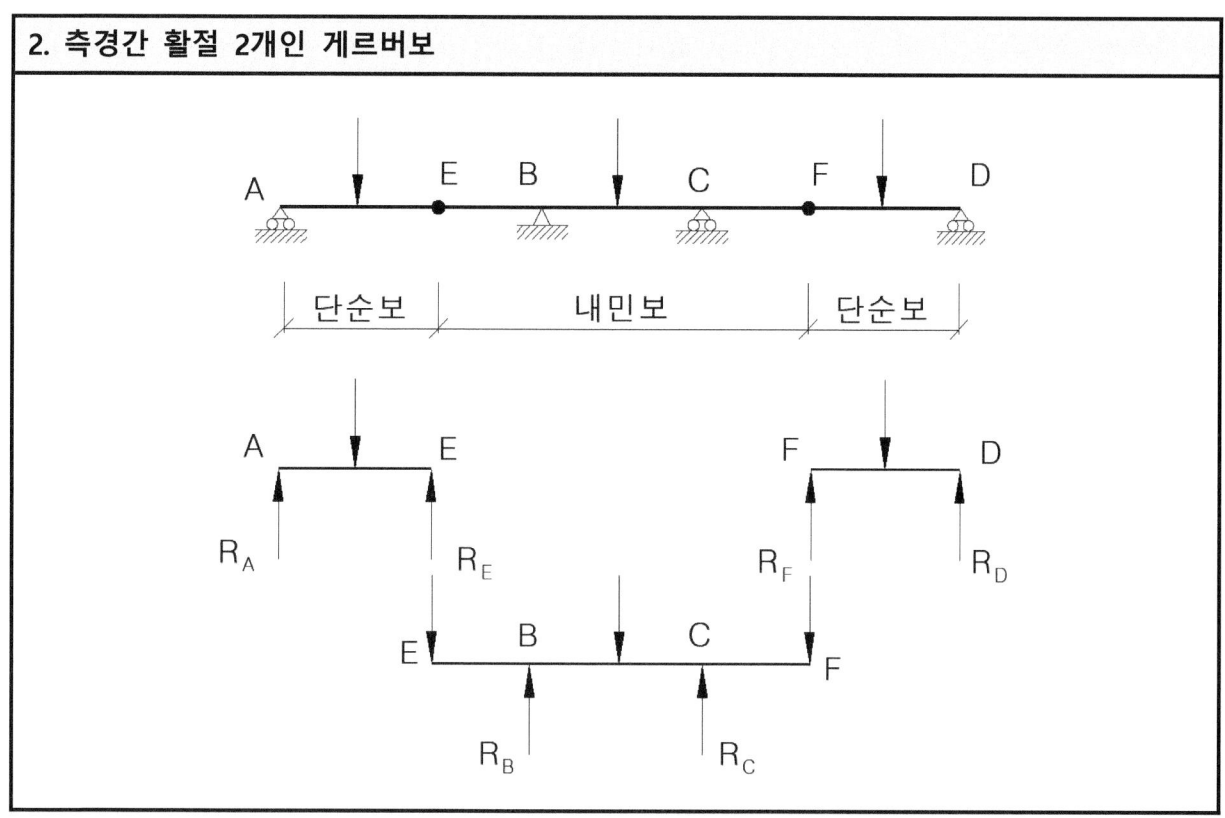

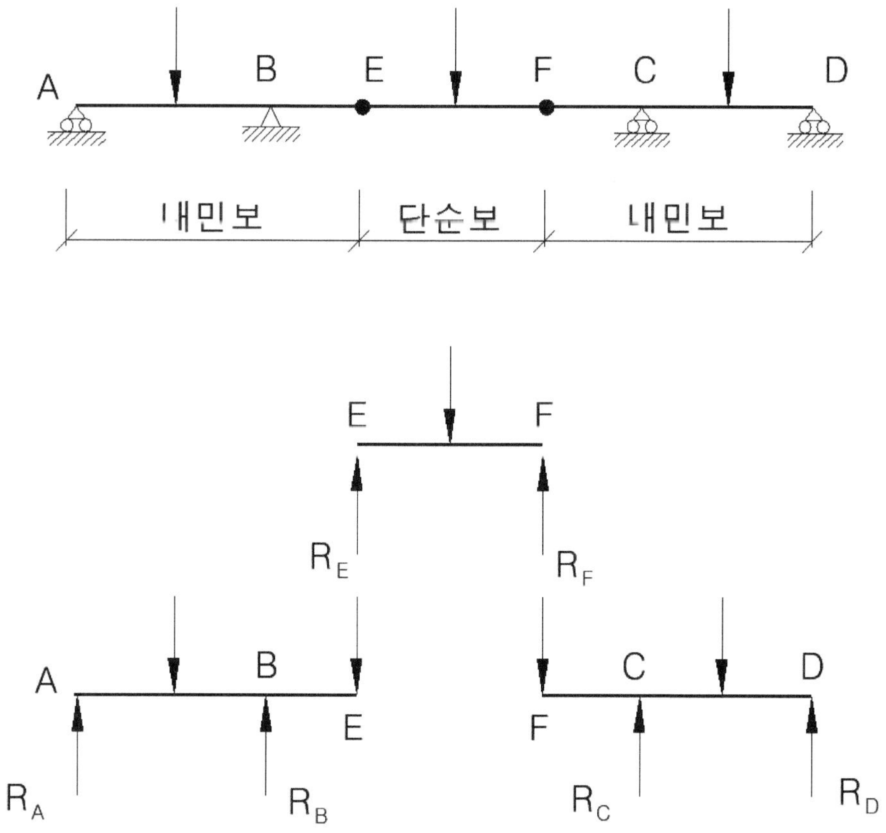

4. 특수 게르버보

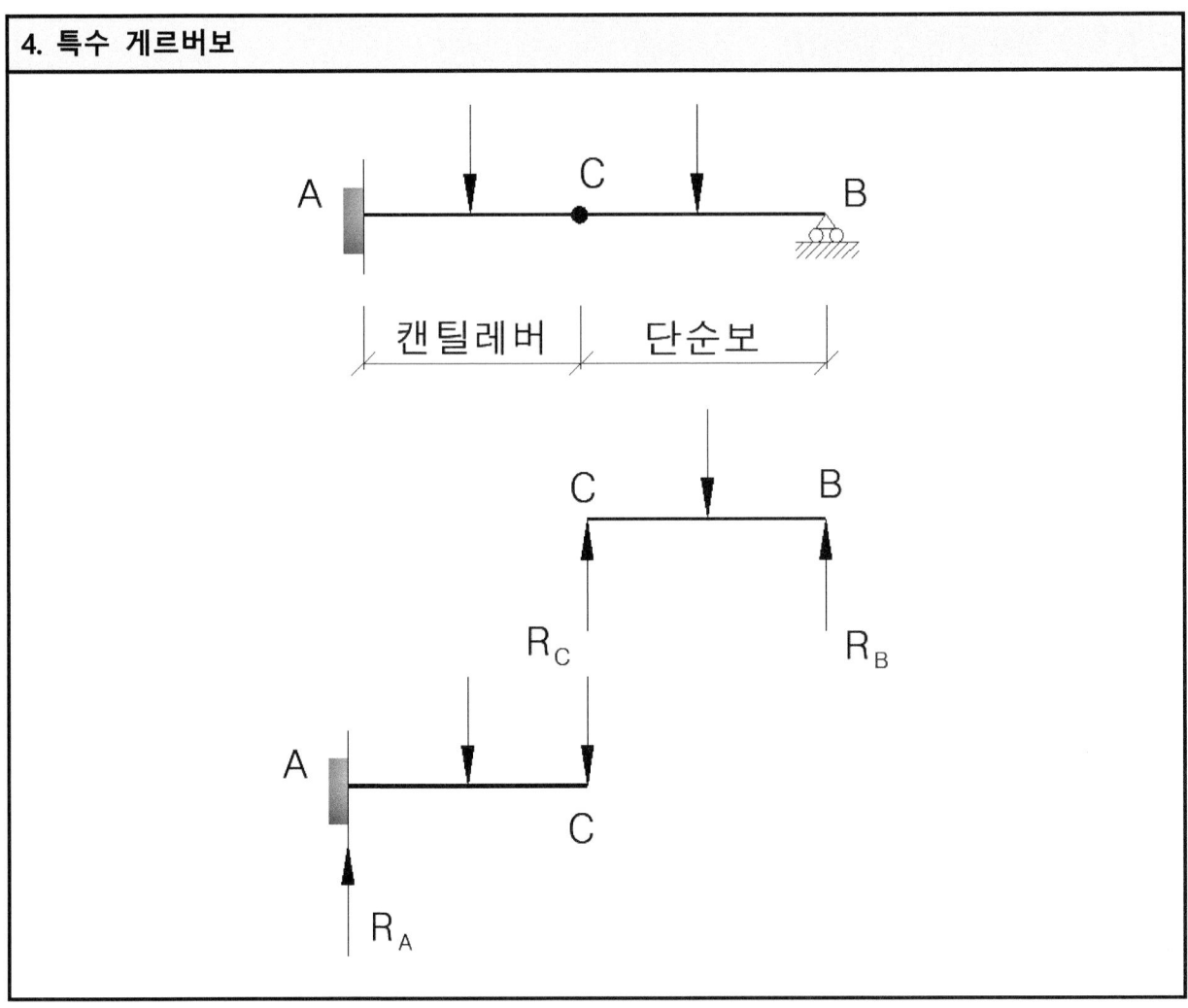

① 주어진 게르버보를 단순보 구간과 내민보구간, 캔틸레버보 구간 등으로 구분한다.

② 단순보 구간을 먼저 푼다. 활절을 지점으로 생각하여 반력값을 계산한다.

③ 단순보의 활절(힌지절점)에서 구한 반력값을 내민보나 캔틸레버보의 해당 끝 부분에 반대방향으로 작용시켜 외력으로 생각하고 내민부분과 캔틸레버 부분을 푼다.

④ 게르버보의 전체 전단력은 전 구간을 붙여 놓은 상태로 풀고, 어느 임의점의 전단력만으로 구하고자 할 때는 구간을 분리해서 푸는 것이 편리하다.

⑤ 게르버보의 휨모멘트는 구간을 분리해서 푸는 것이 편리하다.

게르버보 EX – 1 : B 점의 휨모멘트는?

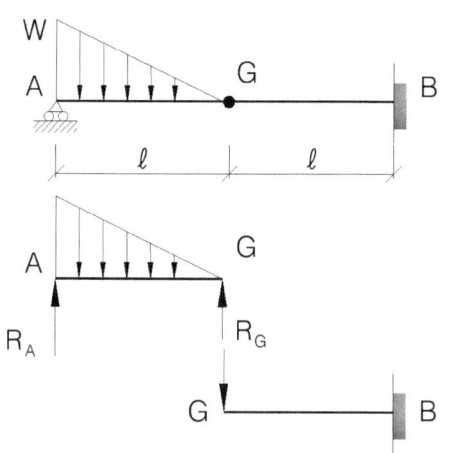

$$R_A = \frac{w\ell}{3}, R_G = \frac{w\ell}{6}, R_B = R_G = \frac{w\ell}{6}$$

$$S_A = R_A = \frac{w\ell}{3},$$

$$S_G = -R_G = -\frac{w\ell}{6}$$

$$S_B = -R_B = -\frac{w\ell}{6}$$

$$M_A = M_G = 0$$

$$M_B = -R_G \cdot \ell = -\frac{w\ell}{6} \cdot \ell = \frac{-w\ell^2}{6}$$

게르버보 EX – 2 : A 점의 휨모멘트는?

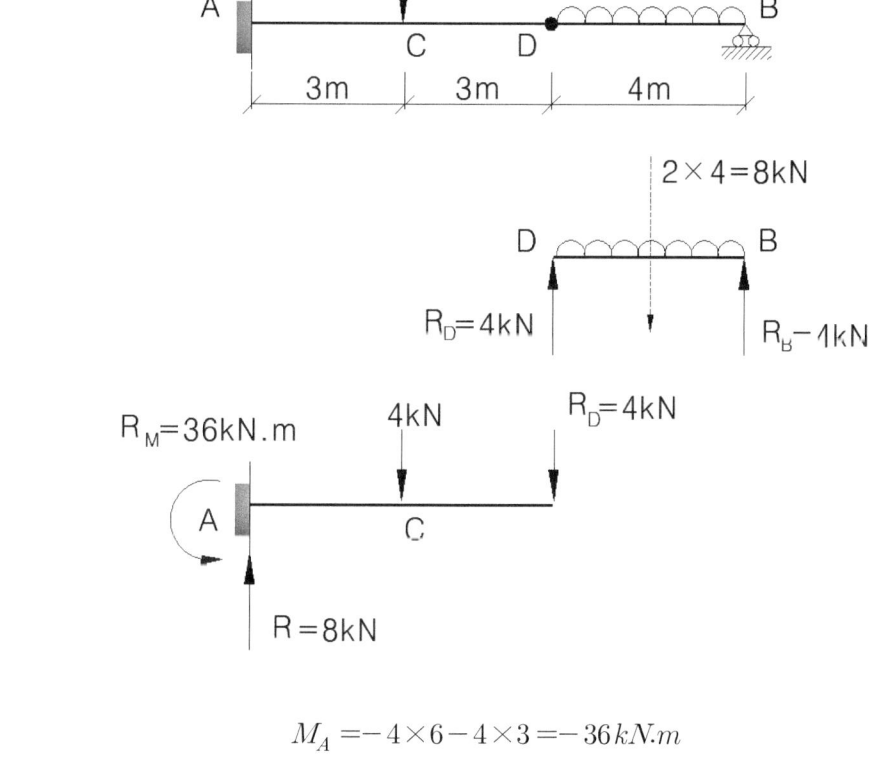

$$M_A = -4 \times 6 - 4 \times 3 = -36 kN.m$$

게르버보 EX – 3 : G 점의 전단력은?

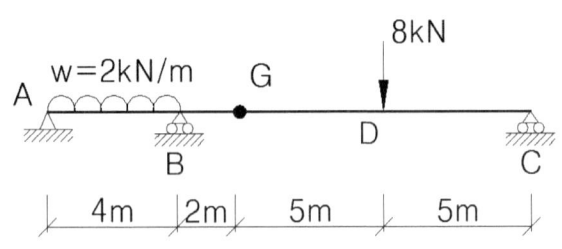

$R_C = \dfrac{8}{2} = 4kN(\uparrow)$

$R_B = \dfrac{8}{2} + \dfrac{1}{4}(4 \times 6) = 10kN(\uparrow)$

$R_A = \dfrac{8}{2} - \dfrac{1}{4}(4 \times 2) = 2kN(\uparrow)$

$S_A = R_A = 2kN$

$S_B(좌) = R_A - 8 = 2 - 8 = -6kN$

$S_B(우) = 2 - 8 + 10 = 4kN$

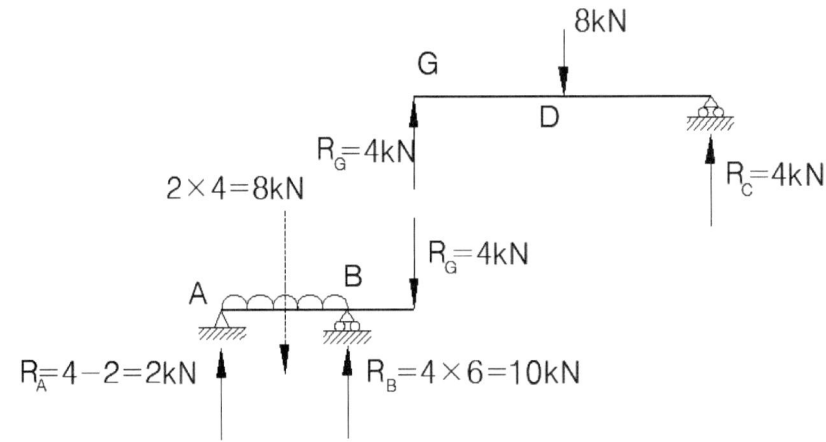

$S_G = S_B(우) = 4kN$

$S_{B \sim D} = 4kN$

$S_{C \sim D} = -R_C = -4kN$

$M_D = \dfrac{P\ell}{4} = \dfrac{8 \times 10}{4} = 20kN.m$

$M_B = -R_G \times 2 = -4 \times 2 = -8kN.m$

게르버보 EX – 4 : B 점의 휨모멘트는?

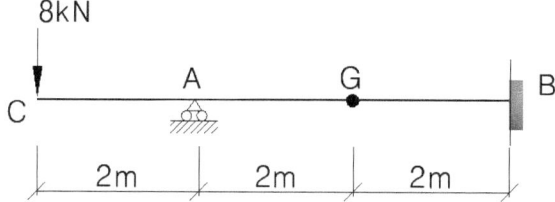

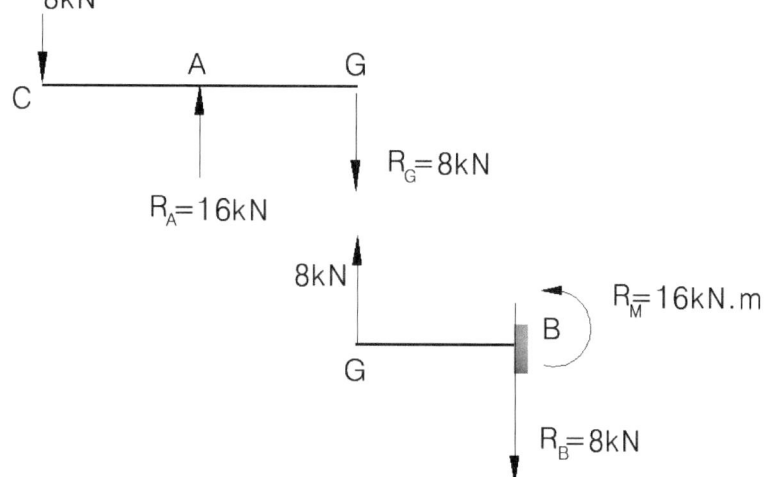

$R_A = \dfrac{8 \times 4}{2} = 16kN(\uparrow)$

$R_G = \dfrac{8 \times 2}{2} = -8kN(\downarrow)$

$R_B = 8kN(\downarrow)$

$M_B = 8 \times 2 = 16kN.m$

게르버보 EX – 5 : A점의 반력 모멘트와 최대 정모멘트를 구하시오

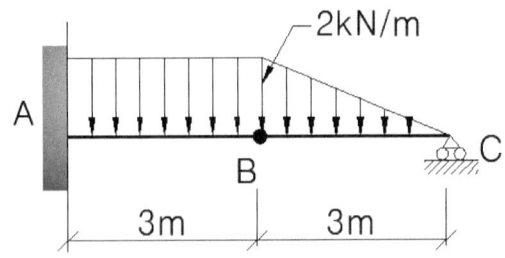

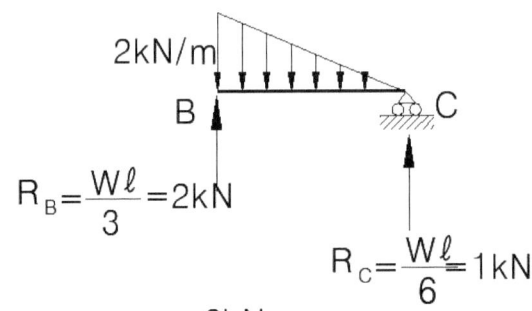

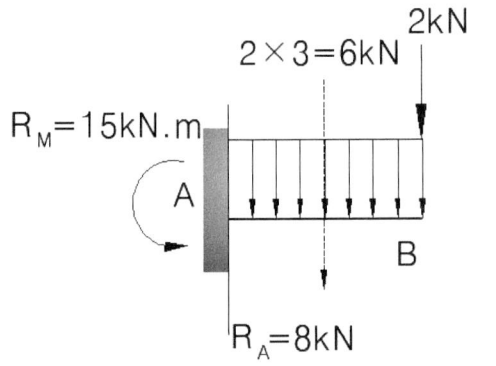

$R_C = \dfrac{w\ell}{6} = \dfrac{2 \times 3}{6} = 1kN(\uparrow)$

$R_B = \dfrac{w\ell}{3} = \dfrac{2 \times 3}{3} = 2kN(\uparrow)$

$R_A = 2 + 6 = 8kN$

$R_M = -6 \times 1.5 - 2 \times 3 = -15 kN.m$

* 최대 (+)휨모멘트는

$M_{\max} = \dfrac{w\ell^2}{9\sqrt{3}} = \dfrac{2 \times 3 \times 3}{9\sqrt{3}} = +1.15\,kN.m$

$S_C = -R_C = -1t$

$S_B = R_B = 2t$

$S_A = R_A = 8t$

$M_A = -2 \times 3 - 6 \times 1.5 = -15 kN.m$

제6장 보의 영향선 및 최대 단면력

6.1 영향선 ·· 181

6.2 보의 최대 단면력 ································· 190

6.3 등치 등분포 하중 ································· 198

6장 보의 영향선 및 최대 단면력

6.1 영향선

6.1.1 정정보의 영향선

1) 정의 : 영향선이란 1개의 단위 하중이 구조물 위를 지나는 동안 지점반력 또는 특정단면의 전단력이나 휨모멘트 등 부재특성의 크기를, 하중이 이동할 때 마다 하중 재하위치에 종거로 표기하여 나타낸 선이다.

2) 특징
   ① 반력을 구하지 않고도 전단력과 휨모멘트를 구할 수 있다.
   ② 극대, 극소 값을 구하는데 편리하다.

3) 사용하중 : 이동하중

4) 해법
   ① 반력

   집중하중시 : $R = P_1 y_1 + P_2 y_2 + \cdots\cdots P_n y_n$

   등분포하중시 : $R = W \cdot A$

   ② 전단력

   집중하중시 : $R = P_1 y_1 + P_2 y_2 + \cdots\cdots P_n y_n$

   등분포하중시 : $R = W \cdot A$

   ③ 휨모멘트

   집중하중시 : $R = P_1 y_1 + P_2 y_2 + \cdots\cdots P_n y_n$

   등분포하중시 : $R = W \cdot A$

   * 집중하중(P)일 때는 종거(y)를 곱하고, 등분포하중(w)일때는 영향선의 면적(등분포하중이 작용하는 구간까지의 면적)을 곱한다.

   * 정정보에서의 영향선은 1차식으로서 직선변화 한다.

6.1.2 단순보의 영향선

1) 반력의 영향선

반력의 영향선	
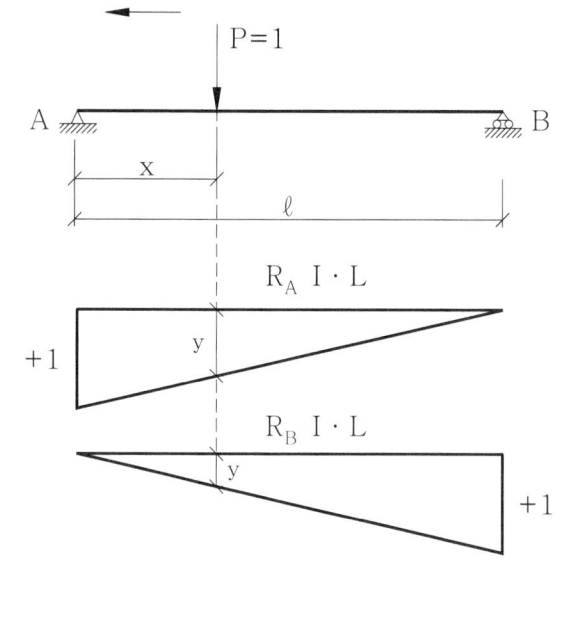	① 집중하중이 작용할 경우 $R_A = Py \ (y = \dfrac{\ell-x}{\ell}), \ R_B = Py \ (y = \dfrac{x}{\ell})$ ※ **가상변위 원리 적용하여 R_A 영향선 산정** 1. 지점A의 반력에 해당하는 구속을 해재 2. 가상변위 1을 주어 변형도를 작성 3. $\delta W = P\delta\Delta = P(1) = 0$ 식 이용 $\quad R_A(1) - Py = 0$ ⇒ 힘과 변형도의 방향이 일치하면 + 부호 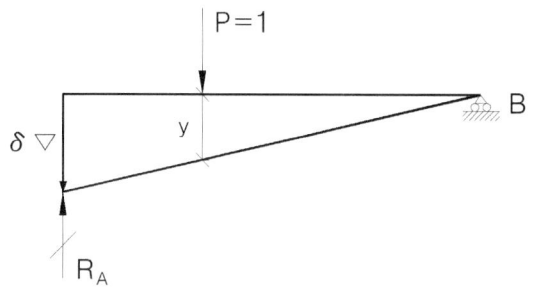
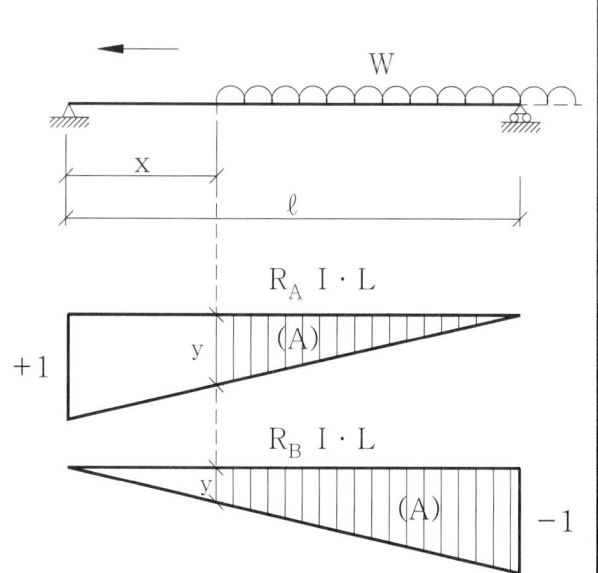	② 등분포하중이 작용할 경우 $R_A = \omega A$ $A = \dfrac{(\ell-x)}{2}y$ $y = \dfrac{\ell-x}{\ell}$ $R_B = \omega A$ $A = \dfrac{1+y}{2}(\ell-x)$ $y = \dfrac{x}{\ell}$

2) 전단력의 영향선

전단력의 영향선	
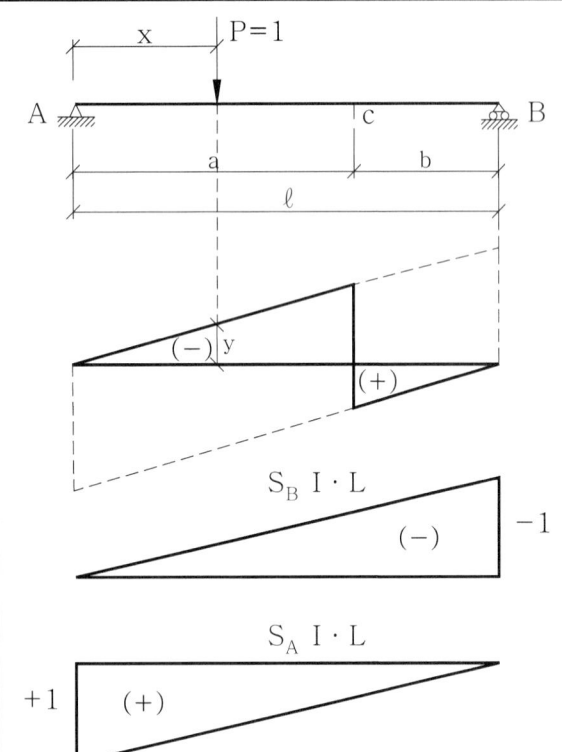	$S_C = P \times (-y)$ $(y = -\dfrac{x}{\ell})$
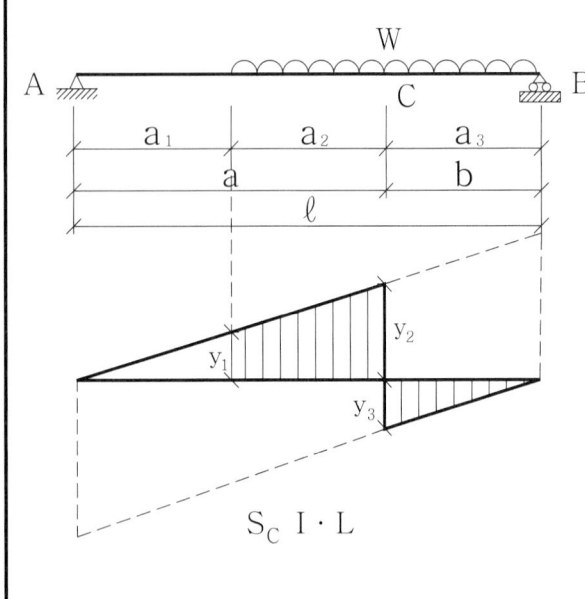	$S_C = -wA_1 + wA_2$ $A_1 = \dfrac{y_1 + y_2}{2} \times a_2$ $A_2 = \dfrac{y_3 \times a_3}{2}$

제 6 장 보의 영향선 및 최대 단면력

3) 휨모멘트의 영향선

휘모멘트의 영향선	
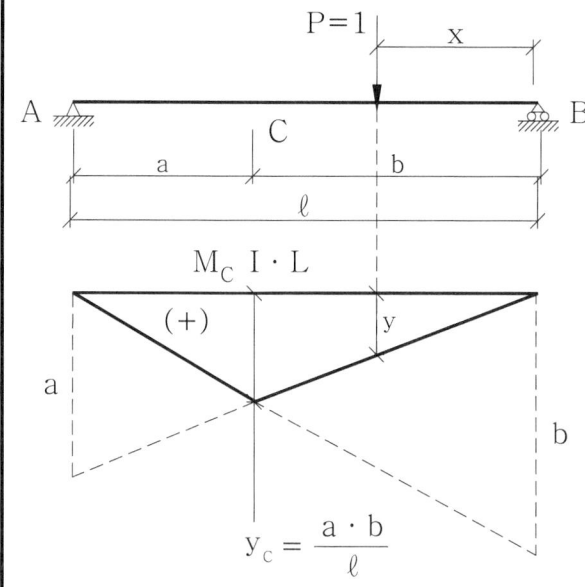	$M_C = Py$ $(y = \dfrac{ax}{\ell})$
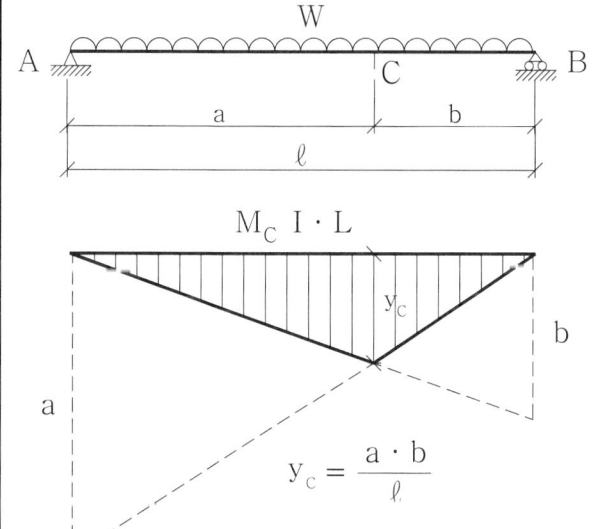	$M_c = \omega A$ $A = \dfrac{y_c \cdot \ell}{2}$ $= \dfrac{a \cdot b \cdot \ell}{2 \cdot \ell}$ $= \dfrac{a \cdot b}{2}$

6.1.3 간접하중을 받는 보의 영향선

휨모멘트의 영향선	
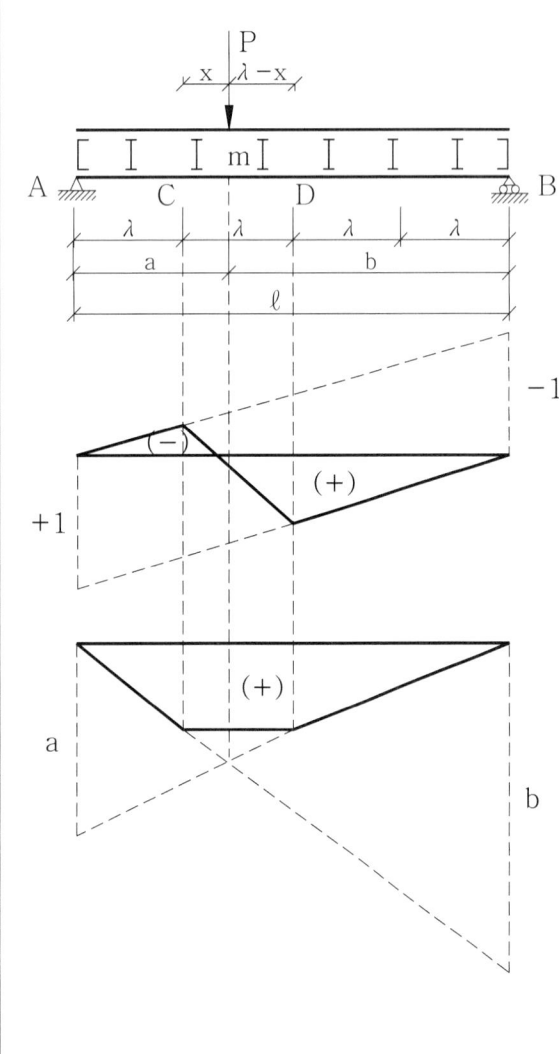	1) 반력 영향선 간접하중을 받을 때에도 반력은 직접하중을 받을 때와 같으므로, 영향선도 직접하중을 받을 때와 같다. 2) 전단력의 영향선 $S_m = R_A - P_C (P_C = \dfrac{\lambda - x}{\lambda})$ $\quad\quad = R_A - \dfrac{\lambda - x}{\lambda}$ x=0 일 때 : $S_m = R_A - 1$ x=λ일 때 : $S_m = R_A$ $(P_0 = \dfrac{x}{\lambda})$ 3) 휨모멘트의 영향선 $M_m = R_A \cdot a - (1 - \dfrac{x}{\lambda})x$ x=0 일 때 : $M_m = R_A \cdot a$ x=λ일 때 : $M_m = R_A \cdot a$ * 위 식들이 1차식이므로 전단력 및 휨모멘트의 영향선이 격점 C, D 사이에서 직선 변화함을 알 수 있다.

6.1.4 캔틸레버보의 영향선

고정단 좌측	고정단 우측
R_A I·L, (+), 1	R I·L, 1, (+)
S_A I·L, (+), 1	S_B I·L, −1, (−)
S_C I·L, (+), 1	−1, (−), S_C I·L
M_A I·L, (−), −ℓ	−ℓ, M_B I·L, (−)
M_C I·L, (−), −x	−x, (−), M_C I·L

6.1.5 내민보의 영향선

1) 단순보의 영향선에서 내민부분까지 연장한다.
2) 내민부분의 영향선은 캔틸레버보의 영향선과 같다.
3) 하중이 중앙부(단순보)에 실릴 때는 단순보와 같다.

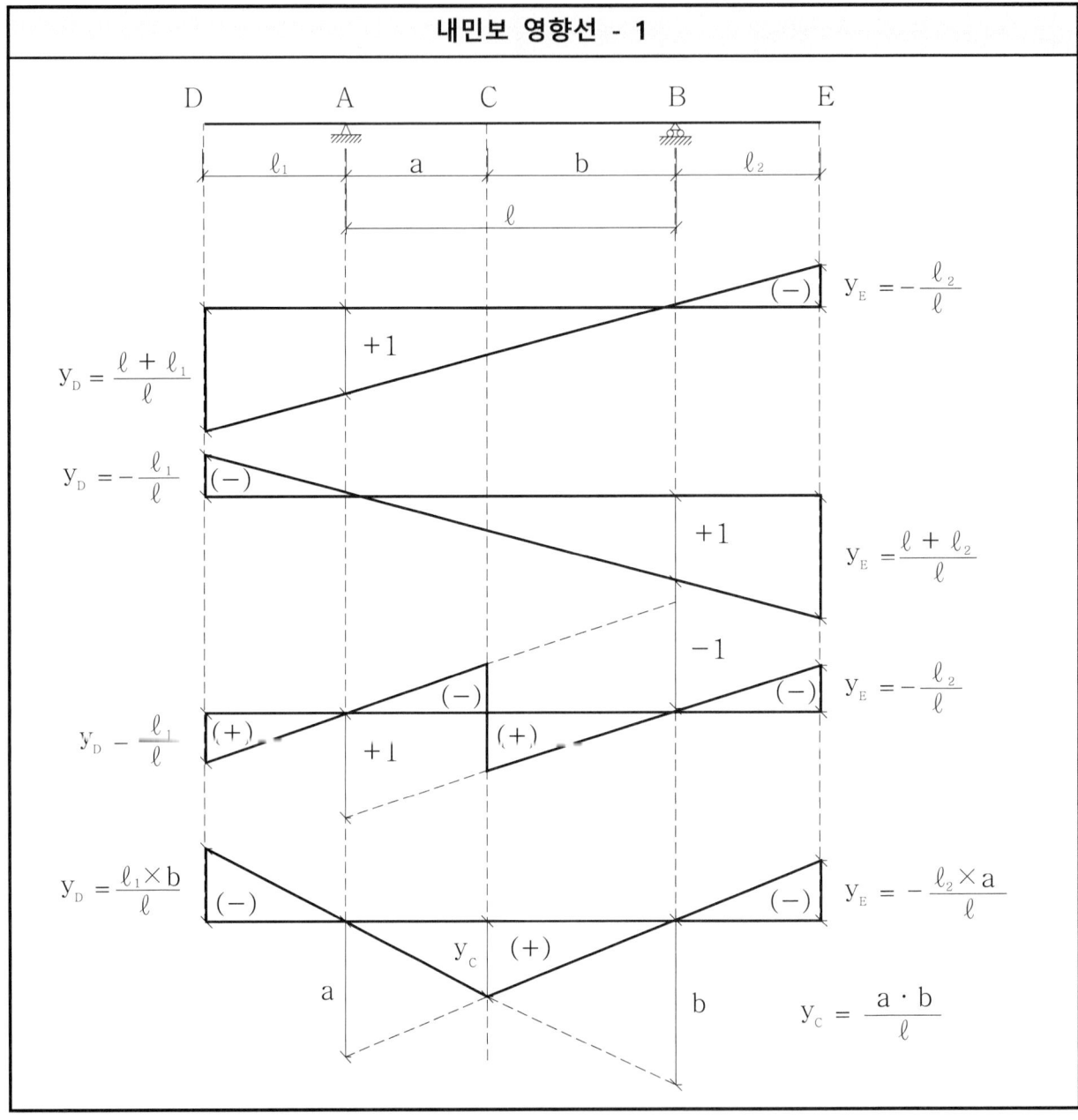

내민보 영향선 - 2

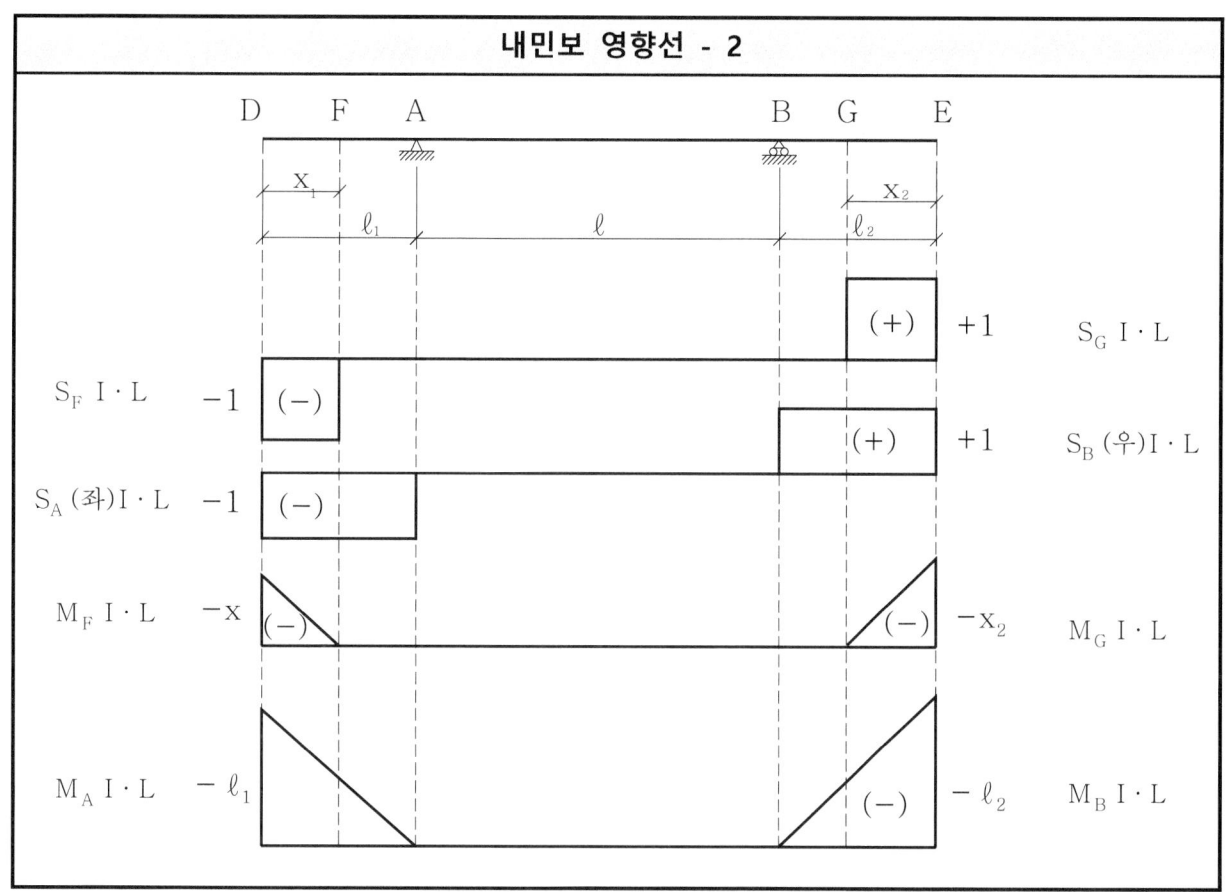

6.1.6 게르버보의 영향선

단순보의 영향선에서 내민부분까지 연장하여 제 2의 힌지절점에서 폐합시킨다. 단순보구간은 단순보의 영향선과 같다.

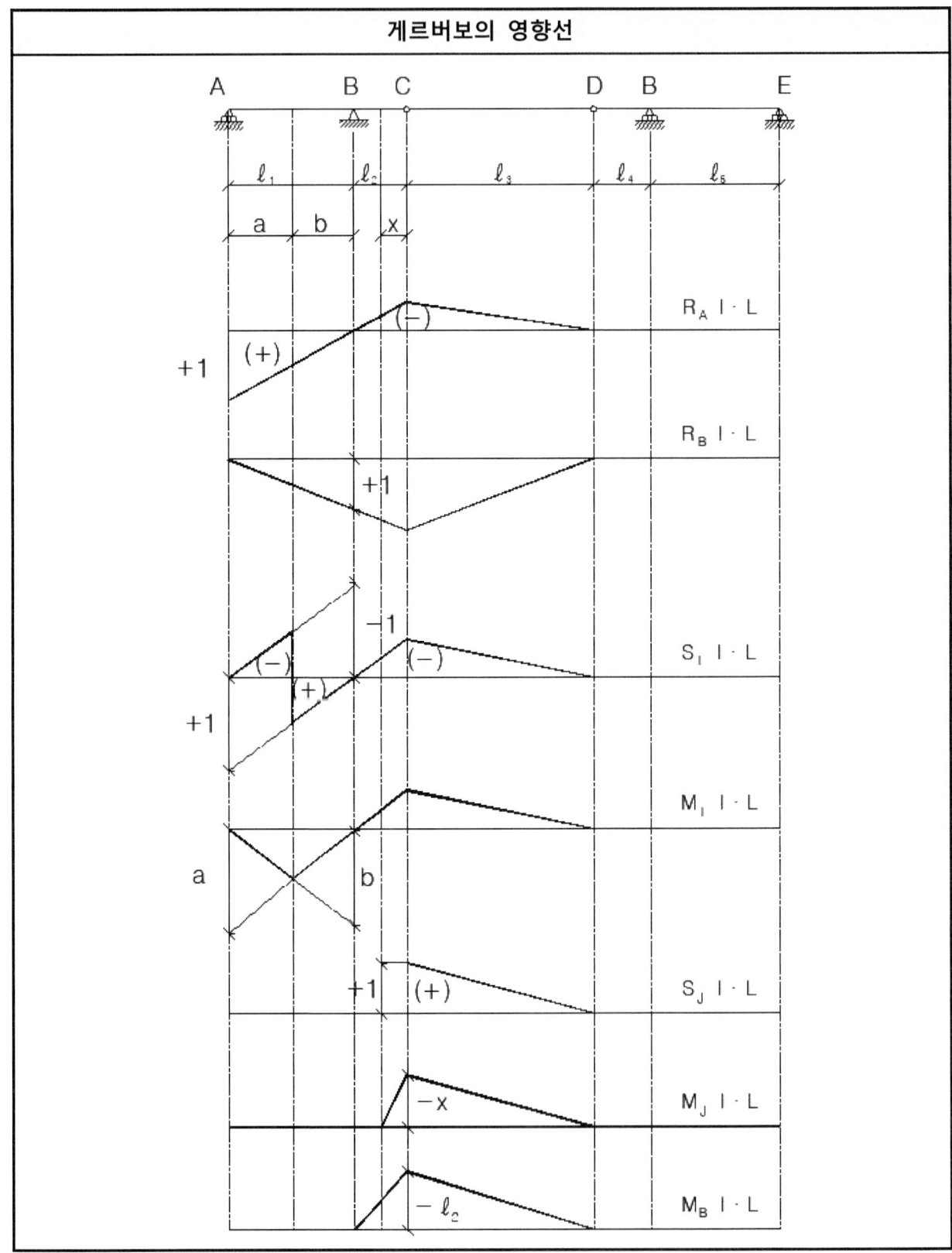

제 6 장 보의 영향선 및 최대 단면력

6.2 보의 최대 단면력

6.2.1 개요

1) 1개의 집중 이동하중이 작용할 때에는 영향선의 종거가 가장 큰 곳에 작용시키면 최대단면력을 구할 수 있다.

2) 여러 개의 집중 이동하중이 작용할 때에는 영향선의 종거가 가장 큰 곳에 하중 하나하나가 실릴 때 마다의 단면력 중 가장 큰 것이 최대 단면력이 된다.

3) 등분포 이동하중이 작용하는 경우에는 영향면적의 (+), (-)중 큰 쪽에 등분포하중을 작용시키면 최대 단면력을 구할 수 있다.

4) 등분포하중의 길이가 한정되었을 때는 영향면적이 최대가 되도록 하중을 배치하면 된다.

6.2.2 최대 반력

최대 반력	
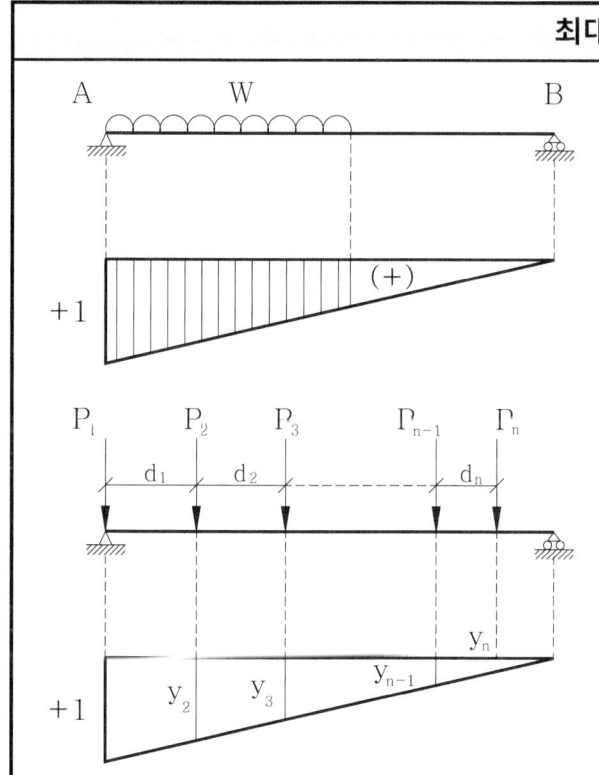	1) 단순보에 이동 등분포하중이 작용할 때의 지점 A의 반력 R_A는 하중의 한 끝이 A점에 올 때 최대이다. 2) 단순보에 여러 개의 집중 이동하중이 작용하면 하중 하나하나가 A지점에 올 때마다 A지점의 반력은 극대값이 되며 이들 중 가장 큰 것이 A지점의 최대 반력이 된다. * 캔틸레버의 지점반력은 하중군의 위치에 관계없이 일정하다.

6.2.3 최대 전단력

최대 전단력	
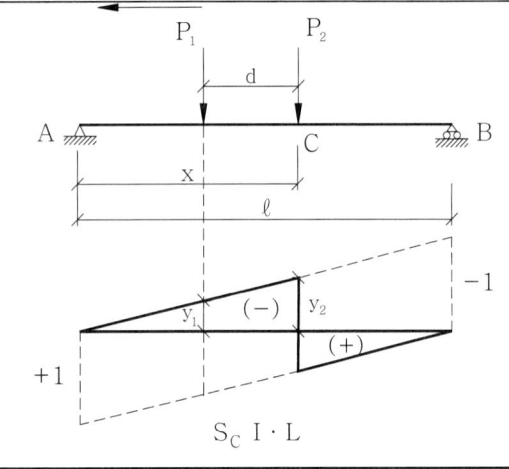	**(1) 2개의 집중하중이 이동하는 경우** ① $x < \dfrac{1}{2}$ 일 때 : $S_{Cmax} = P_1 y_1 + P_2 y_2$ ② $x > \dfrac{1}{2}$ 일 때 : $S_{Cmax} = -(P_1 y_1 + P_2 y_2)$
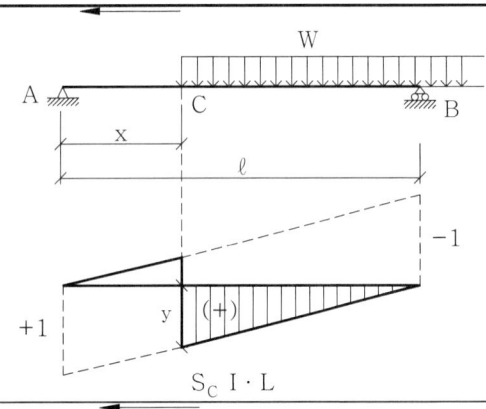	**(2) 등분포하중이 이동하는 경우** ① $x < \dfrac{1}{2}$ 일 때 : $S_{Cmax} = W \cdot A$ ② $x > \dfrac{1}{2}$ 일 때 : $S_{Cmax} = -W \cdot A$
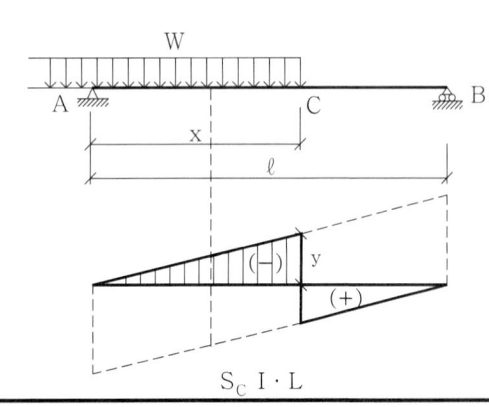	

제 6 장 보의 영향선 및 최대 단면력

최대 전단력 – 연행하중이 이동하는 경우

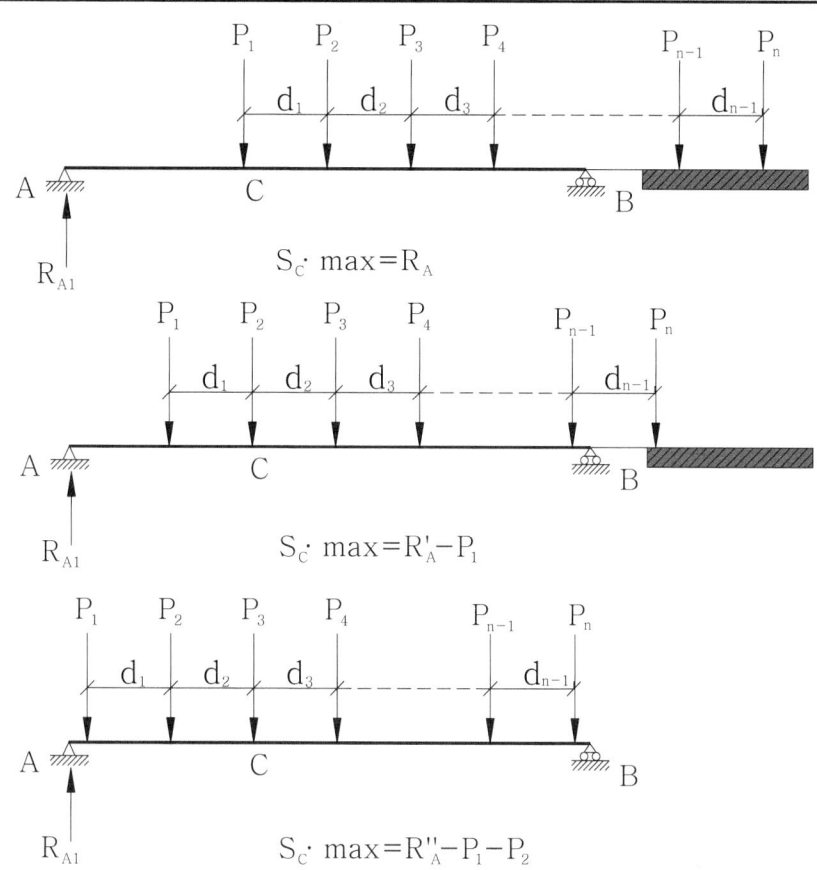

① $P_1 \dfrac{\ell}{d_1} > \sum 1P$ 일 때: P_1이 C점에 올 때 최대전단력

② $P_1 \dfrac{\ell}{d_1} < \sum 1P$ 이고, $P_2 \dfrac{\ell}{d_2} > \sum 2P$ 일 때: P_2가 C점에 올 때 최대전단력

③ $P_2 \dfrac{\ell}{d_1} < \sum 2P$ 이고, $P_3 \dfrac{\ell}{d_3} > \sum 3P$ 일 때: P_3가 C점에 올 때 최대전단력

6.2.4 최대 휨모멘트

1. 최대 휨모멘트 – 등분포하중이 이동할 경우

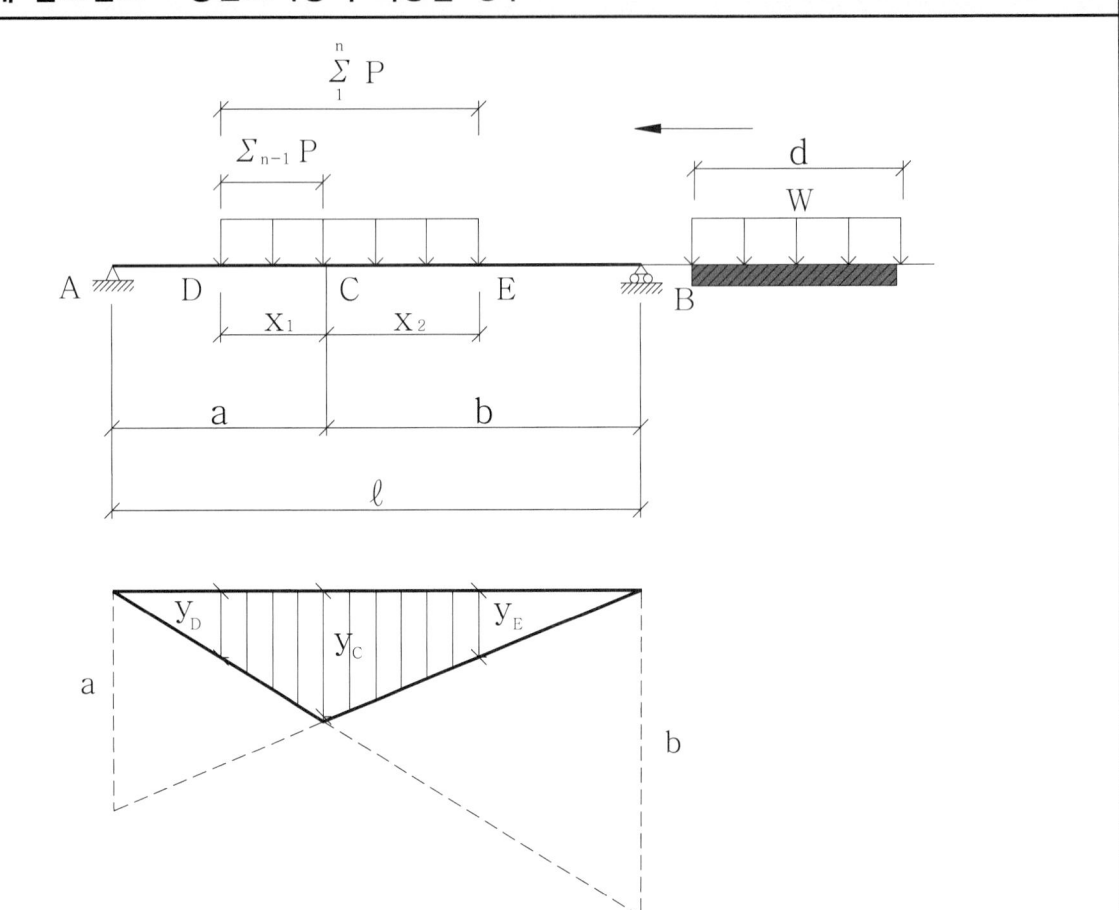

① $y_D = y_E$가 같도록 등분포 이동하중을 작용시켰을 때 C점의 휨모멘트가 최대가 된다.

② 최대 휨모멘트가 일어나기 위한 조건

$$\frac{\sum_1^{m-1} p}{a} = \frac{\sum_1^n p}{\ell} \quad (\frac{\sum_1^{m-1} p}{b} = \frac{\sum_1^n p}{\ell})$$

$$\frac{w \cdot x_1}{a} = \frac{w \cdot d}{\ell} \quad \therefore x_1 = \frac{a \cdot d}{\ell}$$

$$\frac{w \cdot x_2}{b} = \frac{w \cdot d}{\ell} \quad \therefore x_2 = \frac{b \cdot d}{\ell}$$

③ C점의 최대 휨모멘트의 값은

$$M_{C\max} = \frac{wab \cdot d}{2\ell^2}(2\ell - d)$$

제 6 장 보의 영향선 및 최대 단면력

최대 휨모멘트 EX - 1 : 이동하는 등분포하중에 의한 C점의 최대 휨모멘트는?

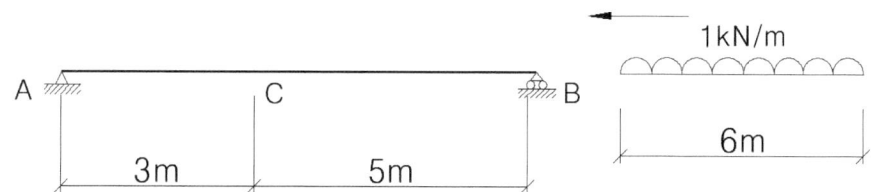

$$M_{C\max} = \frac{wabd}{2\ell^2}(2\ell - d) = \frac{10 \times 3 \times 5 \times 6}{2 \times 8 \times 8}(2 \times 8 - 6) = 700\,kN.m$$

2. 최대 휨모멘트 - 2개의 집중하중이 이동하는 경우

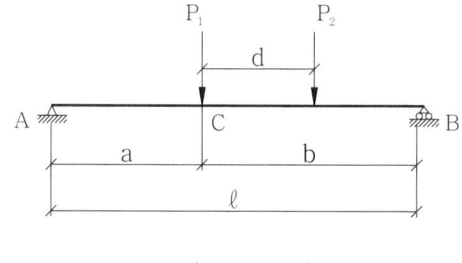 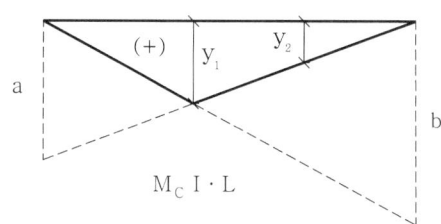	① $P_1 > P_2$ 일 때 : $M_{C\max} = P_1 y_1 + P_2 y_2$
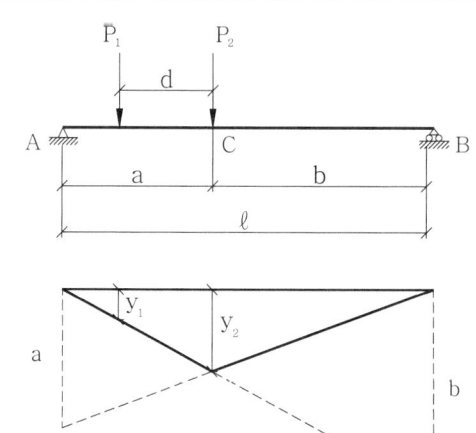	② $P_1 < P_2$ 일 때 : $M_{C\max} = P_1 y_1 + P_2 y_2$

3. 최대 휨모멘트 – 여러 개의 집중하중이 이동하는 경우

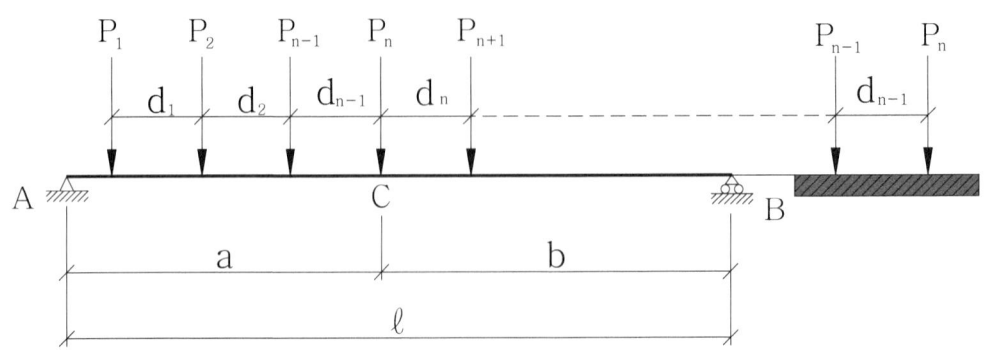

☐ C점의 최대휨모멘트 : 단순보에 n개의 집중 이동하중이 작용할 때 C점의 휨모멘트가 최대로 되려면 C점 위에 P_m이 올 때 다음 식을 만족해야 한다.

$$\frac{\sum_{1}^{m-1} p}{a} \leq \frac{\sum_{1}^{n} p}{\ell} \leq \frac{\sum_{1}^{m} p}{a}$$

* 위의 조건을 만족하는 각 하중위치에 대한 휨모멘트 중 가장 큰 것이 최대 휨모멘트이다.

6.2.5 절대 최대 전단력과 절대 최대 휨모멘트

절대 최대 전단력과 절대 최대 휨모멘트

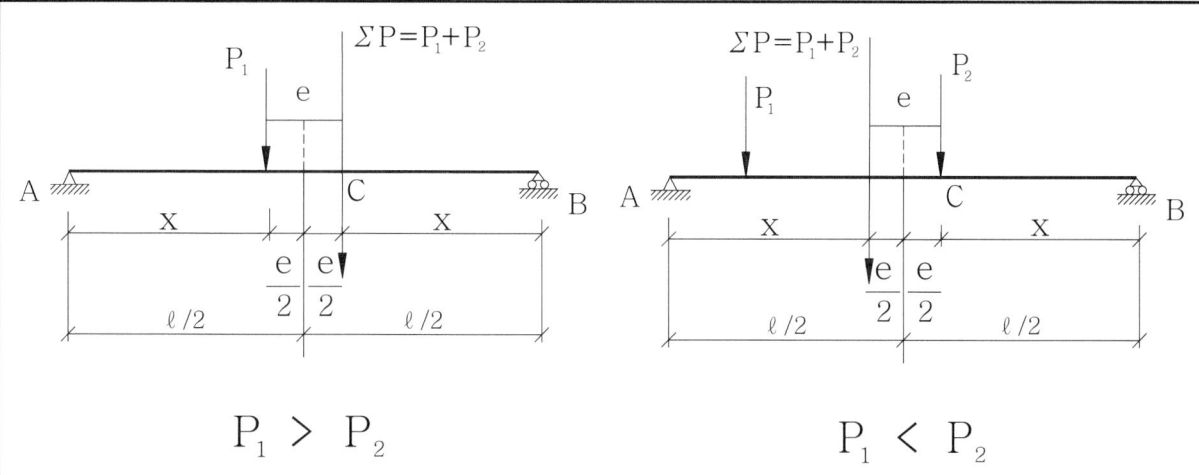

1) 절대 최대 전단력 : 단순보에서 절대 최대 전단력은 지점에 무한히 가까운 단면에서 일어나고 그 값은 최대 반력과 같다.

2) 절대 최대 휨모멘트 : 연행하중이 단순보 위를 지날 때의 절대 최대 휨모멘트는 보에 실리는 전 하중의 합력의 작용점과 그와 가까운 하중 (또는 그 부근의 큰 하중)과의 사이가 보의 지간 중앙에 의하여 2등분될 때 합력과 가까운 하중 (큰 하중) 바로 밑의 단면에서 일어난다.

① 절대 최대 휨모멘트가 일어나는 위치는

$$위치 = \frac{지간}{2} - \frac{(작은힘) \times (두힘간거리)}{2(합력)}$$

$$x = \frac{\ell}{2} - \frac{p_2 \cdot d}{2(p_1 + p_2)} \quad (p_1 > p_2)$$

$$x = \frac{\ell}{2} - \frac{p_1 \cdot d}{2(p_1 + p_2)} \quad (p_1 < p_2)$$

② 절대 최대 휨모멘트의 값은

$$M_{ab\max} = \frac{합력}{지간}(위치)^2 = \frac{\sum p}{\ell}x^2 = \frac{(p_1 + p_2)}{\ell}x^2$$

제 6 장 보의 영향선 및 최대 단면력

절대 최대 전단력과 절대 최대 휨모멘트 EX - 1

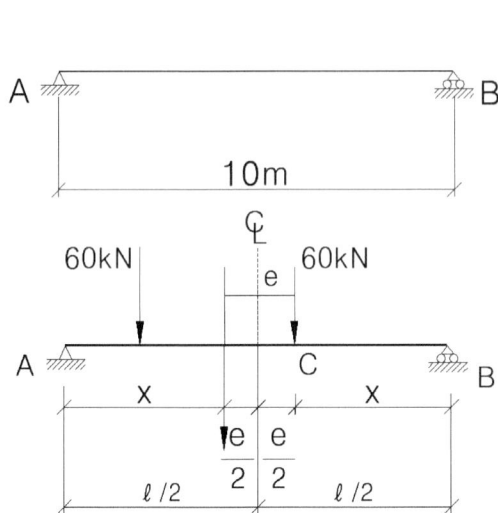

① 절대 최대 휨모멘트가 일어나는 위치

$$x = \frac{10}{2} - \frac{60 \times 4}{2(60+60)} = 4m$$

② 절대 최대 휨모멘트의 값

$$M_{ab\max} = \frac{120}{10} \times 4^2 = 192\,kN.m$$

절대 최대 전단력과 절대 최대 휨모멘트 EX - 2 : A점부터 최대 휨모멘트까지의 위치

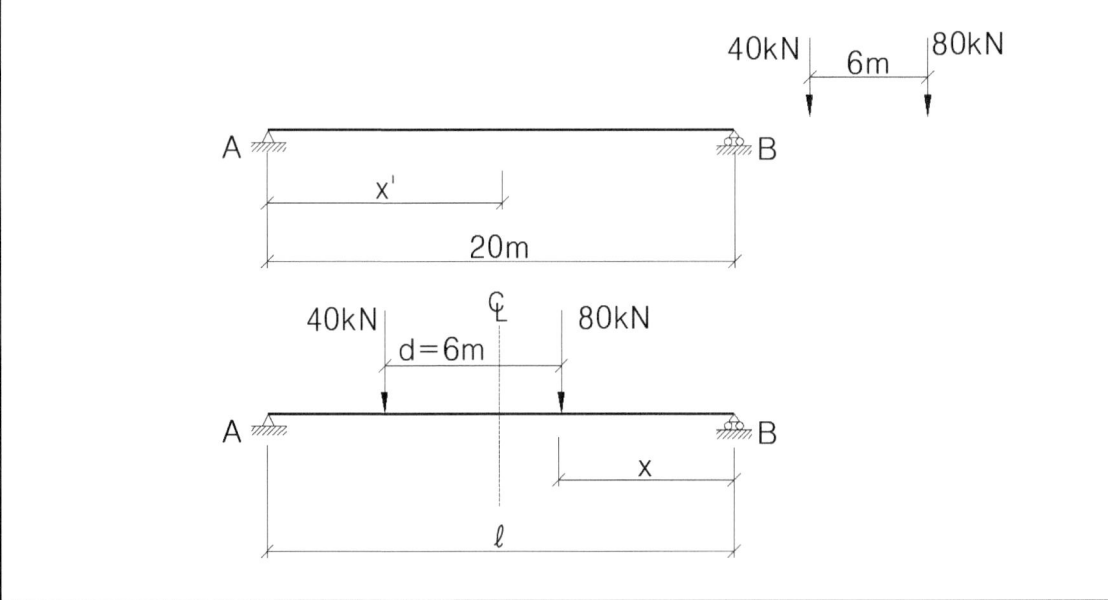

$$x = \frac{20}{2} - \frac{40 \times 6}{2(40+80)} = 9m,\ x' = 20 - 9 = 11m$$

6.3 등치 등분포하중

1) 정의

지간이 긴 단순보에 연행하중이 이동 작용하는 경우, 이들 연행하중이 발생시키는 휨모멘트, 전단력 등과 같은 값을 주는 등분포하중을 구하여 환산할 수 있다. 이와 같이 환산된 등분포하중을 등치 등분포하중이라 한다.

□ 등치 등분포하중 : 연행하중이 작용할 때 이들과 같은 효과를 줄 수 있는 등분포하중

---

1. 등치 등분포하중 : 한 개의 집중하중에 대한 등치 등분포하중

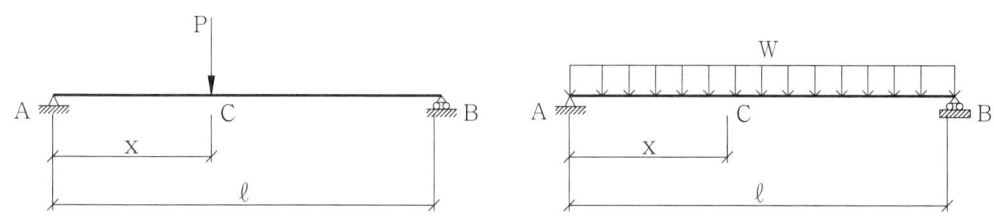

□ 집중하중 작용시 C단면의 최대 휨모멘트 (M_{cp})

$$R_A = \frac{P(\ell-x)}{\ell}$$

$$\therefore M_{CP} = R_A \cdot x = \frac{P \cdot x(\ell-x)}{\ell}$$

또는 $M_{CP} = \dfrac{P\ell}{4}$

□ 등분포하중 작용시 C단면의 휨모멘트 (M_{cw})

$$R_A = \frac{w\ell}{2}$$

$$\therefore M_{cw} = R_A \cdot x - w \cdot x\frac{x}{2} = \frac{w\ell x}{2} - \frac{wx^2}{2} = \frac{wx}{2}(\ell-x)$$

(또는 $M_{cw} = \dfrac{w\ell^2}{8}$)

□ $M_{cw} = M_{cp}$라 놓으면 등치 등분포하중을 구할 수 있다.

$$\frac{wx(\ell-x)}{2} = \frac{P \cdot x(\ell-x)}{\ell}$$

$$\therefore w = \frac{2P}{\ell}$$

(또는 $\dfrac{w\ell^2}{8} = \dfrac{P\ell}{4}$ $\therefore w = \dfrac{2P}{\ell}$)

제 6 장 보의 영향선 및 최대 단면력

2. 등치 등분포하중 : 여러 개의 집중하중에 대한 등치 등분포하중

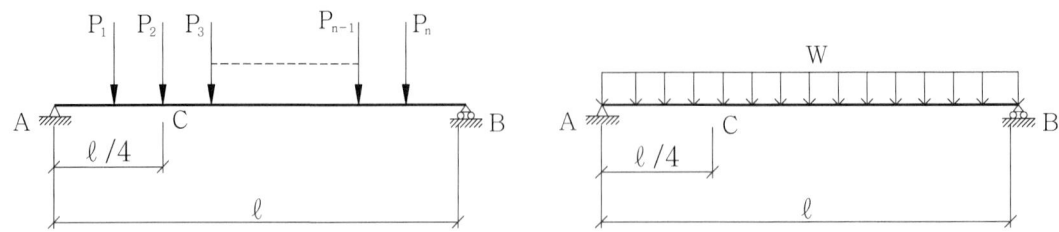

이 경우 등치 등분포하중은 지점에서 $\ell/4$ 되는 점을 정하여 산출한다.

- ☐ 집중하중 작용시 C단면의 최대 휨모멘트 M_{cp} 를 구하고
- ☐ 등분포하중 작용시 C단면의 휨모멘트 M_{cw}

$$R_A = \frac{w\ell}{2}$$

$$\therefore M_{cw} = R_A \cdot x - w\frac{x^2}{2} = \frac{w\ell}{2} \cdot \frac{\ell}{4} - \frac{w}{2}(\frac{\ell}{4})^2 = \frac{3w\ell^2}{32}$$

- ☐ $M_{cw} = M_{cp}$ 라 놓으면 등치 등분포하중을 구할 수 있다.

$$\frac{3w\ell^2}{32} = M_{cp} \quad \therefore w = \frac{32}{3} \cdot \frac{M_{cp}}{\ell^2}$$

* 지간이 긴 경우는 2~3%의 오차가 생김

등치 등분포하중 EX – 1 : 등치 등분포하중의 크기는? (단, 최대 휨모멘트는 A 지점에서 $\ell/4$ 떨어진 곳에서 생긴다고 봄)

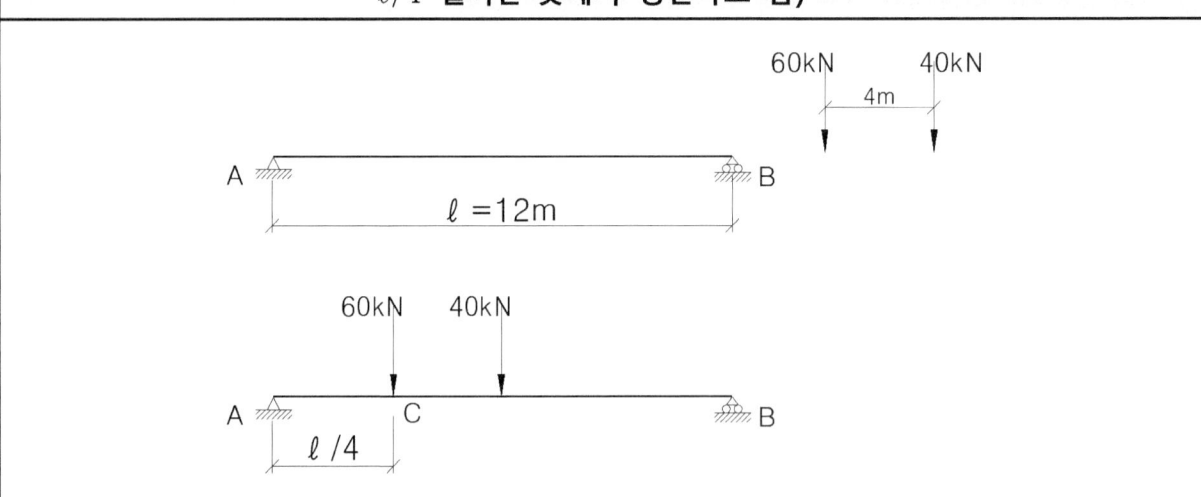

$$R_A = \frac{1}{12}(60 \times 9 + 40 \times 5) = 61.7$$

$$M_{cp} = 61.7 \frac{12}{4} = 185.1 \, kN.m$$

$$\therefore w = \frac{32}{3} \cdot \frac{185.1}{12^2} = 13.7 \, kN/m$$

제7장   정정라멘 및 정정아치

7.1 정정라멘 200

7.2 정정아치 215

7.3 아치교의 종류와 구조적 장점 221

7.4 아치와 케이블 구조 비교 224

7장 정정라멘 및 정정아치

7.1 정정라멘

7.1.1 정의

각 부재의 연결이 강절점(rigid joint)으로 되어 있는 강절구조이며 외력을 받아도 **부재의 절점각은 변하지 않는다.**

7.1.2 종류

(1) 캔틸레버식 라멘 : 1단고정 타단자유단 (그림 a)

(2) 단순보식 라멘 : 1단 힌지 타단이동 (그림 b)

(3) 3활절(힌지) 라멘 : 게르버식라멘 (그림 c)

(4) 3이동 지점식 라멘 : 연속보식라멘 (그림 d)

(5) 합성 라멘 (그림 e)

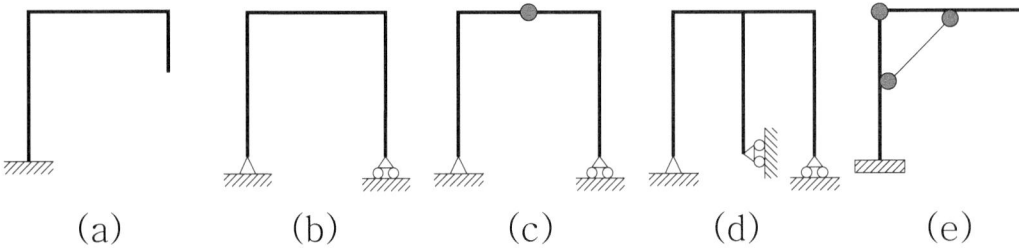

(a)   (b)   (c)   (d)   (e)

7.1.3 해법

정정라멘의 해법과 부호의 규약은 정정보의 경우와 동일하다. 즉 전단력이나 휨모멘트의 부호는 라멘의 안쪽에서 바깥쪽을 향하여 보고 보의 경우와 마찬가지로 결정한다.

* 라멘의 단면에는 축방향력, 전단력, 휨모멘트 등의 단면력이 생기게 되나 실제로는 축방향력과 전단력은 휨모멘트에 비해 크기가 작다. 따라서 라멘은 주로 휨모멘트에 저항하는 구조이다.

7.1.4 자유물체도 (free body diagram)

분리된 한 물체와 타 물체가 이 물체에 작용하는 힘을 나타낸 그림을 자유 물체도라 한다.

제 7 장 정정라멘 및 정정아치

외력과 반력	자유 물체도
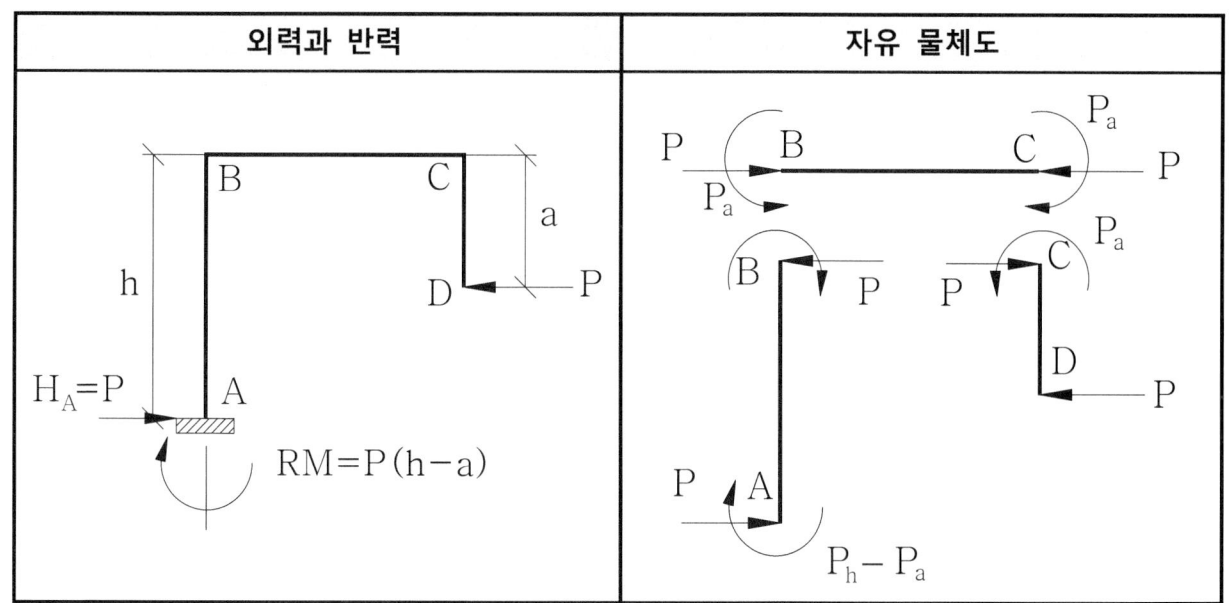	

EX - 1 : 다음 그림과 같은 라멘의 단면력과 단면력도는?

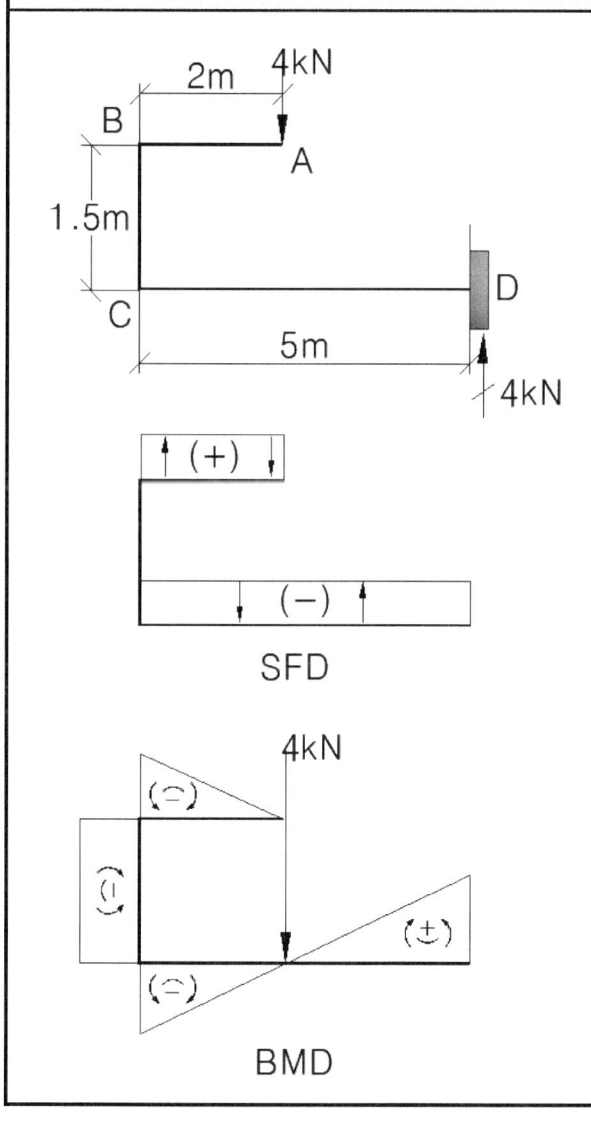

① 반력 : $R_D = 4kN(\uparrow)$

$$R_M = 4(5-2) = 12 kN.m (\curvearrowright)$$

② 전단력 :

$$S_{A \sim B} = 4kN,\ S_{B \sim C} = 0,\ S_{C \sim D} = -4kN$$

③ 휨모멘트 :

$$M_A = 0,\ M_B = -4 \times 2 = -8 kN.m$$

$$M_C = -4 \times 2 = -8 kN.m$$

$$M_D = -8 + 4 \times 5 = 12 kN.m$$

$$M_x = -8 + 4 \cdot x = 0$$

$$4x = 8,\ \therefore x = 2m$$

제 7 장 정정라멘 및 정정아치

EX – 2 : 다음 그림과 휨모멘트를 갖는 라멘에서 P, Q의 값은?

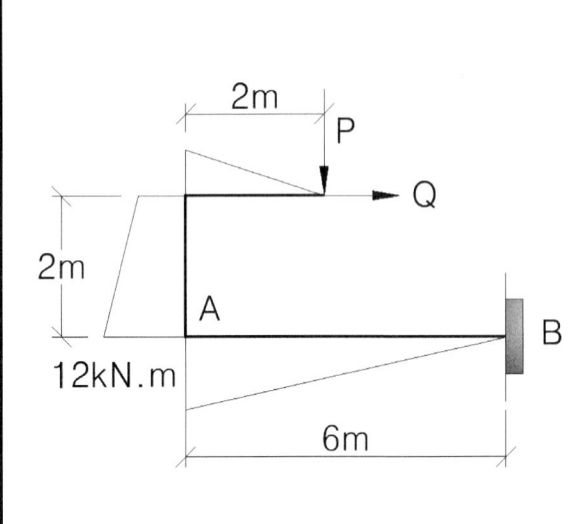

① 반력:
$$R_V = P(\uparrow),\ R_H = Q(\leftarrow),\ R_M = 0(\frown)$$

② 휨모멘트
$$M_A = -R_V \times 6 = -12$$
$$P \times 6 = 12,\ \therefore P = \frac{12}{6} = 2\,kN$$
$$M_B = P(6-2) - Q \times 2 = 0$$
$$Q \times 2 = P \times 4$$
$$\therefore Q = \frac{P \times 4}{2} = 2P = 2 \times 2 = 4\,kN$$

EX – 3 : BC부재가 받는 전단력과 축방향력은?

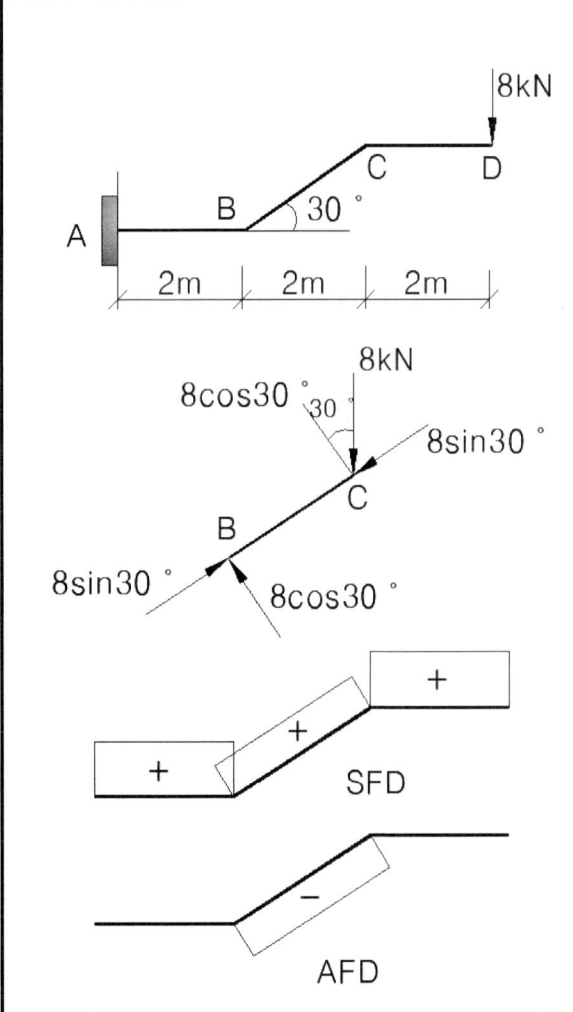

① 반력 : $R_A = 8\,kN(\uparrow)$,
$$R_M = -8 \times 6 = -48\,kN.m(\circlearrowleft)$$

② 전단력 : $S_{D \sim C} = 8\,kN$
$$S_{C \sim B} = 8\cos30° = 4\sqrt{3}\,kN$$
$$S_{B \sim A} = 8\,kN$$

③ 축방향력 : $N_{C \sim B} = -\sin30° = -4\,kN$

EX – 4 : 그림과 같은 단순보식 라멘에서 단면력과 단면력도는?

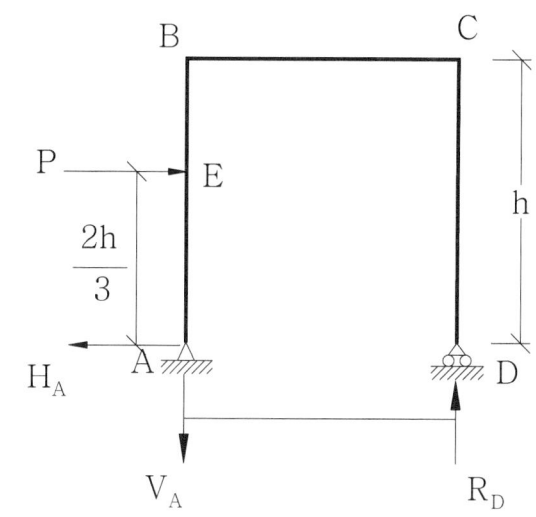

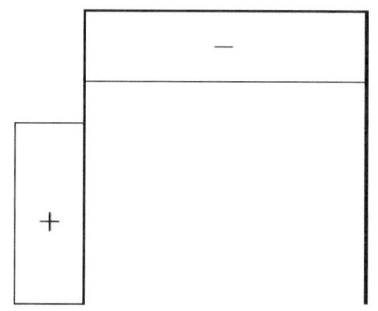
SFD

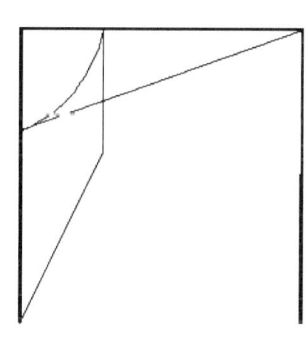
BMD

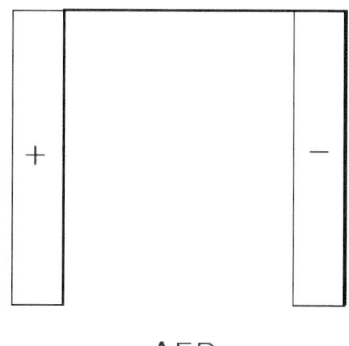
AFD

① 반력 :

$$V_A = \frac{1}{\ell}(P\frac{2h}{3}) = \frac{2Ph}{3\ell}(\downarrow)$$

$$R_D = \frac{1}{\ell}(P\frac{2h}{3}) = \frac{2Ph}{3\ell}(\uparrow)$$

$$H_A = P(\leftarrow)$$

② 전단력 :

$$S_{A \sim E} = H_A = P$$

$$S_{E \sim B} = H_A - P = P - P = 0$$

$$S_{B \sim C} = -V_A = -R_D = -\frac{2Ph}{3l}$$

$$S_{C \sim D} = 0$$

③ 휨모멘트 :

$$M_A = M_D = 0$$

$$M_E = H_A \frac{2h}{3} = \frac{2Ph}{3}$$

$$M_R = H_A \cdot h - P\frac{h}{3} = \frac{2Ph}{3}$$

$$M_C = R_D \times 0 = 0$$

④ 축방향력 :

$$N_{A \sim B} = V_A = \frac{2Ph}{3\ell}(인장)$$

$$N_{B \sim C} = 0$$

$$N_{C \sim D} = -R_D = -\frac{2Ph}{3\ell}(압축)$$

EX - 5 : 다음 라멘에서 C점의 휨모멘트는?

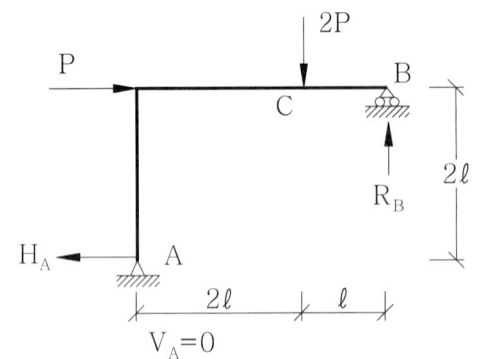

$H_A = P(\leftarrow)$

$V_A = \dfrac{1}{3\ell}(P \times 2\ell - 2P \times \ell) = 0$

$R_B = 2P(\uparrow)$

$M_C = R_B \cdot \ell = 2P\ell$

EX - 6 : 다음 라멘에서 C점의 휨모멘트는?

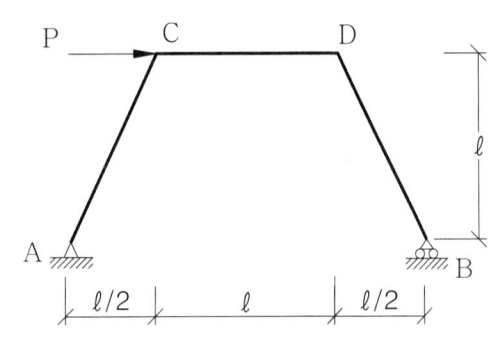

$R_B = \dfrac{1}{2\ell}(P \cdot \ell) = \dfrac{P}{2}(\uparrow)$

$M_C = \dfrac{P}{2} \times (\dfrac{3}{2}\ell) = \dfrac{3P}{4}\ell$

EX - 7 : 다음 라멘의 지점 반력 R_B와 휨모멘트는?

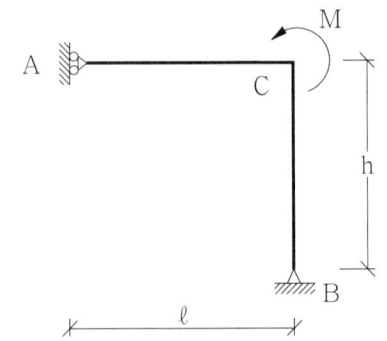

$R_A = \dfrac{M}{h}(\rightarrow)$

$R_B = \dfrac{M}{h}(\leftarrow)$

$M_{CB} = -\dfrac{M}{h} \times h = -M$

$M_{CA} = -M + M = 0$

EX – 8 : 라멘에서 휨모멘트 M_{EA}는?

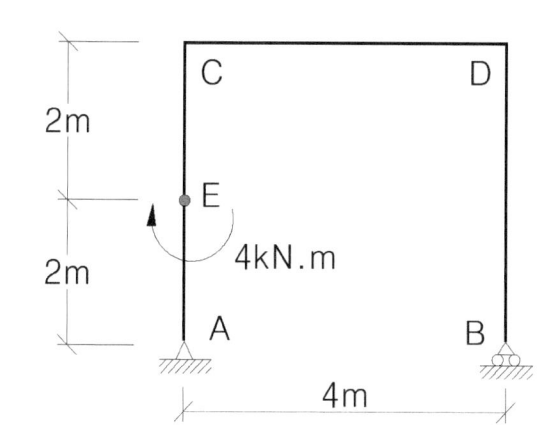

$R_A = \dfrac{4}{4} = 1\,kN(\downarrow)$

$R_B = 1\,kN(\uparrow)$

$M_{EA} = 0,\ M_{EC} = +4\,kN.m$

$M_D = 4 - 1 \times 4 = 0$

7.1.5 3힌지 라멘

1) 수직반력 : $\sum M = 0$을 이용하여 정정보와 마찬가지로 산정한다.

2) 수평반력 : 정정보와 같이 $\sum H = 0$을 이용하여 산정할 수 없고, 힌지질점의 휨모멘트가 0이 되는 조건을 이용하여 힌지질점 왼쪽(또는 오른쪽)만 생각하여 수평반력을 산정한다.

3) 수평반력의 성질
   ① 수직하중에 의한 양 지점의 수평반력은 방향은 서로 반대이고 크기는 같다.
   ② 수평하중에 의한 양 지점의 수평반력은 방향은 서로 같고 크기는 다르다.

4) 기본 3힌지 라멘

기본 3힌지 라멘 - 1	
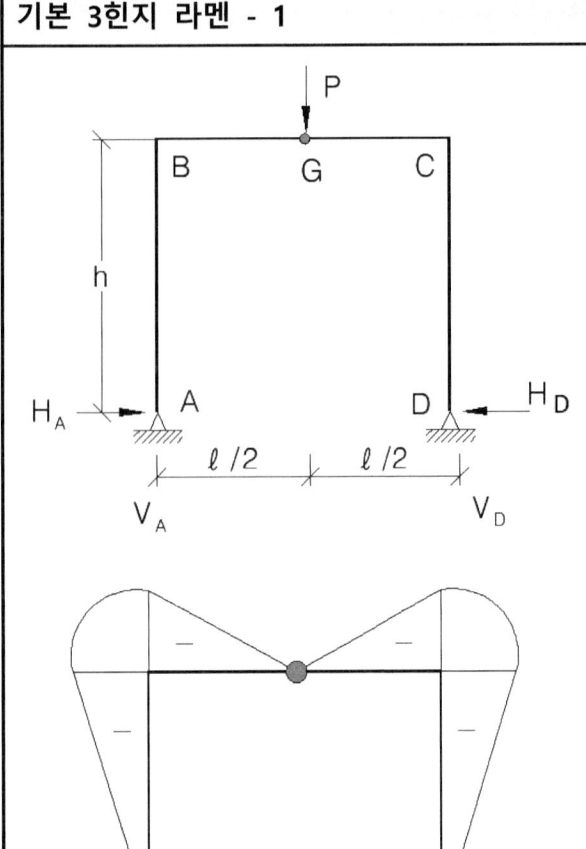	① 반력 : $$V_A = V_D = \frac{P}{2}(\uparrow)$$ $$H_A = \frac{P\ell}{4h}(\rightarrow)$$ $$H_D = \frac{P\ell}{4h}(\leftarrow)$$ ② 전단력 : $$S_{A \sim B} = -H_A = -\frac{P\ell}{4h}$$ $$S_{B \sim G} = V_A = \frac{P}{2}$$ $$S_{G \sim C} = V_A - P = -V_D$$ $$S_{C \sim D} = H_D = \frac{P\ell}{4h}$$ ③ 휨모멘트 : $$M_A = M_G = M_D = 0$$ $$M_B = M_C - H_A \cdot h = -H_D \cdot h = -\frac{P\ell}{4}$$

기본 3힌지 라멘 - 2

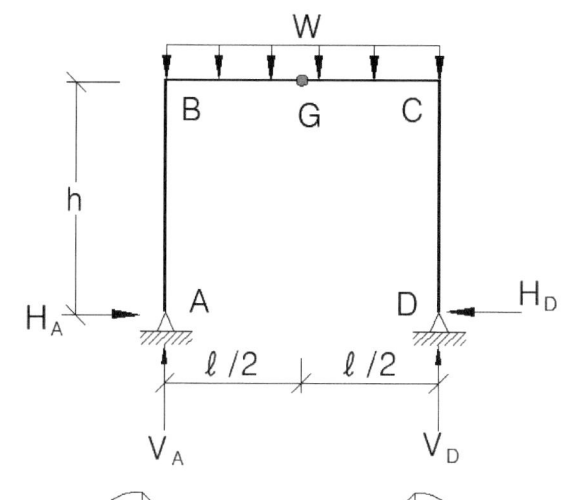

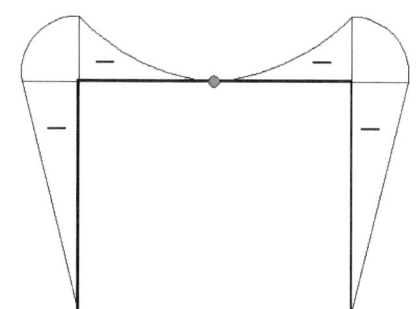

BMD

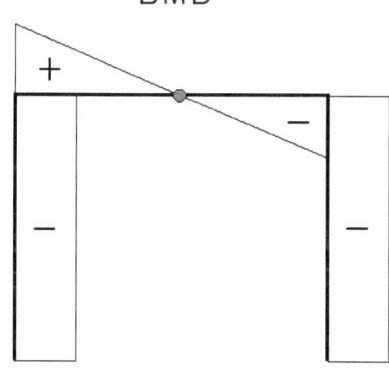

SFD

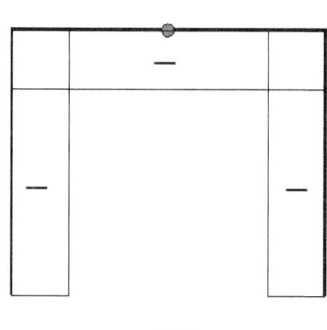

AFD

① 반력 :

$$V_A = \frac{w\ell}{2}(\uparrow)$$

$$H_A = \frac{w\ell^2}{8h}(\rightarrow)$$

$$H_D = \frac{w\ell^2}{8h}(\leftarrow)$$

② 전단력 :

$$S_{A \sim B} = -H_A = -\frac{w\ell^2}{8h}$$

$$S_B = V_A = \frac{w\ell}{2}$$

$$S_G = V_A - \frac{w\ell}{2} = 0$$

$$S_C = -V_D = -\frac{w\ell}{2}$$

③ 휨모멘트 :

$$M_A = M_G = M_D = 0$$

$$M_B = -H_A \times h = -\frac{w\ell^2}{8}$$

$$M_C = -H_D \times h = -\frac{w\ell^2}{8}$$

④ 축방향력 :

$$N_{A \sim B} = -V_A = -\frac{w\ell}{2}(압축)$$

$$N_{B \sim C} = -H_A = -\frac{w\ell^2}{8h} = -H_D (압축)$$

$$N_{D \sim C} = V_D = -\frac{w\ell}{2}(압축)$$

기본 3힌지 라멘 - 3

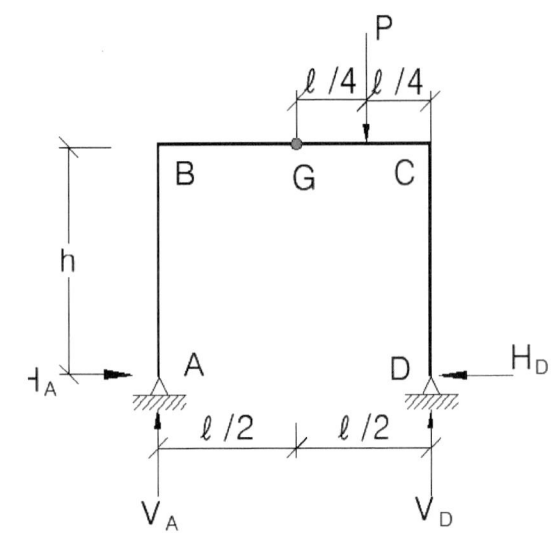

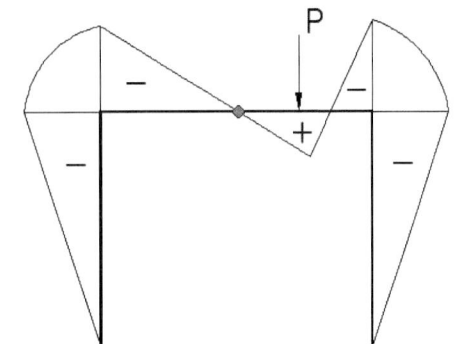

BMD

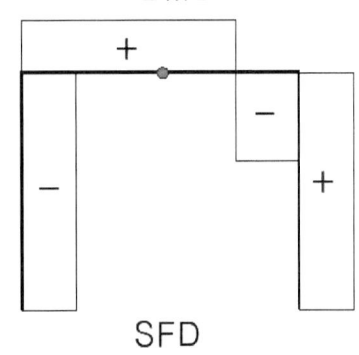

SFD

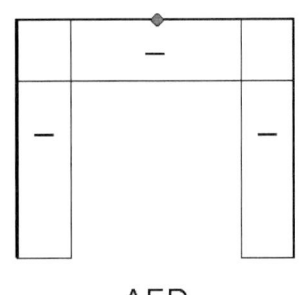

AFD

① 반력 :

$$V_A = \frac{1}{\ell}(P\frac{\ell}{4}) = \frac{P}{4}(\uparrow)$$

$$V_D = \frac{1}{\ell}(P\frac{3\ell}{4}) = \frac{3P}{4}(\rightarrow)$$

$$H_A = \frac{1}{2} \cdot \frac{P\ell}{4} \cdot \frac{1}{h} = \frac{P\ell}{8h}(\rightarrow)$$

$$H_D = \frac{P\ell}{8h}(\leftarrow)$$

② 전단력 :

$$S_{A \sim B} = -H_A = -\frac{P\ell}{8h}$$

$$S_{B \sim E} = V_A = \frac{P}{4}$$

$$S_{C \sim E} = -V_D = -\frac{3}{4} = 0$$

$$S_{C \sim D} = H_D = \frac{P\ell}{8h}$$

③ 휨모멘트 :

$$M_A = M_G = M_D = 0$$

$$M_B = -H_A \times h = \frac{-P\ell}{8}$$

$$M_C = -H_D \times h = -\frac{P\ell}{8}$$

$$M_E = -H_D \times h + V_D \cdot \frac{\ell}{4}$$

$$= -\frac{P\ell}{8} + \frac{3P}{4} \times \frac{\ell}{4}$$

$$= -\frac{P\ell}{8} + \frac{3P\ell}{16}$$

$$= \frac{P\ell}{16}$$

④ 축방향력 :

$$N_{A \sim B} = -V_A = -\frac{P}{4}$$

$$N_{C \sim D} = -V_D = -\frac{3}{4}P$$

$$N_{B \sim C} = -H_A = -\frac{P\ell}{8h}$$

기본 3힌지 라멘 - 4

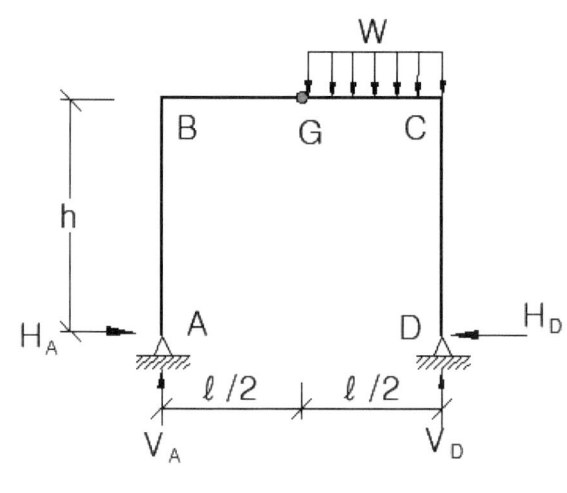

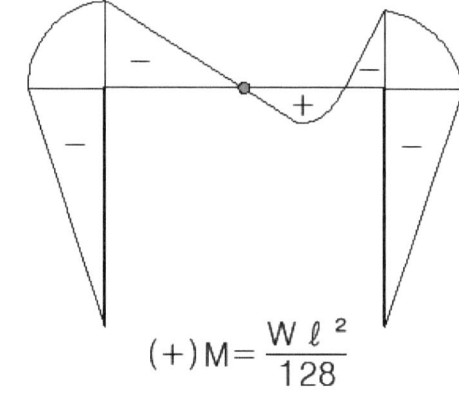

BMD

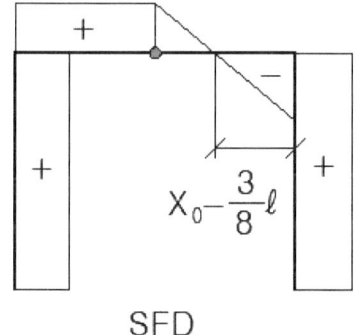

SFD

① 반력 :

$$V_A = \frac{1}{\ell}(\frac{w\ell}{2} \times \frac{\ell}{4}) = \frac{w\ell}{8}(\uparrow)$$

$$V_D = \frac{1}{\ell}(\frac{w\ell}{2} \times \frac{3\ell}{4}) = \frac{3w\ell}{8}(\uparrow)$$

$$H_A = \frac{1}{2} \cdot \frac{w\ell^2}{8} \cdot \frac{1}{h} = \frac{w\ell^2}{16h}(\rightarrow)$$

$$H_D = \frac{w\ell^2}{16h}(\leftarrow)$$

② 전단력 :

$$S_{A \sim B} = -H_A = -\frac{w\ell^2}{16h}$$

$$S_{B \sim G} = V_A = \frac{w\ell}{8}$$

$$S_C = -V_D = -\frac{3w\ell}{8}$$

$$S_{C \sim D} = H_D = \frac{w\ell^2}{16h}$$

③ 휨모멘트 :

$$M_A = M_G = M_D = 0$$

$$M_B = -H_A \times h = -\frac{w\ell^2}{16}$$

$$M_C = -H_D \times h = -\frac{w\ell^2}{16}$$

④ 축방향력 :

$$N_{A \sim B} = -V_A = -\frac{w\ell}{8}(압축)$$

$$N_{B \sim C} = -H_A = -\frac{w\ell^2}{16h}(압축)$$

$$N_{C \sim D} = -V_D = -\frac{3w\ell}{8}$$

기본 3힌지 라멘 - 5

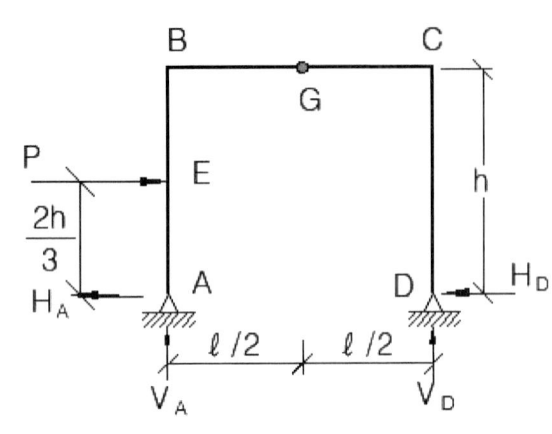

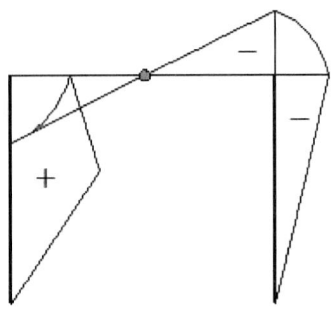

BMD

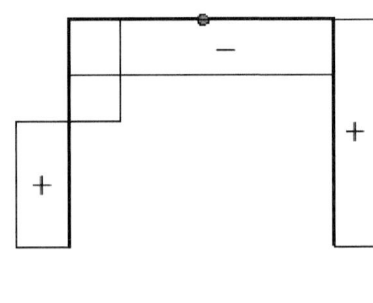

SFD

① 반력 :

$$V_A = \frac{1}{\ell}(P\frac{2h}{3}) = \frac{2Ph}{3\ell}(\downarrow)$$

$$V_D = \frac{1}{\ell}(P\frac{2h}{3}) = \frac{2Ph}{3\ell}(\uparrow)$$

$$H_A = \frac{2P}{3}(\leftarrow)$$

$$H_D = \frac{P}{3}(\leftarrow)$$

② 전단력 :

$$S_{A \sim E} = H_A = \frac{2P}{3}$$

$$S_{E \sim B} = H_A - P = \frac{2P}{3} - P = -\frac{P}{3}$$

$$S_{B \sim C} = -V_A = -\frac{2Ph}{3\ell} = -V_D$$

$$S_{C \sim D} = H_D = \frac{P}{3}$$

③ 휨모멘트 :

$$M_A = M_G = M_D = 0$$

$$M_E = H_A \cdot \frac{2h}{3} = \frac{2P}{3} \cdot \frac{2h}{3} = \frac{4Ph}{9}$$

$$M_B = H_A \cdot h - P\frac{h}{3}$$

$$= \frac{2}{3}Ph - \frac{Ph}{3} = \frac{Ph}{3}$$

$$M_C = -H_D \times h = -\frac{Ph}{3}$$

④ 축방향력 :

$$N_{A \sim B} = -V_A = -\frac{2Ph}{3\ell}(인장)$$

$$N_{B \sim C} = -H_D = -\frac{P}{3}(압축)$$

$$N_{C \sim D} = -V_D = -\frac{2Ph}{3\ell}(압축)$$

기본 3힌지 라멘 - 6

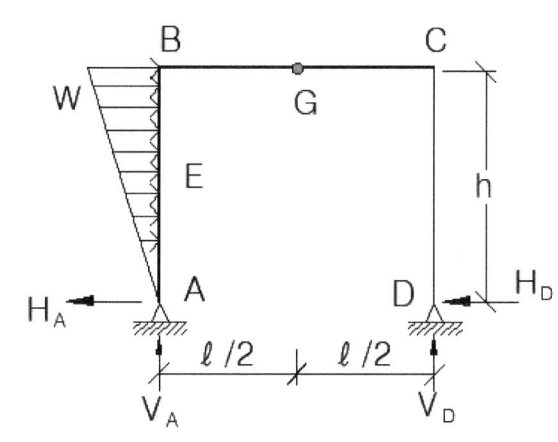

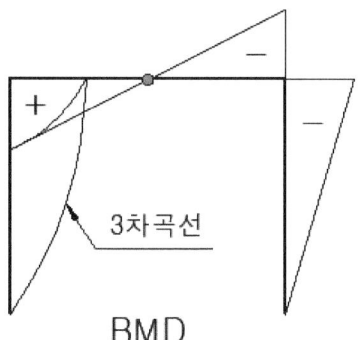

BMD

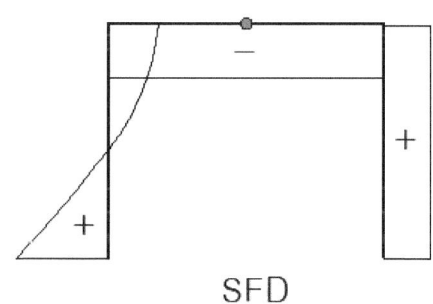

SFD

① 반력 :

$$V_A = \frac{1}{\ell}(\frac{wh}{2} \times \frac{2h}{3}) = \frac{wh^2}{3\ell}(\downarrow)$$

$$V_D = \frac{1}{\ell}(\frac{wh}{2} \times \frac{2h}{3}) = \frac{wh^2}{3\ell}(\uparrow)$$

$$H_A = \frac{2}{3}(\frac{wh}{2}) = \frac{wh}{3}(\leftarrow)$$

$$H_D = \frac{1}{3}(\frac{wh}{2}) = \frac{wh}{6}(\leftarrow)$$

② 전단력 :

$$S_A = H_A = \frac{wh}{3}$$

$$S_B = H_A - \frac{wh}{2} = \frac{2wh - 3wh}{6} = -\frac{wh}{6}$$

$$S_{B \sim C} = -V_A = -\frac{wh^2}{3\ell} = -V_D$$

$$S_{C \sim D} = H_D = \frac{wh}{6}$$

③ 휨모멘트 :

$$M_A = M_G = M_D = 0$$

$$M_C = -H_D \times h = -\frac{wh^2}{6}$$

$$M_B = H_A \cdot h - \frac{wh}{2} \cdot \frac{h}{3}$$

$$= \frac{wh^2}{3} - \frac{wh^2}{6}$$

$$= \frac{wh^2}{6}$$

기본 3힌지 라멘 – 7

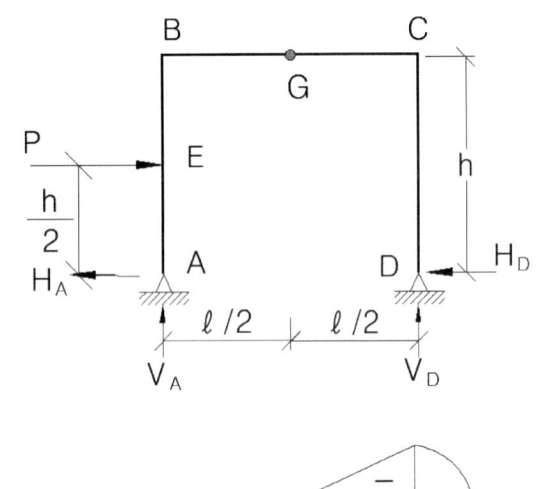

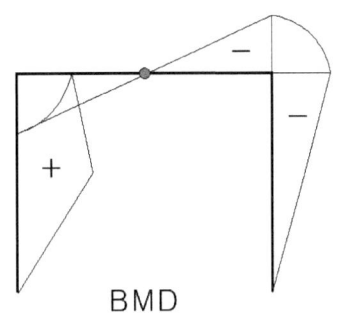

BMD

① 반력 : $V_A = \dfrac{1}{\ell}(p \times \dfrac{3h}{2}) = \dfrac{Ph}{2\ell}(\downarrow)$

$V_D = \dfrac{Ph}{2\ell}(\uparrow)$

$H_A = \dfrac{3P}{4}(\leftarrow)$

$H_D = \dfrac{P}{4}(\leftarrow)$

② 휨모멘트 : $M_A = M_G = M_D = 0$

$M_E = H_A \cdot \dfrac{h}{2} = \dfrac{3Ph}{8}$

$M_B = H_A \cdot h - P\dfrac{h}{2} = \dfrac{Ph}{4}$

$M_C = -H_D \times h = -\dfrac{Ph}{4}$

기본 3힌지 라멘 – 8

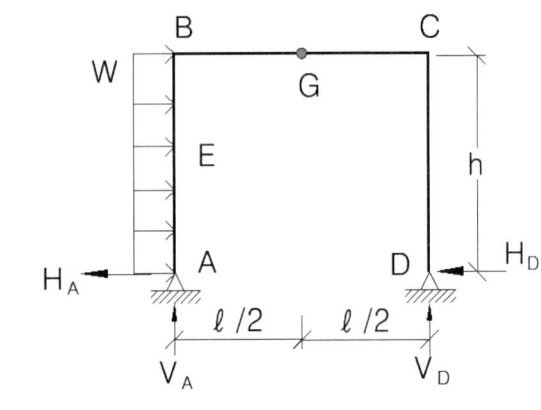

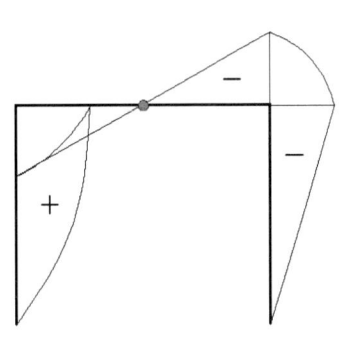

BMD

① 반력 : $V_A = \dfrac{1}{\ell}(wh \times \dfrac{h}{2}) = \dfrac{wh^2}{2\ell}(\downarrow)$

$V_D = \dfrac{wh^2}{2\ell}(\uparrow)$

$H_A = \dfrac{3wh}{4}(\leftarrow)$

$H_D = \dfrac{wh}{4}(\leftarrow)$

② 휨모멘트 : $M_A = M_G = M_D = 0$

$M_B = H_A \cdot h - wh\dfrac{h}{2} = \dfrac{wh2}{4}$

$M_C = -H_D \times h = -\dfrac{wh^2}{4}$

기본 3힌지 라멘 – 9

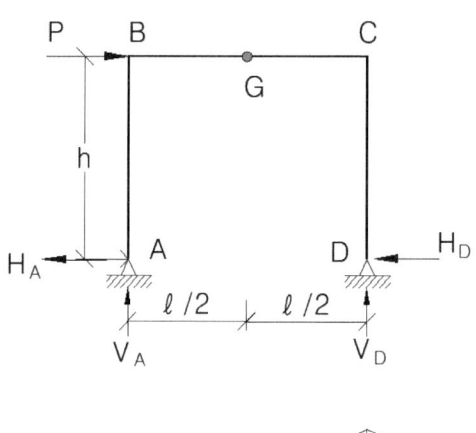

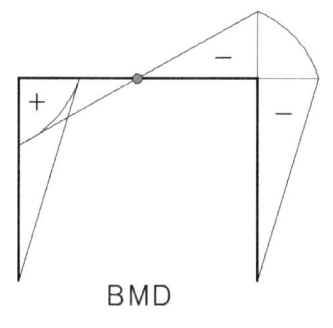

BMD

① 반력 : $V_A = \dfrac{Ph}{\ell}(\downarrow), V_D = \dfrac{Ph}{\ell}(\uparrow)$
$H_A = \dfrac{P}{2}(\leftarrow), H_D = \dfrac{P}{2}(\leftarrow)$

② 휨모멘트 : $M_A = M_G = M_D = 0$
$M_B = H_A \cdot h = \dfrac{Ph}{2}$
$M_C = -H_D \times h = \dfrac{Ph}{2}$

기본 3힌지 라멘 – 10

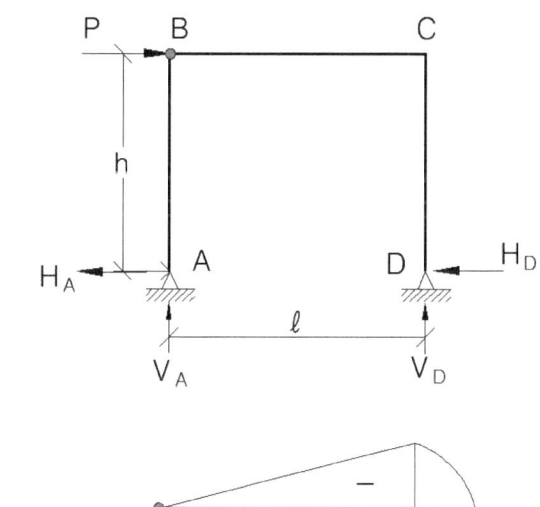

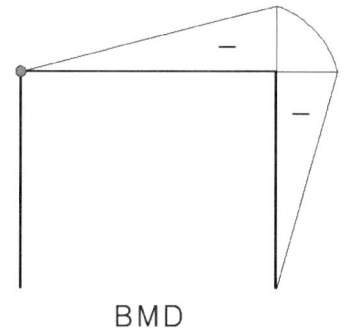

BMD

① 반력 : $V_A = \dfrac{Ph}{\ell}(\downarrow), V_D = \dfrac{Ph}{\ell}(\uparrow)$
$H_A = 0, H_D = p$

② 휨모멘트 : $M_A = M_G = M_D = 0$
$M_C = -H_D \times h = -Ph$

기본 3힌지 라멘 - 11 : 3힌지 라멘의 최대 휨모멘트는?

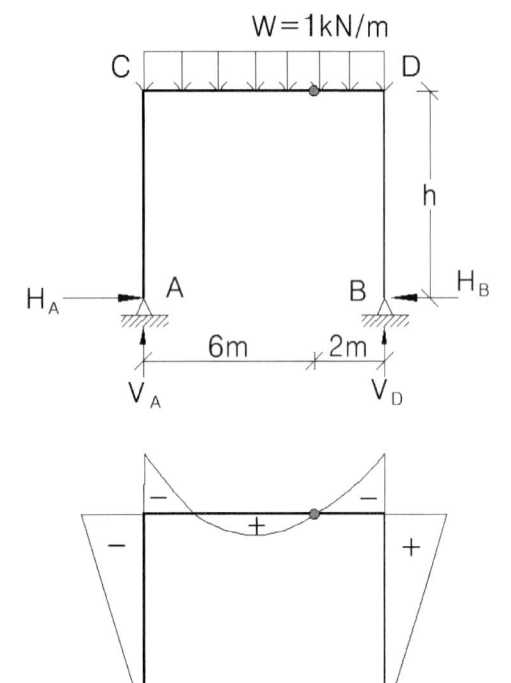

BMD

$V_A = \dfrac{w\ell}{2} = \dfrac{1 \times 8}{2} = 4t = V_B(\uparrow)$

$H_A = \dfrac{1}{h}(4 \times 6 - 1 \times 6 \times 3) = \dfrac{6}{h}(\rightarrow)$

$H_B = \dfrac{6}{h}(\leftarrow)$

$M_C = -H_A \cdot h = \dfrac{-6}{h}h = -6tm$

$M_D = -H_B \cdot h = -6tm$

기본 3힌지 라멘 - 12 : 그림과 같은 3이동단 라멘의 DE 부재가 받는 축방향력은?

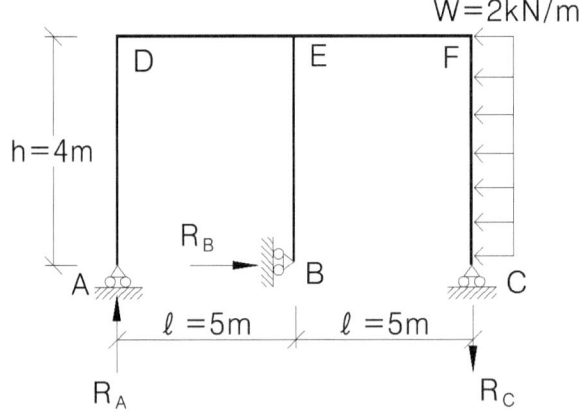

$R_B = wh = 2 \times 4 = 8t(\rightarrow)$

$R_A = \dfrac{1}{(\ell_1 + \ell_2)}(wh\dfrac{h}{2})$

$= \dfrac{wh^2}{2(\ell_1 + \ell_2)} = \dfrac{2 \times 4 \times 4}{2(5+5)} = 1.6t(\uparrow)$

$R_C = 1.6t(\downarrow)$

$N_{A \sim D} = -R_A = -1.6t(압축)$

$S_{D \sim F} = R_A = 1.6t = R_C$

$S_{E \sim B} = -R_B = -8t$

$N_{E \sim F} = -R_B = -8t(압축)$

$S_C = 0$

$S_F = R_B = 8t$

$N_{D \sim E} = 0$

7.2 정정아치

7.2.1 정의

부재축이 곡선(원형 또는 포물선)으로 된 보를 아치 또는 곡선보라 한다.

7.2.2 특성

아치에는 보통 수평반력이 생기며 이 수평반력이 휨모멘트를 감소시키므로 결국 부재단면은 주로 축방향력을 받는 구조가 된다.

7.2.3 종류

(1) 캔틸레버식 아치 : 1단고정 타단자유 (그림 a)

(2) 단순보식 아치 : 1단힌지 타단로울러 (그림 b)

(3) 3힌지식 아치 : 겔버보식 아치 (그림 c)

(4) 타이드 아치 (그림 d)

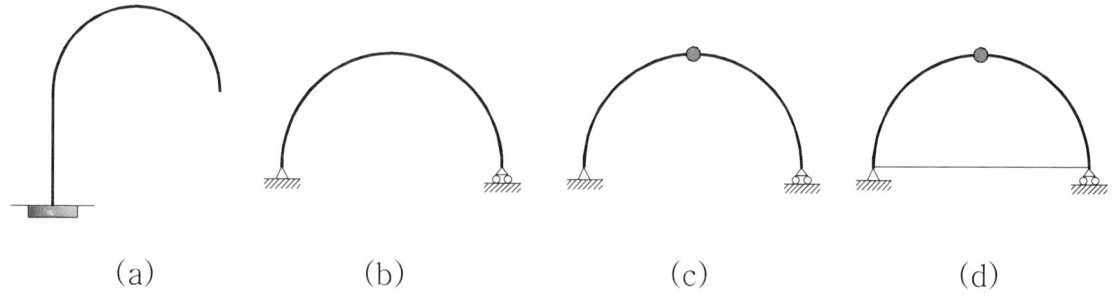

(a)　　　　(b)　　　　(c)　　　　(d)

7.2.4 해법

정정아치의 해법과 부호규약은 정정보나 라멘과 동일하다. 즉 전단력, 휨모멘트의 부호는 아치이 안쪽에서 바깥쪽을 향하여 라멘의 경우와 마찬가지로 결정한다.

◎ 곡선 부재의 **임의점의 전단력 및 축방향력**은 그 점에서 **곡선과 접하는 접선으로부터 수직(법선)방향의 분력이 전단력**이고 **접선방향의 분력이 축방향력**이다. 또한 임의점의 휨모멘트의 산정방법은 보, 라멘과 마찬가지로 한다.

7.2.5 기본아치

기 본 아 치

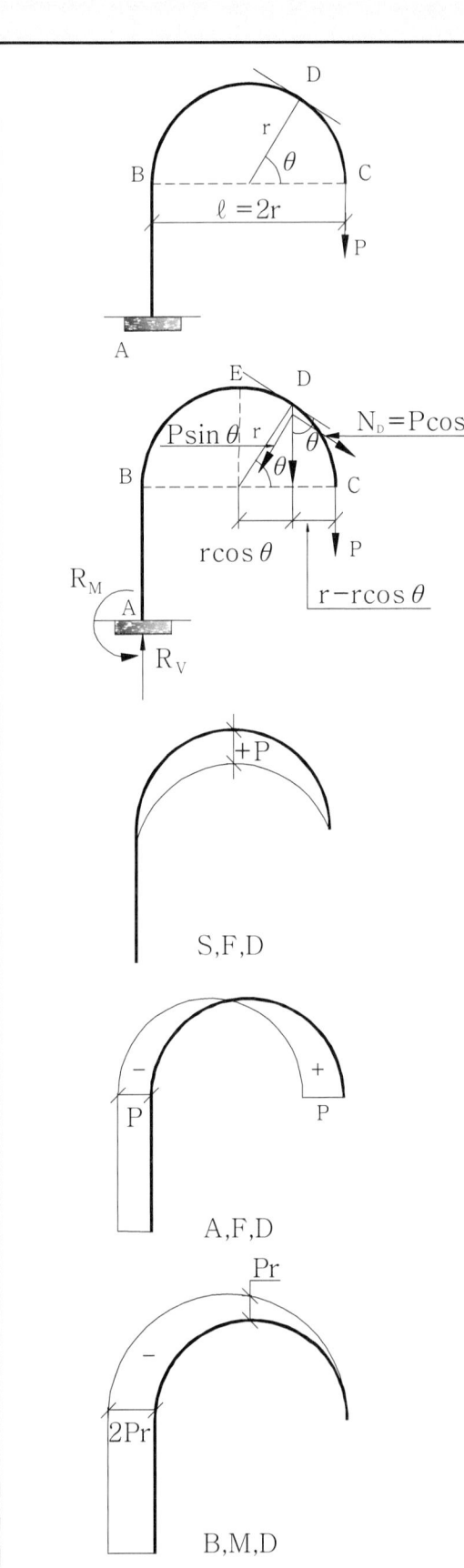

① 반력 :

$$R_V = P(\uparrow), \quad R_M = -P \cdot 2r = -2Pr(\circlearrowleft)$$

② 단면력

$$S_D = P\sin\theta$$

$$N_D = P\cos\theta$$

$$M_D = -P(r - r\cos\theta)$$
$$= -Pr(1 - \cos\theta)$$

$\theta = 0°$ 일 때 :

$$S_C = P\sin 0° = 0$$

$$N_C = P\cos 0° = P$$

$$M_C = -Pr(1 - \cos 0°) = 0$$

$\theta = 90°$ 일 때 :

$$S_E = P\sin 90° = P, \quad N_D = P\cos 90°$$

$$M_E = -Pr(1 - \cos 90°) = -Pr$$

$\theta = 180°$ 일 때

$$S_B = P\sin 180° = 0$$

$$N_B = P\cos 180° = -P$$

$$M_B = -Pr(1 - \cos 180°) = 2Pr$$

제 7 장 정정라멘 및 정정아치

아치 EX - 1

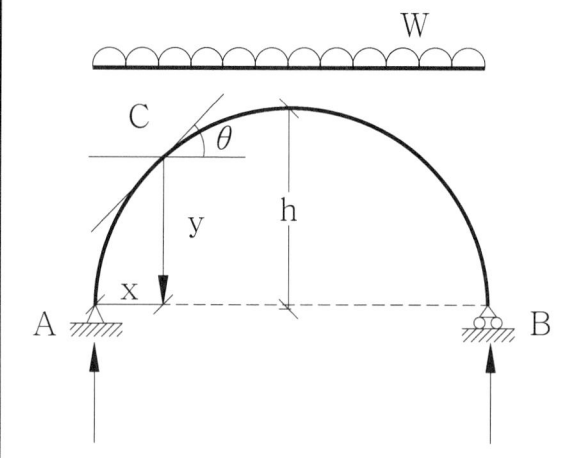

① 반력 :

$$R_A = \frac{w\ell}{2} = R_B(\uparrow)$$

② 단면력 :

$$S_C = (R_A - wx)\cos\theta$$

$$N_C = -(R_A - wx)\sin\theta$$

$$M_C = R_A \cdot x - wx\frac{x}{2} = \frac{w\ell}{2}x - \frac{wx^2}{2}$$

아치 EX - 2

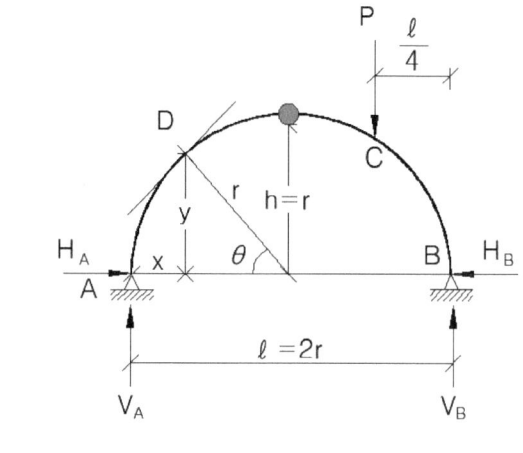

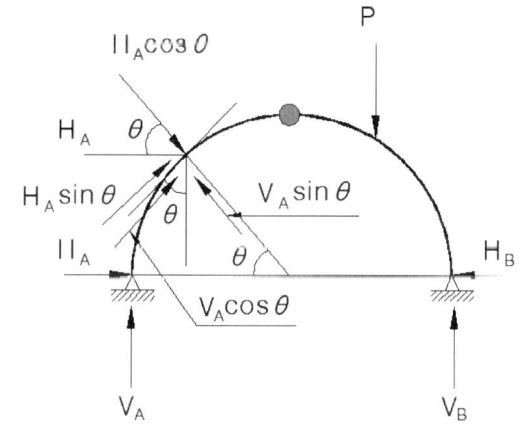

① 반력 :

$$H_A = \frac{P\ell}{8h}(\rightarrow)$$

$$R_A = \frac{P}{4}(\uparrow), R_B = \frac{3P}{4}(\uparrow)$$

② 단면력 :

$$S_D = V_A \sin\theta - H_A \cos\theta$$

$$= \frac{P}{4}\sin\theta - \frac{P\ell}{8h}\cos\theta$$

$$N_D = -V_A \cos\theta - H_A \sin\theta$$

$$= -\frac{P}{4}\sin\theta - \frac{P\ell}{8h}\sin\theta$$

$$M_D = V_A \cdot x - H_A \cdot y$$

$$= \frac{P}{4}(r - r\cos\theta) - \frac{P\ell}{8h}(r\sin\theta)$$

$$= \frac{Pr}{4}(1 - \cos\theta) - \frac{P\ell r}{8h}(\sin\theta)$$

아치 EX – 3

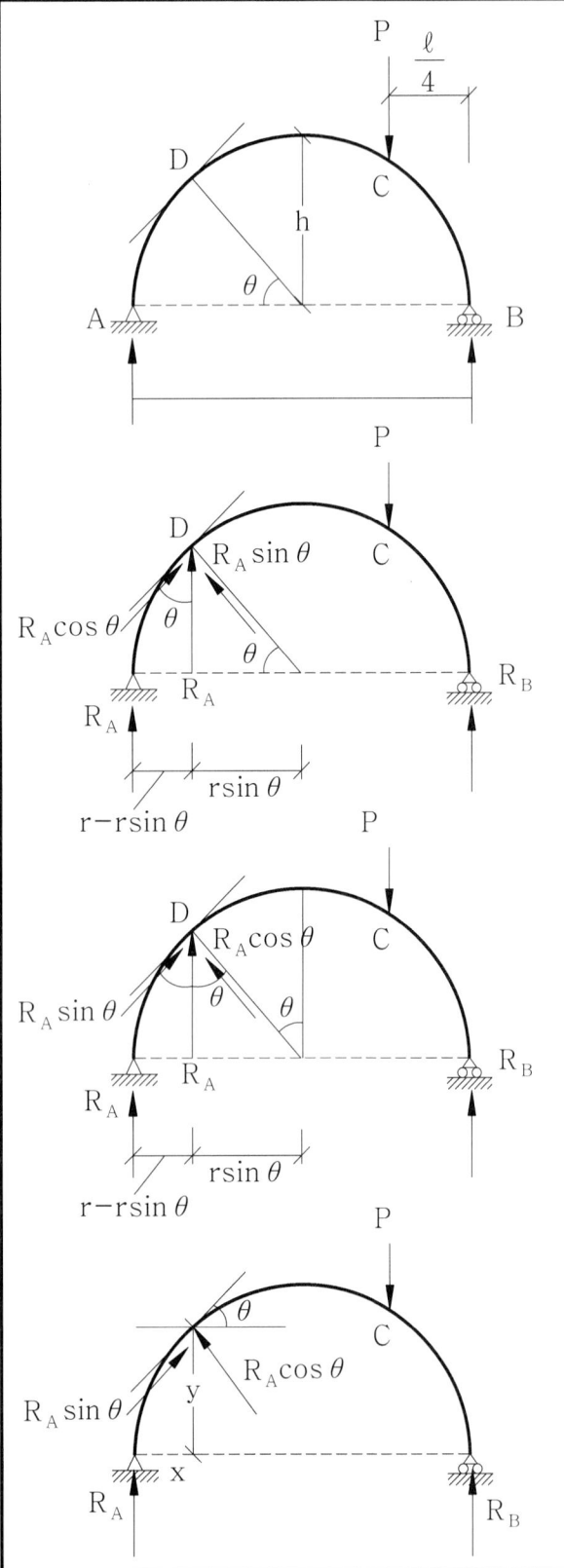

① 반력 : $R_A = \dfrac{P}{4}, R_B = \dfrac{3}{4}P$

② 단면력

i) $S_D = R_A \sin\theta = \dfrac{P}{4}\sin\theta$

   $N_D = -R_A \cos\theta = -\dfrac{P}{4}\cos\theta$

   $M_D = R_A(r - r\cos\theta)$
   $= \dfrac{P}{4}r(1-\cos\theta)$

ii) $S_D = R_A \cos\theta = \dfrac{P}{4}\cos\theta$

   $N_D = -R_A \sin\theta = -\dfrac{P}{4}\sin\theta$

   $M_D = R_A(r - r\sin\theta) = \dfrac{P}{4}r(1-\sin\theta)$

iii) $S_D = R_A \cos\theta = \dfrac{P}{4}\cos\theta$

   $N_D = -R_A \sin\theta = -\dfrac{P}{4}\sin\theta$

   $M_D = R_A \cdot x = \dfrac{P}{4}x$

아치 EX – 4 : 그림과 같은 타이드 아치의 AB 부재가 받는 힘은?

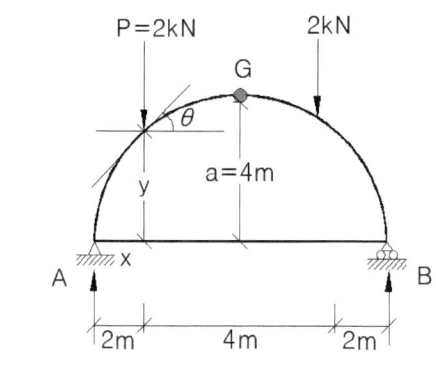

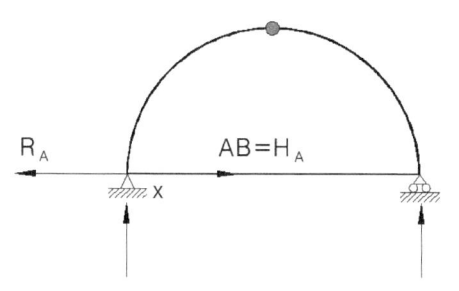

$R_A = R_B = 2kN(\uparrow)$

$\sum M_G = 0 \ (H_A = AB)$

$R_A \times 4 - H_A \times 4 - 2 \times 2 = 0$

$4H_A = 2 \times 4 - 2 \times 2 = 4$

$H_A = AB = \dfrac{4}{4} = 1kN(인장)$

아치 EX – 5 : 그림과 같은 포물선 아치의 단면 C의 휨모멘트 Mc는?
(단, $y = \dfrac{4f}{\ell^2}(\ell - x)x$ 인 포물선형)

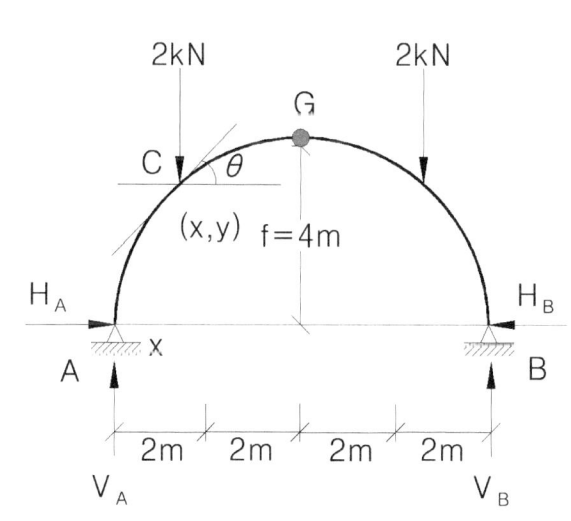

$V_A = 2kN(\uparrow), \ V_B = 2kN(\uparrow)$

$H_A = \dfrac{2 \times 2}{4} = 1kN(\rightarrow)$

$H_B = \dfrac{2 \times 2}{4} = 1kN(\leftarrow)$

$x = 2m$

$y = \dfrac{4f}{\ell^2}(\ell - x)x = \dfrac{4 \times 4}{8 \times 8}(8-2) \times 2 = 3m$

$M_C = V_A \cdot x - H_A \cdot y$

$\quad\ \ = 2 \times 2 - 1 \times 3 = 1kN.m$

7.2.6 포물선 아치

등분포하중을 받는 포물선 아치에서는 전단력과 휨모멘트가 생기지 않고 축방향 압축력만 있게 된다.

포물선 아치 기본 식

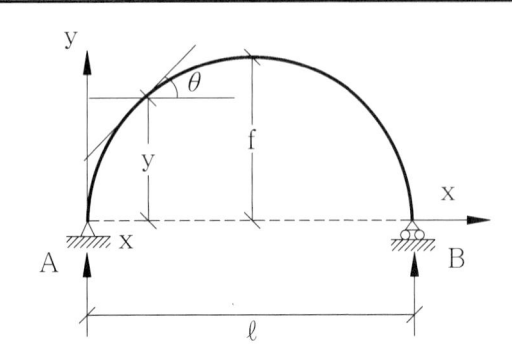

$$y = \frac{4f}{\ell^2}(\ell x - x^2)$$

$$\tan\theta = \frac{4f}{\ell^2}(\ell - 2x)$$

포물선 아치 EX – 1

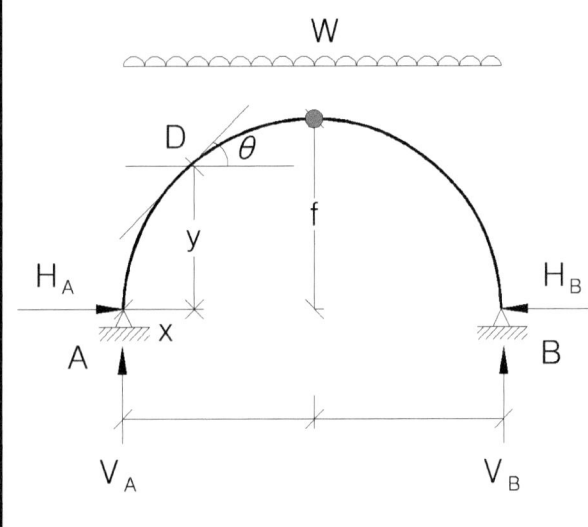

아치축선이 A지점을 원점으로 하여 $y = \frac{4f}{\ell^2}(\ell x - x^2)$ 이다.

① 반력

$$R_A = \frac{w\ell}{2} = R_B (\uparrow)$$

$$H_A = \frac{w\ell^2}{8h} (\rightarrow)$$

$$H_B = \frac{w\ell^2}{8h} (\leftarrow)$$

② 전단력 :
$S_D = 0$

③ 휨모멘트 :
$M_D = 0$

④ 축방향력 :
$$N_D = -(V_A - wx)\sin\theta - H_A \cos\theta$$
$$= -w\left\{(\frac{\ell}{2} - x)\sin\theta + \frac{\ell^2}{8h}\cos\theta\right\}$$
$$= -\frac{w\ell^2}{8h}(\tan\theta\sin\theta + \cos\theta)$$
$$= -\frac{w\ell^2}{8h}\sec\theta = -H_A \sec\theta$$

7.3 아치교의 종류와 구조적 장점

7.3.1 아치교 구성 및 명칭

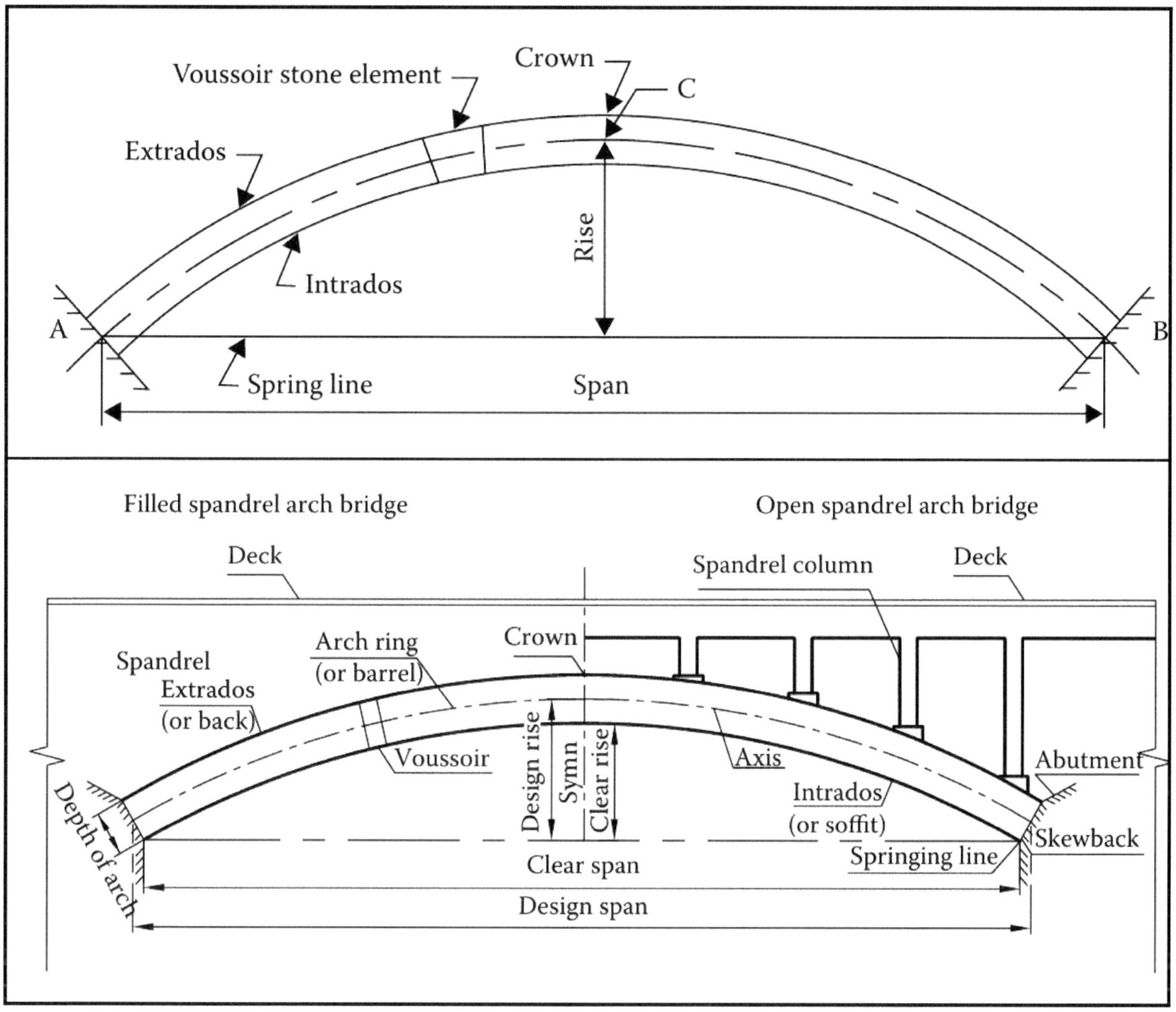

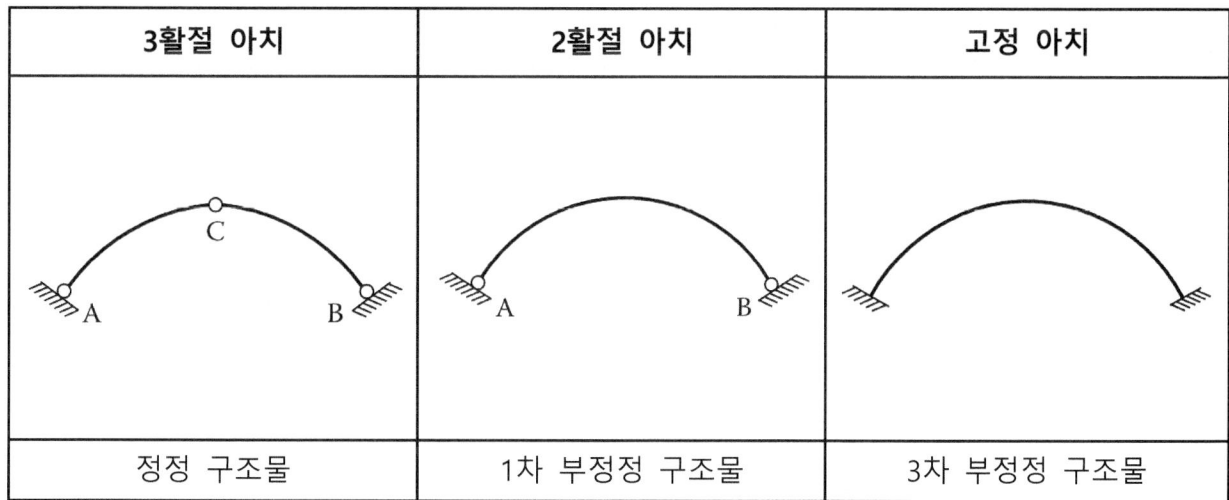

7.3.2 활절에 따른 분류 ⇒ 여용력의 차이

3활절 아치	2활절 아치	고정 아치
정정 구조물	1차 부정정 구조물	3차 부정정 구조물

7.3.3 아치 리브와 바닥판의 위치에 따른 분류

Deck Arch Bridge (상로 아치)	Through Arch Bridge (하로 아치)	Half-Through Arch Bridge (중로 아치)
바닥판이 리브 상면에 위치	바닥판이 리브 하면에 위치	바닥판이 리브 중앙부에 위치

7.3.4 보강형과 아치리브의 단부 연결 방식에 따른 분류 ⇒ Tied Arch

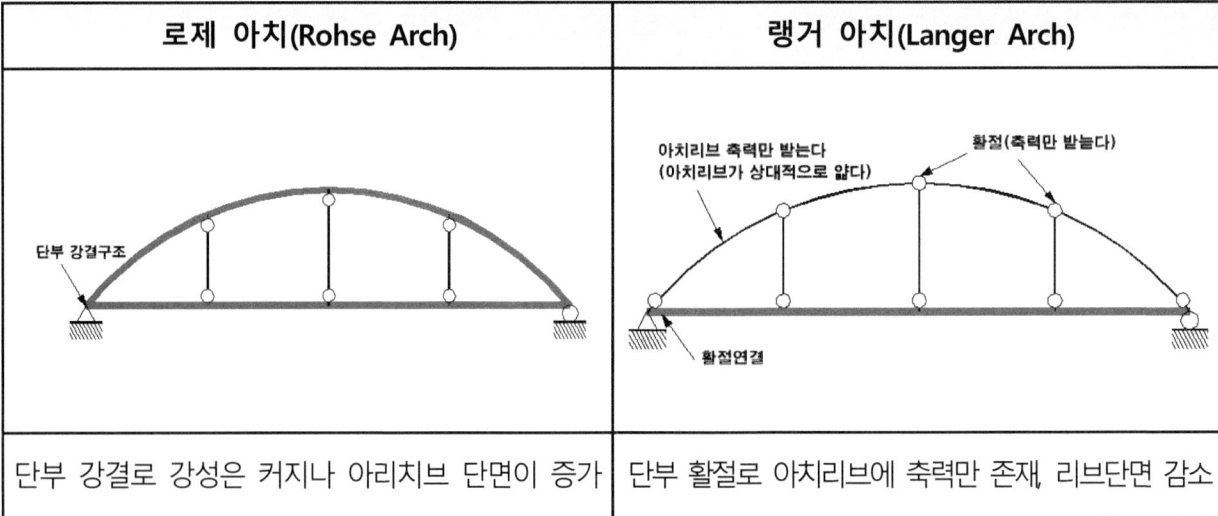

로제 아치(Rohse Arch)	랭거 아치(Langer Arch)
단부 강결로 강성은 커지나 아리치브 단면이 증가	단부 활절로 아치리브에 축력만 존재, 리브단면 감소

7.3.5 타이드 아치 행어 배치에 따른 분류

Vertical Hanger Arch Bridge	Nielsen Arch Bridge	Network Arch Bridge
행어 효율 증가	아치리브, 보강형 모멘트 감소, 좌굴강성 증가	닐센아치와 비슷하며 행어가 1번이상 서로 교체

7.3.6 구조적 장점

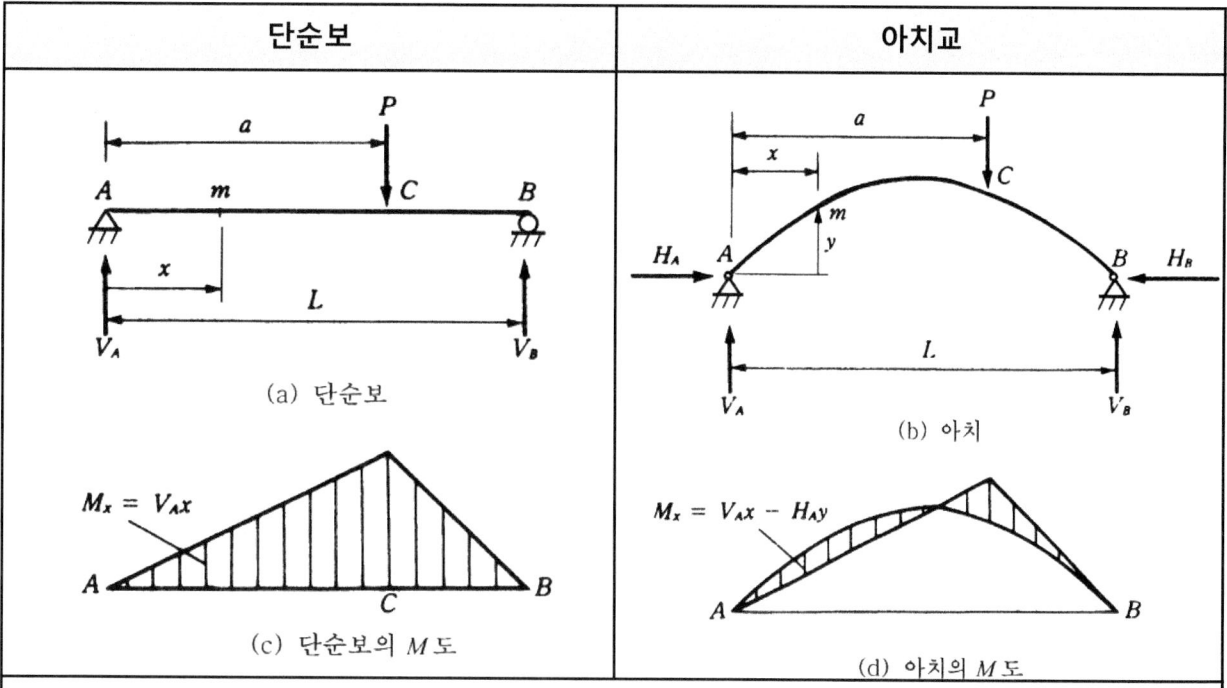

아치교는 지점에 수평반력이 존재하기 때문에 부재 중간의 휨모멘트가 감소된다. 따라서 그림과 같이 동일한 연직 하중을 받는 경우, 단순보에 비해 아치교 리브에 발생하는 모멘트의 크기가 작다는 걸 알 수 있다. 따라서 단면 효율이 보에 비해 더 좋다.

7.4 아치와 케이블 구조 비교

7.4.1 구조 거동 비교

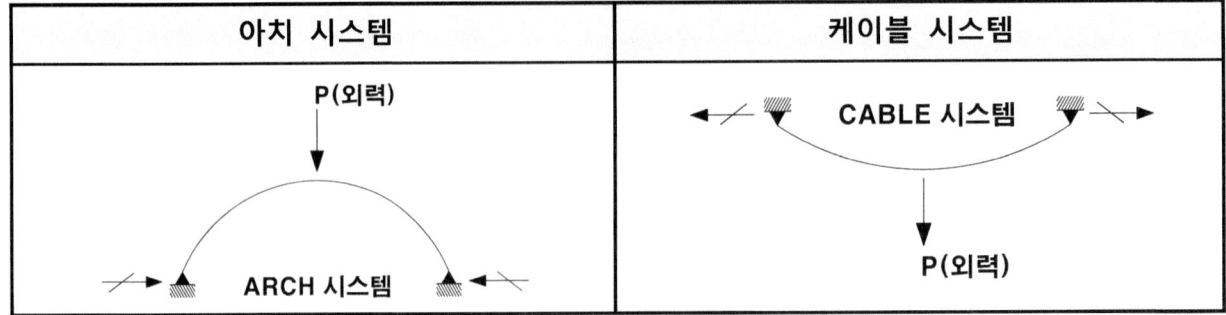

위 그림을 보면 두 구조 시스템 모두 중력 방향의 외력이 작용하고 있다. ARCH 구조는 압축력이 시스템 강성에 기여하고 CABLE 구조는 인장력이 시스템 강성에 기여한다. 이 두 구조는 **구조 기하 형태상** 당연히 **ARCH 구조에는 압축력, CABLE 구조에는 인장력이 발생**하게 된다. 이는 구조 해석을 통하지 않아도 직관적으로 알 수 있다. 이것이 자연의 이치가 아닐까 한다. 지극히 상식적이고 자연스러운 것, 그리고 효율적인 것. 이러한 것들이 현재를 살아가고 있는 구조기술자들이 한번 되새겨 볼 필요가 있지 않을까 한다.

7.4.2 케이블의 포물선 식 ⇒ 케이블의 일반정리

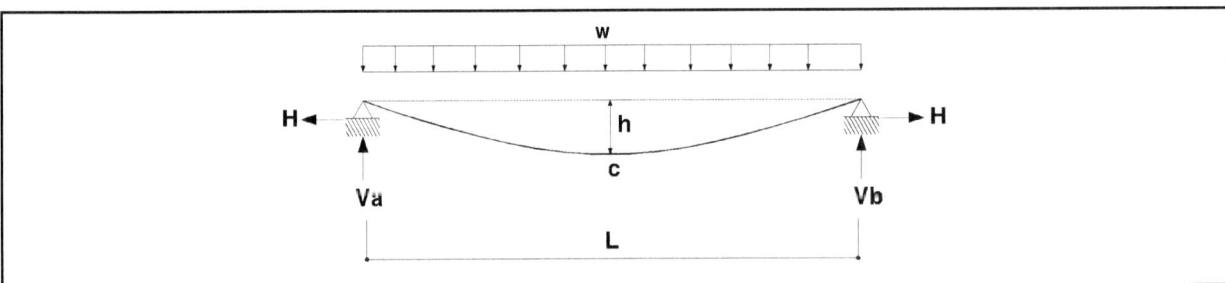

수평인 케이블이 등분포 하중을 받는 경우에, 케이블은 휨에 저항을 하지 못하므로 중앙점 c의 휨모멘트는 0이다. (내부힌지와 같은 거동)

$\Sigma V = 0$ 에서 $wL = V_A + V_B$ 그리고 $\Sigma M_B = 0$, $V_A(L) - wL(\frac{L}{2}) = 0$, $V_A, V_B = \frac{wL}{2}$

케이블은 휨모멘트에 저항을 못하므로 c점 왼쪽으로부터의 모멘트 합도 0이다.

$\Sigma M_C = 0$, $\frac{wL}{2}\frac{L}{2} - \frac{wL}{2}\frac{L}{4} - Hh = 0$ 따라서

$Hh = \frac{wL^2}{8}$, $H = \frac{wL^2}{8h}$, $h = \frac{wL^2}{8H}$, $w = \frac{8Hh}{L^2}$, $u = \frac{8Pf}{L^2}$

단순보의 중앙점 휨모멘트와 케이블 수평력이 새그(h)만큼 편기되어 발생하는 모멘트(H·h)의 합은 0이다.

이차방정식과 케이블이 휨모멘트를 저항하지 못한다는 조건으로부터 포물선식과 장력을 유도하였다. 장력 식을 통해서 중앙부에서의 외력 모멘트를 장력의 새그에 대한 모멘트로 저항하는 원리를 이해하자.

제8장   보의 응력 및 설계

8.1 휨응력 ································· 225

8.2 보의 소성이론 ······················ 234

8.3 전단응력 ····························· 241

8.4 전단 중심 ···························· 246

8.5 전단류(전단흐름) ·················· 249

8.6 보의 주응력 ························· 251

8장 보의 응력 및 설계

8.1 휨응력

8.1.1 정의

보가 정(+)의 휨모멘트를 받으면 중립측의 윗부분에는 압축응력이 일어나고 아랫부분에는 인장응력이 일어난다. 이것은 휨모멘트에 의해서 일어나는 것이므로 이를 휨응력 (Bending stress)이라 한다. 휨부재의 경제적 단면설계 및 안전성 확인을 위해 사용된다.

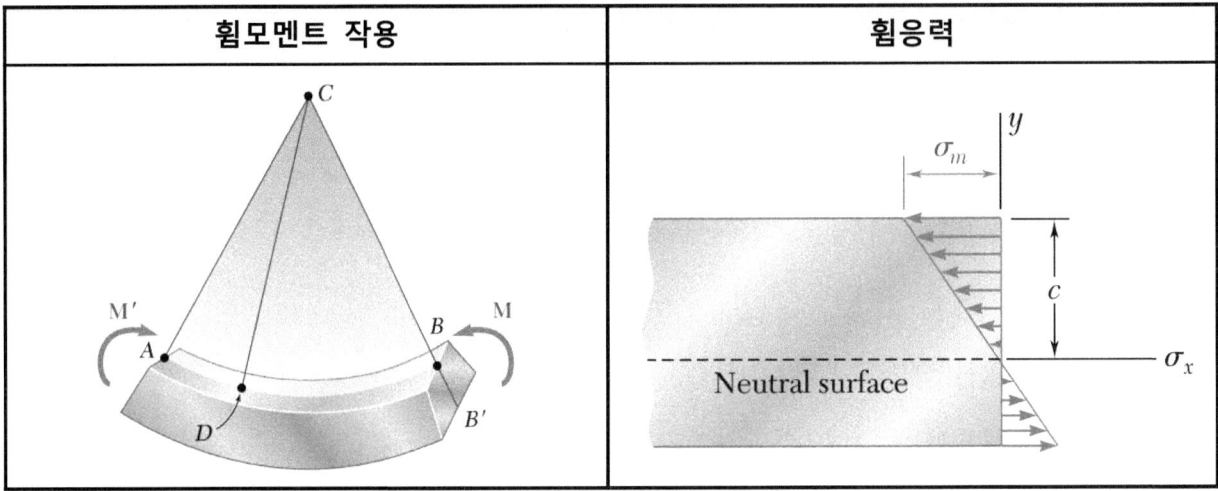

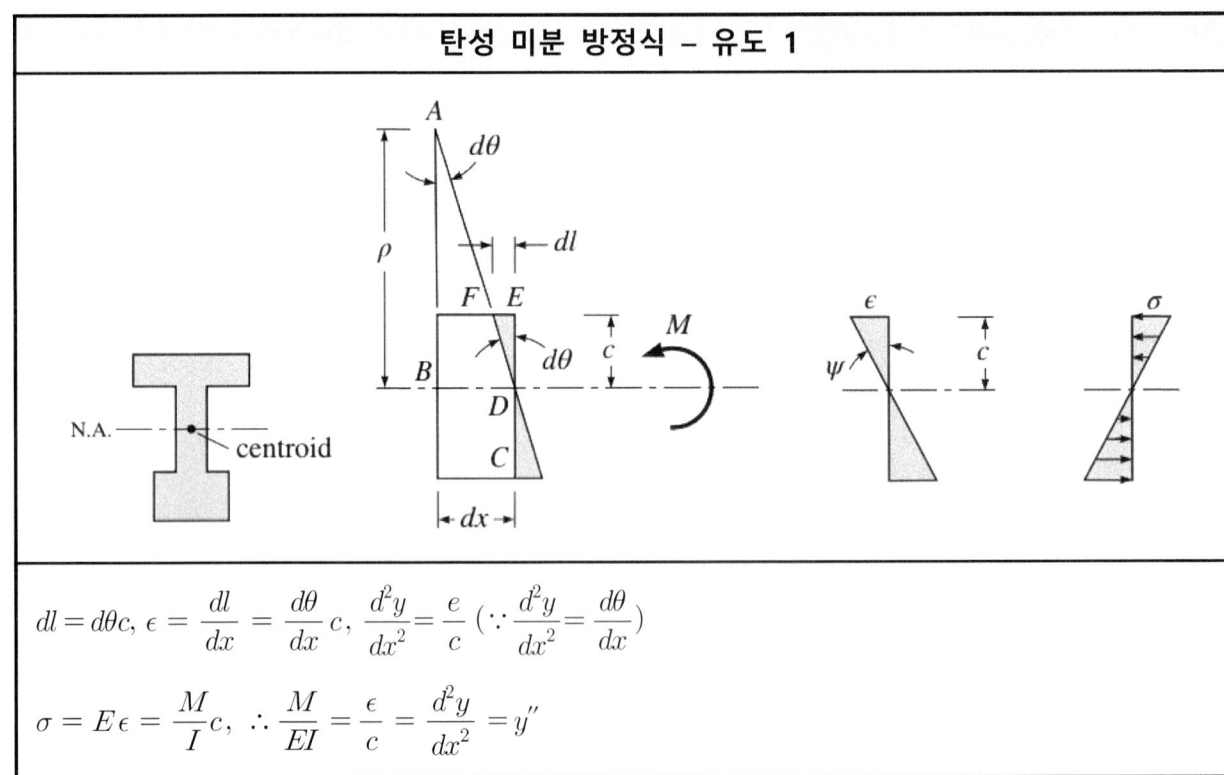

$$dl = d\theta c, \; \epsilon = \frac{dl}{dx} = \frac{d\theta}{dx} c, \; \frac{d^2y}{dx^2} = \frac{e}{c} \; (\because \frac{d^2y}{dx^2} = \frac{d\theta}{dx})$$

$$\sigma = E\epsilon = \frac{M}{I}c, \; \therefore \frac{M}{EI} = \frac{\epsilon}{c} = \frac{d^2y}{dx^2} = y''$$

제 8 장 보의 응력 및 설계

탄성 미분 방정식 - 유도 2

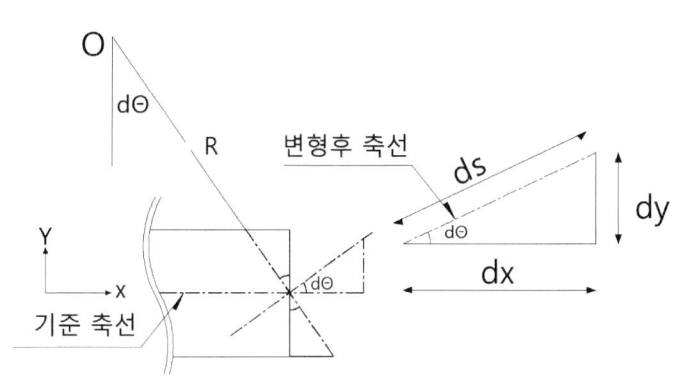

$Rd\theta = ds, \therefore \dfrac{1}{R} = \dfrac{d\theta}{ds} \rightarrow ①,$

$ds = \sqrt{(dx)^2 + (dy)^2} \Rightarrow \dfrac{ds}{dx} = \sqrt{1+(y')^2}$

$\theta = \tan^{-1}(\dfrac{dy}{dx}), d\theta = \dfrac{d}{dx}\tan^{-1}(y'),$

$\dfrac{d}{dx}\tan^{-1}(u) = \dfrac{1}{1+u^2}\dfrac{du}{dx}$ 따라서

①을 대입하면,

$\dfrac{1}{R} = \dfrac{d\theta}{ds} = \dfrac{d\theta}{dx}\dfrac{dx}{ds} = \dfrac{d}{dx}(\tan^{-1}y')\dfrac{1}{\sqrt{1+y'^2}}$, $\dfrac{1}{R} = \dfrac{y''}{1+y'^2} \cdot \dfrac{1}{\sqrt{1+y'^2}} = \dfrac{y''}{(1+y'^2)^{\frac{3}{2}}}$

비선형 항을 무시하면 $\dfrac{1}{R} = y'' = \dfrac{M}{EI} = \dfrac{\alpha \Delta T}{h}$

탄성 미분 방정식 - 유도 3

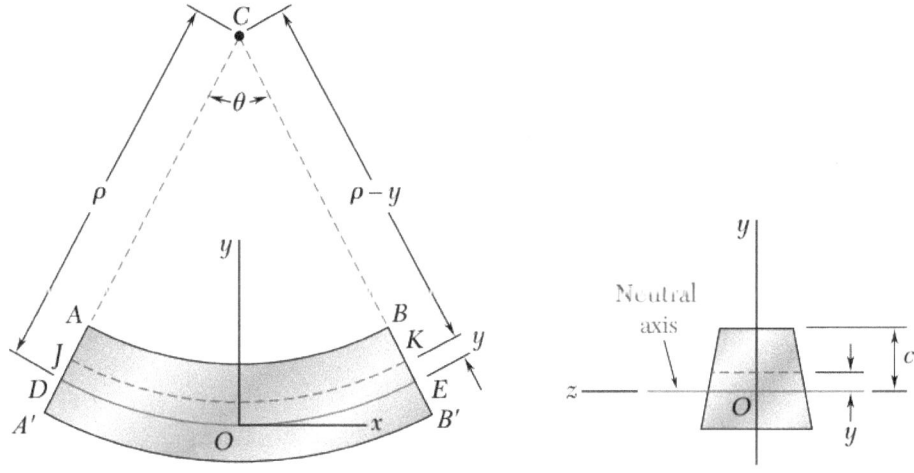

중립축선상 보 $\overline{DE}$의 길이 $L = \rho\theta$ 라 하고 y 만큼 떨어진 $\overline{JK}$의 길이는 $L' = (\rho - y)\theta$ 라 하면, 원래 길이의 변형량은 $\delta = L' - L = (\rho - y)\theta - \rho\theta = -y\theta$

따라서 종방향 변형율 $\epsilon_x = \dfrac{\delta}{L} = \dfrac{-y\theta}{\rho\theta} = \dfrac{-y}{\rho}$ 이고, 여기서 (-) 부호가 붙는 것은 정모멘트를 받는 상면은 압축으로 길이가 줄어든 것을 의미한다. 부호를 무시하면

$\epsilon_x = \dfrac{\delta}{L} = \dfrac{y}{\rho}$, $\dfrac{\epsilon}{y} = \dfrac{1}{\rho} = \dfrac{1}{R} = \dfrac{M}{EI} = \dfrac{d^2y}{dx^2} = y''$

$\dfrac{1}{R} = y'' = \dfrac{M}{EI} = \dfrac{\alpha \Delta T}{h}$

8.1.2 공식

(1) 휨응력 (σ_b)의 일반식 : $Pa(N/m^2)$, $MPa(N/mm^2)$, kg/cm^2, t/cm^2, t/m^2

최대 휨응력 (연응력)	
$\sigma_b = \pm \dfrac{M}{I}y = \pm \dfrac{M}{Z}$ 압축측 : $\sigma_c = -\dfrac{M}{I}y_c = -\dfrac{M}{Z_c}$ 인장측 : $\sigma_t = +\dfrac{M}{I}y_t = +\dfrac{M}{Z_t}$ I : 중립축에 대한 단면 2차 모멘트 y : 중립축에서 구하고자 하는 휨응력까지 거리 Z : 단면계수	① 직사각형 : $\sigma = \pm \dfrac{6M}{bh^2}$ ② 원형단면 : $\sigma = \pm \dfrac{32M}{\pi D^3}$ ③ 삼각형단면 : $\sigma = \pm \dfrac{24M}{bh^2}$ ④ I 형단면 : $\sigma = \pm \dfrac{M}{I}y$

(2) 저항모멘트 (M_r)

저항모멘트 (M_r)	
$M_r = \sigma_a \cdot Z$ □ 단면 계수 $Z = \dfrac{M}{\sigma_a}$	① 직사각형 : $M_r = \sigma_a \dfrac{bh^2}{6}$ ② 원형단면 : $M_r = \sigma_a \dfrac{\pi D^3}{32}$ ③ 삼각형단면 : $M_r = \sigma_a \dfrac{bh^2}{24}$

(3) 단면결정(설계)

저항모멘트 (M_r)
① 직사각형 : 폭 $b = \dfrac{6M}{\sigma_a h^2}$, 높이 $h = \sqrt{\dfrac{6M}{\sigma_a b}}$ ② 원형단면 : 직경 $D = \sqrt[3]{\dfrac{32M}{\pi \sigma_a}}$

(4) 부호

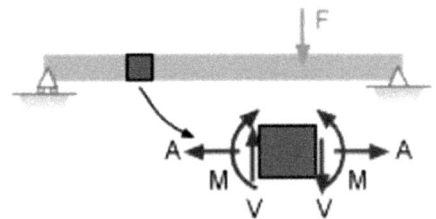
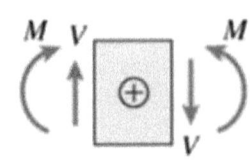
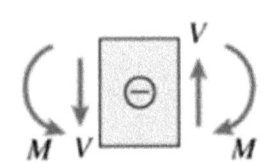

8.1.3 특성

① 휨응력은 중립측에서는 0이며, 상, 하단에서 최대가 된다.

② 휨응력은 직선으로 변화하므로 중립축으로부터의 거리에 비례한다.

③ 휨모멘트만 작용할 때의 중립축은 도심축이다.

예1) $BM = 240,000\,kg.cm$, $Z = 600\,cm^3$일 때 σ_{max}는? (단, $10kg/cm^2 \approx 1MPa$ 가정)

$$\sigma = \pm \frac{M}{Z} = \pm \frac{240,000}{600} = \pm 400\,kg/cm^2 = 40\,MPa$$

예2) $BM = 120,000\,kg.cm$, $b = 12cm$, $h = 20cm$일 때 σ_{max}는? (단, $10kg/cm^2 \approx 1MPa$ 가정)

$$\sigma = \pm \frac{6M}{bh^2} = \pm \frac{6 \times 120,000}{12 \times 20 \times 20} = \pm 150\,kg/cm^2 = 15\,MPa$$

예3) 다음 그림에서 최대 휨응력 σ_{max}는? (단, $10kg/cm^2 \approx 1MPa$ 가정)

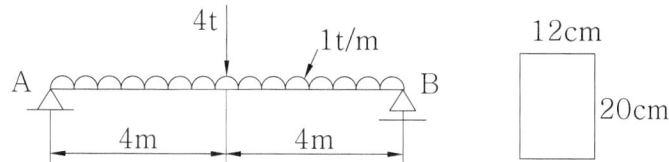

$$M_{max} = \frac{P\ell}{4} + \frac{w\ell^2}{8} = \frac{4 \times 8}{4} + \frac{1 \times 8^2}{8} = 16\,t \cdot m = 160\,kN \cdot m$$

$$\sigma_{max} = \pm \frac{6M}{bh^2} = \pm \frac{6 \times 1,600,000}{12 \times 20 \times 20} = \pm 2000\,kg/cm^2 = 200\,MPa$$

예4) $BM = 160,000\,kg.cm$, $b = 12cm$, $\sigma_a = 200kg/cm^2$ 일 때 직사각형 보의 높이 h는?

(단, $10kg/cm^2 \approx 1MPa$ 가정)

$$h = \sqrt{\frac{6M}{\sigma_{ab}}} = \sqrt{\frac{6 \times 160,000}{12 \times 200}} = \sqrt{400} = 20cm$$

8.1.4 휨과 축하중의 조합

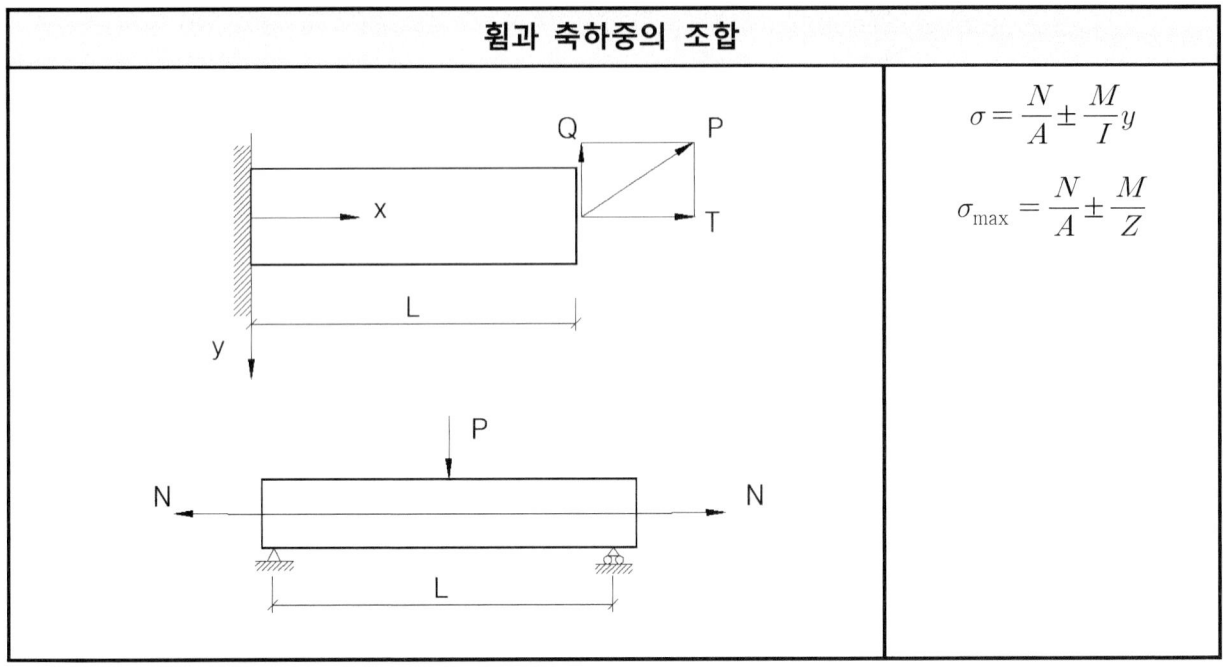

예) $20cm \times 30cm$인 직사각형단면의 보에 $M = 1,500 kg \cdot m$와 $N = 5,000 kg$이 동시에 작용할 때 최대 압축 연응력은? (단, $10kg/cm^2 \approx 1MPa$ 가정)

$$Z = \frac{bh^2}{6} = \frac{20 \times 30 \times 30}{6} = 3,000 cm^3$$

$$\sigma_{\max} = \frac{N}{A} + \frac{N}{Z} = \frac{5,000}{20 \times 30} + \frac{150,000}{3,000} = 58.3 kg/cm^2 = 5.83 MPa$$

$$\sigma_{\min} = \frac{N}{A} - \frac{N}{Z} = \frac{5,000}{20 \times 30} - \frac{150,000}{3,000} = 41.7 kg/cm^2 = 4.17 MPa$$

8.1.5 휨과 비틀림의 조합

휨과 비틀림의 조합 및 주응력	
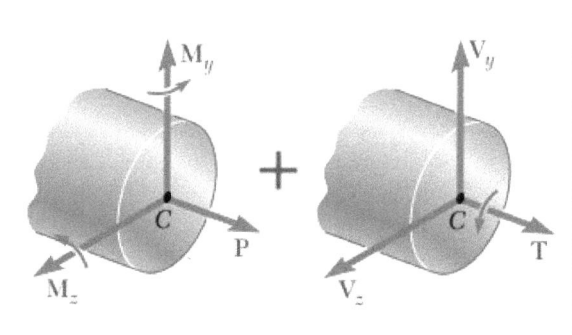	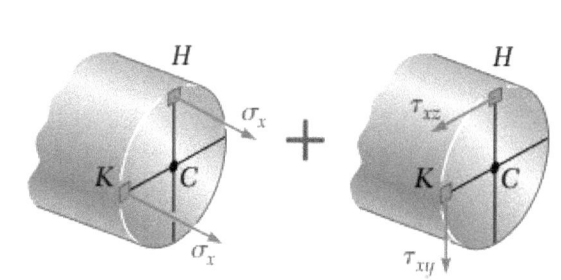
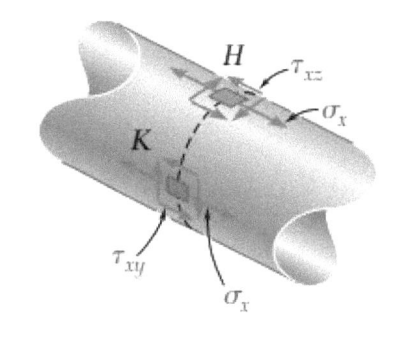	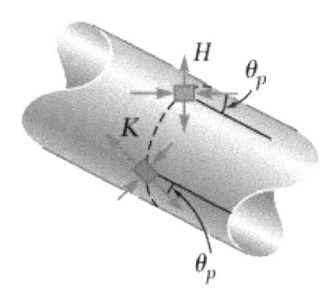
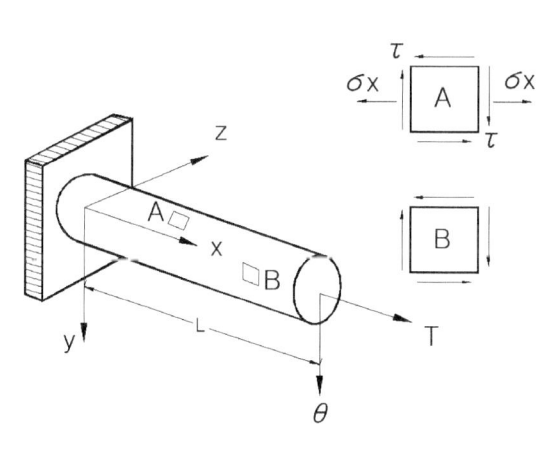	$\sigma_{1,2} = \dfrac{16}{\pi d^3}(M \pm \sqrt{M^2+T^2})$ $Z_{\max} = \dfrac{16}{\pi d^3}\sqrt{M^2+T^2}$ 윗 식은 주응력과 전단응력을 휨모멘트 M과 비틀림모멘트 T항으로 표시한 것이다. 등가 휨모멘트 : $M_e = \dfrac{1}{2}(M \pm \sqrt{M^2+T^2})$ $\sigma = \dfrac{M_e}{I}c \quad (I=\dfrac{\pi r^4}{4},\ c=r)$ 등가 비틀림모멘트 : $T_e = \sqrt{M^2+T^2}$ $\tau = \dfrac{T_e}{J}c \quad (J=\dfrac{\pi r^4}{2},\ c=r)$

8.1.6 부재단면에 편기된 하중을 받을 때의 휨응력

부재단면에 편기된 하중을 받을 때의 휨응력

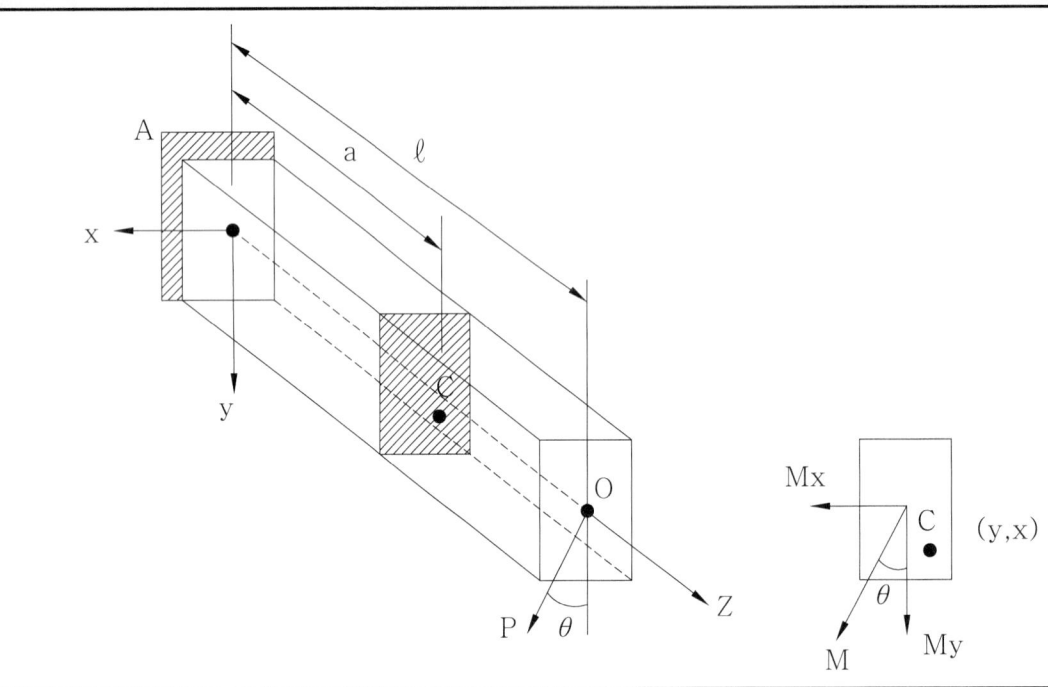

그림과 같이 단면의 중립축 0점에 편기된 하중 P가 작용할 때, 고정지점으로부터 a만큼 떨어진 단면 C($y \cdot z$)점의 휨응력 σ_c는

$M_x = M\sin\theta = P\sin\theta(\ell-a)$

$M_y = M\cos\theta = P\cos\theta(\ell-a)$

$\sigma_c = \dfrac{M_x}{I_y}x - \dfrac{M_y}{I_x}y$

□ 최대 휨응력

　고정단 A점의 단면 상, 하단에서 최대 휨응력이 생긴다. 최대 휨모멘트의 값은

$M_{Ax} = P\sin\theta \cdot \ell$

$M_{Ay} = P\cos\theta \cdot \ell$

$\sigma_{\max} = \dfrac{M_{Ax}}{I_y}x - \dfrac{M_{Ay}}{I_x}y$

제 8 장 보의 응력 및 설계

x, y 축에 대한 휨응력

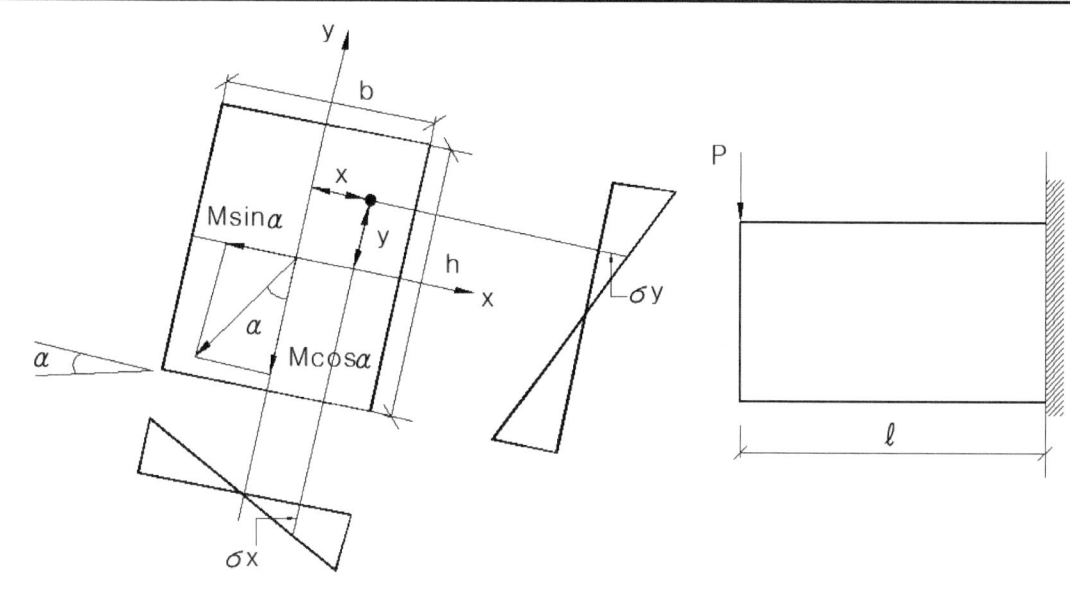

- [ ] x방향의 휨응력 : $\sigma_x = \dfrac{M_y}{I_y}x = \dfrac{12M\sin\alpha}{b^3 h}x$

- [ ] y방향의 휨응력 : $\sigma_y = \dfrac{M_x}{I_x}y = \dfrac{12M\cos\alpha}{b^3 h}y$

- [ ] 임의의 점(x,y)의 응력은 $\sigma = \sigma_x + \sigma_y$ 이므로

$$\sigma \pm \dfrac{12M}{bh}\left(\dfrac{x\sin\alpha}{b^2} + \dfrac{y\cos\alpha}{h^2}\right)$$

- [ ] 최대 휨응력

$x = \dfrac{b}{2},\ y = \dfrac{h}{2}$ 일 때 $\sigma = \sigma_{\max}$

$$\sigma = \pm \dfrac{12M}{bh}\left(\dfrac{x\sin\alpha}{b^2} + \dfrac{y\cos\alpha}{h^2}\right) = \pm \dfrac{12M}{bh}\left(\dfrac{\dfrac{b}{2}\sin\alpha}{b^2} + \dfrac{\dfrac{h}{2}\cos\alpha}{h^2}\right)$$

$$\therefore \sigma_{\max} = \pm \dfrac{6M}{bh}\left(\dfrac{\sin\alpha}{b} + \dfrac{\cos\alpha}{h}\right)$$

다음 그림에서 A점의 응력? (단, P는 10kN, $\alpha = 45°$)

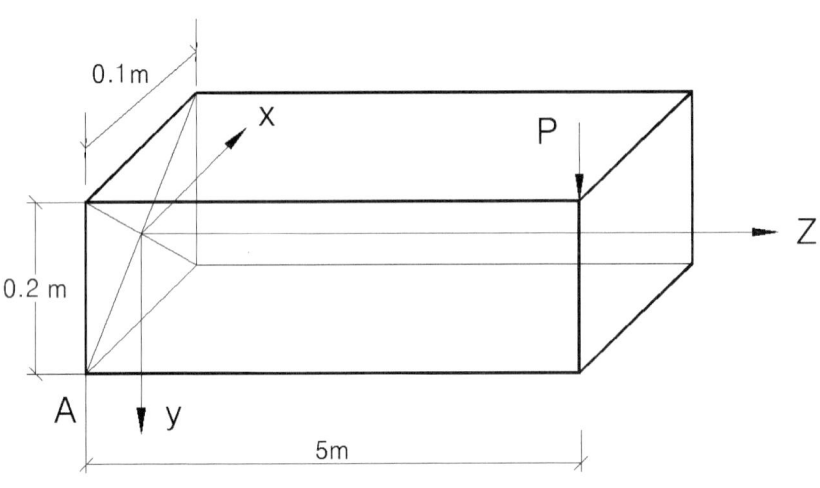

$M = P\ell = 10 \times 5 = 50\,kN.m$

$\sigma_A = -\dfrac{6M}{bh}(\dfrac{\sin\alpha}{b} + \dfrac{\cos\alpha}{h})$

$= \dfrac{6 \times 50(1000)}{0.1 \times 0.2}(\dfrac{1}{0.1\sqrt{2}} + \dfrac{1}{0.2\sqrt{2}})$

$= -15,000,000(\dfrac{3}{0.2\sqrt{2}})$

$= -159.1\,MPa$(압축응력)

8.2 보의 소성이론

8.2.1 개요

비탄성 휨의 가장 간단한 경우는 보가 탄소성 재료일 때 발생하는 소성 휨(Plastic bending)이다. 이러한 재료는 항복응력까지는 훅크의 법칙을 따르고 다음에는 일정한 응력하에서 소성적으로 항복한다. 탄소성재료는 선형탄성 부분과 완전소성 부분을 갖고 있다.

8.2.2 소성 휨의 해법상 가정

① 변형률은 중립축으로부터 비례한다.

② 응력-변형률의 관계는 정적 항복점 σ_y에 도달할 때까지는 탄성이며, σ_y에 도달한 후에는 일정응력 σ_y에 무제한 소성흐름이 생긴다.

③ 압축측의 응력-변형률의 관계는 인장측과 동일한 것으로 한다.

8.2.3 단면의 형상계수

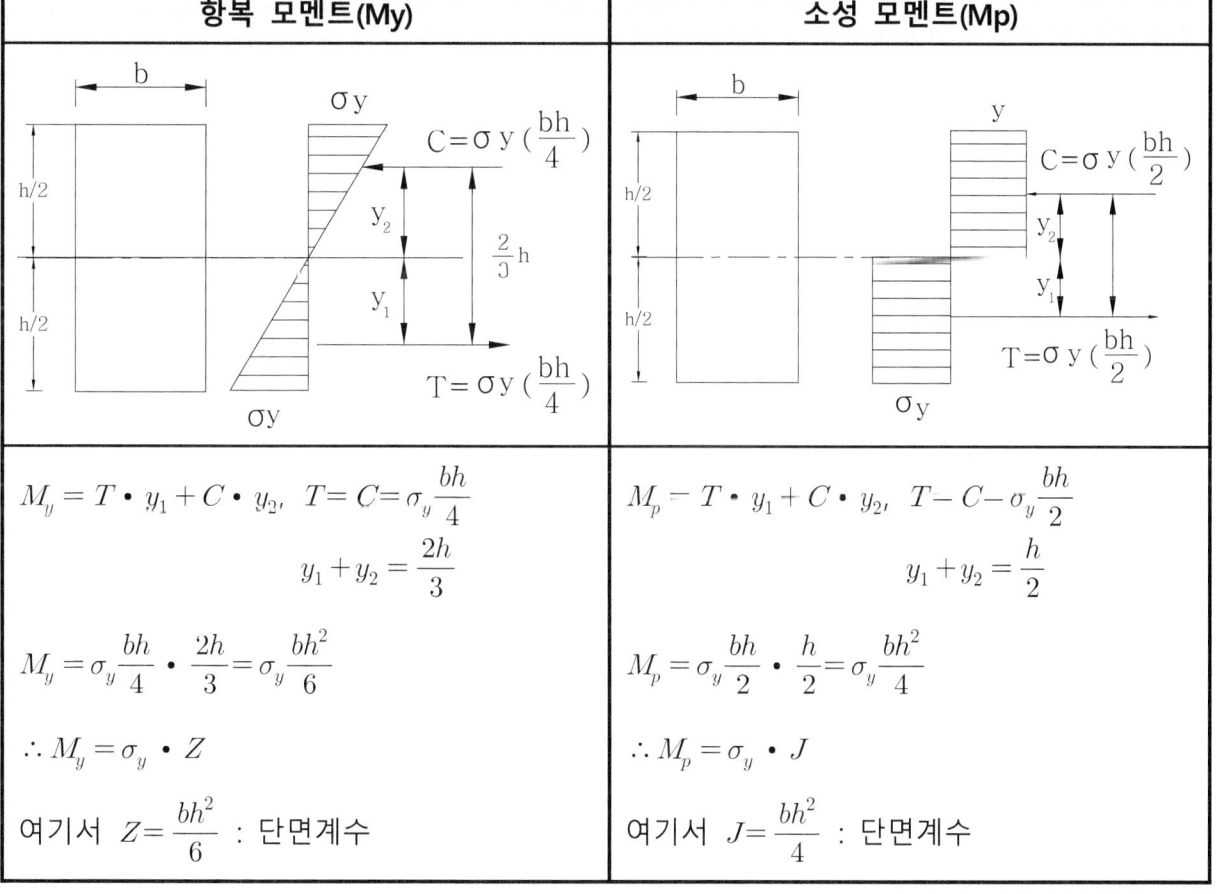

항복 모멘트(My)	소성 모멘트(Mp)
$M_y = T \cdot y_1 + C \cdot y_2,\ T = C = \sigma_y \dfrac{bh}{4}$ $y_1 + y_2 = \dfrac{2h}{3}$ $M_y = \sigma_y \dfrac{bh}{4} \cdot \dfrac{2h}{3} = \sigma_y \dfrac{bh^2}{6}$ $\therefore M_y = \sigma_y \cdot Z$ 여기서 $Z = \dfrac{bh^2}{6}$: 단면계수	$M_p = T \cdot y_1 + C \cdot y_2,\ T = C = \sigma_y \dfrac{bh}{2}$ $y_1 + y_2 = \dfrac{h}{2}$ $M_p = \sigma_y \dfrac{bh}{2} \cdot \dfrac{h}{2} = \sigma_y \dfrac{bh^2}{4}$ $\therefore M_p = \sigma_y \cdot J$ 여기서 $J = \dfrac{bh^2}{4}$: 단면계수

제 8 장 보의 응력 및 설계

□ 형상계수(f)

$$f = \frac{\text{소성모멘트}}{\text{항복모멘트}} = \frac{\text{소성계수}}{\text{단면계수}}$$

$$f = \frac{M_p}{M_y} \quad (\text{또는 } f = \frac{J}{Z})$$

$$= \frac{\sigma_y \dfrac{bh^2}{4}}{\sigma_y \dfrac{bh^2}{6}} = \frac{\dfrac{bh^2}{4}}{\dfrac{bh^2}{6}} = \frac{6}{4} = \frac{3}{2} = 1.5$$

8.2.4 소성해석

탄소성보에서 극한하중을 계산하고 소성힌지의 위치를 결정하는 것을 소성해석이라고 한다.

① 소성힌지

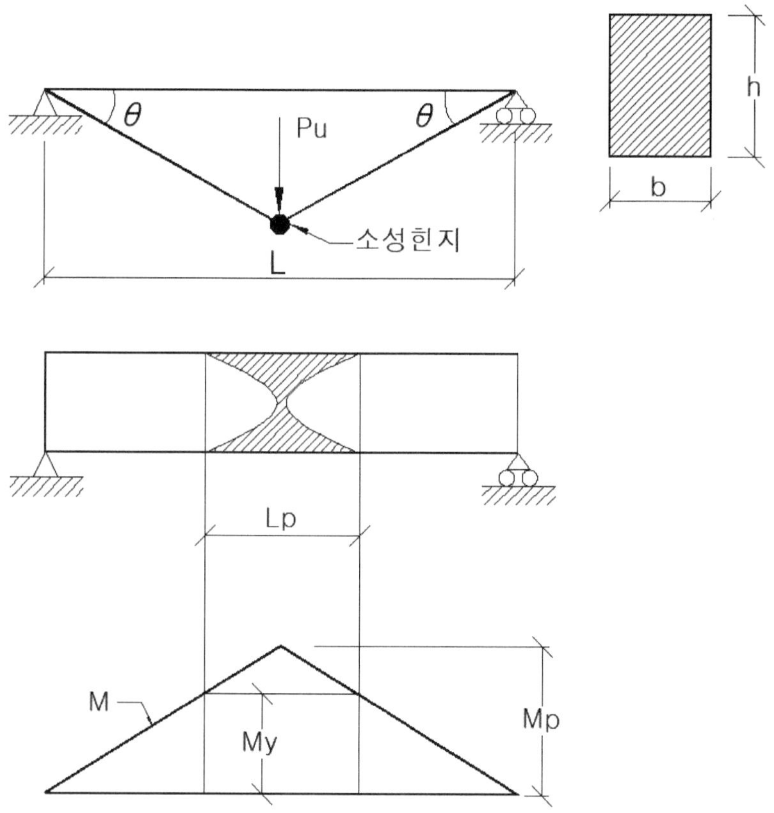

그림과 같이 보에 가해진 하중이 점차적으로 증가하면, 최대 휨모멘트 발생위치에서의 모멘트(M)가 항복 모멘트(M_y)와 같게 되면서 보의 상하연 응력이 항복응력에 도달하여 보의 표면에 초기 항복이 일어난다. 이때의 하중을 항복하중이라 한다.

이 항복하중이 더 증가하면, 보의 내부까지 항복응력에 도달하면서 단면이 더 이상 휨에 저항하지 못하고 마치 힌지처럼 거동하게 된다. 이 힌지를 소성힌지라고 하며 이 때의 모멘트를 소성모멘트(M_p) 라 한다.

소성힌지는 탄소성 보가 지탱할 수 있는 최대 하중을 결정하는 데 유용한 방법을 제공한다.

정정 구조물은 소성힌지 1개만 있어도 충분히 파괴된다. 이와 같이 구조물의 붕괴를 일으키는 하중을 극한하중이라 한다.

② 소성영역(L_p)

$M_y = \dfrac{P}{2}(\dfrac{L-L_p}{2})$, 최대 모멘트 $\dfrac{PL}{4}$은 M_p와 같으므로 $P = \dfrac{4M_p}{L}$

$M_y = \dfrac{1}{2} \times \dfrac{4M_P}{L}(\dfrac{L-L_P}{2})$, $L_p = L(1 - \dfrac{M_y}{M_p}) = L(1-\dfrac{1}{f}) = L(1-\dfrac{1}{1.5})$

$\therefore L_P = \dfrac{L}{3}$

□ 직사각형보($f = 1.5$) : $L_p = L/3$

    WF(Wide Flange) 형보($f = 1.1 \sim 1.2$) : $L_p = 0.009L \sim 0.17L$

□ 소성힌지는 항상 최대 휨모멘트가 생기는 단면에서 형성된다.

③ 극한하중(P_U)

$P_u \dfrac{\ell}{2}\theta - M_p \cdot 2\theta = 0$ (가상일의 원리)

$\therefore P_u = \dfrac{4M_p}{L}$

EX – 1 : 그림과 같은 단순보에서 소성힌지가 형성될 때 극한하중 P_u 값은?

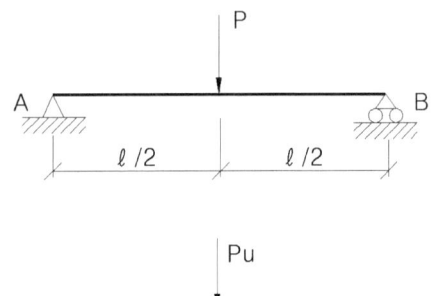

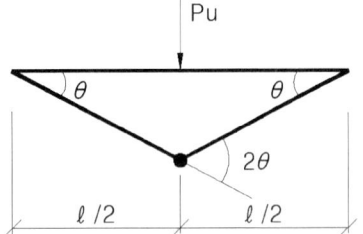

소성힌지가 형성되는 위치는 최대휨모멘트가 발생하는 지점이므로 가상변위의 원리에 의해서

$P_u \dfrac{\ell}{2}\theta - M_p \cdot 2\theta = 0$

$\therefore P_u = \dfrac{4M_p}{L}$

EX – 2 : 그림과 같은 단순보에서 극한하중 W_u 값은?

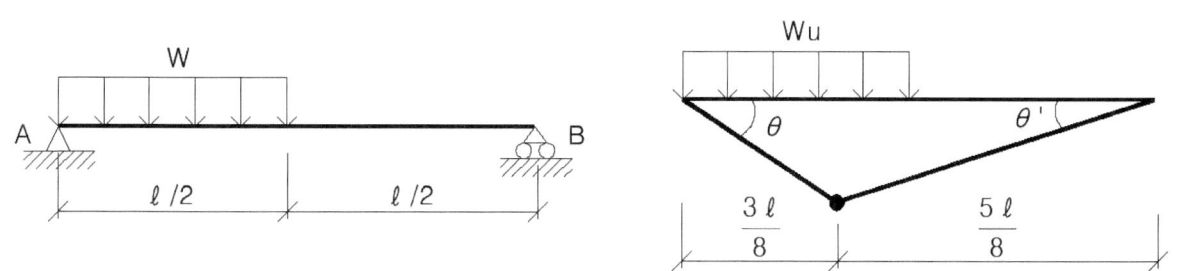

소성힌지가 형성되는 위치는 최대 휨모멘트가 발생하는 $\frac{3}{8}\ell$ 지점이다. 하중이 점차 증가되면 최대 휨모멘트는 항복모멘트 M_y에 도달한다. 이 때 초기 항복이 일어난다. 따라서, 항복하중은 $W_y = \frac{128 M_y}{9\ell^2}$ 이다. 하중이 더 증가하면 소성 힌지가 발생한다. 이 때의 극한하중은 $W_u = \frac{128 M_p}{9\ell^2}$ 이다.

□ 정정보에서 극한하중과 항복하중과의 비는 항상 단면의 형상계수 $f = \frac{M_p}{M_y}$와 같다. 그러나 부정정보에서는 이 비가 보의 형태와 작용하중에 따라 달라진다.

EX – 3 : 그림과 같은 부정정보에서 극한하중 P_u는?

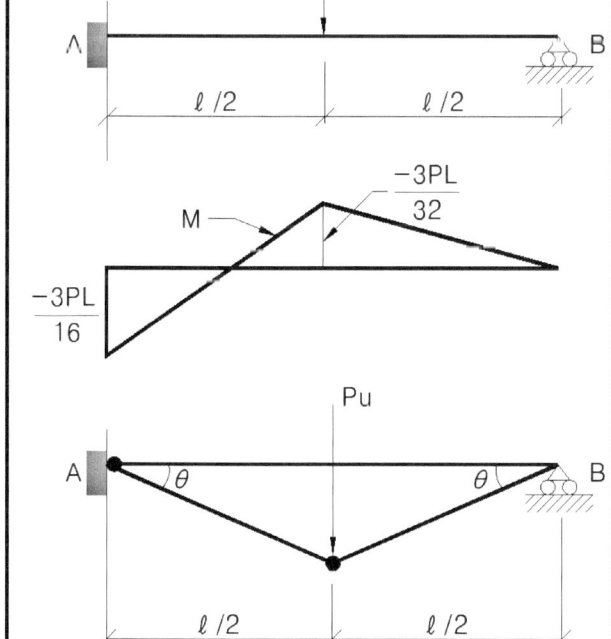

$$P_y = \frac{16 M_y}{3L}$$

가상일의 원리

$$\frac{P_u \cdot \theta \cdot L}{2} - M_p \cdot \theta - 2M_p \cdot \theta = 0$$

$$P_u \frac{\theta \cdot L}{2} = 3M_p \cdot \theta$$

$$\therefore P_u = \frac{6M_P}{L}$$

극한하중과 항복하중의 비 $\frac{P_u}{P_y} = \frac{9M_p}{8M_y}$

8.2.5 소성해석 응용

설계기준 및 내진성능평가에 소성해석의 개념이 적용되고 있다.

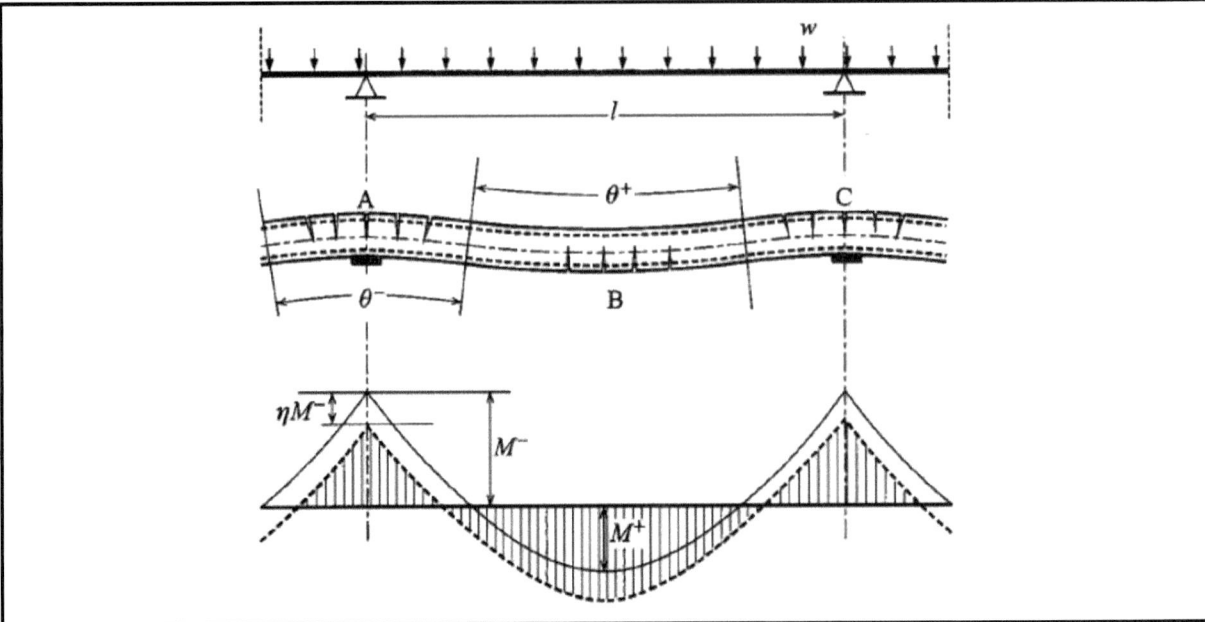

1. 콘크리트 구조기준 : KDS 14 20 10 (콘크리트 구조 해석과 설계원칙)

4.3.2 연속 휨부재의 모멘트 재분배

(1) 근사해법에 의해 휨모멘트를 계산한 경우를 제외하고, 어떠한 가정의 하중을 적용하여 탄성이론에 의하여 산정한 연속 휨부재 받침부의 부모멘트는 20% 이내에서 $1{,}000\varepsilon_t\%$ 만큼 증가 또는 감소시킬 수 있다.

(2) 경간 내의 단면에 대한 휨모멘트의 계산은 수정된 부모멘트를 사용하여야 하며, 휨모멘트 재분배 이후에도 정적 평형은 유지되어야 한다.

(3) 휨모멘트의 재분배는 휨모멘트를 감소시킬 단면에서 최외단 인장철근의 순인장변형률 ε_t 가 0.0075 이상인 경우에만 가능하다.

2. 도로교 설계기준 : KDS 24 10 11 (교량 설계 일반사항)

4.6.12 연속교의 부모멘트 재분배

4.6.12.1 일반사항

연속 거더교에서는 비탄성 휨 거동에 의하여 발생하는 하중영향의 재분배를 고려할 수 있다. 보와 거더의 휨에 대한 비탄성 거동만을 고려할 수 있으며, 전단 및 좌굴 거동에 대한 비탄성 해석은 허용되지 않는다. 하중영향의 횡방향 재분배를 고려하지 않는다.

3. 교량의 내진성능 확보

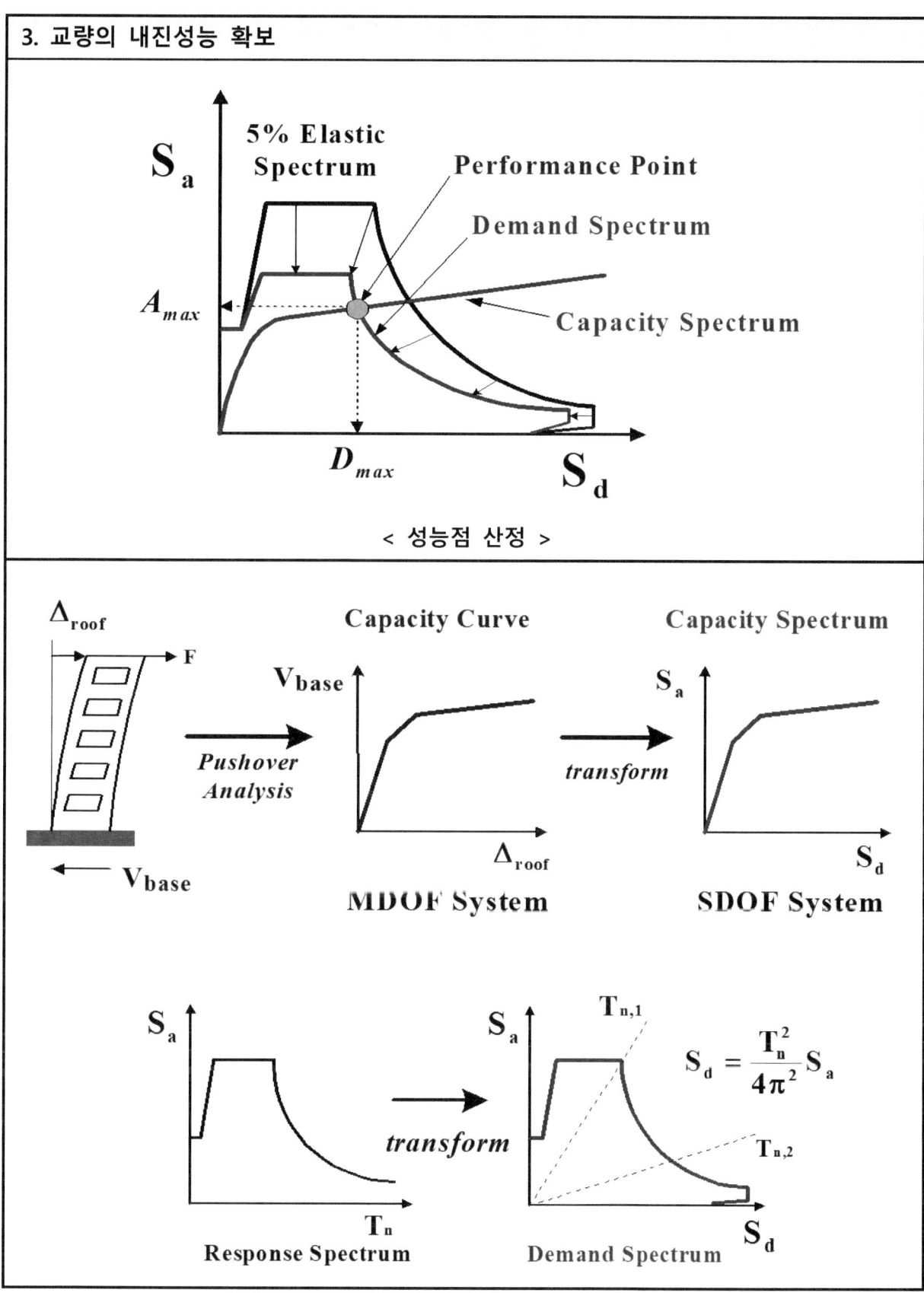

< 성능점 산정 >

8.3 전단응력

8.3.1 정의

보에 하중이 작용하면 단면에 작용하는 전단력에 의한 응력이 생긴다. 이 응력을 전단응력이라 한다. 단위는 $Pa(N/m^2)$, $MPa(N/mm^2)$, kg/cm^2, t/cm^2, t/m^2

8.3.2 전단응력의 분포

1) 보의 부재축에 평행 및 수직인 면에서는 각각 수평 전단응력과 수직 전단응력이 동시에 일어난다.

2) 보의 임의 단면에 있어서 수직 전단응력의 총합의 크기는 수평 전단응력의 총합의 **크기와 같다.**

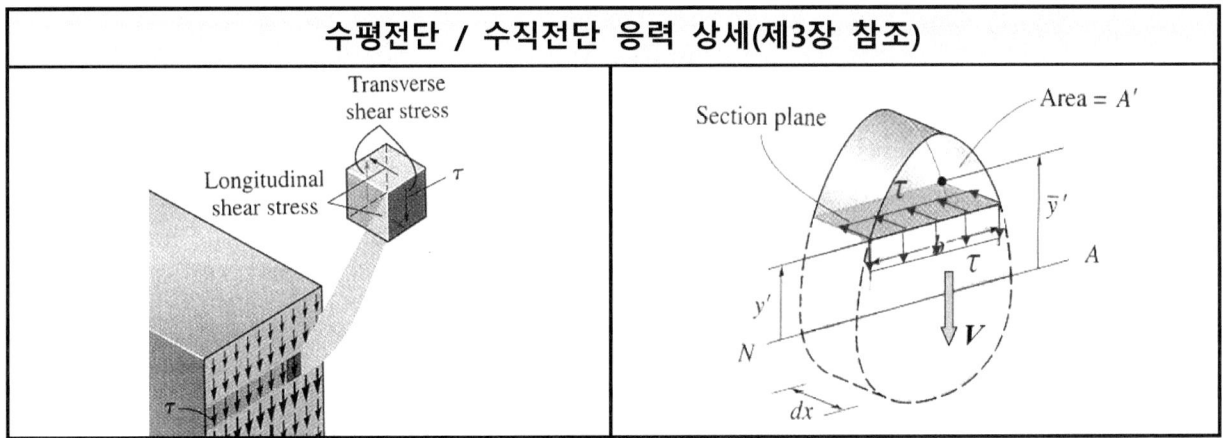

수평전단 / 수직전단 응력 상세(제3장 참조)

3) 전단응력은 보통 중립축에서 최대이고 상,하 양단에서 0이며 곡선으로 변화한다.

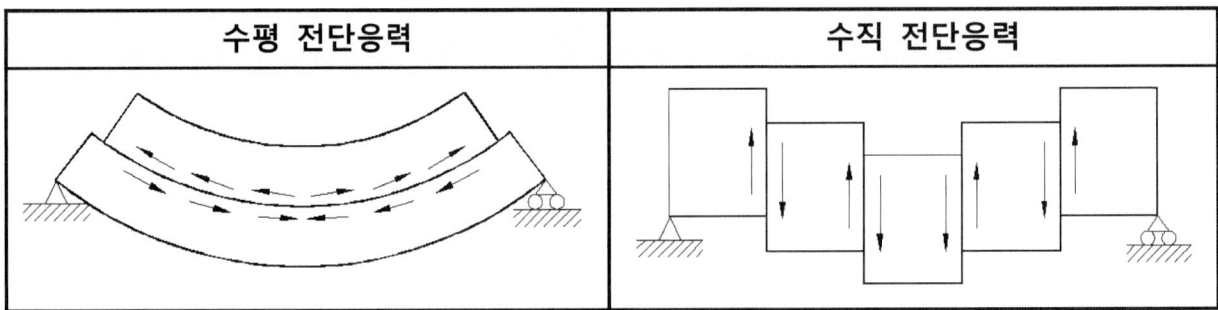

| 수평 전단응력 | 수직 전단응력 |

8.3.3 공식

1) 전단응력의 일반식 $\tau = \dfrac{SG}{Ib}$ (휨부재)

G : 전단응력을 구하고자 하는 위치의 바깥쪽에 있는 단면의 중립축에 대한 단면 1차 모멘트

I : 중립축에 대한 단면 2차 모멘트

b : 전단응력을 구하고자 하는 위치의 단면의 폭

① 직사각형단면

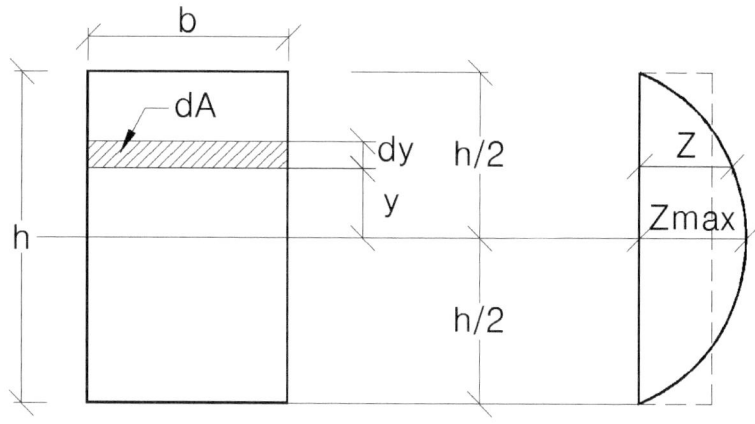

$$G = \int_y^{\frac{h}{2}} y\, dA = \int_y^{\frac{h}{2}} y \cdot b\, dy = b\left[\frac{y^2}{2}\right]_y^{\frac{h}{2}} = \frac{b}{2}\left(\frac{h^2}{4} - y^2\right)$$

$$\tau = \frac{SG}{Ib} = \frac{S}{\frac{bh^3}{12} b} \cdot \frac{b}{2}\left(\frac{h^2}{4} - y^2\right) = \frac{6S}{bh^3}\left(\frac{h^2}{4} - y^2\right)$$

$$\therefore \tau = \frac{3}{2} \cdot \frac{S}{bh^3}(h^2 - 4y^2)$$

② 원형단면

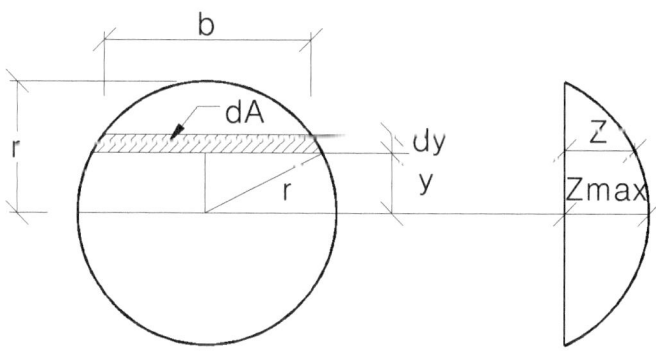

$$b = 2\sqrt{r^2 - y^2},\ dA = \sqrt{r^2 - y^2} \cdot dy$$

$$G = \int_y^r y \cdot 2\sqrt{r^2 - y^2} \cdot dy = -\frac{2}{3}\left[(r^2 - y^2)^{\frac{3}{2}}\right]_y^r = \frac{2}{3}(r^2 - y^2)^{\frac{3}{2}}$$

$$\tau = \frac{SG}{Ib} = \frac{S}{\frac{\pi r^4}{4} \cdot 2\sqrt{r^2 - y^2}} \cdot \frac{2}{3}(r^2 - y^2)^{\frac{3}{2}}$$

$$\therefore \tau = \frac{4}{3} \cdot \frac{S}{\pi r^4}(r^2 - y^2)$$

2) 기본도형의 최대 전단응력

$$\tau_{\max} = \kappa \frac{S}{A}$$

κ(전단계수) : 단면의 형상에 따라 평균전단응력 $\frac{S}{A}$에 곱해지는 계수

① 직사각형단면

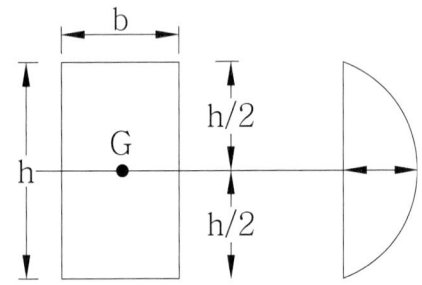

$(k = \frac{3}{2} = 1.5)$, $A = bh$

$\tau_{\max} = \frac{3}{2} \frac{S}{bh} = \frac{3}{2} \cdot \frac{S}{A}$

② 원형단면

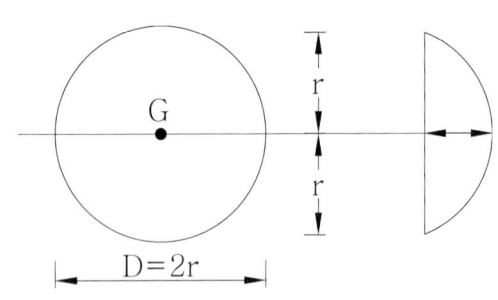

$(k = \frac{4}{3} = 1.3)$, $A = \pi r^2 = \frac{\pi D^2}{4}$

$\tau_{\max} = \frac{4}{3} \frac{S}{\pi r^2} = \frac{4}{3} \cdot \frac{S}{A}$

③ 삼각형단면

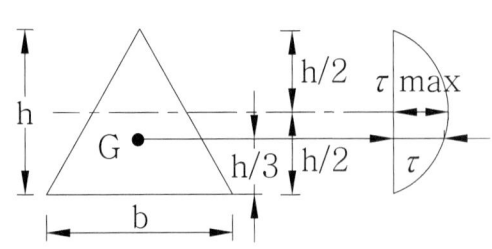

$(k = \frac{3}{2} = 1.5)$, $A = \frac{bh}{2}$

$\tau_{\max} = 3\frac{S}{bh} = \frac{3}{2} \cdot \frac{S}{A}$

$\tau = \frac{8}{3} \frac{S}{bh} = \frac{4}{3} \frac{S}{A}$

④ 마름모꼴단면

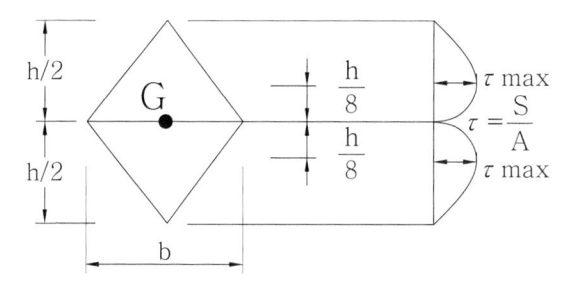

$(k = \dfrac{9}{8} = 1.125)$, $A = \dfrac{bh}{2}$

$\tau_{\max} = \dfrac{9}{4} \cdot \dfrac{S}{bh} = \dfrac{9}{8} \cdot \dfrac{S}{A}$

$\tau = \dfrac{S}{A}$

3) 전단응력의 분포상태

전단응력의 분포 상태 - 1

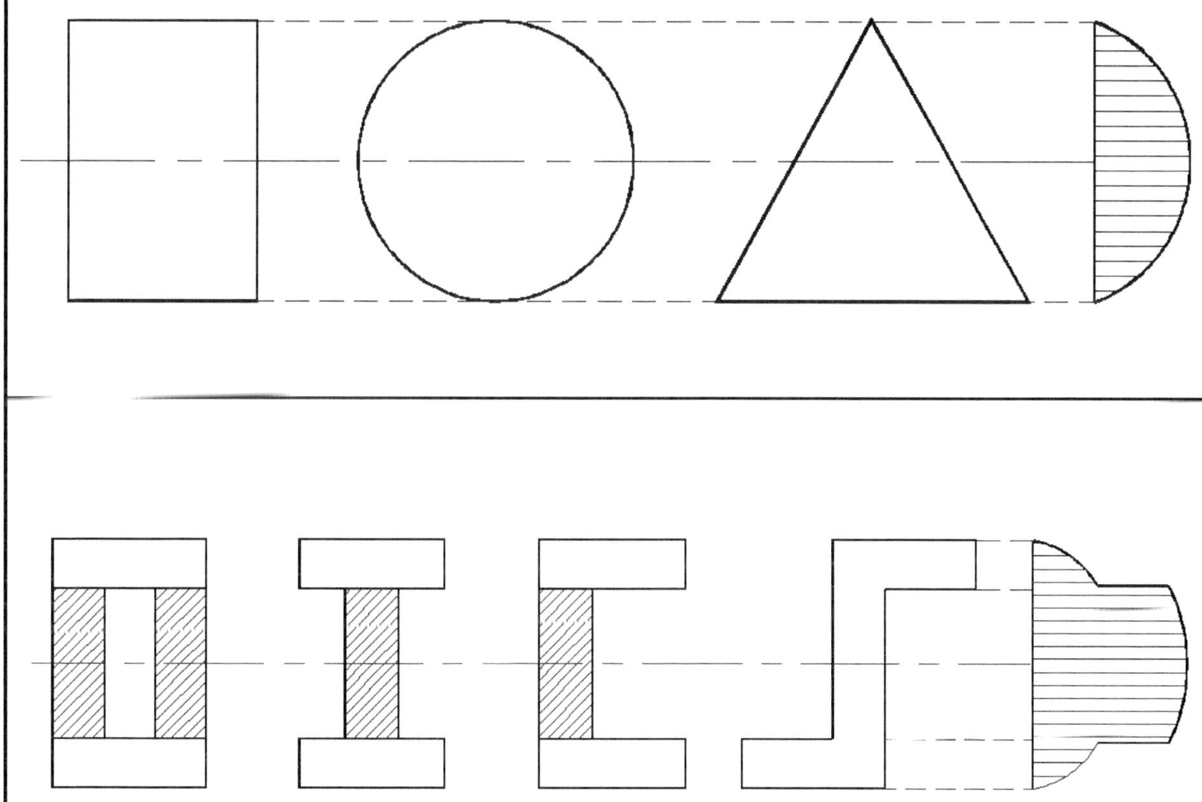

| 전단응력의 분포 상태 - 2 |

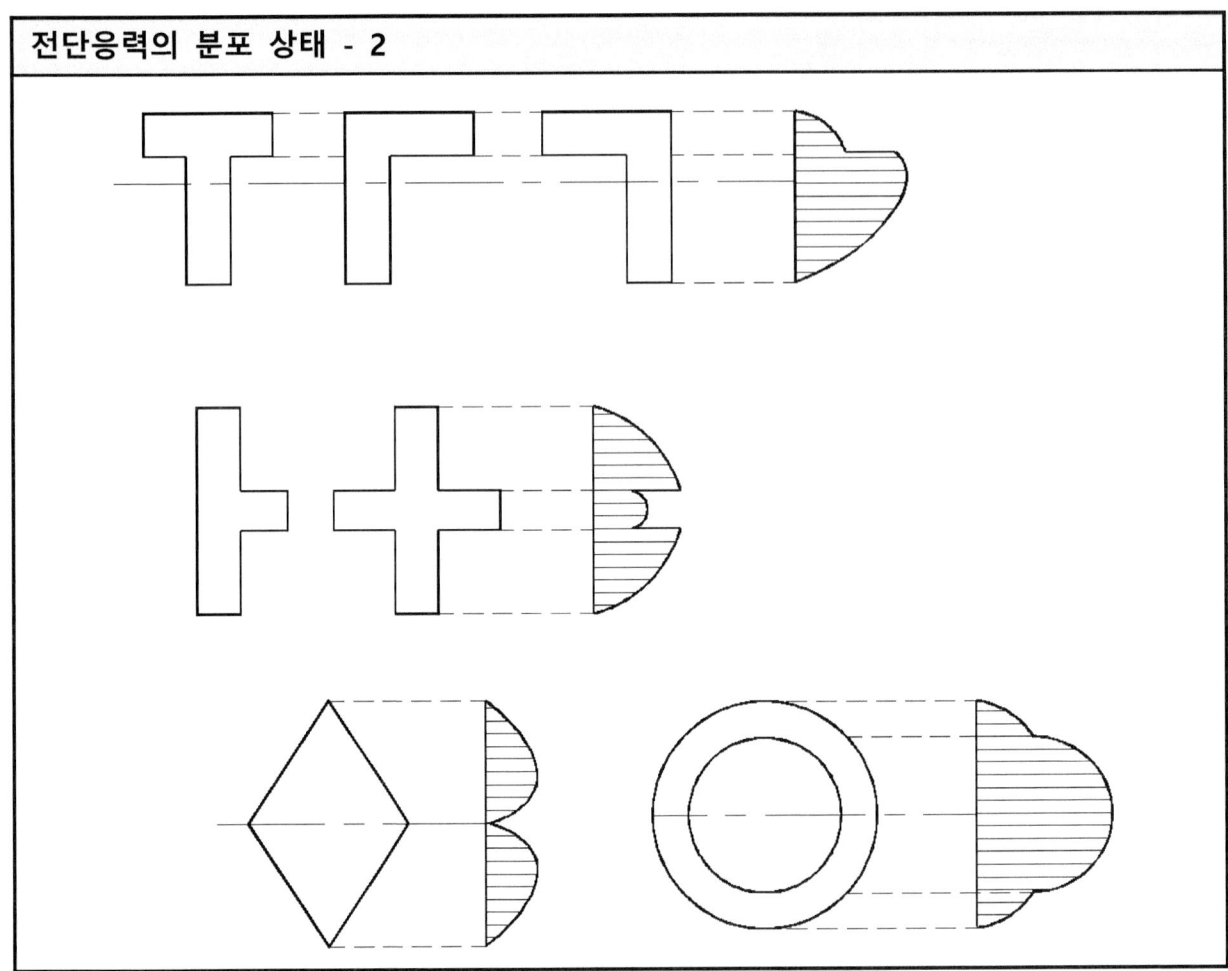

8.3.4 용도

전단력을 받는 보의 경제적 단면설계 및 안정도 검정

8.3.5 특성

① 전단응력은 보통 중립축에서 최대이며, 상·하 양단에서 0이다.

② 전단응력은 곡선 변화한다.

* **직사각형단면의 단면적 A와 삼각형 단면적 A가 같다면 최대 전단응력의 크기도 같다.**

* 전단응력 τ는 다음과 같은 관계를 갖는다.
    ① 단면 2차 모멘트에 반비례한다.
    ② 단면의 폭에 반비례한다.
    ③ 전단력과 단면 1차 모멘트에 비례한다.

제 8 장 보의 응력 및 설계

EX – 1 : 다음 그림에서 최대 전단응력은?

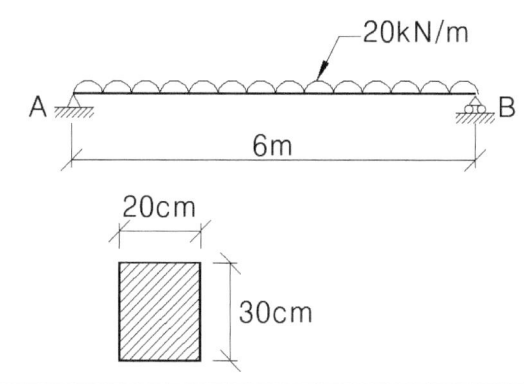

$$S_{\max} = R_A = R_B = \frac{w\ell}{2} = \frac{20 \times 6}{2} = 60\,kN$$

$$\tau_{\max} = \frac{3}{2} \cdot \frac{S}{A} = \frac{3}{2} \cdot \frac{60(1000)}{200 \times 300} = 1.5\,MPa$$

EX – 2 : 다음 단면을 갖는 보에서 빗금친 부분에서의 최대 전단응력? (단, 전단력 $S(kg)$, 단면적 $A(cm^2)$이다.)

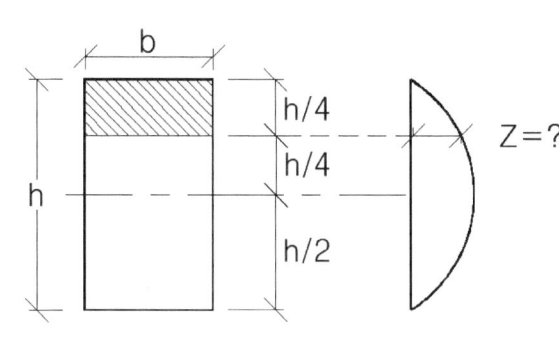

$$\tau = \frac{3}{2} \cdot \frac{S}{bh^3}(h^2 - 4y^2)$$

$$\therefore \tau = \frac{9}{8} \cdot \frac{S}{A} = 1.125\frac{S}{A}$$

8.4 전단 중심

8.4.1 정의

보에서는 외력 조건에 대해 다양한 내력이 발생하게 된다. 아래 그림과 같이 ㄷ형 단면을 갖는 보에 외력 P가 작용하면, 부재단면은 보의 중심축에 대해 회전하므로 보에는 휨 및 전단과 함께 비틀림이 발생한다. 비틀림이 없는 순수 휨 상태를 유지하려면 외력 P는 단면 내 전단력의 합력 위치에 작용해야 하는데, 이 위치를 전단 중심이라 한다.

전단 중심

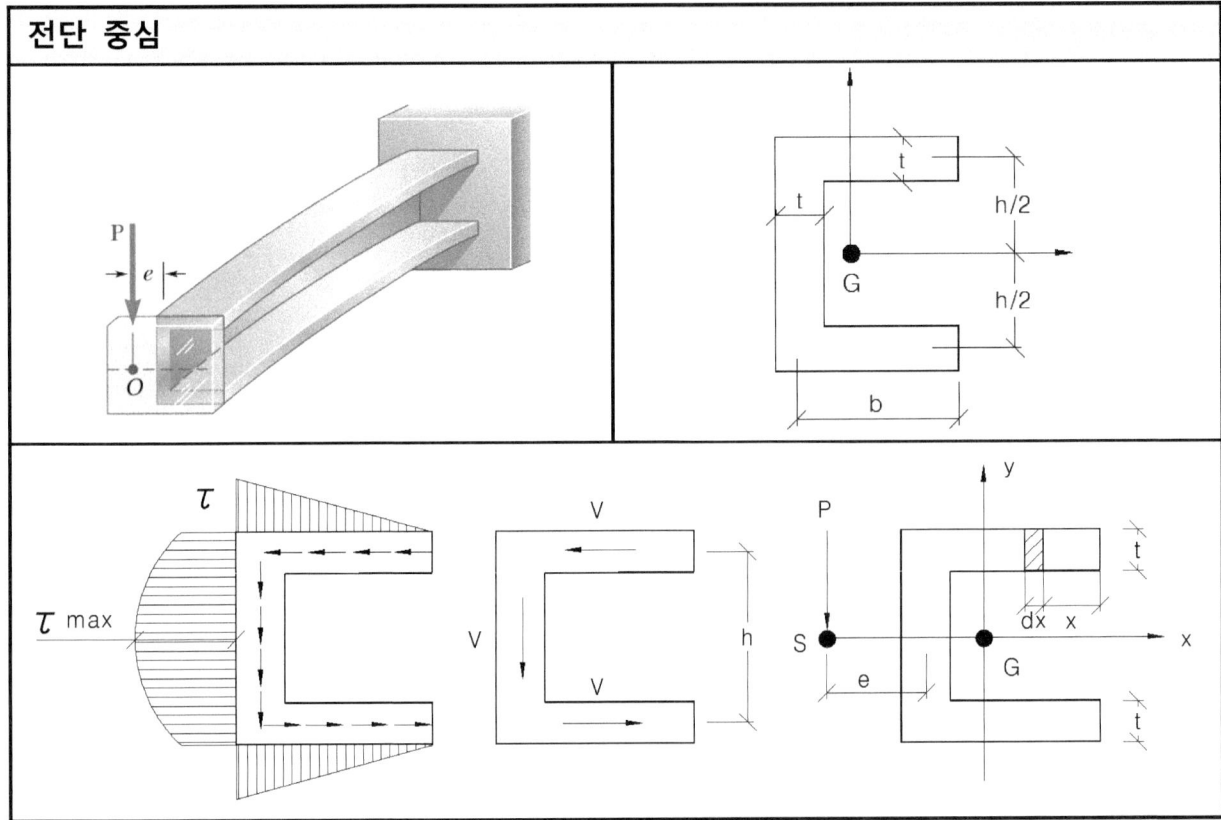

전단 중심거리(e)

$$\tau = \frac{S}{Ib}G = \frac{P}{Ib}\int xdA = \frac{bhP}{2I}, \quad V = \frac{1}{2}\tau bt = \frac{1}{2}bt\frac{bhP}{2I} = \frac{b^2htP}{4I}$$

여기서 $b = t$ (벽의 두께 t가 얇기 때문에 접선 방향으로 작용한다.) 평형조건식에 의해서

$$p \cdot e = V \cdot h$$

$$\therefore e = \frac{V \cdot h}{P} = \frac{h}{P} \cdot \frac{b^2htp}{4I} = \frac{b^2h^2t}{4I}$$

$$\therefore e = \frac{b^2h^2t}{4I}$$

* 하중 P가 전단중심 e위치에 작용하면 비틀림이 생기지 않는다.

8.4.2 전단중심의 성질

① 2축 대칭단면의 전단중심은 도심과 일치한다.

② 중심선이 1점에서 교차하는 개단면일 경우는 그 교점이다.

③ 1축 대칭단면의 전단중심은 그 대칭축선상에 있다.

④ 기타의 경우는 간단치 않으므로 계산에 의한다.

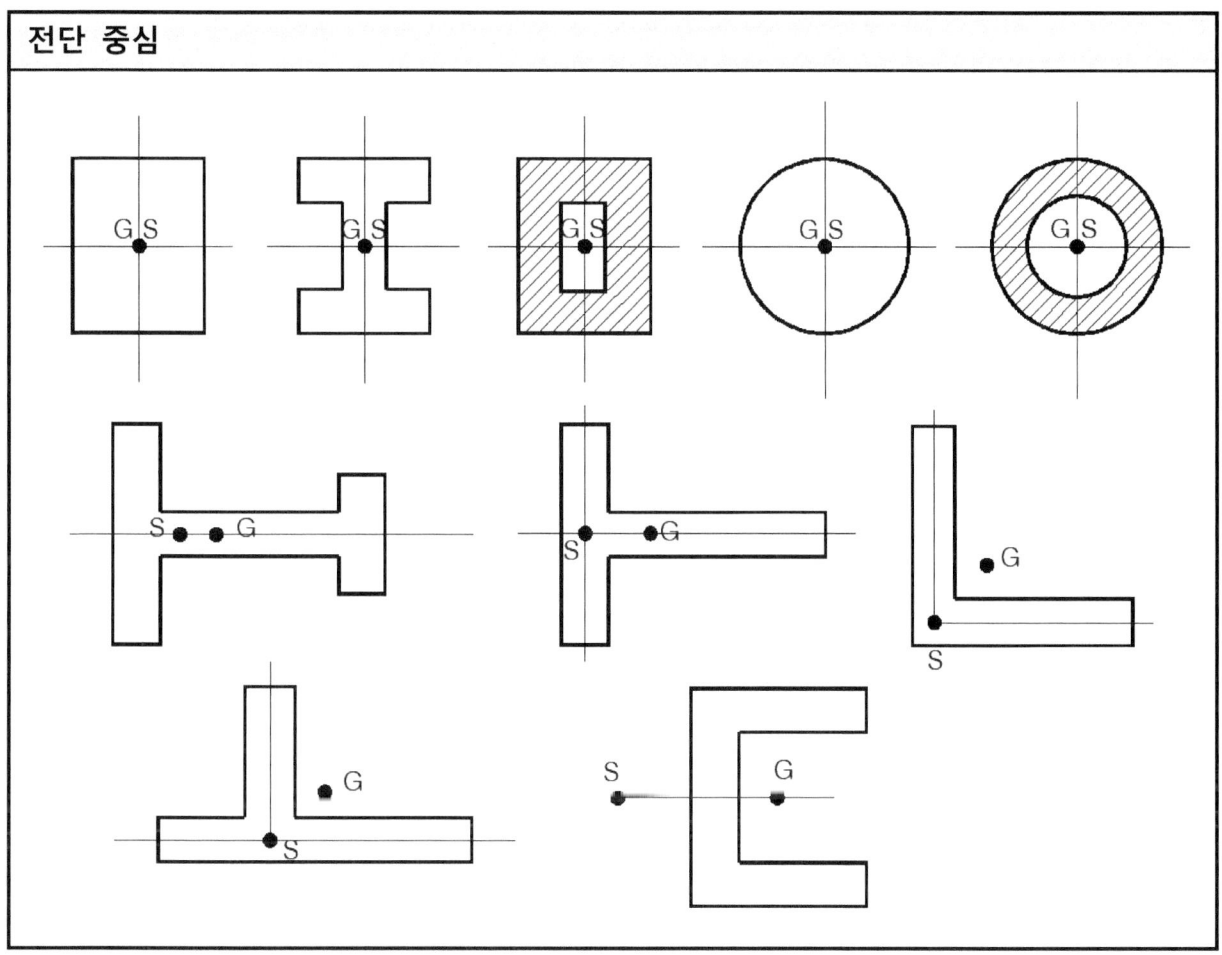

전단 중심

8.5 전단류(전단흐름)

8.5.1 정의

전단응력과 관의 두께와의 곱은 그 단면의 모든 점에서 동일하다. 이때의 곱을 전단흐름(또는 전단류)라 한다.

$$f = \tau_1 t_1 = \tau_2 t_2 = \tau \cdot t = \text{일정} \quad (f=\text{전단류})$$

* 가장 큰 전단응력은 두께가 가장 작은 곳에서 발생한다.

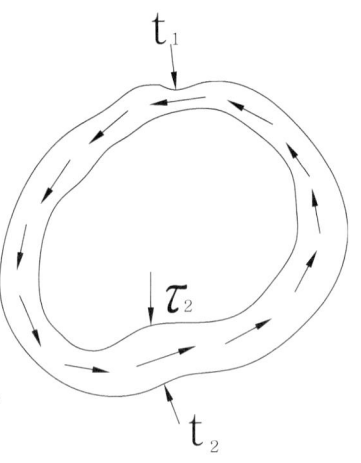

전단류

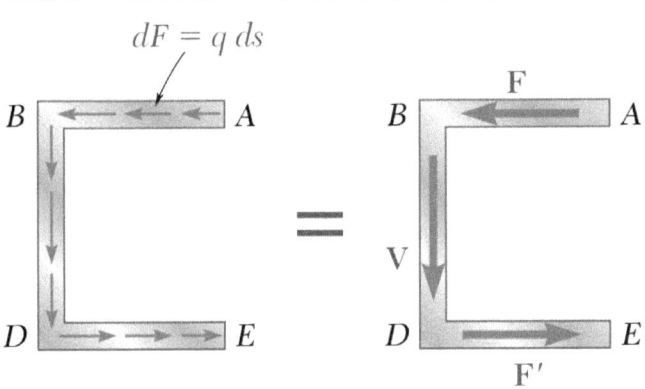

(a) Shear flow q   (b) Resultant forces on elements

□ 보부재 축선상의 단위길이당 전단력을 전단류라 한다.

$$\tau \cdot t = \frac{S \cdot G}{I} \quad \left(\tau = \frac{SG}{Ib}\right)$$

8.5.2 전단류(f)와 비틀림 우력(T)과의 관계

그림에서 $r \cdot ds$는 빗금친 부분 면적의 2배에 해당한다.

즉, 전체 적분은 평균중심선으로 둘러싸인 면적의 두배이므로 면적을 A_m이라 하면

$T = 2f \cdot A_m$

$\therefore f = \dfrac{T}{2A_m}$

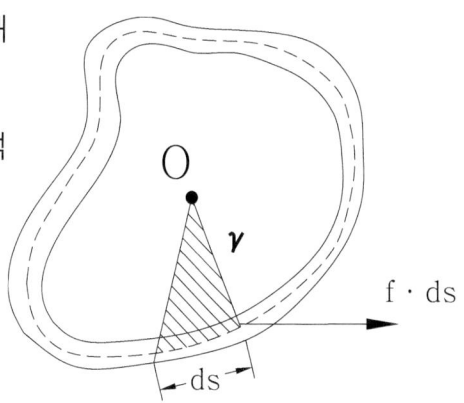

예) 그림과 같은 모양의 박판 단면에서 전단류의 값은? (단, 이 단면에 작용하는 비틀림 모멘트는 T이다.)

$f = \dfrac{T}{2A_m} = \dfrac{T}{2b \cdot h}$

$(A_m = bh)$

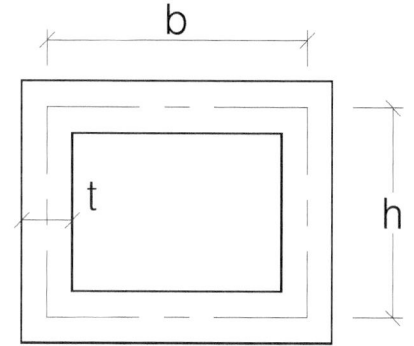

8.6 보의 주응력

8.6.1 개요

보에서는 y방향의 응력 σ_y가 없으므로 평면응력상태의 주응력식에서 $\sigma_y=0$으로 놓고, $\sigma_x=\sigma, \tau_{xy}=\tau$로 놓으면 보의 주응력이 된다.

1) 주응력의 크기

$$\sigma_{\max}=\sigma_1=\frac{\sigma}{2}+\sqrt{\frac{\sigma^2}{4}+\tau^2}=\frac{\sigma}{2}+\frac{1}{2}\sqrt{\sigma^2+4\tau^2}$$

$$\sigma_{\min}=\sigma_2=\frac{\sigma}{2}-\sqrt{\frac{\sigma^2}{4}+\tau^2}=\frac{\sigma}{2}-\frac{1}{2}\sqrt{\sigma^2+4\tau^2}$$

2) 주응력면

$$\tan 2\theta=\frac{2\tau}{\sigma}$$

3) 주전단응력의 크기

$$\tau_{\max}=\tau_1=\sqrt{\frac{\sigma^2}{4}+\tau^2}=\frac{1}{2}\sqrt{\sigma^2+4\tau^2}$$

$$\tau_{\min}=\tau_2=-\sqrt{\frac{\sigma^2}{4}+\tau^2}=-\frac{1}{2}\sqrt{\sigma^2+4\tau^2}$$

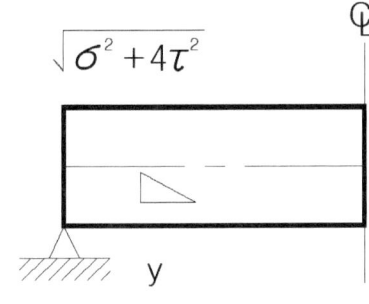

4) 주전단응력면

$$\cot 2\theta=-\frac{2\tau}{\sigma}$$

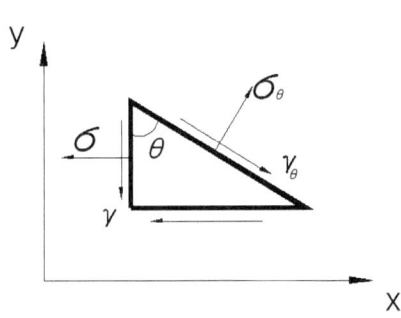

제 8 장 보의 응력 및 설계

x, y 두 평면에 σ_x, σ_y가 작용할 경우

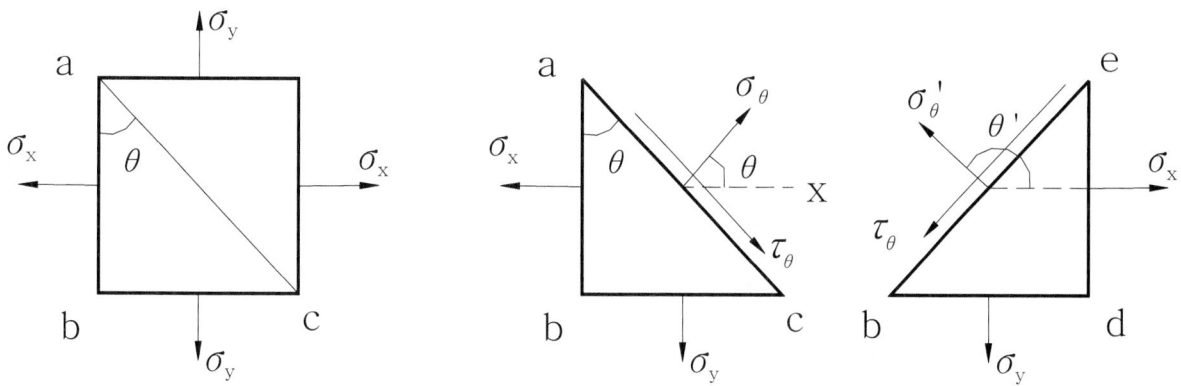

◎ 모어의 응력원에 의해 경사단면의 응력을 구하면

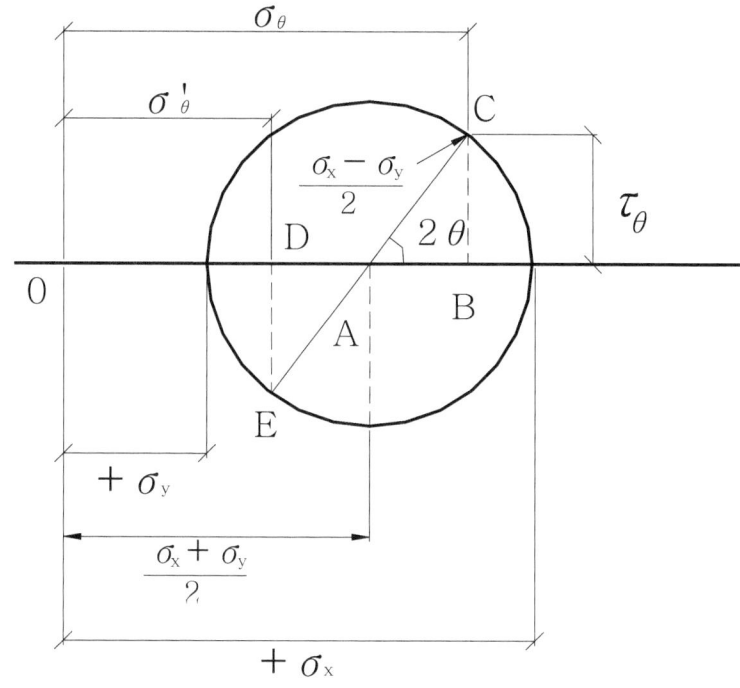

◎ 모어의 응력원에 의해 경사단면의 응력을 구하면

1) 경사단면 ac의 응력

　① 수직응력

$$\sigma_\theta = OA + AB = \frac{\sigma_x + \sigma_y}{2} + \frac{\sigma_x - \sigma_y}{2}\cos 2\theta$$

　② 전단응력

$$\tau_\theta = BC = \frac{\sigma_x - \sigma_y}{2}\sin 2\theta$$

　　* 최대전단응력은 $\theta = 45°$일 때 : $\tau_{\max} = \dfrac{\sigma_x - \sigma_y}{2}$

2) 경사단면 eb의 응력

　① 수직응력

$$\sigma_\theta' = OA - DA = \frac{\sigma_x + \sigma_y}{2} - \frac{\sigma_x - \sigma_y}{2}\cos2\theta$$

　② 전단응력

$$\tau_\theta' = -DE = -\frac{\sigma_x - \sigma_y}{2}\sin2\theta$$

3) 공액응력 관계

$$\sigma_\theta + \sigma_\theta' = \sigma_x + \sigma_y$$
$$\tau_\theta = -\tau_\theta'$$

* 고찰

① 2축 응력의 경우에도 공액응력 σ_θ와 σ_θ'의 합은 일정하며 주어진 두 응력의 합 $(\sigma_x + \sigma_y)$과 같다.

② 공액전단 응력 τ_θ와 τ_θ'는 같은 크기와 반대 부호를 갖는다.

③ 최대 전단응력은 두 주응력차의 1/2와 같다.

④ 두 주응력이 서로 같을 경우에는 경사평면에도 전단응력은 작용하지 않는다.

8.6.2 주응력 계산(검산)이 필요한 경우

1) 지간이 짧은 보에서 휨모멘트가 작고 전단력이 큰 경우
2) 캔틸레버의 지점에서 전단력과 휨모멘트의 최대값이 동시에 일어날 경우
3) I 형 단면의 보에서 플랜지와 웨브의 경계면에 생기는 주응력이 휨응력보다 클 경우
4) 지간이 짧고 단면이 큰 부재의 섬유방향의 전단응력이 생기는 경우
5) 철근 콘크리트보에서 사인장 응력에 의한 파괴의 위험이 있는 경우

예1) 인장력을 받는 보에서 경사면에 생기는 최대 전단응력은?

$$\theta = 45° \text{ 일 때 } \tau_{max} = \frac{P}{2A} = \frac{\sigma}{2}$$

예2) 단순보의 어떤 단면상의 한 점의 휨응력이 $8\,MPa$, 전단응력이 $3\,MPa$이다. 최대 주응력은?

$$\sigma_{max} = \frac{\sigma}{2} + \sqrt{\frac{\sigma^2}{4} + \tau^2} = \frac{8}{2} + \sqrt{\frac{8^2}{4} + 3^2}$$
$$= 4 + \sqrt{25} = 4 + 5 = 9\,MPa$$

제 8 장 보의 응력 및 설계

EX 8-1	: 2. 내진설계와 내진성능평가의 핵심 기본 개념과 가장 큰 차이를 간단히 설명 토목구조기술사 127회 1교시 2번
핵심 개념	내진설계와 내진성능평가의 핵심은 항복에서 극한까지의 연성도 확보에서 **완전 연성을 확보하면 소성설계**라고하고 **소요응답계수를 직접 산정하는 것을 연성도 설계**라고 하며 **설계할 때는 주로 소성설계를 내진성능평가에는 연성도 설계기준을 준용함** ⇒ 설계분야와 안전진단분야 사이에 혼선 야기!

내진
설계
	01. 소성설계 : 완전연성도 확보를 위해 수정응답계수(R) 적용 ⇒ R=3 or 5
	02. 설계지진력에 상관없이 교각 단면이 정해지면 최대로 버틸 수 있는 연성을 수정응답계수로 일률적으로 적용
	    ⇒ 심부구속철근이 과다할 수 있다
	    ⇒ 설계 시에는 안전측이며 과정이 단순하기 때문에 적용

내진 성능 평가	01. 연성도 내진설계 : 소요연성도를 별도로 산정하여 이에 따른 심부구속철근 산정 ⇒ 심부구속철근이 소성설계보다 적다 02. 내진성능 평가에서는 설계 당시 적용한 소성설계보다 사용 중인 구조물에서 실질적으로 필요한 연성능력을 평가하므로 내진성능 평가 매뉴얼에는 설계기준에 없는 받침부 검토(콘크리트 프라이아웃 검토 등)가 포함된다. 대부분 여기서 NG!
고찰	■소성설계가 연성도 설계보다 안전측이면서 비교적 과정이 단순하기에 설계시 적용한다. 따라서 **소성설계가 이루어진 교량에 연성도 내진설계를 수행하더라도 내진 요구 조건을 만족**해야 한다.

제 8 장 보의 응력 및 설계

EX 8-2 : 4. 등분포하중(w)이 전체 경간(L)에 재하 되어 있는 강재로 된 양단 고정보의 단면(b×h)이 있다. 이 보에서 경간 중앙부에 소성힌지가 형성될 때의 하중은 탄성하중의 몇 배가 되는가를 구하시오 토목구조기술사 126회 4교시 4번

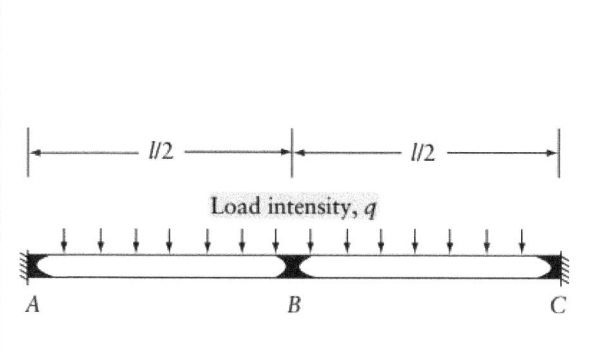

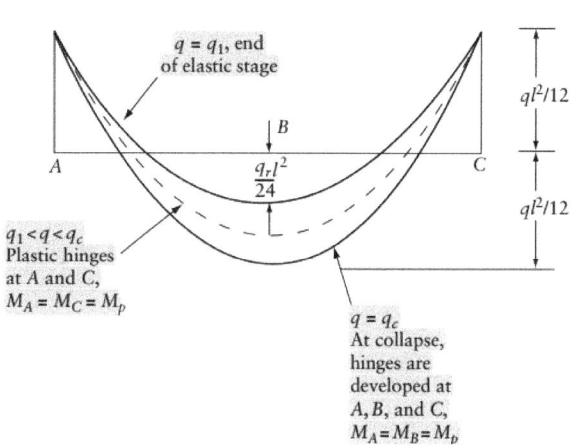

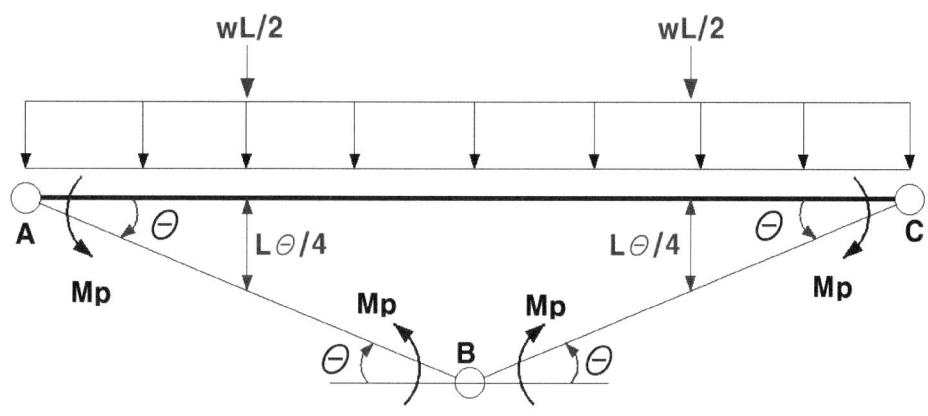

변형도에서 M_p 도 외력이므로 가상변위의 원리에 의해서 다음과 같이 식을 세우면,

$$\frac{q_c l}{2}(\frac{l\theta}{4})(2ea) - M_P(4\theta) = 0, \quad q_c = \frac{16M_P}{l^2}$$

사각형 단면에서는 $M_P = \frac{3}{2}M_Y$

$$q_e = \frac{12M_Y}{l^2}, \quad \frac{q_c}{q_e} = (\frac{16M_P}{l^2}) / (\frac{12M_Y}{l^2})$$

$$\frac{q_c}{q_e} = (\frac{16}{l^2}\frac{3M_Y}{2}) / (\frac{12M_Y}{l^2}) = 2$$

탄성하중의 2배이다

EX 8-2 : 12. 그림과 같은 양단 고정보 중앙에 집중하중이 작용할 때 붕괴 메카니즘을 작도하여 붕괴하중을 구하고, 이 때의 휨모멘트도를 그리시오. (단, 보의 소성모멘트는 M_p) 토목구조기술사 125회 1교시 12번

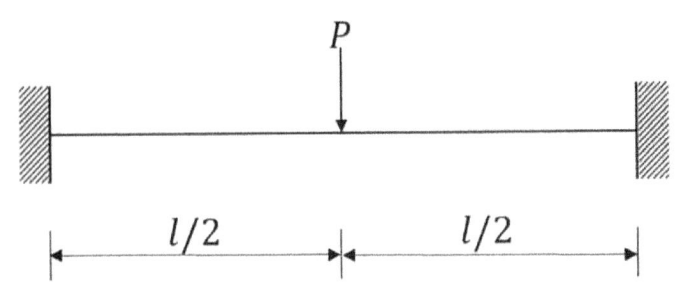

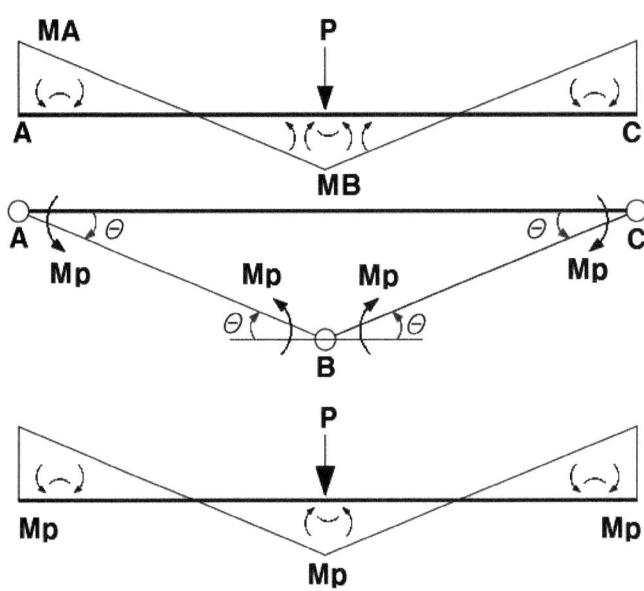

단부모멘트와 중앙점모멘트가 같은 $M_A = M_B = \dfrac{PL}{8}$ 특수한 경우이다.

변형도에서 M_p 도 외력

$$P(\frac{L\theta}{2}) - M_P(4\theta) = 0, \ P_U = \frac{8M_P}{L},$$

별해는

$$2M_P = \frac{PL}{4}, \ \therefore P_U = \frac{8M_P}{L}$$

소성힌지 3개 -> 붕괴

절점A,C,B 동시에 항복에서 극한까지 거동. 따라서 Mp는 절점A,B,C 동일하고 극한 하중

$$M_P = \frac{P_U L}{8}, P_U = \frac{8M_P}{L}$$

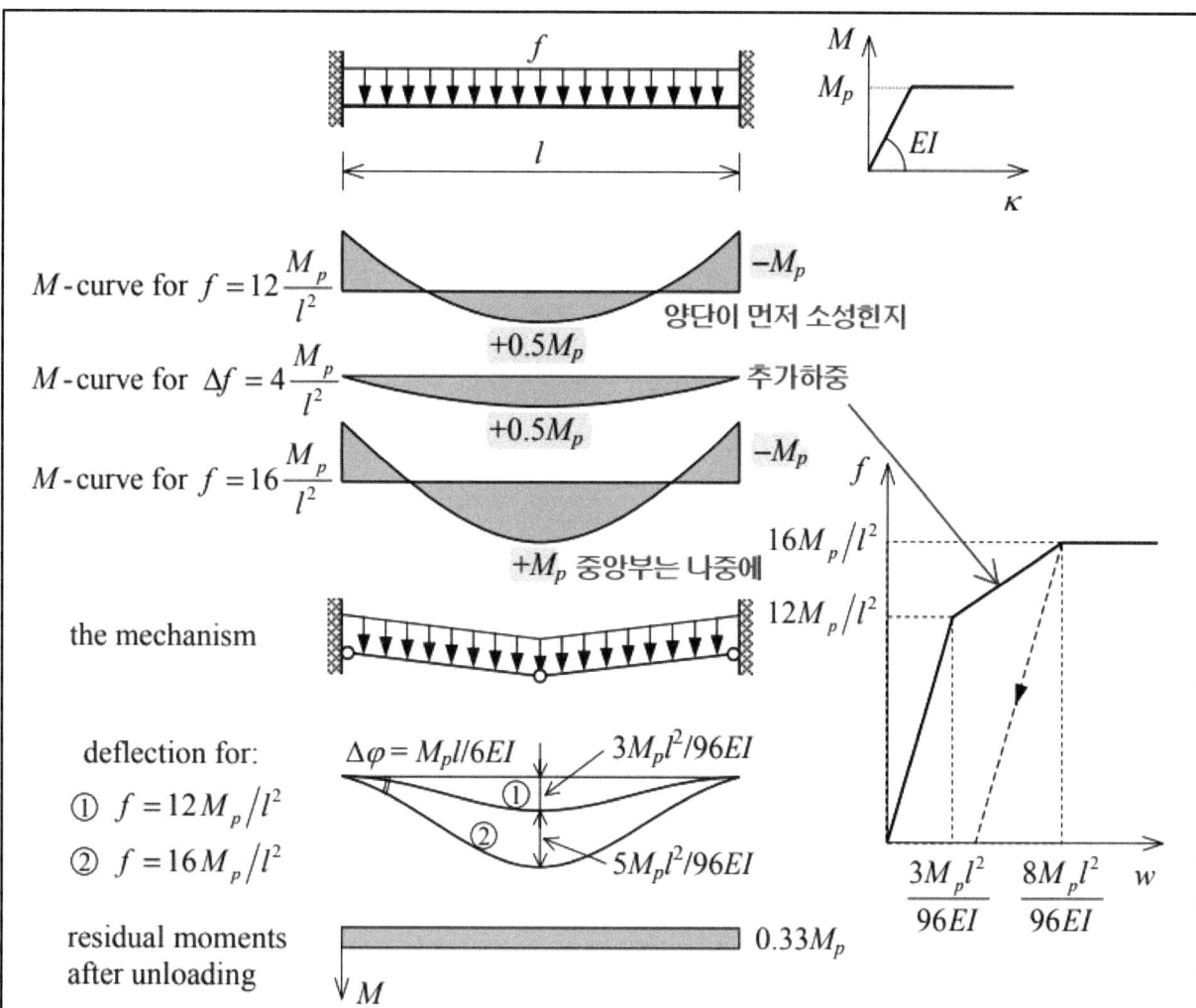

탄성한도내 중앙 처짐 $w = \dfrac{1}{384}\dfrac{fl^4}{EI} = \dfrac{3}{96}\dfrac{M_P l^2}{EI}$

탄소성구간 추가 처짐 $w = \dfrac{5}{384}\dfrac{\Delta f l^4}{EI} = \dfrac{5}{96}\dfrac{M_P l^2}{EI}$

회전각, $\Delta\psi = \dfrac{\Delta f l^3}{24EI} = \dfrac{M_P l}{6EI}$

탄성한도 구간 : 양단고정

탄소성 구간 : 양단힌지

완전소성 구간 : 파괴(불안정구조) 추가 하중 없이 변위가 발생

추가하중 : $0.5M_P + \dfrac{1}{8}\Delta f l^2 = M_P$, $\therefore \Delta f = \dfrac{4M_P}{l^2}$

여기서 $0.5M_P$는 양단이 소성힌지가 되었을 때 중앙부에서의 모멘트이고, $\dfrac{1}{8}\Delta f l^2$는 이후 추가하중 Δf가 더 가해졌을 때 중앙부에서 증가된 모멘트이다.

A, C점이 극한까지 가고 B점이 극한까지 가려면 추가하중이 재하되어야 한다. 따라서 주어진 등분포 하중 f 에서 추가로 33% 더 받을 수 있다. (응력재분배)

EX 8-3	4. 그림과 같은 휨강성 EI가 일정한 양단고정보에 대하여 반력 및 부재력 산정 후 전단력도와 휨모멘트도를 작도하고, 붕괴기구(Collapse Mechanism) 발생에 따른 소성모멘트를 산정하시오. 토목구조기술사 133회 4교시 4번

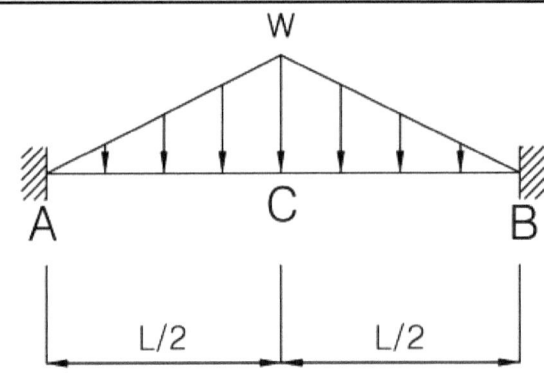

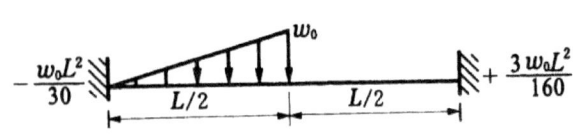   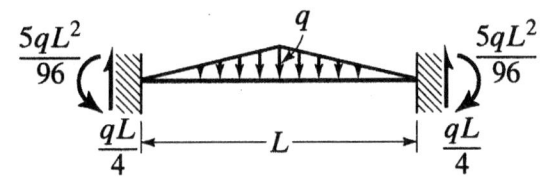

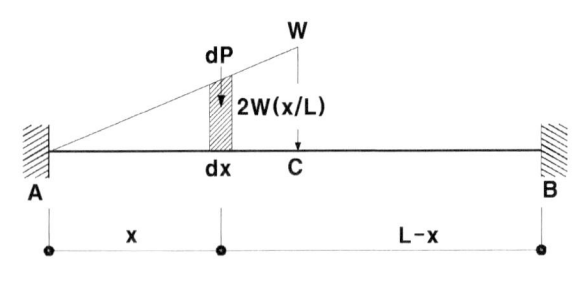   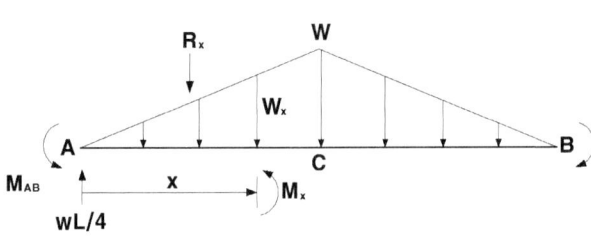

$$dP = \frac{2wx}{L}dx, \quad dM_A = \frac{1}{L^2}(dP)(a)(b)^2$$

$$M_A = \int_0^{\frac{L}{2}} \frac{1}{L^2}\left(\frac{2wx}{L}\right)(x)(L-x)^2 dx = \frac{wL^2}{30}$$

$$M_B = \int_0^{\frac{L}{2}} \frac{1}{L^2}\left(\frac{2wx}{L}\right)(x^2)(L-x) dx = \frac{3wL^2}{160}$$

여기서 적분거리는 하중 재하구간임에 주의하여야 한다. 따라서 주어진 조건의 양단 모멘트는

$$M_A = M_B = \frac{wL^2}{30} + \frac{3wL^2}{160} = \frac{5wL^2}{96}$$

$$V_A = V_B = \frac{wL}{4}$$

제 8 장 보의 응력 및 설계

EX 8-3 : 4. 그림과 같은 휨강성 EI가 일정한 양단고정보에 대하여 반력 및 부재력 산정 후 전단력도와 휨모멘트도를 작도하고, 붕괴기구(Collapse Mechanism) 발생에 따른 소성모멘트를 산정하시오. 토목구조기술사 133회 4교시 4번

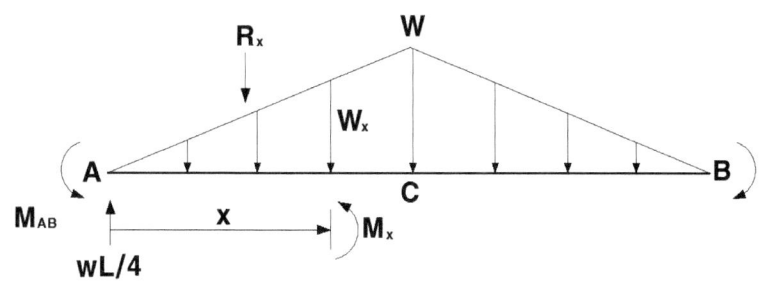

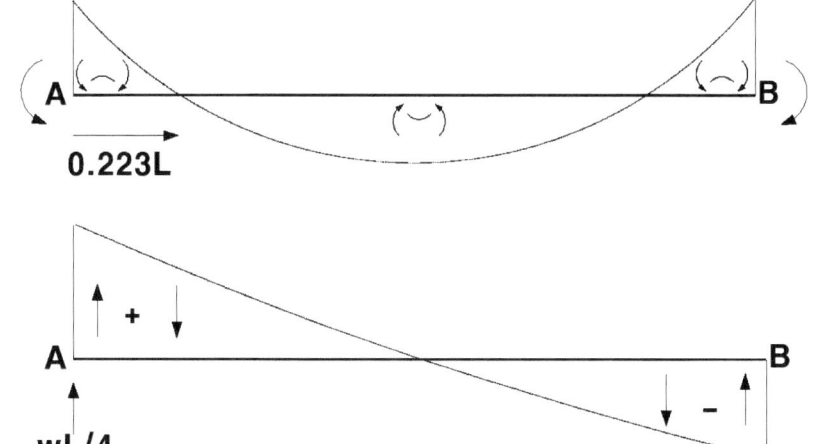

$$\frac{5wL^2}{96} - \frac{wL}{4}x + \frac{2wx}{L}(\frac{x}{2})(\frac{x}{3}) + M_x = 0$$

$$M_x = -\frac{5wL^2}{96} + \frac{wL}{4}x - \frac{wx^3}{3L}$$

$$M_{\frac{L}{2}} = -\frac{5wL^2}{96} + \frac{wL}{4}(\frac{L}{2}) - \frac{w}{3L}\frac{L^3}{8}$$

$$M_{\frac{L}{2}} = -\frac{5wL^2}{96} + \frac{wL^2}{8} - \frac{wL^2}{24} = \frac{wL^2}{32}$$

$$M_x = 0 = -\frac{5wL^2}{96} + \frac{wL}{4}x - \frac{wx^3}{3L}$$

$$M_x = 0 \Rightarrow x = 0.223L$$

$$S = \frac{wL}{4} - \frac{2wx}{L}(\frac{x}{2}) = \frac{wL}{4} - \frac{wx^2}{L}$$

$$M_A = M_B = \frac{wL^2}{30} + \frac{3wL^2}{160} = \frac{5wL^2}{96}$$

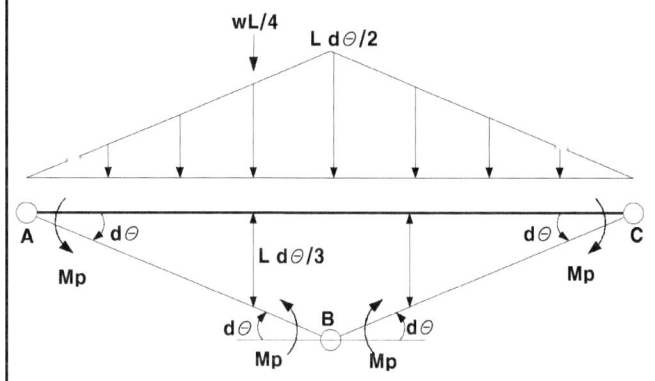

소성힌지 3개가 생겨야 붕괴

$$\frac{wL}{4}(\frac{L}{3}\delta\theta)(2ea) - 4M_P\delta\theta = 0$$

$$4M_P\delta\theta = \frac{wL}{4}(\frac{L}{3}\delta\theta)(2ea)$$

$$4M_P = \frac{wL^2}{6}$$

$$M_P = \frac{wL^2}{24}$$

제9장　트러스

9.1 트러스의 일반사항 ……………………………… 261
9.2 트러스의 판별 ……………………………………… 269
9.3 트러스의 해법 ……………………………………… 277
9.4 영부재의 판별과 설치이유 ……………………… 278
9.5 트러스의 부재력 계산 …………………………… 282
9.6 트러스의 영향선 …………………………………… 285
9.7 트러스 구조의 응용 ……………………………… 288

9장 트러스

9.1 트러스의 일반사항

9.1.1 정의

뼈대를 형성하는 2개 이상의 직선 부재의 양 끝을 마찰이 없는 활절 (hinge)로서 연결한 구조를 트러스라 한다.

9.1.2 구성하는 부재의 명칭 및 구조물의 이상화

트러스를 구성하는 부재의 명칭

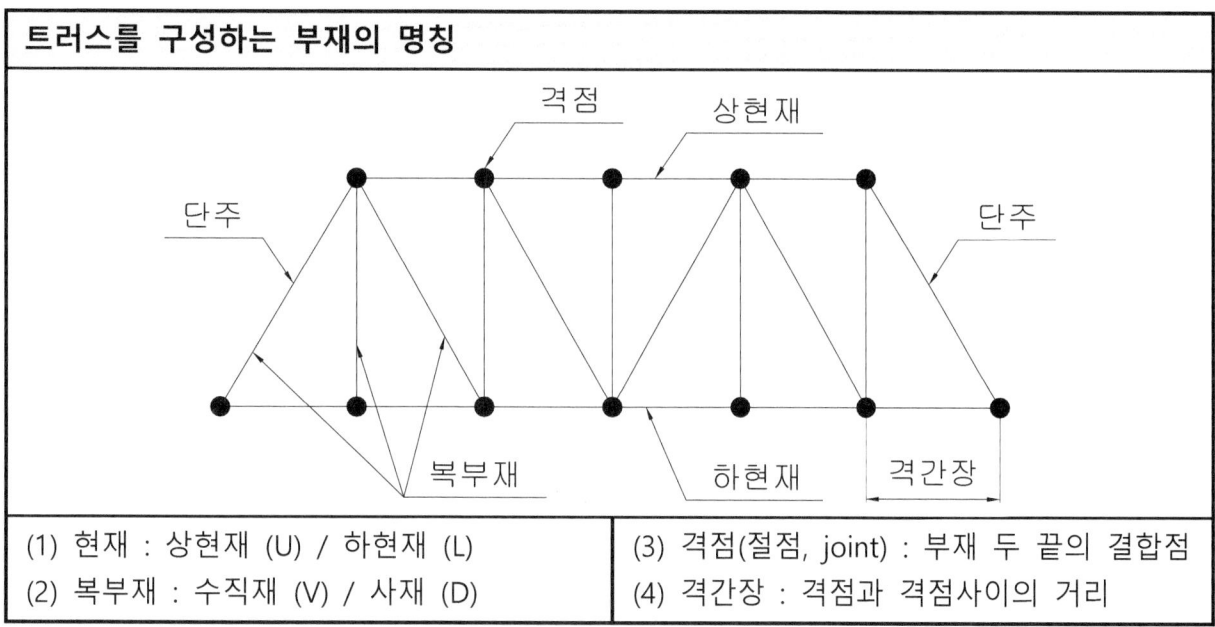

(1) 현재 : 상현재 (U) / 하현재 (L)
(2) 복부재 : 수직재 (V) / 사재 (D)
(3) 격점(절점, joint) : 부재 두 끝의 결합점
(4) 격간장 : 격점과 격점사이의 거리

구조물의 이상화 1

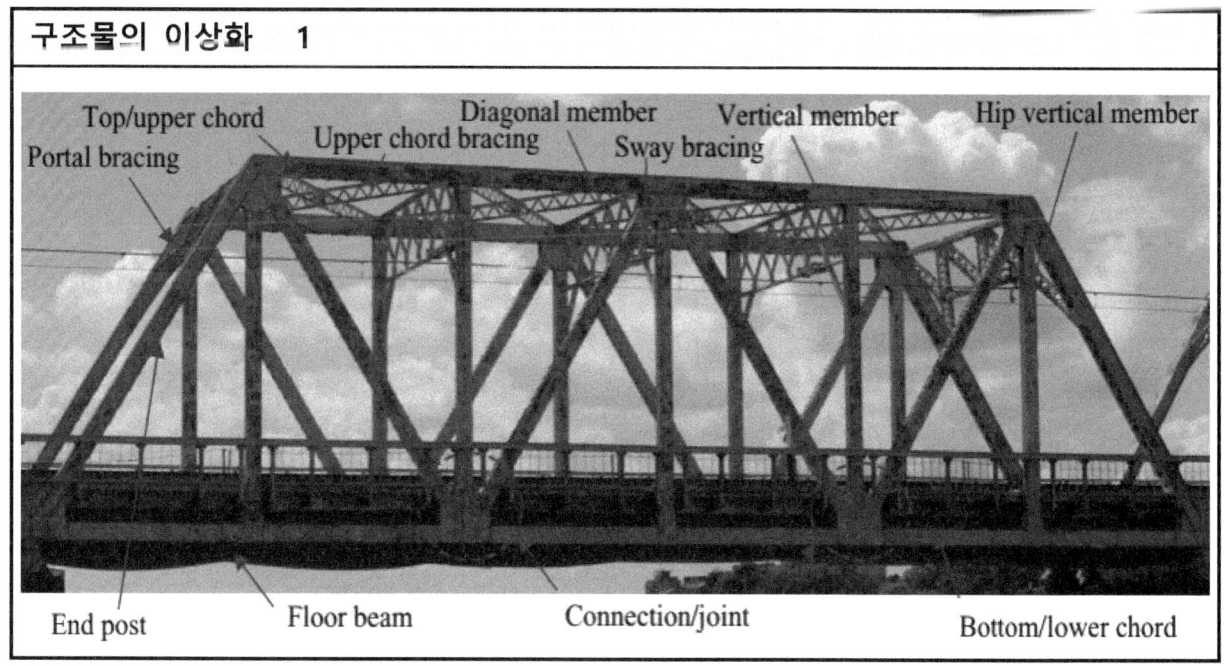

구조물의 이상화 - 2

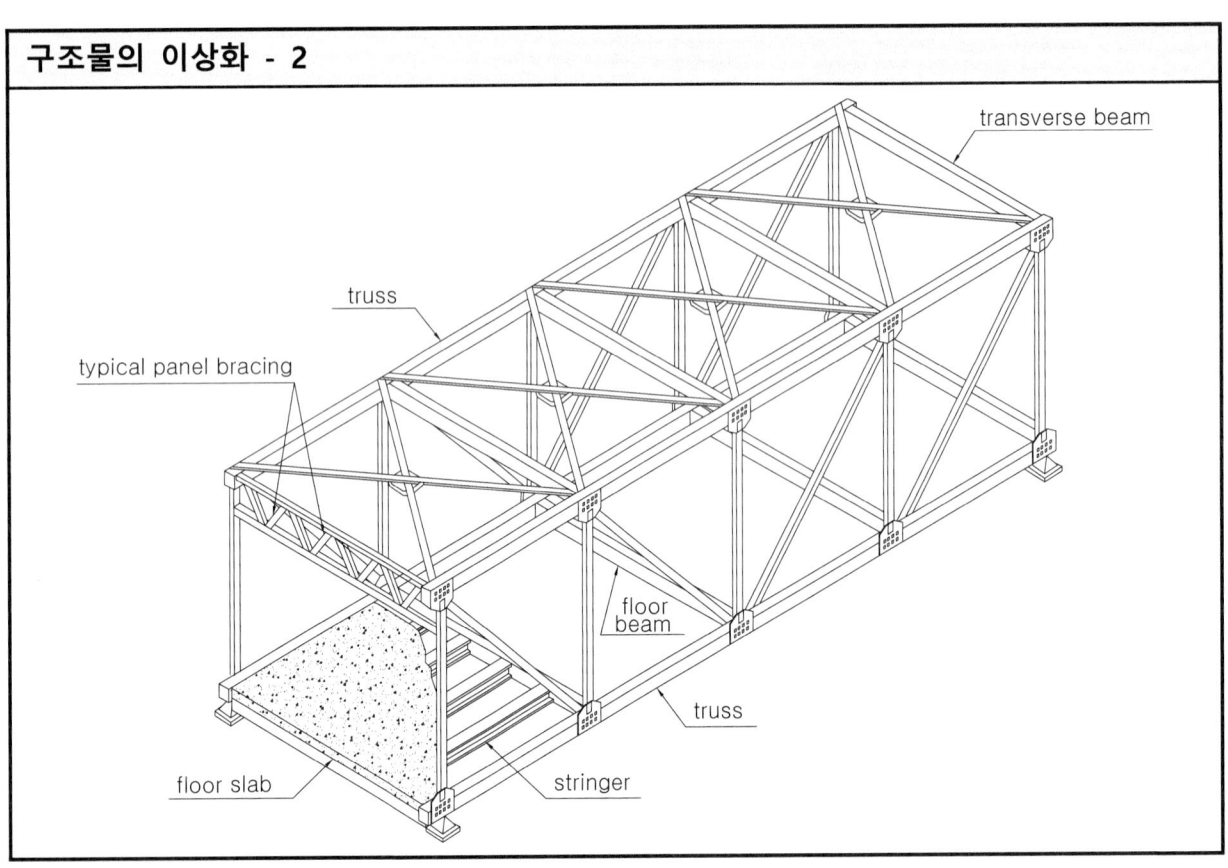

구조물의 이상화 - 3

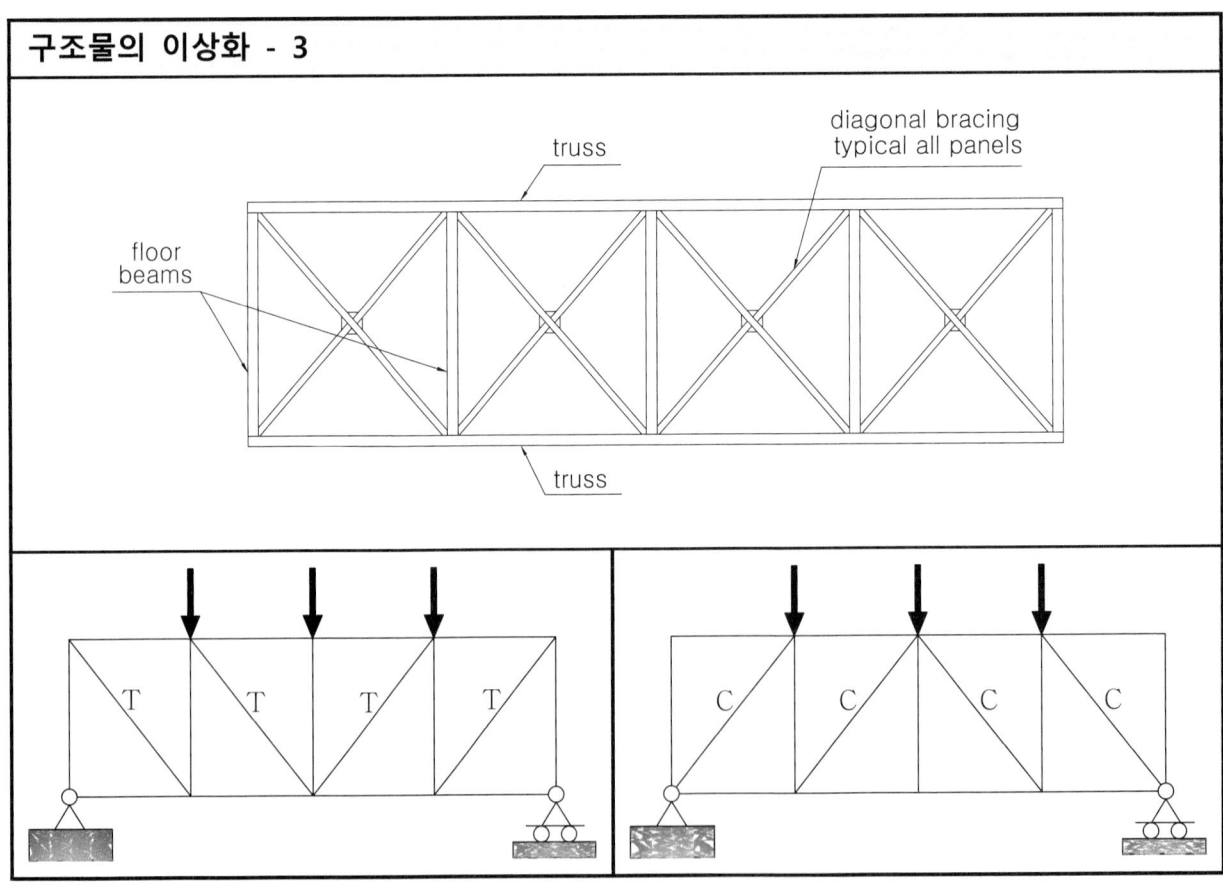

구조물의 이상화 - 4

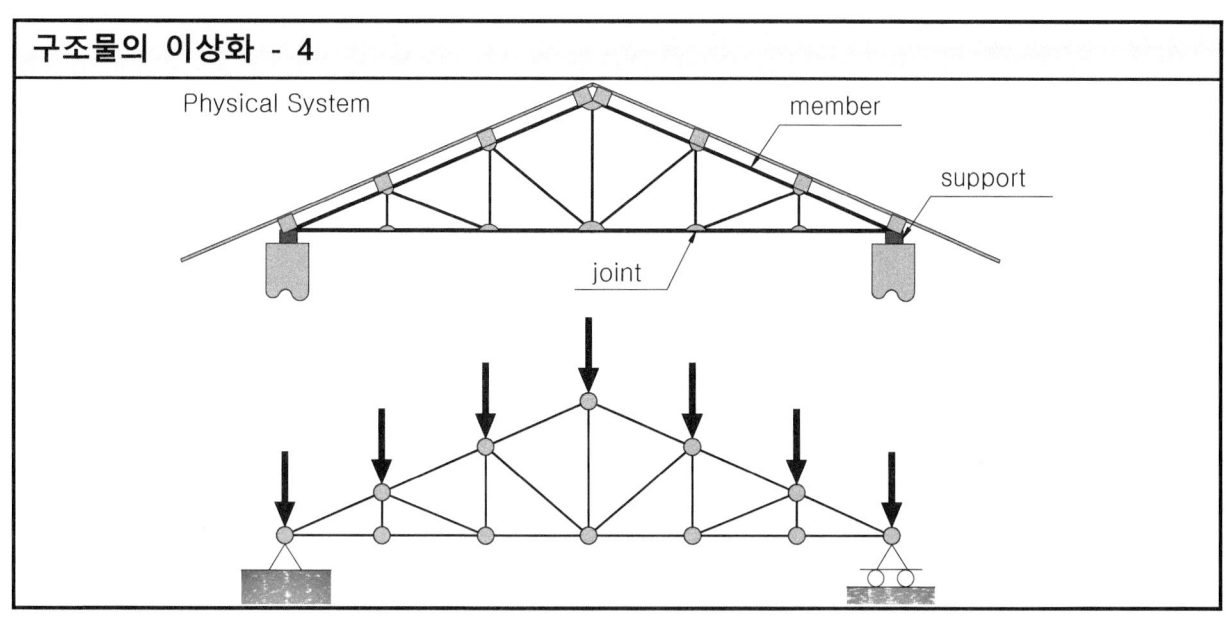

구조물의 이상화 - 5

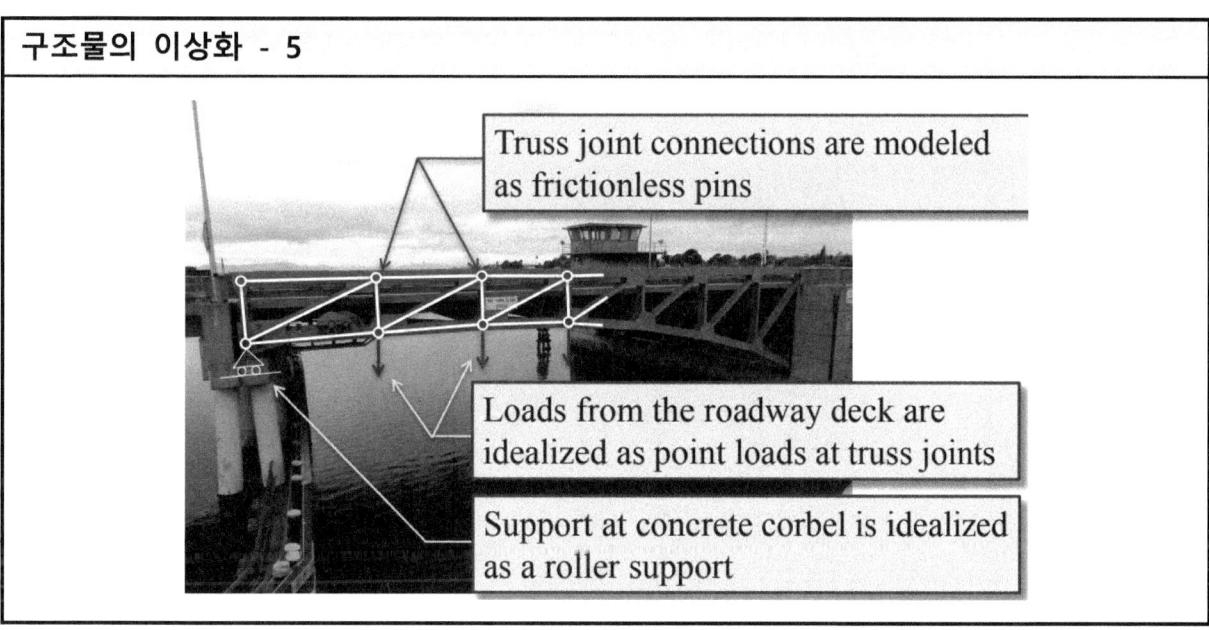

구조물의 이상화 - 6

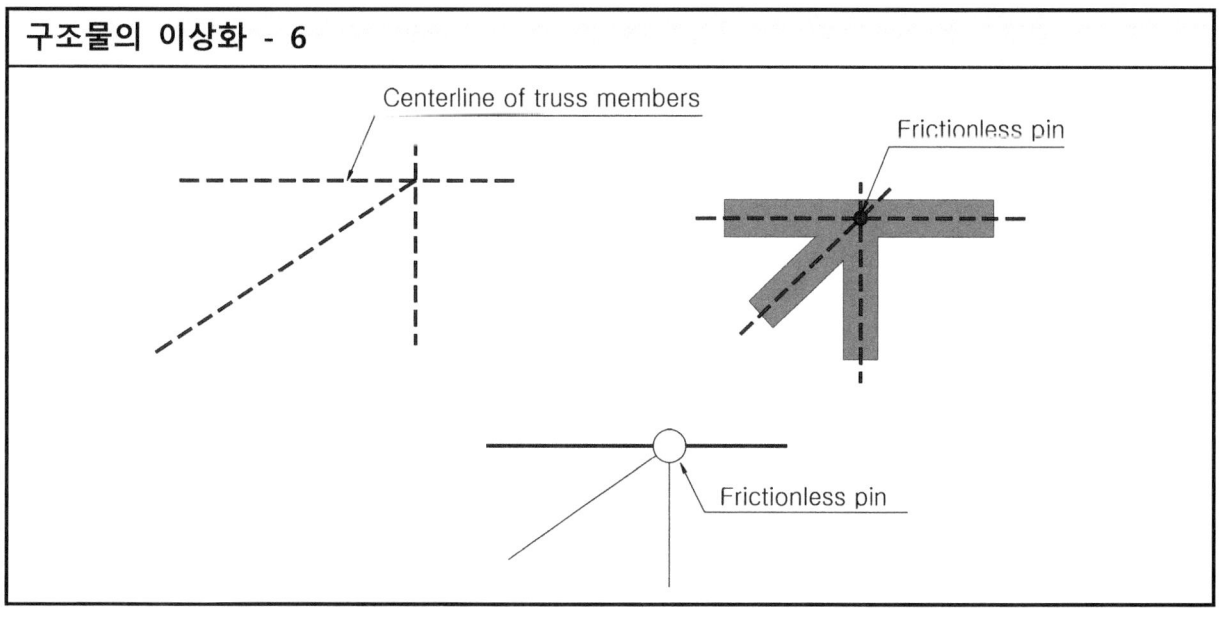

제 9 장 트러스

구조물의 이상화 - 7

9.1.3 트러스의 종류

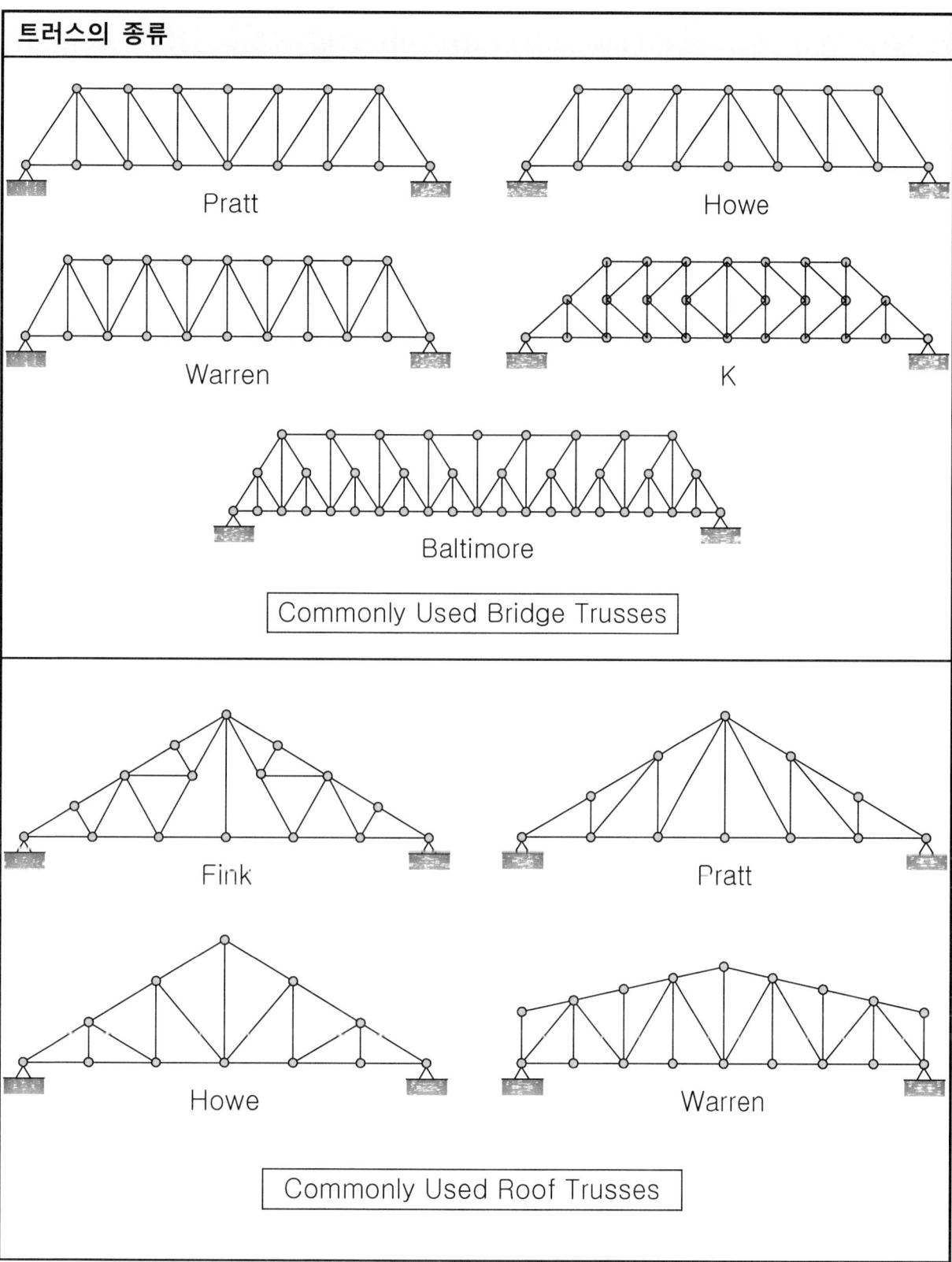

제 9 장 트러스

(1) 프랫(Pratt) 트러스 : 주로 강교에 사용

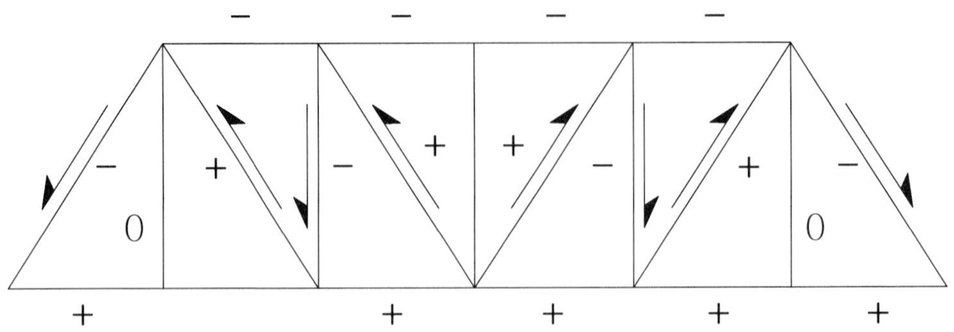

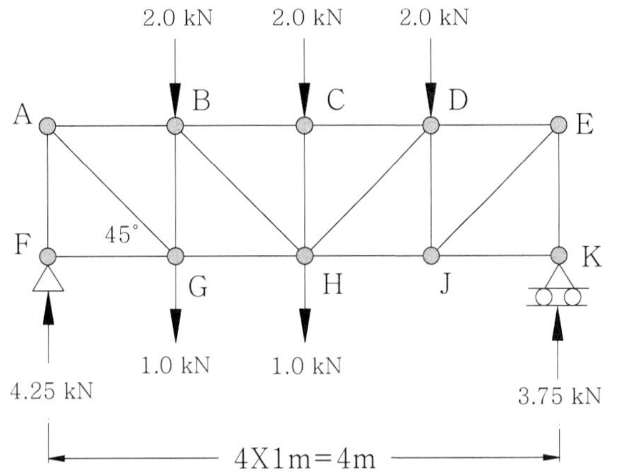

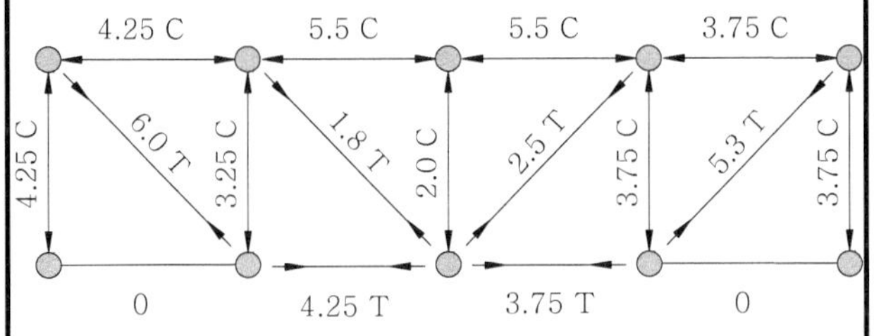

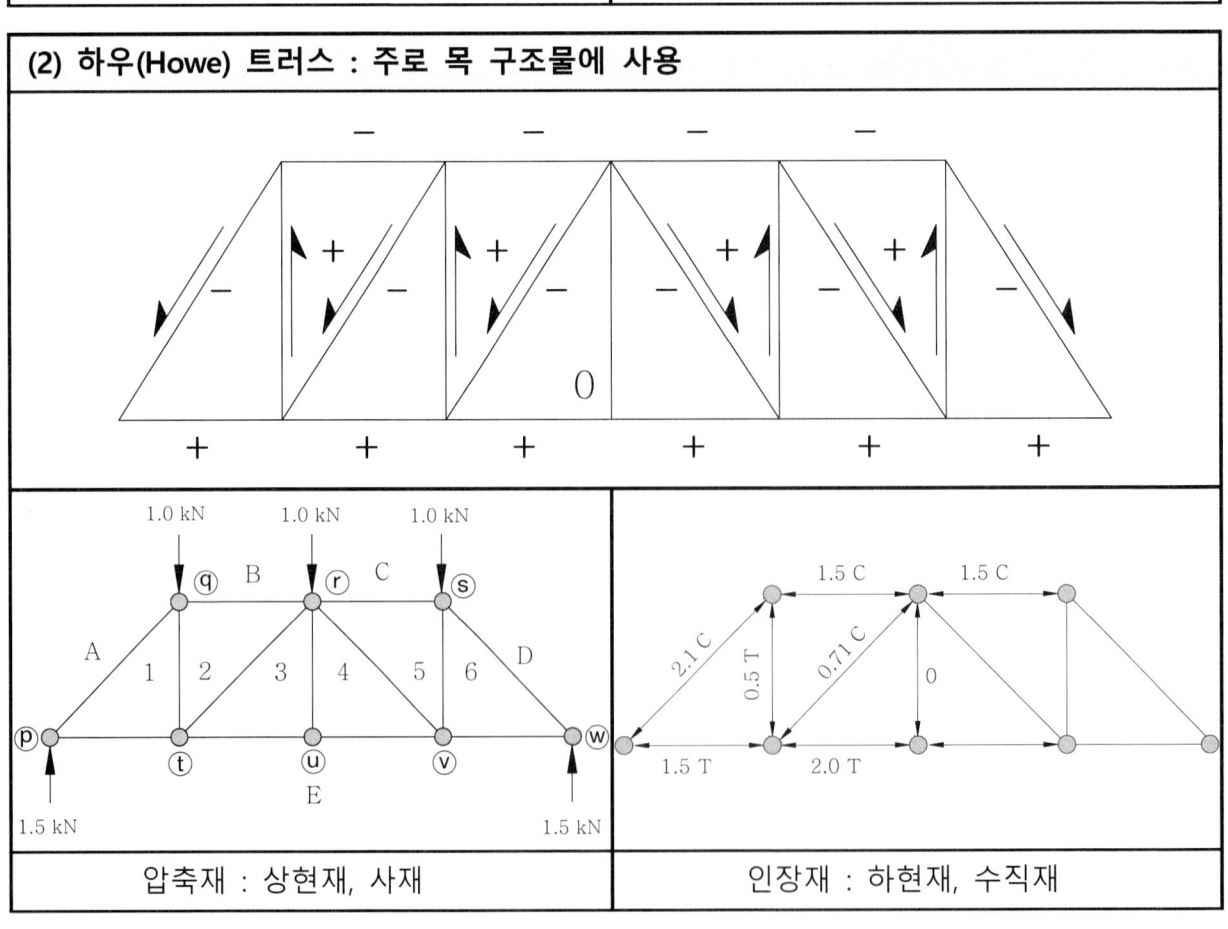

압축재 : 상현재, 수직재

인장재 : 하현재, 사재

(2) 하우(Howe) 트러스 : 주로 목 구조물에 사용

압축재 : 상현재, 사재

인장재 : 하현재, 수직재

(3) 와렌(Warren) 트러스 : 주로 연속교에 사용

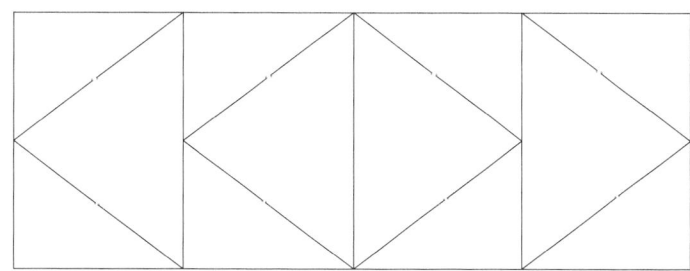

와렌트러스는 현재의 길이가 길어서 부재수가 적게 들어가나 강성이 감소된다.

(4) 케이(K) 트러스 : 주로 바닥틀에 사용

K-트러스는 복부재를 짧게 할 수 있고 사재의 경사를 적당히 할 수 있는 장점은 있으나 외관상 좋지 않으므로 주형에는 사용하지 않고 시·종점부 수직 브레이싱에 사용

(5) 킹 포스트(King Post) 트러스 : 지붕 트러스

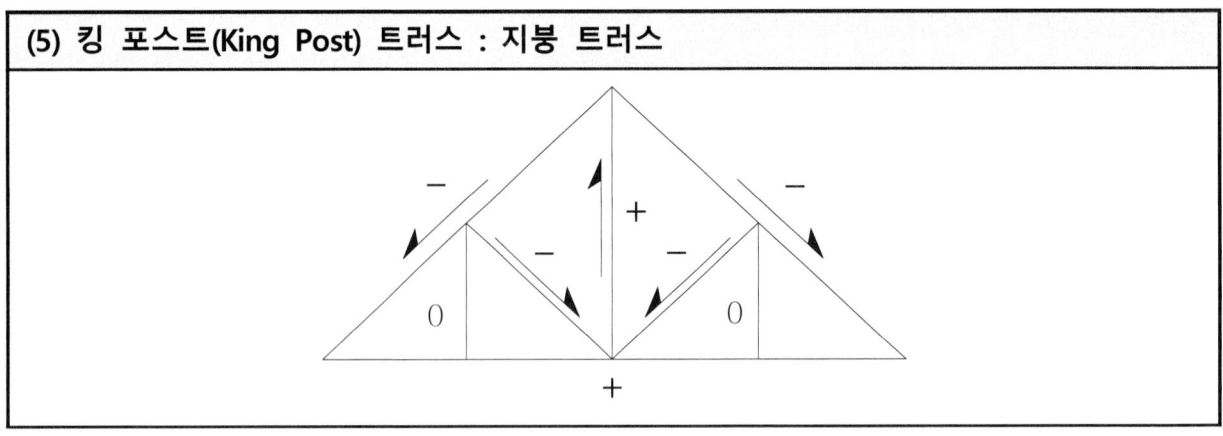

(6) 핑크(Fink) 트러스

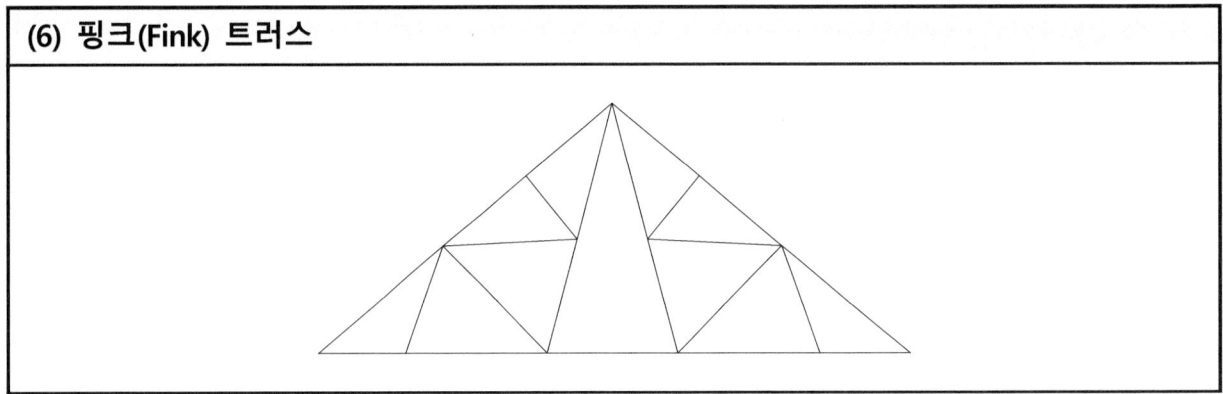

9.1.4 특성

(1) 모든 절점이 힌지로 결합되어 있다.

(2) 각 부재에는 부재 축방향의 인장이나 압축력만이 존재한다.

(3) 구조는 모두 삼각형 형상으로 결합되어 있다.

  * 트러스 부재에는 전단력이나 휨모멘트는 작용하지 않는 것으로 본다.

9.2 트러스의 판별

9.2.1. 트러스의 외적안정

트러스의 외적안정

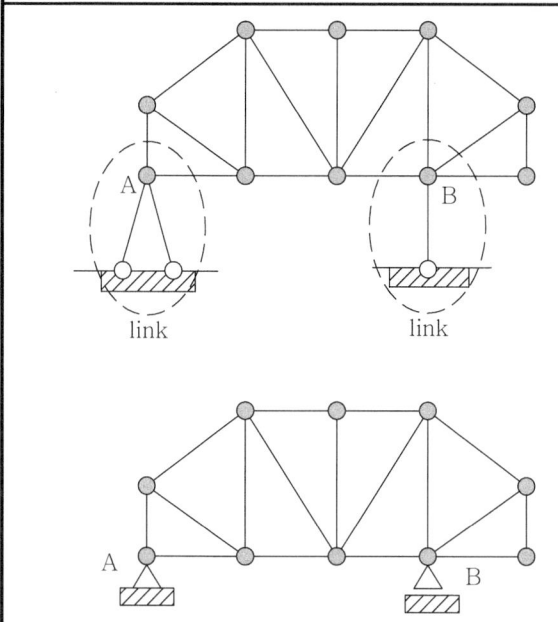

트러스가 이동하거나 회전하지 않는 것을 외적 안정이라 한다.

절점 A에서 내민 2개의 링크는 힌지지점과 같고, 절점 B에서 내민 1개의 링크는 롤러 지점과 같다.

□ 트러스를 외적으로 안정시키는 데는 최소한 3개의 링크가 있으면 충분하다.

9.2.2 트러스의 구성과 분류

1) 단순트러스

단순 트러스의 종류

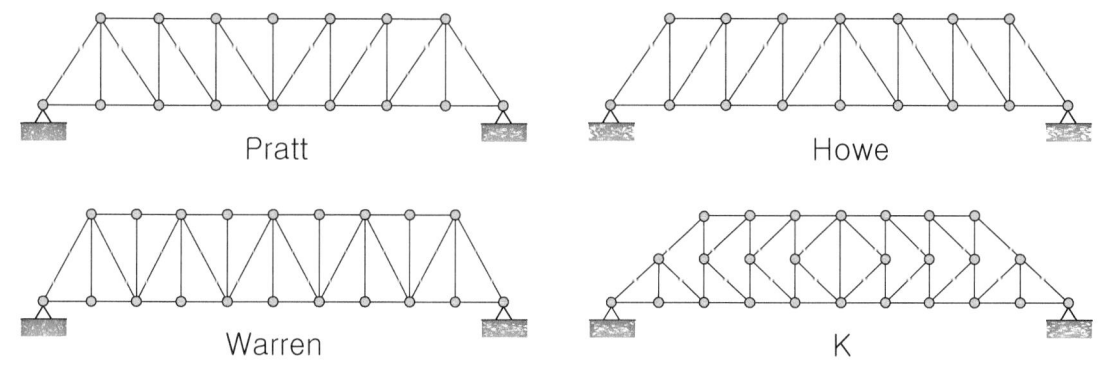

핀으로 연결한 부재가 삼각형을 만들어나가면서 여러 가지 형상의 내적안정 트러스를 만드는 데, 이러한 트러스를 단순트러스라 한다. 단순트러스는 가장 기본적인 내적안정 트러스이며 실용적으로도 중요하다.

□ 완성된 단순트러스의 부재수 m과 절점수 j의 관계

$m-3=2(j-3), \therefore m=2j-3$

제 9 장 트러스

트러스의 부정정 차수 구하기

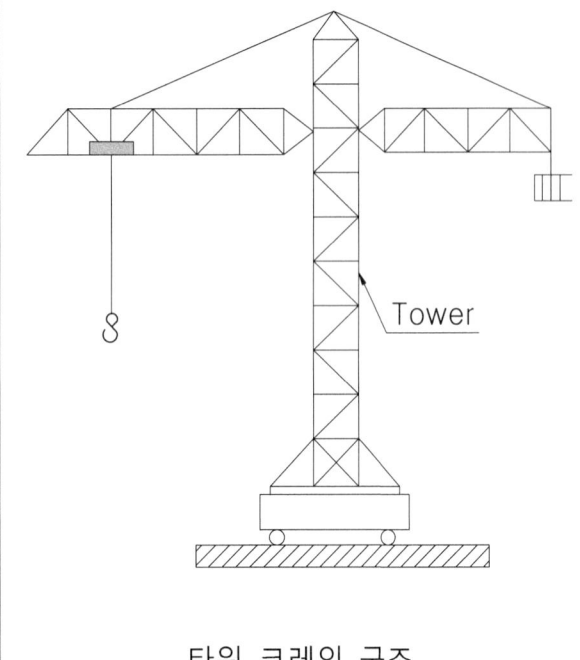

타워 크레인 구조

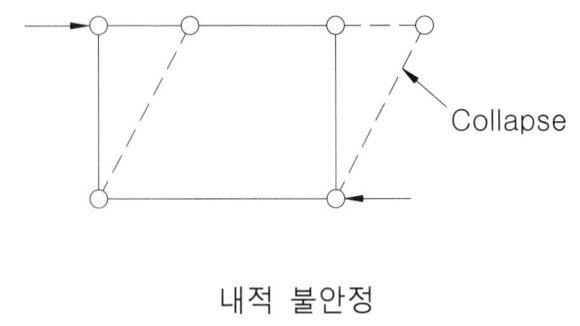

내적 불안정

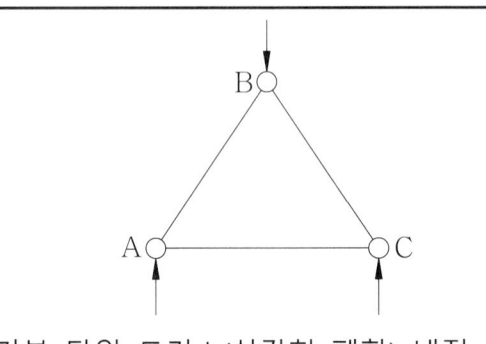

기본 단위 트러스(삼각형 폐합) 내적 안정

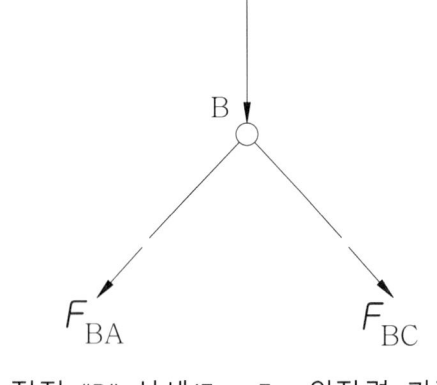

절점 "B" 상세(F_{BA}, F_{BC} 인장력 가정)

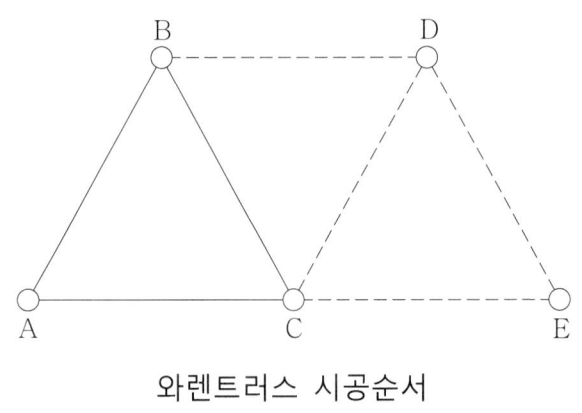

와렌트러스 시공순서

와렌트러스 시공순서도를 보면, 기본 트러스 ABC가 건설되고 추가로 두 개의 부재 BD와 BC가 절점 D에 연결되어 삼각형 BCD가 형성된다. 그런 다음 세 번째 삼각형 CDE는 절점E에 두 개 부재, DE, CE가 추가되어 구성된다. 이와 같이 초기 삼각형 ABC가 구성된 후 추가로 두 개의 부재와 한 개의 절점이 필요하게 된다.

다시 말해 추가해야 할 부재수는 추가해야 하는 절점의 2배이다. 따라서 트러스 구성에 필요한 총부재수를 m으로 가정하고 초기 단위 트러스 구성을 위한 부재수 3개와 절점수 3개를 무시하면,

$$m - 3 = 2(j - 3), \therefore m = 2j - 3$$

관계가 성립된다.

제 9 장 트러스

□ 단순 트러스가 되기 위한 조건 (내적안정)

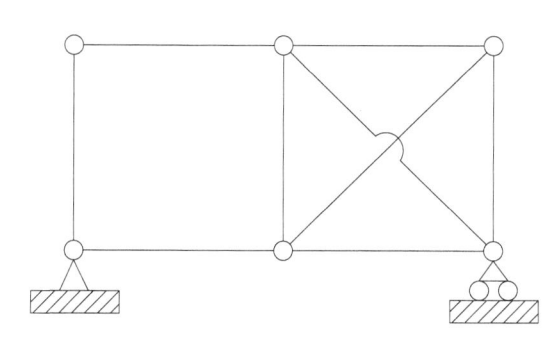

부재수 : 9 개 절점수 : 6 개 $m \geq 2j-3$ $9 = 2(6)-3 = 9$ 공식에 의한 결과는 정정 구조물이나, 삼각형 구조 형성이 안되므로 내적 불안정이다	부재수 : 9 개 절점수 : 6 개 $m \geq 2j-3$ $9 = 2(6)-3 = 9$ 공식에 의한 결과는 정정 구조물이며, 삼각형 BEF 형성 시 두 개 부재, 한 개 절점이 필요하므로 정정

□ 단순 트러스가 되기 위한 조건 (내적안정)

① 부재는 반드시 삼각형의 한 변이 되도록 해야 한다. 그렇지 않은 부재는 이미 위치가 확정된 절점에 이어져야 한다.

② 부재수는 $m \geq 2j-3$ 이어야한다.

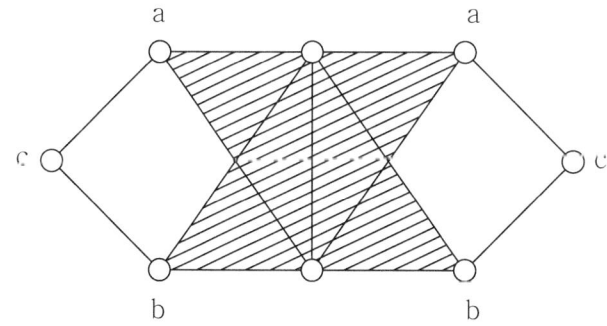 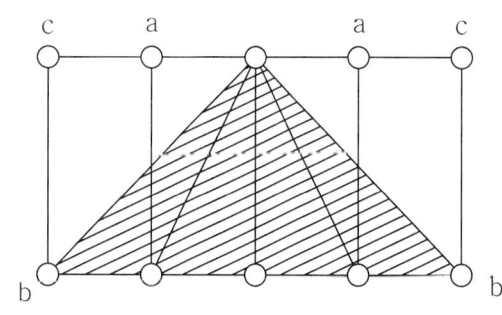

그림에서 부재 ac와 bc는 삼각형의 한 변이 아니지만, 이미 위치가 확정된 절점 a, b에 이어져 있다. 따라서 이들 트러스는 a, b를 연결하는 대신 빗금칠한 내적안정 트러스에 이들 두 부재를 덧붙였다고 생각할 수 있다. 이들 트러스도 내적으로 안정한 트러스이다.

제 9 장 트러스

□ 부정정 차수 구하기 (별해)

미지의 부재력과 사용할 수 있는 평형방정식을 분석하여, 평형방정식만을 이용하여 구조를 해석할 수 있는지 혹은 몇 개의 적합조건식을 더 사용해야 하는지를 판단한다. 힘과 변위의 일대일 대응관계에서 최종 구조해석의 목표가 미지 부재력과 이에 대응하는 부재변위라는 관점에서 보면 미지수는 부재력이거나 부재변위가 된다

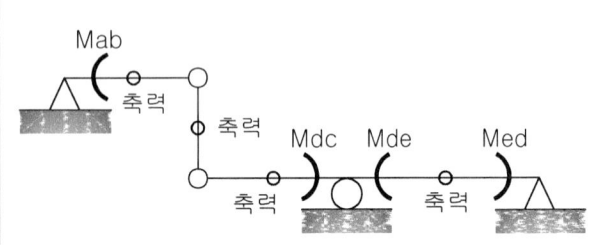

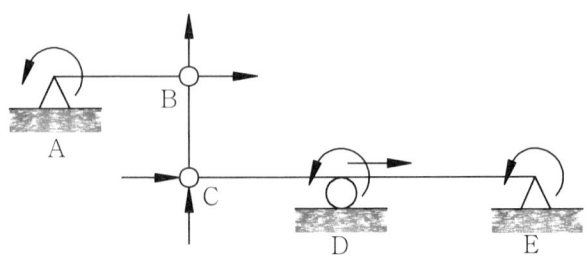

축방향 변위 고려 ⇒ 축력 발생 회전변위 고려 ⇒ 모멘트 발생 전단력은 모멘트에 대한 우력으로 구함	축방향 변위 고려 회전변위 고려 전단변위 무시

□ 부정정 차수 구하기 (별해)

부정정 차수(NI) = NF(미지부재력) - NP(자유도 수)

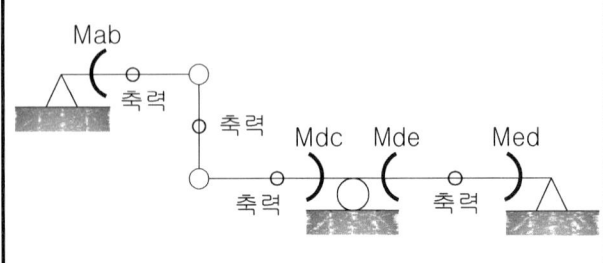

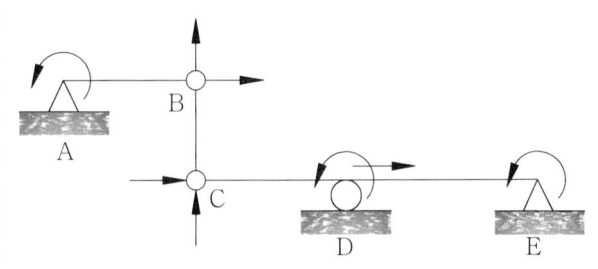

- 보요소는 지점 조건에 상관없이 양단에 모멘트와 축력을 미지력으로 한다

- 부재간 연결조건이 핀연결이면 모멘트는 발생하지 않는다고 본다. (트러스 격점과 유사)

- 핀연결은 회전변위는 발생하지만 강성에 관계없기에 자유도에서 제외

- 따라서 미지력 8개 – 자유도 8개 = 0 이므로 정정 구조이다

제 9 장 트러스

□ 부정정 차수 구하기 (별해)

부정정 차수(NI) = NF(미지부재력) - NP(자유도수)

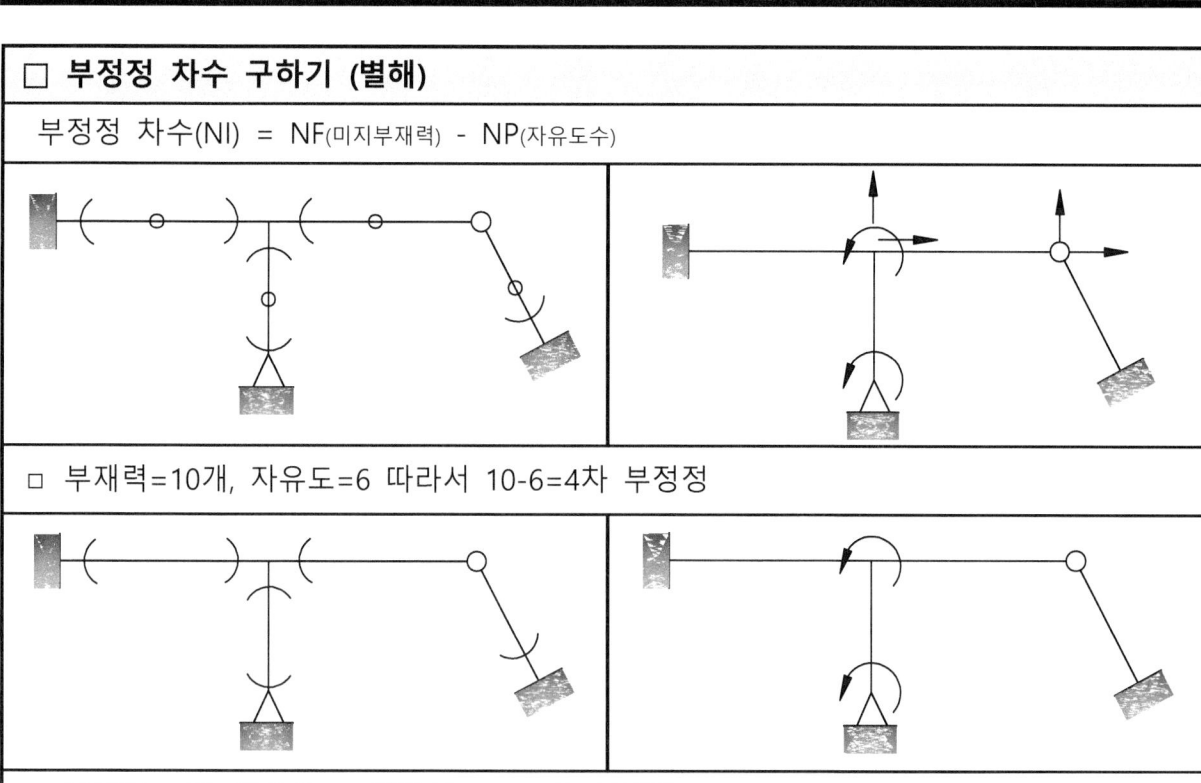

□ 부재력=10개, 자유도=6 따라서 10-6=4차 부정정

□ 부재력=6개, 자유도=2 따라서 6-2=4차 부정정

□ 우측 격점에는 수평, 수직 변위를 자유도로 잡을 경우 연결부재에서 축방향 변위 발생, 따라서 자유도에서 제외

2) 합성트러스 + 복합트러스

합성 트러스 (Compound Truss)

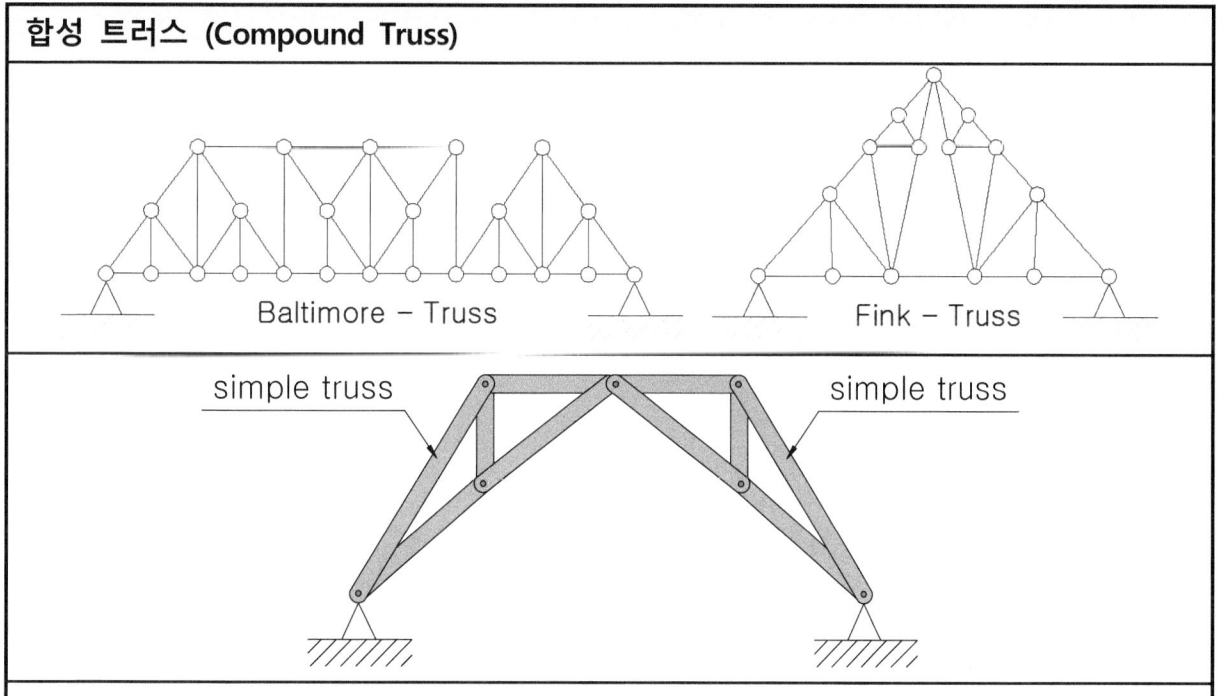

2개 이상의 단순트러스를 서로 평행하지도 않고 한 점에 만나지도 않는 3개의 링크로 연결하면 새로운 내적 안정 및 정정트러스를 얻는다. 이러한 트러스를 합성트러스라 한다.

복합 트러스 (Complex Truss)

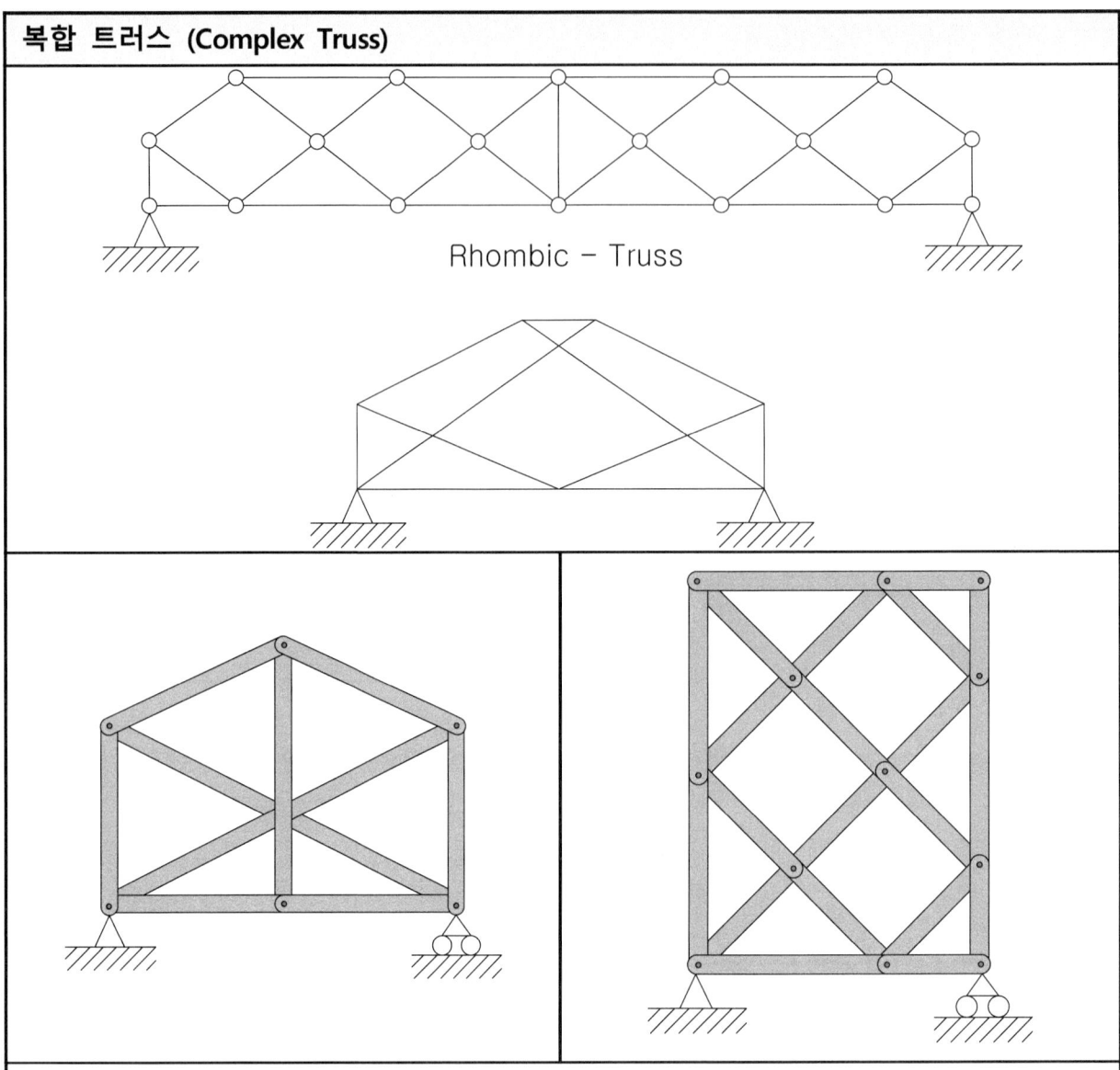

Rhombic – Truss

단순트러스나 합성트러스가 아닌데도 내적으로 안정하고 정정인 트러스를 복합트러스라 한다. 복합트러스는 그 안의 몇 개의 부재를 같은 수만큼의 다른 부재로 바꾸어 넣으면 단순트러스나 합성트러스로 된다.

3) Langer Type vs. Rohse Type

Langer Bridge

Reconstruction of Bridges (Muwagama Bridge), Sri Lanka

Reconstruction of Bridges (Muwagama Bridge), Sri Lanka

Type	Langer
Bridge Length	99 m
Width	12.4 m
Steel Weight	535 t
Completed	2003

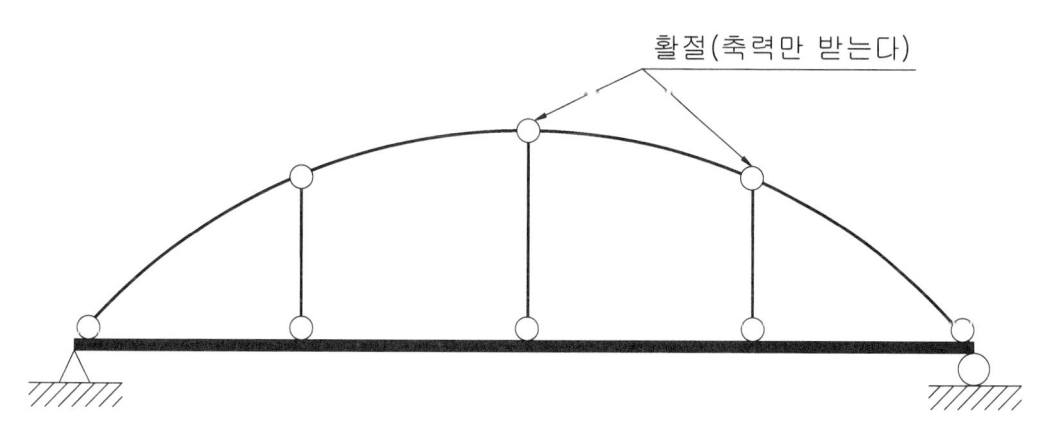

활절(축력만 받는다)

Langer bridge : 단순형교 또는 단순트러스교를 직선 부재의 Arch (즉, 축력만 받음)로 보강한 구조의 교량이다. 위 그림의 Langer bridge는 내적으로 1차의 부정정 구조이다.

제 9 장 트러스

Rohse Bridge

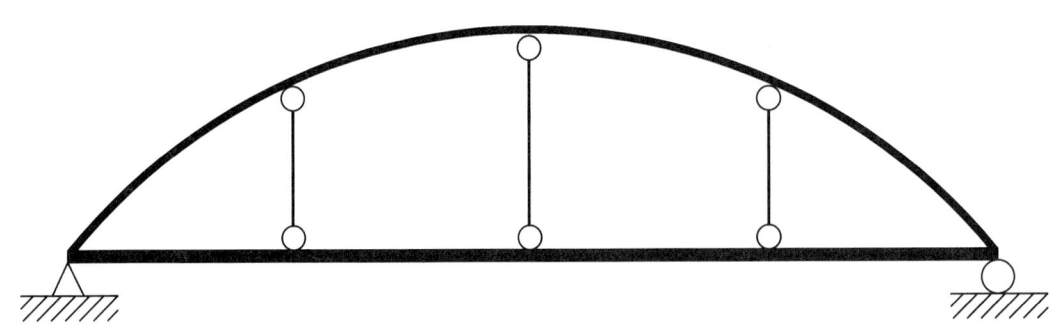

< 단부 강결 처리 한 경우 : 6차 부정정 >

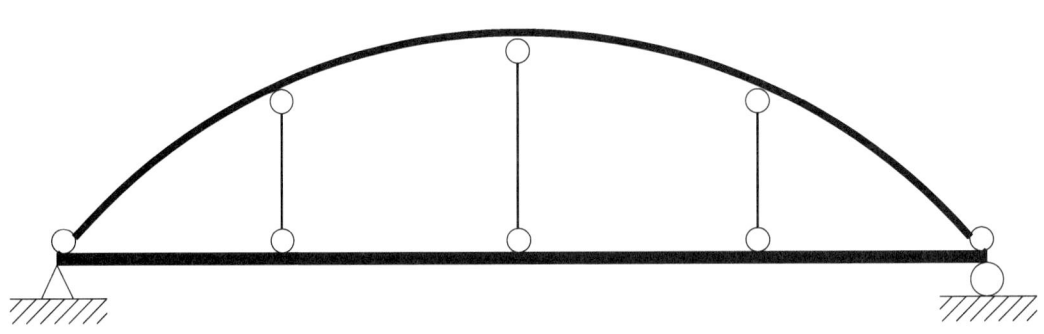

< 단부 활절 처리 한 경우 : 4차 부정정, 격간수와 같다 >

Rohse girder : Arch형의 구조물이고 Langer girder와 다른점은 Arch가 휨모멘트에 저항할 수 있는 것이다. 위 그림의 Rohse girder의 부정정차수는 격간의 수와 같다. (단부 활절처리 한 경우)

9.3 트러스의 해법

9.3.1 해법의 종류

(1) 절점법(격점법)

① 도해법 : 크레모나(cremona)의 방법 → 시력도의 폐합을 적용

② 수식법

일반적 방법 : $\sum V = 0, \sum H = 0$

특수 방법 : 응력계수법 (응력계수)×(부재길이), 인장계수법

* 격점법은 트러스의 모든 부재의 부재력을 구할 때는 편리하나, 임의의 부재의 부재력을 직접 구할 수 없으며, 한 부재의 부재력의 계산 착오가 다른 부재의 부재력 계산에 영향을 준다.

(2) 단면법

① 도해법 : 쿨만(culmann)의 방법 → 시력도의 폐합을 적용

② 수식법

전단력법(culmann법) : $\sum V = 0, \sum H = 0$

   * 복부재(수직재, 사재)에 적용

모멘트법(Ritter법) : $\sum M = 0$

   * 현재(상현재, 하현재)에 적용

* 단면법은 임의의 부재력을 직접 구할 수 있으며, 한 부재의 부재력 계산오차가 다른 부재의 부재력 계산에 영향을 주지 않는다.

(3) 부재치환법

부재치환법은 복합트러스에 쓰이는 방법이다.

(4) 가상변위법

가상일의 원리를 이용하여 부재력을 구하는 방법

(5) 영향선법

□ 트러스의 해법상의 가정

① 각 부재는 마찰이 전혀 없는 핀이나 힌지로 결합되어 있다.

② 각 부재는 모두 직선이고, 절점의 중심을 맺는 선은 각 부재축과 일치한다.

③ 트러스의 각 부재축은 동일평면내에 있으며 외력은 이 평면 내에 작용한다.

④ 외력(하중)은 격점(절점)에만 작용한다.

⑤ 부재응력은 그 재료의 탄성한도 이내에 있다.

⑥ 각 부재는 축방향력(인장력 또는 압축력)만을 받으며, 전단력, 휨모멘트는 작용하지 않는다.

⑦ 작용하중으로 인한 트러스의 변형은 무시한다.

⑧ 부재의 자중은 무시한다.

9.4 영부재의 판별과 설치이유

9.4.1 영부재

계산상 부재응력(부재력)이 0이 되는 부재를 영부재라 하며 배치하는 이유는

① 변형을 방지하기 위하여, ② 처짐을 방지하기 위하여, ③ 구조상 필요하므로

(1) 영부재 판별

① 격점(절점)을 중심으로 절단했을 때 1방향으로만 절단된 부재는 영부재가 된다.

(주의) : 영부재를 제거한 후 다시 절단하여 영부재를 찾는다.

② 부재 절단 원칙

a) 가능하면 3부재 이내가 되도록 절단할 것

b) 가능하면 사재와 하중이 있는 격점에서 절단은 피할 것

c) 절단된 부재의 방향은 외측으로 표시할 것

d) 수직재와 수평재로 된 격점에서는 하중이 있어도 절단할 것

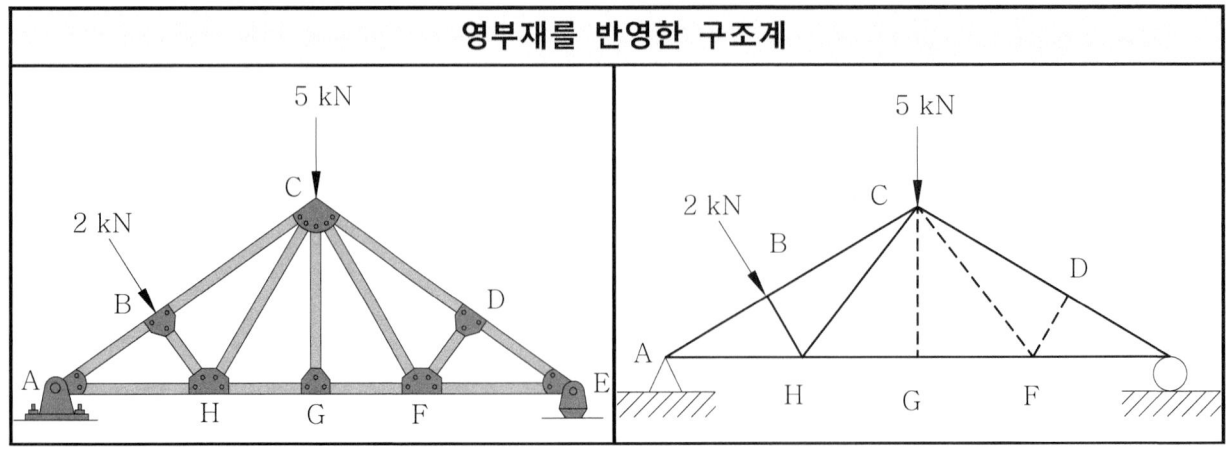

영부재를 반영한 구조계

제 9 장 트러스

EX - 1 : 영부재 찾기

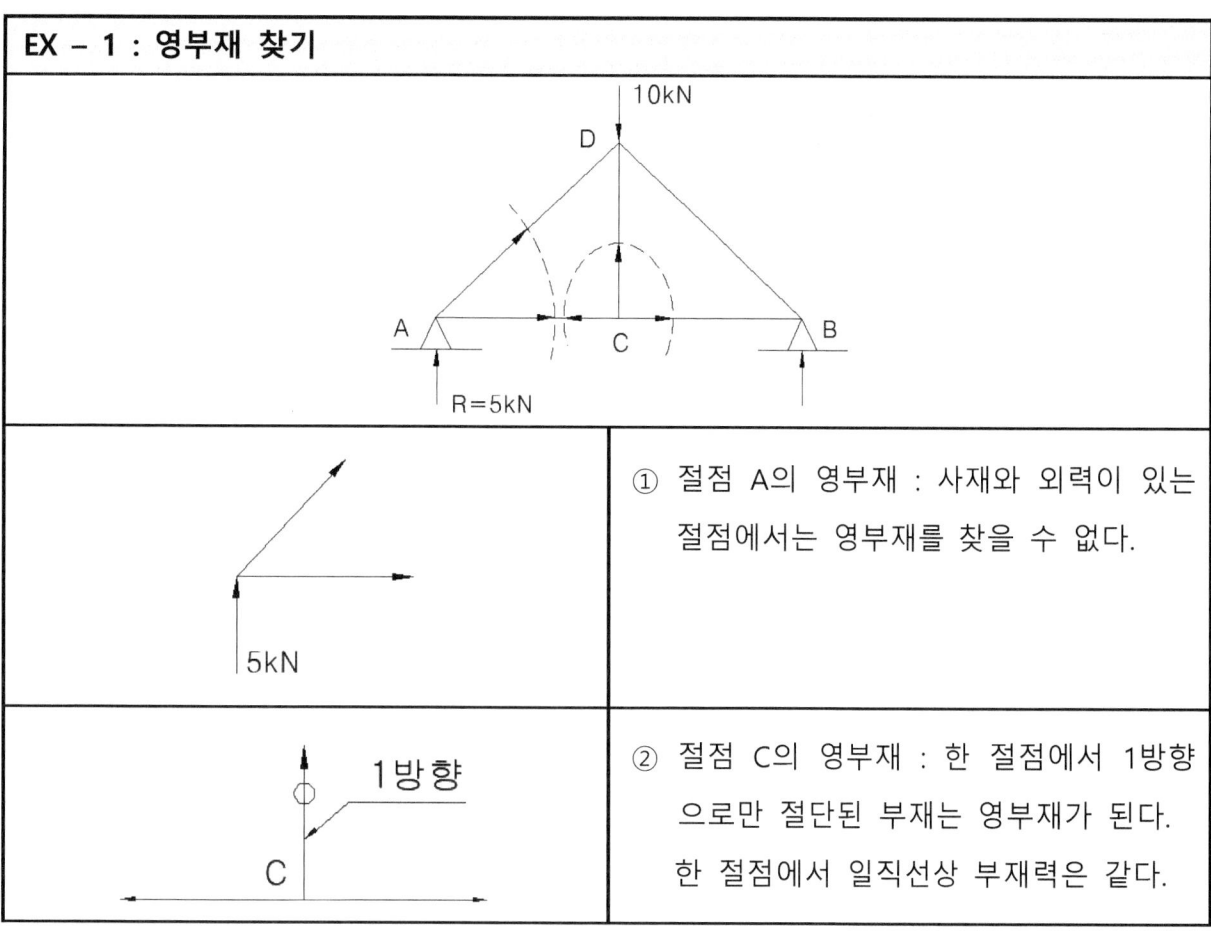

① 절점 A의 영부재 : 사재와 외력이 있는 절점에서는 영부재를 찾을 수 없다.

② 절점 C의 영부재 : 한 절점에서 1방향으로만 절단된 부재는 영부재가 된다. 한 절점에서 일직선상 부재력은 같다.

EX - 2 : 영부재 찾기

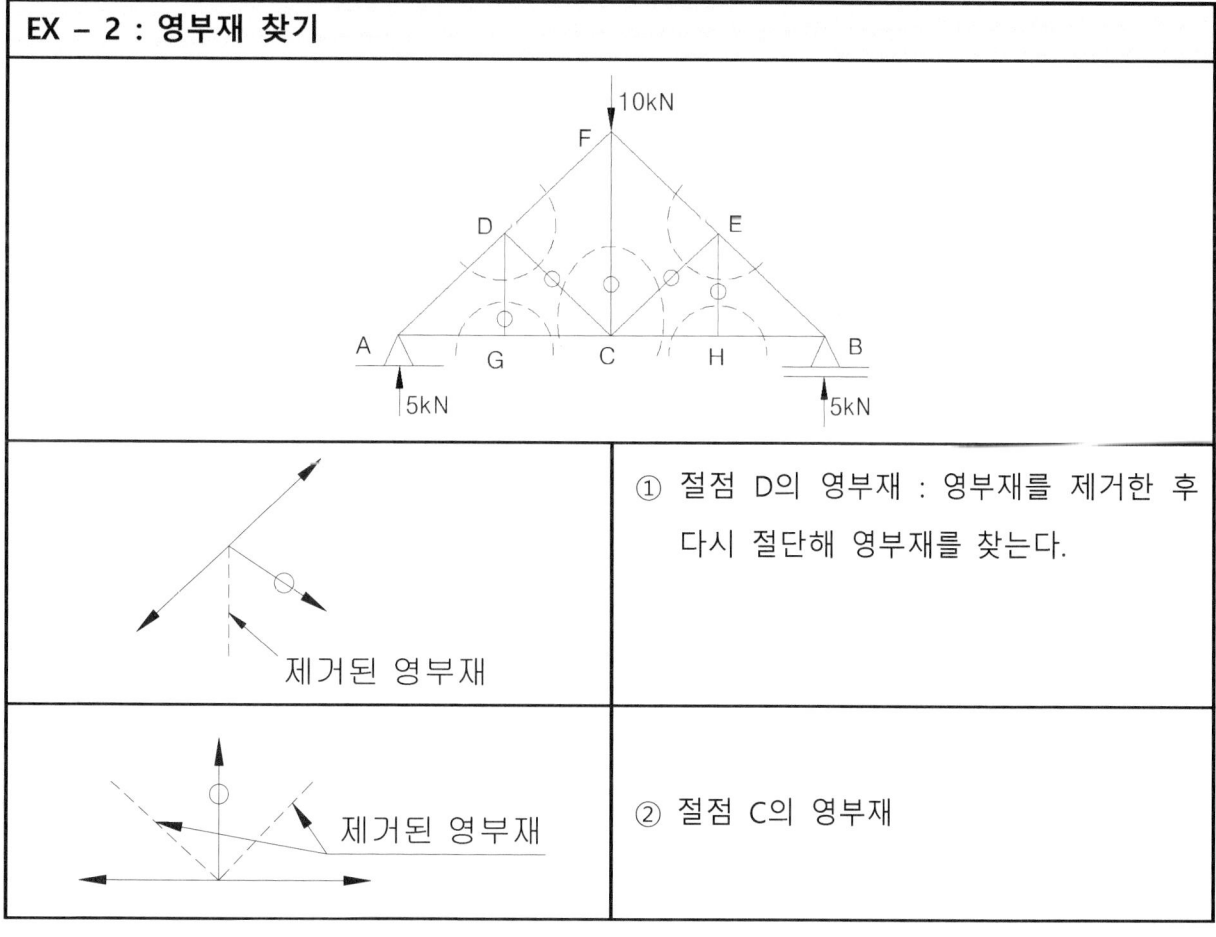

① 절점 D의 영부재 : 영부재를 제거한 후 다시 절단해 영부재를 찾는다.

② 절점 C의 영부재

EX - 3 : 영부재 찾기

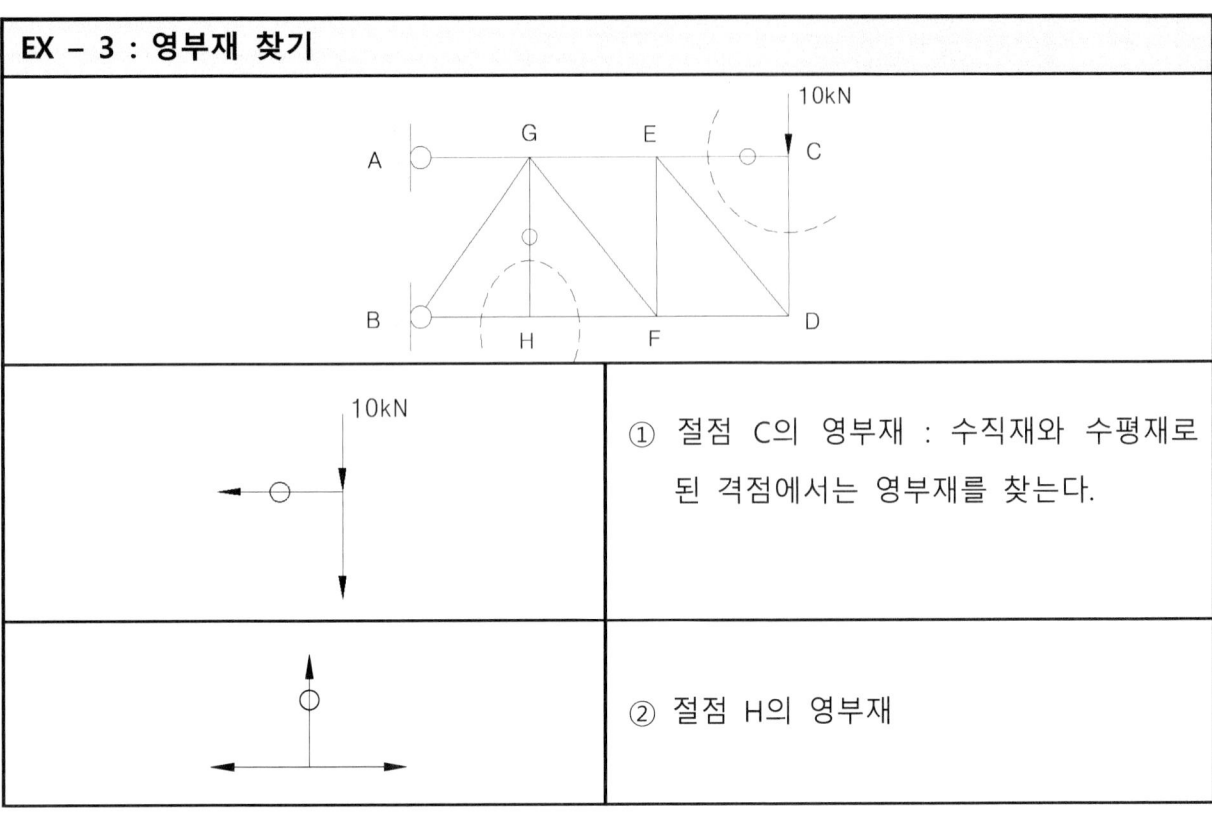

① 절점 C의 영부재 : 수직재와 수평재로 된 격점에서는 영부재를 찾는다.

② 절점 H의 영부재

EX - 4 : 트러스 부재응력의 성질

그림	결과
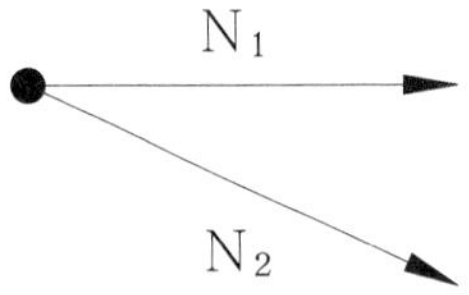 N_1, N_2 (두 부재)	$N_1 = N_2 = 0$
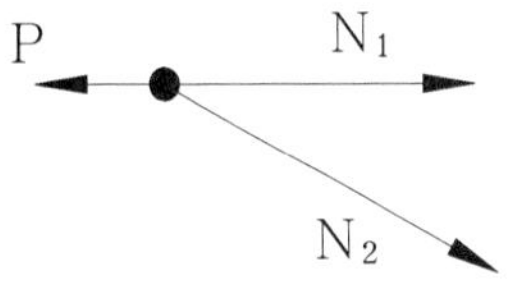 P, N_1, N_2	$N_1 = P$, $N_2 = 0$
 N_1, N_2, N_3 (T형)	$N_1 = N_2$, $N_3 = 0$
N_1, N_2, N_3, N_4 (X형)	$N_1 = N_2$, $N_3 = N_4$
N_1, N_2, N_3, P	$N_1 = N_2$, $N_3 = P$

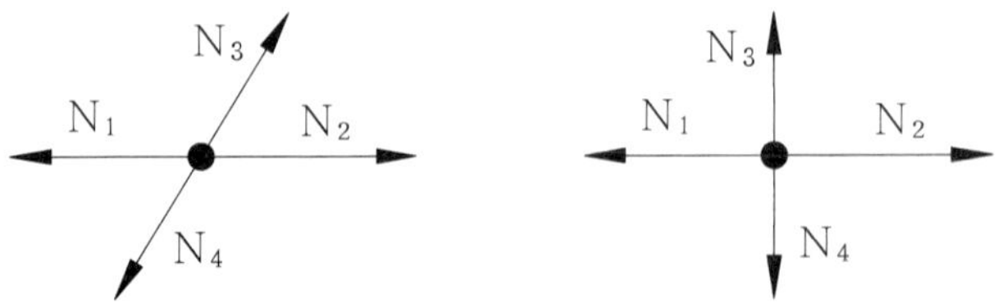

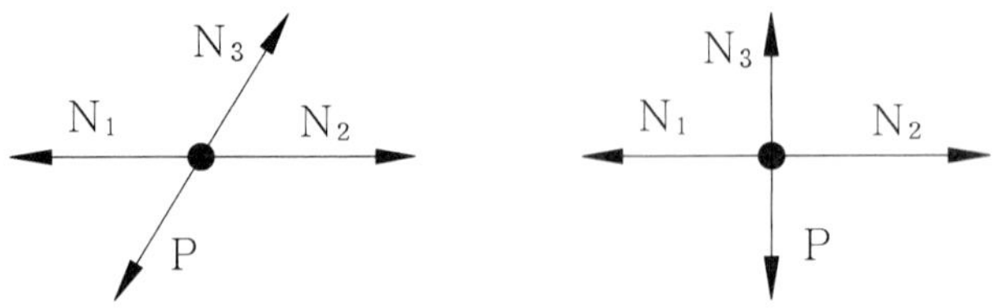

제 9 장 트러스

영부재 적용 예

$\xrightarrow{+} \Sigma F_x = 0; \quad F_{AB} = 0$
$+\uparrow \Sigma F_y = 0; \quad F_{AF} = 0$

$+\searrow \Sigma F_y = 0; \; F_{DC} \sin \theta = 0; \quad F_{DC} = 0 \text{ since } \sin \theta \neq 0$
$+\swarrow \Sigma F_x = 0; \; F_{DE} + 0 = 0; \quad F_{DE} = 0$

$+\swarrow \Sigma F_x = 0; \quad F_{DA} = 0$
$+\searrow \Sigma F_y = 0; \quad F_{DC} = F_{DE}$

$+\swarrow \Sigma F_x = 0; \quad F_{CA} \sin \theta = 0; \quad F_{CA} = 0 \text{ since } \sin \theta \neq 0;$
$+\searrow \Sigma F_y = 0; \quad F_{CB} = F_{CD}$

9.5 트러스의 부재력 계산

9.5.1 수직재의 부재력 계산

1) 격점법(절점법) : 절점을 중심으로 절단하여 힘의 평형조건식 ($\sum V = 0$) 으로 부재력을 구한다.

   a) 절점에 외력(하중)이 작용하지 않는 경우 수직재는 영부재
   b) 절점에 외력(하중)이 작용할 경우 수직재의 부재력은 외력과 같다.

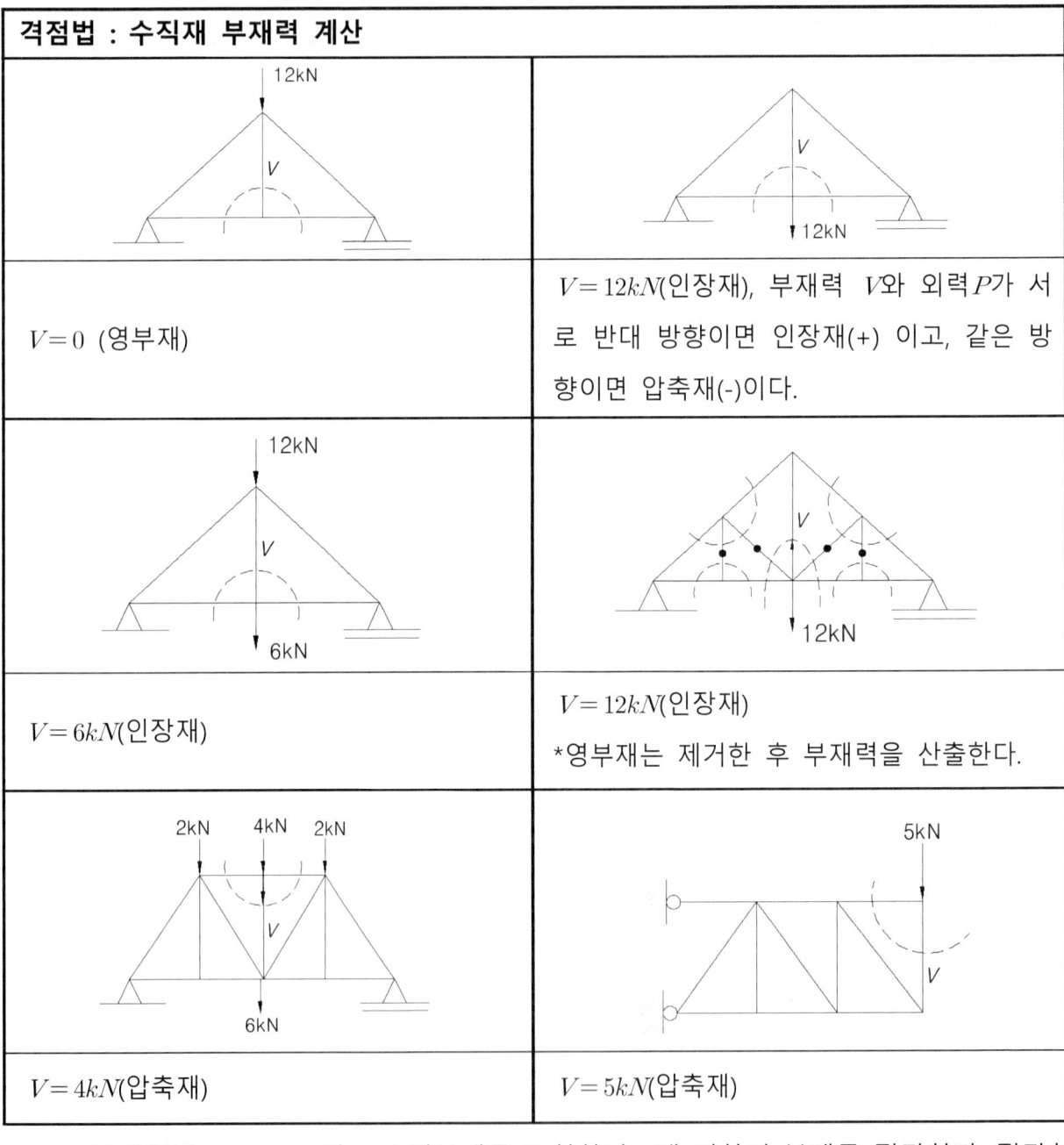

2) 전단력법(Culmann 법) : 수직부재를 포함하여 3개 이하의 부재를 절단한다. 절단한 단면의 한쪽에 있는 수직력의 대수합 ($\sum V = 0$)으로 부재력을 구한다.

전단력법 : 수직재 부재력 계산	
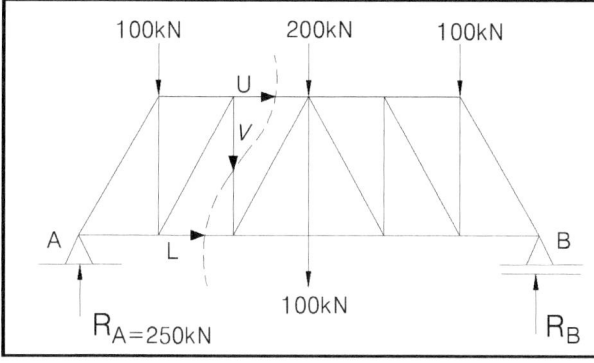	$R_A = \dfrac{100+200+100+100}{2} = 250kN$ * 절단한 단면 좌측에 존재하는 수직력의 대수합 ($\sum V = 0$)으로 V부재력을 구한다. $V = 250 - 100 = 150kN$(인장재)

9.5.2 사재의 부재력 계산

1) 격점법 : 지점상에 있는 사재의 부재력 계산에 적용

격점법 : 사재 부재력 계산	
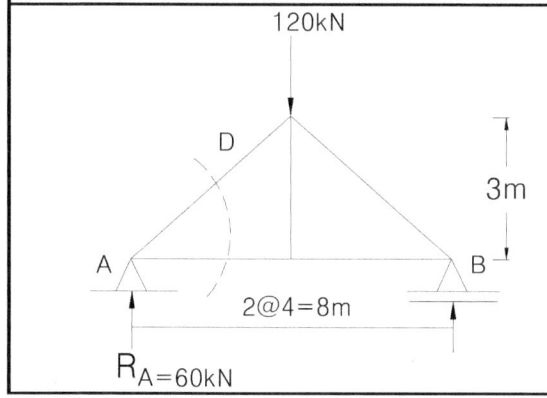	$R_A = \dfrac{120}{2} = 60kN$ $D = \dfrac{수직외력 \times D부재길이}{트러스높이} = \dfrac{60 \times 5}{3} = 100kN$ D부재는 외력 $60kN$과 방향이 같으므로 압축재이다.

2) 전단력법 : 사재를 포함하여 3개 이하의 부재를 절단한다. 절단한 단면 한쪽에 존재하는 수직력의 대수합($\sum V = 0$)으로 부재력을 구하다.

전단력법 : 사재 부재력 계산	
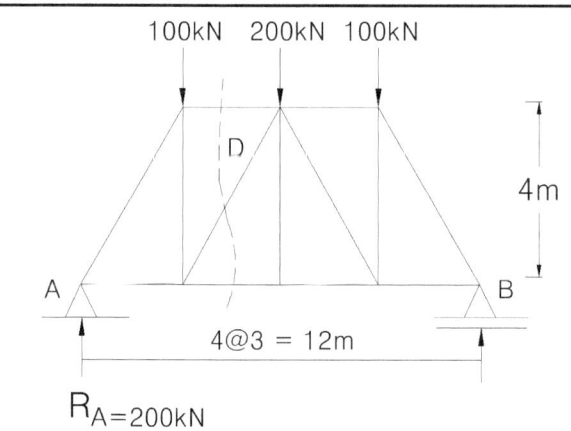	$R_A = \dfrac{100+200+100}{2} = 200kN$ * 절단한 단면 좌측에 존재하는 수직력 $V = 200 - 100 = 100kN(\uparrow)$ $D = \dfrac{수직력 \times D부재길이}{트러스높이} = \dfrac{100 \times 5}{4} = 125kN$ D부재는 상향인 수직력 $100kN$과 같은 방향이므로 압축재이다.

9.5.3 현재의 부재력 계산

모멘트법 : 현재를 포함하여 3개 이하의 부재를 절단한다. 절단된 부재 중에서 구하고자 하는 부재 이외의 부재들이 만나는 절점을 중심으로 한쪽에 존재하는 모멘트의 대수합($\sum M=0$)으로 부재력을 구한다.

모멘트법 : 현재의 부재력 계산

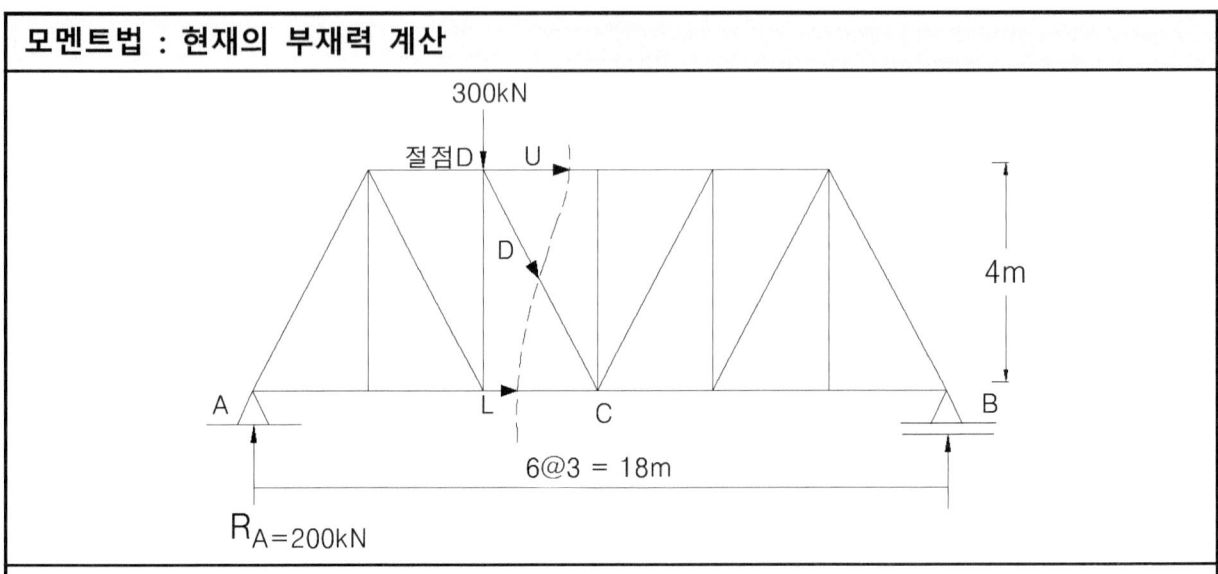

$$R_A = \frac{300 \times 12}{18} = 200 kN$$

① 상현재는 U는 절점 C의 좌측에 대한 모멘트의 대수합 $\sum M_C = 0$으로 구한다.

$$U = \frac{\text{절점}C\text{에 대한 외력모멘트의 합}}{\text{트러스 높이}} = \frac{300 \times 3 - 200 \times 9}{4} = -225 kN$$

* 구하고자 하는 부재 U와 같은 방향으로 회전하는 외력모멘트는 (-)이고 반대방향으로 회전하는 외력모멘트는 (+)이다.

② 하현재 L : 절점 D의 좌측에 대한 모멘트의 대수합 $\sum M_D = 0$으로 구한다.

$$L = \frac{\text{절점}D\text{에 대한 외력모멘트의 합}}{\text{트러스 높이}} = \frac{200 \times 6}{4} = 300 kN$$

9.6 트러스의 영향선

1) 트러스 영향선도 작도법

① 상현재는 단순보의 휨모멘트 영향선을 구해서 –h로 나누면 된다.

② 하현재는 단순보의 휨모멘트 영향선을 구해서 h로 나누면 된다.

③ 사재는 단순보의 전단력 영향선을 구해서 $\sin\theta$(또는 $\cos\theta$)로 나누면 된다.

④ 수직재는 단순보의 전단력 영향선을 구해서 그대로 사용한다.

⑤ 간접하중이 생기는 곳은 단면법 식으로 자른 단면위를 하중이 지날 때 자른 단면의 좌우 절점 구간에서 생기므로 그 구간을 사선으로 연결하면 된다.

⑥ 반력의 영향선은 단순보의 반력의 영향선과 같다.

☐ 현재의 영향선은 모멘트법 이용
☐ 수직재와 사재의 영향선은 전단력법 이용
☐ 영부재인 수직재의 영향선은 절점법 이용

프랫(Pratt) 트러스 영향선

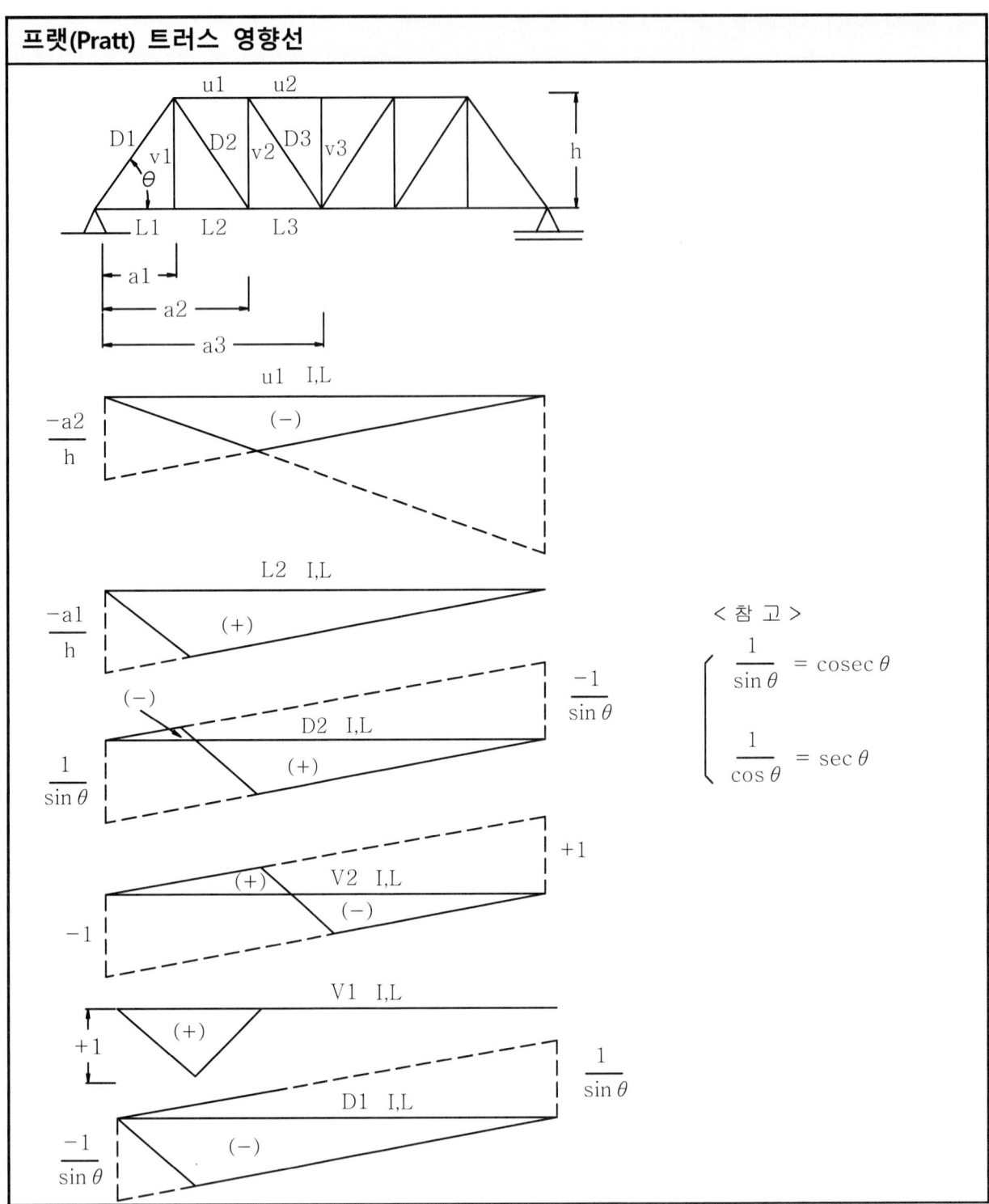

와렌(Warren) 트러스 영향선

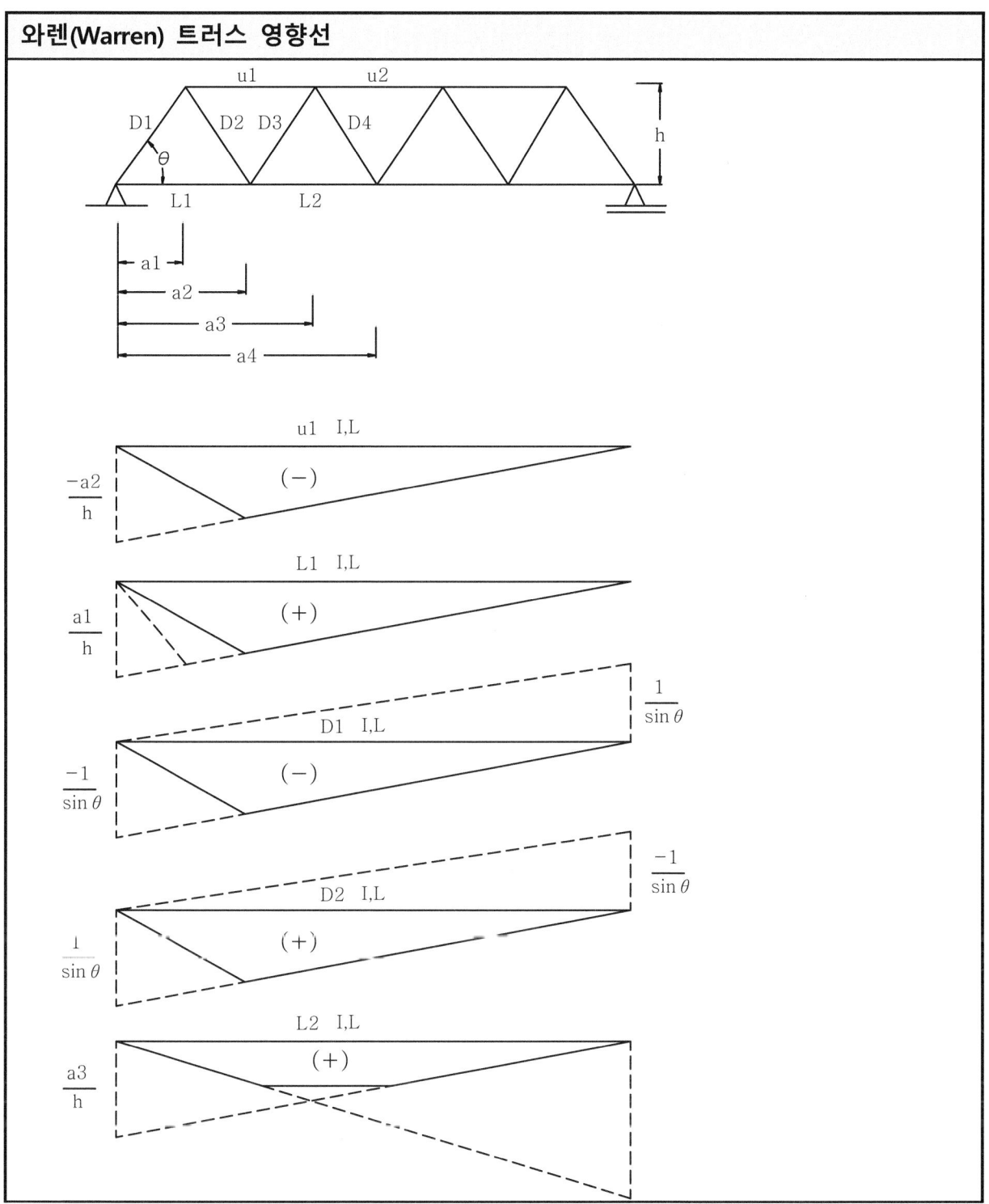

9.7 트러스 구조의 응용

트러스 구조 거동 특성은 엔지니어한테 매우 유용한 개념이며 이를 활용한 분야가 많다. 그 중 일부를 소개하고자 한다.

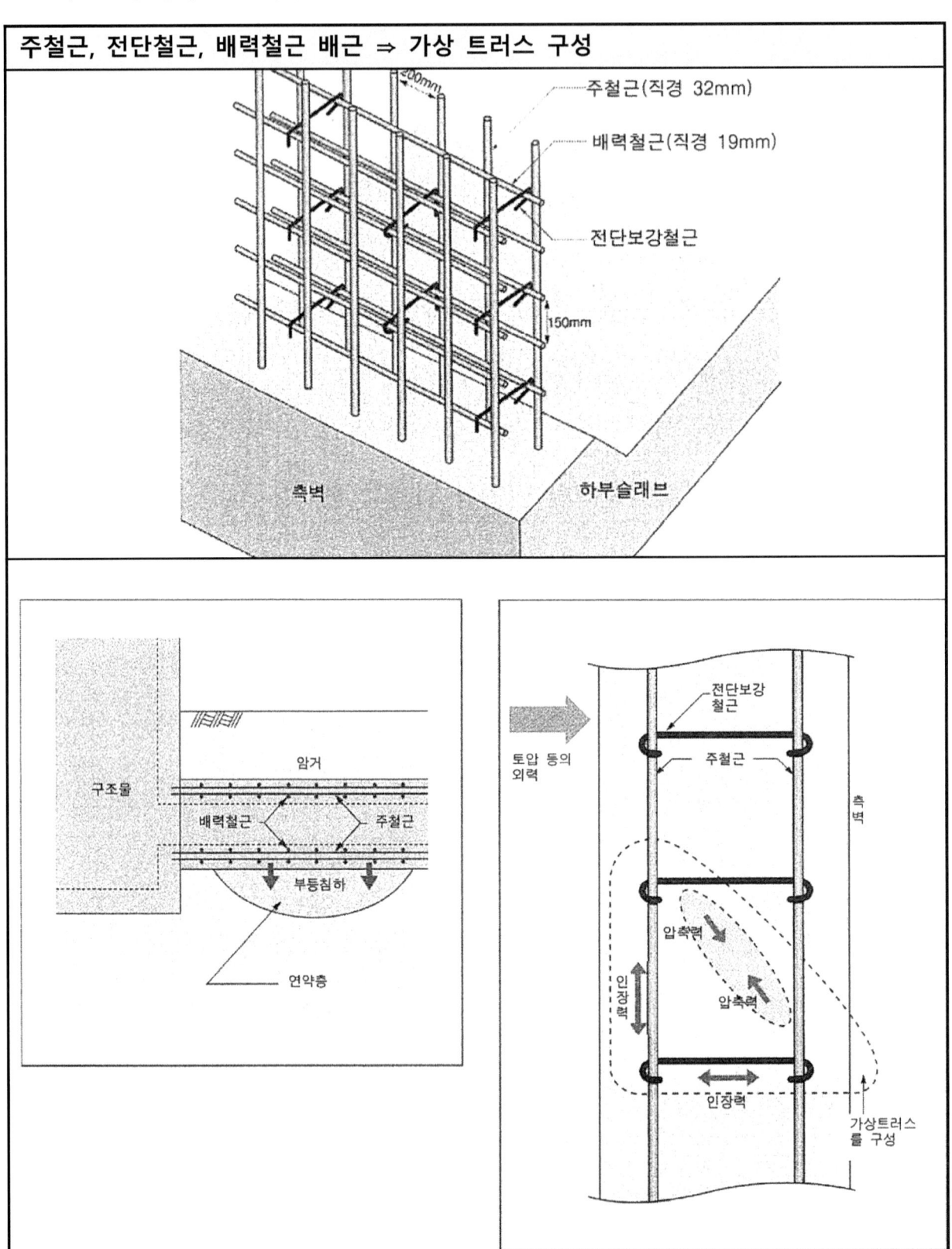

제 9 장 트러스

주철근, 전단철근, 배력철근 배근 ⇒ 가상 트러스 구성

[가상트러스] 로 외력에 저항

주철근과 배력철근 외에 전단보강철근을 조립하는 방법도 중요하다. 벽과 같이 면 형태로 된 부재는 양단에 갈고리를 갖는 전단보강철근을 벽을 관통하는 방향으로 설치한다.
전단보강철근의 주된 역할은 부재에 작용하는 전단력에 저항하는 것이다.
전단보강철근과 주철근, 콘크리트로 3번째 그림과 같이 「가상트러스」를 구성하여 외력에 대해 저항하도록 하여 전단보강철근과 주철근이 인장력을, 콘크리트가 압축력을 분담하는 형식이다. 가상트러스를 구성하기 위해서는 전단보강철근이 주철근에 조립되어 있어야 한다.
첫 번째 그림에 표시한 배근에서는 전단보강철근이 주철근이 아닌 배력철근에 조립되어 있다. 따라서 가상트러스를 구성할 수 없기 때문에 전단보강효과를 기대할 수 없다.
아래 그림과 같이 주철근과 그 외측의 배력철근의 교점에 조립할 필요가 있다.
일반적인 배근에서는 전단보강철근을 주철근과 배력철근의 교점에 균등하게 분산되도록 배치한다.

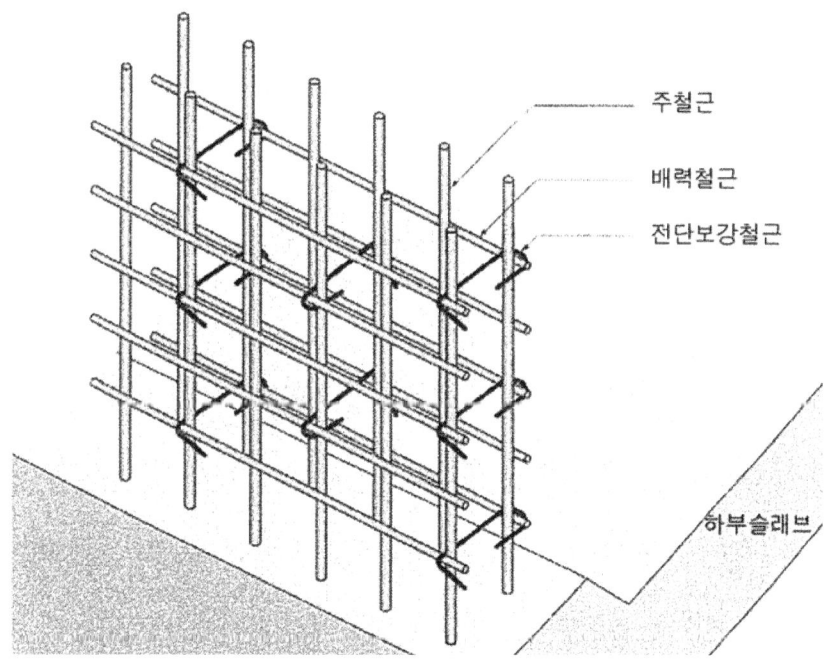

전단보강철근을 주철근에 조립할 뿐만 아니라 배력철근에도 조립하는 이유는 다음과 같다. 벽체부재는 비교적 전단보강철근이 적어도 된다. 그 때문에 모든 주철근에 배근되는 것이 아니고 몇 개 걸러서 배치하는 경우가 대부분이다. 즉, 전단보강철근이 배치되어 있지 않은 주철근도 있다. 그래서 전단보강철근을 배력철근에도 조립함으로써 전단보강철근에 가해지는 힘을 분산시킨다.
지금까지 지적한 주의점은 설계지침이나 시방서의 구조세목에 표시되어 있다. 그러나 단지 지침에 따를 뿐만 아니라 설계방침과 힘의 흐름을 잘 이해하는 것이 중요하다.

제 9 장 트러스

콘크리트 구조 설계기준 ⇒ 스트럿 타이 모델 (MIDAS IT 제공)

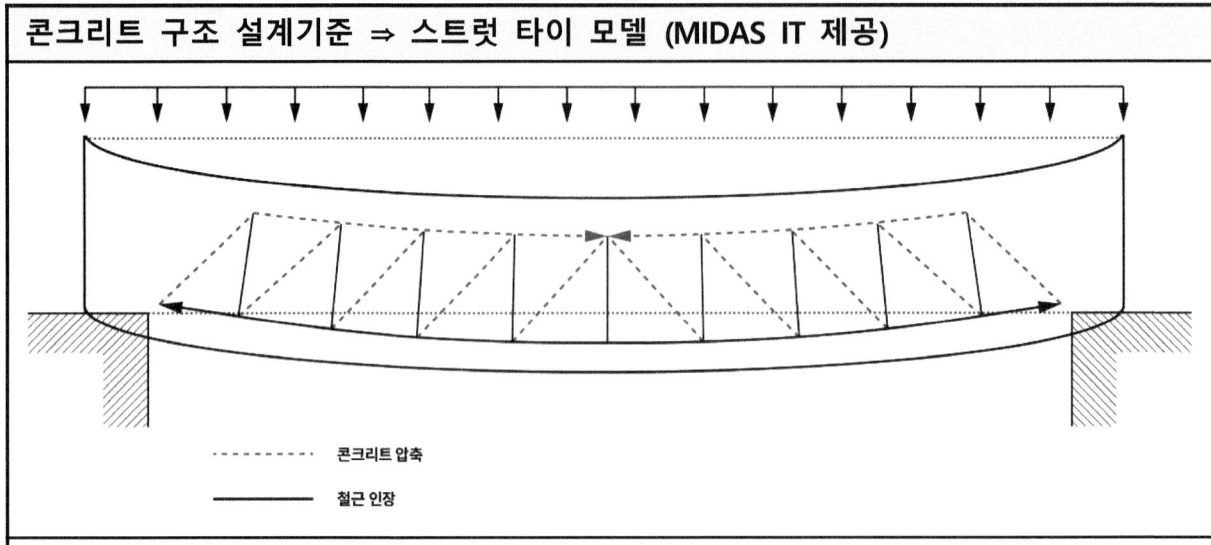

트러스 유사개념(Truss analogy Concept)을 시작으로 연구와 발전을 거듭하던 트러스 모델을 모든 콘크리트 부재의 설계에 적용할 수 있도록 일반화시킨 것이 스트럿-타이 모델입니다.

1) 트러스 유사개념 (Ritter, 1899)

트러스 유사개념(Truss analogy concept)은 콘크리트 부재에 균열이 발생한 후의 힘의 흐름을 위 그림과 같이 트러스 모델을 이용해 설명한 초기의 개념이며, Ritter's Truss Model은 다음과 같이 구성되어 있습니다.

· 부재에 작용하는 압축응력을 부담하는 압축 영역(상현재, Upper Chord)과 부재 축에 경사진 스트럿(대각선 방향의 트러스 부재).
· 인장응력의 수직성분을 부담하는 스터럽(stirrup, 수직부재)과 수평성분을 부담하는 하부철근(하현재, Lower Chord).

이 방법은 부재의 내력을 트러스 모델로 표현하고 각 부재의 축력을 구해서 설계하게 됩니다. 부재 내의 힘의 흐름을 잘 나타내고 있어서 전단력을 받는 부재의 거동을 이해하고 전단철근을 설계하는데 매우 유용하게 사용되었습니다.

2) 45° 트러스 모델 (45 degree Truss Model)

Ritter와 Morsch는 균열이 발생한 콘크리트 부재의 대각 방향의 스트럿이 각도가 45°를 유지한다고 가정하였습니다. 1922년 Morsch는 스터럽 설계에 사용되는 경사각 45°가 너무 안전측의 설계라는 것을 알고 있었지만 2차 경사균열(Secondary Inclined Crack)에 대한 경사각을 평가하는 방법을 찾지 못했기 때문에 45°를 가정해서 설계하는 방법을 제시하였습니다. 또한, 경제적인 설계를 위해 ACI(American Concrete Institute, 미국 콘크리트 학회)에서는 45° 트러스 모델의 전단철근 저항력에 콘크리트의 분담(Concrete Contribution)을 추가하는 방법을 제시하였습니다.

콘크리트 구조 설계기준 ⇒ 스트럿 타이 모델 (MIDAS IT 제공)

3) 다양한 각도의 트러스 모델 (Variable angle Truss Model)

스트럿의 경사각을 소성이론에 근거해 제한적인 범위 내에서 45°와 다른 값을 가질 수 있도록 하는 방법입니다. 골재의 맞물림(Aggregate Interlock)과 Dowel Action 등에 의해 대각 방향의 압축 스트럿이 45°보다 작은 경사각을 갖고 스터럽의 역할이 증대되기 때문입니다. 여기서 말하는 골재의 맞물림과 Dowel Action이 콘크리트의 분담입니다. 이 접근법은 경사각을 변경할 수 있도록 허용은 했지만 콘크리트의 분담을 직접적으로 고려하지 않았습니다.

4) 수정 트러스 모델 (Modified Truss Model)

다양한 각도의 트러스 모델과 달리 콘크리트의 분담을 직접적으로 고려하는 방법이 수정 트러스 모델(Modified Truss Model)입니다. 여러 전단실험 결과 이 효과들을 추가적으로 고려해야 할 필요성이 알려지게 되었고, 실험적으로 구하는 방법이 제시되었습니다.

5) 소성 트러스 모델 (Plastic Truss Model)

콘크리트 부재를 설계할 때, 콘크리트가 파괴되기 전에 스터럽이 먼저 항복해서 균열면을 따라 힘을 전달한다고 가정할 수 있습니다. 이런 상태에서 트러스는 정역학적으로 정정 구조물이 되고 콘크리트 부재의 소성거동에 좌우되지 않게 됩니다. 아래 그림과 같이 stirrup이 먼저 항복했다고 가정한 상태의 트러스를 나타낸 것이 등가 소성 트러스 모델(Equivalent Plastic Truss Model)입니다. 이 트러스 모델의 대각 방향 압축 스트럿은 압축팬(Compression Fan)과 압축장(Compression Field)으로 구성되어 있습니다

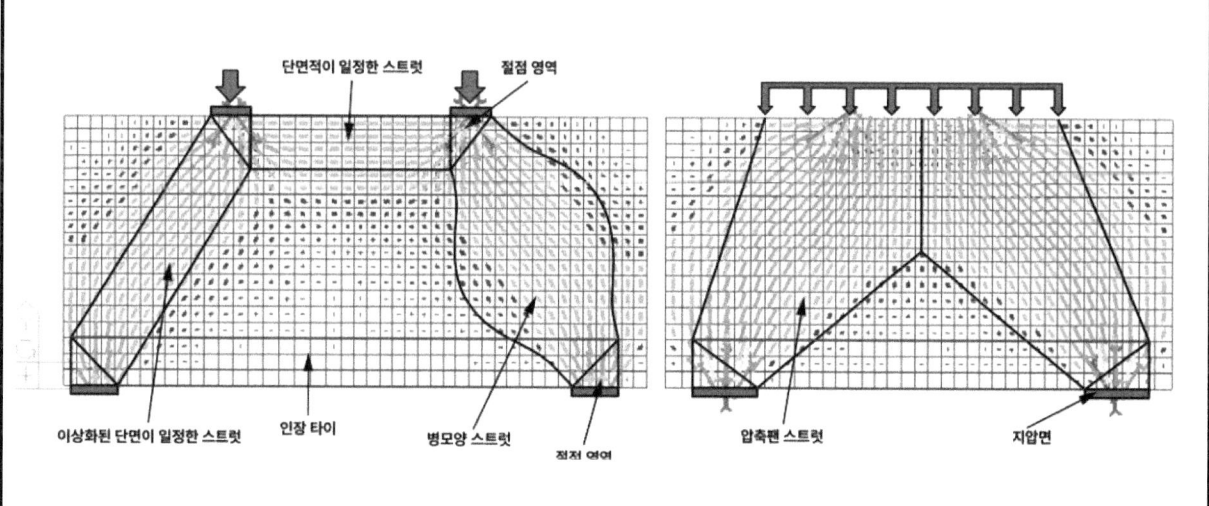

제 9 장 트러스

한계상태 설계 ⇒ 전단철근 (자료출처 : 2016년 기술강습회, 전남대 김우 교수님)

◆ 복부 콘크리트 스트럿 경사각

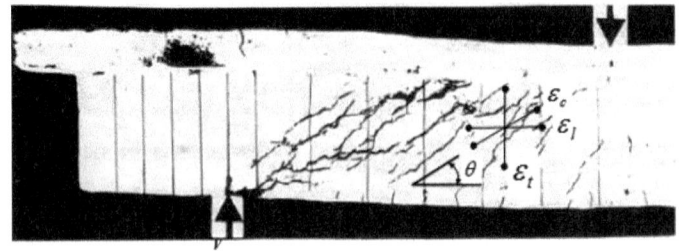
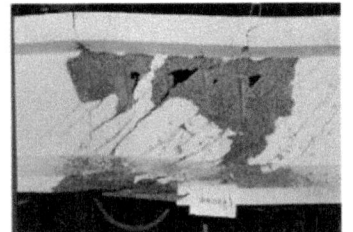

◆ 모델

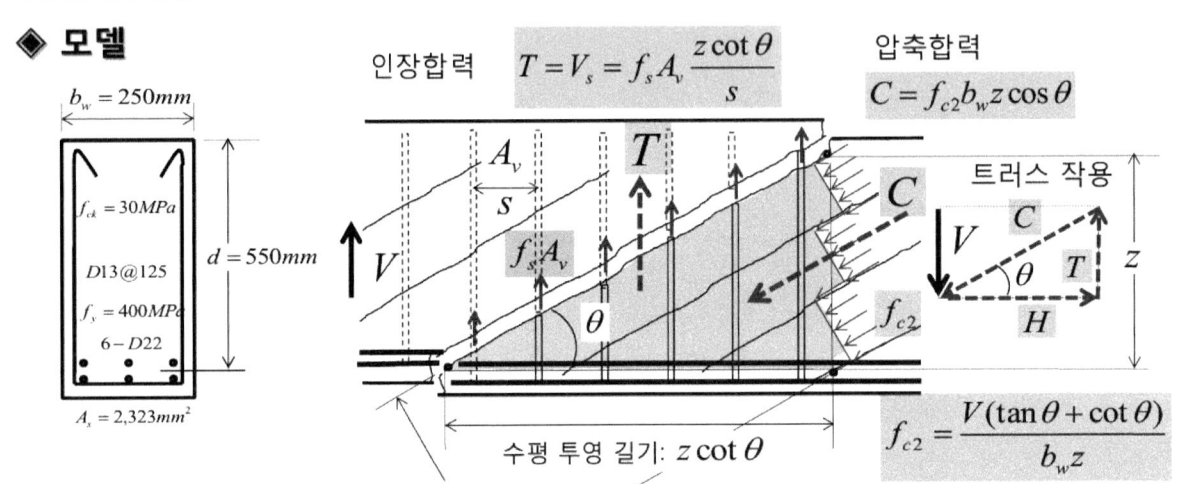

인장합력 $T = V_s = f_s A_v \dfrac{z \cot\theta}{s}$

압축합력 $C = f_{c2} b_w z \cos\theta$

$f_{c2} = \dfrac{V(\tan\theta + \cot\theta)}{b_w z}$

수평 투영 길이: $z\cot\theta$
압축스트럿 폭: $z\cos\theta$
θ : variable

$b_w = 250mm$, $f_{ck} = 30MPa$, $d = 550mm$, D13@125, $f_y = 400MPa$, 6-D22, $A_s = 2,323mm^2$

◆ 경사각 선정

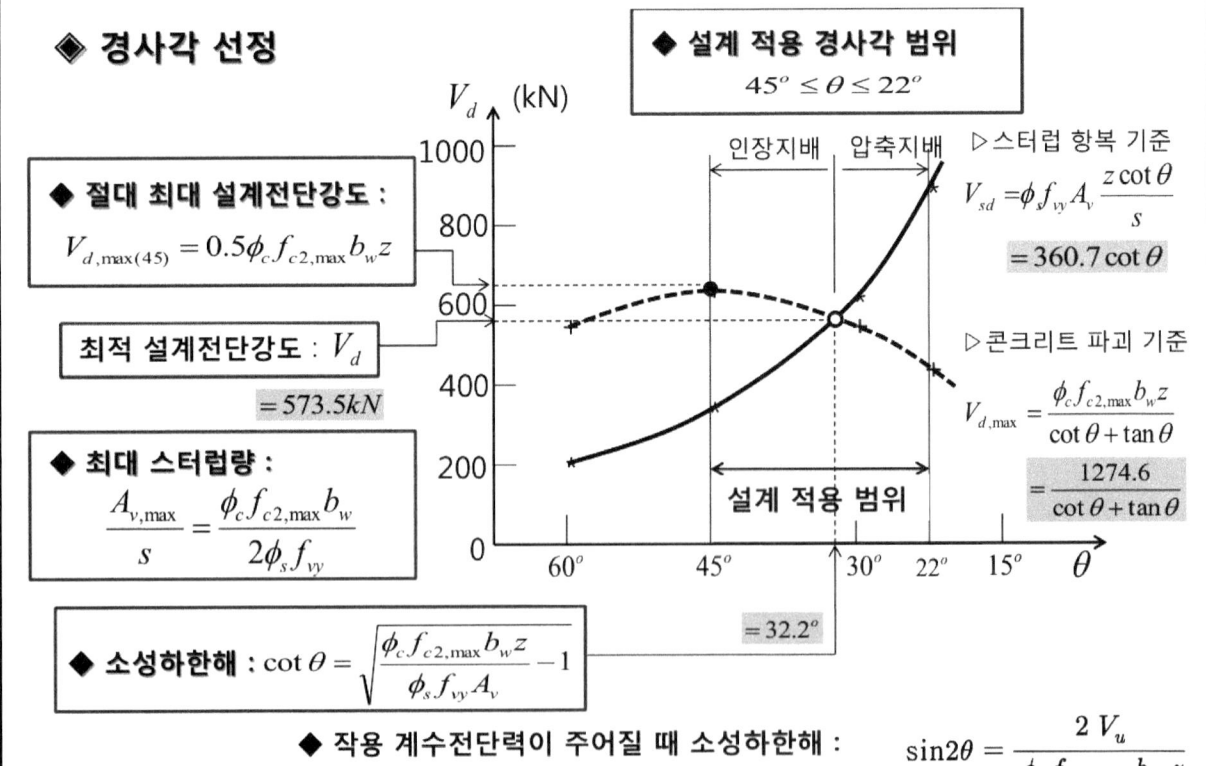

◆ 설계 적용 경사각 범위
$45° \leq \theta \leq 22°$

◆ 절대 최대 설계전단강도:
$V_{d,\max(45)} = 0.5\phi_c f_{c2,\max} b_w z$

최적 설계전단강도 : V_d = 573.5kN

◆ 최대 스터럽량:
$\dfrac{A_{v,\max}}{s} = \dfrac{\phi_c f_{c2,\max} b_w}{2\phi_s f_{vy}}$

◆ 소성하한해 : $\cot\theta = \sqrt{\dfrac{\phi_c f_{c2,\max} b_w z}{\phi_s f_{vy} A_v} - 1}$

▷ 스터럽 항복 기준
$V_{sd} = \phi_s f_{vy} A_v \dfrac{z\cot\theta}{s} = 360.7\cot\theta$

▷ 콘크리트 파괴 기준
$V_{d,\max} = \dfrac{\phi_c f_{c2,\max} b_w z}{\cot\theta + \tan\theta} = \dfrac{1274.6}{\cot\theta + \tan\theta}$

= 32.2°

◆ 작용 계수전단력이 주어질 때 소성하한해 : $\sin 2\theta = \dfrac{2V_u}{\phi_c f_{c2,\max} b_w z}$

도로교설계기준(한계상태설계법) 기술강습회: 2016. 2.

EX 9-1 : 그림과 같은 단순 핀 연결 트러스의 압축재 최소좌굴하중 P_{cr}을 구하시오. (단, 모든 부재의 탄성계수는 E이고, 충실원형부재의 단면 직경은 d이다.) 토목구조기술사 133회 3교시 4번

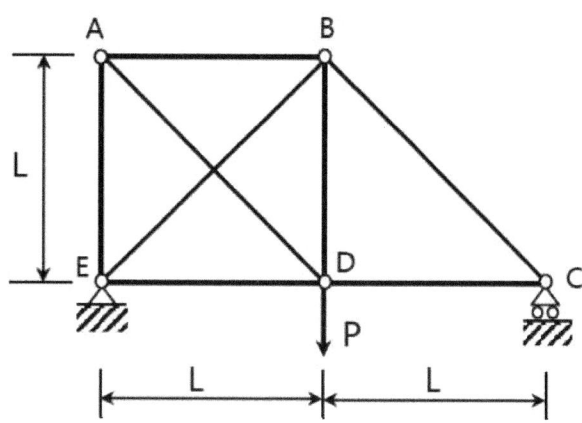

1) 압축재의 최소 좌굴하중을 구하는 문제이다. 과연 이 구조계를 다 풀어야 하나?
2) 외력 P에 의해서 부재 축력은 예를 들어 0.5P(인장) 또는 –0.45P(압축) 이렇게 표현되는 8개 부재력을 다 구해야 할까?
3) 단순 트러스는 상현재는 압축력, 하현재는 인장력이 발생하며, 경사진 사재의 경우 지점 방향이면 압축이다
4) 변형도를 그리면 개략 인장, 압축 부재를 알 수 있다

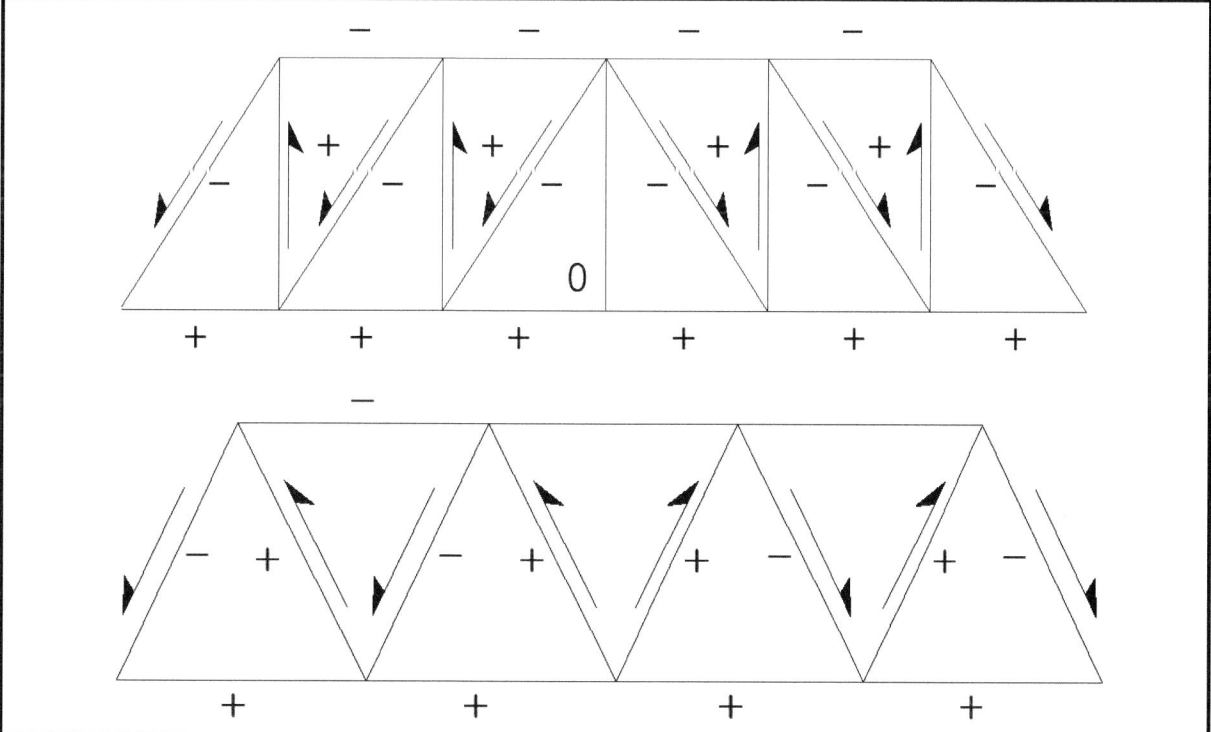

EX 9-1 : 그림과 같은 단순 핀 연결 트러스의 압축재 최소좌굴하중 P_{cr}을 구하시오. (단, 모든 부재의 탄성계수는 E이고, 충실원형부재의 단면 직경은 d이다.) 토목구조기술사 133회 3교시 4번

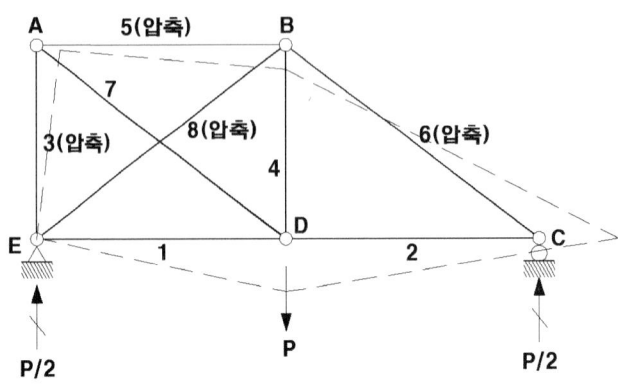

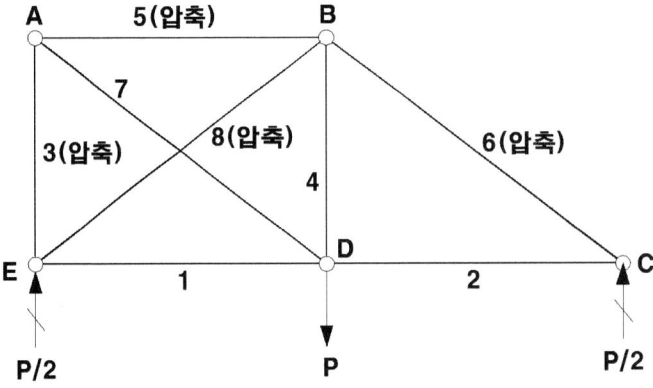

- 외적 정정이고 내적 1차 부정정 구조물이다. 절점 c에서 6번 부재가 제일 큰 압축력을 받는다는 것을 직관적으로 알수 있다.
- 6번 부재의 부재력은

$$\sum V = 0, f_6 = \frac{P}{2}(\sqrt{2}) = 0.707P$$

$$P_{cr} = \frac{\pi^2 EI}{L^2} \text{에서}$$

$$0.707 P_6 = \frac{\pi^2 EI}{(\sqrt{2}L)^2}$$

$$P_6 = \frac{\pi^2 E}{0.707(\sqrt{2}L)^2}\left(\frac{\pi d^4}{64}\right) = \frac{\pi^3 E d^4}{90.496 L^2}$$

압축 부재 BC에서 최소 좌굴하중이 발생

$$P_{6cr} = \frac{\pi^3 E d^4}{90.496 L^2}$$

EX 9-1 : 그림과 같은 단순 핀 연결 트러스의 압축재 최소좌굴하중 P_{cr}을 구하시오. (단, 모든 부재의 탄성계수는 E이고, 충실원형부재의 단면 직경은 d이다.) 토목구조기술사 133회 3교시 4번

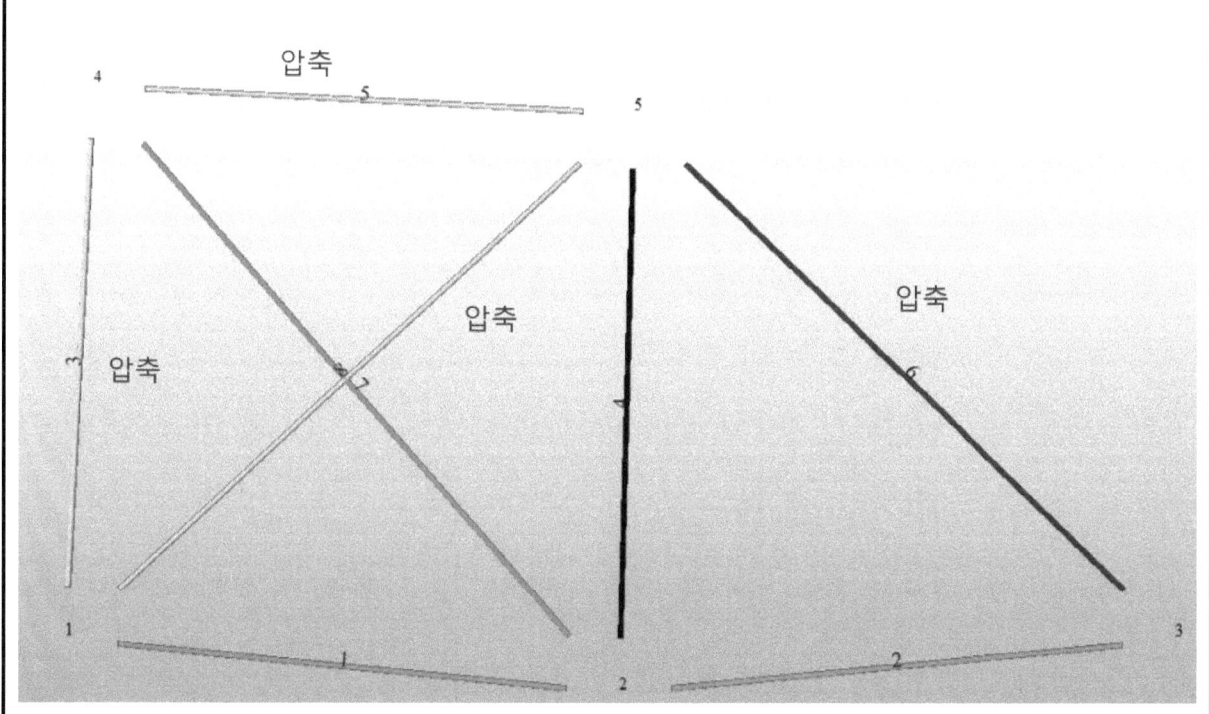

	Elem	Load	Force-I (tonf)
	1	1	0.198223
	2	1	0.500000
	3	1	-0.301777
	4	1	0.698223
	5	1	-0.301777
▶	6	1	-0.707107
	7	1	0.426777
	8	1	-0.280330

제10장 기둥

- **10.1** 기본이론 ·················· 296
- **10.2** 장주 ·················· 305
- **10.3** 스프링구조의 강봉 ·················· 315
- **10.4** 편심하중을 받는 기둥의 하중과 처짐관계 · 317

10장 기둥

10.1 기본이론

10.1.1 정의

기둥이란 축방향으로 압축력을 받는 부재를 말한다.

10.1.2 종류

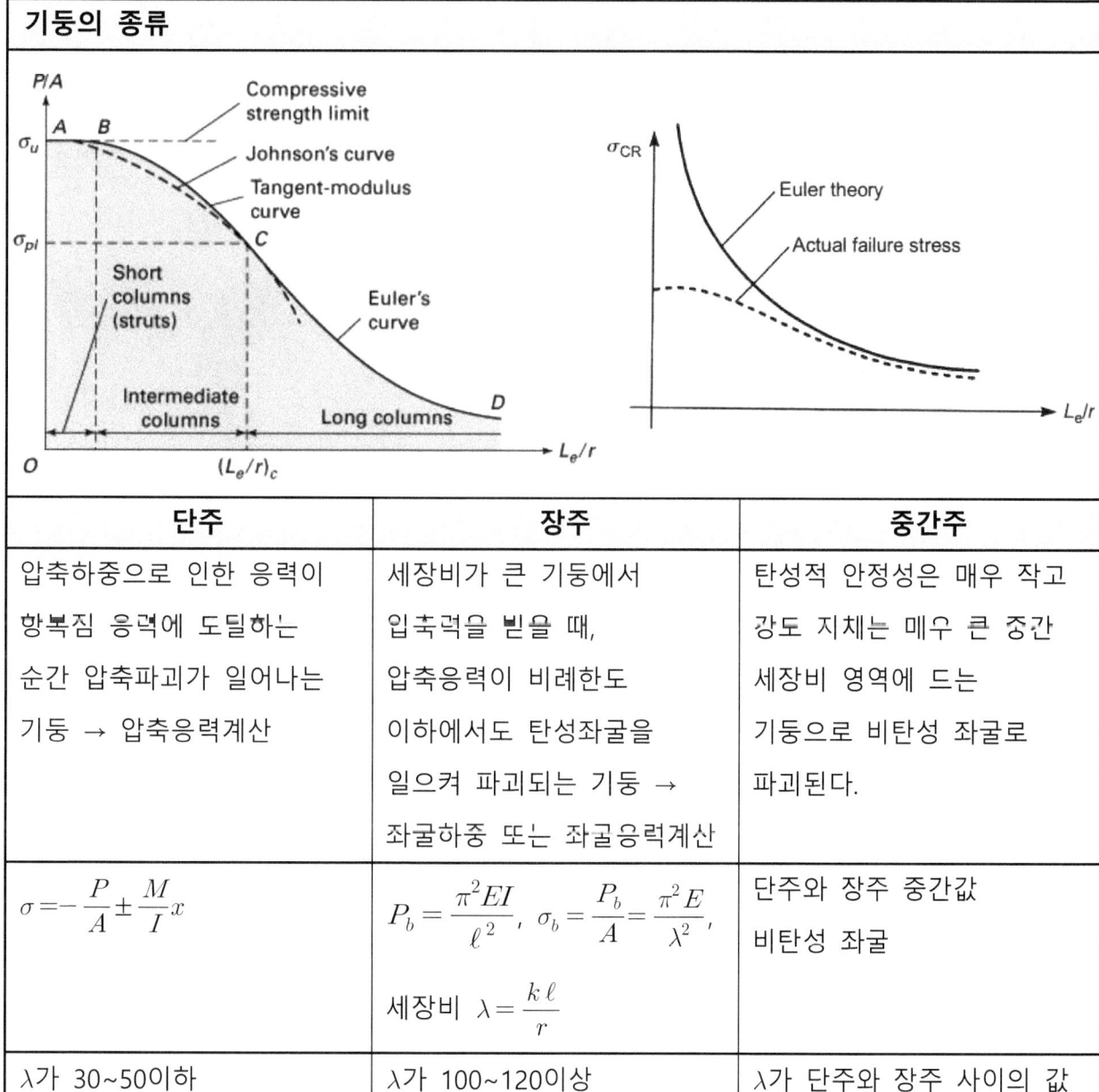

단주	장주	중간주
압축하중으로 인한 응력이 항복점 응력에 도달하는 순간 압축파괴가 일어나는 기둥 → 압축응력계산	세장비가 큰 기둥에서 압축력을 받을 때, 압축응력이 비례한도 이하에서도 탄성좌굴을 일으켜 파괴되는 기둥 → 좌굴하중 또는 좌굴응력계산	탄성적 안정성은 매우 작고 강도 지체는 매우 큰 중간 세장비 영역에 드는 기둥으로 비탄성 좌굴로 파괴된다.
$\sigma = -\dfrac{P}{A} \pm \dfrac{M}{I}x$	$P_b = \dfrac{\pi^2 EI}{\ell^2}$, $\sigma_b = \dfrac{P_b}{A} = \dfrac{\pi^2 E}{\lambda^2}$, 세장비 $\lambda = \dfrac{k\ell}{r}$	단주와 장주 중간값 비탄성 좌굴
λ가 30~50이하	λ가 100~120이상	λ가 단주와 장주 사이의 값

제 10 장 기둥

① 단주와 장주는 유효세장비 $\lambda = \dfrac{k\ell}{r}$에 의해서 구분한다.

② 이론적으로는 장단주의 경계를 표시하는 임계세장비는 비례한도 σ_{PL}에 대응하는 세장비이다. 그러나 실제로는 $\sigma_y/2$에 대응하는 세장비를 임계세장비로 한다.

$$C_C = \sqrt{\dfrac{\pi^2 E}{\sigma_y/2}}$$

기둥에서의 좌굴(buckling)이란 압축력이 기둥의 중심에 작용하고 압축력의 크기가 작을 때 기둥은 압축력의 작용방향으로 줄어드는 압축변형을 하나, 압축력이 점차 증가하여 어떤 한계에 이르면 기둥은 축방향에서 벗어나 가로로 처지는 휨변형을 한다. 이러한 현상을 좌굴이라고 한다.

기둥의 좌굴 : 축방향 하중을 받는 기둥이 휘어지는 현상 (항상 약축으로 좌굴한다)

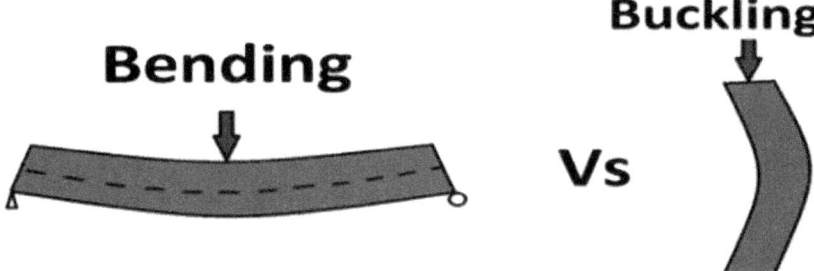

10.1.3 단주 (Short column)

(1) 중심축 하중을 받는 단주

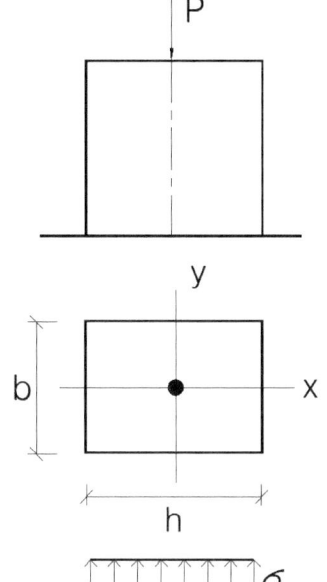

$$\sigma = -\frac{P}{A} \ N/mm^2 \, (Mpa)$$

$$P = \sigma_a \cdot A$$

$$A = \frac{P}{\sigma_a}$$

(2) 단편심 축하중을 받는 단주

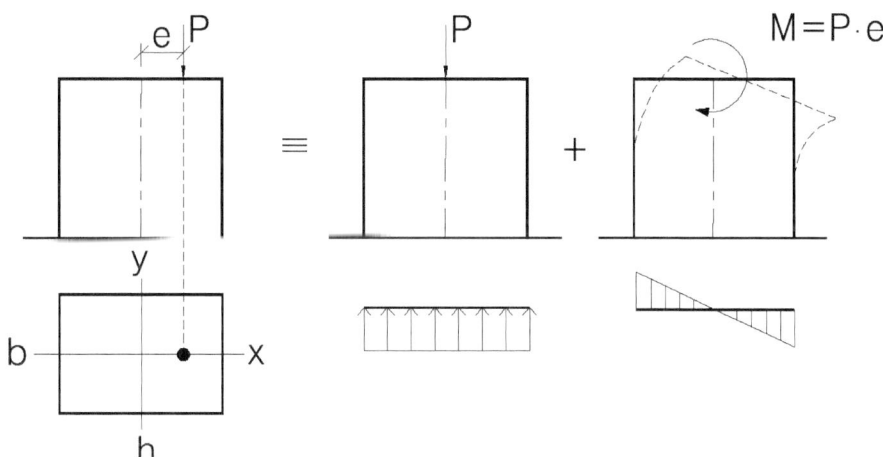

① 임의점의 응력

$$\sigma = -\frac{P}{A} \pm \frac{M}{I}x = -\frac{P}{A} \pm \frac{M}{Z} = -\frac{P}{A} \pm \frac{P \cdot e}{Z}$$

② 최대 및 최소 응력 (연응력)

$$\sigma_{\max} = -\frac{P}{A} - \frac{M}{Z} = -\frac{P}{A} - \frac{P \cdot e}{Z}, \ \sigma_{\min} = -\frac{P}{A} + \frac{M}{Z} = -\frac{P}{A} + \frac{P \cdot e}{Z}$$

③ 기본 도형에 대한 응력

구형단면 ($A=bh$)	원형단면 ($A=\dfrac{\pi D^2}{4}, Z=\dfrac{\pi D^3}{32}$)
$\sigma=-\dfrac{P}{A}\pm\dfrac{M}{Z}=-\dfrac{P}{A}\pm\dfrac{6P\cdot e}{bh^2}=-\dfrac{P}{A}(1\pm\dfrac{6e}{h})$ $\sigma_{max}=-\dfrac{P}{A}(1+\dfrac{6e}{h}), \sigma_{min}=-\dfrac{P}{A}(1-\dfrac{6e}{h})$	$\sigma=-\dfrac{P}{A}\pm\dfrac{M}{Z}=-\dfrac{P}{A}\pm\dfrac{32P\cdot e}{\pi D^3}=-\dfrac{P}{A}(1\pm\dfrac{8e}{h})$ $\sigma_{max}=-\dfrac{P}{A}(1+\dfrac{8e}{h}), \sigma_{min}=-\dfrac{P}{A}(1-\dfrac{8e}{h})$

EX – 1 : 다음 단주에서 편심거리 $e=0.3m, e=0.5m, e=0.6m$일 때 응력은?

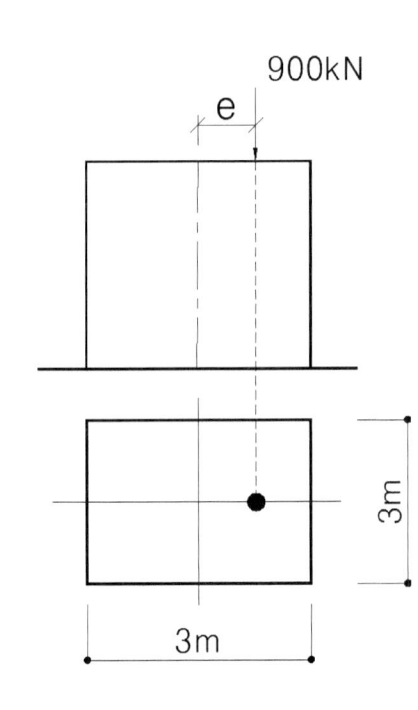

① $e=0.3m$인 경우

$\sigma=-\dfrac{900(1000)}{3000\times 3000}(1\pm\dfrac{6\times 300}{3000})=-0.1(1\pm 0.6)$

$\sigma_{max}=-0.16\,\text{MPa},\ \sigma_{min}=-0.04\,\text{MPa}$

② $e=0.5m$인 경우

$\sigma=-0.1(1\pm\dfrac{6\times 500}{3000})=-0.1(1\pm 1)$

$\sigma_{max}=-0.2\,\text{MPa},\ \sigma_{min}=0$

③ $e=0.6m$인 경우

$\sigma=-0.1(1\pm\dfrac{6\times 600}{3000})=-0.1(1\pm 1.2)$

$\sigma_{max}=-0.22\,\text{MPa},\ \sigma_{min}=+0.02\,\text{MPa}$

(3) 복편심 축하중을 받는 단주

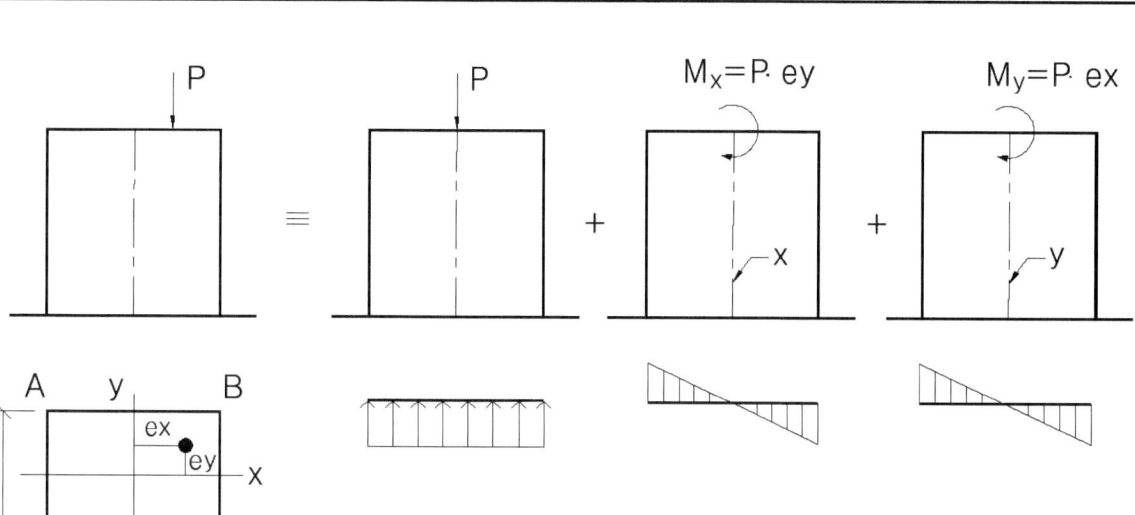

$$\sigma = -\frac{P}{A} \pm \frac{M_x}{Z_x} \pm \frac{M_y}{Z_y} = -\frac{P}{A} \pm \frac{P \cdot e_y}{Z_x} \pm \frac{P \cdot e_x}{Z_y}$$

◎ 단면의 A, B, C, D점의 응력 : (포아송 원리 응용)

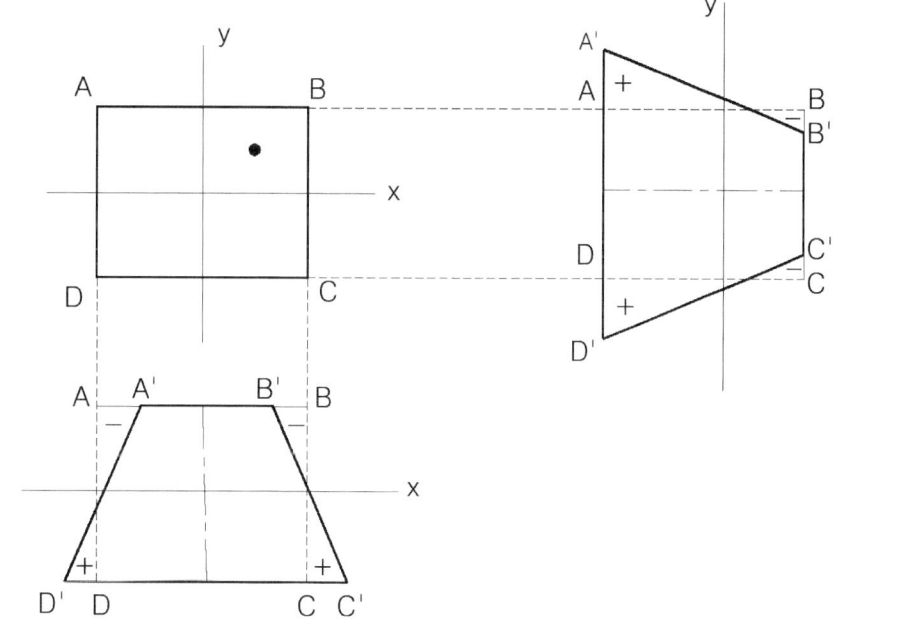

$$\sigma_A = -\frac{P}{A} - \frac{M_x}{Z_x} + \frac{M_y}{Z_y}$$

$$\sigma_B = -\frac{P}{A} - \frac{M_x}{Z_x} - \frac{M_y}{Z_y} \rightarrow 최대$$

$$\sigma_C = -\frac{P}{A} + \frac{M_x}{Z_x} - \frac{M_y}{Z_y}$$

$$\sigma_D = -\frac{P}{A} + \frac{M_x}{Z_x} + \frac{M_y}{Z_y} \rightarrow 최소$$

10.1.4 단면의 핵(core)

1) 핵 : 인장응력이 생기지 않고 압축응력만 생기는 재하 범위

　　* 핵선으로 둘러싸인 도형을 핵(core)이라 한다.

2) 핵반경 : 단면의 도심에서 핵점까지의 거리를 핵반경 또는 핵거리라 한다.

　　* 인장응력이 일어나지 않는 한계의 거리를 핵거리라 한다.

◎ 단면의 A, B, C, D점의 응력 : (집게 원리 적용)

$$\sigma = -\frac{P}{A} + \frac{M_y}{I_y}x = -\frac{P}{A} + \frac{P \cdot k_x}{I_y}x = 0$$

$$\frac{P \cdot k_x}{I_y}x = \frac{P}{A}$$

$$\therefore k_x = \frac{I_y}{A \cdot x} = \frac{Z_y}{A}$$

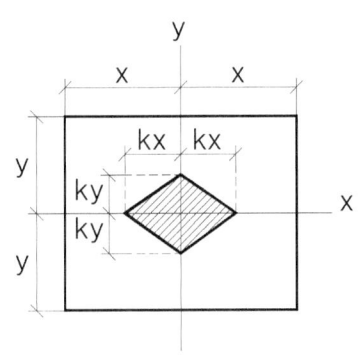

$$\sigma = -\frac{P}{A} + \frac{M_x}{I_x}y = -\frac{P}{A} + \frac{P \cdot k_y}{I_x}y = 0$$

$$\frac{P \cdot k_x}{I_y}x = \frac{P}{A}$$

$$\therefore k_y = \frac{I_x}{A \cdot y} = \frac{Z_x}{A}$$

① 핵거리는 단면 2차 모멘트를 단면적과 단면의 중심에서 가장자리까지의 거리로 나눈 값

② 핵거리는 반대측의 단면계수를 단면적으로 나눈 값

3) 직사각형 단면

구형 단면

① 핵반경(핵거리)

$$k_x = \frac{Z_y}{A} = \frac{\frac{bh^2}{6}}{bh} = \frac{h}{6}, \quad k_y = \frac{Z_x}{A} = \frac{\frac{b^2h}{6}}{bh} = \frac{b}{6}$$

② 핵지름

$$x = 2k_x = 2\frac{h}{6} = \frac{h}{3}, \quad y = 2k_y = 2\frac{b}{6} = \frac{b}{3}$$

③ 핵점 : 4개

④ 핵면적 : $A = \frac{1}{2}xy = \frac{1}{2} \times \frac{h}{3} \times \frac{b}{3} = \frac{bh}{18}$

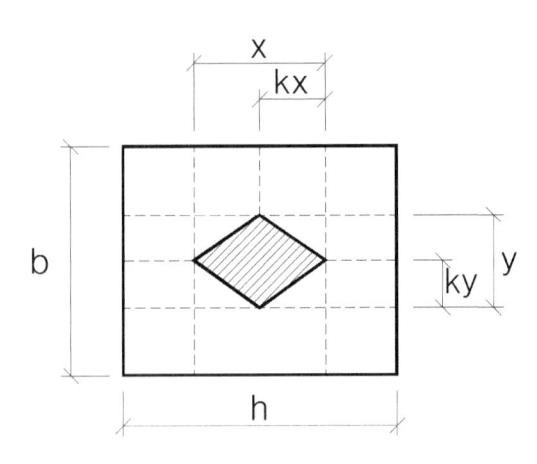

제 10 장 기둥

4) 원형단면

원형 단면	
① 핵반경(핵거리) $$k = \frac{Z}{A} = \frac{\pi D^3/32}{\pi D^2/4} = \frac{D}{8}$$ ② 핵지름 $$x = 2k = 2\frac{D}{8} = \frac{D}{4}$$ ③ 핵면적 $$A = \frac{\pi}{4}(\frac{D}{4})^2 = \frac{\pi D^2}{64}$$	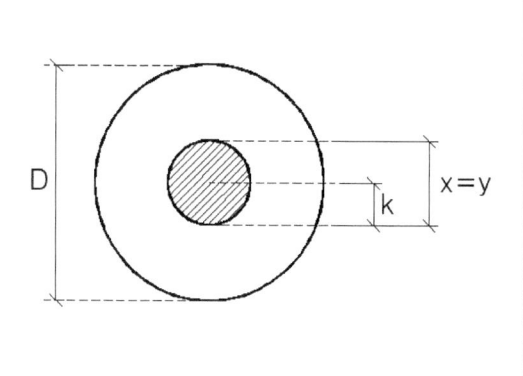

5) 삼각형단면

삼각형 단면	
① 핵거리 $$k_1 = \frac{Z_2}{A} = \frac{bh^2/12}{bh/2} = \frac{h}{6}$$ $$k_2 = \frac{Z_1}{A} = \frac{bh^2/24}{bh/2} = \frac{h}{12}$$ $$x = \frac{b}{4}, y = \frac{h}{4}$$ ② 핵면적 : $A = \frac{1}{2}xy = \frac{1}{2}\frac{h}{4}\frac{h}{4} = \frac{hh}{32}$	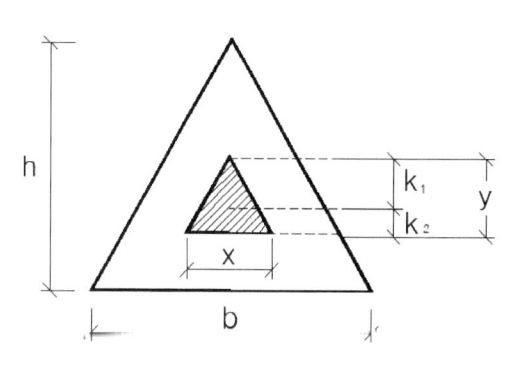

6) 정육각형 단면

정육각형 단면	
$$y = 2\frac{Z}{A} = 2\frac{5\sqrt{3}a^4}{16} \times \frac{2}{\sqrt{3}a} \times \frac{3}{3\sqrt{3}a^2}$$ $$\therefore y = \frac{5\sqrt{3}a}{18}$$	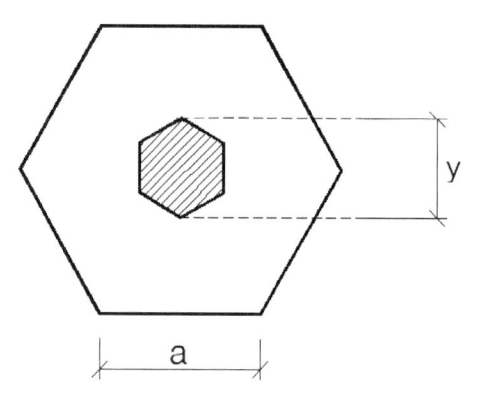

제 10 장 기둥

7) 중공단면(원통)

중공단면(원통)	
① 핵반경 $k = \dfrac{D^2+d^2}{8D} = \dfrac{R^2+r^2}{4R}$ ② 핵지름 $y = \dfrac{D^2+d^2}{4D} = \dfrac{R^2+r^2}{2R}$	

8) I 형 단면

원형 단면	
$k_y = \dfrac{I_x}{A(\dfrac{b}{2})}$ $k_x = \dfrac{I_y}{A(\dfrac{b}{2})}$	

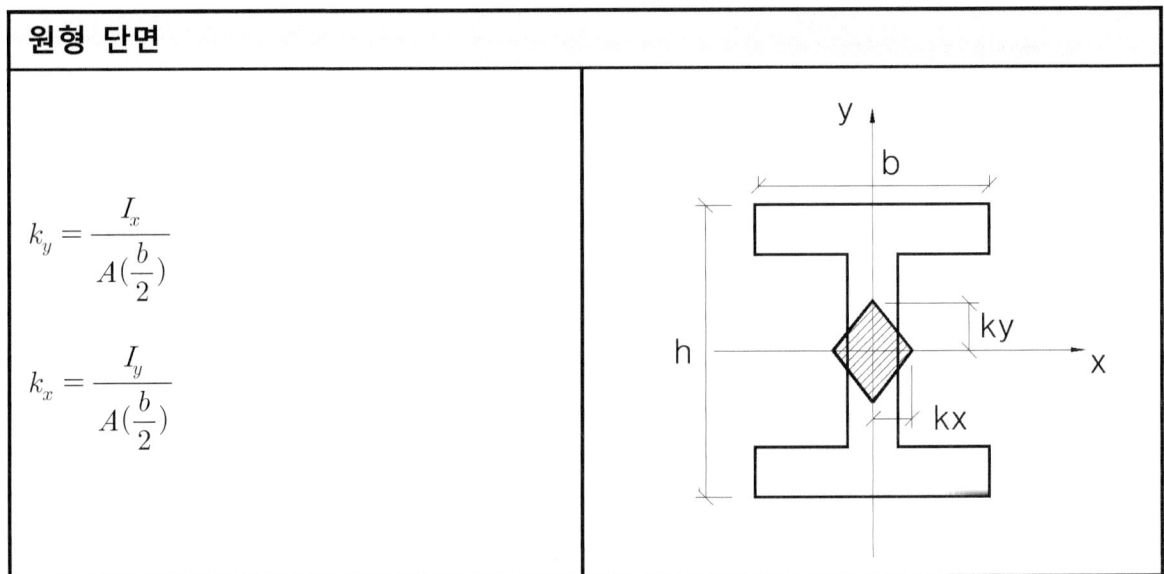

예) 지름 320mm인 원형기둥의 핵지름과 핵반경은?

$$x = \frac{D}{4} = \frac{320}{4} = 80mm$$

$$\therefore k = \frac{D}{8} = \frac{320}{8} = 40mm$$

예) 지름 D의 원형기둥에서 인장응력이 생기지 않기 위한 최대 길이와 하중 P의 최대 위치는?

① 인장응력이 생기지 않기 위한 최대길이 : $x = \dfrac{D}{4}$

② P의 최대 위치 : $e = \dfrac{D}{8}$

10.1.5 편심하중과 응력분포상태

편심하중과 응력분포상태

1) $e=0$: 중심축 하중

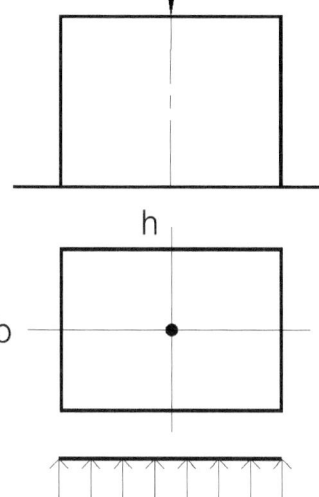

2) $e < \dfrac{h}{6}$

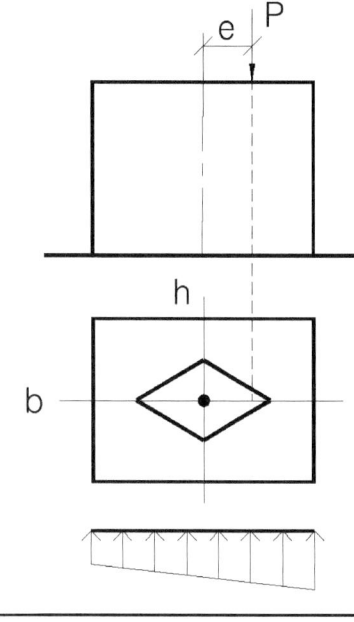

3) $e = \dfrac{h}{6}$

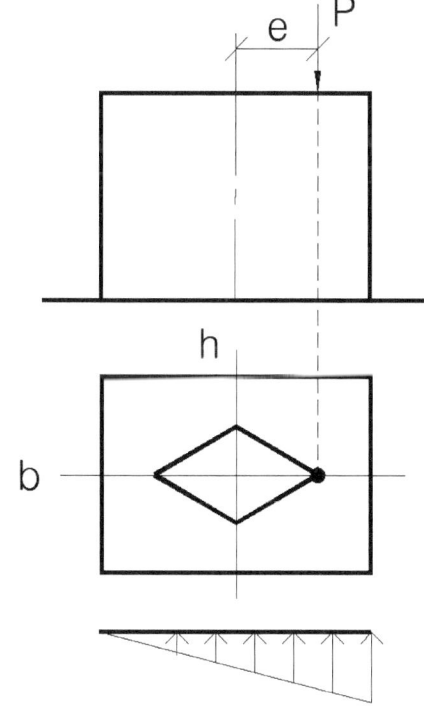

4) $e > \dfrac{h}{6}$

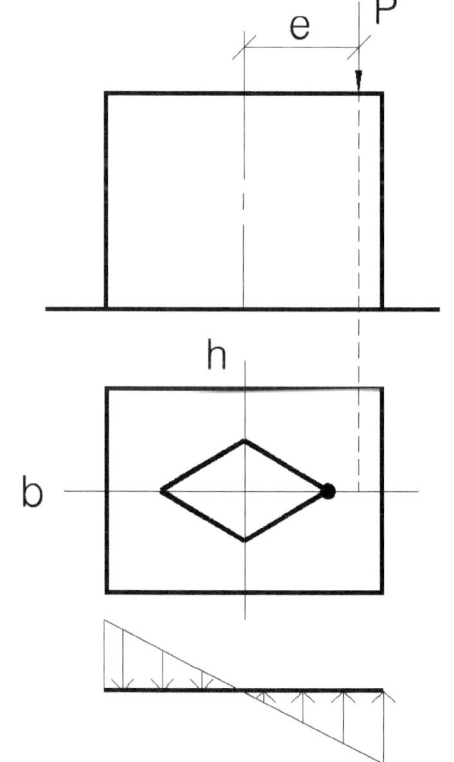

10.2 장주 (long column)

10.2.1 개요

단주와 같이 압축응력에 의하여 지배받는 것이 아니라, 세장비가 커서 좌굴에 의하여 지배받는 기둥으로 장주라 한다.

* 장주의 해석은 주로 오일러의 이론을 따른다.

10.2.2 장주의 종류

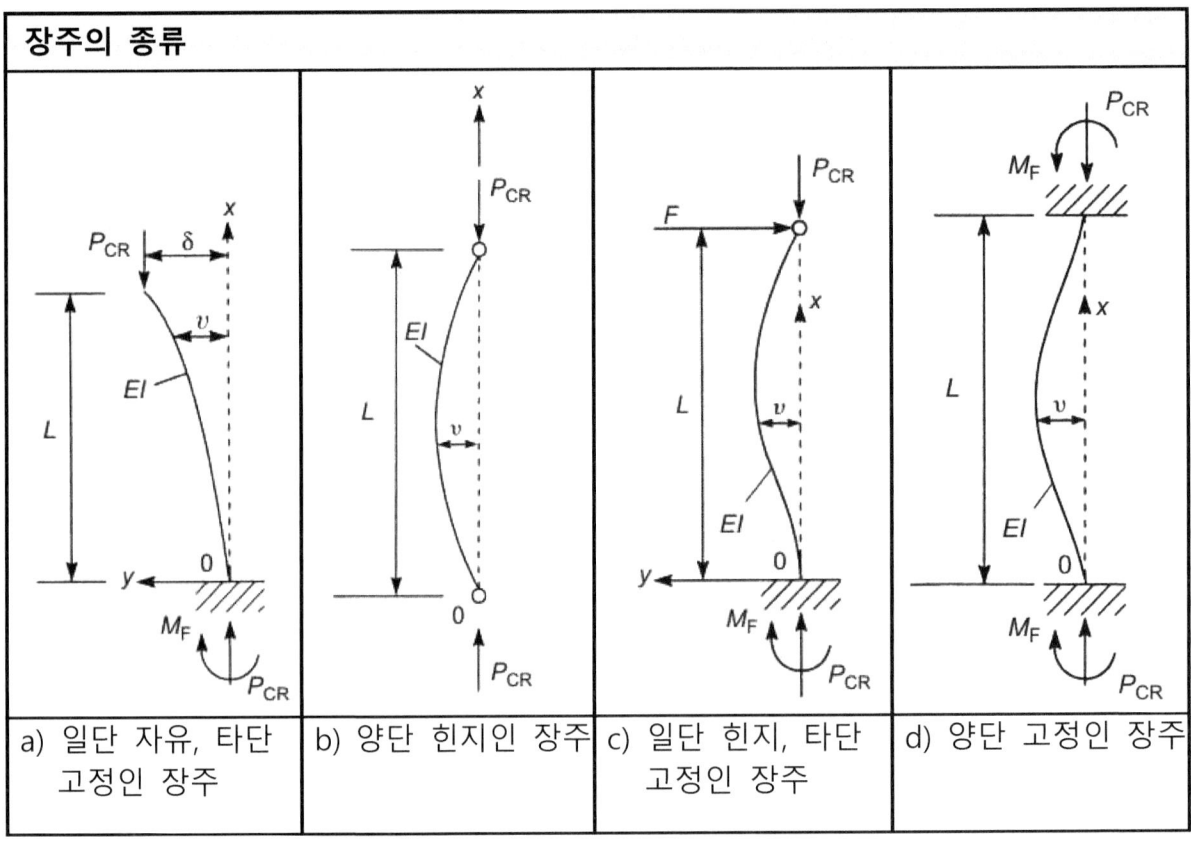

장주의 종류			
a) 일단 자유, 타단 고정인 장주	b) 양단 힌지인 장주	c) 일단 힌지, 타단 고정인 장주	d) 양단 고정인 장주

10.2.3 장주 공식

1) Euler의 장주공식 (적용범위 $\lambda > 100$)

Euler의 공식은 세장비(λ)가 100보다 클 때에만 적용할 수 있으며, 탄성한계 도달 전에 좌굴이 발생하므로 훅크의 법칙이 적용되는 범위에서만 Euler의 장주공식을 적용할 수 있다.

① 세장비가 100보다 큰 범위에서 적용된다.

② 탄성이론으로 공식을 유도했다.

제 10 장 기둥

* (강도)= 좌굴하중=임계하중=한계하중=위험하중, 좌굴응력=임계응력=한계응력

　ⅰ) 좌굴하중

$$P_b = \frac{n\pi^2 EI}{\ell^2} = \frac{\pi^2 EI}{(k\ell)^2} = \frac{\pi^2 EI}{\ell_e^2} = \frac{\pi^2 EA}{(\frac{\ell_e}{r})^2} = \frac{\pi^2 EA}{\lambda^2}$$

　ⅱ) 좌굴응력

$$\sigma_b = \frac{P_b}{A} = \frac{n\pi^2 E}{\lambda^2} \quad \text{또는} \quad \sigma_b = \frac{P_b}{A} = \frac{\pi^2 E}{\lambda^2}$$

　ⅲ) 장주의 구속계수(좌굴계수, n) 및 좌굴길이

	1단 고정 타단 자유	양단힌지	1단 고정 타단 힌지	양단고정
양단 지지 상태 (변곡점)	$L_e = 2L$	$L_e = L$	$L_e = 0.7L$	$L_e = 0.5L$
좌굴계수 (n)	1/4	1	2	4
유효좌굴길이 (ℓ_e)	2ℓ	ℓ	0.7ℓ	0.5ℓ
유효좌굴길이 계수(k)	2	1	0.7	0.5

유효 좌굴 길이 $\ell_e = k\ell = \dfrac{\ell}{\sqrt{n}}$

좌굴 계수(구속계수, n) $n = \dfrac{1}{k^2}$

유효 좌굴길이 계수(k) $k^2 = \dfrac{1}{n} \quad \therefore k = \dfrac{1}{\sqrt{n}}$

제 10 장 기둥

* 기둥에 대한 각종 비

장주 종류	(고정-자유)	(핀-핀)	(고정-핀)	(고정-고정)
	$L_e = 2L$	$L_e = L$	$L_e = 0.7L$	$L_e = 0.5L$
① 강도(P)	$\dfrac{1}{4}(\pi^2 \dfrac{EI}{\ell^2})$ $\dfrac{1}{4} \times 4$	$1(\pi^2 \dfrac{EI}{\ell^2})$ 1×4	$2(\pi^2 \dfrac{EI}{\ell^2})$ 2×4	$4(\pi^2 \dfrac{EI}{\ell^2})$ 4×4
강도의 비	1	4	8	16
② 좌굴 길이가 같을 때 기둥 길이	$\dfrac{\ell}{2}$ $\dfrac{1}{2} \times 2$	ℓ 1×2	$\sqrt{2}\,\ell$ $\sqrt{2} \times 2$	2ℓ 2×2
기둥길이 비	1	2	$2\sqrt{2}$	4
③ 좌굴 길이	2ℓ 2×2	ℓ 1×2	0.7ℓ 0.7×2	0.5ℓ 0.5×2
좌굴길이 비	4	2	$\sqrt{2}$	1

제 10 장 기둥

좌굴길이가 같을 때 기둥길이 간의 비? ($\ell_k = \dfrac{L}{\sqrt{n}}$ 이므로 기둥길이 $L = \sqrt{n}\,\ell_k$)	
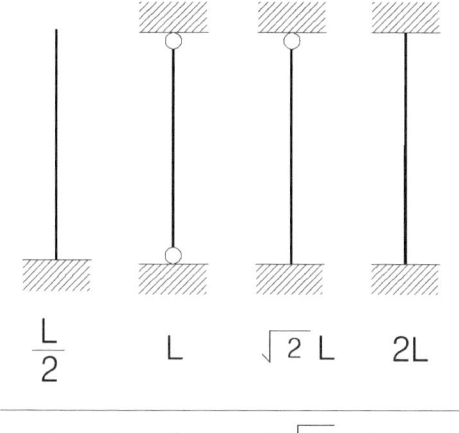 $\dfrac{L}{2}$ L $\sqrt{2}$ L 2L 1 : 2 : $2\sqrt{2}$: 4	ⓐ $x_L = \sqrt{\dfrac{1}{4}}\,\ell_k = \dfrac{L}{2}$ ⓑ $x_L = \sqrt{1}\,\ell_k = \ell_k = L$ ⓒ $x_L = \sqrt{2}\,\ell_k = \sqrt{2}\,L$ ⓓ $x_L = \sqrt{4}\,\ell_k = 2L$

강도의 비(응력)	좌굴 길이 비
1 : 8 : 16 : 4	4 : 1 : 2 : $\sqrt{2}$

제 10 장 기둥

■ 설계기준에서의 좌굴 유효길이 (강구조 부재 설계기준 : KDS 14 31 10)

4.2.2 유효길이와 세장비 제한

(1) 강구조 건축물과 일반 강구조의 경우, 유효길이계수 K와 기둥의 유효세장비(L_c/r)의 산정은 표 4.2-3에 따른다. 압축력에 기초하여 설계되는 부재의 유효세장비(L_c/r)는 가급적 200을 넘지 않도록 한다.

(2) 교량 강구조의 경우, 압축부재의 세장비는 다음을 만족해야 한다.
① 주부재 : $L_c/r \leq 120$
② 가새 : $L_c/r \leq 140$

여기서, L : 휨좌굴에 대한 비지지길이 (mm)
  r : 단면2차반경 (mm)
  K : 표 4.2-3에서 결정되는 유효길이계수
  $L_c = KL$: 부재의 유효길이 (mm)

표 4.2-3 유효길이계수 K

기둥의 좌굴형태를 점선으로 표시	(a)	(b)	(c)	(d)	(e)	(f)
이론값	0.5	0.7	1.0	1.0	2.0	2.0
설계값	0.65	0.8	1.2	1.0	2.1	2.0
단부조건	회전고정 및 이동고정					
	회전자유 및 이동고정					
	회전고정 및 이동자유					
	회전자유 및 이동자유					

10.2.4 세장비와 좌굴방향

1) 세장비 = $\dfrac{\text{기둥의 길이}}{\text{최소 회전 반경}} = \dfrac{\text{기둥의 길이}}{\text{최소 단면 2차 반경}}$ $\left(\lambda = \dfrac{\ell}{r}\right)$

① 사각형 단면 ($b<h$)	② 원형 단면	③ 삼각형 단면
$\lambda = \dfrac{\ell}{r} = \dfrac{\ell}{\dfrac{b}{2\sqrt{3}}}$ $\lambda = 2\sqrt{3}\,\dfrac{\ell}{b} = 3.46\,\dfrac{\ell}{b}$	$\lambda = \dfrac{\ell}{r} = \dfrac{\ell}{\dfrac{D}{4}}$ $\lambda = 4\,\dfrac{\ell}{D}$	$\lambda = \dfrac{\ell}{r} = \dfrac{\ell}{\dfrac{h}{3\sqrt{2}}}$ $\lambda = 3\sqrt{2}\,\dfrac{\ell}{h}$

2) 좌굴 방향

좌굴 방향 : 항상 약축을 기준으로 강축방향으로 좌굴한다	
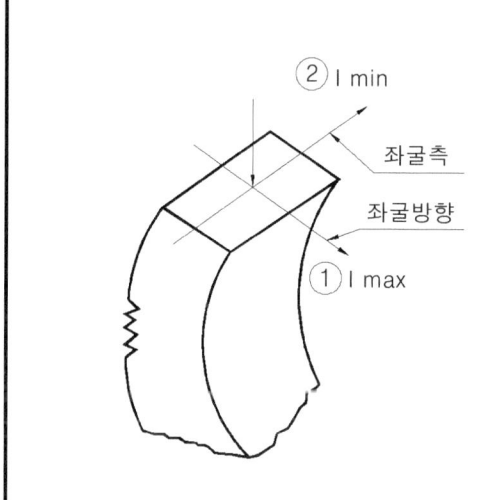	① 단면 2차 모멘트가 최대인 축의 방향 ② 단면 2차 모멘트가 최소인 축과 직각방향 　* 좌굴 축 : 단면 2차 모멘트가 최소인 축

예1) 길이 3m인 사각형 단면 100mm×200mm의 세장비는?

$$\lambda = 2\sqrt{3}\,\dfrac{\ell}{b} = 2\sqrt{3}\,\dfrac{3000}{100} = 60\sqrt{3}$$

예2) 지름 320mm, 길이 8m인 장주의 세장비는?

$$\lambda = \dfrac{4\ell}{D} = \dfrac{4 \times 8000}{320} = 100$$

예3) 세장비가 100, 길이가 8m인 장주의 지름 D?

$$\lambda = \dfrac{4\ell}{D} \rightarrow D = \dfrac{4\ell}{\lambda} = \dfrac{4 \times 8000}{100} = 320\,mm$$

10.2.5 기타 실험공식

세장비 λ가 100이하 (즉 $\lambda = \dfrac{\ell}{r} < 100$)일 경우에는 다음 실험공식이 이용된다.

실험 공식
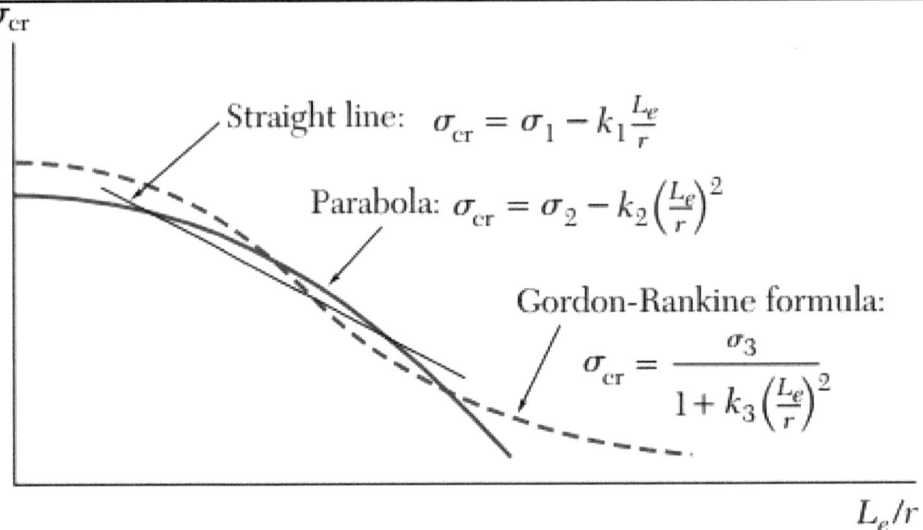
1) 테트마이어(Tetmajer) 공식 :   중간주의 응력을 직선으로 표시한 직선적 실험공식 $\sigma_b = a - \dfrac{b}{n}\lambda$ [a, b: 재료에 따라 결정되는 상수]　* Tetmajer 공식 적용범위는: $100 \geq \dfrac{\ell}{r} \geq 10$
2) 존슨(Johnson) 공식 :   단주와 중간주의 영역을 표기한 포물선식 : $\sigma_b = a + b(\dfrac{\ell}{r})^2$
3) 고든-랭킨(Gordon-Rankine) 공식 :   양단이 단순 지지된 단주, 중간주, 장주 등 모든 기둥에 적용 $\sigma_b = \dfrac{\sigma_y}{1 + n \cdot a(\dfrac{\ell}{r})^2}$,　σ_y : 재료의 파괴강도(시험치)
4) 시컨트(Secant) 공식 :   편심축하중을 받는 장주에 사용된다. $\sigma_b = \dfrac{\sigma_y}{1 + \dfrac{e \cdot c}{r^2} \sec(\dfrac{\ell}{2r}\sqrt{\dfrac{P_y}{AE}})}$ * 시컨트 공식은 단주, 중간주, 장주의 모든 영역을 표시하는 합리적인 식이지만 초월함수로 되어 있어 풀기가 곤란하여 비실용적이다.

10.2.6 횡좌굴(lateral buckling) 및 횡만곡(sweep)

보에서의 횡좌굴(lateral buckling)

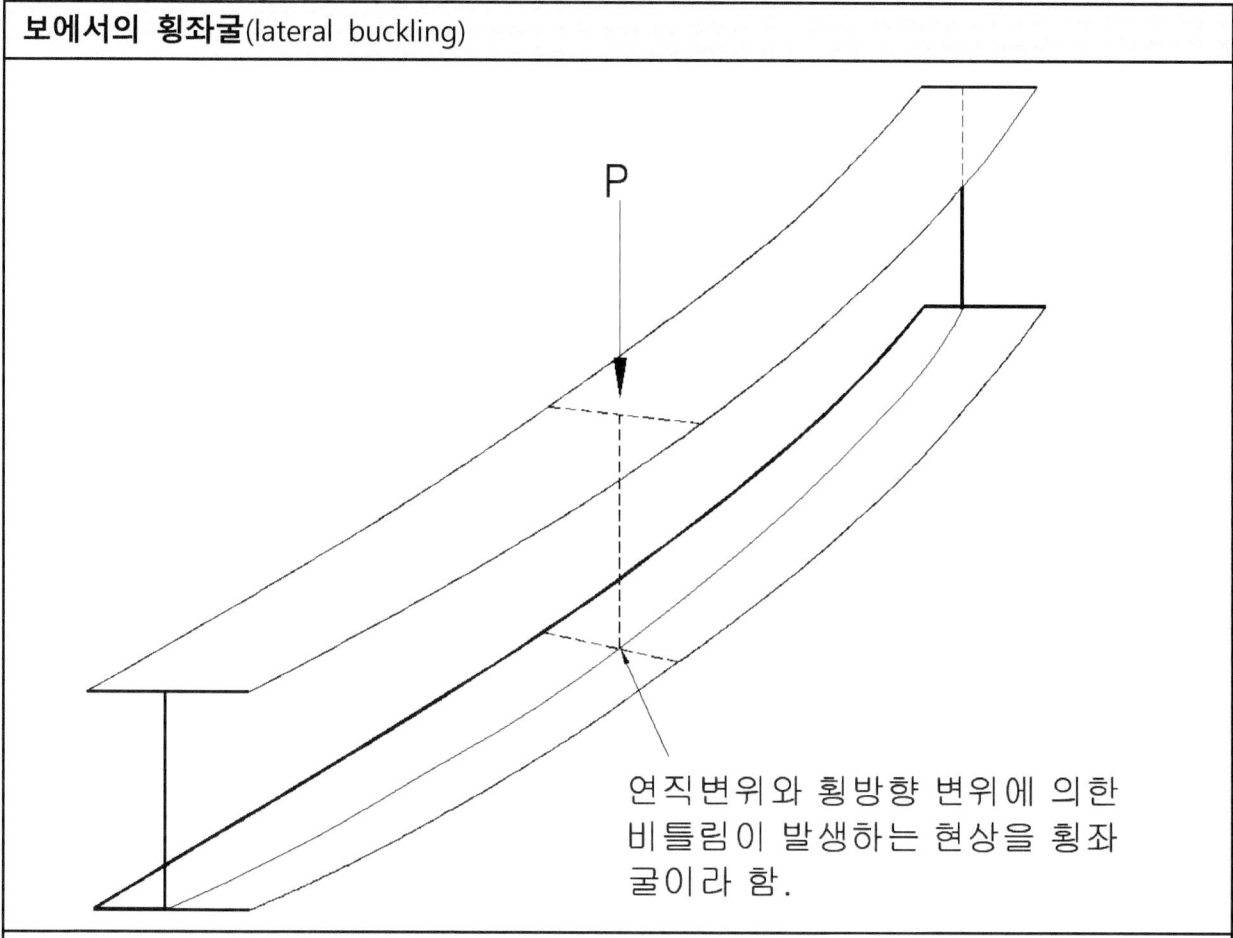

연직변위와 횡방향 변위에 의한 비틀림이 발생하는 현상을 횡좌굴이라 함.

휨강성이 비틀림 강성보다 큰 보에 휨모멘트가 작용하면 보는 처음에는 처짐변형을 하나, 모멘트가 어떤 한계값에 도달하면 압축측 플랜지가 압축재와 같이 좌굴하여 횡방향의 휨과 비틀림 변형을 일으킨다. 이러한 현상을 **횡좌굴 (橫挫屈, lateral buckling)** 이라고 하며, 보의 횡방향 변형을 구속하는 가로보나 슬래브가 없는 보에 흔히 생긴다. 보의 횡좌굴은 모멘트가 작용하는 축의 휨강성이 비틀림 강성보다 큰 보에서 보의 휨변형에 대한 한계에 도달하기 전에 그보다 저항성능이 작은 비틀림 변형을 하여 일어나며, 강박스과 같은 상자형 **폐단면 부재에서는 비틀림 강성이 휨강성보다 상대적으로 크기 때문**에 휨에 의하여 완전 소성상태에 이르기 전에는 횡좌굴이 생기지 않는다. 보의 횡좌굴 모멘트는 재료의 성질과 단면성능, 스팬길이, 경계조건, 하중의 형태에 따라 다르며, 횡좌굴에서는 횡방향 변위와 비틀림으로 인한 각변위가 동반되는 특징이 있다.

보에서의 횡만곡(sweep)

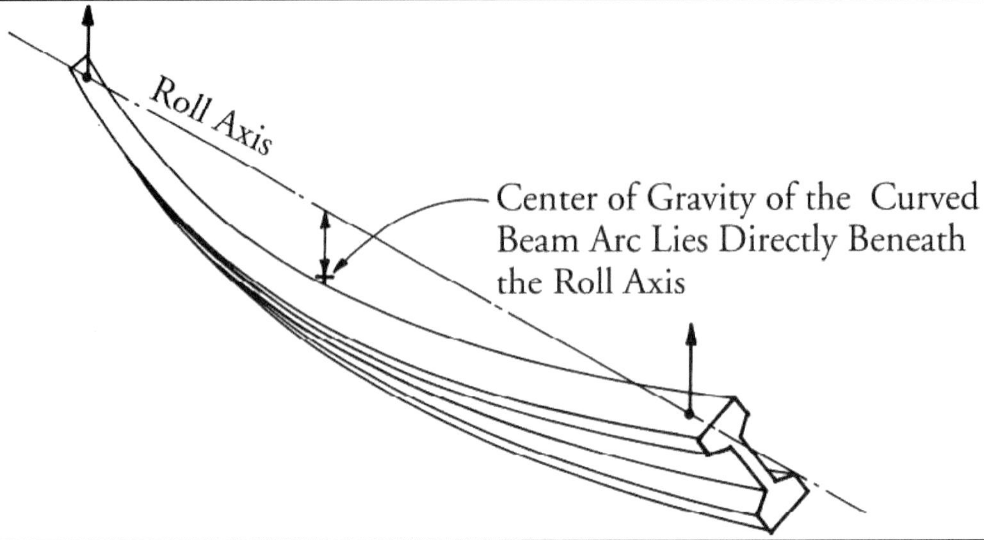
Roll Axis
Center of Gravity of the Curved Beam Arc Lies Directly Beneath the Roll Axis

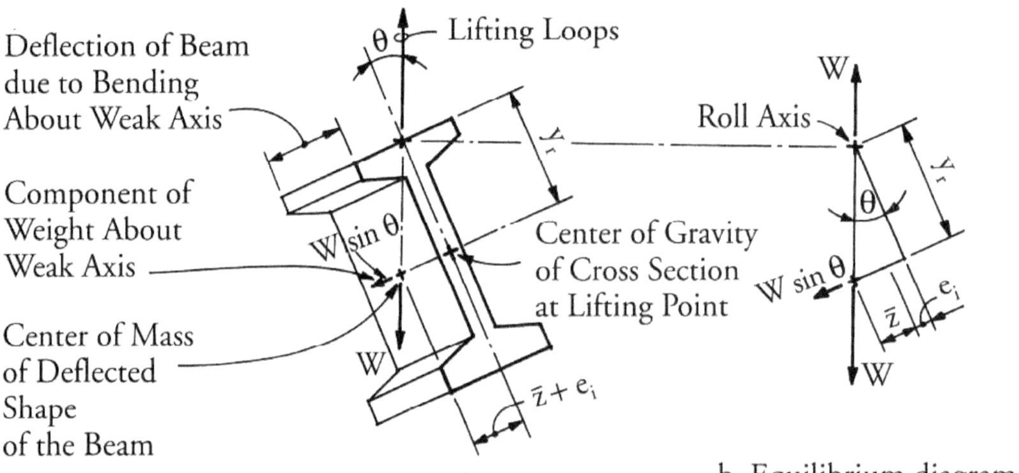
Deflection of Beam due to Bending About Weak Axis
Component of Weight About Weak Axis
Center of Mass of Deflected Shape of the Beam
θ
Lifting Loops
W sin θ
W
Center of Gravity of Cross Section at Lifting Point
Roll Axis
W
W sin θ
W

a. End view

b. Equilibrium diagram

- 거더가 교축직각(횡방향)으로 변형이 일어난 것을 횡만곡이라 함
- 특히 가설 인양 시 거더가 뒤틀리면서 횡만곡이 발생하여, 중력방향으로 회전하면서 약축으로 휨을 받아 거더가 부러지는 현상이 종종 일어남

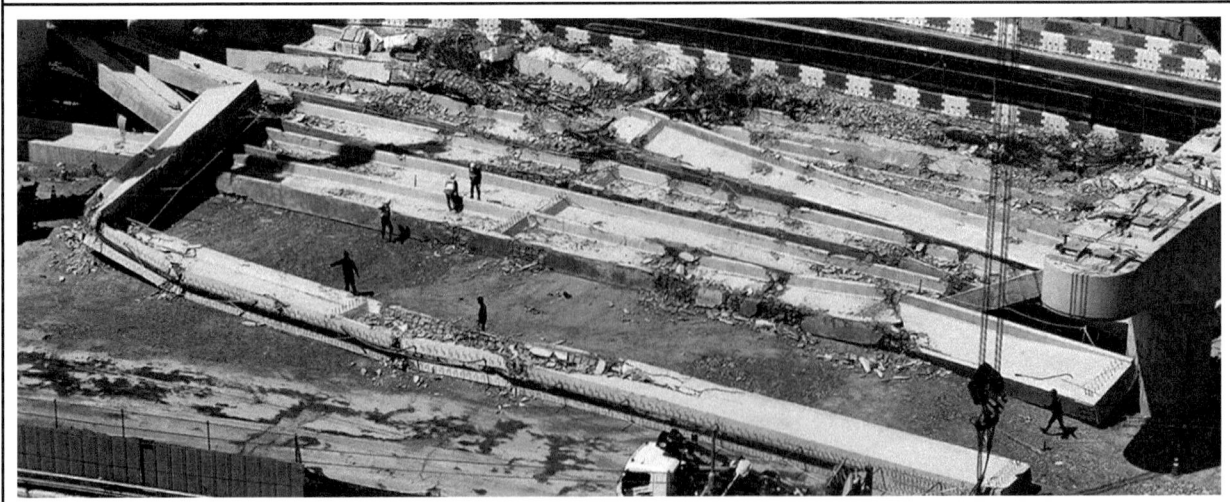

제 10 장 기둥

보에서의 횡만곡(sweep)

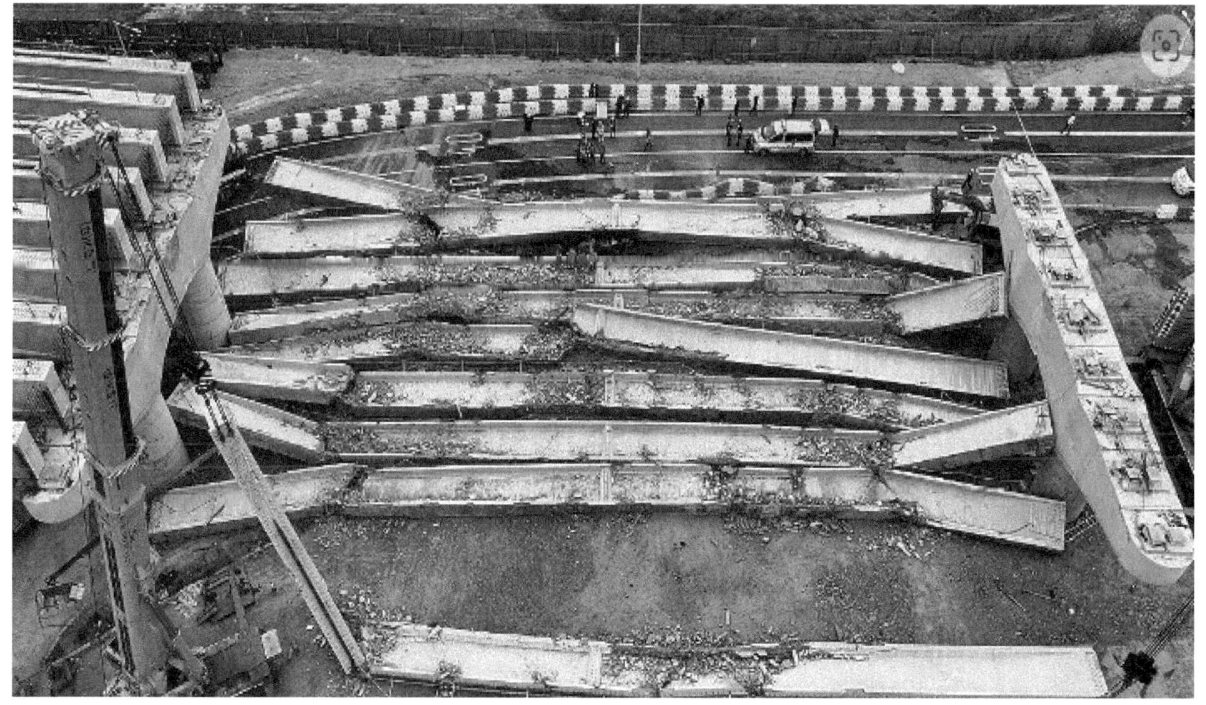

- 장지간(40m~60m)의 PSC 거더를 육상에서 크레인으로 가설하다 횡만곡에 의해 거더가 꺾이는 사고가 종종 발생하기에 현장에서 구조 엔지니어의 역할이 중요하다.
- 구조 엔지니어가 아니더라도 응용역학 과목을 이수한 엔지니어의 역할도 중요하다.

10.3 스프링구조의 강봉

10.3.1 양단 힌지로 된 강봉의 좌굴하중

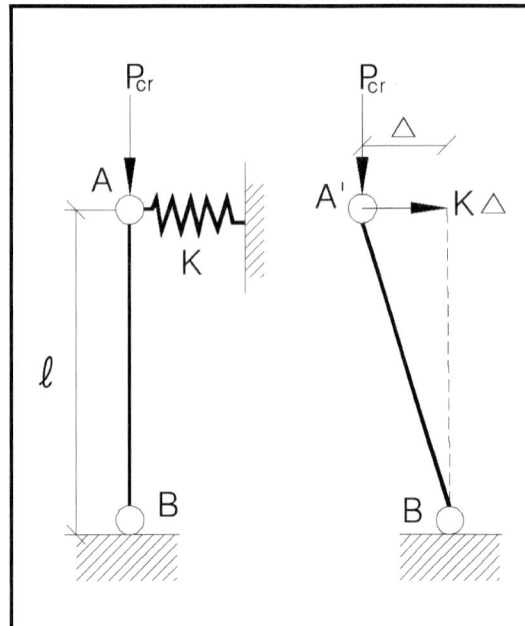

강봉의 축방향 압축상태에 의해 평행이 불안정하게 되는 좌굴이 생겼다고 하면 A점이 A'점으로 미소 변위가 발생한다. 이러한 좌굴변형이 가능한 P_{cr}을 구하면 그것이 좌굴하중이 된다.

A점의 변위를 $\triangle$라 하면 스프링에는 $k\triangle$의 수평반력이 생기므로 봉 A'B 의 B점에 관한 모멘트의 평형조건에 의해

$\sum M_B = 0, \ P_{cr} \cdot \triangle = K\triangle \cdot \ell$

$\therefore P_{cr} = K \cdot \ell$

그림과 같은 기둥의 임계하중은? (단, k는 스프링상수)

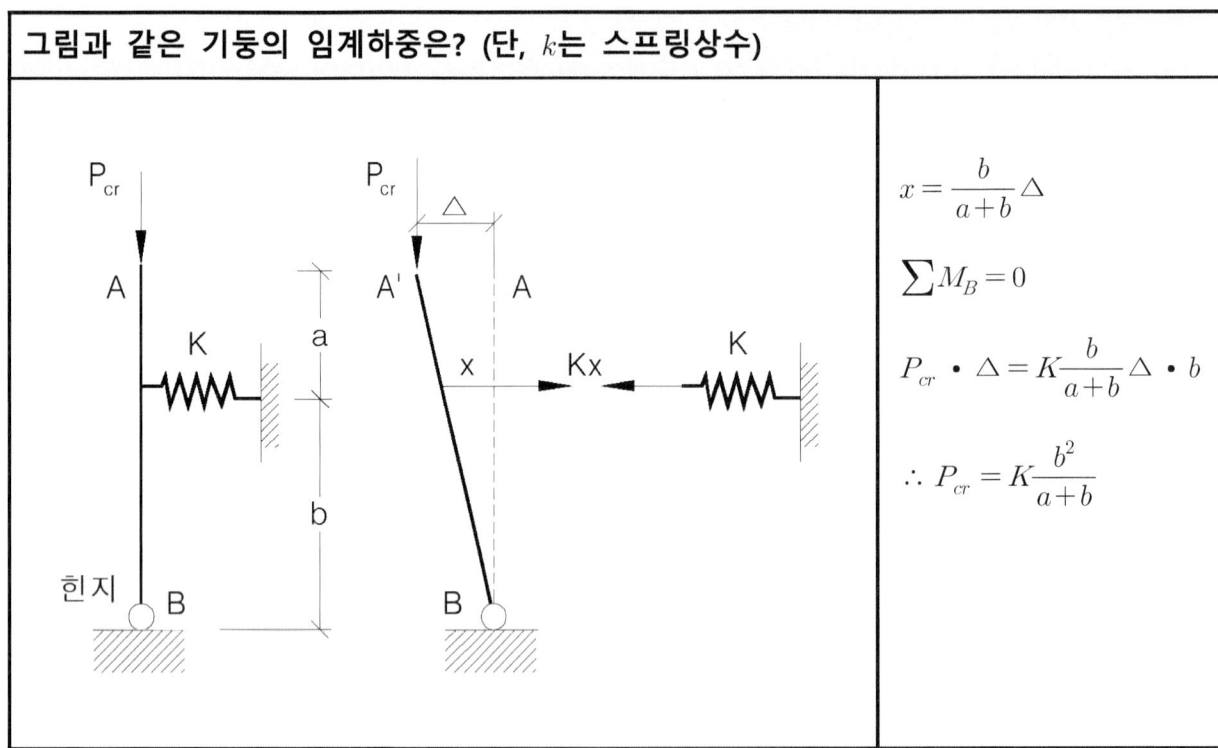

$x = \dfrac{b}{a+b}\triangle$

$\sum M_B = 0$

$P_{cr} \cdot \triangle = K\dfrac{b}{a+b}\triangle \cdot b$

$\therefore P_{cr} = K\dfrac{b^2}{a+b}$

10.3.2 일단 힌지 타단 롤라로 된 강봉의 좌굴하중

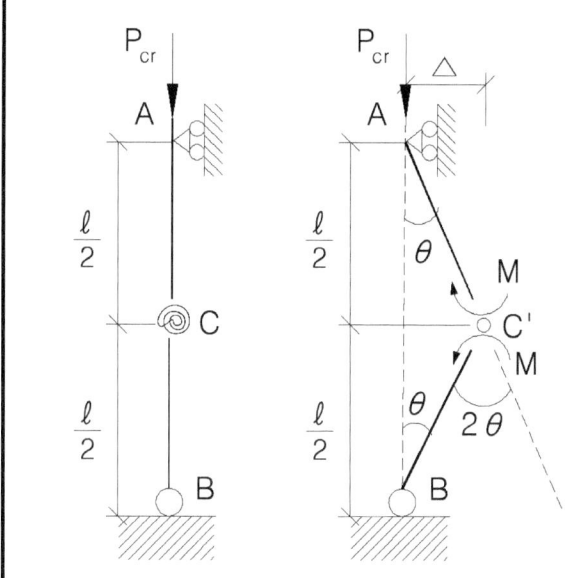

수직으로 연결된 2개의 강봉이 축압축 상태에 의해 평형이 불안정하게 되어서 연결부에 좌굴이 생겼다고 하면 C점이 C'으로 미소 변위가 발생한다. C점의 수평변위를 $\triangle$라 하고 이때 **탄성 회전 스프링**에 생기는 모멘트를 M이라 하면, 모멘트의 평형조건으로부터

$$M - P_{cr} \cdot \triangle = 0$$

부재 AC'가 연직과 이루는 각은

$\theta = \dfrac{\triangle}{\ell/2} = \dfrac{2\triangle}{\ell}$ 로 표시되고 탄성 회전 스프링의 상태 회전각은 2θ이므로,

$$M = k \cdot 2\theta = \frac{4k\triangle}{\ell}$$

$$P_{cr} \cdot \triangle = M$$

$$P_{cr} \cdot \triangle = \frac{4k\triangle}{\ell} \quad \therefore P_{cr} = \frac{4k}{\ell}$$

제 10 장 기둥

■ 휨과 축하중을 받는 보

토목구조기술사 125회 4교시 6번

6. 압축력 P와 지간 중앙점에 횡하중 Q를 받는 단순 지지된 보-기둥에서 외력과 지간 중앙점의 변위(δ)와의 관계식을 유도하고, 힘-변위 거동에 대하여 설명하시오. (단, 부재의 휨강성 EI는 일정하다.)

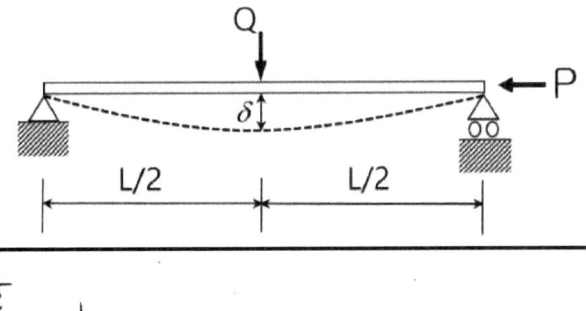

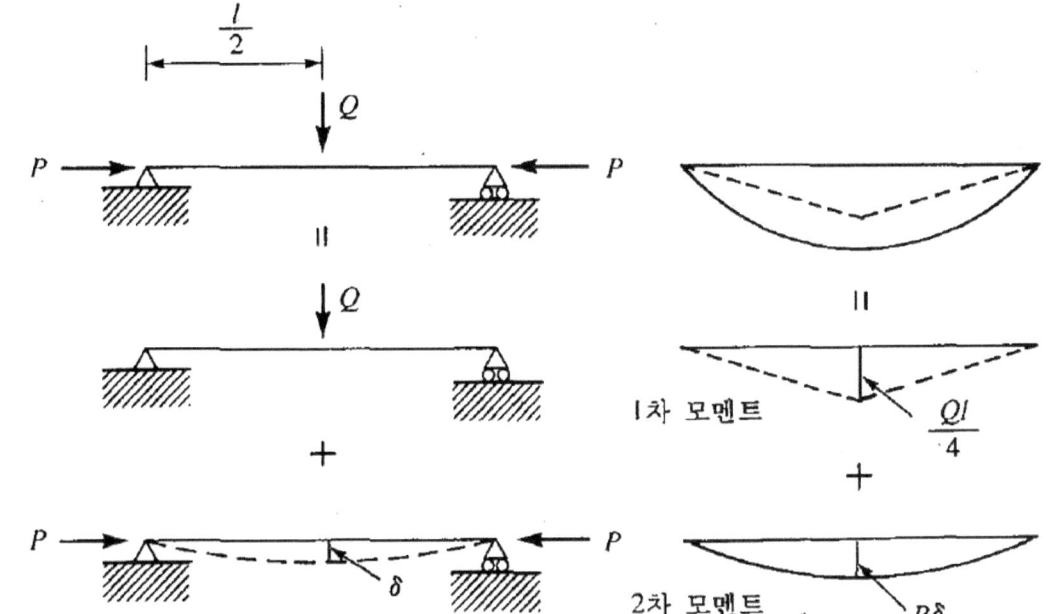

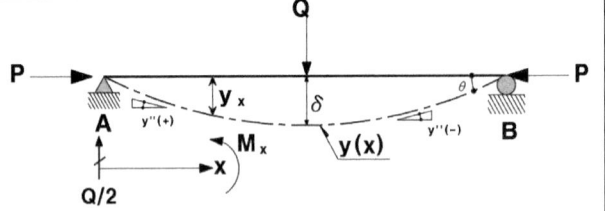

관계식 : 모멘트 확대계수의 근거

$$M_{\max} = M_o \frac{1 - 0.18 P/P_{cr}}{1 - P/P_{cr}}$$

- ■ 1차 모멘트 : 단순보 연직하중에 의해 생기는 중앙점의 휨모멘트
- ■ 2차 모멘트 : 연직하중에 의해 발생하는 연직변위와 작용하는 축력과의 편심에 의한 모멘트가 발생한다
- ■ 부재축에 작용하는 축력에 의해서는 모멘트가 발생하지 않으나, 연직력에 의한 처짐이 보의 중심축에 발생하는 편심과 같으므로 추가적인 모멘트가 발생한다. 이러한 현상이 모멘트 확대계수 개념으로 설계기준에 도입되어 있다

제 10 장 기둥

토목구조기술사 125회 4교시 6번

$$M_x - Py - \frac{Q}{2}x = 0, \quad \frac{M}{EI} = -y'', \quad M = -EIy''$$

$$y'' + \frac{P}{EI}y = -\frac{Q}{2EI}x = 0, \quad y'' + k^2 y = -\frac{Q}{2EI}x$$

$$y = y_h\,(일반해) + y_p\,(특이해), \quad y = A\sin kx + B\cos kx + Cx + D$$

318

제 10 장 기둥

토목구조기술사 125회 4교시 6번

특이해($y_p = Cx + D$)를 원식 y에 넣어도 성립해야 하므로

$$k^2(Cx+D) = Ck^2x + k^2D = -\frac{Q}{2EI}x$$

$$\therefore C = -\frac{Q}{P}\frac{1}{2}, D=0, \therefore y = A\sin kx + B\cos kx - \frac{Q}{2P}x$$

경계조건 대입하면

$y(0) = 0, \therefore B = 0$ 이고 $y(l) = 0$ 조건은 의미없는 해가되므로

$$y'(\frac{l}{2}) = 0, \therefore A = \frac{Q}{2kP}\frac{1}{\cos\frac{kl}{2}}$$

$$\therefore y = \frac{Q}{2kP}\frac{\sin kx}{\cos\frac{kl}{2}} - \frac{Q}{2P}x$$

최대 처짐 **δ**로 나타내고 x=l/2의 지간중앙점에서의 변위와의 관계 식은

$$\therefore y_{(\frac{l}{2})} = \delta = \frac{Q}{2kP}\frac{\sin\frac{kl}{2}}{\cos\frac{kl}{2}} - \frac{Ql}{4P}, \quad \delta = \frac{Q}{2kP}[\tan\frac{kl}{2} - \frac{kl}{2}]$$

$$\delta = \frac{Q}{2kP}[\tan\frac{kl}{2} - \frac{kl}{2}], \delta_o = \frac{Ql^3}{48EI}, \delta = \delta_o\eta \text{ 라고 하면, } \eta = \frac{\delta}{\delta_o} = \frac{\frac{Q}{2kP}[\tan\frac{kl}{2} - \frac{kl}{2}]}{\frac{Ql^3}{48EI}}$$

$$\eta = \frac{\delta}{\delta_o} = \frac{3[\tan\frac{kl}{2} - \frac{kl}{2}]}{(\frac{kl}{2})^3}, k^2 = \frac{P}{EI}, P_{cr} = \frac{\pi^2 EI}{l^2} \text{ 넣고 테일러 급수로 전개 하면}$$

$$\eta = \frac{\delta}{\delta_o} = 1 + 0.984\frac{P}{P_{cr}} + 0.998(\frac{P}{P_{cr}})^2 + \ldots \cong \frac{1}{1-P/P_{cr}}, \delta = \delta_o\frac{1}{1-P/P_{cr}}$$

$$M_{\max} = \frac{Ql}{4} + P\delta = \frac{Ql}{4}[1 + \frac{Pl^2}{12EI}\frac{1}{1-P/P_{cr}}], \text{ 1차 모멘트, } M_o = \frac{Ql}{4},$$

$$\frac{l^2}{12EI} = \frac{0.82}{P_{cr}} \text{ 이므로}$$

$$M_{\max} = M_o\frac{1-0.18P/P_{cr}}{1-P/P_{cr}} \text{ -> 모멘트 확대 계수근거}$$

축력과 휨을 동시에 받는 구조물의 휨·변위 거동을 위에서 유도하였듯이 연직하중으로 생기를 편심과 축력으로 인해 2차 모멘트가 발생하여 축력이 없는 경우보다 모멘트가 증가하는 현상을 모멘트 확대계수로 반영할 수 있다.

10.4 편심하중을 받는 기둥의 하중과 처짐관계

기둥에서 하중과 처짐 관계

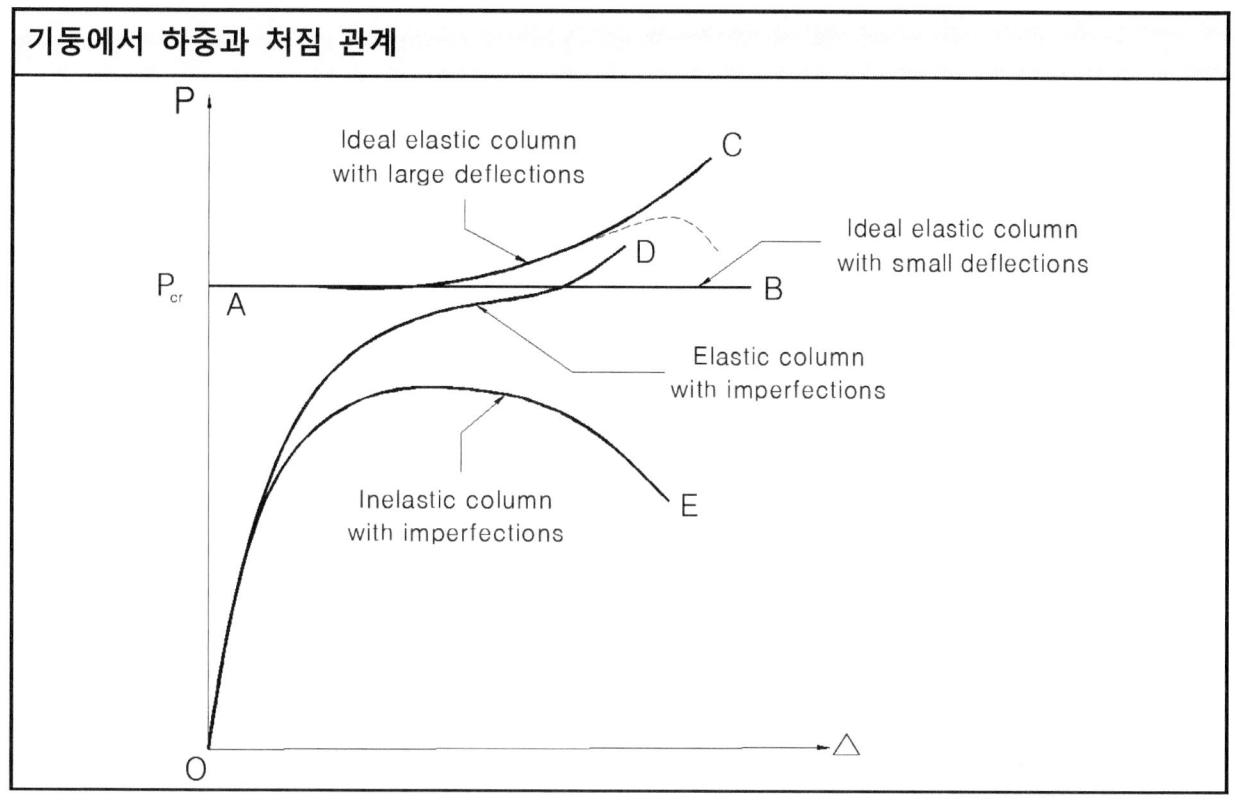

기둥에서 세장비와 좌굴응력 관계

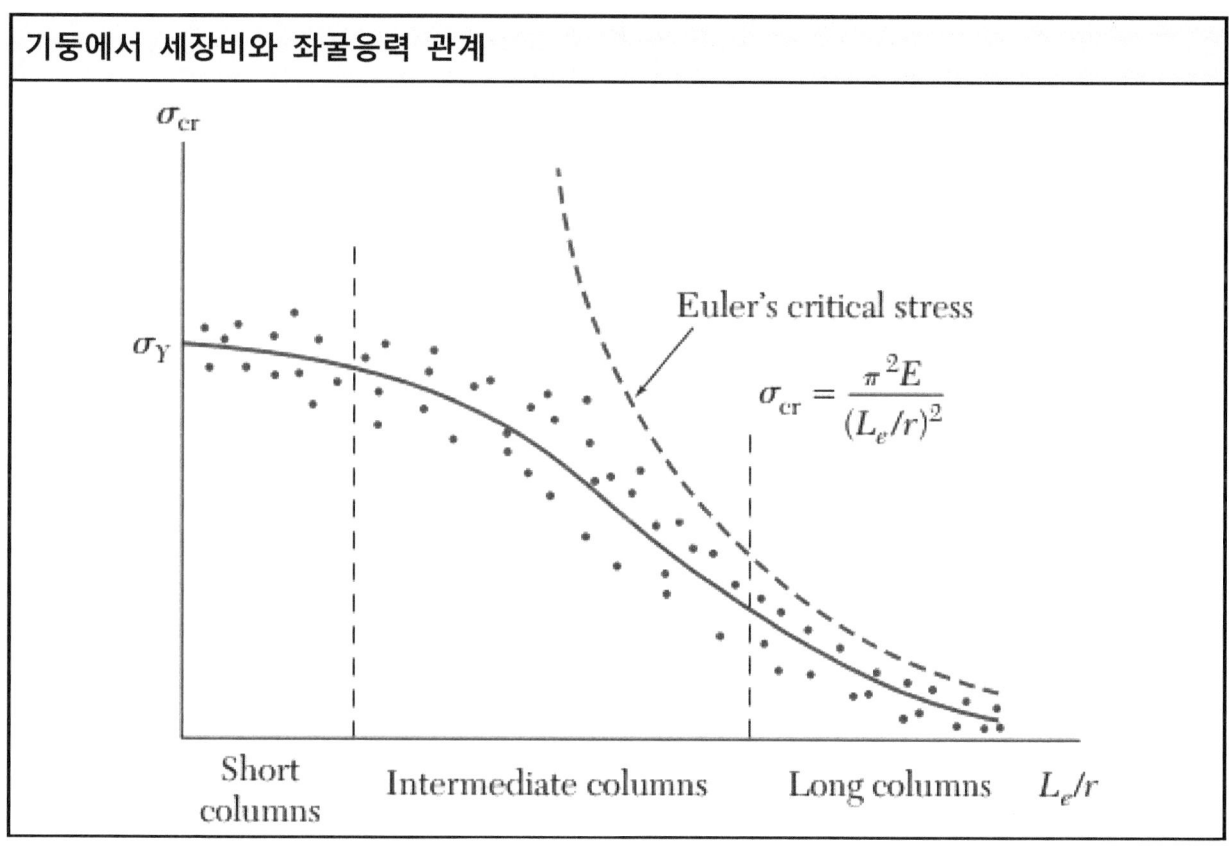

제 10 장 기둥

기둥에서 하중과 처짐 관계

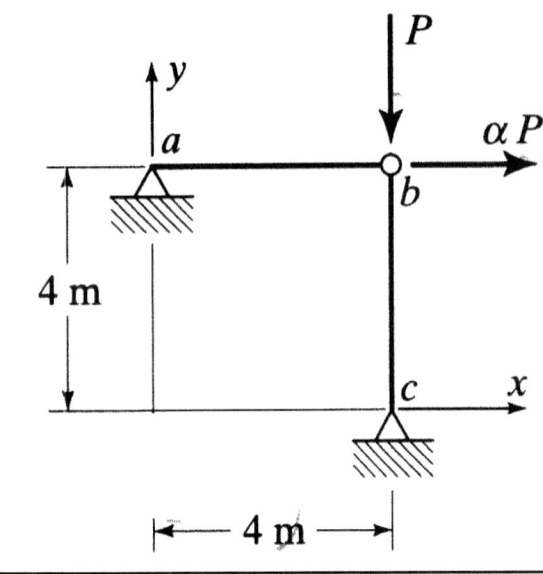

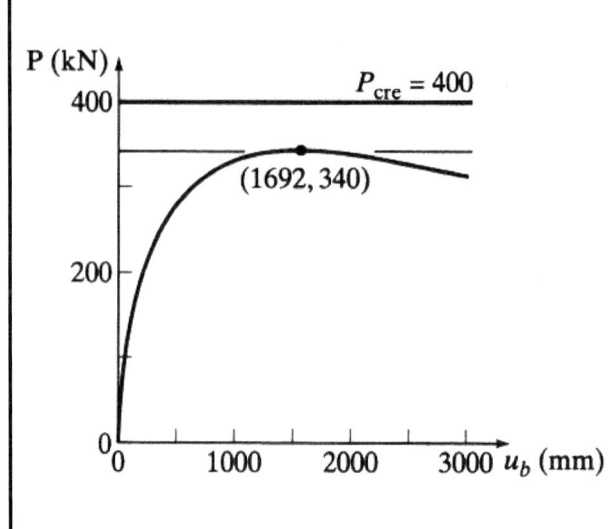

기둥에서 하중과 편심 관계

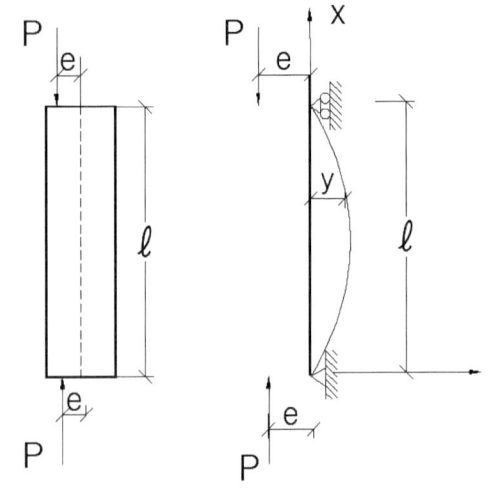

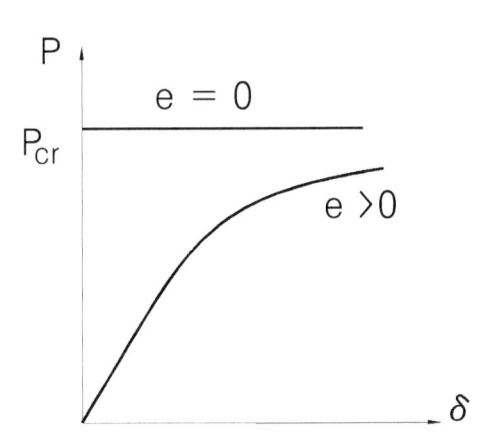

① $e=0$일 때 $p-\delta$ 관계	② $e>0$인 미소한 편심일 때 $p-\delta$ 관계
(P vs δ, e = 0 수평선)	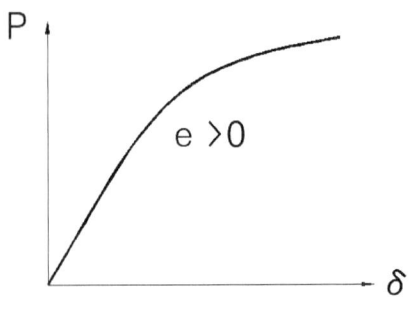

제 10 장 기둥

EX 10-1 : 분기 좌굴(Bifurcation Buckling)에 대해 설명하시오. 토목구조기술사 127회 1교시 3번

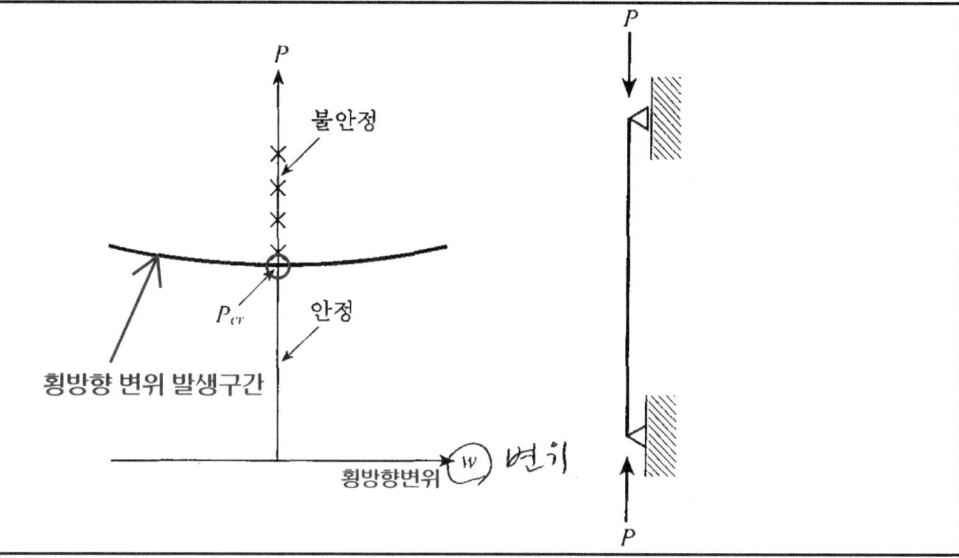

그림과 같이 부재 중심축에 축력 P가 작용하는 상태를 가정하자. 축력 P가 P_{cr} 직전까지는 부재축에 직각 방향의 횡방향 변위가 발생하지 않지만 P_{cr} 보다 큰 하중부터는 횡방향 변위가 발생한다. 곧은 기둥이 한계값 P_{cr} 이상이 될 때, 원래의 평형상태 이외에 그와 매우 근접한 평형상태가 출현하여 불안정하게 되며, 새로운 평형상태로 옮겨감으로써 새로운 안정 평형상태를 얻게 된다. 이러한 형태의 구조 불안정을 평형상태의 분기점 또는 분기 좌굴(Bifurcation Buckling)이라고 한다.

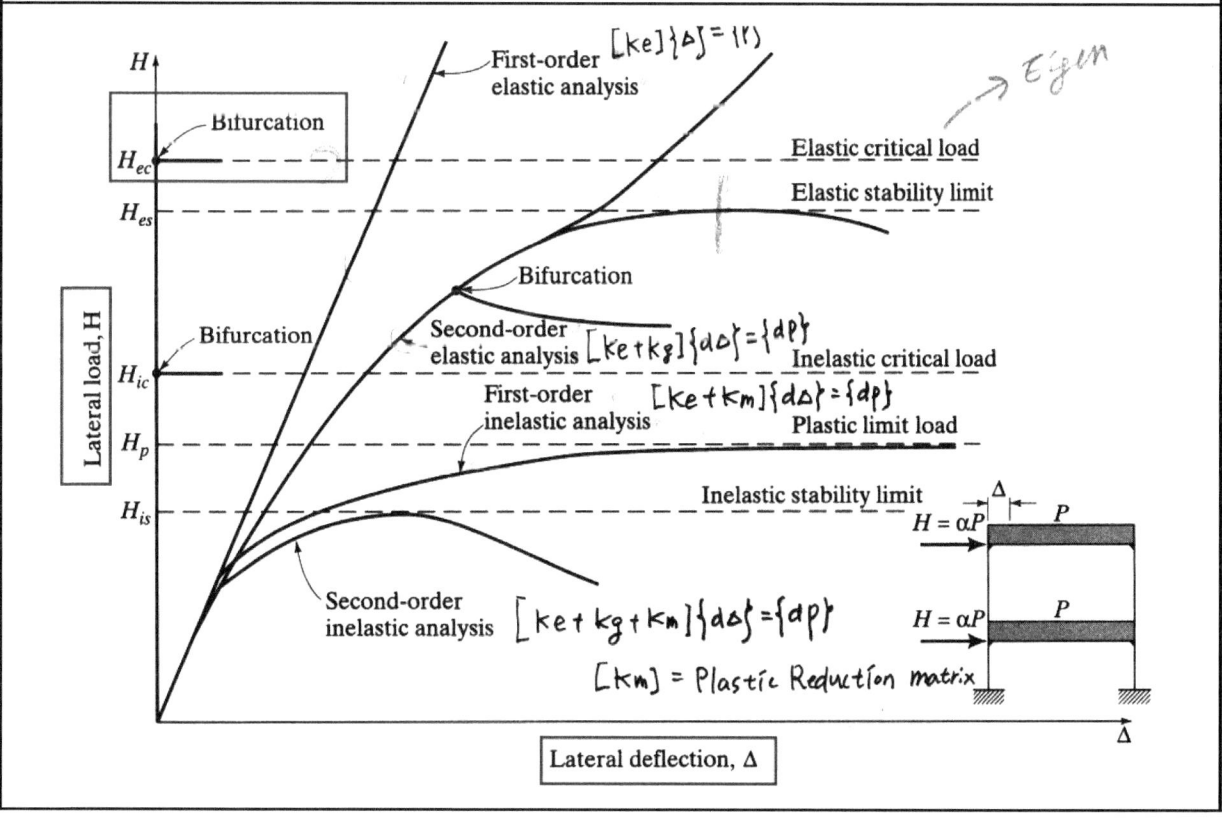

제 10 장 기둥

EX 10-2 : 강구조물의 비탄성 좌굴이론에 대해 설명하시오. 토목구조기술사 126회 1교시 5번

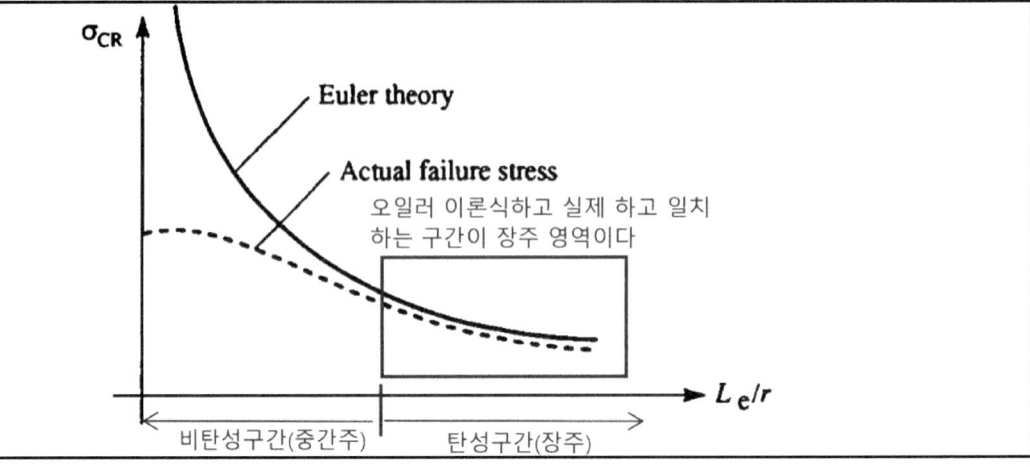

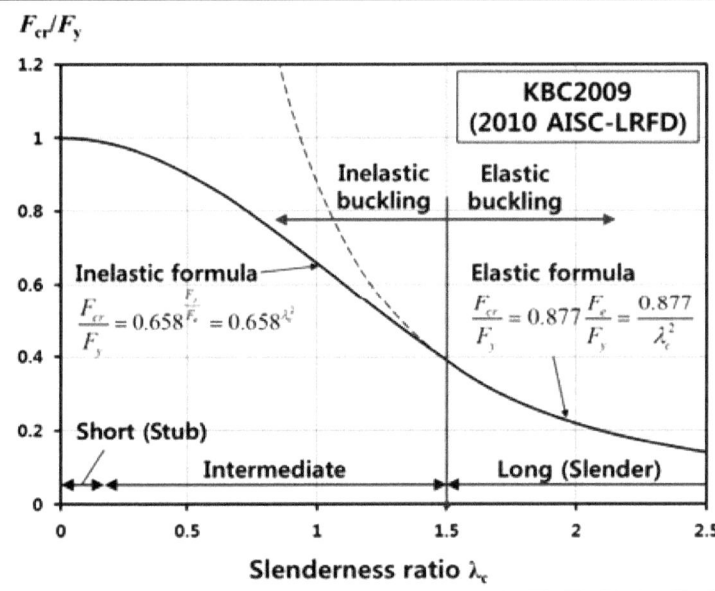

세장비가 큰 **장주**는 오일러이론의 좌굴하중과 실제 좌굴하중과 **재료의 탄성구간 내에서 비교적 잘 일치**하나 세장비가 적어지면서 **좌굴응력은** 재료의 탄성한도 범위 외 **(소성구간)에서 결정**된다. 이를 **비탄성 좌굴**이라 한다. 비탄성 구간에서의 좌굴하중은 접선계수이론, 이중계수이론 및 샨리 모델 이론 등으로 산정한다.

세장비가 큰 기둥, 즉 두께가 길이에 비해서 **얇은 기둥**의 좌굴하중(응력)은 작다. 매우 작은 하중에 **기둥이 휘어진다는 의미**이며 이는 지극히 당연하다. 그러나 두께가 두꺼운 기둥(단주)의 좌굴하중은 상당히 크다. 이는 단주가 좌굴되기까지 **이론상 무한대에 가까운 하중이 적용해야 기둥이 휘어진다는 의미**이며, 실제로는 기둥이 휘기 전에 **재료가 먼저 파괴**된다. 재료가 파괴되면 부재로서 기능이 상실되는데, 이 때 재료가 파괴까지 가는 거동은 탄성한도(비례한도)를 넘어선 소성영역(비탄성구간)의 재료 성질에 좌우된다.

EX 10-3 : 그림과 같이 기둥의 A지점은 힌지로, C지점은 고정단으로 지지된 뼈대구조의 탄성좌굴하중(P_{cr})을 구하시오. (단, 모든 부재의 길이 L , 모든 부재의 휨강성 EI , 축방향 변형과 전단변형 효과는 무시) 토목구조기술사 125회 3교시 5번

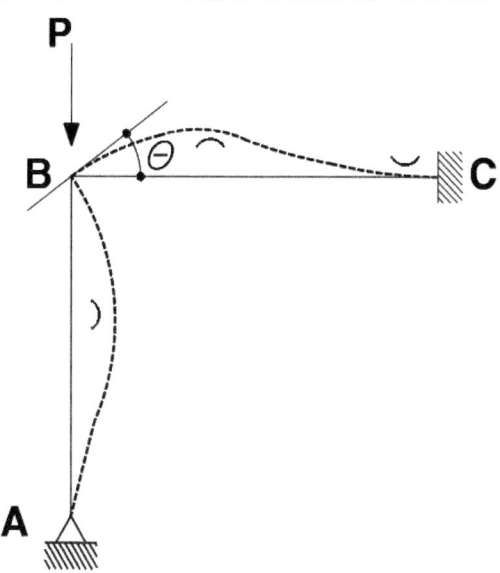

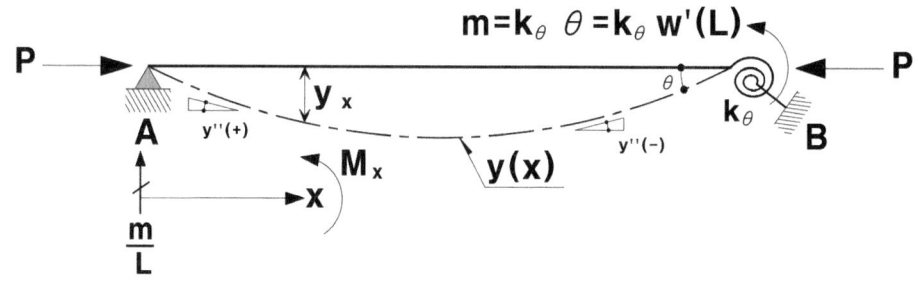

$M_x - Py - \dfrac{m}{l}x = 0$, $m = k\theta = \dfrac{4EI}{l}\theta$, $\dfrac{M}{EI} = y''$, $M = EIy''$ 여기서 y'' 은 **기울기의 변화량이므로 (-)** 이다.

$y'' + \dfrac{P}{EI}y = -\dfrac{m}{EI\,l}x = 0$, $y'' + k^2 y = -\dfrac{m}{EI}\dfrac{x}{l}$, $y = y_h$ (일반해) $+ y_p$ (특이해)

$y = A\sin kx + B\cos kx + Cx + D$

특이해($y_p = Cx + D$)를 원식 y에 넣어도 성립해야 하므로

$(y'' + \dfrac{P}{EI}y = -\dfrac{m}{EI\,l}x = 0$, $y'' + k^2 y = -\dfrac{m}{EI}\dfrac{x}{l})$

$k^2(Cx + D) = Ck^2 x + k^2 D = -\dfrac{m}{EI}\dfrac{x}{l}$

$\therefore C = -\dfrac{m}{P}\dfrac{1}{l}$, $D = 0$, $\therefore y = A\sin kx + B\cos kx - \dfrac{m}{P}\dfrac{x}{l}$

EX 10-3 : 그림과 같이 기둥의 A지점은 힌지로 C지점은 고정단으로 지지된 뼈대구조의 탄성좌굴하중(P_{cr})을 구하시오. (단, 모든 부재의 길이 L , 모든 부재의 휨강성 EI , 축방향 변형과 전단변형 효과는 무시) 토목구조기술사 125회 3교시 5번

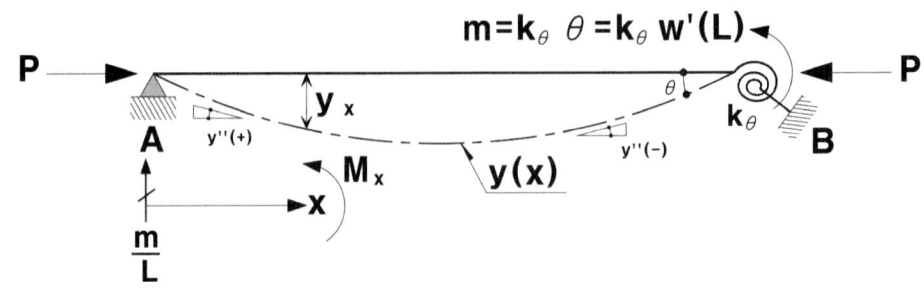

$\therefore y = A\sin kx + B\cos kx - \dfrac{m}{P}\dfrac{x}{l}$ 경계조건 대입하면

$y(0) = y(l) = 0, \therefore B = 0, A = \dfrac{m}{P\sin kl}$

$\therefore y = \dfrac{m}{P\sin kl}\sin kx - \dfrac{m}{P}\dfrac{x}{l},\ y' = \dfrac{km}{P\sin kl}\cos kx - \dfrac{m}{P}\dfrac{1}{l}$,

$y'(l) = \theta_B = \dfrac{km}{P\sin kl}\cos kl - \dfrac{m}{P}\dfrac{1}{l} = \dfrac{ml}{4EI}$

$\theta_B = \dfrac{m}{P}\left(\dfrac{k}{\tan kl} - \dfrac{1}{l}\right) = \dfrac{ml}{4EI},\quad k^2 = \dfrac{P}{EI},\ \therefore P = k^2 EI$

$\theta_B = \dfrac{1}{k^2 EI}\left(\dfrac{k}{\tan kl} - \dfrac{1}{l}\right) = \dfrac{l}{4EI},\quad \dfrac{k}{\tan kl} = \dfrac{k^2 l}{4} + \dfrac{1}{l}$

$\dfrac{k}{\tan kl} = \dfrac{k^2 l}{4} + \dfrac{1}{l} = \dfrac{k^2 l^2 + 4}{4l},\quad \dfrac{4kl}{\tan kl} = (kl)^2 + 4,\ kl$ 을 X로 치환하여 해를 구하면 다음과 같다.

$kL = 3.829,\ \therefore P_{cr} = \dfrac{3.829^2 EI}{l^2} = \dfrac{\pi^2 EI}{(0.82l)^2}$

유효길이 $l_e = 0.82l$

제11장 구조물의 변형(처짐, 처짐각, 변형에너지)

11.1 변위(처짐)와 변위각(처짐각) ······················ 326
11.2 기하학적 방법 ·· 330
11.3 에너지 방법 ··· 347
11.4 퍼텐셜 에너지(변분) ································· 377

11장 구조물의 변형

11.1 변위(처짐)와 변위각(처짐각)

11.1.1 개요

1) 탄성곡선(또는 처짐곡선) :
   하중에 의해 변형된 곡선 ($AC'B'$)

2) 변위(Displacement) :
   변형후 **임의점**(C)의 이동량(CC')

* 전범위(CC')
   ① 수직변위 = $\overline{CC''}$
   ② 수평변위 = $\overline{C'C''}$

3) 처짐(Deflection) :
   변위의 **수직성분**(CC'')

4) 처짐각 : 처짐곡선상의 1점에서 그은 접선이 변형 전의 보의 축과 이루는 각

5) 변형(Deformation) : 구조물의 형태가 변하는 것

6) 부호
   ① 처짐 : 하향↓(+), 상향↑(-)
   ② 처짐각 : 시계방향 ↻ (+), 반시계방향 ↺ (-)

* 부호규약은 각자 편한 것으로 취사 선택

* 처짐을 y라 하면 처짐각은 $\dfrac{dy}{dx} = \tan\theta_x ≒ \theta_x$

7) 단위
   ① 처짐 : mm, m
   ② 처짐각 : Radian ($1\,Rad = \dfrac{180°}{\pi}$)

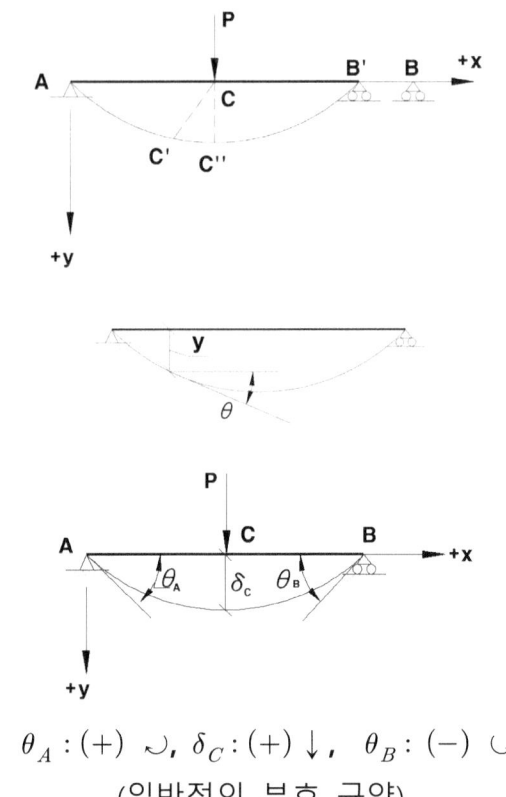

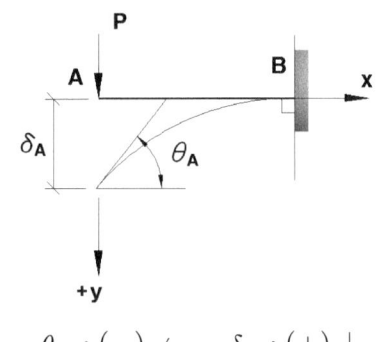

$\theta_A : (+) \,↻,\ \delta_C : (+)↓,\ \theta_B : (-)\,↺$
(일반적인 부호 규약)

$\theta_A : (-)\,↺,\ \delta_A : (+)↓$

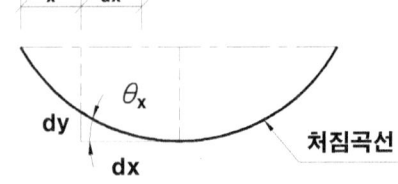

제 11 장 구조물의 변형

탄성 미분 방정식

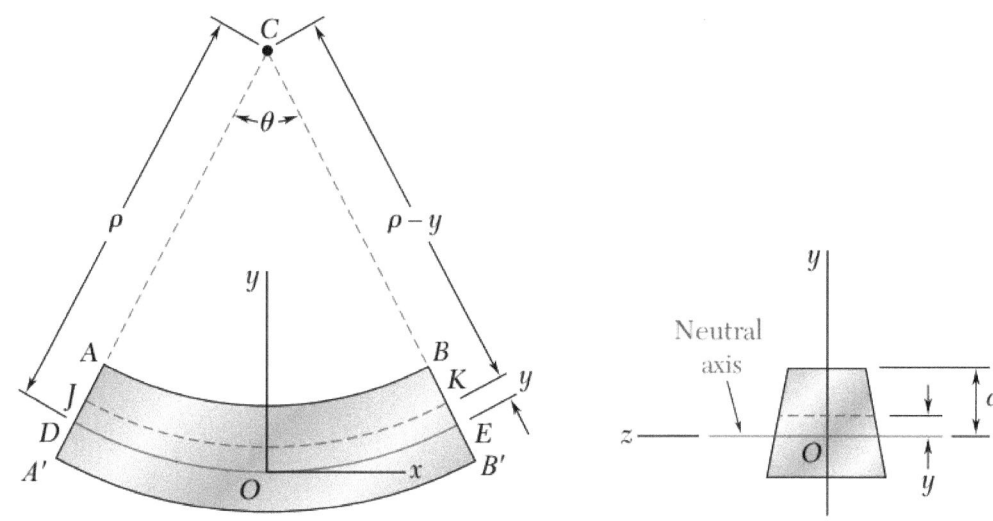

중립축을 따라서 잰 보의 길이 $L = \rho\theta$라 하고 중립축에서 y 만큼 떨어진 곳의 보의 길이 $L' = (\rho - y)\theta$ 라 하면,

y 위치에서 보의 길이의 변화량은 $\delta = L' - L = (\rho - y)\theta - \rho\theta = -y\theta$

종방향 변형율 $\epsilon_x = \dfrac{\delta}{L} = \dfrac{-y\theta}{\rho\theta} = \dfrac{-y}{\rho}$, 여기서 – 부호는 y가 증가할수록 (상면 방향) 휨으로 압축을 받아 길이가 줄어드는 것을 의미한다. 부호를 무시하면

$$\epsilon_x = \frac{\delta}{L} = \frac{y}{\rho},\ \frac{\epsilon}{y} = \frac{1}{\rho} = \frac{1}{R} = \frac{M}{EI} = \frac{d^2y}{dx^2} = y''$$

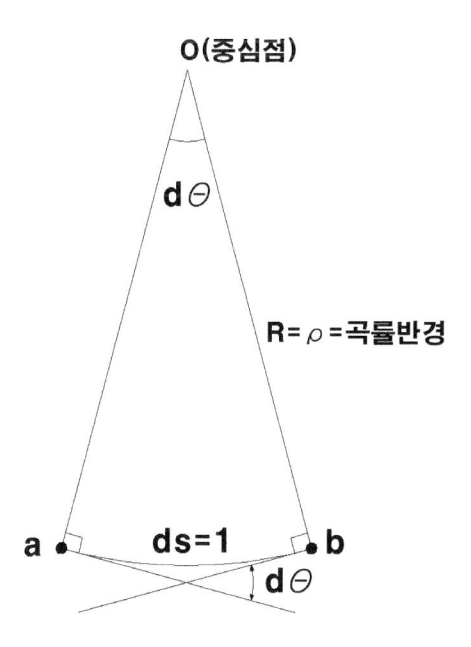

$\dfrac{1}{\rho} = \dfrac{1}{R} = \dfrac{M}{EI} = \dfrac{d^2y}{dx^2} = y''$ 에서 곡률 $\dfrac{d^2y}{dx^2} = y''$에 대하여 물리적 의미는 기울기의 변화량(속도의 변화량인 가속도와 유사)이고, 기하학적 의미는 절점 a와 b사이의 원주상의 미소 곡선거리 ds가 1 일 때 **두 접선이 이루는 각도가 바로 곡률**이다.

⇒ 모멘트 면적법 등 기하학적인 방법에 적용

$$R d\theta = ds,\ \therefore \frac{1}{R} = \frac{d\theta}{ds} = \phi = \kappa$$

$$\frac{1}{R} = \frac{d\theta}{1} = d\theta = \phi = \kappa$$

$$\frac{1}{R} = y'' = \frac{M}{EI} = \frac{\alpha \Delta T}{h}$$

제 11 장 구조물의 변형

오른손 법칙에서의 부호 규약 및 비교	
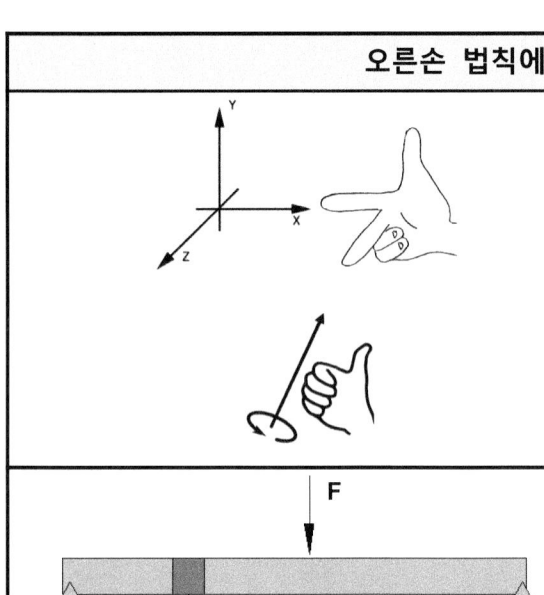	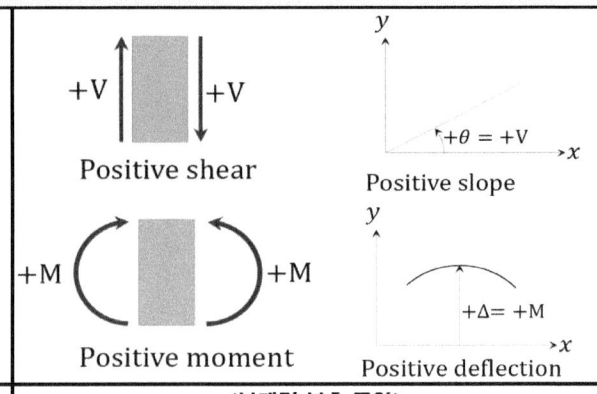
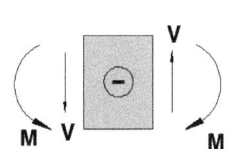 부재력(단면력) 부호 규약은 이미 앞서 정한 규약을 준수하나, 오른손 법칙을 적용할 때의 **절점에서의 부호**는 반시계 회전을 하는 모멘트는 -, 상향 연직력은 +의 부호를 갖는 것에 유의해야 한다	⟨부재력 부호 규약⟩ 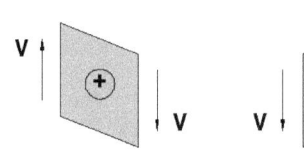 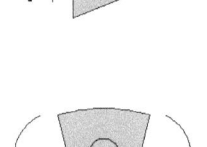 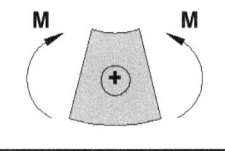 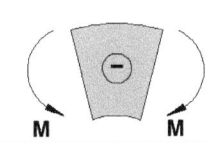
오른손 법칙 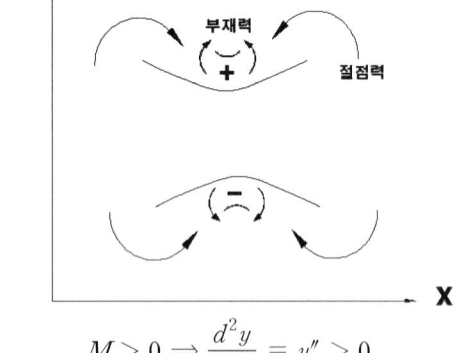 $M > 0 \Rightarrow \dfrac{d^2 y}{dx^2} = y'' > 0,$ $M < 0 \Rightarrow \dfrac{d^2 y}{dx^2} = y'' < 0$	왼손 법칙 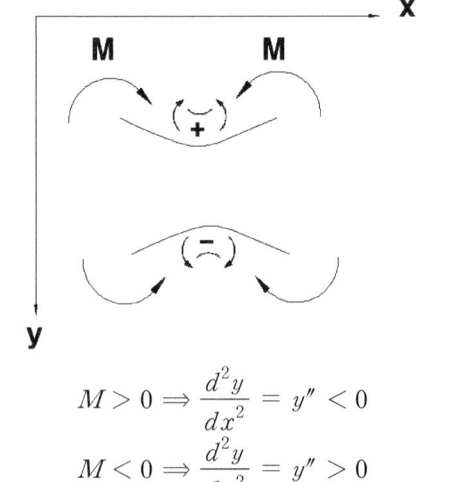 $M > 0 \Rightarrow \dfrac{d^2 y}{dx^2} = y'' < 0$ $M < 0 \Rightarrow \dfrac{d^2 y}{dx^2} = y'' > 0$
그림 a, b처럼 좌표축을 어떻게 잡느냐에 따라 부호가 바뀐다. $\dfrac{d^2 y}{dx^2} = y''$ 는 물리적인 의미가 기울기의 변화량임을 상기하자. 따라서 하향을 +y 로 선정할 경우의 +M인 경우에는 $\dfrac{d^2 y}{dx^2} < 0$ 이다. **좌표축에 상관없이 단면력 부호는 동일**하다는 것에 주의하자.	

11.1.2 변위(보의 경우는 처짐)를 구하는 목적과 원인

(1) 처짐을 구하는 목적	(2) 처짐이 생기는 원인
① 처짐량의 계산 : 사용성 ② 부정정 구조해석을 위하여	휨모멘트, 전단력, 축방향력 같은 여러 종류의 내력에 의해 생긴다. ① 보, 라멘 : 휨모멘트만으로 계산 ② Truss : 축방향력만으로 계산

11.1.3 변위를 구하는 방법

방법	해법의 종류	적합한 구조물
기하학적 방법	탄성곡선식법(처짐곡선식법) = 2중적분법 = 미분방정식법	보, 기둥
	모멘트 면적법 : Greene의 정리	보, 라멘
	탄성하중법 : Mohr의 정리	단순보, 라멘
	공액보법	모든 보, 라멘
	Willot Mohr도에 의한 법	Truss에만 적용
	중첩법(겹침법)	
	부재열법	Truss에만 적용
	Newmark의 방법	비균일 단면의 보에 적용
에너지 방법	실제 일의 방법 : 탄성변형 Energy 불변 정리	보, Truss
	가상일의 방법 : 단위 하중법	모든 구조물
	Castigliano의 제2정리	모든 구조물
	퍼텐셜 에너지 방법 (가장 상위의 에너지 개념)	모든 구조물 좌굴해석, 동해석 등 활용
수치해석법	유한 차분법	
	Reyleigh - Ritz Method	

11.2 기하학적 방법

11.2.1 탄성 곡선식법

부재 전체의 변위곡선(처짐곡선)을 수식으로 표시할 수 있다는 점이 특징이나 해법이 다소 불편하다.

□ 탄성곡선의 미분방정식 : $\dfrac{d^2y}{dx^2}=-\dfrac{M}{EI}$ (탄성곡선, 왼손법칙 적용 시 부호)

$\dfrac{d^2y}{dx^2}=\dfrac{M}{EI}$ (탄성곡선, 오른손법칙 적용 시 부호)

① 처짐각(θ) : 탄성곡선식을 1차 적분하면 처짐각

$$\theta = \dfrac{dy}{dx}=-\int \dfrac{M_x}{EI}dx+C_1$$

② 처짐(y) : 탄성곡선식을 2차 적분하면 처짐

$$y=-\int\int \dfrac{M_x}{EI}dx \cdot dx + C_1x + C_2 ,\quad C_1, C_2 : \text{적분상수},\ EI : \text{휨강성 또는 굴곡강성}$$

③ 처짐곡선과 휨모멘트, 전단력 및 하중과의 관계

□ 휨모멘트(M)도를 탄성곡선의 미분방정식으로 나타내면 : $M=EI\dfrac{d^2y}{dx^2}$

□ 전단력(S)도를 탄성곡선의 미분방정식으로 나타내면 : $S=\dfrac{dM}{dx}=EI\dfrac{d^3y}{dx^3}$

□ 하중(w)을 탄성곡선의 미분방정식으로 나타내면 : $\omega=\dfrac{dS}{dx}=EI\dfrac{d^4y}{dx^4}$

* $EI\theta = -\int\int\int w \cdot dx \cdot dx \cdot dx = -\int M dx$ (처짐각)

$EIy = -\int\int\int\int w \cdot dx \cdot dx \cdot dx \cdot dx = -\int\int M dx \cdot dx$ (처짐)

④ 곡률 : $\dfrac{1}{R} = \dfrac{d^2y}{dx^2} = -\dfrac{M}{EI},\ \dfrac{1}{R}$: 곡률, R : 곡률반경

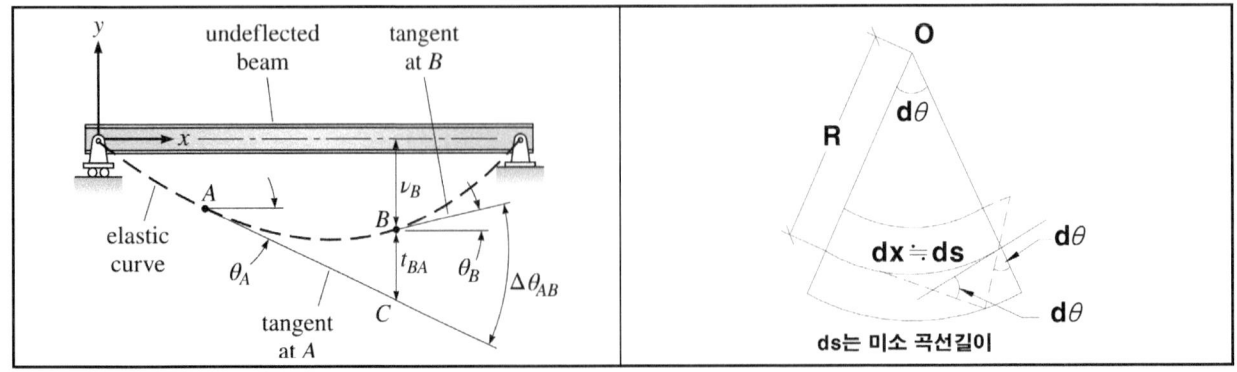

탄성 곡률 관계

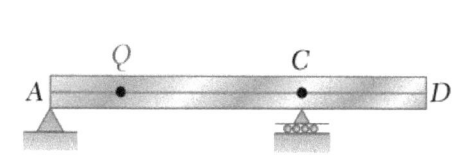

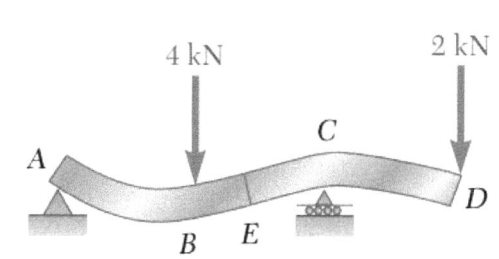

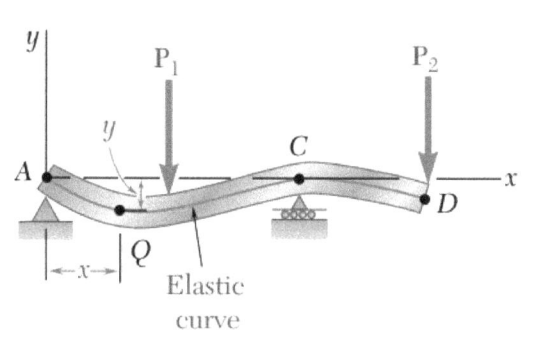

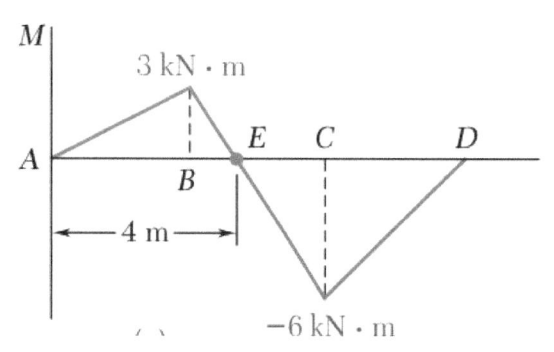

탄성 곡률 관계 예제

예1) 변위를 구하는 방법이 아닌 것은?
① 단위 하중법   ② 2중적분법
③ 카스틸리아노의 정리
④ Greene의 정리   **⑤ 모멘트 분배법**

예2) 변위를 구하는 방법 중 에너지 방법은?
① 모멘트면적법   ② 유한차분법
③ 단위하중법   ④ Mohr의 정리
⑤ 중첩법

예3) Willot Mohr도에 의하여 구할 수 있는 것은?
① Truss의 부재력   **② Truss의 변위**
③ arch의 단면력   ④ arch의 변위
⑤ 비균일 단면 보의 변위

예4) SF를 탄성곡선의 미분방정식으로 나타내면?
① $EI\dfrac{d^2y}{dx^2}$ **② $EI\dfrac{d^3y}{dx^3}$**   ③ $EI\dfrac{d^4y}{dx^4}$
④ $EI\dfrac{d^5y}{dx^5}$ ⑤ $EI\dfrac{dy}{dx}$

* 보의 탄성곡선의 곡률이 1일 때 휨강성 EI는 보의 저항모멘트이다. $M = EI$

$$\frac{1}{R} = \frac{d^2y}{dx^2} = 1 = \frac{M}{EI}$$

11.2.2 모멘트 면적법(일명 Greene의 정리)

1) 모멘트면적 제 1정리

탄성 곡선상에서 임의의 점 m과 n에서의 접선이 이루는 각은 이 두 점간의 휨모멘트도의 면적을 휨강도 EI로 나눈 값과 같다.

$$\theta = \int_m^n \frac{M}{EI}dx = \frac{A}{EI}$$

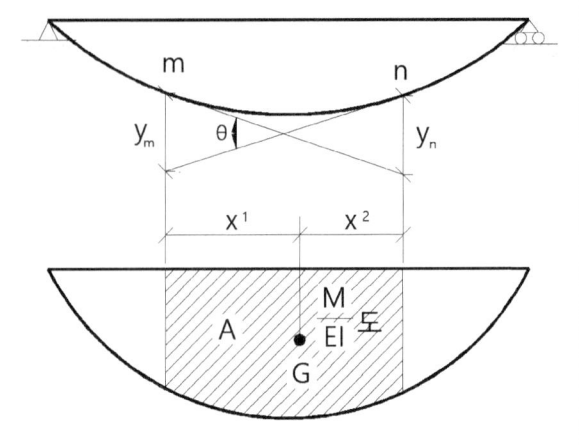

2) 모멘트면적 제 2정리

탄성곡선상의 임의의 두 점 m, n에서 그 중 한 점 n(또는 m)을 지나는 접선과 다른 한 점 m(또는 n)와의 연직거리는, 이 두 점 간의 휨모멘트도 면적의 m점(또는 n점)을 지나는 연직축에 대한 단면 1차 모멘트를 휨강도 EI로 나눈 값과 같다.

$$y_m = \int_m^n \frac{M}{EI}x_1 \cdot dx = \frac{A}{EI}x_1$$

$$y_n = \int_m^n \frac{M}{EI}x_2 \cdot dx = \frac{A}{EI}x_2$$

$A \cdot x_1$: m점을 지나는 연직축에 대한 단면 1차 모멘트

$A \cdot x_2$: n점을 지나는 연직축에 대한 단면 1차 모멘트

* 참고 : 모멘트 면적법은 캔틸레버보의 처짐을 계산하는 데만 직접적으로 적용된다. 왜냐하면 고정단에서의 접선은 보의 부재축과 일치하기 때문이다. 캔틸레버보가 아닌 다른 모든 보의 처짐을 계산하려면 이 방법을 간접적으로 이용해야 하므로 불편하다.

EX – 1 : C 점의 처짐을 모멘트 면적법으로 구하면?

$M_A = p\ell,\ M_C = \dfrac{P\ell}{2},\ A = \dfrac{1}{2}M_A \cdot \ell = \dfrac{P\ell^2}{2}$

$\therefore \theta_B = \dfrac{A}{EI}$

$\therefore y_B = \dfrac{1}{EI}(A\dfrac{2}{3}\ell) = \dfrac{1}{EI}(\dfrac{P\ell^2}{2} \cdot \dfrac{2\ell}{3})$

$\quad = \dfrac{P\ell^3}{3EI}$

$\therefore y_C = \dfrac{1}{EI}(\dfrac{M_A + M_C}{2} \cdot \dfrac{\ell}{2})\dfrac{5}{9} \cdot \dfrac{\ell}{2}$

$\quad = \dfrac{1}{EI}\left\{\dfrac{1}{2}(P\ell + \dfrac{P\ell}{2})\dfrac{\ell}{2} \cdot \dfrac{5}{9} \cdot \dfrac{\ell}{2}\right\}$

$\quad = \dfrac{5P\ell^3}{48EI}$

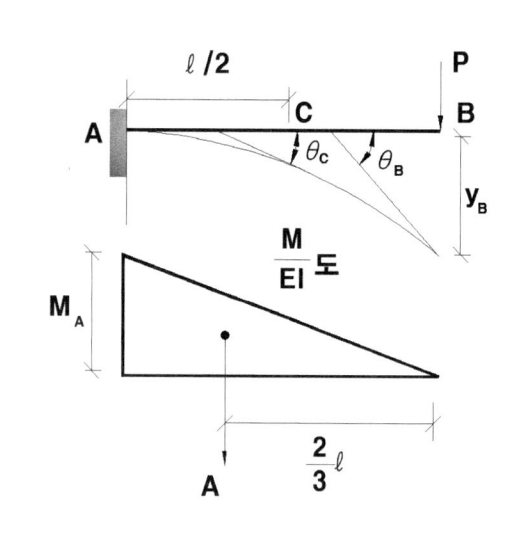

※ 필수 암기 처짐 및 처짐각

구조 형식	처짐	처짐각
(캔틸레버 + 집중하중 P, B점)	$y_B = \dfrac{PL^3}{3EI}$	$\theta_B = \dfrac{PL^2}{2EI}$
(캔틸레버 + 등분포하중 w)	$y_B = \dfrac{wL^4}{8EI}$	$\theta_B = \dfrac{wL^3}{6EI}$
(단순보 + 중앙 집중하중 P)	$y_C = \dfrac{PL^3}{48EI}$	$\theta_{A,B} = \dfrac{PL^2}{16EI}$
(단순보 + 등분포하중 w)	$y_C = \dfrac{5wL^4}{384EI}$	$\theta_{A,B} = \dfrac{wL^3}{24EI}$

11.2.3 탄성하중법(일명 Mohr의 정리)

1) Mohr의 제 1정리 : 단순보의 경우

휨모멘트도의 면적을 EI로 나눈 ($\frac{1}{EI}$배 한)것을 하중으로 가상할 때

① 각 점의 전단력을 구하면 그 점의 처짐각
② 각 점의 휨모멘트 (단면 1차 모멘트)를 구하면 그 점의 처짐

위의 가상하중(Mohr의 하중) $\frac{M}{EI}$을 탄성하중이라 하며, 이 방법에 의한 탄성하중법은 모멘트면적법을 응용하여 **단순보 처짐을 직접적으로 계산할 수 있도록 한 편리한 방법**이다.

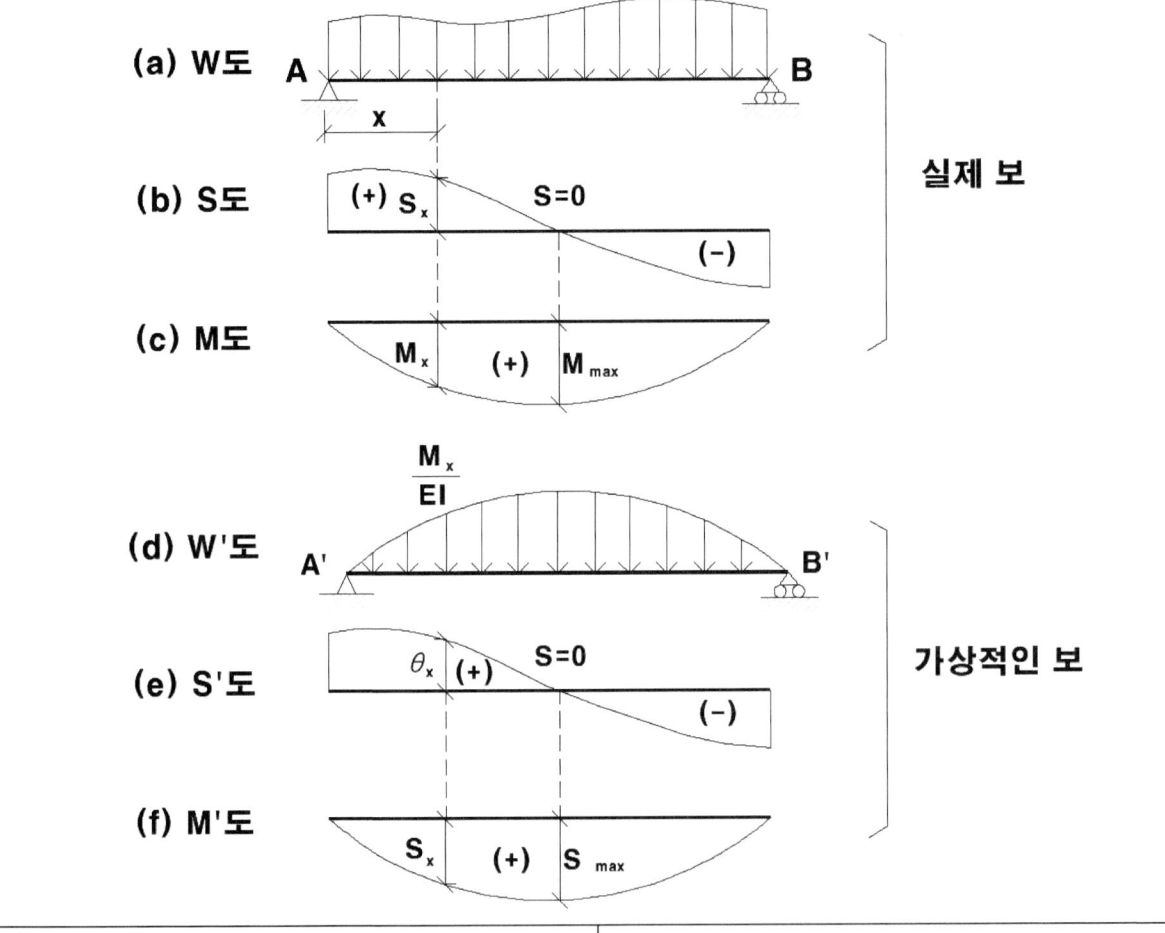

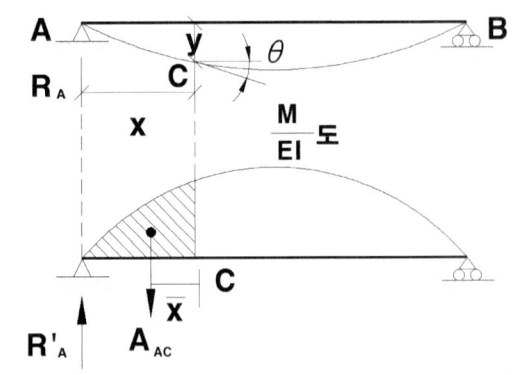

$$\theta_x = \frac{1}{EI}(R'_A - A_{AC})$$

$$y_x = \frac{1}{EI}(R'_A \cdot x - A_{AC} \cdot \overline{x})$$

2) Mohr의 제 2정리 : 공액보법

탄성하중법은 단순보에 대한 것으로 캔틸레버보, 내민보, 겔버보, 고정보, 연속보등과 같이 고정단, 자유단, 중앙지점, 중간힌지 접합점 등을 가진 보에 대해서는 적용할 수 없다. 따라서 탄성하중법을 적용할 수 있도록 지점이나 단부, 접합점의 조건을 변화시킨 가상적인 보를 공액보라 하며, 이 방법에 의한 처짐의 해법을 공액보법이라 한다.

① 단부조건
고정단 → 자유단, 자유단 → 고정단, 내측힌지 → 내측지점

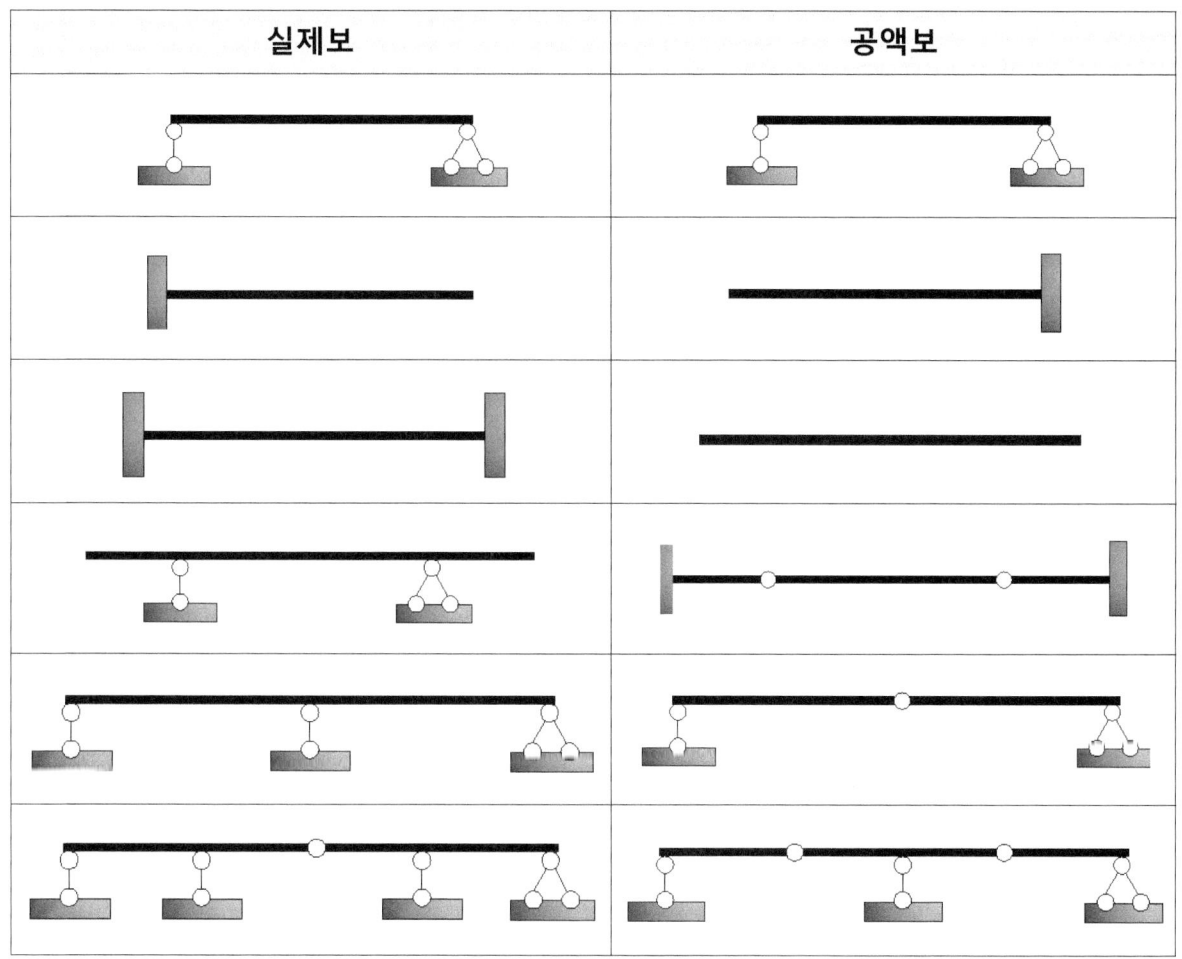

② **공액보에서 전단력을 구하면 처짐각, 휨모멘트(단면 1차모멘트)를 구하면 처짐이 된다.**
즉, 공-전-각, 공-모-처   * **공액보 : 탄성하중을 작용시킨 보를 공액보라 한다**

③ **휨모멘트의 부호와 탄성하중의 작용방향(왼손법칙 ⇒ 오른손법칙 적용시 부호 반대)**
탄성하중법을 적용할 때 탄성하중의 작용 방향은
실제 보의 휨모멘트 부호가 (+)이면 하향
실제 보의 휨모멘트 부호가 (-)이면 상향으로 작용시켜야 한다.
이와 같이 하면 탄성하중에 의한 (+) 전단력은 시계방향의 처짐각, (+) 휨모멘트는 하향의 처짐을 나타낸다.

2) Mohr의 제 2정리 : 공액보법

④ 탄성하중의 도심과 면적

도형	직사각형	삼각형	2차곡선	2차곡선	3차곡선
도심(x)	$\dfrac{b}{2}$	$\dfrac{b}{3}$	$\dfrac{b}{4}$	$\dfrac{3b}{8}$	$\dfrac{b}{5}$
면적(A)	bh	$\dfrac{bh}{2}$	$\dfrac{bh}{3}$	$\dfrac{2bh}{3}$	$\dfrac{bh}{4}$

EX – 1 : 단순보 중앙에 집중하중 P를 작용시킬 때 처짐각과 처짐은?

$\theta_A = \dfrac{P\ell^2}{16EI}(\curvearrowright)$, $\theta_B = \dfrac{P\ell^2}{16EI}(\curvearrowleft)$, $\theta_C = 0$

$M_C' = \dfrac{P\ell^2}{12EI} \times \dfrac{\ell}{3} = \dfrac{P\ell^3}{48EI}$

$\therefore y_c = \dfrac{P\ell^3}{48EI}$

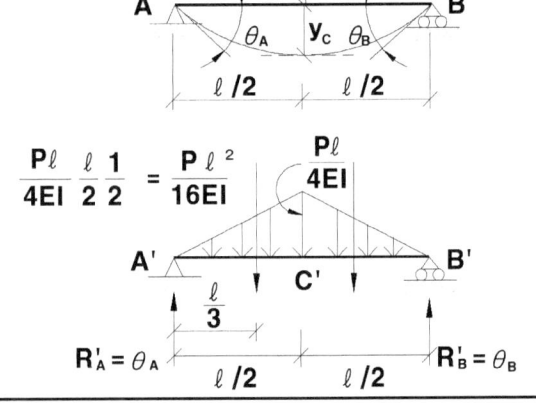

$\dfrac{P\ell}{4EI} \cdot \dfrac{\ell}{2} \cdot \dfrac{1}{2} = \dfrac{P\ell^2}{16EI}$

EX – 2 : 내민보의 C 점의 처짐각과 처짐은?

$\theta_B = \theta_C = \dfrac{p\ell^2}{16EI}$

$y_C = \theta_B \times \dfrac{\ell}{2} = \dfrac{p\ell^3}{32EI}$

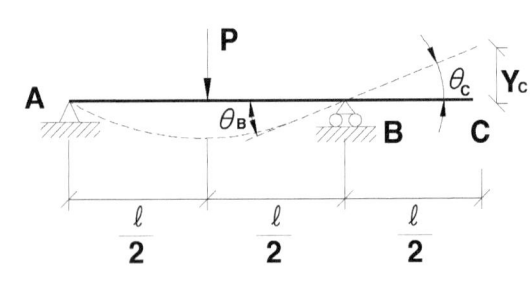

EX – 3 : 단순보에 집중하중이 a, b의 거리를 갖고 작용할 때 처짐각과 처짐은?

$\theta_A = \dfrac{Pab}{EI\ell} \dfrac{\ell}{2} (\dfrac{a+2b}{3}) \dfrac{1}{\ell} = \dfrac{Pab}{6EI\ell}(a+2b)$

$\theta_B = \dfrac{Pab}{EI\ell} \dfrac{\ell}{2} (\dfrac{2a+b}{3}) \dfrac{1}{\ell} = \dfrac{Pab}{6EI\ell}(2a+b)$

$\theta_C = 0$

$M_C' = R_A' \cdot a - \dfrac{Pa^2b}{2EI\ell} \times \dfrac{a}{3}$

$\quad = \dfrac{Pa^2b}{6EI\ell}(a+2b) - \dfrac{pa^3b}{6EI\ell}$

$\quad = \dfrac{Pa^2b}{6EI\ell}(a+2b-a) = \dfrac{Pa^2b^2}{3EI\ell}$

$\therefore y_C = \dfrac{Pa^2b^2}{3EI\ell}$

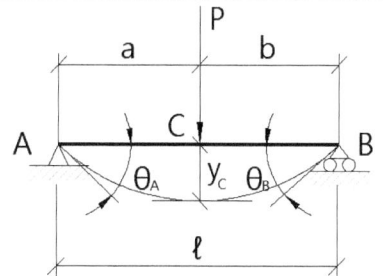

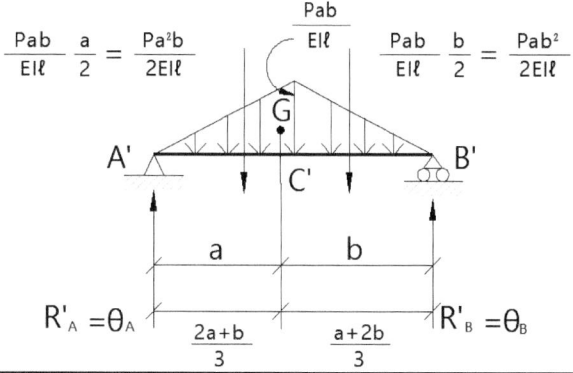

※ 암기

$y_C = a^2 \times b^2 \times p \times \dfrac{1}{3EI\ell} = \dfrac{pa^2b^2}{3EI\ell}$

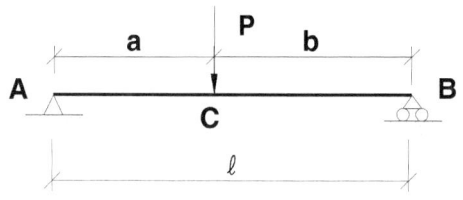

EX – 4 : 단순보에 등분포하중이 작용할 때 처짐각과 처짐은?

$\theta_A = \dfrac{w\ell^3}{24EI}(\curvearrowright), \ \theta_B = \dfrac{w\ell^3}{24EI}(\curvearrowleft), \ \theta_C = 0$

* 최대 처짐각은 양 지점에서 발생한다.

$M_C' = \dfrac{w\ell^3}{24EI} \times \dfrac{5\ell}{16} = \dfrac{5w\ell^4}{384EI}$

$\therefore y_C = \dfrac{5w\ell^4}{384EI}$

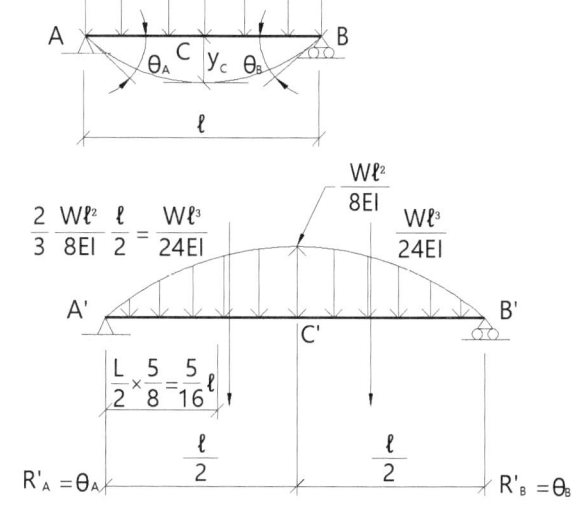

EX – 5 : 내민보의 C 점의 처짐각과 처짐은?

$$\theta_B = \theta_C = \frac{w\ell^3}{24EI}$$

$$y_C = \theta_B \frac{\ell}{2} = \frac{w\ell^4}{48EI}$$

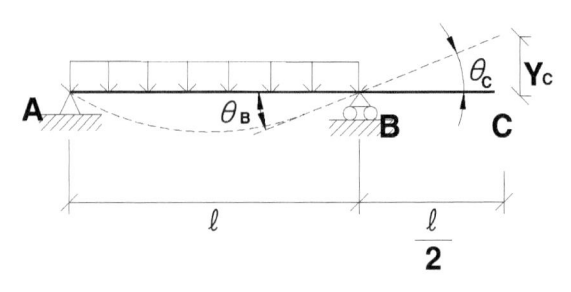

EX – 6 : 그림과 같은 단순보의 하중상태에서 중앙 C점의 처짐은?

$$y_C = \frac{1}{2} \cdot \frac{5w\ell^4}{384EI} = \frac{5w\ell^4}{768EI}$$

$$y_C = \frac{5wa^4}{48EI}$$

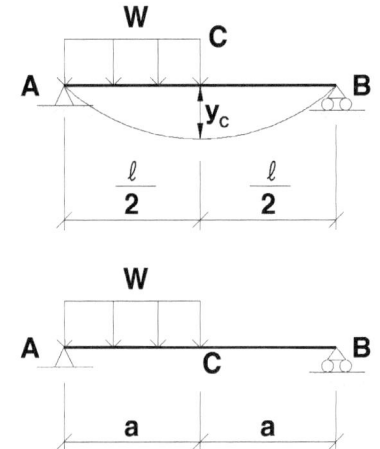

EX – 7 : 그림과 같은 단순보에 모멘트하중이 작용할 때 처짐각과 처짐은?

$$\theta_A = \frac{M\ell}{3EI}(\curvearrowright),\ \theta_B = \frac{M\ell}{6EI}(\curvearrowleft),\ \theta_C = \frac{M\ell}{24EI}(\curvearrowleft)$$

* 최대 처짐이 일어나는 위치 x는 B지점 으로부터 $\frac{\ell}{\sqrt{3}} = 0.557\ell$는 되는 곳이다.

$$y_{\max} = \frac{M\ell^2}{9\sqrt{3}\,EI},\quad y_C = \frac{M\ell^2}{16EI}$$

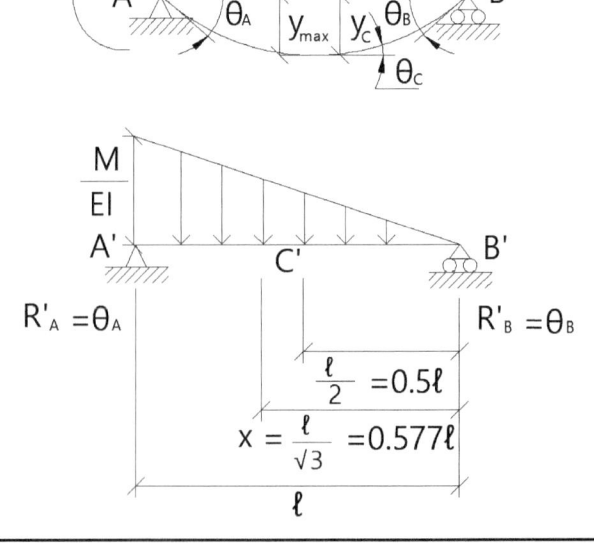

EX - 8 : 그림과 같은 단순보에 모멘트하중이 작용할 때 처짐각과 처짐은?

$\theta_A = \dfrac{M_A \ell}{3EI} + \dfrac{M_B \ell}{6EI} = \dfrac{\ell}{6EI}(2M_A + M_B)$

$\theta_B = \dfrac{M_A \ell}{6EI} + \dfrac{M_B \ell}{3EI} = \dfrac{\ell}{6EI}(M_A + 2M_B)$

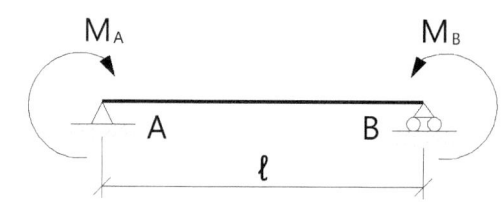

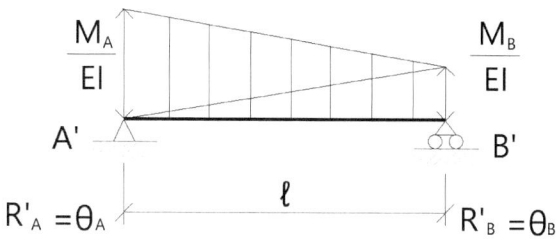

$\theta_A = \dfrac{M\ell}{2EI},\ \theta_B = \dfrac{M\ell}{2EI}$

$y_C = \dfrac{M\ell^2}{8EI}$

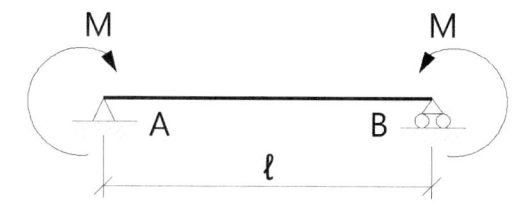

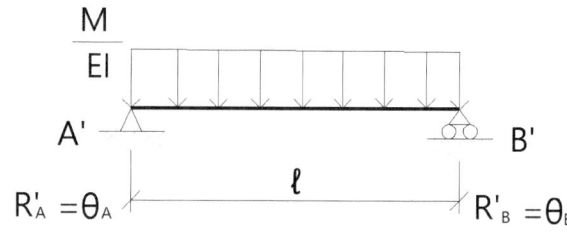

$\theta_A = \left(\dfrac{M\ell}{8EI}\right)\left(\dfrac{\ell}{3}\right)\dfrac{1}{\ell} = \dfrac{M\ell}{24EI}(\curvearrowright)$

$\theta_B = \dfrac{M\ell}{24EI}(\curvearrowleft)$

$\theta_C = -\dfrac{M\ell}{24EI} + \dfrac{M\ell}{8EI} = \dfrac{M\ell}{12EI}(\curvearrowright)$

$y_C = 0$

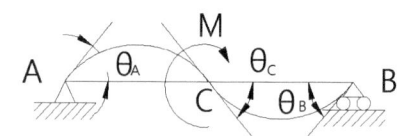

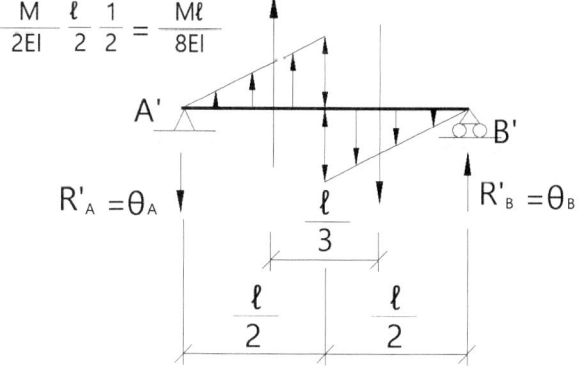

EX – 9 : 캔틸레버보의 처짐각과 처짐은?

$\theta_B = \dfrac{P\ell^2}{2EI}(\curvearrowright)$

$y_B = \dfrac{P\ell^2}{2EI} \times \dfrac{2\ell}{3} = \dfrac{P\ell^3}{3EI}$

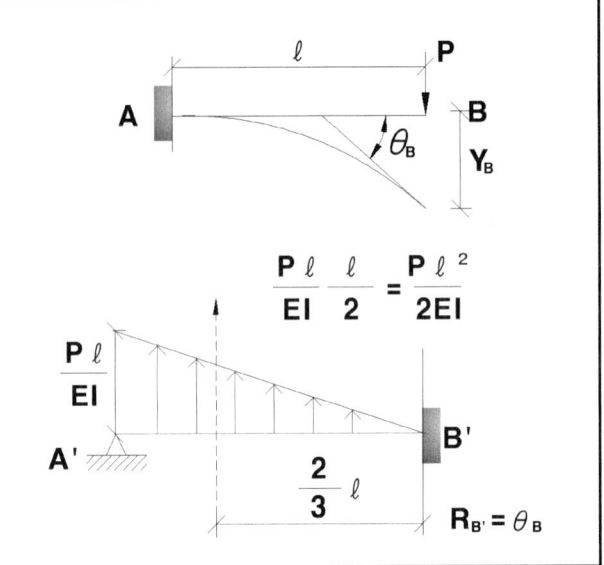

EX – 10 : 캔틸레버보의 처짐각과 처짐은?

$\theta_B = \theta_C = \dfrac{P\ell^2}{8EI}$

$y_B = \dfrac{P\ell^2}{8EI} \cdot \dfrac{5\ell}{6} = \dfrac{5P\ell^3}{48EI}$

$y_C = \dfrac{P\ell^2}{8EI} \cdot \dfrac{\ell}{3} = \dfrac{P\ell^3}{24EI}$

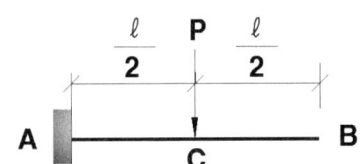

$\theta_B = a^2 \times p \times \dfrac{1}{2EI} = \dfrac{pa^2}{2EI} = \theta_C$

$y_B = a^2 \times p \times \dfrac{2a+3b}{6EI} = \dfrac{pa^2}{6EI}(2a+3b)$

$y_C = \theta_B \times \dfrac{2}{3}a = \dfrac{pa^3}{3EI}$

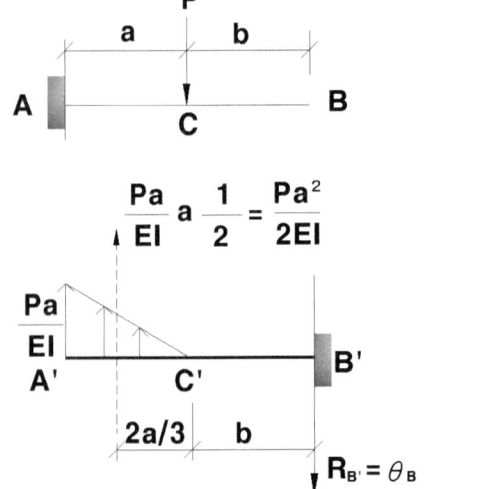

EX – 11 : 캔틸레버보의 처짐각과 처짐은?

$\theta_A = \dfrac{w\ell^3}{6EI}(\curvearrowleft)$

$y_A = \dfrac{w\ell^3}{6EI} \cdot \dfrac{3}{4}\ell = \dfrac{w\ell^4}{8EI}$

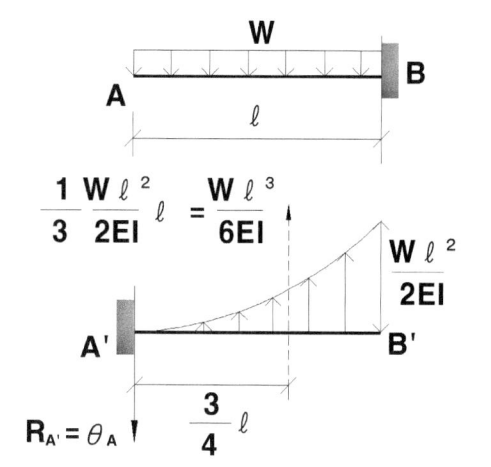

$\theta_B = \theta_C = \dfrac{w\ell^3}{48EI}(\curvearrowright)$

$y_C = \dfrac{w\ell^3}{48EI} \cdot \dfrac{3\ell}{8} = \dfrac{w\ell^4}{128EI}$

$y_B = \dfrac{w\ell^3}{48EI} \cdot \dfrac{7\ell}{8} = \dfrac{7w\ell^4}{384EI}$

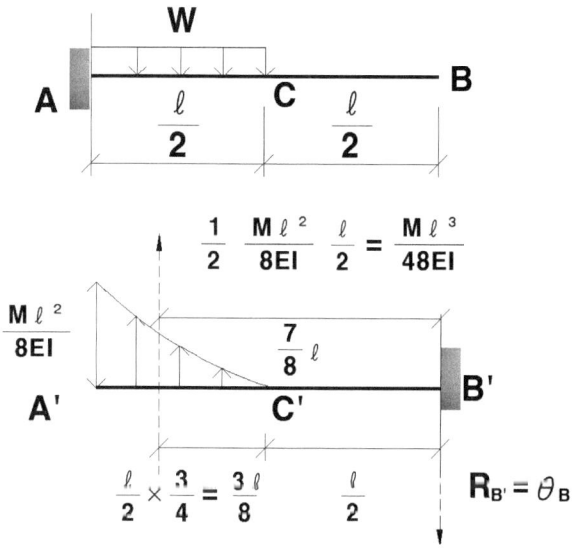

EX – 12 : 캔틸레버보의 처짐각과 처짐은?

$P_1 = (\dfrac{3w\ell^2}{8EI} - \dfrac{w\ell^2}{8EI}) \times \dfrac{\ell}{2} \cdot \dfrac{1}{2} = \dfrac{w\ell^3}{16EI}$

$P_2 = \dfrac{w\ell^2}{8EI} \times \dfrac{\ell}{2} = \dfrac{w\ell^3}{16EI}$

$P_3 = \dfrac{1}{3} \dfrac{w\ell^2}{8EI} \dfrac{\ell}{2} = \dfrac{w\ell^3}{48EI}$

$\theta_B = P_1 + P_2 + P_3 = \dfrac{7w\ell^3}{48EI}$

$\theta_C = P_1 + P_2 = \dfrac{w\ell^3}{8EI}$

$y_B = \dfrac{w\ell^3}{48EI}(3 \times \dfrac{5}{6}\ell + 3 \times \dfrac{3}{4}\ell + 1 \times \dfrac{3}{8}\ell) = \dfrac{41w\ell^4}{384EI}$

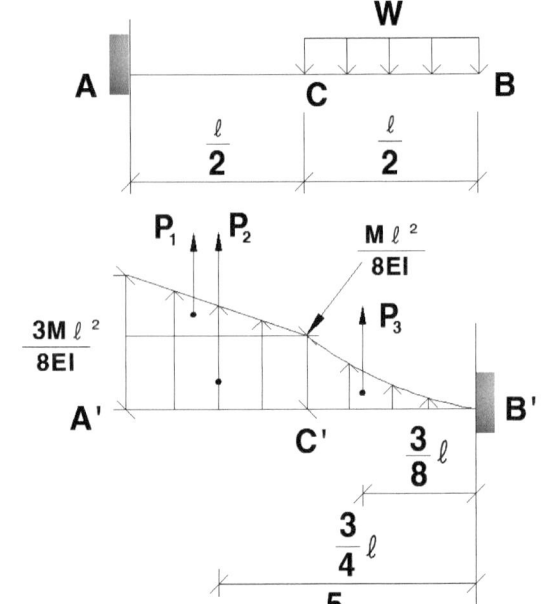

$\theta_A = \dfrac{M\ell}{EI}(\curvearrowright)$

$y_A = \dfrac{-M\ell}{EI} \times \dfrac{\ell}{2} = \dfrac{-M\ell^2}{2EI}(\uparrow)$

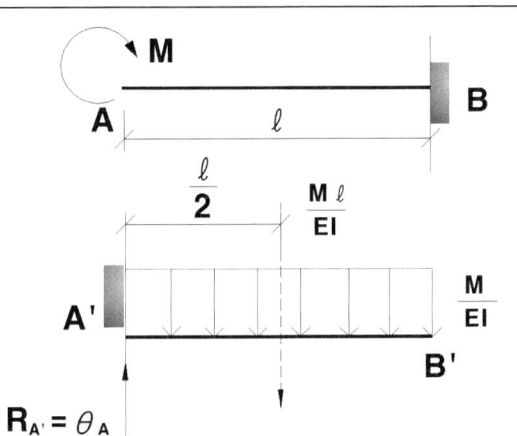

$\theta_B = \theta_C = \dfrac{Ma}{EI}(\curvearrowleft)$

$y_C = \dfrac{-Ma}{EI} \dfrac{a}{2} = \dfrac{-Ma^2}{2EI}(\uparrow)$

$y_B = \dfrac{-Ma}{EI}(\dfrac{a+2b}{2}) = \dfrac{-Ma}{2EI}(a+2b)(\uparrow)$

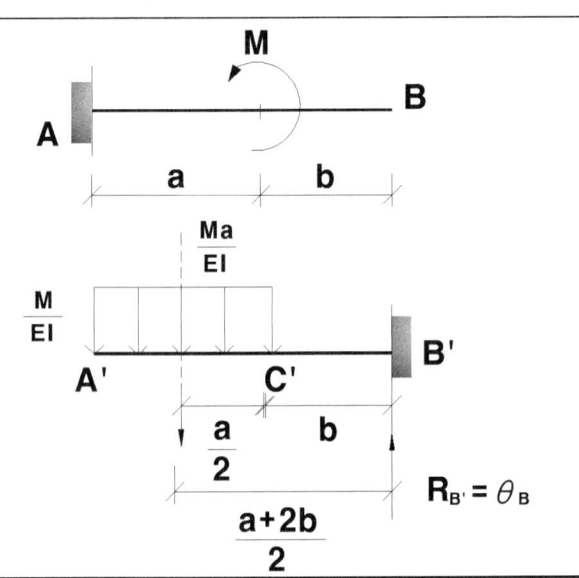

EX – 13 : 그림과 같은 겔버보에서 B점의 수직처짐

$\therefore y_B = y_{B1} + y_{B2} = \dfrac{w\ell^4}{8EI} + \dfrac{w\ell^4}{6EI} = \dfrac{7w\ell^4}{24EI}$	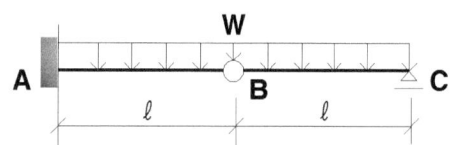
$\rightarrow y_{B1} = \dfrac{w\ell^4}{8EI}$	
$\rightarrow y_{B2} = \dfrac{(\dfrac{w\ell}{2})\ell^3}{3EI} = \dfrac{w\ell^4}{6EI}$	

EX – 14 : 폭이 같고 높이가 2배인 구형단면보의 처짐의 비는?

① 집중하중일 때 : $y = \alpha \dfrac{p\ell^3}{EI}$

② 등분포하중일 때 : $y = \beta \dfrac{w\ell^4}{EI}$

∴ 단면 2차 모멘트의 역수의 비

$y_1 : y_2 = \dfrac{1}{I_1} : \dfrac{1}{I_2} = \dfrac{1}{\dfrac{bh^3}{12}} : \dfrac{1}{\dfrac{b(2h)^3}{12}}$

$\qquad = 1 : \dfrac{1}{8} = 8 : 1$

b	b
(1) h	(2) 2h

$y_1 : y_2 = \dfrac{p\ell^3}{3EI} : \dfrac{p(2\ell)^3}{3EI} = 1 : 8$

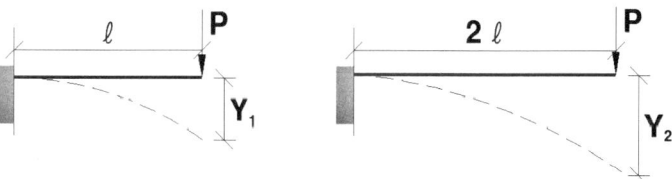

$y_1 : y_2 = \dfrac{p\ell^3}{3EI} : \dfrac{p(\dfrac{\ell}{2})^3}{3EI}$

$\qquad = 1 : \dfrac{1}{8} = 8 : 1$

(반비례)

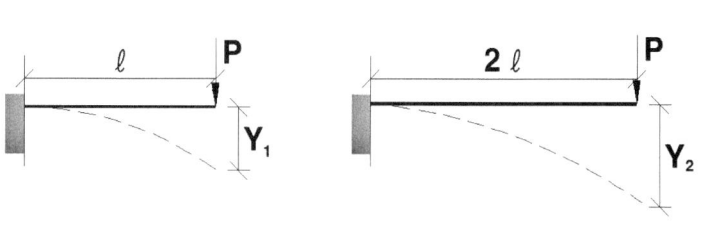

EX – 15 : 처짐이 같을 때 하중 비는?

$\dfrac{p_1 \ell^3}{3EI} : \dfrac{p_2(2\ell)^3}{3EI}$ $\therefore p_1 : p_2 = 8 : 1$	
$\dfrac{p_1 \ell^3}{3EI} : \dfrac{p_2(\frac{\ell}{2})^3}{3EI}$ $\therefore p_1 : p_2 = 1 : 8$ * 부재길이가 길어지면 반비례, 짧아지면 비례	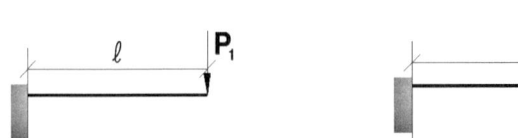

EX – 16 : 그림과 같이 캔틸레버 ABC를 이와 등단면의 캔틸레버 BC로 지지하고 있을 때 B점에 작용하는 상·하 보간의 압력 N은?

B의 처짐 δ_{B1}은 $\delta_{B1} = \dfrac{5P\ell^3}{48EI} - \dfrac{N\ell^3}{24EI}$

B의 처짐 δ_{B2}는 $\delta_{B2} = \dfrac{N(\frac{\ell}{2})^2}{3EI} = \dfrac{N\ell^3}{24EI}$

$\delta_{B1} = \delta_{B2}$ 이므로

$\dfrac{5P\ell^3}{48EI} - \dfrac{N\ell^3}{24EI} = \dfrac{N\ell^3}{24EI}$, $\dfrac{5P\ell^3}{48EI} = \dfrac{N\ell^3}{12EI}$

$\therefore N = \dfrac{5}{4}P = 1.25P$

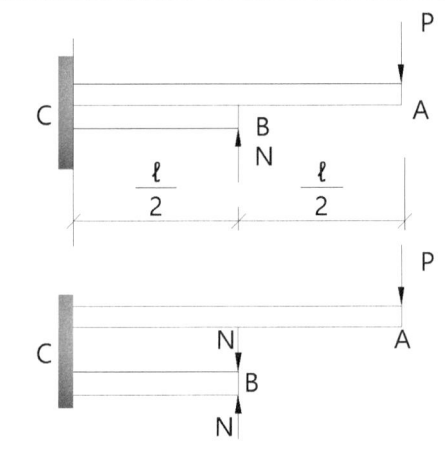

기억하기 : 모멘트 면적법 예제 : EX – 1 : C 점의 처짐을 모멘트 면적법으로 구하면?

$M_A = p\ell,\ M_C = \dfrac{P\ell}{2},\ A = \dfrac{1}{2}M_A \cdot \ell = \dfrac{P\ell^2}{2}$

$\therefore \theta_B = \dfrac{A}{EI}$

$\therefore y_B = \dfrac{1}{EI}(A\dfrac{2}{3}\ell) = \dfrac{1}{EI}(\dfrac{P\ell^2}{2} \cdot \dfrac{2\ell}{3})$

$= \dfrac{P\ell^3}{3EI}$

$\therefore y_C = \dfrac{1}{EI}(\dfrac{M_A + M_C}{2} \cdot \dfrac{\ell}{2})\dfrac{5}{9} \cdot \dfrac{\ell}{2}$

$= \dfrac{1}{EI}\left\{\dfrac{1}{2}(P\ell + \dfrac{P\ell}{2})\dfrac{\ell}{2} \cdot \dfrac{5}{9} \cdot \dfrac{\ell}{2}\right\}$

$= \dfrac{5P\ell^3}{48EI}$

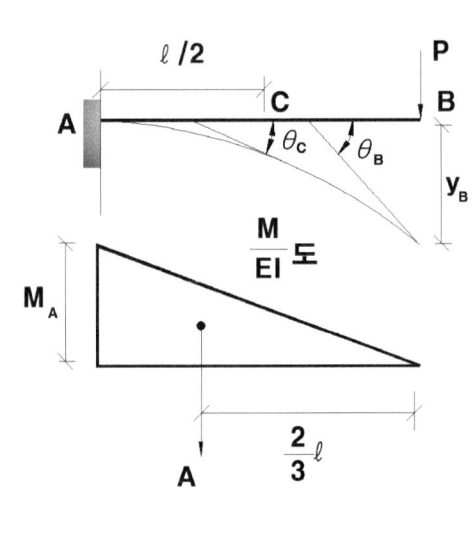

EX - 17 : 그림과 같은 단순보의 최대 처짐이 일어나는 위치는?

1) $a > b$인 경우

$$\theta_x = S_x = \frac{Pb}{6EI\ell}(\ell^2 - b^2 - 3x_0^2) = 0$$

$$\ell^2 - b^2 - 3x_0^2 = 0$$

$$\therefore x_0 = \sqrt{\frac{\ell^2 - b^2}{3}}$$

$$y_{max} = \frac{Pb}{9\sqrt{3}\,EI\ell}(\ell^2 - b^2)^{\frac{3}{2}}$$

2) $b > a$인 경우

$$\theta'_x = S'_x = \frac{Pa}{6EI\ell}(\ell^2 - a^2 - 3x_0'^2) = 0$$

$$\ell^2 - a^2 - 3x_0'^2 = 0$$

$$\therefore x'_0 = \sqrt{\frac{\ell^2 - a^2}{3}}$$

$$y_{max} = \frac{Pa}{9\sqrt{3}\,EI\ell}(\ell^2 - a^2)^{\frac{3}{2}}$$

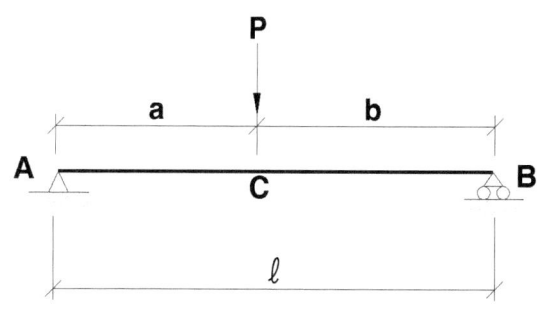

EX - 17 : 그림과 같은 단순보의 최대 처짐이 일어나는 위치는? ⇒ 고찰

$x_0 = \sqrt{\frac{\ell^2 - b^2}{3}}$ 에서

① $b = 0$ 이면 : $x_0 = \sqrt{\frac{\ell^2}{3}} = \frac{\ell}{\sqrt{3}} = 0.5774\ell$

② $b = \frac{\ell}{2}$ 이면 : $x_0 = \sqrt{\frac{1}{3}\left\{\ell^2 - (\frac{\ell}{2})^2\right\}} = 0.5\ell$

즉, 단순보에서 하중이 어떤 위치에 있어도 최대 처짐은 보의 지점에서 $\frac{\ell}{\sqrt{3}}$ 밖에서는 일어나지 않는다.
보의 처짐을 약산으로 구하고자 하면 보의 중앙점의 처짐을 구하면 된다.

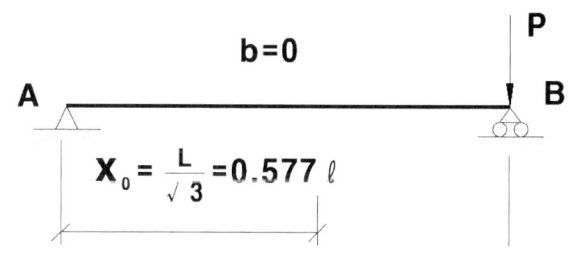

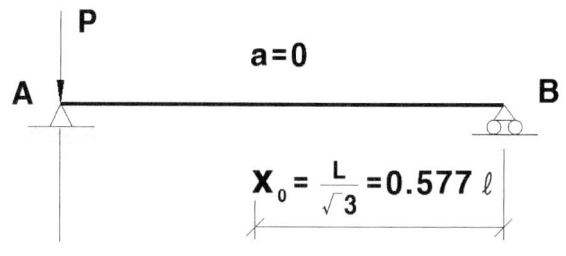

11.2.4 온도에 의한 처짐

탄성 미분 방정식

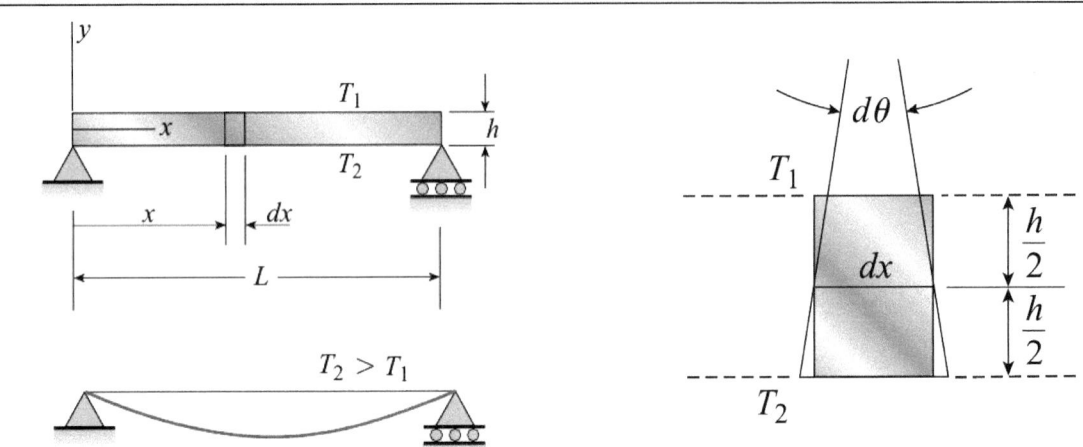

온도에 의한 늘음량, $\delta_T = \alpha(\Delta T)L$

$\delta_T = \alpha(T_{aver} - T_o)L = \alpha(\dfrac{T_1 + T_2}{2} - T_o)L$, T_0 : 초기온도

$h \cdot d\theta = \alpha(T_2 - T_0)dx - \alpha(T_1 - T_0)dx$,

$\dfrac{d\theta}{dx} = \dfrac{\alpha(T_2 - T_1)}{h}$, $\dfrac{1}{\rho} = \dfrac{d\theta}{dx}$ 이므로, $\tan\theta \approx \theta = \dfrac{dy}{dx}$, $\dfrac{1}{\rho} = \dfrac{d^2y}{dx^2}$, $\dfrac{d^2y}{dx^2} = \dfrac{\alpha(T_2 - T_1)}{h} = \dfrac{\alpha(\Delta T)}{h}$

보의 탄성곡선에서 아래로 처질 때 : $\dfrac{d^2y}{dx^2} = -\dfrac{M}{EI}$

* 여기서도 아래로 처지므로 ($T_2 > T_1$) : $\dfrac{d^2y}{dx^2} = -\dfrac{\alpha(T_2 - T_1)}{h}$

는 M/EI에 해당함을 알 수 있다.

$\dfrac{1}{R} = y'' = \dfrac{M}{EI} = \dfrac{\alpha \Delta T}{h}$

EX - 1 : 다음 그림에서 윗면에 온도 T_1 아랫면의 온도 T_2를 받고 있다. 자유단에서의 처짐과 처짐각은? ($T_2 > T_1$)

$y'' = \dfrac{d\theta}{dx} = \dfrac{\alpha \Delta T}{h}$ 에서

$\int \dfrac{d\theta}{dx} = \theta = \int_0^l \dfrac{\alpha \Delta T}{h} dx = \dfrac{\alpha \Delta T l}{h}$

$y = -\dfrac{\alpha(T_2 - T_1)\ell^2}{2h}$ (아래로 처짐)

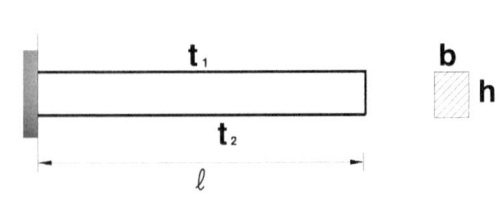

11.3 에너지 방법

11.3.1 실제일의 방법

1) 탄성변형에 의한 일 = 에너지

> 외력에 의하여 발생하는 내력(응력)에 대해, 구조물이 탄성한도 내에 있는 경우에는 외력이 한 일 전부가 구조물 내부에 저장된다.
> 이와 같은 탄성변형을 하는 구조물 내부에 저장된 에너지를 탄성변형 에너지, 탄성에너지, 변형에너지, 또는 내력일(응력일)이라 한다.
>
> ■ 탄성변형을 계산하는 데는 다음과 같은 가정을 둔다.
>   ① 구조물을 구성하는 재료는 Hooke의 법칙이 적용된다.
>   ② 구조물에 작용하는 하중은 정적으로 작용한다.
>   ③ 외력의 크기와 이에 의하여 생기는 변형량은 비례한다.
>   ④ 처음 평면이었던 단면은 변형 후에도 평면이다. (평면보존의 가정, 또는 평면 유지의 가정)
>   ⑤ 구조물의 변형은 미소하여 변형에 의하여 외력의 상대적 위치 관계는 변화하지 않는다.
>   ⑥ 겹침의 원리가 성립한다.
>
> ■ 변형에너지(strain energy, 내부에너지, U)
>   : 외력일이 탄성체 내부에 축적되는 에너지

2) 일(work) = 외부에너지(W)

> ■ 일 : 물체에 힘 P가 작용하여 그 힘 방향으로 δ만큼 변위가 발생하였을 때 힘과 변위의 곱, 즉 $P \cdot \delta$를 일이라 함
>
> ■ 일의 단위 : 1kg의 힘을 작용시켜 힘의 방향으로 1m 변위를 발생시키는 일의 양을 $1kg \cdot m$이라 한다.
>
> ■ $1kg \cdot m = 9.8N \cdot m$, $1N \cdot m = 1\,Joule$

3) 외력일 = 외부에너지(W)

① 비변동 외력에 의한 일 : 일정한 방향의 일정한 힘에 의한 일
  ○ P에 의해 P방향으로 δ만큼 이동시 P의 일 : $W = P \cdot \delta$ ⇒ P가 작용하는 방향의 변위(δ)와의 곱

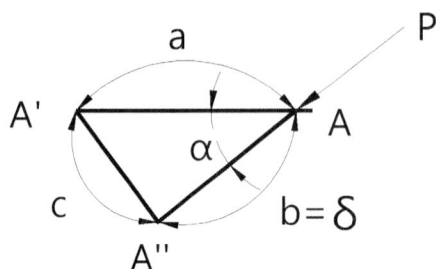

  ○ M에 의해 θ만큼 회전시 M의 일 : $W = M \cdot \theta$ ⇒ M이 작용하는 방향의 변위(θ)와의 곱

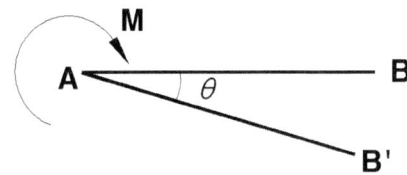

② 변동 외력에 의한 일 : 하중의 크기가 서서히 변할 때의 일

  ○ P가 δ만큼 이동시 P의 전체 일 : $W = \dfrac{1}{2}P\delta$

  ○ M이 θ만큼 회전시 M의 전체 일 : $W = \dfrac{1}{2}M\theta$

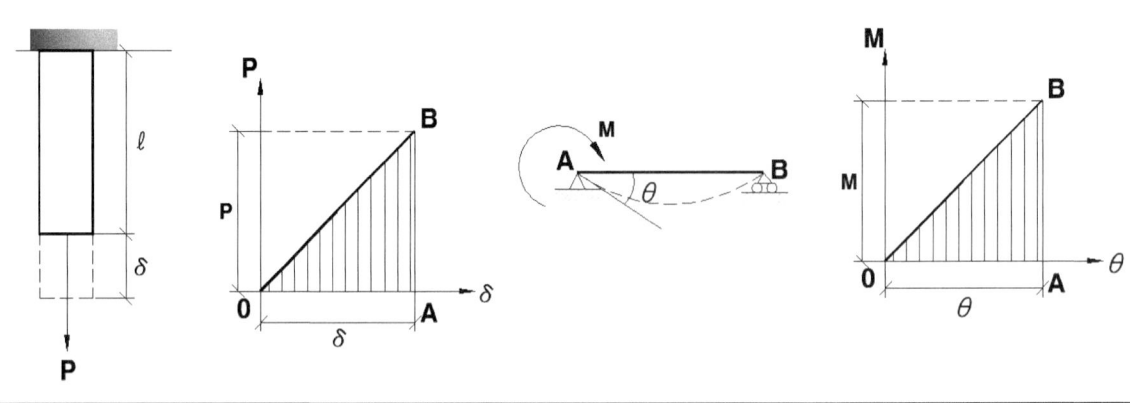

제 11 장 구조물의 변형

i) 선 P_1, 후 P_2 ⇒ 가상일의 원리의 배경 이론, 먼저 한 일과 나중에 한 일

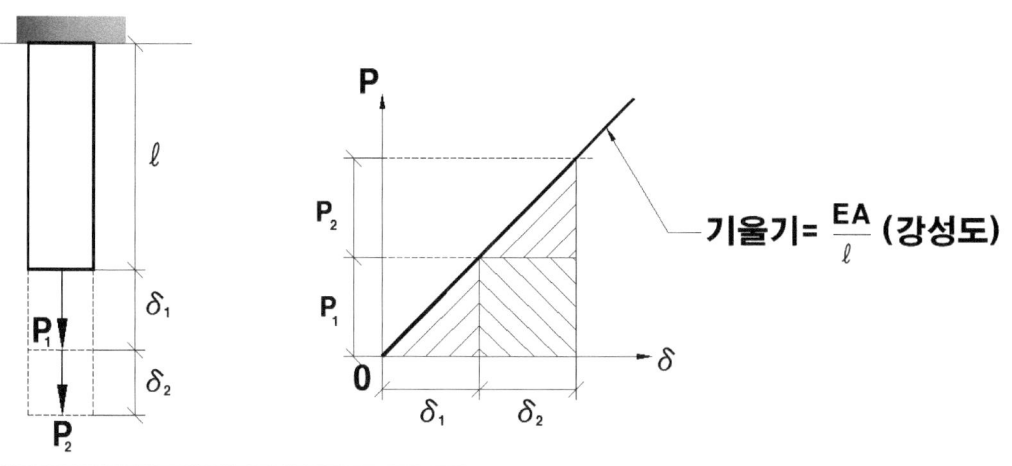

○ P_1이 한 일 : $W_1 = \dfrac{1}{2}P_1\delta_1$

○ P_2가 한 일 : $W_2 = \dfrac{1}{2}P_2\delta_2 + P_1\delta_2$

○ P_1과 P_2가 한 전체 일 : $W = W_1 + W_2 = \dfrac{1}{2}P_1\delta_1 + \dfrac{1}{2}P_2\delta_2 + P_1\delta_2$

ii) 선 P_2, 후 P_1

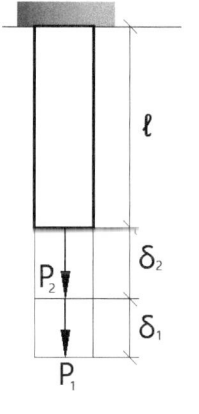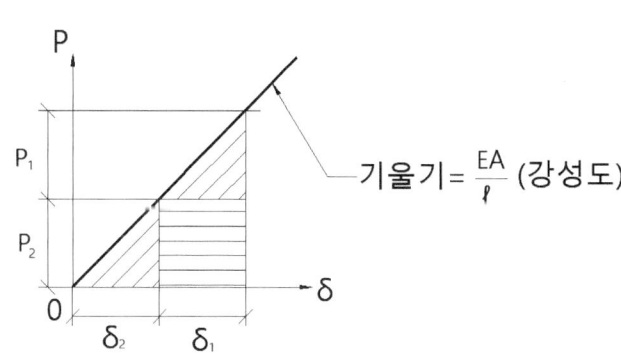

○ P_2가 한 일 : $W_2 = \dfrac{1}{2}P_2\delta_2$

○ P_1이 한 일 : $W_1 = \dfrac{1}{2}P_1\delta_1 + P_2\delta_1$

○ P_1과 P_2가 한 전체 일 : $W = W_1 + W_2 = \dfrac{1}{2}P_1\delta_1 + \dfrac{1}{2}P_2\delta_2 + P_2\delta_1$

제 11 장 구조물의 변형

iii) P_1과 P_2가 동시 작용

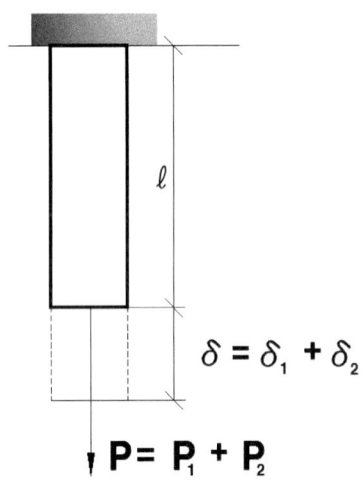
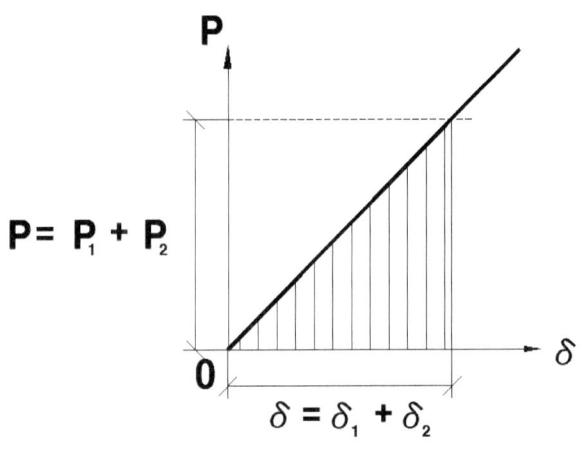

○ P_1과 P_2가 한 전체 일 : $W = \dfrac{1}{2} P \delta = \dfrac{1}{2} P_1(\delta_1 + \delta_2) + \dfrac{1}{2} P_2(\delta_1 + \delta_2)$

참고 사항

① 선 P_1, 후 P_2

P_1이 한 일 : $W_1 = \dfrac{1}{2} P_1 \delta_{11}$

P_2가 한 일 : $W_2 = \dfrac{1}{2} P_2 \delta_{22} + P_1 \delta_{12}$

○ P_1과 P_2가 한 전체 일

$W = \dfrac{1}{2} P_1 \delta_{11} + \dfrac{1}{2} P_2 \delta_{22} + P_1 \delta_{12}$

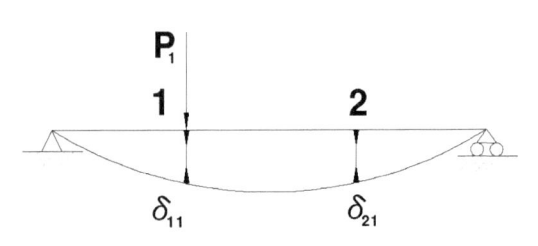

② 선 P_2, 후 P_1

P_2가 한 일 : $W_2 = \dfrac{1}{2} P_2 \delta_{22}$

P_1이 한 일 : $W_1 = \dfrac{1}{2} P_1 \delta_{11} + P_2 \delta_{21}$

○ P_2과 P_1이 한 전체 일

$W = \dfrac{1}{2} P_1 \delta_{11} + \dfrac{1}{2} P_2 \delta_{22} + P_2 \delta_{21}$

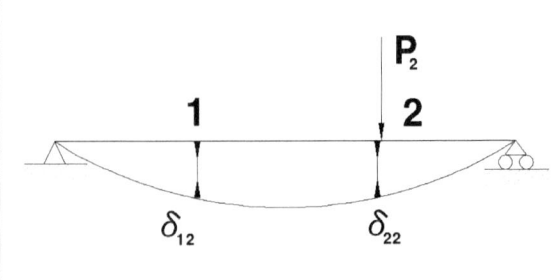

③ P_1, P_2 동시작용 : $W = \dfrac{1}{2} P \delta = \dfrac{1}{2} P_1(\delta_{11} + \delta_{12}) + \dfrac{1}{2} P_2(\delta_{21} + \delta_{22})$

제 11 장 구조물의 변형

4) 내력 일(변형에너지) : Strain Energy

체적 V의 탄성체에 외력이 작용해 탄성체 내부의 요소(체적 dV)에 일어나는 수직응력를 σ, 전단응력를 τ라하고 이에 대응하는 종 변형률을 ϵ, 전단변형률을 γ라 하면 요소에 저장되는 변형에너지는 $dU = \dfrac{1}{2}(\sigma \cdot \epsilon + \tau \cdot \gamma)$

고로 체적 V의 탄성체에 저장되는 탄성변형 에너지는

$$* \quad U = \dfrac{1}{2}\int_V (\sigma \cdot \epsilon + \tau \cdot \gamma)dV \qquad \text{-- 변형에너지의 기본식}$$

단위 체적에 저장되는 변형에너지 $W = \dfrac{1}{2}(\sigma \cdot \epsilon + \tau \cdot \gamma)$,

$$* \text{ 단위 체적당 변형에너지} = \dfrac{\text{응력} \times \text{변형률}}{2}$$

- 내력 일 : 외력이 작용하면 내부에 응력이 생긴다. 이 응력이 행하는 일을 내력 일이라 한다.

① 축력에 의한 변형에너지(내력 일)

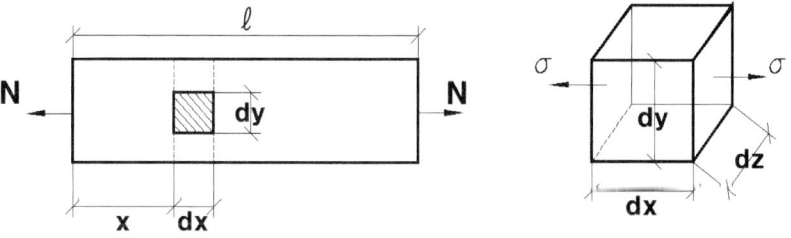

축력에 의한 변형에너지는 기본식에 $\sigma = \dfrac{N}{A}$, $\epsilon = \dfrac{N}{EA}$, $dV = dA \cdot dx$ 를 대입하면

$$U = \dfrac{1}{2}\int_V (\sigma\epsilon)dV = \dfrac{1}{2}\int_0^\ell \int_A (\dfrac{N}{A})(\dfrac{N}{EA})dA \cdot dx = \dfrac{1}{2}\int_0^\ell \dfrac{N^2}{EA}dx = \dfrac{N^2 \ell}{2EA}$$

- 전체의 변형에너지(내력 일) : $U = \dfrac{N^2 \ell}{2EA} = \dfrac{P^2 \ell}{2EA}$

- 단위 체적당의 변형에너지(내력 일)

$$U = \dfrac{N^2 \ell}{2EA}(\dfrac{A}{A}) = \dfrac{1}{2E}(\dfrac{N^2}{A^2})A\ell = \dfrac{\sigma^2}{2E}V = \dfrac{\sigma^2}{2E},\ (\sigma = \dfrac{N}{A},\ V = A\ell = 1)$$

- 봉이 저장하는 탄성에너지(변형에너지)

$$U = \dfrac{P^2 \ell}{2EA} = \dfrac{P}{2}(\dfrac{P\ell}{EA}) = \dfrac{P\delta}{2},\ (\delta = \dfrac{P\ell}{EA})$$

제 11 장 구조물의 변형

② 휨모멘트에 의한 변형에너지

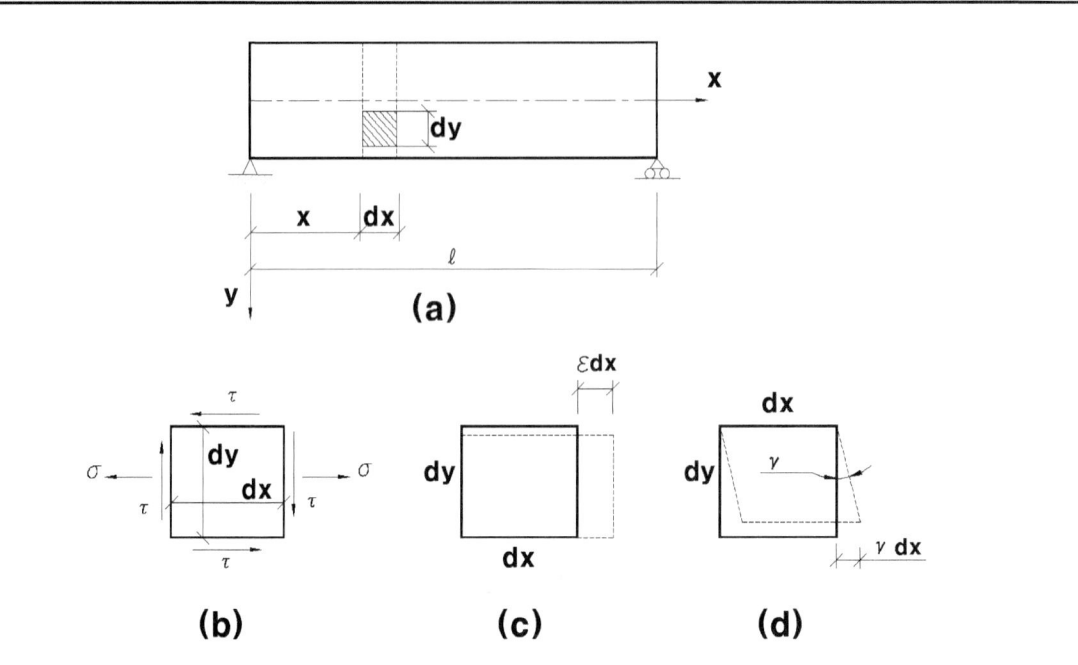

$$* \quad U = \frac{1}{2}\int_V (\sigma \cdot \epsilon + \tau \cdot \gamma) dV \qquad \text{-- 변형에너지의 기본식}$$

휨모멘트에 의한 변형에너지는 기본식에

$\sigma = \dfrac{M}{I}y, \; \epsilon = \dfrac{\sigma}{E} = \dfrac{M}{EI}y, \; dV = dA \cdot dx$ 를 대입하면

$$U = \frac{1}{2}\int_V (\sigma \cdot \epsilon) dV = \frac{1}{2}\int_0^\ell \int_A (\frac{M}{I}y)(\frac{M}{EI}y) dA \cdot dx$$

$$= \frac{1}{2}\int_0^\ell \frac{M^2}{EI} dx \int_A \frac{y^2}{I} dA = \frac{1}{2}\int_0^\ell \frac{M^2}{EI} dx$$

- 전체의 변형에너지 : $U = \dfrac{M^2 \ell}{2EI}$

- 단위 체적당의 변형에너지 : $U = \dfrac{\sigma_{\max}^2}{2E} = \dfrac{(M/Z)^2}{2E} = \dfrac{M^2}{2EZ^2}$

제 11 장 구조물의 변형

◎ 순수휨(단순휨)만을 받는 경우의 변형에너지

곡선거리 s가 1일 때, **두 접선간의 각도가 곡률**이다.

곡률 : $\dfrac{1}{R} = \dfrac{M}{EI}$

중심각 : $\theta = \dfrac{\ell}{R} = \dfrac{M\ell}{EI}$, $M = \dfrac{EI\theta}{\ell}$

휨모멘트 M이 일정하므로 변형에너지는 $W = \dfrac{M^2 \ell}{2EI}$

또는 $M = \dfrac{EI\theta}{\ell}$ 를 윗 식에 대입하면

$U = \dfrac{\ell}{2EI}(\dfrac{EI\theta}{\ell})^2 = \dfrac{EI\theta}{2\ell} = \dfrac{M\theta}{2}$

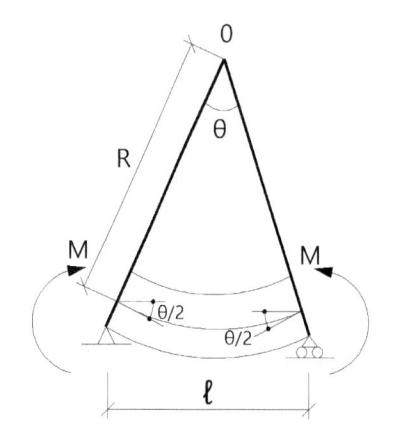

③ 전단력에 의한 변형에너지

보의 경우는 전단력 S가 x축 방향으로 일정치 않다. 또한, 전단응력 τ도 단면 내의 위치, 단면의 형상에 따라 다르므로 요소에 작용하는 전단응력는 $\tau = k\dfrac{S}{A}$로 표시된다.

$$\tau = \dfrac{3S}{2bh^3}(h^2 - 4y^2) = \dfrac{3S}{2Ah^2}(h^2 - 4y^2) = \dfrac{3}{2h^2}(h^2 - 4y^2)\dfrac{S}{A} = k\dfrac{S}{A},\ G = \dfrac{\tau}{\gamma}$$

k : 단면내의 위치, 단면형상에 따라 결정되는 계수

- 전단력에 의한 변형에너지는 기본식에

$\tau = k\dfrac{S}{A},\ \gamma = k\dfrac{S}{GA},\ dV = dA \cdot dx$를 대입하면

$U = \dfrac{1}{2}\int_V (\tau \cdot \gamma)dA = \dfrac{1}{2}\int_V (k\dfrac{S}{A})(k\dfrac{S}{GA})dA \cdot dx$

$\quad = \dfrac{1}{2}\int_V k^2 \dfrac{S^2}{GA^2}dA \cdot dx = \dfrac{1}{2}\int_0^\ell \dfrac{S^2}{GA}dx \int_A \dfrac{k^2}{A}dA$

$U = \dfrac{1}{2}\int_0^\ell k\dfrac{S^2}{GA}dx,$

$K = \int_A \dfrac{k^2}{A}dA = \int_A (\dfrac{\tau A}{S})^2 dA = \dfrac{A}{S^2}\int_A \tau^2 dA$

K : 단면의 형상에 따라 결정되는 상수로서 전단형상계수라 한다.

구형단면의 형상계수 : $K = \dfrac{6}{5}$, 원형단면의 형상계수 : $K = \dfrac{10}{9}$

I형단면의 형상계수 : $K ≒ 2.4$

제 11 장 구조물의 변형

◎ 순수전단의 경우의 변형에너지

순수전단의 경우는 전단력 S가 일정하며 전단응력 τ도 단면 내 위치에 관계없이 일정하게 $\tau = \dfrac{S}{A}$이므로 변형에너지는 S=일정, k=1로 놓으면

$$U = k\dfrac{1}{2}\int_0^\ell \dfrac{S^2}{GA}dx = \dfrac{S^2\ell}{2GA} = \dfrac{GA\delta^2}{2\ell} = \dfrac{S\delta}{2}$$

전체의 변형에너지: $U = \dfrac{S^2\ell}{2GA}$

단위 체적당 변형에너지

$$U = \dfrac{S^2\ell}{2GA}\left(\dfrac{A}{A}\right) = \dfrac{1}{2G}\left(\dfrac{S^2}{A^2}\right)A\ell = \dfrac{\tau^2}{2G} = \dfrac{G\gamma^2}{2}$$

$(\tau = \dfrac{S}{A},\ V = A\ell = 1,\ G = \dfrac{\tau}{\gamma} \to \tau = G\gamma)$

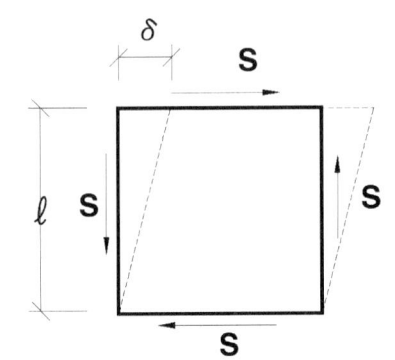

정사각형 단면에 전단응력이 작용하면 각 변의 길이는 변하지 않고 각도가 변한다. 이 각도의 변화를 전단변형률이라 한다.

$\gamma = \dfrac{\lambda}{\ell}$, $\gamma = 2\epsilon$: 전단각 = 전단변형률

λ : 전단변형량

단위 : 라디안(Radian)으로 표시한다 (무차원)

$$\epsilon = \dfrac{D'E}{BD} = \dfrac{DD'\dfrac{1}{\sqrt{2}}}{CD\sqrt{2}} = \dfrac{1}{2} \times \dfrac{DD'}{CD} = \dfrac{1}{2}\gamma$$

$\gamma = 2\epsilon$ (전단변형률은 길이 변형률의 2배)

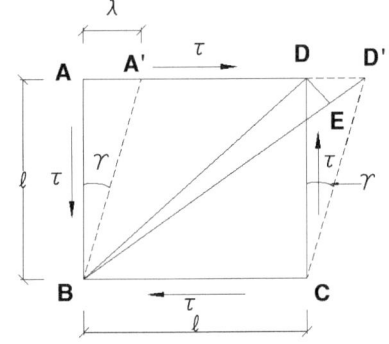

④ 비틀림에 의한 변형에너지

중실축단면의 변형에너지

$$U = \int_0^\ell \dfrac{T^2}{2GJ}dx = \dfrac{T^2\ell}{2GJ} = \dfrac{T^2\ell}{2GI_p} = \dfrac{T}{2}\phi,\ \ (\phi = \dfrac{T\ell}{GJ} = \dfrac{T\ell}{GI_p})$$

- 전체의 변형에너지 : $U = \dfrac{T^2\ell}{2GJ}$

- 단위 체적당의 변형에너지 : $U = \dfrac{\tau^2}{2G} = \dfrac{(\dfrac{Tr}{I_p})^2}{2G}$

◎ 휨모멘트에 의한 변형에너지 (=처짐에너지)

$M_x = -Px,$ $U = \int_0^\ell \dfrac{Mx^2}{2EI}dx = \dfrac{1}{2EI}\int_0^\ell (-Px)^2 dx$ $= \dfrac{P^2}{2EI}\left[\dfrac{x^3}{3}\right]_0^\ell = \dfrac{P^2\ell^3}{6EI}$	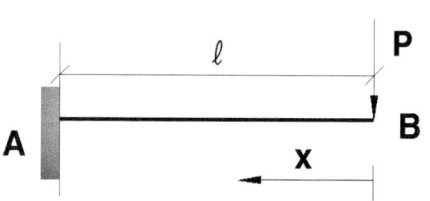
$M_x = -\dfrac{Wx^2}{2},\ U=\int_0^\ell \dfrac{1}{2EI}(-\dfrac{wx^2}{2})^2 dx$ $= \dfrac{W^2}{8EI}\left[\dfrac{x^5}{5}\right]_0^\ell = \dfrac{W^2\ell^5}{40EI}$	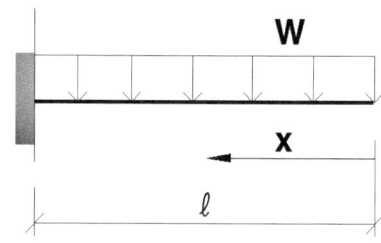
$M_x = \dfrac{P}{2}x$ $U = \int_0^{\frac{\ell}{2}} \dfrac{1}{2EI}(\dfrac{Px}{2})^2 dx = \dfrac{P^2}{4EI}\left[\dfrac{x^3}{3}\right]_0^{\frac{\ell}{2}}$ $= \dfrac{P^2}{12EI}(\dfrac{\ell}{2})^3 = \dfrac{P^2\ell^3}{96EI}$	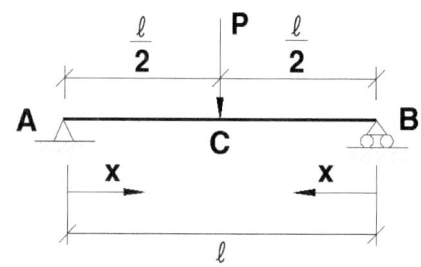
$M_x = \dfrac{W\ell}{2}x - \dfrac{wx^2}{2},$ $= \dfrac{W}{2}(\ell x - x^2)$ $U = 2\int_0^{\frac{\ell}{2}} \dfrac{1}{2EI}\left[\dfrac{W}{2}(\ell x - x^2)\right]^2 dx$ $= \dfrac{w^2}{4EI}\int_0^{\frac{\ell}{2}}(\ell x - x^2)^2 dx$ $= \dfrac{w^2}{4EI}\int_0^{\frac{\ell}{2}}(\ell^2 x^2 - 2\ell x^3 + x^4)^2 dx$ $= \dfrac{W^2\ell^5}{240EI}$	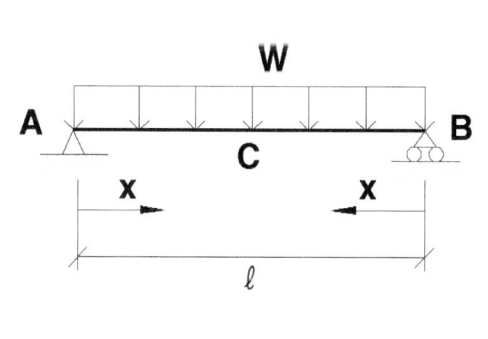

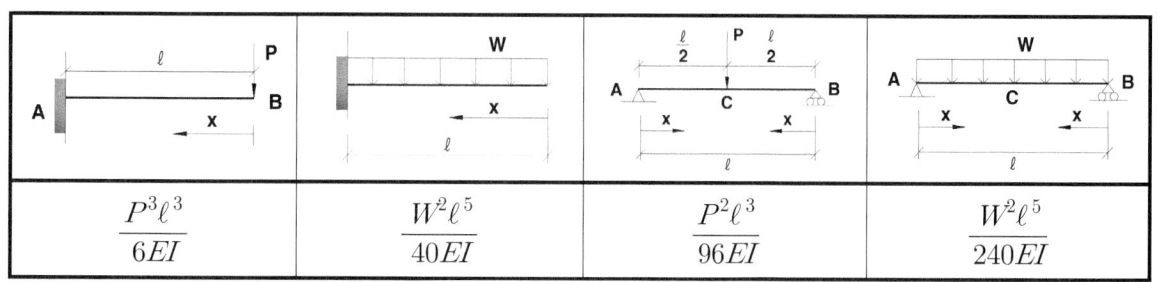

| $\dfrac{P^3\ell^3}{6EI}$ | $\dfrac{W^2\ell^5}{40EI}$ | $\dfrac{P^2\ell^3}{96EI}$ | $\dfrac{W^2\ell^5}{240EI}$ |

◎ 전단력에 의한 변형에너지

$S_x = P \quad U = \int_0^\ell \dfrac{Sx^2}{2GA}dx = \dfrac{1}{2GA}\int_0^\ell P^2 dx$ $\qquad\qquad = \dfrac{P^2}{2GA}[x]_0^\ell = \dfrac{P^2\ell}{2GA}$	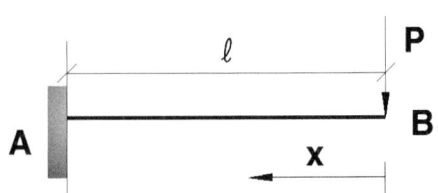
$S_x = Wx \quad U = \int_0^\ell \dfrac{1}{2GA}(Wx)^2 dx$ $\qquad\qquad = \dfrac{W^2}{2GA}\left[\dfrac{x^3}{3}\right]_0^\ell = \dfrac{W^2\ell^3}{6GA}$	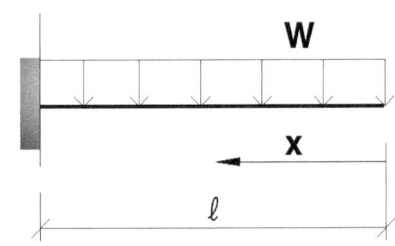
$S_x = \dfrac{P}{2} \quad U = 2\int_0^{\ell/2} \dfrac{1}{2GA}(\dfrac{P}{2})^2 dx$ $\qquad\qquad = \dfrac{P^2}{4GA}[x]_0^{\ell/2} = \dfrac{P^2\ell}{8GA}$	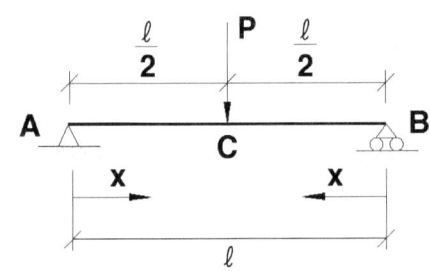
$S_x = \dfrac{W\ell}{2} - Wx = \dfrac{W}{2}(\ell - 2x)$ $U = 2\int_0^{\ell/2} \dfrac{1}{2GA}\left[\dfrac{W}{2}(\ell-2x)\right]^2 dx$ $\quad = \dfrac{W^2}{4GA}\int_0^{\ell/2}(\ell^2 - 4\ell x + 4x^2)dx$ $\quad = \dfrac{W^2\ell^3}{24GA}$	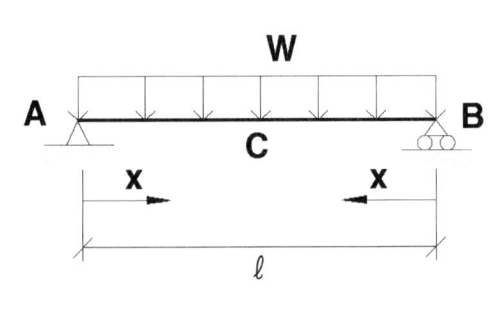

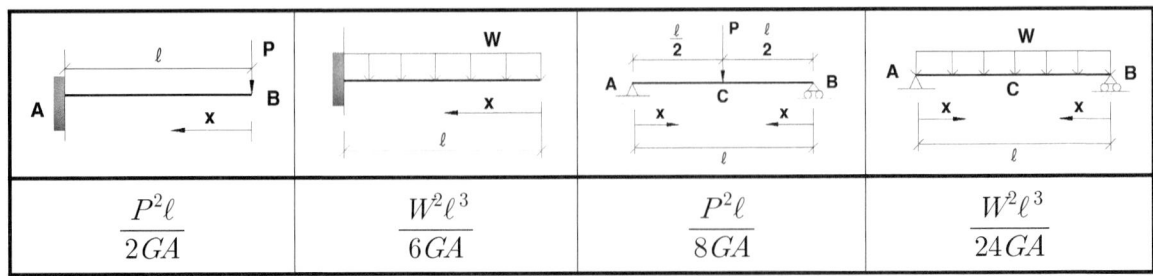

제 11 장 구조물의 변형

5) 변형에너지의 식

축방향력, 휨모멘트 및 전단력이 작용하는 부재 내부에 저장되는 변형에너지는 W_i는

$$U_i = U_{iN} + U_{iM} + U_{iS}$$

$$= \int_0^\ell \frac{N^2}{2EA}dx + \int_0^\ell \frac{M^2}{2EI}dx + \int_0^\ell \frac{S^2}{2GA}dx$$

- 강성도 : 단위길이 만큼 변형시키기 위한 힘의 크기
- 유연도 : 단위하중에 의하여 변형되는 길이
- 레질리언스 계수 : 탄성한도 내에서 단위체적당 저장할 수 있는 최대 탄성에너지
  ① 레질리언스계수가 클수록 같은 크기의 재료로서는 큰 탄성에너지를 저축할 수 있다.
  ② 탄성에너지가 큰 재료는 하중에 의하여 변형을 일으켜도 쉽사리 파괴되지 않는다. 이와 같은 성질을 인성이라 한다.

변형	힘	변형량	강성	강성도	유연도	응력
축변형	P	$\delta = \dfrac{P\ell}{EA}$	EA	$\dfrac{EA}{\ell}$	$\dfrac{\ell}{EA}$	$\sigma = \dfrac{P}{A}$
전단변형	S	$\delta = \dfrac{S\ell}{GA}$	GA	$\dfrac{GA}{\ell}$	$\dfrac{\ell}{GA}$	$\tau = \dfrac{S}{A}$
휨변형	M	$\theta = \dfrac{M\ell}{EI}$	EI	$\dfrac{EI}{\ell}$	$\dfrac{\ell}{EI}$	$\sigma = \dfrac{M}{I}y$
비틀림변형	T	$\phi = \dfrac{T\ell}{GI_p}$	GI_p	$\dfrac{GI_p}{\ell}$	$\dfrac{\ell}{GI_p}$	$\tau = \dfrac{T}{I_p}\rho$

변형	힘	훅크법칙	변형률	변형 에너지(W) 힘과 변형이 주어졌을 때	변형 에너지(W) 힘만 주어졌을때	변형 에너지(W) 변형량만 주어졌을 때
축변형	P	$\sigma = E\epsilon$	$\epsilon = \dfrac{\delta}{\ell}$	$\dfrac{1}{2}P\delta$	$\dfrac{P^2\ell}{2EA}$	$\dfrac{EA\delta^2}{2\ell}$
전단변형	S	$\tau = G\gamma$	$\gamma = \dfrac{\delta}{\ell}$	$\dfrac{1}{2}S\delta$	$\dfrac{S^2\ell}{2GA}$	$\dfrac{GA\delta^2}{2\ell}$
휨변형	M	$\sigma = E\epsilon$	$\epsilon = \dfrac{y}{\rho}$	$\dfrac{1}{2}M\theta$	$\dfrac{M^2\ell}{2EI}$	$\dfrac{EI\theta^2}{2\ell}$
비틀림변형	T	$\tau = G\gamma$	$\gamma = \dfrac{r\phi}{\ell}$	$\dfrac{1}{2}T\phi$	$\dfrac{T^2\ell}{2GI_p}$	$\dfrac{GI_p\phi^2}{2\ell}$

제 11 장 구조물의 변형

변형	레질리언스 계수(R)	변형	레질리언스 계수(R)
축변형	$\dfrac{1}{2}\sigma\epsilon = \dfrac{\sigma^2}{2E} = \dfrac{E}{2}\epsilon^2 \ (\sigma = E\epsilon)$	휨변형	$\dfrac{\sigma_{\max}^2}{2E} = \dfrac{(\dfrac{M}{Z})^2}{2E}$
전단변형	$\dfrac{1}{2}\tau \cdot \gamma = \dfrac{\tau^2}{2G} = \dfrac{G}{2}\gamma^2 \ (\tau = G\gamma)$	비틀림변형	$\dfrac{\tau_{\max}^2}{2G} = \dfrac{(\dfrac{T}{I_P})^2}{2G}$

11.3.2 실제일의 방법 정리

탄성체에 외력이 작용해 변형이 생겼을 때, 응력이 탄성한도내에 있으면 에너지 손실은 무시할 수 있으므로 에너지 불변의 법칙에 의하여 외력이 탄성체에 작용하여 한 외력일 과 이 때 탄성체에 저장된 변형에너지는 같다.

즉, $W_e = W_i = U$ ⇒ 외력에 의한 에너지 = 내력(단면력)에 의한 에너지

또는 $\frac{1}{2}(\sum P\delta + \sum M \cdot \theta) = \sum W_{iN} + \sum W_{iM} + \sum W_{iS}$

$$= \sum \int_o^\ell \frac{N^2}{2EA}dx + \sum \int_0^\ell \frac{M^2}{2EI}dx + \sum \int_0^\ell k\frac{S^2}{2GA}dx$$

이 방법에 의한 변위 계산법을 실제일의 방법이라 한다.

- 실제일의 방법은 집중하중 한 개만 작용하는 경우에 한하여 그 집중하중의 작용점에서의 변위만을 계산할 수 있으므로 실용적인 방법이 못 된다.

11.3.3 가상일의 방법

Energy법의 일종으로 선부재(보 등)의 변위를 산정할 때 쓰이기도 하지만, 주로 라멘 및 아치나 트러스 등의 변위계산에 가장 유리한 해법으로 일명 단위하중법이라고도 한다.

한편 온도변화와 구조재료의 수축이나 지점침하로 인한 변형도 계산할 수 있으며 부정정 구조물의 반력 산정에도 적용되는 것으로 매우 폭넓은 해법이다.

1) 가상일의 원리

> 구조물에 작용하는 힘의 상대적인 관계는 조금도 변화하지 않고 상기 힘과 아무런 관계도 없는 다른 원인으로 그 구조물 내 임의의 미소 변위를 줄 때, 이 변위를 가상변위라 하며 이 가상변위가 있을 때 그 구조물의 내외력이 하는 일을 가상일이라 한다.
>
> 만일 구조물에 작용하는 힘이 평형을 이루면 가상변위를 줄 때 생기는 가상일의 합은 영이다. 이것을 가상일의 원리라 한다.
>
> 즉, 외력에 의한 가상 일 = 내력에 의한 가상 일
>
> $\overline{W_e} = \overline{W_i}, \quad \overline{W_e} + \overline{W_i} = 0$

2) 가상외력 일($\overline{W_e}$)

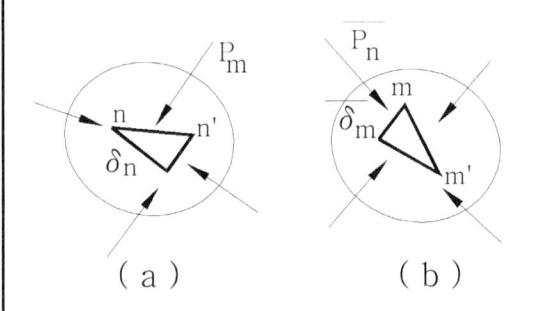

- P_m에 의한 가상 일

  $\overline{W_e} = P_m \cdot \overline{\delta_m}$

- P_n에 의한 가상 일

  $\overline{W_e} = \overline{P_n} \cdot \delta_n$

■ 탄성체에 작용하는 모든 외력에 의한 가상일

  $\overline{W_e} = \sum P_i \overline{\delta_i} = P_1 \overline{\delta_1} + P_2 \overline{\delta_2} + \cdots\cdots$

  또는 $\overline{W_e} = \sum \overline{P_i} \delta_i + = \overline{P_1} \delta_1 + \overline{P_2} \delta_2 + \cdots\cdots$

  $\sum P_i \overline{\delta_i} = \sum \overline{P_i} \delta_i$의 관계가 성립된다.

제 11 장 구조물의 변형

3) 가상 내력일

탄성체의 가상내력일은

$$\overline{W_i} = \int_V (\sigma \cdot \overline{\epsilon} + \tau \cdot \overline{\gamma}) dV \text{ 또는 } \overline{W_i} = \int_V (\overline{\sigma} \cdot \epsilon + \overline{\tau} \cdot \gamma) dV$$

◎ 온도변화를 고려하면

선팽창계수를 α라 하고 부재의 온도가 균일하게 $t°$ 만큼 상승하는 경우

$$\epsilon_N = \frac{\sigma}{E} + \alpha t = \frac{N}{EA} + \alpha t, \quad \Delta \ell = \alpha t \ell, \quad \epsilon = \frac{\Delta \ell}{\ell} = \frac{\alpha t \ell}{\ell} = \alpha t$$

$$\overline{W_{iN}} = \int_V \overline{\sigma} \epsilon_N dV = \int_0^\ell \frac{\overline{N}}{A}(\frac{N}{EA} + \alpha t) A \cdot dx = \int_0^\ell \frac{\overline{N}}{A} \cdot \frac{N}{EA} A dx + \int_0^\ell \frac{\overline{N}}{A} \alpha t A dx$$

$$= \int_0^\ell \frac{N\overline{N}}{EA} dx + \int_0^\ell \overline{N} \alpha t dx$$

① 축방향력에 의한 가상 내력일

$$\overline{W_{iN}} = \int_V \overline{\sigma_N} \cdot \epsilon_N \cdot dV \text{에서} \quad \overline{\sigma_V} = \frac{\overline{N}}{A}, \epsilon_N = \frac{\sigma}{E} = \frac{N}{EA} \text{ 이므로}$$

$$\therefore \overline{W_{iN}} = \int_V \overline{\sigma_N} \epsilon_N dV = \int_0^\ell \frac{\overline{N}}{A} \cdot \frac{N}{EA} A dx = \int_0^\ell \frac{N\overline{N}}{EA} dx$$

② 휨모멘트에 의한 가상 내력일

$$\overline{W_{iM}} = \int_V \overline{\sigma_M} \cdot \epsilon_M \cdot dV \text{에서} \quad \overline{\sigma_M} = \frac{\overline{M}}{I} y, \epsilon_M = \frac{\sigma}{E} = \frac{M}{EI} y \text{ 이므로}$$

$$\therefore \overline{W_{iM}} = \int_V \overline{\sigma_M} \epsilon_M dV = \int_V \frac{\overline{M}}{I} y \cdot \frac{M}{EI} y dV = \int_0^\ell \frac{M\overline{M}}{EI^2} dx \int_A y^2 dA = \int_0^\ell \frac{M\overline{M}}{EI} dx$$

③ 전단력에 의한 가상내력일

$$\overline{W_{iS}} = \int_V \overline{\tau} \cdot \gamma dV \text{ 에서 } \overline{\tau} = \frac{\overline{S}G_N}{bI}, \gamma = \frac{\tau}{G} = \frac{S \cdot G_N}{bI \cdot G} \text{ 이므로}$$

$$\overline{W_{iS}} = \int_V \overline{\tau} \cdot \gamma dV = \int_V \frac{\overline{S}G_N'}{bI} \cdot \frac{SG_N}{bIG} dV = \int_0^\ell \frac{S\overline{S}}{G} dx \int_A \frac{G_N^2}{b^2 I^2} dA, \text{이 식에 전단형상계수}$$

$$k = \frac{A}{S^2} \int_A \tau^2 dA = \frac{A}{S^2} \int_A \frac{S^2 G_N^2}{b^2 I^2} dA = A \int_A \frac{G_N^2}{b^2 I^2} dA \text{ 로부터 } \int_A \frac{G_N^2}{b^2 I^2} dA = \frac{k}{A} \text{ 이므로}$$

$$\therefore \overline{W_{iS}} = \int_0^\ell k \frac{S\overline{S}}{GA} dx$$

제 11 장 구조물의 변형

④ 가상내력 일의 식

축방향력, 휨모멘트, 전단력에 의한 가상내력일의 합은

$$\overline{W_i} = \int_0^\ell \frac{N\overline{N}}{EA}dx + \int_0^\ell \frac{M\overline{M}}{EI}dx + \int_0^\ell \frac{S\overline{S}}{GA}dx$$

4) 가상일의 원리의 식

가상 외력일과 가상내력일과는 다음과 같이 된다.

$$\overline{W_e} = \overline{W_i}, \quad \overline{W_e} + \overline{W_i} = 0, \quad \sum P_i\overline{\delta_i} = \sum \overline{P_i}\delta_i = \int_0^\ell \frac{N\overline{N}}{EA}dx + \int_0^\ell \frac{M\overline{M}}{EI}dx + \int_0^\ell \frac{S\overline{S}}{GA}dx$$

5) 가상일의 원리 (Principle of Virtual Work) 유도

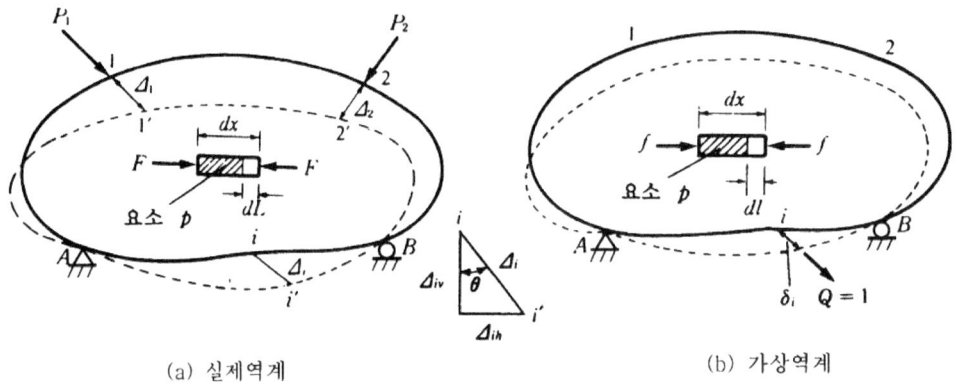

(a) 실제역계   (b) 가상역계

(a) 실제역계에서 $\frac{1}{2}P_1\Delta_1 + \frac{1}{2}P_2\Delta_2 = \frac{1}{2}\sum FdL$ -- (a)식

(b) 가상역계에서 $\frac{1}{2}(1)\delta_i = \frac{1}{2}\sum f\,dl$ -- (b)식

만약에 (b)가 먼저 가해지고 나중에 (a)가 가해진다고 가정하고 에너지를 구해 보면,

$$\frac{1}{2}(1)(\delta_i) + [\frac{1}{2}P_1\Delta_1 + \frac{1}{2}P_2\Delta_2 + (1)\Delta_i] = \frac{1}{2}\sum f\,dl + [\frac{1}{2}\sum FdL + \sum(f)(dL)] \quad \text{--- 식(1)}$$

여기서 $(1)\Delta_i$, $\sum(f)(dL)$항에 1/2이 생략되는 것에 유의하여야 하며, 이유는 (b)먼저 가한 후 (a)를 추가했기 때문이다. 따라서 식(1)에 (a)식과 (b)식을 대입하고 정리하면,

실계구조계 변위 대응

(1) $\Delta = \sum f\,dL$ **(1) $\Delta = \sum f\,dL$**

가상힘의 대응

가상외력이 실제 변위와 한일 = 가상부재력이 실제 부재 변위와 한일

11.3.4 가상일의 방법 (Maxwell-Mohr's method)

가상일의 원리를 응용하여 구조물의 변위를 구하려면 가상일의 원리를 표시하는 윗식에서 $\overline{P_i}=1$로 놓은 다음 식을 사용한다. $\delta_i = \int_0^\ell \frac{N\overline{N}}{EA}dx + \int_0^\ell \frac{M\overline{M}}{EI}dx + \int_0^\ell \frac{S\overline{S}}{GA}dx$

이 방법에 의한 변위 계산법을 가상일의 방법 또는 단위하중법이라 한다.

■ **가상일의 방법에 의한 변위의 계산순서는 다음과 같다.**

(1) 주어진 실제하중에 의한 임의단면의 휨모멘트 M_0, 축방향력 N_0, 및 전단력 S_0를 구한다.

(2) 변위를 구하고자 하는 위치에 변위방향으로 가상 단위집중하중 $\overline{P}=1$(회전각을 구할때는 가상 단위모멘트하중 $\overline{M}=1$)을 작용시켜 임의 단면의 휨모멘트 M_1, 축방향력 N_1, 및 전단력 S_1을 구한다.

$$\delta(\text{또는 } \theta) = \int_0^\ell \frac{M_0 M_1}{EI}dx + \int_0^\ell \frac{N_0 N_1}{EA}dx + \int_0^\ell k\frac{S_0 S_1}{GA}dx$$

(3) (1), (2)에서 구한 동일단면의 각 단면력의 값을 다음 식에 대입하여 변위 δ (또는 θ)를 구한다.

(4) 보, 라멘·부, 라멘 구조에서는 전단력, 축방향력에 의한 변위는 휨모멘트에 의한 변위에 비하여 작으므로 이를 무시한다. 즉, δ_i (또는 θ_i) $= \int_0^\ell \frac{M_0 M_1}{EI}dx$

(5) 아치 : 반지름 r인 반원 아치일 때 $ds = r \cdot d\theta$이다. δ_i (또는 θ_i) $= \int_0^\ell \frac{M_0 M_1}{EI}ds$

(6) 트러스 : 트러스 부재력은 축방향력 N뿐이므로 트러스의 임의의 한 부재의 단면적 A가 일정하고 길이가 ℓ이면 트러스의 변위계산식은 다음과 같이 된다.

$$\delta_i \text{ (또는 } \theta_i) = \int_0^\ell \frac{N_0 N_1}{EA}dx = \sum \frac{N_0 N_1}{EA}\ell = \sum N_0 N_1 \rho \quad (\rho = \frac{\ell}{EA})$$

EX 1 : 2017년 공무원 7급 - 응용역학

문 12. 그림과 같은 평면 트러스에서 절점 D의 수평변위가 0.8mm로 제한되고 있다. 부재 AB와 부재 BD에 온도변화(ΔT)가 (+)30℃ 발생할 때, 절점 A에 작용하는 최대수평하중 P[kN]는? (단, 부재의 자중은 무시하며, 부재의 단면적을 A, 탄성계수를 E라 할 때, 모든 부재의 축강성 $EA = 1.0 \times 10^4$ kN이고, 온도팽창계수 $\alpha = 10^{-5}$/℃이다)

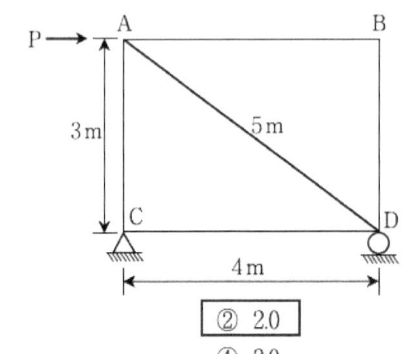

① 1.5 　　② 2.0
③ 2.5 　　④ 3.0

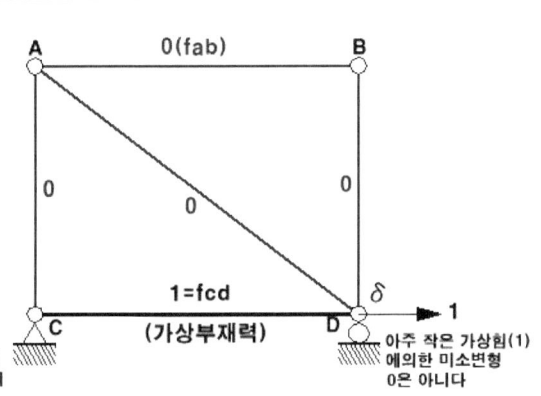

< 실하중 적용 시 >　　< 가상 단위 하중 적용 시 >

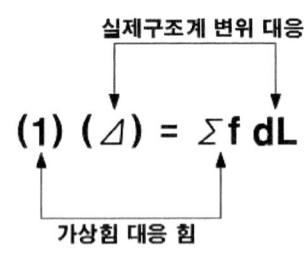

(1) Δ = Σ f dL

가상외력이 = 가상부재력이
실제 변위와 한일 = 실제 부재 변위와 한일

$$dL = \frac{PL}{EA}$$

$$\therefore (1)\Delta_D = f_{cd} \, dL_{cd} = (1)\frac{PL}{EA}$$

$$\therefore \frac{(1)(P)(4 \times 10^3)}{1 \times 10^4} \leq 0.8mm$$

$$\therefore P \leq 2kN$$

EX 2 : 2017년 공무원 7급 - 응용역학

문 17. 그림과 같이 보 AB의 지점 B에 44 N의 힘이 작용할 때, 스프링의 변형량[mm]은? (단, 스프링 상수(k)는 3 kN/m이고, 보의 탄성계수(E)는 200 GPa이며, 보와 스프링의 자중은 무시한다)

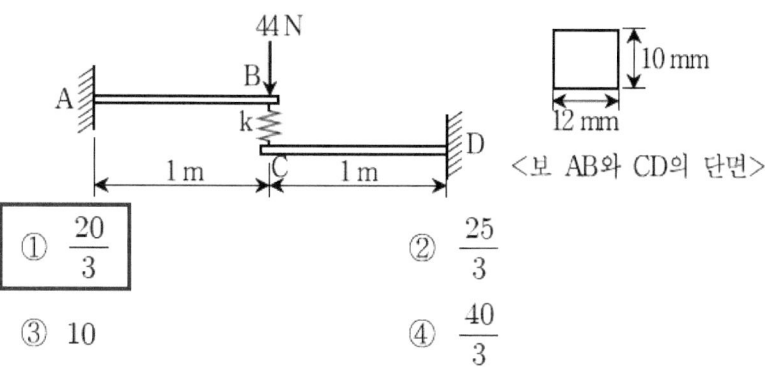

① $\dfrac{20}{3}$ ② $\dfrac{25}{3}$

③ 10 ④ $\dfrac{40}{3}$

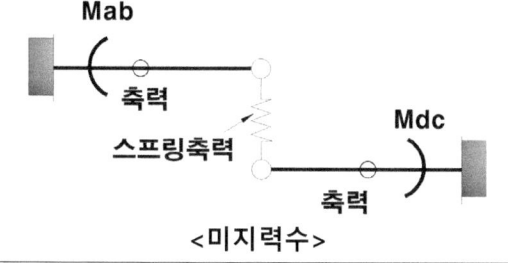
<미지력수>

<독립변위 수>

구해야 할 부재력 5개(미지력)
독립 변위수 4개 (적합조건수)
따라서 5-4 = **1차 부정정 구조물**이다.
B,C 점은 **활절**(트러스)이기 때문에
회전변위는 **독립변위가 아님.**

$$\Delta_B = \Delta_S + \Delta_C$$

$$\frac{PL^3}{3EI} - \frac{FL^3}{3EI} = \frac{F}{k} + \frac{FL^3}{3EI}$$

$$F(\frac{1}{3} + \frac{2L^3}{3EI}) = \frac{PL^3}{3EI}$$

$$F(\frac{1}{3} + \frac{2}{3} \times 5) = \frac{44}{3} \times 5, \quad F = 20N$$

여기서,

$$\frac{L^3}{EI} = \frac{1000^3}{200 \times 10^3 \times \dfrac{12 \times 10^3}{12}} = 5mm/N$$

스프링 변화량

$$\Delta_S = \frac{F}{k} = \frac{20}{3} mm$$

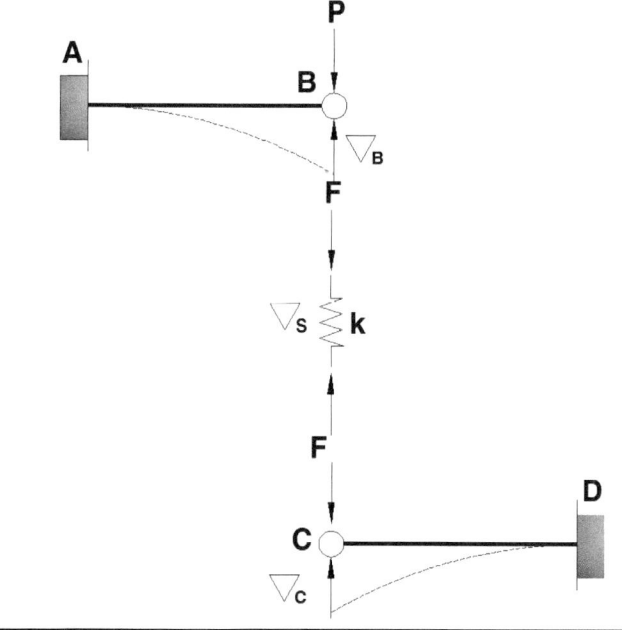

제 11 장 구조물의 변형

EX 2 : 2017년 공무원 7급 – 응용역학 – 스프링 강성을 이용한 풀이(생각하기)

문 17. 그림과 같이 보 AB의 지점 B에 44 N의 힘이 작용할 때, 스프링의 변형량[mm]은? (단, 스프링 상수(k)는 3 kN/m이고, 보의 탄성계수(E)는 200 GPa이며, 보와 스프링의 자중은 무시한다)

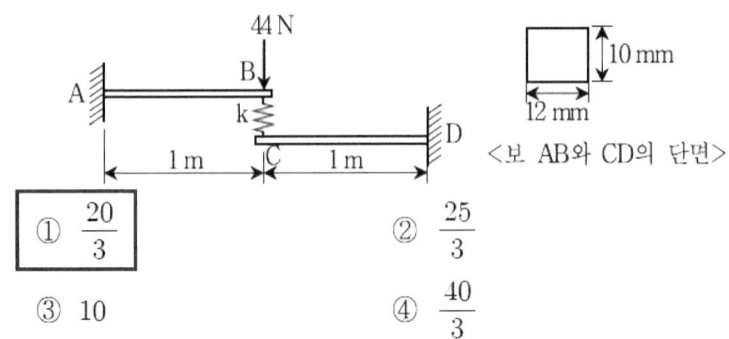

① $\dfrac{20}{3}$ ② $\dfrac{25}{3}$

③ 10 ④ $\dfrac{40}{3}$

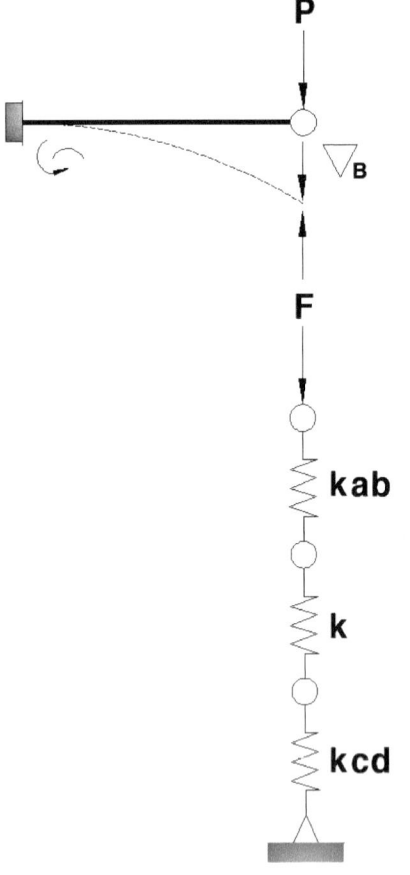

<자유물체도>

이 구조의 **연직력**에 대해 부재 AB, 스프링 및 부재 CD의 강성으로 지지하는 구조 시스템이다.

연직력에 대한 **전체 시스템의 유효강성**을 활용하여 해석한다.

연직변위에 대한 강성은 **직렬연결**이므로 유효연직 강성은

$$\frac{1}{k_{eff}} = \frac{1}{k_{ab}} + \frac{1}{k_{spring}} + \frac{1}{k_{cd}}$$

$F = k_{eff} \Delta_B$, Δ_B는 캔틸레버의 처짐임을 유의

$$k_{ab} = k_{cd} = \frac{3EI}{L^3} = \frac{3}{5} N/mm \ , \ k_{spring} = 3 N/mm$$

$$\frac{1}{k_{eff}} = \frac{5}{3} + \frac{1}{3} + \frac{5}{3} = \frac{11}{3}$$

$$F = k_{eff} \Delta_B = k_{eff} \frac{PL^3}{3EI} = \frac{3}{11}(44)(\frac{5}{3}) = 20N$$

스프링 변화량

$$\Delta_S = \frac{F}{k} = \frac{20}{3} mm$$

제 11 장 구조물의 변형

EX 2 : 2017년 공무원 7급 – 응용역학 – 매트릭스 풀이(참고)

문 17. 그림과 같이 보 AB의 지점 B에 44 N의 힘이 작용할 때, 스프링의 변형량[mm]은? (단, 스프링 상수(k)는 3 kN/m이고, 보의 탄성계수(E)는 200 GPa이며, 보와 스프링의 자중은 무시한다)

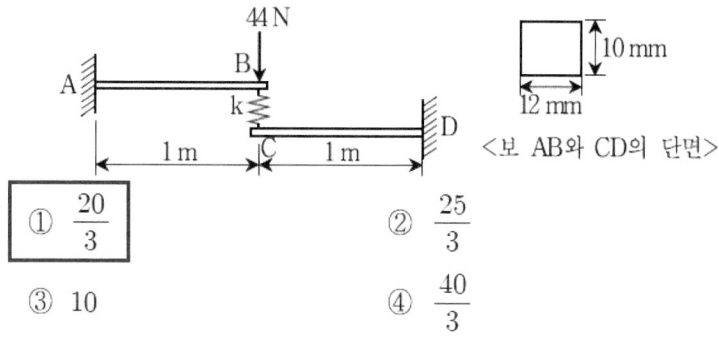

① $\dfrac{20}{3}$ ② $\dfrac{25}{3}$

③ 10   ④ $\dfrac{40}{3}$

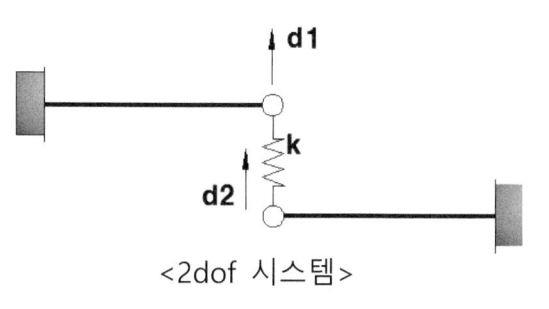

<2dof 시스템>

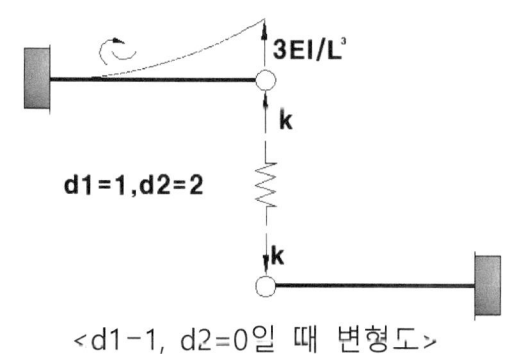

<d1=1, d2=0일 때 변형도>

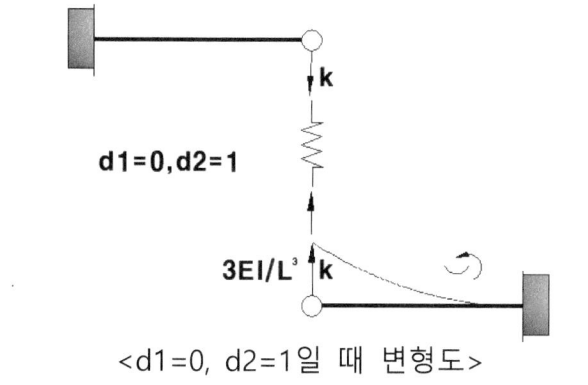

<d1=0, d2=1일 때 변형도>

$$\begin{pmatrix} \dfrac{3EI}{L^3}+k & -k \\ -k & \dfrac{3EI}{L^3}+k \end{pmatrix} \begin{pmatrix} d_1 \\ d_2 \end{pmatrix} = \begin{bmatrix} -44 \\ 0 \end{bmatrix}$$

$$\begin{pmatrix} 3000+3(200) & -3000 \\ -3000 & 3600 \end{pmatrix} \begin{pmatrix} d_1 \\ d_2 \end{pmatrix} = \begin{bmatrix} -44 \\ 0 \end{bmatrix}$$

$$d_1 = -40\,mm,\ d_2 = -\dfrac{100}{3}\,mm$$

따라서 스프링의 상대 늘음량

$$\Delta_S = d_1 + d_2$$
$$= -\dfrac{120}{3} + \dfrac{100}{3} = -\dfrac{20}{3}\,mm$$

하향 처짐(압축)

EX 3 : 2017년 공무원 7급 – 응용역학

문 18. 그림과 같은 캔틸레버보에서 하중을 받기 전 B점의 1cm 아래에 지점 C가 있다. 집중하중 20kN이 보의 중앙에 작용할 때, 지점 C에 발생하는 수직반력의 크기[kN]는? (단, 보의 자중은 무시하며, EI = $2.0 \times 10^5 kN \cdot m^2$이다)

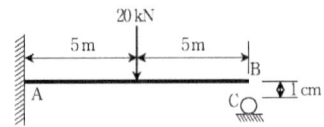

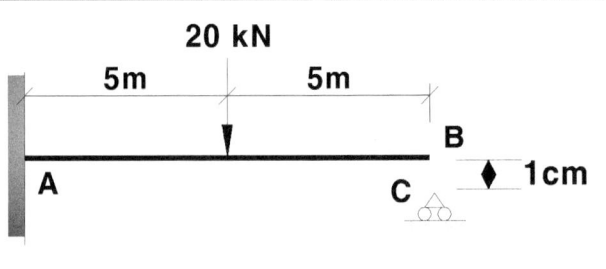

① 0.2
② 0.25
③ 0.3
④ 0.35

B점의 롤러지점이 없을때의 처짐량은

$$\Delta_B = \frac{5PL^3}{48EI} = \frac{5 \times 20 \times 10^3}{48 \times 2 \times 10^5} = \frac{1}{96}m = \frac{25}{24}cm$$

$$R_B = \frac{3EI}{L^3}(\Delta) = \frac{3 \times 2 \times 10^5}{10(100)} \times \frac{1}{24} \times \frac{1}{100} = 0.25 kN$$

EX 4 : 그림과 같은 캔틸레버의 자유단 A의 처짐 δ_A는? (단, E는 일정하다.)

① 실하중 P에 의한 휨모멘트 : $M_0 = -Px$
② 단위하중 P=1에 의한 휨모멘트 : $M_1 = -x$
③ A점의 처짐

$$\delta_A = \int_A^C \frac{M_0 M_1}{EI}dx + \int_C^B \frac{M_0 M_1}{2EI}dx$$

$$= \frac{1}{EI}\int_0^{\frac{\ell}{2}}(-Px)(-x)dx + \frac{1}{2EI}\int_{\frac{\ell}{2}}^{\ell}(-Px)(-x)dx$$

$$= \frac{P}{EI}\int_0^{\frac{\ell}{2}}x^2 dx + \frac{P}{2EI}\int_{\frac{\ell}{2}}^{\ell}x^2 dx$$

$$= \frac{P}{EI}\left[\frac{x^3}{3}\right]_0^{\frac{\ell}{2}} + \frac{P}{2EI}\left[\frac{x^3}{3}\right]_{\frac{\ell}{2}}^{\ell}$$

$$\therefore \delta_A = \frac{P\ell^3}{24EI} + \frac{7P\ell^3}{48EI} = \frac{3P\ell^3}{16EI}(\downarrow)$$

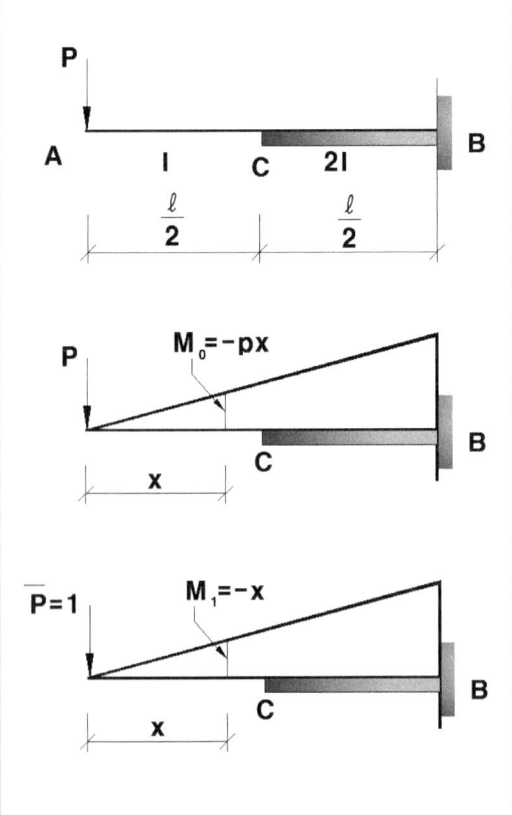

EX 5 : 그림과 같은 정정라멘에서 A점에 일어나는 수직변위 δ_y 수평변위 δ_x 및 처짐각 θ_A 는?

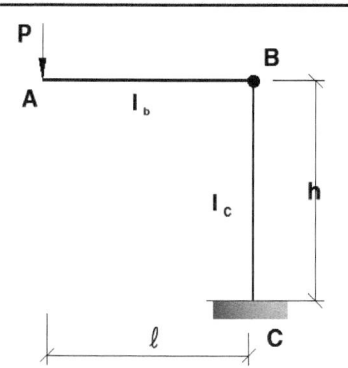
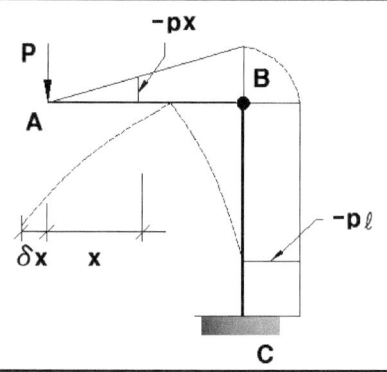
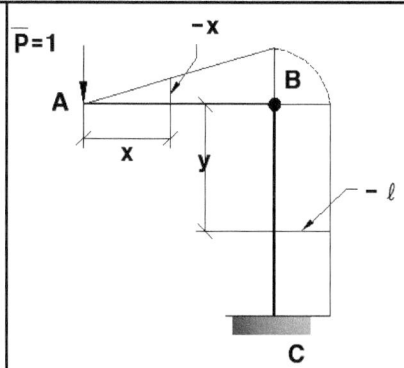

① 수직변위 δ_y

(A-B)재 : $M_0 = Px$, $M_1 = -x$
(B-C)재 : $M_0 = -P\ell$, $M_1 = -\ell$

$$\delta_y = \int \frac{M_0 M_1}{EI} ds = \int_A^B \frac{M_0 M_1}{EI_b} dx + \int_B^C \frac{M_0 M_1}{EI_c} dy$$

$$= \frac{1}{EI_b} \int_0^\ell (-Px)(-x)dx + \frac{1}{EI_c} \int_0^h (-P\ell)(-\ell)dy$$

$$= \frac{P}{EI_b} \left[\frac{x^3}{3} \right]_0^\ell + \frac{P\ell^2}{EI_c} [y]_0^h$$

$$\therefore \delta_y = \frac{P\ell^3}{3EI_b} + \frac{P\ell^2 h}{EI_c} \text{ (가정과 일치하므로 하향)}$$

② 수평변위 δ_x

(A-B)재 : $M_0 - Px$, $M_1 = 0$
(B-C)재 : $M_0 = -P\ell$, $M_1 = -y$

$$\delta_x = \int \frac{M_0 M_1}{EI} ds = \int_A^B \frac{M_0 M_1}{EI_b} dx + \int_B^C \frac{M_0 M_1}{EI_C} dy$$

$$= \int_B^C \frac{M_0 M_1}{EI_C} dy = \int_0^h \frac{M_0 M_1}{EI_C} dy = \frac{1}{EI_C} \int_0^h (-Ph)(-y)dy$$

$$= \frac{P\ell}{EI_C} \left[\frac{y^2}{2} \right]_0^h$$

$$\therefore \delta_x = \frac{P\ell h^2}{2EI_C} \text{ (가정과 일치하므로 좌향)}$$

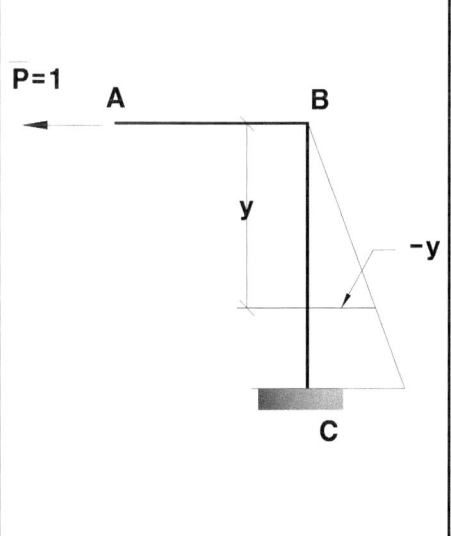

EX 5 : 그림과 같은 정정라멘에서 A점에 일어나는 수직변위 δ_y 수평변위 δ_x 및 처짐각 θ_A는?

③ θ_A는
(A-B)재 : $M_0 - Px$, $M_1 = -1$
(B-C)재 : $M_0 = -P\ell$, $M_1 = -1$

$$\theta_A = \int \frac{M_0 M_1}{EI} ds = \int_A^B \frac{M_0 M_1}{EI_b} dx + \int_B^C \frac{M_0 M_1}{EI_c} dy$$

$$= \frac{1}{EI_b} \int_0^\ell (-Px)(-1)dx + \frac{1}{EI_c} \int_0^h (-P\ell)(-1)dy$$

$$= \frac{P}{EI_b} \left[\frac{x^2}{2}\right]_0^\ell + \frac{P\ell}{EI_c} [y]_0^h$$

$$\theta_A = \frac{P\ell^2}{2EI_b} + \frac{P\ell h}{EI_c} \text{(가정과 일치하므로 좌회전)}$$

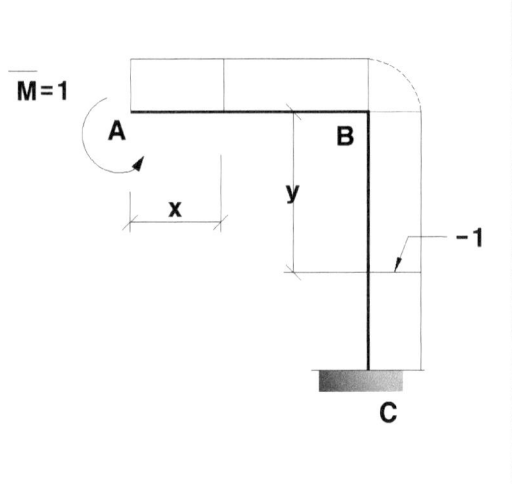

EX 6 : 그림과 같은 라멘에서 D점의 수평변위 δ_D는?

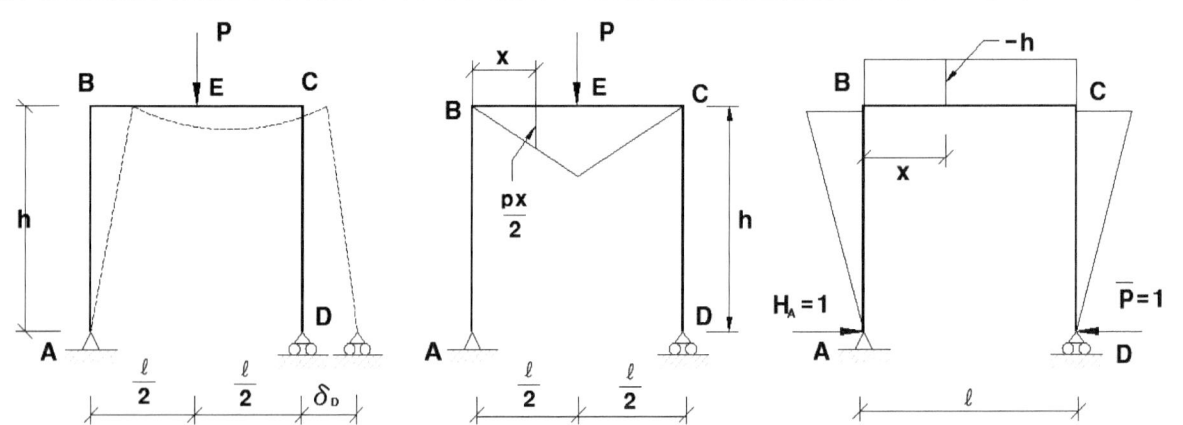

$$\delta_D = \int \frac{M_0 M_1}{EI} ds$$

$$= \int_A^B \frac{M_0 M_1}{EI_C} dy + \int_B^C \frac{M_0 M_1}{EI_b} dx + \int_C^D \frac{M_0 M_1}{EI_C} dy$$

$$\quad \text{(AB)=0} \quad\quad \text{(BC)} \quad\quad \text{(CD)}$$

$$= 2\int_B^E \frac{M_0 M_1}{EI_b} dx = \frac{2}{EI_b} \int_0^{\ell/2} \left(\frac{Px}{2}\right)(-h)dx$$

$$\therefore \delta_D = -\frac{P\ell^2 h}{8EI_b}$$

* 답의 부호가(-)이므로 $\overline{P}=1$의 방향과 반대방향인 우향의 변위를 뜻한다.

EX 7 : 그림과 같은 반원형 아치에서 B점의 수평변위 δ_B는?

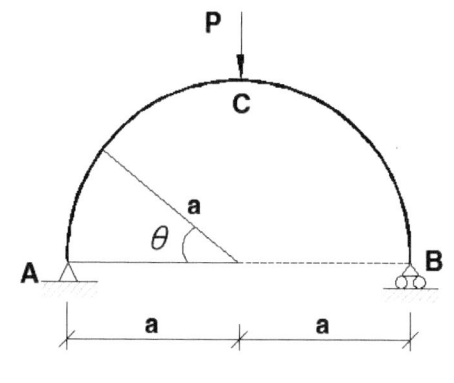
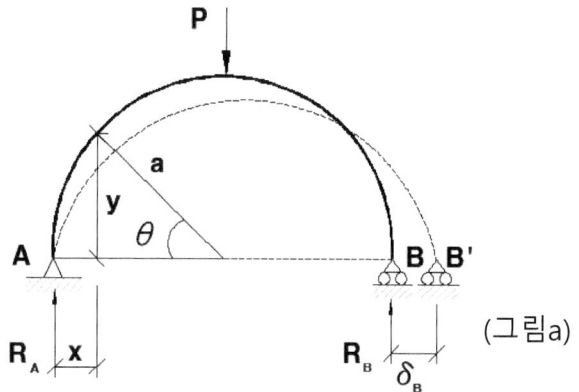

(그림a)

그림 (a)에서
$x = a(1-\cos\theta), \ y = a\sin\theta$

그림 (b)에서
$M_0 = R_A \cdot x = \dfrac{P}{2}a(1-\cos\theta) = \dfrac{Pa}{2}(1-\cos\theta)$

그림 (c)에서 M_1을 구하면
$M_1 = H_A y = 1 \times a\sin\theta = a\sin\theta$

B점의 수평변위는 $ds = ad\theta$이므로

$\delta_B = 2\int_A^C \dfrac{M_0 M_1}{EI}ds = 2\int_0^{\frac{\pi}{2}} \dfrac{M_0 M_1}{EI}ds$

$= \dfrac{2}{EI}\int_0^{\frac{\pi}{2}} \dfrac{Pa}{2}(1-\cos\theta)a\sin\theta \cdot ad\theta$

$= \dfrac{Pa^3}{EI}\int_0^{\frac{\pi}{2}} (1-\cos\theta)\sin\theta \cdot d\theta$

$= \dfrac{Pa^3}{EI}\left[-\cos\theta - \dfrac{1}{2}\sin 2\theta\right]_0^{\frac{\pi}{2}}$

$\therefore \delta_B = \dfrac{Pa^3}{2EI}$

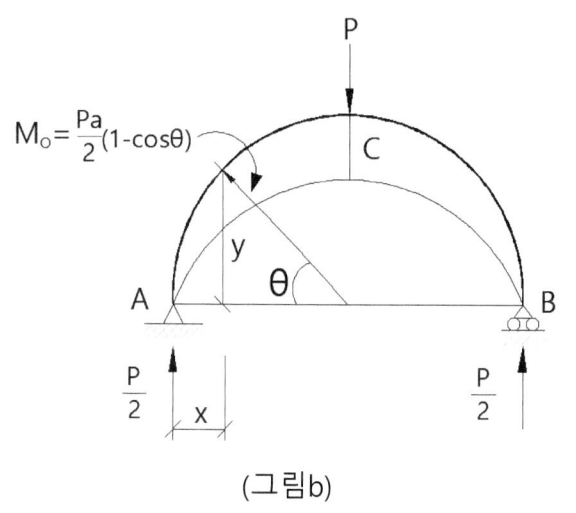

(그림b)

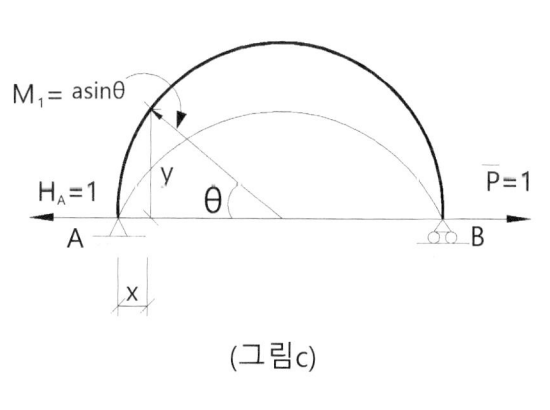

(그림c)

11.3.5 카스틸리아노의 정리, 최소일의 원리

1) Castigliano의 정리

Energy 보존법칙에 따라 구조물에서 이루어지는 외부일량으로서 계산하는 방법으로, 보 보다는 트러스나 라멘등에 더 유효한 방법이다.

탄성구조물에 독립된 하중 $P_1, P_2, \cdots\cdots P_i \cdots\cdots P_n$이 작용하여 평형을 이룰 때 단면력 M, N, S는 다음식으로 표시된다. 식 (a)를 다음과 같이 표현하고,

$$M = M_1 P_1 + M_2 P_2 + \cdots\cdots + M_i P_i + \cdots\cdots M_n P_n$$

$$N = N_1 P_1 + N_2 P_2 + \cdots\cdots + N_i P_i + \cdots\cdots N_n P_n$$

$$S = S_1 P_1 + S_2 P_2 + \cdots\cdots + S_i P_i + \cdots\cdots S_n P_n$$

여기서 $M_1, M_2 \cdots\cdots M_n, N_1, N_2 \cdots\cdots N_n, S_1, S_2 \cdots\cdots S_n$ 은 각각 하중상태 $P_1 = 1, P_2 = 1 \cdots\cdots P_n = 1$ 에 의한 구조물의 휨모멘트, 축방향력, 전단력을 표시한다.

식 (a)를 임의의 하중 P_i로 편미분하면 $\dfrac{\partial M}{\partial P_i} = M_i, \dfrac{\partial N}{\partial P_i} = N_i, \dfrac{\partial S}{\partial P_i} = S_i \cdots\cdots (b)$

주어진 하중상태에서 i점의 P_i 작용방향의 변위를 δ_i라 하면 가상일의 식은

$$1 \cdot \delta_i = \int \frac{M\overline{M}}{EI}dx + \int \frac{N\overline{N}}{EA}dx + \int k\frac{S\overline{S}}{GA}dx \cdots (c)$$

여기서 $\overline{M}, \overline{N}, \overline{S}$는 $\overline{P_i} = 1$이 i점에 P_i작용방향으로 작용할 때 단면력으로서 이는 (b)식의 M_i, N_i, S_i와 동일한 것이다. 따라서 (b)식을 (c)식에 대입하여

$$1 \cdot \delta_i = \int \frac{\overline{M}}{EI}(\frac{\partial M}{\partial P_i})dx + \int \frac{\overline{N}}{EA}(\frac{\partial N}{\partial P_i})dx + \int k\frac{\overline{S}}{GA}(\frac{\partial S}{\partial P_i})dx \cdots (d)$$

주어진 하중상태에 대한 구조물의 변형에너지는

$$\overline{W} = \int \frac{M^2}{2EI}dx + \int \frac{N^2}{2EA}dx + \int k\frac{S^2}{2GA}dx$$ 이며 이를 P_i로 편미분하면

$$\frac{\partial \overline{W}}{\partial P_i} = \int \frac{M}{EI}(\frac{\partial M}{\partial P_i})dx + \int \frac{N}{EA}(\frac{\partial N}{\partial P_i})dx + \int k\frac{S}{GA}(\frac{\partial S}{\partial P_i})dx \cdots\cdots (e)$$

$(d), (e)$식에 의하여

$$\delta_i = \frac{\partial \overline{W}}{\partial P_i}, \; \theta_i = \frac{\partial \overline{W}}{\partial M_i}$$

① **제1정리 : 부정정 구조물 해석시 미지력(또는 모멘트)을 구할 때 이용**

탄성체에 외력 또는 모멘트가 작용할 때 전체변형에너지 $\overline{W}$를 하중점에서의 힘의 방향의 변위(처짐), 변위각(처짐각, 회전각)으로 1차 편미분한 것은 그 점의 힘 또는 모멘트와 같다.

$\dfrac{\partial \overline{W}}{\partial \delta} = P$ (내. 처. 하), $\dfrac{\partial \overline{W}}{\partial \theta} = M$ (내. 각. 모)

② **제2정리 : 변위를 구할 때 이용 (제1정리와 반대)**

$\dfrac{\partial \overline{W}}{\partial P} = \delta$ (내. 하. 처), $\dfrac{\partial \overline{W}}{\partial M} = \theta$ (내. 모. 각)

- 카스틸리아노의 정리는 결국 가상일의 원리로 돌아간다. 따라서 가상일의 원리에서 풀수 있는 문제에 응용할 수 있다. 그러나 카스틸리아노의 정리는 온도변화, 지점변위가 없다는 가정하에 이루어지므로 가상일의 원리보다 적용범위가 좁다.

2) 최소일의 원리

카스틸리아노의 정리는 구조물의 모든 점에서 성립한다.
따라서 만일 P_i의 작용점이 변위하지 않으면 다음 식이 성립된다.

$\dfrac{\partial \overline{W}}{\partial P_i} = 0$ (내. 하. 영)

또는 M_i의 작용점이 변위하지 않으면 다음식이 성립된다.

$\dfrac{\partial \overline{W}}{\partial M_i} = 0$ (내. 모. 영)

변위하지 않는 점에 작용하는 힘 P_i(또는 모멘트 M_i)는 변형에너지를 $\overline{W}$를 최대 또는 최소로 되게 하는 크기를 갖는다는 것을 알 수 있다.

$\dfrac{\partial \overline{W}}{\partial P_i} = 0$식을 다시 편미분하면

$\dfrac{\partial^2 \overline{W}}{\partial P_i^2} = \int \dfrac{\partial M}{\partial P_i} \dfrac{M_i}{EI} dx + \int \dfrac{\partial N}{\partial P_i} \dfrac{N_i}{EA} dx + \int k \dfrac{\partial S}{\partial P_i} \dfrac{S_i}{GA} dx$

$\quad = \int \dfrac{M_i^2}{EI} dx + \int \dfrac{N_i^2}{EA} dx + \int k \dfrac{S^2}{GA} dx > 0$

- 변위하지 않는 점에 작용하는 힘은 변형에너지를 최소로 되게 하는 크기 임을 알 수 있다.

11.3.6 상반작용의 정리

Energy 법의 탄성이론의 하나인 Maxwell-Betti의 정리는 구조물의 변형이나 부정정 반력을 구할 때 직접적으로 구하는 것이 아니라 다른 탄성이론에 보조적으로 쓰이는 정리이다.

1) 제1정리(Betti의 정리)

> 온도의 변화가 없고 지점에 변위가 없는 탄성구조에 하중 P_i와 이와 전혀 관련없는 다른 하중 P_k가 작용할 때 P_k에 의하여 P_i의 작용점이 P_i방향으로 생기는 변위를 δ_{ik}라 하고 P_i에 의하여 P_k의 작용점이 P_k의 방향으로 생기는 변위를 δ_{ki}라 하면 다음 관계가 성립한다.
>
> $$P_i \delta_{ik} = P_k \delta_{ki}$$
>
>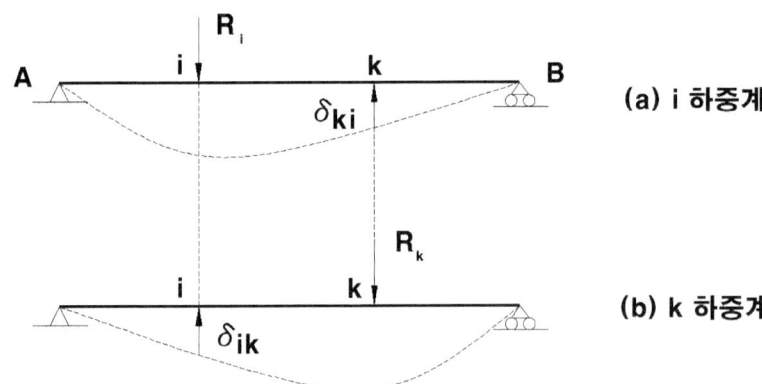
>
> (a) i 하중계
>
> (b) k 하중계
>
> ■ i 하중계를 실제하중계로 k하중계를 가상하중계로 생각하고, 또한 지점변위나 온도변화가 없는 경우에 대하여 가상일의 식을 세우면 다음과 같다.
>
> $$\sum P_i \delta_{ik} = \int_0^\ell \frac{M_i M_k}{EI} dx + \int_0^\ell \frac{N_i N_k}{EA} dx + \int k \frac{S_i S_k}{GA} dx \cdots\cdots (a)$$
>
> 여기서 M_i, N_i, S_i는 i하중계에 의한 단면력이고 M_k, N_k, S_k는 k하중계에 의한 단면력이다.
>
> ■ k하중계를 실하중계 i하중계를 가상하중계로 생각하고 가상일의 식을 세우면 다음과 같다.
>
> $$\sum P_k \delta_{ki} = \int_0^\ell \frac{M_k \cdot M_i}{EI} dx + \int_0^\ell \frac{N_k \cdot N_i}{EI} dx + \int k \frac{S_k S_i}{GA} dx \cdots\cdots (b)$$
>
> 식 $(a), (b)$에 의하여 다음 관계가 성립한다.
>
> $$\sum P_i \delta_{ik} = \sum P_k \delta_{ki}$$

제 11 장 구조물의 변형

- 지점변위나 온도변화가 없는 경우 동일 구조물에 작용하는 서로 관계없는 두 하중계, i하중계와 k하중계가 작용할 때 i하중계가 k하중계에 의한 변형에 대하여 하는 가상일은 k하중계가 i하중계에 의한 변형에 대하여하는 가상일과는 같다. 이것을 베티의 정리라 한다.

- 이 정리는 외력이 모멘트의 경우에도 적용됨은 물론이며, 이 때의 변위는 회전각 θ이다

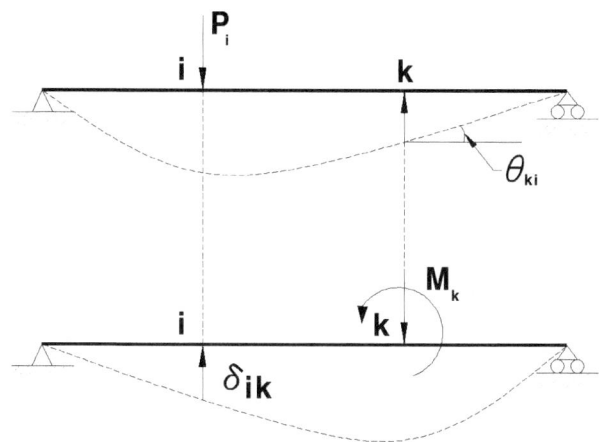

$P_i \delta_{ik} = M_k \theta_{ki}$, $\delta_{ik} = \theta_{ki}$ 도 성립한다. (단, 값만 같을 뿐 단위는 다르다.)
하중계 대신 각기 하나식의 힘 P_i 및 P_k에 대하여 생각하면

$$P_i \delta_{ik} = P_k \delta_{ki}$$

2) 제2정리 (Maxwell의 정리)

온도의 변화가 없고 지점에 변화가 없는 탄성구조물의 한점 i에 작용하는 단위하중 $P_i=1$에서부터 다른 한 점 k의 P_k방향의 변위는 k점에 작용하는 단위 하중 $P_k=1$에 의한 i점의 P_i 방향의 변위와 같다. 이것을 식으로 표현하면 $\delta_{ik}=\delta_{ki}$ 이것은 Betti의 정리에서 $P_i=1$ 및 $P_k=1$로 놓은 경우가 된다. 이상의 두 정리를 총칭해 구조물의 탄성변형에 관한 상반작용의 정리라 한다.

- Maxwell정리는 변형일치법으로 부정정보 해석에 이용하거나 부정정 구조물의 영향선을 만들 때 이용된다. 한편, 힘과 그에 대응하는 변위의 관계는 모멘트와 처짐각(회전각)에 대해서도 성립하며 다음 관계식을 얻을 수 있다.

$$\delta_{ik}=\theta_{ki},\ \theta_{ik}=\theta_{ki}$$

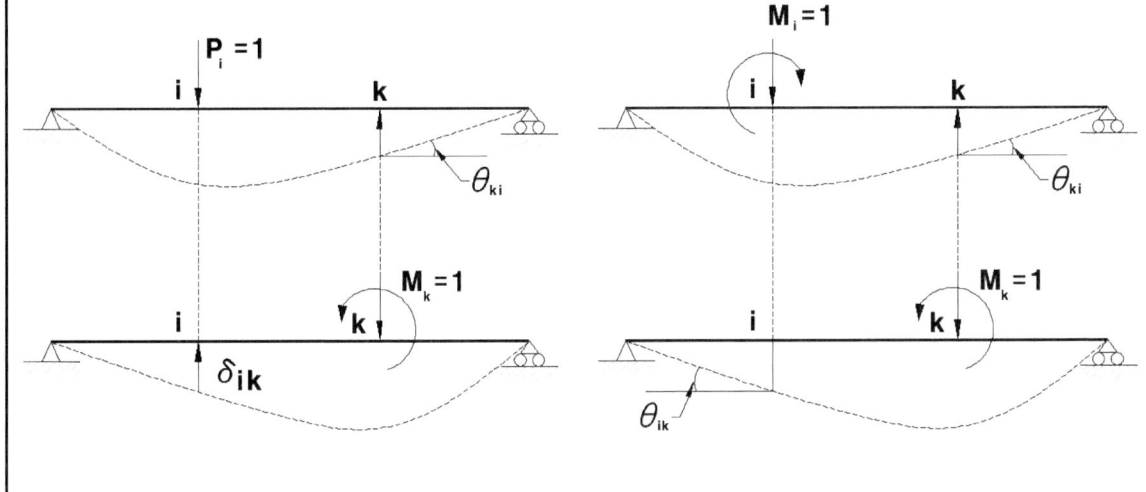

11.4 퍼텐셜 에너지(변분)

11.4.1 변분

미소변형과 재료가 균질하다는 가정과 평형방정식, 구성방정식, 적합방정식, 지배방정식은 구조해석에서 중요한 요소이다. 물론 현재에는 이러한 조건들로만 구조해석을 수행하지는 않고 대변위이론, 유한변위이론 등 구조해석 기법도 발전하고 있다. 변분이란 평형방정식과 지배방정식에 주된 관련이 있다. 예를 들면 유한요소에서 요소 강성행렬을 구할 때 크게 직접법(direct method)과 변분법(variational method)로 나뉘는 예는 좋은 예이다. 직접법은 지배 미분 방정식으로부터 직접 요소의 강성행렬을 구성하는 방법이고 변분법은 변분계산(calculus of variation)과 범함수(functional)의 극한치를 구하는 방법에 의존하고 경계조건의 일부를 범함수 내에 포함하기 때문에 간단한 요소와 복잡한 요소에 널리 적용한다. 변분을 하면 범함수를 적분정리 등을 사용하여 지배미분방정식을 얻게 된다. 변분에 대한 보다 심층적인 내용은 다루지 않고 기본 개념과 이를 이용하여 구조역학 문제에 어떻게 적용하는 가를 예제를 통하여 다룰 것이다. 변분법은 구조해석에 사용하는 여러 에너지 방법 중 가장 상위의 개념이라 할 수 있다. **가상일의 원리, 가상변위의 원리, 최소일의 원리**등과 **변분은 결국 같은 내용**이 된다. **퍼텐셜 에너지를 한번 변분을 하면** $0(\delta \varPi = 0)$이 되는 **퍼텐셜에너지의 정류원리**를 주로 이용하게 된다. 더 나아가 구조물의 형상함수를 간단한 함수로 미리 가정한 후 범함수에 대입함으로써 근사해를 구하는 근사해법으로써 강력한 힘을 발휘한다.

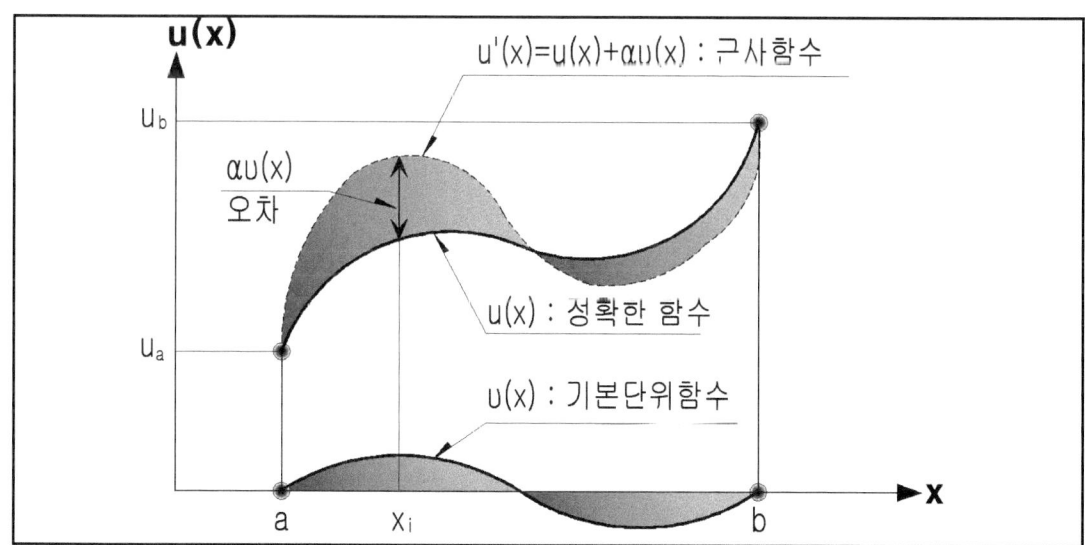

- 변분 : 한 지점에서의 변화 값(오차)
- 미분 : 구간에서의 변화 값(속도, 가속도, 기울기, 곡률 등)
  ⇒ 변분하고 미분은 비슷하나 가장 큰 차이점은 변분은 특정 지점에서의 변화값이고 미분은 어느 구간내에서의 변화값이다.

11.4.2 퍼텐셜 에너지

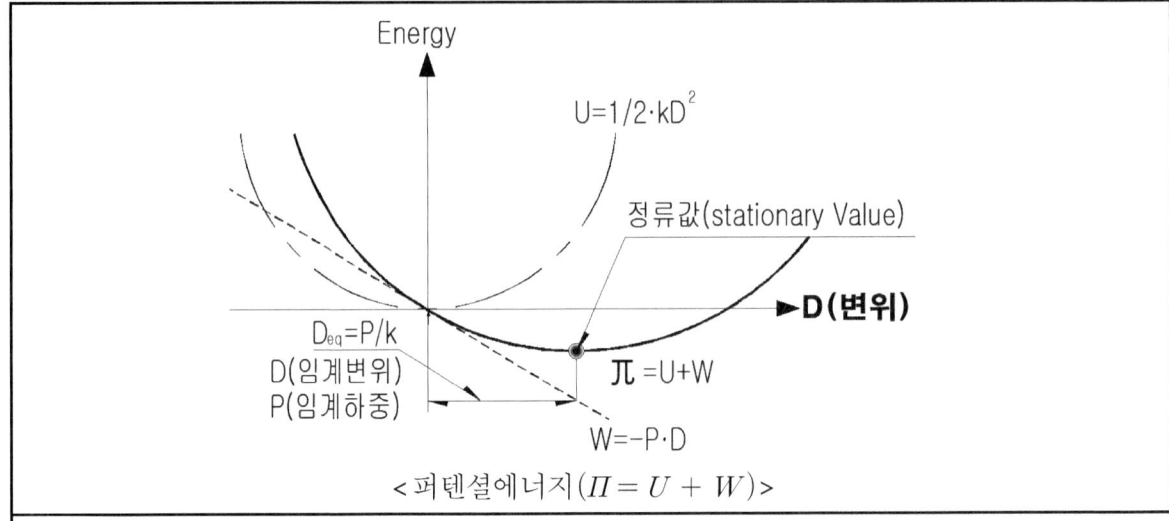

<퍼텐셜에너지($\Pi = U + W$)>

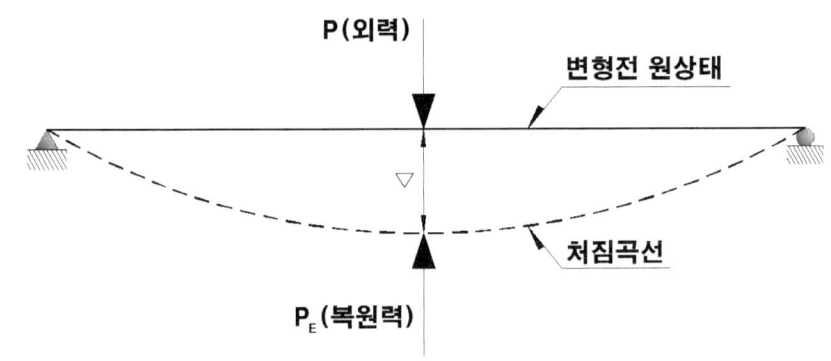

퍼텐셜에너지는 내부 단면력에의한 에너지와 외력(중력포함)에의한 외부에너지의 합이며 이는 어떠한 상수 값을가진다.

$\Pi = U$(내부에너지) $+ W$(외력퍼텐셜에너지) $=$ 일정한상수값

- 내부에너지 : 내부에 서서히 쌓이는 탄성에너지 $\Rightarrow \Pi = \dfrac{1}{2}FD = \dfrac{1}{2}(KD)D = \dfrac{1}{2}KD^2$

- 외부에너지 : 복원 외력에의한 에너지 $\Rightarrow W = PD$

외부에너지는 복원에 의한 일이기 때문에 1/2이 없고, 변위와 복원력의 방향이 반대이기 때문에 $-$ 부호가 붙는다.

그림으로부터 퍼텐셜에너지는 정의에 의해 $\Pi = U + W$ 이므로 다시 쓰면,

$\Pi = \dfrac{1}{2}KD^2 - PD$ 이고, D(변위)에대하여 1차 변분(미분)을 하면 다음과 같다.

$\delta \Pi = \dfrac{\partial \Pi}{\partial D} = [KD - P]\delta D = 0$ 이며 δ 의미가 변분의 의미이다.

$\therefore KD - P = 0$이므로 결국 $P = F = KD$, 우리들이 잘 알고 있는 식이 유도된다.

여기서 한 번 더 변분을 하여 2차 변분을 하게 되면 $\dfrac{\partial^2 \Pi}{\partial D^2} = K > 0$이 된다.

> $\dfrac{\partial^2 \Pi}{\partial D^2} = K > 0$에서 강성 K가 0보다 큰 이유는 위 그림에서
>
> 퍼텐셜에너지($\Pi = U + W$)가 아래로 볼록한 2차 방정식 그래프가 왼쪽에서
>
> 오른쪽으로 기울기의 변화량, $\dfrac{\partial^2 \Pi}{\partial D^2} = K$가 + 이기 때문이다. 이점에 주목하고 이해
>
> 하길 바란다.

11.4.3 퍼텐셜 에너지 적용

기본식	$\Pi = U(\text{내부에너지}) + W(\text{외부에너지})$	$\phi = \dfrac{1}{R} = \dfrac{M}{EI} = \dfrac{d^2 y}{dx^2} = y''$
비고	퍼텐셜에너지 표현	내부에너지 표현방식
식 (a)	$\Pi = \dfrac{1}{2}\int_0^l EI(y'')^2 dx - P\Delta$ $\Pi = \dfrac{1}{2}\int_0^l EI(y'')^2 dx - \dfrac{P}{2}\int_0^l y'^2 dx$ $\Delta = \dfrac{1}{2}\int y'^2 dx$	U를 강성 x 변형률로 표현 (좌굴 및 내진 등의 고유치해석)
★식 (b)	$\Pi = \dfrac{1}{2}\int_0^l \dfrac{M^2}{EI} dx - P\Delta$	U를 내력/강성으로 표현 (가상일의 원리, 최소일의 원리와 동일)
식 (c)	$\Pi = \dfrac{1}{2}\int_0^l M\phi^2 dx - P\Delta$	U를 내력 x 대응하는 변형으로 표현

- 퍼텐셜에너지로 최소일의 원리 유도

  ① $\Pi = \dfrac{1}{2}KD^2 - PD$ 이고, D(변위)에대하고 1차 변분(미분)

  ② $\delta\Pi = \dfrac{\partial \Pi}{\partial D} = [KD - P]\delta D = 0$, $\delta D \neq 0$

  ③ $KD - P = 0$

  ④ $P = KD$

  최소일의 제1정리와 동일 ⇒ $\dfrac{\partial \overline{W}}{\partial \delta} = P$ (내. 처. 하), $\dfrac{\partial \overline{W}}{\partial \theta} = M$ (내. 각. 모)

  마찬가지로 퍼텐셜에너지를 하중으로 편미분 하면 최소일의 제2정리와 동일

11.4.4 변분을 이용하여 문제 풀기

■ 퍼텐셜에너지의 변분을 활용한 문제 풀이 순서
① 부정정 구조는 차수에 맞게 부정정력을 선정하여야 한다.
② 스프링과 같은 특이 절점이 포함되는 경우는 스프링력을 분리하여 해석한 후 적합조건을 세우거나, 스프링의 탄성 내부에너지를 적용한다.
③ 내력에너지 항과 외부 퍼텐셜 에너지 항으로 정리 한다.
④ 대상 구조물의 지점조건과 연결조건에 맞게 변분을 한다.

EX 변분 – 1 : 그림과 같은 2경간 연속보에서 C점의 반력을 구하시오 EI=일정

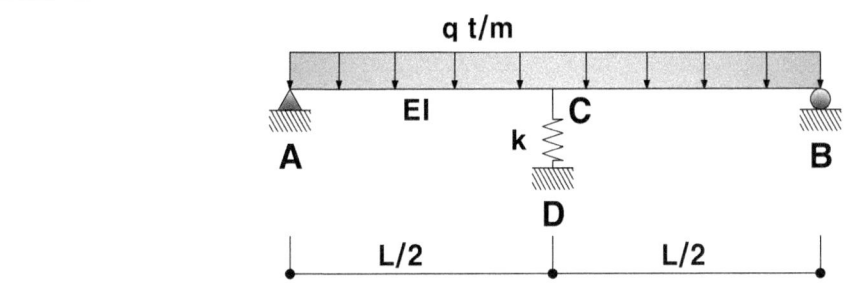

구조계 1에서,

$$\Pi = 2ea \times \frac{1}{2EI}\int_0^{\frac{l}{2}} M_x^2 dx + R\Delta - \int_0^l qy\,dx, \quad V_a = \frac{ql-R}{2}, \quad M_x = \frac{x}{2}(ql-R-qx)$$

$$\Pi = 2ea \times \frac{1}{2EI}\int_0^{\frac{l}{2}} [\frac{x}{2}(ql-R-qx)]^2 dx + R\Delta - \int_0^l qy\,dx \Rightarrow \text{R에 대해 변분을 하면,}$$

$$\frac{\partial \Pi}{\partial R} = [\frac{\partial[\frac{1}{EI}\int_0^{\frac{l}{2}}[\frac{x}{2}(ql-R-qx)]^2 dx]}{\partial R} + \frac{\partial[R\Delta]}{\partial R} - \frac{\partial[\int_0^l qy\,dx]}{\partial R}]\delta R = 0, \quad \delta R \neq 0 \text{ 이므로}$$

$\frac{\partial \Pi}{\partial R} - \Delta = 0$ 이다. 여기서, $\Delta = \frac{R}{k}$ 적용하면(구조계 2) 다음과 같다.

$$\frac{\partial \Pi}{\partial R} = \frac{R}{k}, \quad \therefore R = \frac{5qkl^4}{8(kl^3+48EI)} = \frac{5qkl^4}{384EI(1+\frac{kl^3}{48EI})}$$

EX 변분 – 2 : 다음 그림에서 C점의 반력을 구하시오 EI=일정

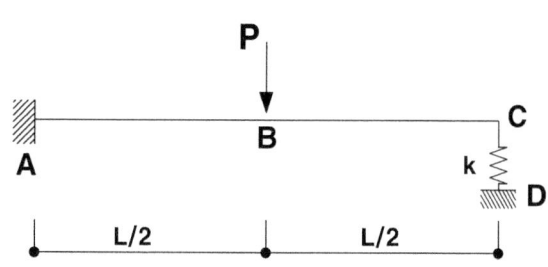

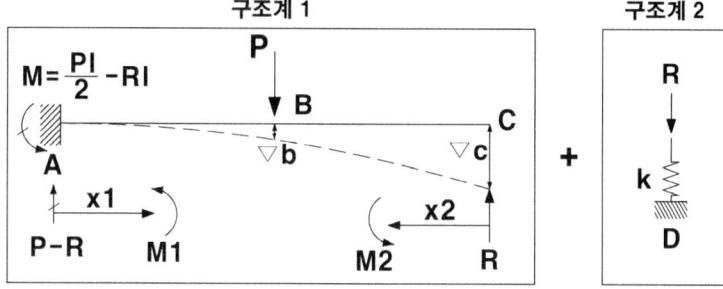

$$\Pi = \frac{1}{2EI}\int_0^{\frac{l}{2}}[M_1^2 + M_2^2]dx - P\Delta_B + R\Delta_C$$

여기서 $-P\Delta_B + R\Delta_C$의 부호는 복원에너지의 개념에서 변형된 형상에서 원래 형상으로 가는 방향이 정의 부호이기 때문이다.

$M_1 = (P-R)x - \frac{Pl}{2} + Rl$, $M_2 = -Rx$, 따라서 퍼텐셜에너지식에 대입하면

$$\Pi = \frac{[7R^2 - 5PR + P^2]l^3}{48EI} + \frac{R^2 l^3}{48EI} - P\Delta_B + R\Delta_C,\ R\text{에 대하여 변분을 하면}$$

$$\frac{\partial \Pi}{\partial R}\delta R = [\frac{[16R - 5P]l^3}{48EI} + \Delta_C]\delta R = 0,\ \delta R \neq 0$$

이므로 $\frac{\partial \Pi}{\partial R} - \Delta_c = 0$이다. 여기서 $\Delta_C = \frac{R}{k}$ 적용하면(구조계 2)

$$\therefore \Delta_C = -\frac{R}{k} = \frac{[16R - 5P]l^3}{48EI},\ \therefore R = -\frac{5P}{16}\frac{1}{1 + \frac{k_{beam}}{k_{spring}}} = -\frac{5P}{16}\frac{1}{1 + \frac{3EI}{kl^3}}$$

EX 변분 – 3 : 그림과 같은 2경간 연속보에서 E점의 반력을 구하시오.
(84회 토목구조기술사 3교시 6번)

스프링의 유연도(flexibility) $f = 1/k = 2\,\text{mm/kN}$이며, 보의 휨강도는 AB구간에서 $EI = 30{,}000\,\text{kN}\cdot\text{m}^2$, BCD구간에서 $2EI = 60{,}000\,\text{kN}\cdot\text{m}^2$이다.

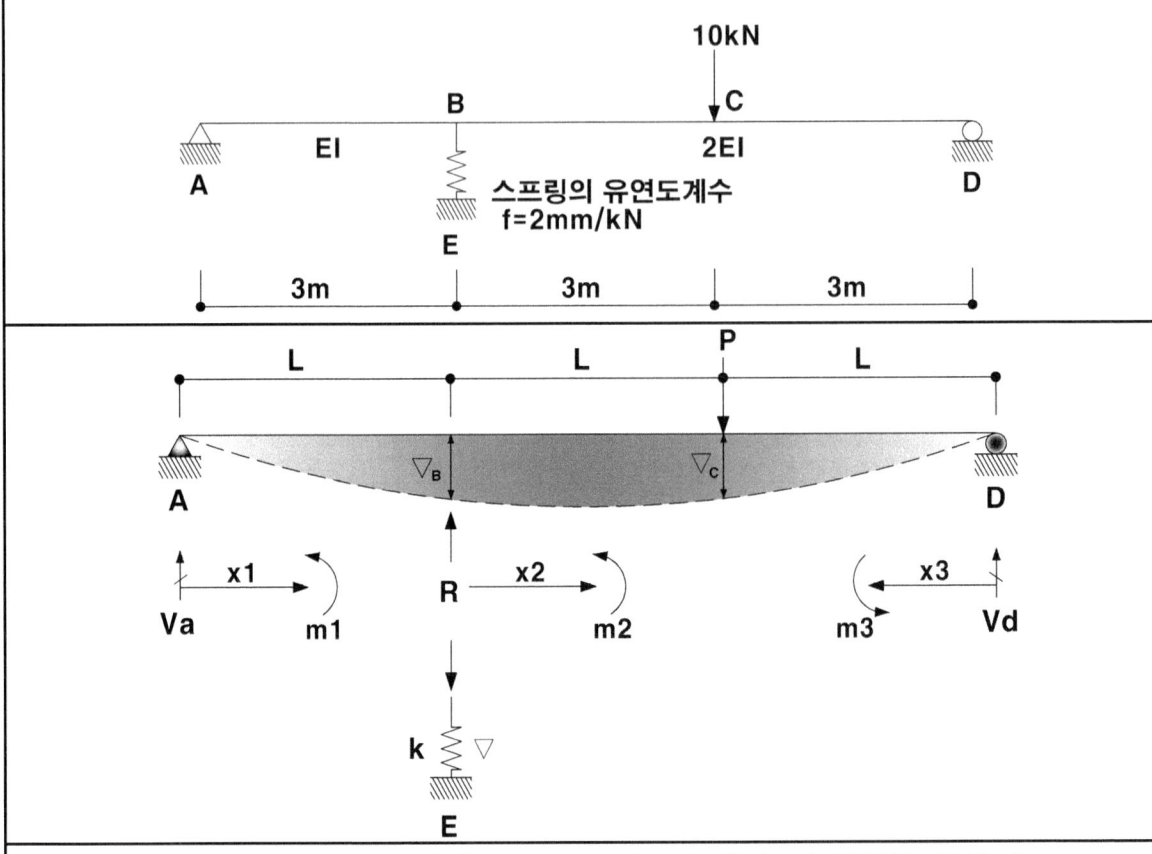

이 문제 풀이 접근은 크게 두개의 구조물로 나누어 절점B의 변위를 구한 후 스프링지점의 변위와 같다는 적합조건식을 유도하여 반력을 구할 것이다.

$$m_1 = \left(-\frac{2R}{3} + \frac{P}{3}\right)x_1, \quad m_2 = \left(-\frac{2R}{3} + \frac{P}{3}\right)(L + x_2) + Rx_2, \quad m_3 = \left(-\frac{R}{3} + \frac{2P}{3}\right)x_3$$

$$\Pi = U + W = \frac{1}{2EI}\left(\int_0^L m_1^2 dx + \frac{1}{2}\int_0^L m_2^2 dx + \frac{1}{2}\int_0^L m_3^2 dx\right) + R\Delta_B - P\Delta_C$$

$$\frac{\partial \Pi}{\partial R} = -\Delta = \frac{32RL^3 - 25PL^3}{108EI}, \quad \Delta = \frac{-32RL^3 + 25PL^3}{108EI} = \frac{R}{k} = Rf$$

$$R = \frac{25kPL^3}{4(8kL^3 + 27EI)}$$

$P = 10\,\text{kN}$, $EI = 30{,}000\,\text{kN}\cdot\text{m}^2$, $f = 0.002\,\text{m/kN}$, $L = 3\,\text{m}$ 대입하면

$R = 0.919\,\text{kN}$

$$\Pi = U + W = \frac{1}{2EI}\left(\int_0^L m_1^2 dx + \int_0^L m_2^2 dx + \int_0^L m_3^2 dx\right) + R\Delta_B - P\Delta_C$$ 에서 Δ_B, Δ_C를 구하려면

EX 변분 – 3 : 그림과 같은 2경간 연속보에서 E점의 반력을 구하시오.
(84회 토목구조기술사 3교시 6번)

스프링의 유연도(flexibility) $f = 1/k = 2\,\mathrm{mm/kN}$이며, 보의 휨강도는 AB구간에서 $EI = 30{,}000\,\mathrm{kN \cdot m^2}$, BCD구간에서 $2EI = 60{,}000\,\mathrm{kN \cdot m^2}$이다.

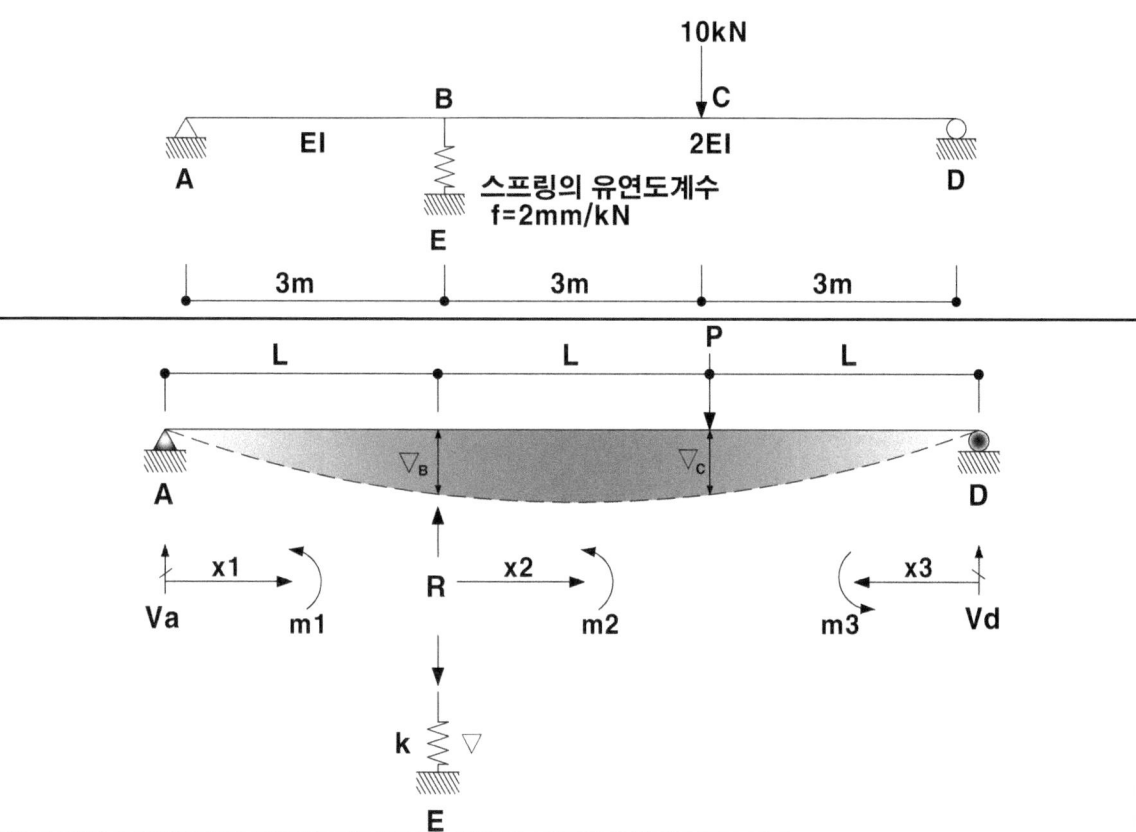

식에 반력 R을 대입하고 $P = 10\,\mathrm{kN}$, $EI = 30{,}000\,\mathrm{kN \cdot m^2}$, $f = 0.002\,\mathrm{m/kN}$, $L = 3\,\mathrm{m}$을 대입한 후,

$$\frac{\partial \Pi}{\partial R} = \Delta_B, \quad \frac{\partial \Pi}{\partial P} = \Delta_C$$

를 이용하여 Δ_B, Δ_C를 구할 수 있다.

제 11 장 구조물의 변형

EX 변분 – 4 : 지점반력이 모두 같도록 스프링 상수 k를 구하시오.
(EI=일정, w=등분포하중) (82회 토목구조기술사 3교시 5번)

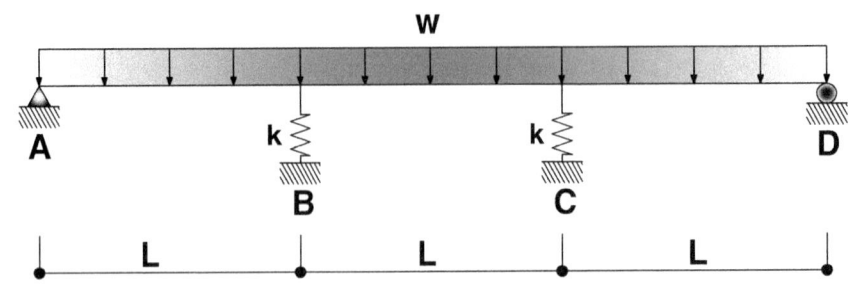

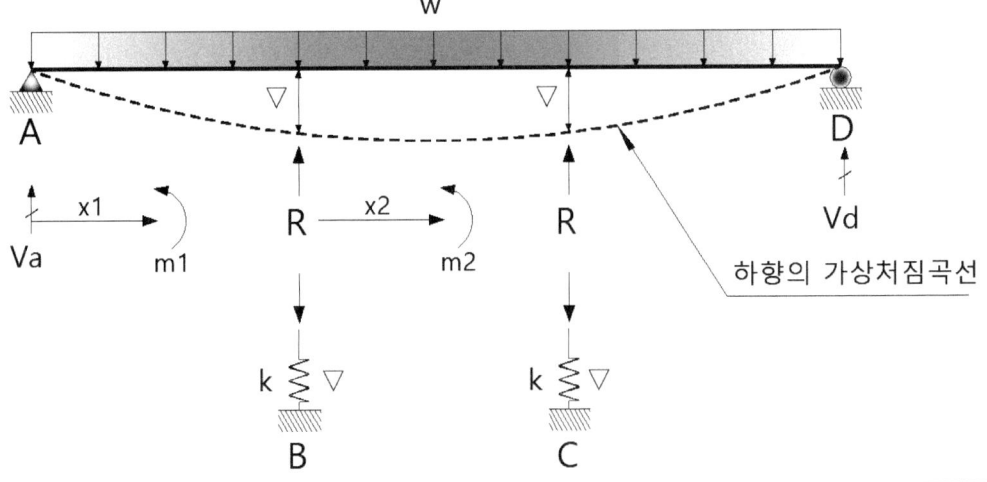

$$m_1 = (\frac{3wL}{2} - R)x_1 - \frac{wx^2}{2}, \quad m_2 = (\frac{3wL}{2} - R)(L+x_2) + Rx_2 - wL(\frac{L}{2}+x_2) - \frac{wx_2^2}{2}$$

$\Pi = U + W = \frac{1}{2EI}(2ea\int_0^L m_1^2 dx + \int_0^L m_2^2 dx) + 2R\Delta$, 여기서 외력 퍼텐셜에너지의

부호에 주의하자. 가상처짐형상과 반대의 외력이므로 + 이다.

$\frac{\partial \Pi}{\partial R} = -2\Delta = \frac{10RL^3 - 11wL^4}{6EI}, \quad -\Delta = \frac{10RL^3 - 11wL^4}{12EI}$, 한편 스프링력의 처짐에 대한

식은 $\Delta = \frac{R}{k}$, $\Delta = \frac{10RL^3 - 11wL^4}{12EI} = \frac{R}{k}$, k에 대하여 정리한 후 R에 4개의

지점반력이 같도록 $3wL/4$를 대입하면 $k = \frac{18EI}{7L^3}$이다.

EX 변분 – 5 : 가상변위의 원리를 사용하여 C점에서의 처짐을 구하시오.
(79회 토목구조기술사 3교시 6번)

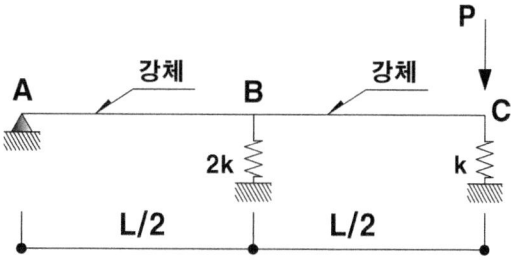

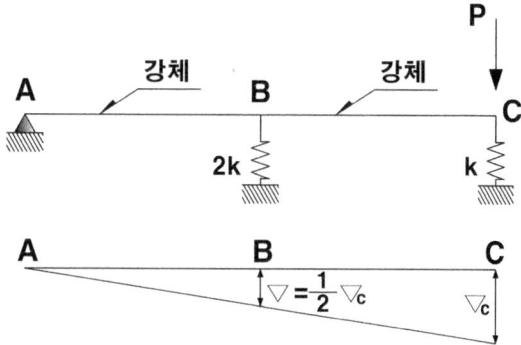

가상일의 원리는 퍼텐셜에너지를 힘의 항으로 표현한 후 해당 위치에서의 힘으로 변분을 하면 가상일의 원리이고 가상변위의 원리는 퍼텐셜에너지를 변위의 항으로 표현한 후 해당 변위로 변분을 하게 되면 같게 된다. $\delta W_E = P\,\delta\Delta$ 에서 C점에 단위변위 1을 주면 부재들이 강체이므로, $P(1) = R_B(\frac{1}{2}) + R_C(1)$

이고, R_B 와 R_C 는 각각 $2k(\frac{\Delta_c}{2})$, $k\Delta_c$ 이다. 이를 원식에 대입하면 다음과 같다.

$P(1) = (k\Delta_c)(\frac{1}{2}) + (k\Delta_c)(1) = \frac{3k}{2}\Delta_c$ 따라서 $\Delta_c = \frac{2P}{3k}$ 이다.

변분은 다음과 같다

$$\Pi = \frac{1}{2}(2k)(\frac{1}{2}\Delta_c)^2 + \frac{1}{2}(k)(\Delta_c)^2 - P\Delta_c$$

$$\frac{\partial \Pi}{\partial \Delta_c} = \frac{k}{2}\Delta_c + k\Delta_c - P = 0$$

$$\therefore \Delta_c = \frac{2P}{3k}$$

EX 변분 – 6 : 아래 그림과 같은 자중이 20 kN/m이고, 길이가 90 m인 균일단면 보에서 자중에 의한 최대 휨모멘트의 절대값이 최소가 되기 위한 스프링 계수 k를 구하고 이 때 보에 작용하는 휨모멘트도를 그리시오. 다만 보의 휨강성 $EI = 20,000,000$ kN·m²이다(85회 토목구조기술사 4교시 4번) ⇒ 제13장 혼합법 13-7 문제 풀이 참조

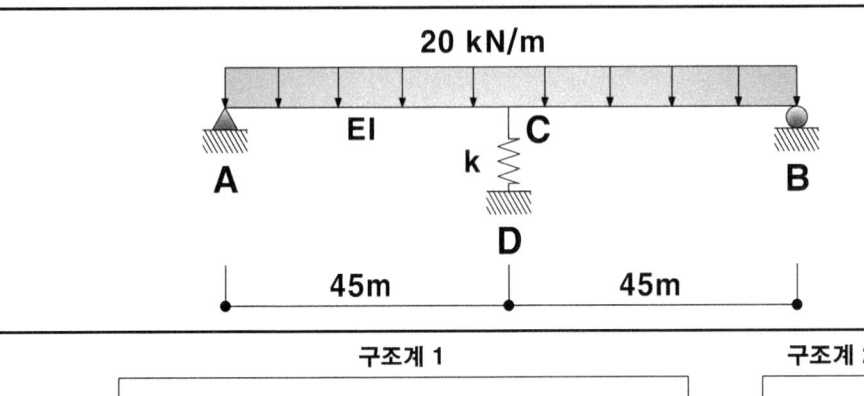

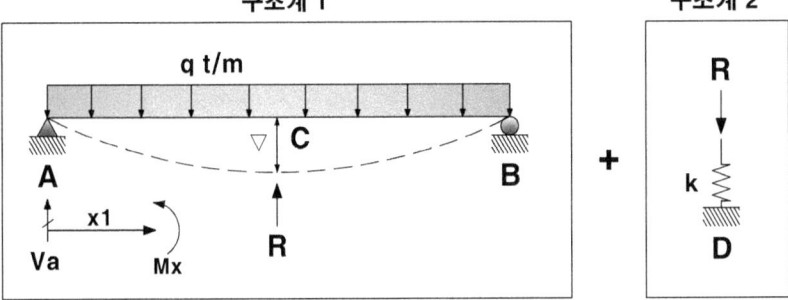

구조계 1에서와 같이 최대 정모멘트 M_x는 전단력이 0 이 되는 위치이므로

$\dfrac{wl}{2} - \dfrac{R}{2} - wx = 0$, 따라서 $x = \dfrac{1}{2}(l - \dfrac{R}{w})$이다. 최대 정모멘트 M_x에 대입하여

정리하면 각각 정모멘트와 부모멘트($x = \dfrac{l}{2}$)는 각각

$M(+) = \dfrac{(R-wl)^2}{8w}$, $M(-) = \dfrac{wl^2 - 2Rl}{8}$ 이고 $|\dfrac{(R-wl)^2}{8w}| = |\dfrac{wl^2 - 2Rl}{8}|$

$R = 1054.416$ or 6145.58 이다. 그런데 6145.58 kN은 $k = \infty$일 경우 반력이 1125 kN

보다 크므로 $R = 1054.416$ kN이다. $f = kd$에서 d는 $y_{(x=l/2)} = \dfrac{5wl^4}{384EI(1 + \dfrac{kl^3}{48EI})}$

이므로(제13장 혼합법 13-7 문제 풀이 참조)

$R = 1054.416 = \dfrac{5(20)(90)^4}{384(20,000,000)(1 + \dfrac{k(90)^3}{48(20,000,000)})}$

$\therefore k = 19672.641$ kN/m

제 11 장 구조물의 변형

EX 변분 – 7 : 다음 그림과 같은 4분원에서 A점에 발생하는 처짐의 크기와 방향을 F, EI, R의 항으로 표기하여 구하시오. 단 휨강성 EI는 일정하고 $k = \dfrac{EI}{R^3}$ 이다. **(67회 토목구조기술사 2교시 4번)**

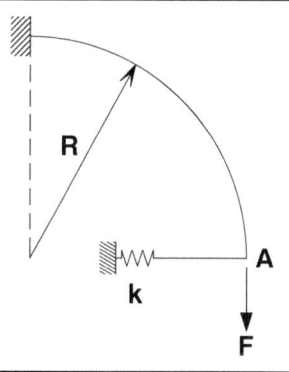
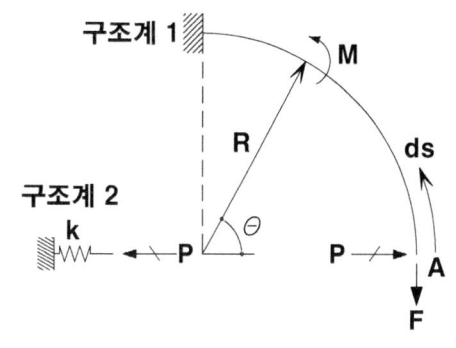

링빔 형태의 문제는 종속함수와의 관계 즉 $ds = Rd\Theta$를 주의하여야 하고 변위법의 접근보다 에너지법의 접근이 유리하다. 1차부정정구조 → 정정구조물로 구조계를 분류 → 힘의 항으로 내부에너지 구성 및 외력 퍼텐셜에너지 구성 → 전체 퍼텐셜에너지를 외력으로 변분 → 분리된 구조계에서 적합조건식 유도의 순서로 전개된다. 구조계 1에서 절점A의 수평처짐 Δ_H, 수직처짐 Δ_V로 하면 전체 퍼텐셜에너지는

$\Pi = U + V$에서, $\Pi = \dfrac{1}{2EI}\int M^2 ds - P\Delta_H - F\Delta_V$

이다 여기서 외력 퍼텐셜에너지의 부호가 - 인 것은 하중작용방향과 변위방향이 같다고 가정했기 때문이다. $ds = Rd\theta$이기 때문에 퍼텐셜에너지를 다시 정리하면

$\Pi = \dfrac{1}{2EI}\displaystyle\int_0^{\pi/2} M^2 Rd\theta - P\Delta_H - F\Delta_V$, $M = R[F(1-\cos\theta) - P\sin\theta]$

한편 탄성 미분방정식에서 선형과 비선형의 차이는 다음과 같이 표현된다.

$Rd\theta \approx dx \Rightarrow \dfrac{1}{R} = \dfrac{M}{EI} = y'' = \phi$ (선형)

$Rd\theta - ds \to \dfrac{1}{R} - \dfrac{y''}{(1+y'^2)^{3/2}}$ (비선형)

$\dfrac{\partial \Pi}{\partial P}\delta P = \dfrac{R^3}{4EI}(P\pi - 2F) - \Delta_H = 0, \quad \therefore \Delta_H = \dfrac{R^3}{4EI}(P\pi - 2F), \ \Delta_{H'} = \dfrac{P}{k} = \dfrac{R^3}{EI}P,$

$\therefore \Delta_H + \Delta_{H'} = 0, \ P = \dfrac{2F}{4+\pi}$, 에서 F의 변분에 P를 대입하여 정리하면

$\dfrac{\partial \Pi}{\partial F}\delta F = \dfrac{R^3}{EI}(0.138F) - \Delta_V = 0, \quad \therefore \Delta_H = -\dfrac{R^3}{EI}(\dfrac{2F}{4+\pi})$, 결국 수평, 수직 처짐은 다음과 같다. $\therefore \Delta_H = \dfrac{R^3}{EI}(\dfrac{2F}{4+\pi})(\leftarrow), \quad \therefore \Delta_V = \dfrac{R^3}{EI}(0.216F)(\downarrow)$

EX 변분 – 8 : 다음 구조물의 BMD를 그리시오. ($I = 150 \times 10^6$ mm^4, $E = 200$ Gpa)
(82회 토목구조기술사 3교시 4번)

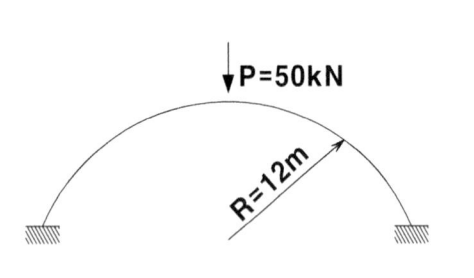

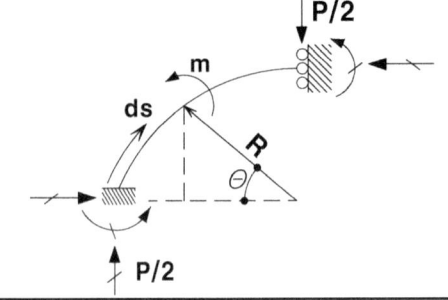

(1) 구조시스템

3차 부정정 구조물이지만 대칭구조와 대칭 하중이 작용하기 때문에 결국 2차 부정정구조를 해석하는 것과 같다. $\Pi = U - W$, 여기서, $W = \dfrac{P}{2}\Delta$ 따라서 임의 점의 평형 방정식은

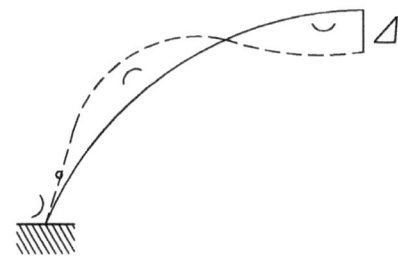

$$M + HR\sin\theta - \dfrac{PR}{2}(1-\cos\theta) + m = 0, \quad m = \dfrac{PR}{2}(1-\cos\theta) - M - HR\sin\theta$$

$\therefore \Pi = \dfrac{1}{2EI}\int m^2 ds - \dfrac{P}{2}\Delta$, $EI = 30{,}000$ mm^2, $P = 50$ kN, $R = 12$ m, $ds = Rd\theta$ 이므로

최소일 또는 변분의 정류원리($\dfrac{\partial \Pi}{\partial M} = 0$, $\dfrac{\partial \Pi}{\partial H} = 0$)를 적용하면

$M = 66.364$ kNm, $H = 22.957$ kN 이다. 하중재하점의 처짐은 $\dfrac{\partial \Pi}{\partial P} - \dfrac{\Delta}{2} = 0$

이므로 $\Delta = 336$ mm 이다. $m = \dfrac{PR}{2}(1-\cos\theta) - M - HR\sin\theta$

에 모멘트와 수평력을 대입한 후 θ에 대하여 미분하면 다음과 같다.

$\dfrac{\partial m}{\partial \theta} = 0$, $\theta = 42.56°$, $m = -40.925$ kNm

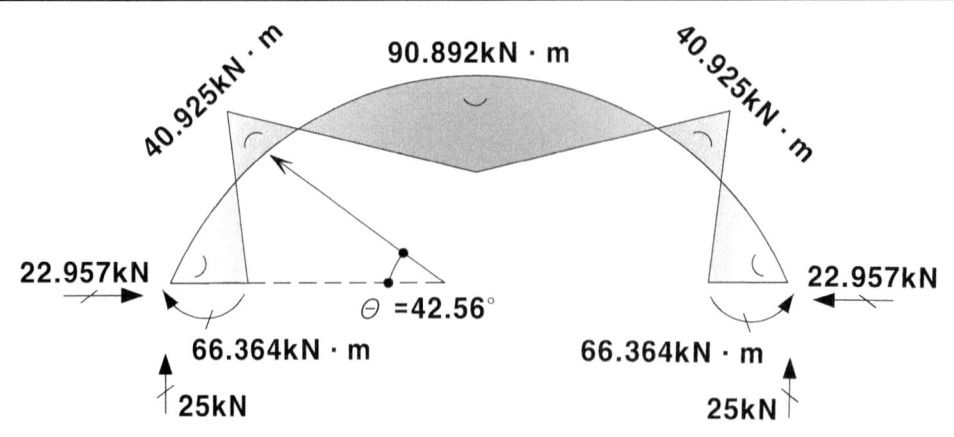

EX 변분 – 9 : 구조물의 반력 모멘트 M_A, M_B와 하중점 처짐 δ_c를 구하시오. (두 부재의 강성 EI는 일정하다)(81회 토목구조기술사 3교시 3번)

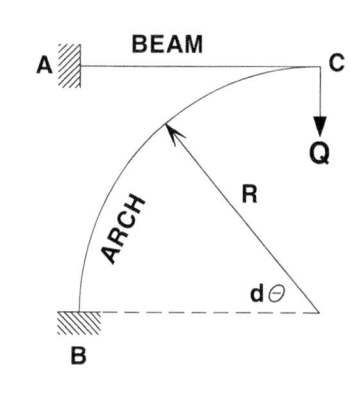
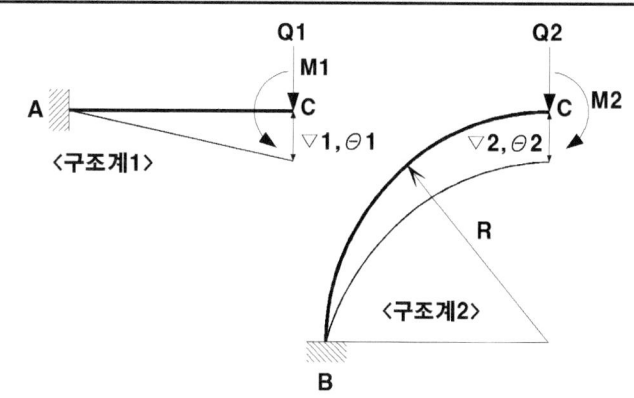

① $Q = Q_1 + Q_2$ (절점C에서의 연직력에 대한 적합조건)

② $0 = M_1 + M_2$ (절점평형조건에 의한 조건)

③ $\Delta_1 = \Delta_2$ (절점C에서는 구조계 1과 구조계 2와 연직변위는 같아야 한다)

④ $\theta_1 = \theta_2$ (가정한 모멘트 방향이 반대다. 이는 절점평형조건에 의하여 방향이 반대이고 각각의 모멘트와 대응하는 일대일 회전변위도 반대이기 때문)

구 조 계 1	구 조 계 2
$\Pi_1 = U_1 - Q_1\Delta_1 - M_1\theta_1$ $U_1 = (Q_1, M_1 \text{의 함수})$	$\Pi_2 = U_2 - Q_2\Delta_2 - M_2\theta_2$ $U_2 = (Q_2, M_2 \text{의 함수})$
$\dfrac{\partial \Pi_1}{\partial Q_1} = \dfrac{\partial U_1}{\partial Q_1} - \Delta_1 = 0$	$\dfrac{\partial \Pi_2}{\partial Q_2} = \dfrac{\partial U_2}{\partial Q_2} - \Delta_2 = 0$
$\dfrac{\partial \Pi_1}{\partial M_1} = \dfrac{\partial U_1}{\partial M_1} - \theta_1 = 0$	$\dfrac{\partial \Pi_2}{\partial M_2} = \dfrac{\partial U_2}{\partial M_2} - \theta_2 = 0$
$m_1 = Q_1 x - M_1$	$m_2 = Q_1 R\sin\theta + M_2,\ ds = Rd\theta$
$\therefore U_1 = \dfrac{1}{2EI}\int_0^R m_1^2 dx$	$\therefore U_2 = \dfrac{1}{2EI}\int_0^R m_2^2 ds = \dfrac{1}{2EI}\int_0^{\frac{\pi}{2}} m_2^2 R d\theta$
$\Delta_1 = \dfrac{Q_1 R^3}{3EI} - \dfrac{M_1 R^2}{2EI}$	$\Delta_2 = \dfrac{Q_2 \pi R^3}{4EI} + \dfrac{M_2 R^2}{EI}$
$\theta_1 = \dfrac{M_1 R}{EI} - \dfrac{Q_1 R^2}{2EI}$	$\theta_2 = \dfrac{Q_2 R^2}{EI} + \dfrac{M_2 \pi R}{2EI}$

EX 변분 - 9 : 구조물의 반력 모멘트 M_A, M_B와 하중점 처짐 δ_c를 구하시오. (두 부재의 강성 EI는 일정하다)(81회 토목구조기술사 3교시 3번)

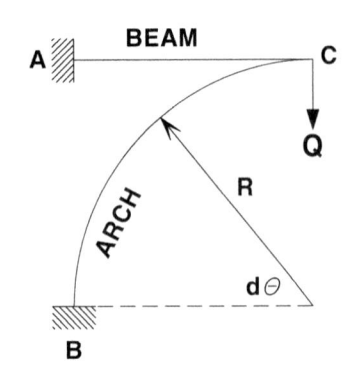

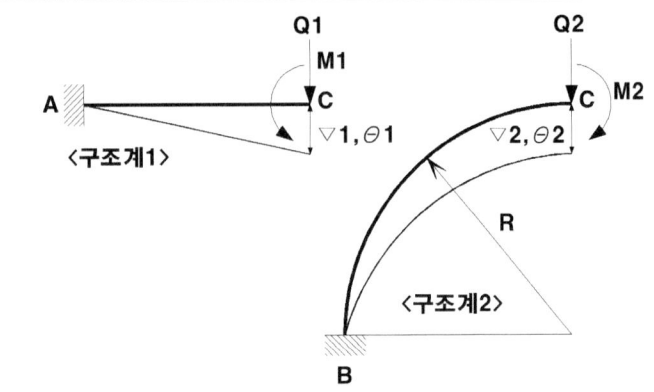

적합조건을 이용하면

$$\theta_1 + \theta_2 = 0 = \frac{-Q_1 R^2}{2EI} + \frac{Q_2 R^2}{EI} + \frac{M_1 R}{EI} + \frac{M_2 \pi R}{2EI}, \quad Q_2 = Q - Q_1,\ M_2 - M_1\text{을 대입하면}$$

$$\theta_1 + \theta_2 = 0 = \frac{QR^2}{2EI} - \frac{3Q_1 R^2}{2EI} - \frac{M_1 \pi R}{2EI} + \frac{M_1 R}{2EI} \quad \text{-- ①}$$

$$\Delta_1 - \Delta_2 = 0 = \frac{Q_1 R^3}{3EI} - \frac{Q_2 \pi R^3}{4EI} - \frac{M_1 R^2}{2EI} - \frac{M_2 R^2}{EI}, \quad Q_2 = Q - Q_1,\ M_2 - M_1\text{을 대입하면}$$

$$\Delta_1 - \Delta_2 = 0 = \frac{-Q\pi R^3}{4EI} + \frac{Q_1 \pi R^3}{4EI} + \frac{M_1 R^3}{3EI} + \frac{M_1 R^2}{2EI} \quad \text{-- ②}$$

①식과 ②식을 연립하여 정리하면

$Q_1 = 0.464Q$, $M_1 = 0.533\,QR$

$Q_2 = 0.536Q$, $M_2 = -0.533\,QR$

$\Delta = \dfrac{-0.11173}{EI} QR^3\,(\downarrow)$, $\theta = \dfrac{0.30078\,QR^2}{EI}$ (가정한 방향과 일치)

구 조 계 1	구 조 계 2
$Q_1 = 0.464Q$, $M_1 = 0.533\,QR$	$Q_2 = 0.536Q$, $M_2 = -0.533\,QR$

제12장 부정정 구조물

12.1 부정정 구조물 ·· 391

12.2 변형 일치법(Deformation method) ······· 392

12.3 3연모멘트(Three moment method) ······ 396

12.4 처짐각법(Slope deflection method) ····· 400

12.5 모멘트분배법(고정모멘트법) ···················· 412

12.6 부정정 구조물의 영향선 ··························· 424

12장 부정정 구조물

12.1 부정정 구조물

12.1.1 개요

부정정 구조물이란 여분의 부재와 지점이 있는 구조물을 말한다. 따라서 부정정 구조물을 풀기 위해서는 구조물의 변형 또는 지점에 있어서 변형 구속조건을 고려해 탄성방정식을 세워 푸는 것이 일반적인 방법이다.

12.1.2 부정정 구조물의 해법

부정정 구조물의 해법
1) 응력법 (유연도법=적합법) 　　① 변형일치법 - 단스팬의 보, 2스팬의 대칭 연속보 　　② 에너지법 - castigliano의 제 2정리, 가상일의 원리(단위하중법) → 부정정 트러스와 아치 　　③ 3연모멘트 - 연속보 　　④ 기둥유사법 - 연속보, 라멘 　　⑤ 처짐곡선의 미분방정식 2) 변위법 (강성도법=평형법) 　　① 처짐각법 (요각법=변각법) - 라멘 　　② 모멘트 분배법 - 연속보, 라멘 　　③ 에너지법 - castigliano의 제 1정리 　　④ 모멘트 면적법 3) 수치해석법 　　　　Rayleigh – Ritz Method : 근사해법으로 구할 수 있음

제 12 장 부정정 구조물

12.2 변형일치법(Deformation method)

12.2.1 개요

변형일치의 방법은 여분의 지점반력이나 응력을 부정정여력으로 간주하여 정정구조물로 변화시킨 뒤 처짐이나 처짐각의 값을 이용하여 계산한다.

12.2.2 처짐공식 이용법 : 부정정보의 반력계산에 적용

■ 부정정보의 반력 계산에 적용

A지점의 Roller를 제거하고 대신 부정정여력 R_A를 하중으로 작용시키면 그림 (a)는 그림 (b), (c)와 같은 정정구조의 캔틸레버로 생각하여 Mohr의 정리에서 δ_1과 δ_2를 구할 수 있다. 즉 그림 (b), (c)의 처짐은 크기가 같고 방향이 반대이므로 이 관계로부터 부정정여력 R_A를 구할 수 있다.

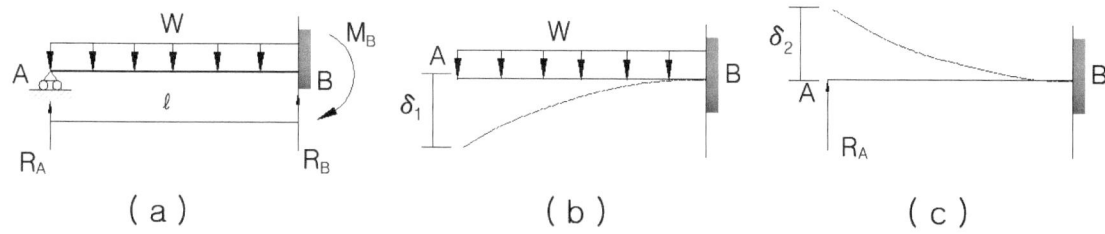

(a)　　　　　　　　(b)　　　　　　　　(c)

$\delta_A = \delta_1 + \delta_2 = 0$

$\delta_2 = \delta_1$

$\dfrac{R_A \ell^3}{3EI} = \dfrac{W\ell^4}{8EI}$

$\therefore R_A = \dfrac{3W\ell}{8} (\uparrow)$

$\sum M_B = 0$ 에서 :

$M_B = W\ell \dfrac{\ell}{2} - \dfrac{3W\ell}{8} \times \ell = \dfrac{W\ell^2}{8} (\curvearrowleft)$

$\sum V = 0$ 에서 : $R_B + R_A = W\ell$

$R_B = W\ell - R_A = W\ell - \dfrac{3W\ell}{8} = \dfrac{5W\ell}{8} (\uparrow)$

12.2.3 처짐각공식 이용법

- 부정정보의 반력모멘트계산에 적용

반력모멘트 : B지점의 고정단을 회전 지점으로 바꾸는 대신 부정정여력 M_B를 하중으로 작용시키면 보 AB는 단순보로 생각할 수 있으므로 Mohr의 정리를 응용하여 θ_1과 θ_2를 구할 수 있다.

즉 θ_1과 θ_2는 크기가 같고 방향이 반대이므로 이 관계로부터 부정정여력 M_B를 구할 수 있다.

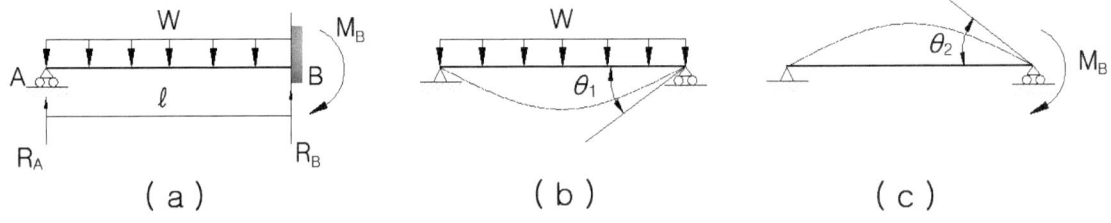

(a) (b) (c)

$\theta_A = \theta_1 + \theta_2 = 0$

$\theta_2 = \theta_1$

$\dfrac{M_B \ell}{3EI} = \dfrac{W\ell^3}{24EI}$

$\therefore M_B = \dfrac{W\ell^2}{8}(\curvearrowleft)$

$\sum M_B = 0$에서 : $R_A = \dfrac{1}{\ell}(W\ell\dfrac{\ell}{2} - \dfrac{W\ell^2}{8}) = \dfrac{3W\ell}{8}$

$\sum V = 0$에서 : $R_B = W\ell - R_A = W\ell - \dfrac{3W\ell}{8} = \dfrac{5W\ell}{8}$

EX – 1 : 그림과 같은 2경간 연속보에서 중간지점의 반력 X는?

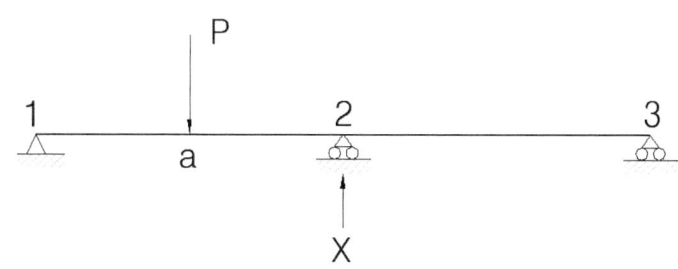

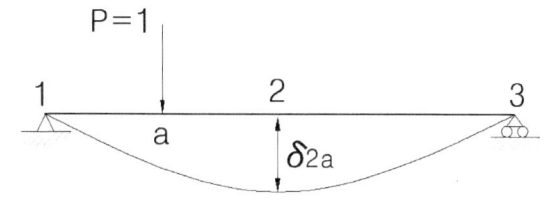
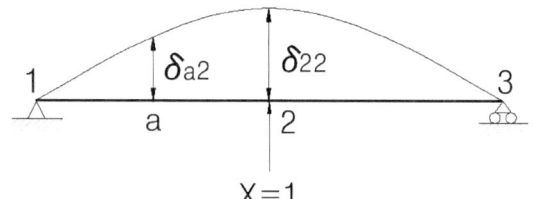

(해) 변형일치법 적용

$P\delta_{2a} = X\delta_{22}$ 이어야 $\triangle_2 = 0$ 이 성립된다. $\therefore X = \dfrac{\delta_{2a}}{\delta_{22}} P$

그런데 Maxwell의 상반처짐의 법칙에 의해 $\delta_{2a} = \delta_{a2}$ $\therefore X = \dfrac{\delta_{a2}}{\delta_{22}} P$

EX – 2 : 그림과 같은 보에서 전단력이 영이 되는 위치와 최대휨모멘트는?

$R_A = \dfrac{5}{8} W\ell,\ R_B = \dfrac{3}{8} W\ell$

전단력이 0이 되는 곳은

A점으로부터 $x = \dfrac{5}{8}\ell$

B점으로부터 $x = \dfrac{3}{8}\ell$

$(+)M_{\max} = \dfrac{3W\ell}{8}\left(\dfrac{3\ell}{8}\right)\left(\dfrac{1}{2}\right) = \dfrac{9W\ell^2}{128}$

$M_A = -\dfrac{W\ell^2}{8}$

반곡점 위치 $x_0 = 2\left(\dfrac{3}{8}\ell\right) = \dfrac{3}{4}\ell$

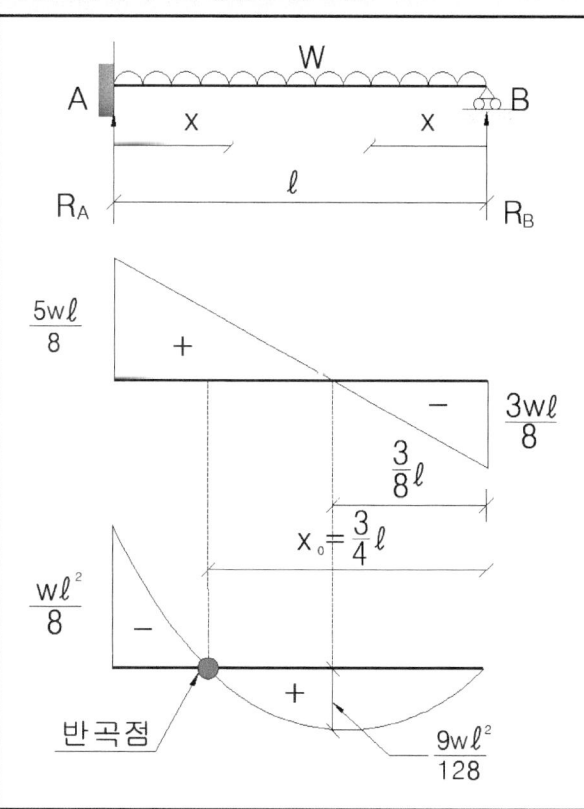

EX – 3 : 양단고정보의 해석 – 등분포 하중

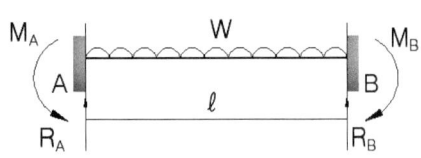
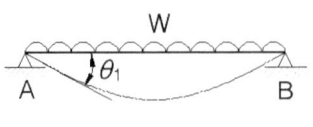
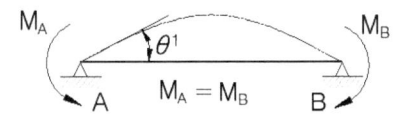

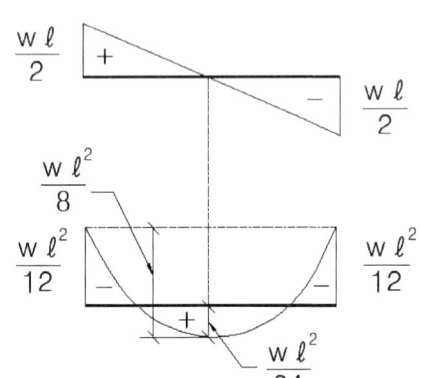

$$\theta_A = \theta_1 + \theta_2 = 0$$

$$\theta_2 = \theta_1, \ \frac{M_A \ell}{2EI} = \frac{W\ell^3}{24EI}$$

$$\therefore M_A = \frac{W\ell^2}{12} = M_B, \ M_C = \frac{W\ell^2}{8} - \frac{W\ell^2}{12} = \frac{W\ell^2}{24}$$

EX – 3 : 양단고정보의 해석 - 집중하중

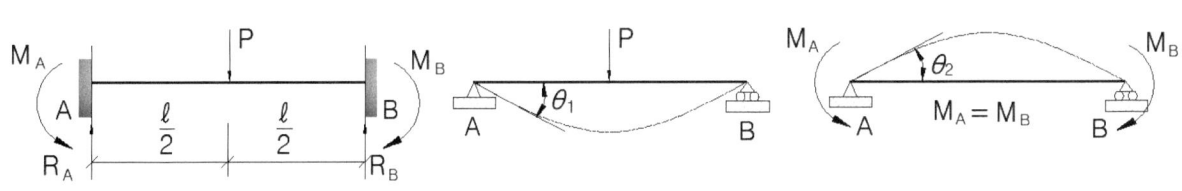

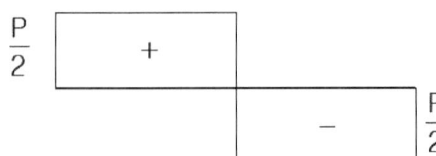

$$\theta_A = \theta_1 + \theta_2 = 0$$

$$\theta_2 = \theta_1, \ \frac{M_A \ell}{2EI} = \frac{P\ell^2}{16EI}$$

$$\therefore M_A = \frac{P\ell}{8} = M_B, \ M_C = \frac{P\ell}{4} - \frac{P\ell}{8} = \frac{P\ell}{8}$$

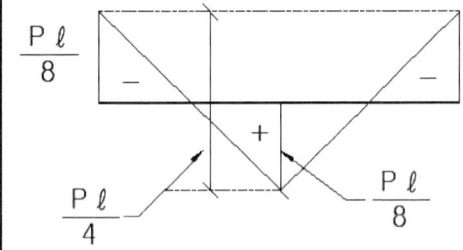

제 12 장 부정정 구조물

12.3 3연모멘트(Three moment method)

12.3.1 원리

연속보를 지간별로 분리하여 지점모멘트를 부정정여력으로 취하면 각 지점에서 여력 수와 같은 방정식을 세울 수가 있으므로, 이것을 연립시켜 풀면 지점 휨모멘트를 구할 수가 있다. 이 원리를 3연모멘트, 일명 clapeyron의 방정식이라 한다.

12.3.2 공식

3연모멘트법은 처짐각을 이용해 연속보를 푸는 방법을 공식으로 만든 것이다.

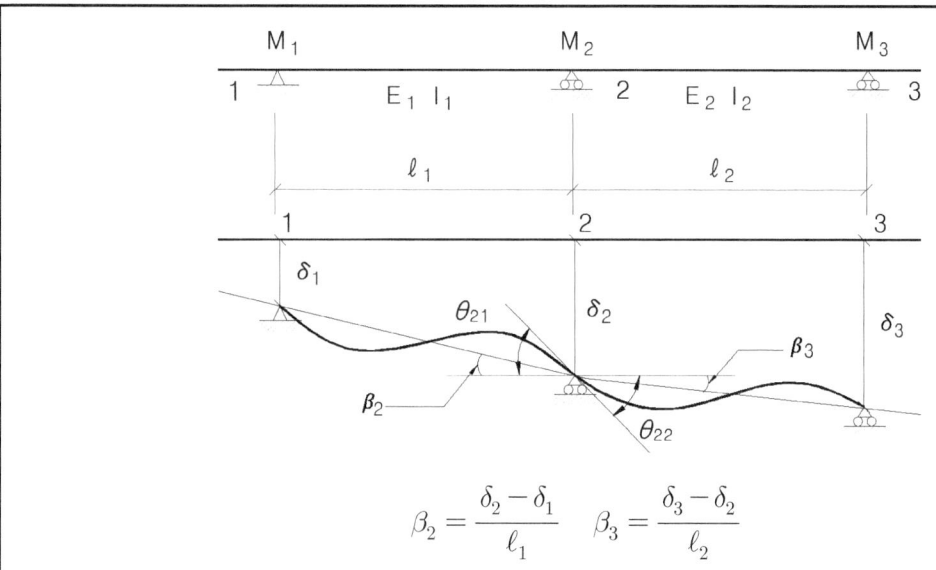

$$\beta_2 = \frac{\delta_2 - \delta_1}{\ell_1} \quad \beta_3 = \frac{\delta_3 - \delta_2}{\ell_2}$$

① 일반식

$$M_1 \frac{\ell_1}{E_1 I_1} + 2M_2 \left(\frac{\ell_1}{E_1 I_1} + \frac{\ell_2}{E_2 I_2} \right) + M_3 \frac{\ell_2}{E_2 I_2} = 6(\theta_{21} - \theta_{22}) + 6(\beta_2 - \beta_1)$$

② E가 일정하고 또 지점의 침하가 없을 때

$$M_1 \frac{\ell_1}{I_1} + 2M_2 \left(\frac{\ell_1}{I_1} + \frac{\ell_2}{I_2} \right) + M_3 \frac{\ell^2}{I^2} = 6E(\theta_{21} - \theta_{22})$$

③ EI가 일정하고 또 지점의 침하가 없을 때

$$M_1 \ell_1 + 2M_2 (\ell_1 + \ell_2) + M_3 \ell_2 = 6EI(\theta_{21} - \theta_{22})$$

④ EI가 일정할 때

$$M_1 \ell_1 + 2M_2 (\ell_1 + \ell_2) + M_3 \ell_2 = 6EI(\theta_{21} - \theta_{22}) + 6EI(\beta_2 - \beta_1)$$

제 12 장 부정정 구조물

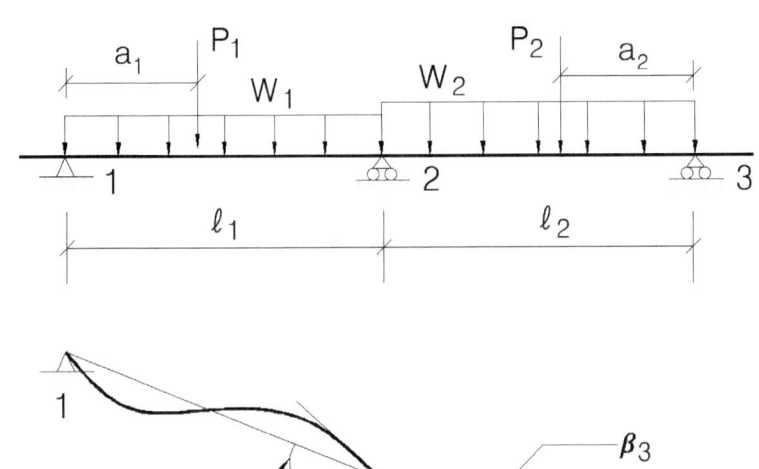

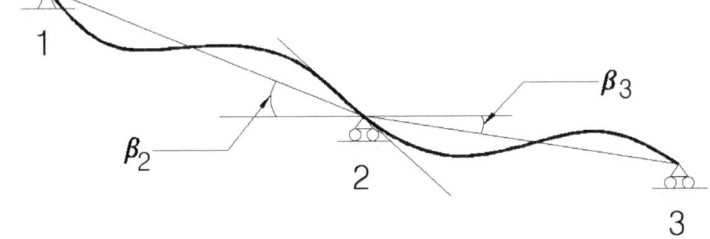

- 실용식

① 지점침하가 없을 때

$$M_1\ell_1 + 2M_2(\ell_1 + \ell_2) + M_3\ell_2 = -\left\{\frac{P_1 a_1(\ell_1^2 - a_1^2)}{\ell_1} + \frac{P_2 a_2(\ell_2^2 - a_2^2)}{\ell_2}\right\} - \frac{1}{4}(W_1\ell_1^3 + W_2\ell_2^3)$$

② 지점침하가 있을 때 : 객관식 문제에서는 하중을 고려하지 않음

$$M_1\ell_1 + 2M_2(\ell_1 + \ell_2) + M_3\ell_2 = 6EI(\beta_2 - \beta_3)$$

12.3.3 공식의 적용방법

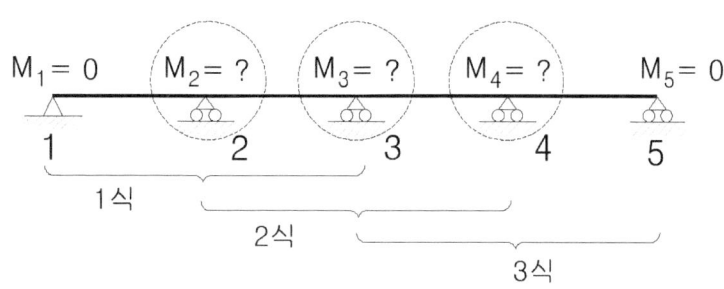

① 연속보의 미지수(부정정여력)인 지점 휨모멘트의 수와 방정식의 수가 일치하도록 스팬을 선정한다.

그림에서 미지의 부정정력은 M_2, M_3, M_4의 3개이므로 방정식도 3개를 세우게 된다.
즉, 부정정력의 수=방정식 수

② 일단고정 또는 양단고정인 보에 적용할 때는 가상스팬을 설치하여 방정식의 수를 부정정여력의 수와 일치시킨다.

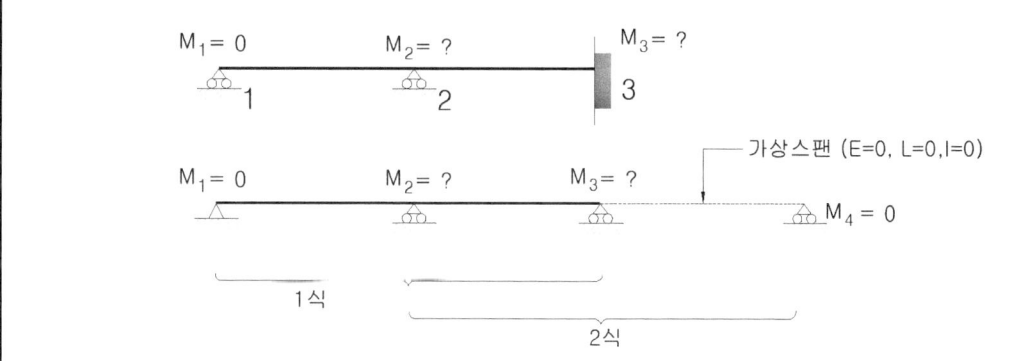

그림에서 미지의 부정정력은 M_2, M_3의 2개이므로 가상스팬을 설치하여 방정식도 2개를 세우게 된다. 이때 가상스팬의 I는 무한이다.

EX - 1 : 다음 연속보에서 지점모멘트는 M_B는?	
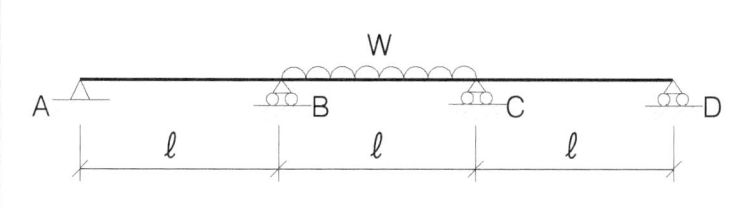	대칭구조이므로 $M_B = M_C$ $2M_B(2\ell) + M_C\ell = -\dfrac{w\ell^3}{4}$ $5M_B\ell = -\dfrac{w\ell^3}{4}$ $\therefore M_B = -\dfrac{w\ell^2}{20}$

EX - 2 : 그림과 같은 EI가 일정한 연속보의 B지점의 휨모멘트는?

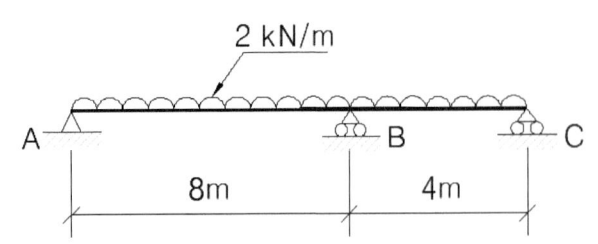

$$2M_B(8+4) = -(\frac{2\times 8^3}{4}+\frac{2\times 4^3}{4})$$
$$M_B = -\frac{1}{24}(256+32)$$
$$= -\frac{288}{24} = -12kN.m$$

EX - 3 : 다음 연속보에서 지점 B가 1cm 침하하면 침하로 인한 B지점의 휨모멘트는? (단, $E=2\times 10^6 kg/cm^2, I=1\times 10^2 cm^4$)

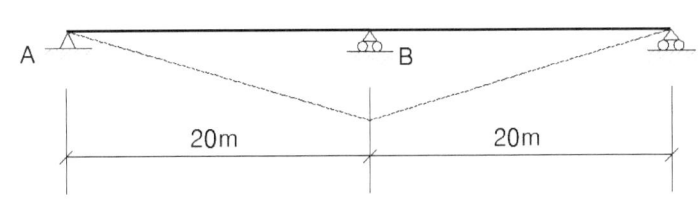

$$\beta_B = \frac{\delta_B}{\ell}\beta_C - \frac{\delta_B}{\ell}$$

$$2M_B(2\ell) = 6EI(\beta_B - \beta_C)$$
$$8000M_B = 6\times(2\times 10^6)\times(1\times 10^6)(\frac{1}{2000}+\frac{1}{2000})$$
$$\therefore M_B = \frac{6\times 2\times 10^6 \times 10^6 \times 2}{8000\times 2000} = 1500000 kg \cdot cm = 150 kNm$$

(참고)

$$2M_B(\ell + \ell) = 6EI(\frac{\delta_B}{\ell}+\frac{\delta_B}{\ell})$$
$$4M_B\ell = \frac{12EI\delta_B}{\ell}, \therefore M_B = \frac{3EI\delta_B}{\ell^2}$$

12.4 처짐각법(Slope deflection method)

12.4.1 원리

처짐각법은 직선부재에 작용하는 하중과 하중으로 인한 변형에 의해서 절점에 생기는 절점각과 부재각을 함수로 표시한 기본식을 만들어, 이 기본식을 적용한 절점방정식과 층방정식에 의해서 미지수인 절점각과 부재각을 구한다. 이 값을 기본식에 대입하여 재단 모멘트를 구하는 방법이다.

- 변형의 관계로부터 간접적으로 부정정력을 얻는 변위법의 일종으로, 연속보와 라멘을 풀 때는 가상일법보다 훨씬 간편하다. 그러나 구조물의 휨변형만을 고려하므로 부정정 트러스에는 이용되지 못한다.

12.4.2 재단모멘트(단모멘트)

부재의 끝부분에서 그 부재를 굽히려고 작용하는 모멘트를 재단모멘트라 한다.

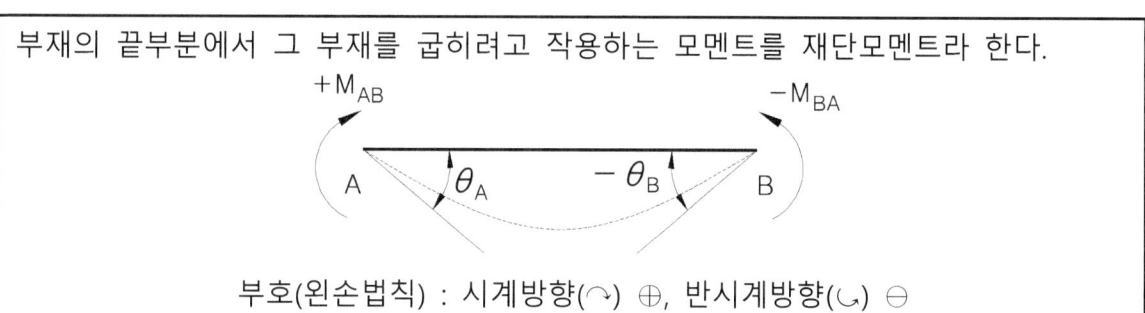

부호(왼손법칙) : 시계방향(↷) ⊕, 반시계방향(↶) ⊖

12.4.3 절점각(절점회전각, 절점처짐각)

부재가 외력에 의하여 휘어졌을 때, 부재의 임의점에 있어서의 접선이 변형 전의 부재축과 이루는 각.
(부호) : 접선이 본래의 부재축에 대하여 시계방향이면 ⊕, 반시계방향이면 ⊖

12.4.4 부재각(부재회전각)

그림과 같이 라멘구조에 외력이 작용하였을 때, AB부재가 변형하여 $A'B'$가 된다면, $A'B'$를 연결하는 직선은 본래 위치 AB에 대하여 평행이동과 회전의 두 가지 요소를 합친 이동에 의하여 변위된다.

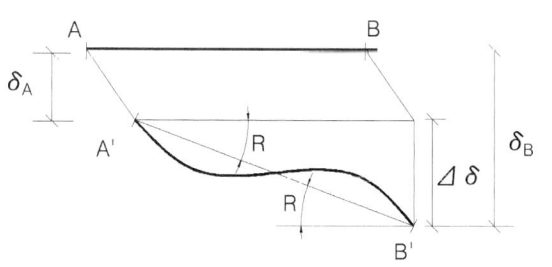

이 부재 회전각을 부재각(또는 처짐도)이라 하고 R로 표시한다.

$$R = \frac{\delta_A - \delta_B}{\ell} = \frac{\Delta \delta}{\ell}, \ (\delta = \delta_A - \delta_B)$$

※ 변형 후의 부재축이 본래의 부재축에 대하여 시계방향이면 ⊕, 반시계방향이면 ⊖

12.4.5 하중항

중간하중에 의한 고정단 모멘트, 즉 **반력모멘트를 하중항이라 한다.**

(기호)
    C : 양단고정일 때
    H : 일단고정 타단힌지 일 때
(부호)
    시계방향 (↷) ⊕
    반시계방향 (↶) ⊖

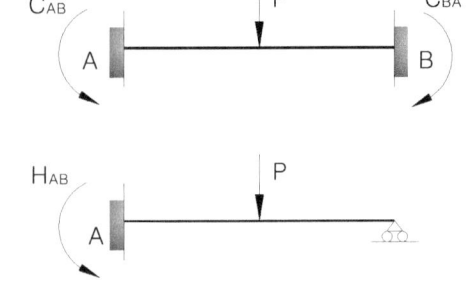

- 재단모멘트의 부호와 크기는 그 재단의 **반력모멘트의 부호와 크기가 모두 같다.**

12.4.6 강도 및 강비

① 강도 : $K = \dfrac{I}{\ell}(mm^3)$

② 표준강도(K_0) : 임의 표준재의 강도를 표준강도라 하고 강비를 구하는 데 쓰인다.

③ 강비(k) : 강비 $= \dfrac{강도}{표준강도}$

12.4.7 기본사항

1) 처짐각법의 가정

① 부재는 선재(線材)라고 취급한다.
② 절점에 모인 부재는 힌지접합으로 한 경우를 제외하고 모두 완전한 강접합으로 본다.
③ 부재는 축방향력 및 전단력에 의한 변형을 무시한다.
④ 휨모멘트에 의한 부재의 처짐은 고려하나 처짐에 의한 부재 길이의 변화는 무시하는 것으로 한다.

2) 공식

① 기본식 (양단 강절점)

$$M_{AB} = 2E\frac{I}{\ell}(2\theta_A + \theta_B - 3R) + C_{AB} = 2EK_{AB}(2\theta_A + \theta_B - 3R) + C_{AB}$$

$$M_{BA} = 2E\frac{I}{\ell}(2\theta_B + \theta_A - 3R) + C_{BA} = 2EK_{BA}(2\theta_B + \theta_A - 3R) + C_{BA}$$

② 실용식

기본식에서 $2EK_{AB}\theta_A = \phi_A$, $2EK_{AB}\theta_B = \phi_B$, $2EK_{AB}(-3R) = \mu$ 라 하고 $K = K_0 k$ 하면 다음과 같은 실용식이 작성되며, 실제 계산에는 기본식 대신 이 실용식을 사용한다.

$$M_{AB} = k_{AB}(2\phi_A + \phi_B + \mu) + C_{AB}, \quad M_{BA} = k_{BA}(2\phi_B + \phi_A + \mu) + C_{BA}$$

EX - 1 : 양단 고정보에서 지점 B를 반시계 방향으로 1만큼 회전 시켰을 때 B점에 일어나는 단모멘트의 값은?

$$M_B = 2E\frac{I}{L}(2\theta_B + \theta_A - 3R) + C_{BA}$$

$\theta_A = 0$, $R = 0$, $C_{BA} = 0$

$$\therefore M_B = \frac{4EI}{L}\theta_B = \frac{4EI}{L}(\curvearrowleft)$$

$$M_A = \frac{M_B}{2} = \frac{2EI}{L}(\curvearrowright)$$

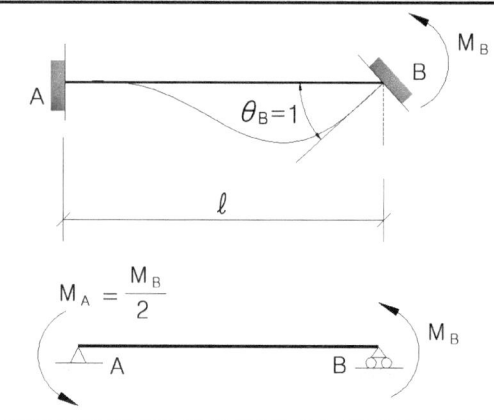

EX - 2 :

- 부정정 구조물에서 양단고정일 때의 강도계수(절대강도)는?

$$M = 4E\frac{I}{L} = 4EK \quad \therefore 4EK$$

- 부정정 구조물에서 일단힌지 타단고정일 때의 강도계수는?

$$M = 4E\frac{I}{L}(\frac{3}{4}) = 3E\frac{I}{L} = 3EK \quad \therefore 3EK$$

- 부정정 구조물에서 대칭구조일 때 강도계수는?

$$\therefore 4EK\frac{1}{2} = 2EK$$

- 부정정 구조물에서 역대칭구조일 때 강도계수는?

$$\therefore 4EK\frac{3}{2} = 6EK$$

제 12 장 부정정 구조물

3) 기본식(일단고정 타단회전단)

$$M_{BA} = 2EK(2\theta_B + \theta_A - 3R) + C_{BA} = 0$$

$$4EK\theta_B + 2EK\theta_A - 6EKR + C_{BA} = 0$$

$$4EK\theta_B = -C_{BA} - 2EK\theta_A + 6EKR$$

$$\therefore \theta_B = -\frac{C_{BA}}{4EK} - \frac{\theta_A}{2} + \frac{3}{2}R$$

$$\begin{aligned}M_{AB} &= 2EK(2\theta_A + \theta_B - 3R) + C_{AB} \\ &= 2EK\left\{2\theta_A - \frac{C_{BA}}{4EK} - \frac{\theta_A}{2} + \frac{3}{2}R - 3R\right\} + C_{AB} \\ &= 2EK(\frac{3}{2}\theta_A - \frac{3}{2}R) + (C_{AB} + \frac{C_{BA}}{2}) \\ &= 3EK(\theta_A - R) + H_{AB} \qquad (H_{AB} = C_{AB} + \frac{C_{BA}}{2})\end{aligned}$$

$$M_{BA} = 3EK(\theta_B - R) + H_{BA} \qquad (H_{BA} = C_{BA} + \frac{C_{AB}}{2})$$

(a)

(b)

4) 실용식(일단고정, 타단회전단)

$$M_{AB} = k(1.5\psi_A + 0.5\mu) + H_{AB}, \quad M_{BA} = k(1.5\psi_B + 0.5\mu) + H_{BA}$$

여기서 ψ, μ는 모두 모멘트의 단위를 갖는다.

- 기본식이 뜻하는 것은

  재단모멘트 = (절점각을 만드는 재단모멘트) + (부재각을 만드는 재단모멘트) + (하중항에 의한 재단모멘트)

12.4.8 평형방정식

재단모멘트를 구하기 위해서는 식 중 미지량 ψ, μ를 구하여야 하고, 이를 구하기 위해서는 절점방정식과 층방정식에 의하여야 하는데, 이들 방정식을 평형방정식이라 한다.

1) 절점방정식(모멘트식)

① 절점에 외력모멘트가 작용하지 않을 때는 "절점에 모인 각 부재의 재단모멘트의 총합은 0이 된다."

EX) 그림에서 E절점의 절점방정식은? $M_{EB} + M_{ED} + M_{EF} = 0$ 즉, $\sum M = 0$	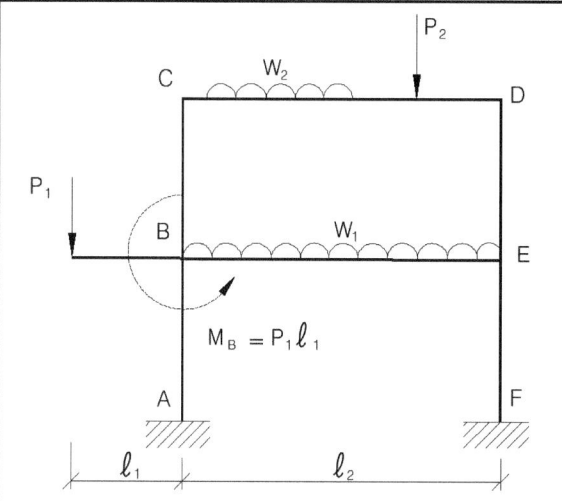

③ 절정방정식의 수는 미지수로 선택된 θ(또는 ψ)의 수만큼 성립한다.

2) 층방정식 (전단력식)

그림과 같은 라멘에 수평하중이 작용하여 절점이 이동할 때는 절점각 외에 부재각이 미지수로 추가된다. 이때 보에서는 회전이 일어나지 않고 기둥의 부재각이 각 층마다 공통이므로 층수만큼의 부재각 (R 또는 μ)이 미지수로 된다. 따라서 층수에 해당하는 층방정식이 필요하다.

제 12 장 부정정 구조물

① 층전단력

$S_I = P_1 + P_2$

$S_{II} = P_2$

② 층모멘트

$M_I = S_I \cdot h_1$

$M_{II} = S_{II} \cdot h_2$

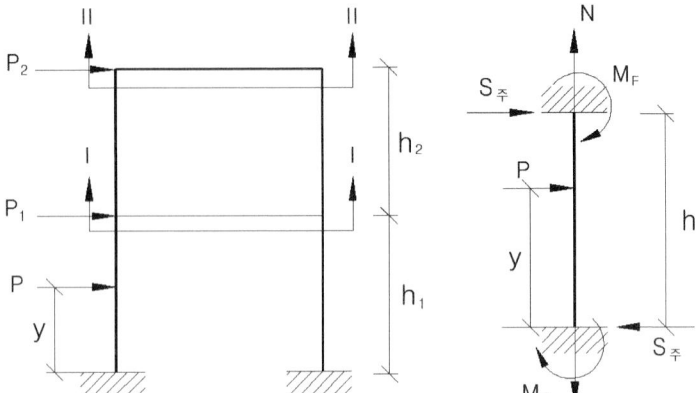

③ 층방정식

각 층의 전단력 S는 그 층의 기둥에 분배되고, 각 기둥의 전단력 S(주)의 총합은 S와 같게 된다. 즉 $S = \sum S(주)$

그런데 S(주)와 상·하단의 모멘트 M上, M下의 사이에는 힘의 평형조건식으로부터 (그림b)

M上 + M下 + P · y + S주 · h = 0

$\therefore S주 = -\dfrac{M_上 + M_下}{h} - \dfrac{P \cdot y}{h}$

특히 중간하중 P가 작용하지 않을 때는 P=0

$\therefore S주 = \sum \left(-\dfrac{M_上 + M_下}{h} \right)$

예) 그림에서 층방정식을 세워보면

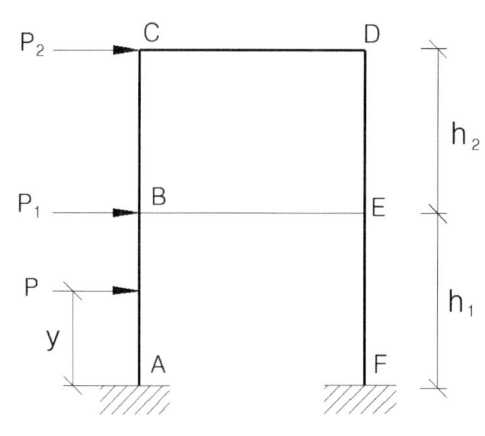

① 1층방정식 $S_1 = P_1 + P_2$ 은

$M_{BA} + M_{AB} + M_{EF} + M_{FE} + S_1 h_1 + Py = 0$

$S_1 = -\dfrac{M_{BA} + M_{AB} + M_{EF} + M_{FE}}{h_1} - \dfrac{Py}{h_1}$

$\therefore P_1 + P_2 = -\dfrac{M_{BA} + M_{AB} + M_{EF} + M_{FE}}{h_1} - \dfrac{Py}{h_1}$

② 2층방정식 $S_2 = P_2$ 은

$M_{CB} + M_{BC} + M_{DE} + M_{ED} + S_2 h_2 = 0$

$S_2 = -\dfrac{M_{CB} + M_{BC} + M_{DE} + M_{ED}}{h_2}$

$\therefore P_2 = -\dfrac{M_{CB} + M_{BC} + M_{DE} + M_{ED}}{h_2}$

제 12 장 부정정 구조물

12.4.9 미지수와 방정식수

처짐각 θ (또는 ψ) : 절점의 수와 같은 수의 절점방정식

부재각 R (또는 μ) : 층의 수와 같은 수의 층방정식

- 절점각(θ)과 부재각(R)의 최소 미지수의 합

  1) 대칭 : 구조대칭, 하중대칭 ---- 미지수 절점각 1개

① 홀수대칭	
$\theta_B = -\theta_C$ 절점각 1개 $R = 0$	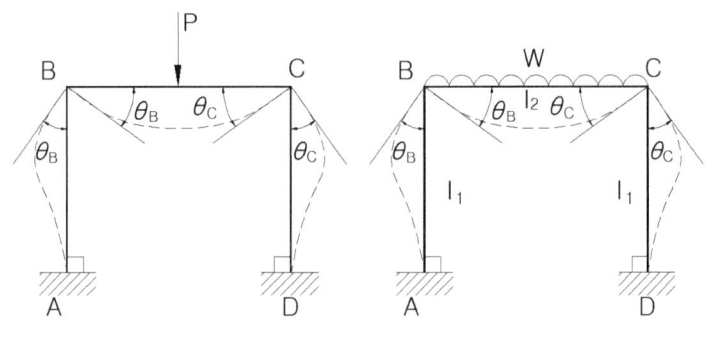

② 짝수대칭	
$\theta_D = -\theta_F$ 절점각 1개 $\theta_E = 0$ $R = 0$	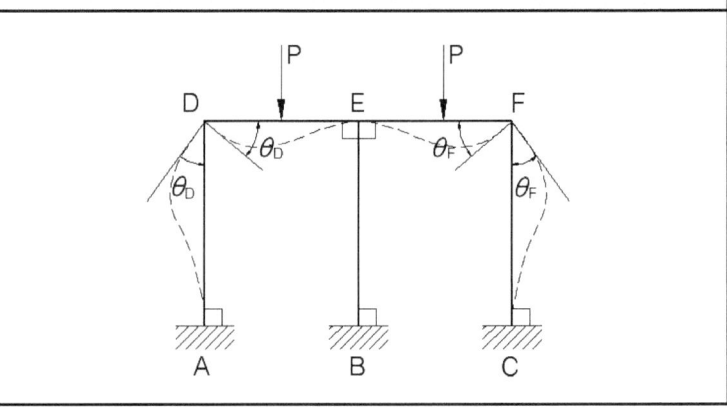

2) 역대칭 : 구조대칭, 절점에 작용하는 수평하중

미지수 절점각 1, 부재각 1 $\theta_B = \theta_C$ 절점각 1개 R 부재각 1개	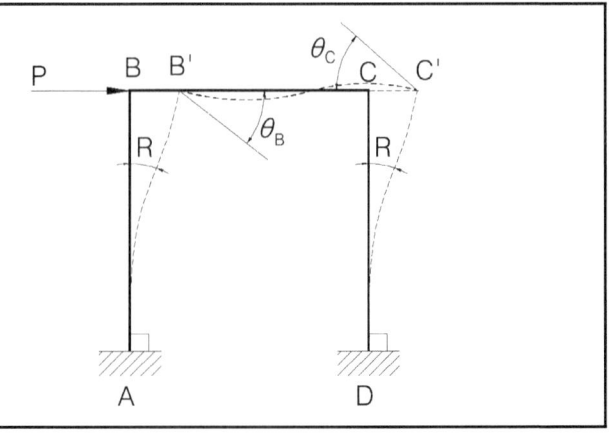

3) 비대칭 : 구조비대칭+하중대칭, 구조대칭+하중비대칭, 구조비대칭+하중비대칭

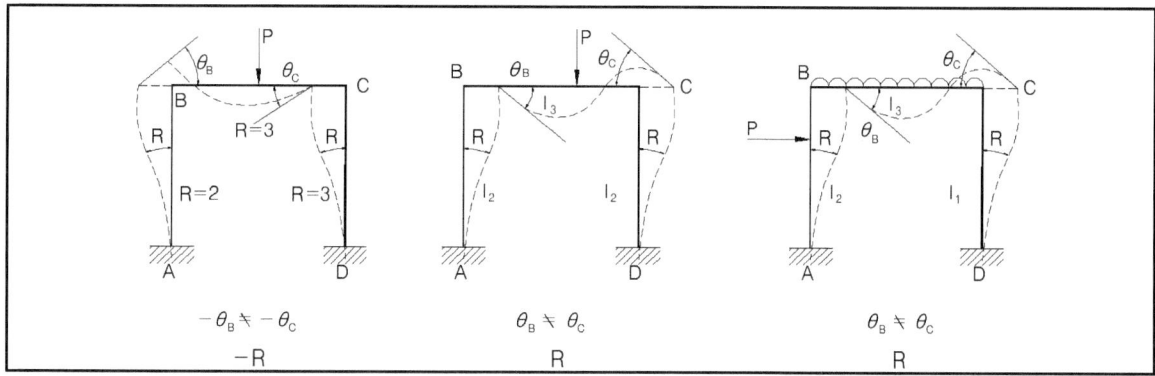

12.4.10 처짐각법의 성질

1) 처짐각법은 직선 부재에만 적용하고, 절점각과 부재각의 함수로 해서 재단모멘트를 구한다.
2) 처짐각법에 의해 라멘 해석 시, 미지의 절점각과 절점방정식의 수는 같고 부재각과 층방정식의 수는 같다.
3) 처짐각법은 부정정차수 보다는 적은 수의 방정식(절점방정식과 층방정식을 합한 식)을 풀어서 재단모멘트를 구한다.
4) 처짐각법의 기본식을 적용하는 데 있어서 이동지점과 회전지점은 구별할 필요가 없다.

12.4.11 라멘 구조의 성질

1) 라멘은 부재와 부재가 강결된 구조물로서 변형을 해도 상대적인 각변위는 생기지 않는다.
2) 한 부재에 외력이 작용하면 전 부재에 휨모멘트와 변형이 생긴다.
3) 일반적으로 라멘의 부재각 수는 층수와 같다.

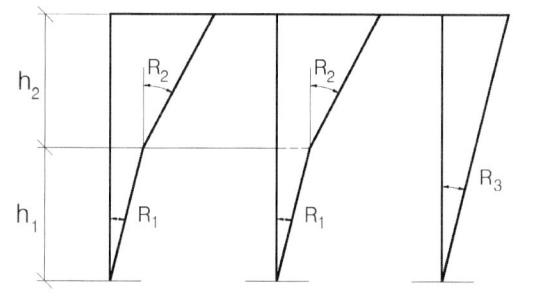

이 라멘은 2층이기 때문에 미지량인 부재각 수는 2개로서 R_1, R_2 뿐이고, 그 밖에는 R_1, R_2로 표현할 수 있다.

즉, $R_3 = \dfrac{h_1}{h_3}R_1 + \dfrac{h_2}{h_3}R_2$

4) 구조 및 하중이 대칭일 때는 부재각이 생기지 않는다.

5) 구조 및 하중이 비대칭일때는 부재각이 생긴다. 그러나 비대칭이면서도 부재각이 생기지 않는 예외가 있다.

(보기) 그림 (a), (b), (c)의 경우는 구조상 수평이동이 불가능하다.

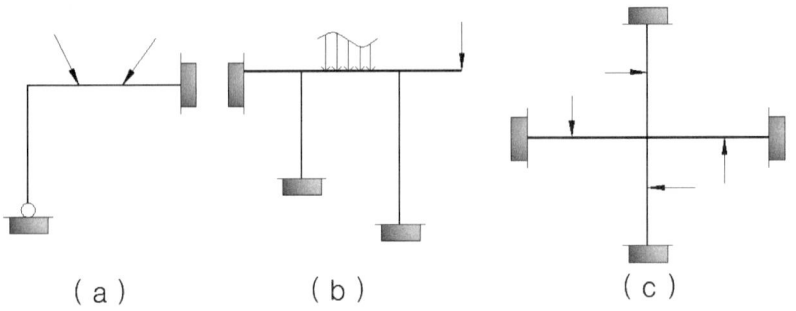

(a)   (b)   (c)

6) 구조 및 하중이 대칭인 박스라멘은 상하 좌우가 모두 대칭이므로 부재각은 물론 절점각도 생기지 않는다. 이 때는 각 부재를 고정보와 똑같이 취급할 수 있고 미지량은 0이다.

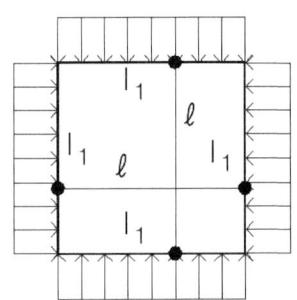

제 12 장 부정정 구조물

EX – 1 : 그림과 같은 라멘의 휨모멘트도에서 CD재의 전단력은?	
기둥의 전단력식 $S = -\dfrac{M_{上}+M_{下}}{h}$ $S = -\dfrac{-4-2}{3} = \dfrac{4+2}{3} = +2kN$	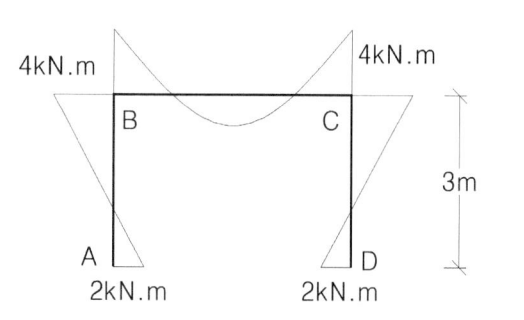

EX – 2 : 그림과 같은 라멘의 휨모멘트도에서 BC재의 전단력은?	
BC재의 전단력식 $Q = -\dfrac{M_{BC}+M_{CB}}{\ell}$ $Q = -\dfrac{1.2+1.2}{6} = -0.4kN$	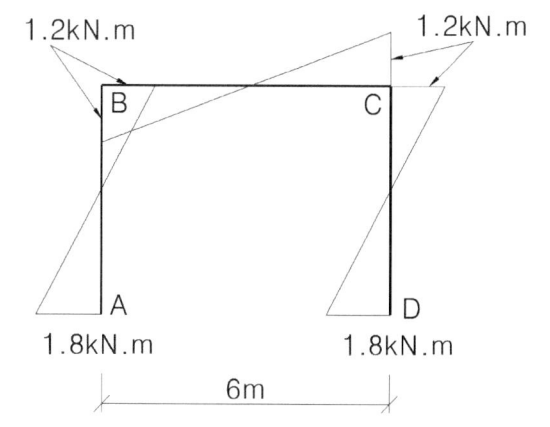

EX - 3 : 그림과 같은 휨모멘트가 발생하려면 수평하중 P의 크기는?

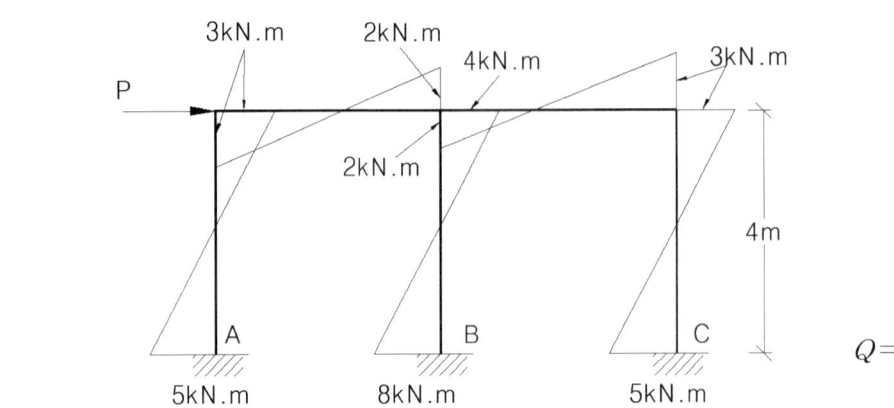

$$Q = -\frac{M_{上} + M_{下}}{h}$$

- A 및 C 기둥의 전단력은 각각: $S_A = S_C = -\dfrac{-3-5}{4} = +2kN$

- B기둥의 전단력: $S_B = -\dfrac{-4-8}{4} = \dfrac{4+8}{4} = +3kN$

- 수평하중 P는 각 기둥의 전단력의 합계와 같으므로

$P = \theta_A + \theta_B + \theta_C = 2 + 3 + 2 = 7kN$

또는 $P = -\dfrac{M_{上} + M_{下}}{h} = -\dfrac{-3-5-4-8-3-5}{4} = 7kN$

12.5 모멘트분배법(고정모멘트법)

12.5.1 개요

모멘트 분배법은 연속보나 라멘의 한 해법으로서 하디 크로스(Hardy cross)에 의하여 재안된 것으로 처짐각법과 같이 연립방정식으로 푸는 것이 아니라 축차적인 반복법에 의해서 미지량(휨모멘트)을 근사적으로 구하는 방법이다.

12.5.2 해법의 특성

1) 선재(직선재) 부정정 구조물이면 어떤 구조물이든 풀 수 있다.
2) 해법의 대부분의 과정이 산술적(가. 감. 승. 제)이다.
3) 고층 다스팬 라멘에서는 타해법에 비하여 노력과 시간이 현저히 적게 든다.
4) 계산도중에 계산착오를 수시로 조사할 수 있다. 그러나 구조물의 휨변형만을 고려하므로 부정정트러스에는 이용되지 못한다.

12.5.3 해법순서

1) 강도 : $K = \dfrac{I}{\ell} = \dfrac{\text{단면2차모멘트}}{\text{부재길이}}$

2) 강비 : $k = \dfrac{k}{k_0} = \dfrac{\text{강도}}{\text{기준강도}}$

3) 분배율(배분율) : $f = \dfrac{\text{강도}}{\text{총강도}} = \dfrac{\text{강비}}{\text{총강비}}$ ($f = \dfrac{K}{\sum K} = \dfrac{k}{\sum k}$)

4) 하중항 : C_{AB} = A단의 반력모멘트, C_{BA} = B단의 반력모멘트

5) 불균형모멘트(U.B.M): 지점(절점)을 절단했을 때의 하중항의 차를 불균형모멘트라 한다.

6) 분배모멘트(배분모멘트): (분배율)×(불균형모멘트)

7) 전달율(도달계수) : $\dfrac{1}{2}$ 회전단에 생긴 모멘트에 의하여 고정단에 생긴 모멘트의 비는 항상 1/2이다 (*항상 작용모멘트 값의 1/2이다.)

$M_{AB} = \dfrac{M_{BA}}{2}$, $\therefore \dfrac{M_{AB}}{M_{BA}} = \dfrac{1}{2}$

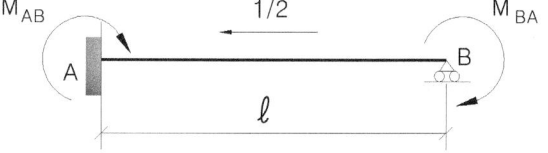

8) 전달모멘트 : (분배모멘트)×(전단율)=(불균형모멘트)×(분배율)×(전달율)

제 12 장 부정정 구조물

● 주요 하중항 공식

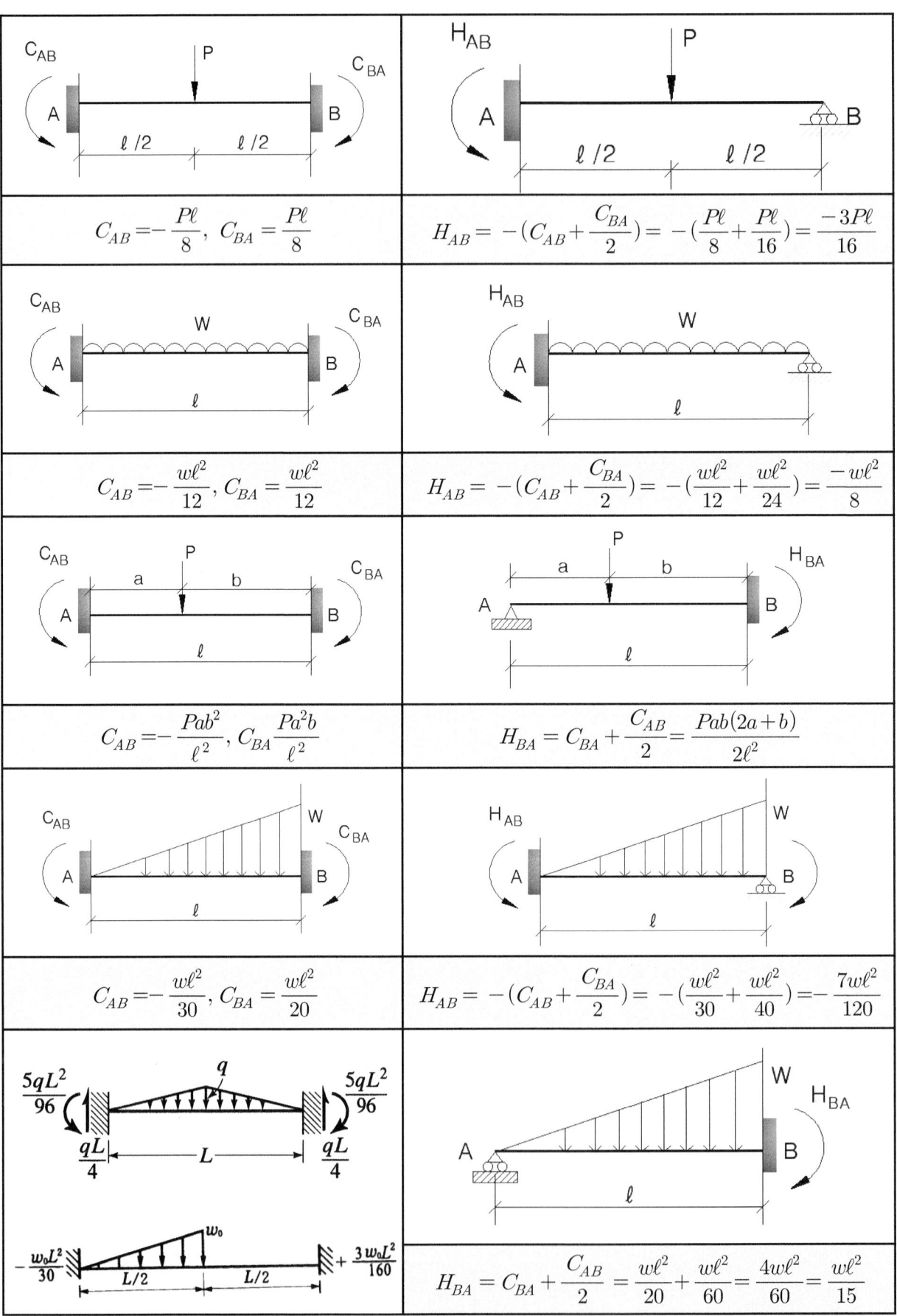

12.5.4 유효강도(또는 유효강비)와 도달율(전달율)

강비는 부재의 양단이 고정인 경우를 기준으로 하여 정한 것인데, 부재의 일단이 Hinge(Pin)인 경우 또는 대칭변형인 경우에는 위의 강비를 수정하여 양단이 고정인 경우와 통일하여 취급한다. 이때 수정된 강비를 유효강비(등가강비)라 한다.

1) 기준강비와 도달율

부재의 조건	휨모멘트의 분포	강비(k)	도달율(CF)
타단 고정재		k	1/2

2) 유효강비와 도달율

부재의 조건	휨모멘트의 분포	유효강비(ke)	도달율(CF)
타단 힌지재		$\frac{3}{4}k = 0.75k$	0
타단 자유재		0	0
대칭 변형재		$\frac{1}{2}k = 0.5k$	-1
역대칭 변형재		$\frac{3}{2}k = 1.5k$	1

- 타단이 Hinge이거나 자유단이면 모멘트는 도달되지 않는다.

EX – 1 : 다음 부정정 구조물에서 B점의 반력은?

$M_B = Pa(\curvearrowright)$

$M_A = \dfrac{M_B}{2} = \dfrac{Pa}{2}$

$R_A = \dfrac{1}{\ell}(Pa + \dfrac{Pa}{2}) = \dfrac{2Pa}{2\ell}(\downarrow)$

$R_B = P + \dfrac{3Pa}{2\ell}(\uparrow)$

$\quad = P(1 + \dfrac{3a}{2\ell})$

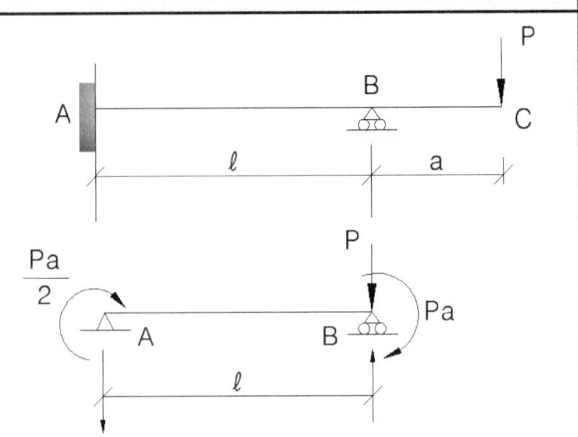

EX – 2 : 분배율 f_{BC}는?

분배율 $f_{BC} = \dfrac{4}{4+6} = \dfrac{4}{10} = \dfrac{2}{5} = 0.4$

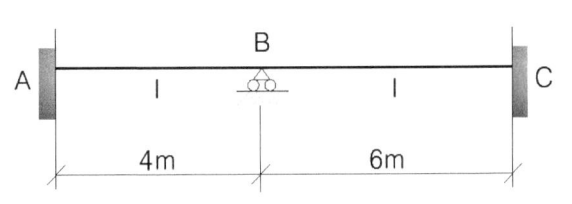

EX – 3 : 다음 보에서 A점의 휨모멘트는? w=3t/m 이다.

$M_B = -\dfrac{1}{2}\dfrac{w\ell^2}{12} = -\dfrac{w\ell^2}{24}$

$\quad = -\dfrac{12000 \times 3 \times 3}{24} = -450 kgm$

$M_A = \dfrac{450}{2} = +225 kgm$

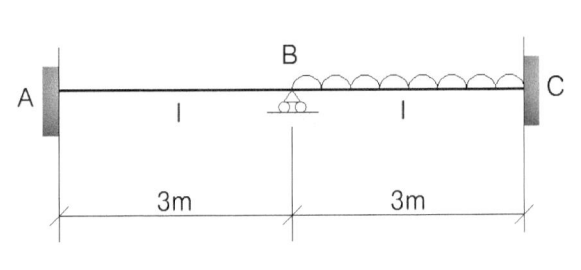

EX – 4 : 다음 보에서 A점의 휨모멘트는?

$f_{BA} = \dfrac{6}{4+6} = \dfrac{6}{10} = \dfrac{3}{5}$

$M_B = -\dfrac{3}{5}\dfrac{w\ell^2}{12} = -\dfrac{w\ell^2}{20}$

$\quad = -\dfrac{0.5 \times 6 \times 6}{20} = -0.9 kN.m$

$M_A = \dfrac{0.9}{2} = +0.45 kN.m$

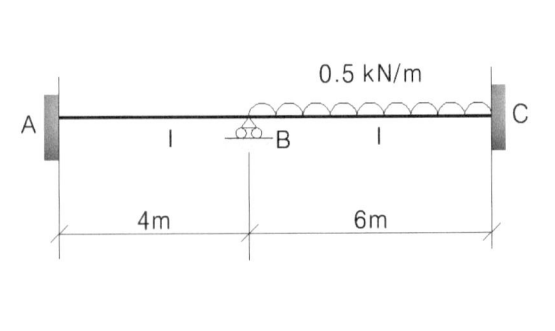

EX – 5 : 다음 구조물에서 모멘트 M_{OB}값은?

OB부재의 유효강비는

$ke = \dfrac{3}{4}k = \dfrac{9}{4} = 2.25$

$f_{OB} = \dfrac{\dfrac{9}{4}}{1+2+\dfrac{9}{4}} = \dfrac{9}{4+8+9} = \dfrac{9}{21} = \dfrac{3}{7}$

$\therefore M_{OB} = f_{OB} \cdot M = \dfrac{3}{7} \times 8 = 3.43 kN.m$

$M_{BO} = (분배모멘트) \times (전단율) = 3.43 \times 0 = 0$

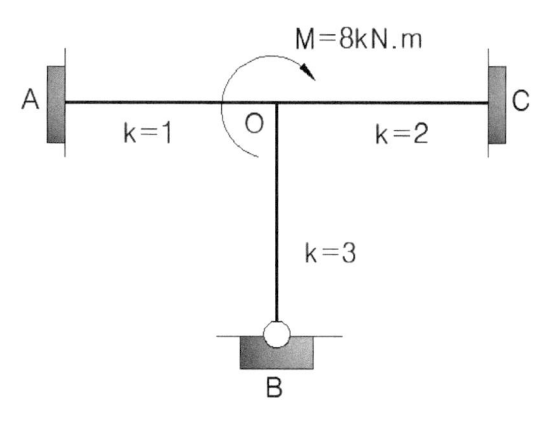

EX – 6 : 그림과 같은 보에서 분배율 f_{BA}, f_{BC}는?

$K_{BA} = \dfrac{I}{4} \rightarrow k_{BA} = 2$

$K_{BC} = \dfrac{3}{4}\dfrac{I}{6} = \dfrac{I}{8} \rightarrow k_{BC} = 1$

$f_{BA} = \dfrac{2}{2+1} = \dfrac{2}{3}, \quad f_{BC} = \dfrac{1}{2+1} = \dfrac{1}{3}$

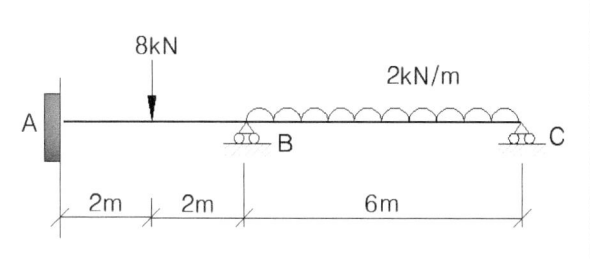

EX – 7 : OA부재의 분배율은?

$K_{OA} = \dfrac{1.5I}{2} \rightarrow k_{OA} = 4.5$

$K_{OB} = \dfrac{I}{3} \rightarrow k_{OB} = 2$

$K_{OC} = \dfrac{0.5I}{3} \rightarrow k_{OC} = 1$

$f_{OA} = \dfrac{4.5}{4.5+2+1} = \dfrac{4.5}{7.5} = \dfrac{9}{15} = \dfrac{3}{5}$

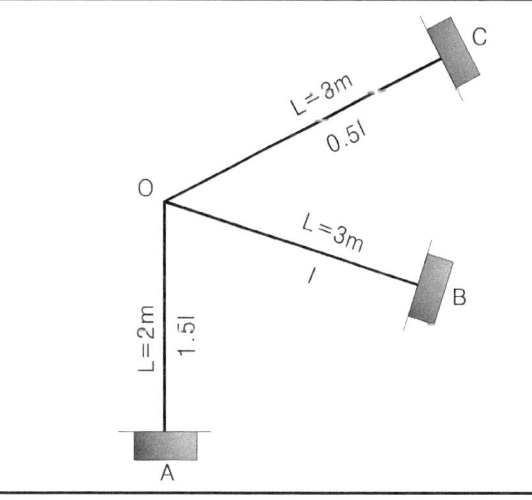

제 12 장 부정정 구조물

■ 별해 : $\frac{1}{2}$법과 절단법

1) 연속보(대칭구조)인 경우 지점(절점)을 절단하여 고정단으로 간주한다.
2) 1개의 지간을 갖는 보로 보고 반력과 응력을 구하면 그 연속보의 반력과 응력이 된다.(단 절단된 지점의 반력은 좌우 합한 것이다.)
3) 하중이 1지간에만 작용하면 중앙점의 휨모멘트는 2지간에 하중이 작용한 휨모멘트의 1/2과 같다.

EX – 1 : 대칭구조 vs 대칭하중

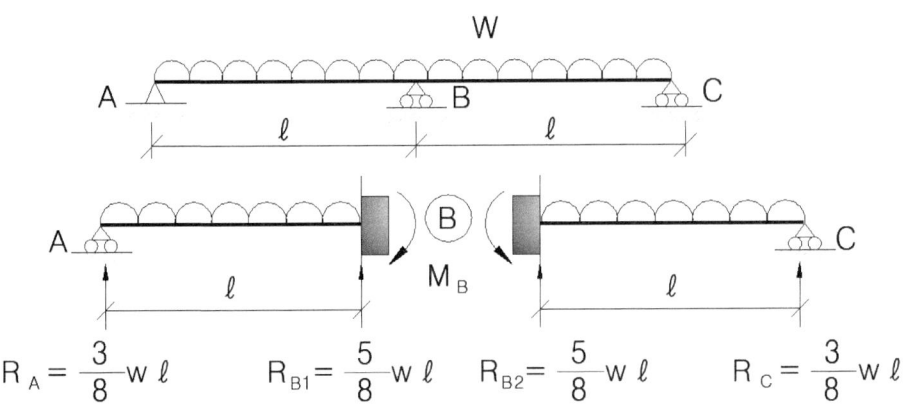

$R_A = \dfrac{3}{8}w\ell$ $R_{B1} = \dfrac{5}{8}w\ell$ $R_{B2} = \dfrac{5}{8}w\ell$ $R_C = \dfrac{3}{8}w\ell$

$R_A = \dfrac{3w\ell}{8} = R_C$ $R_B = R_{B1} + R_{B2} = 2\dfrac{5w\ell}{8} = \dfrac{5}{4}w\ell$	전단력이 0이 되는 곳은 A, C 지점으로부터 $\dfrac{3\ell}{8}$인 점, 이 때 최대 휨모멘트의 값은 $M = \dfrac{9w\ell^2}{128}$, $M_B = -\dfrac{w\ell^2}{8}$

EX – 2 : 대칭구조 vs 비대칭하중

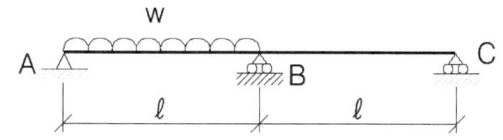
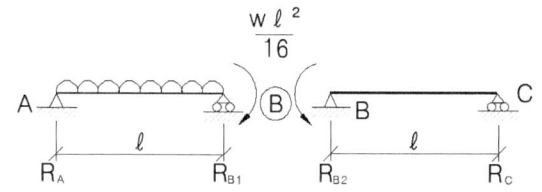

$M_B = -\dfrac{1}{2}\dfrac{w\ell^2}{8} = -\dfrac{w\ell^2}{16}$

$R_A = \dfrac{w\ell}{2} - \dfrac{w\ell}{16} = \dfrac{7w\ell}{16}(\uparrow)$

$R_{B1} = \dfrac{w\ell}{2} + \dfrac{w\ell}{16} = \dfrac{9w\ell}{16}$

$R_{B2} = \dfrac{w\ell}{16}$

$R_B = R_{B1} + R_{B2} = \dfrac{9w\ell}{16} + \dfrac{w\ell}{16} -$

$= \dfrac{10w\ell}{16} = \dfrac{5}{8}w\ell(\uparrow)$

$R_C = \dfrac{w\ell}{16}(\downarrow)$

EX – 3 : 대칭구조 vs 비대칭하중

$M_B = -\dfrac{1}{2}\dfrac{w\ell^2}{12} = -\dfrac{w\ell^2}{24}$

$M_A = -(\dfrac{w\ell^2}{12} + \dfrac{1}{2}\dfrac{w\ell^2}{24}) = -\dfrac{52\ell^2}{48}$

$M_C = \dfrac{1}{2} \times \dfrac{w\ell^2}{24} = \dfrac{w\ell^2}{48}$

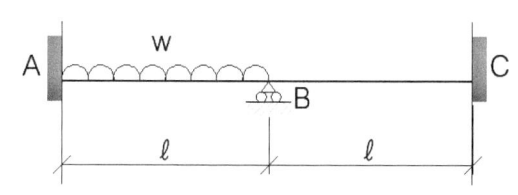

12.5.5 대칭성의 이용

(1) 대칭라멘이 대칭 연직하중을 받을 때

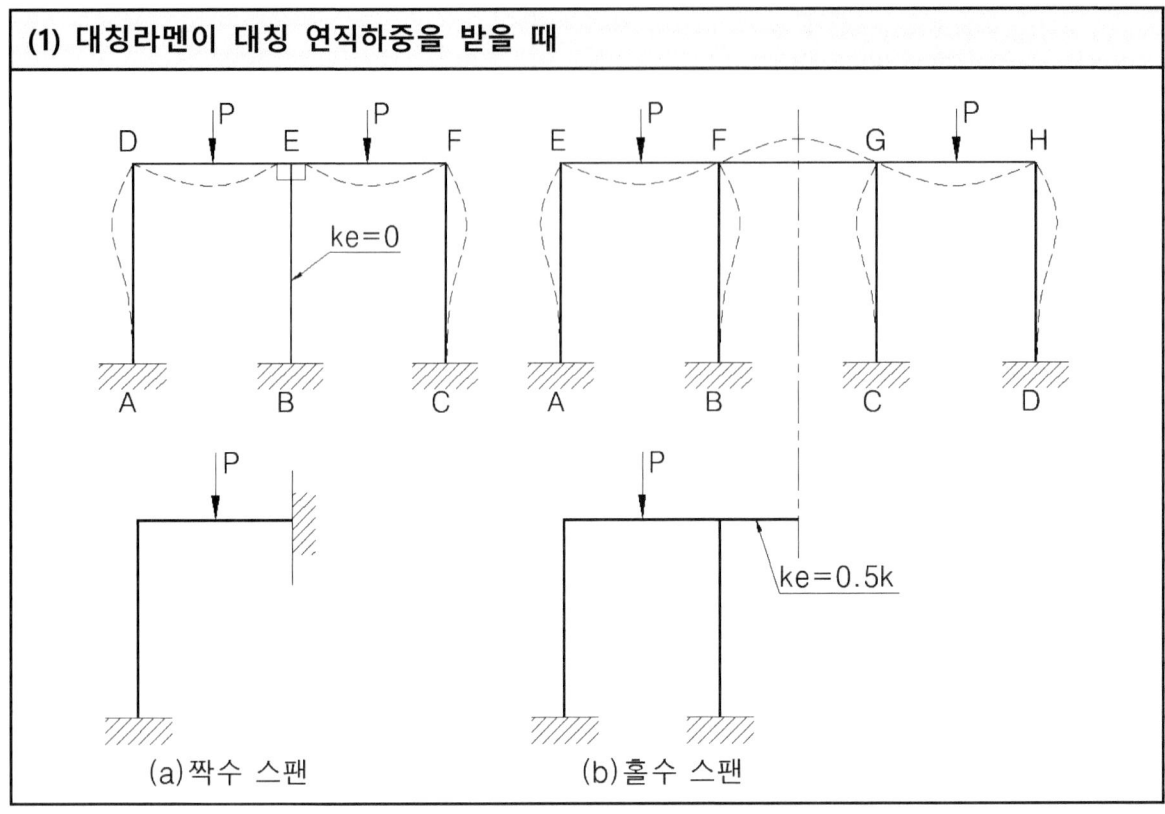

(2) 대칭재가 역대칭하중을 받을 때

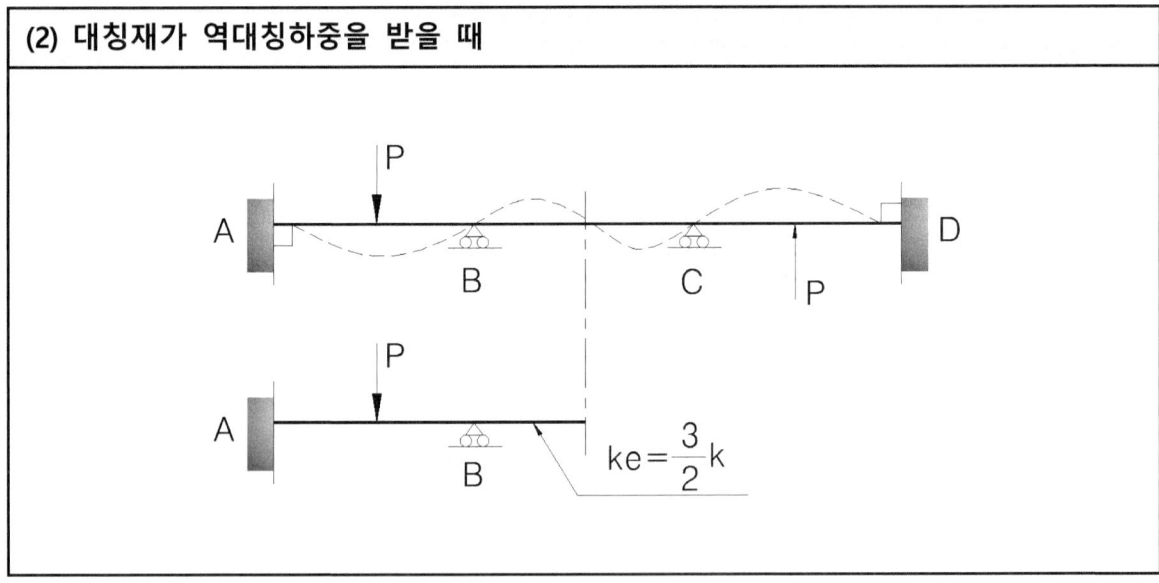

(3) 대칭라멘이 수평하중을 받을 때

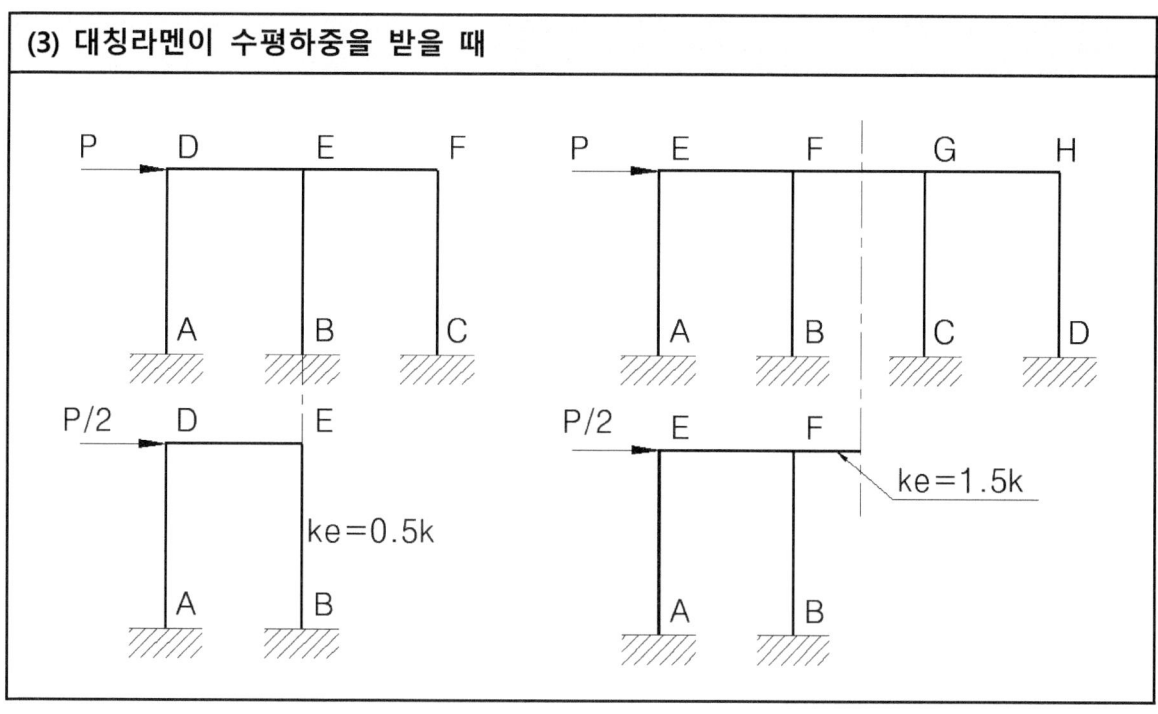

EX - 1 : 미지의 절점각 및 부재각의 최소 개수는?

미지수는 절점각 θ_D 1개	
미지수 절점각 2개 부재각 1개 합계 3개	

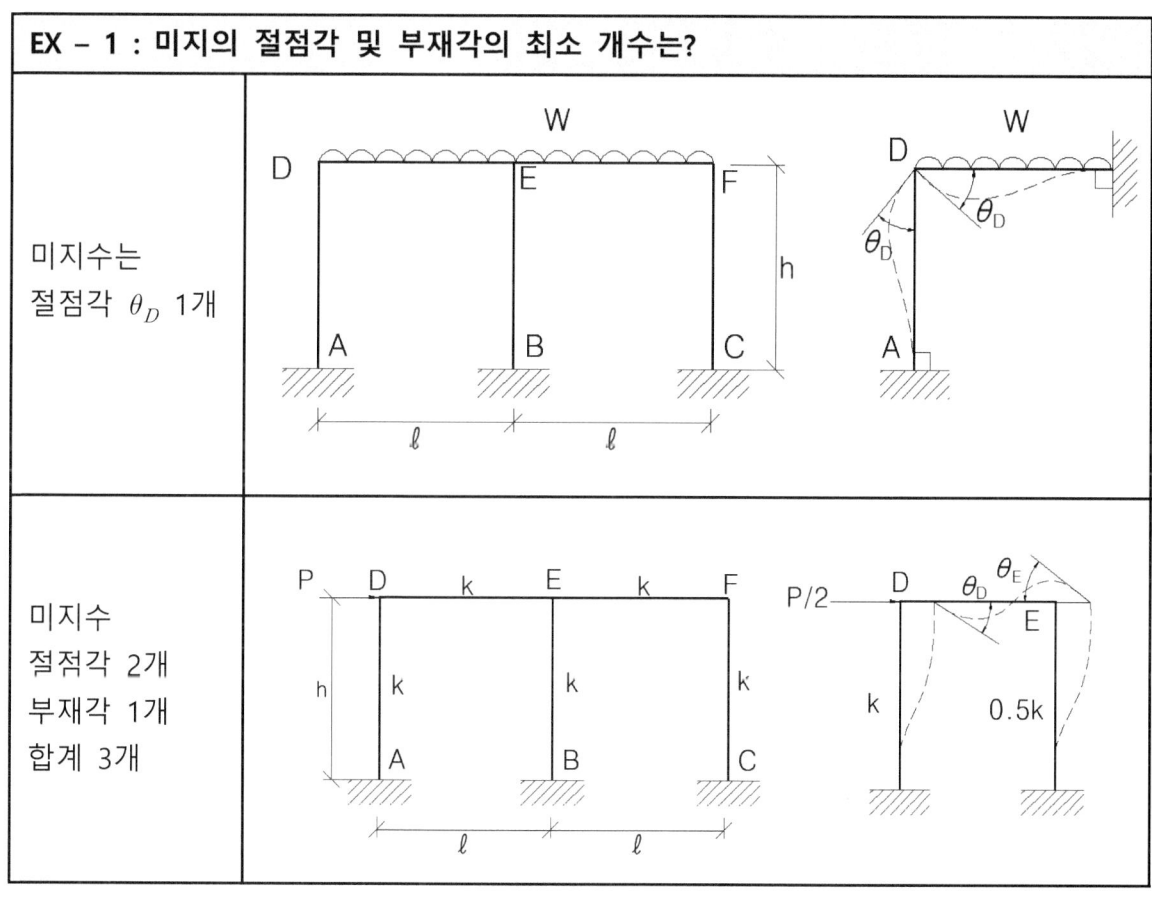

제 12 장 부정정 구조물

<참고 1>

부정정라멘에서 BC재의 강비가 무한대에 가까워질수록 BC재의 양단은 회전상태에 가까워지고, BC재의 강비가 0에 가까워질수록 BC재의 양단은 고정상태에 가까워 진다.

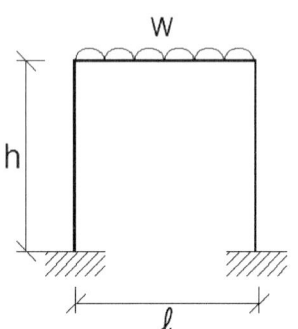
<부정정 라멘>

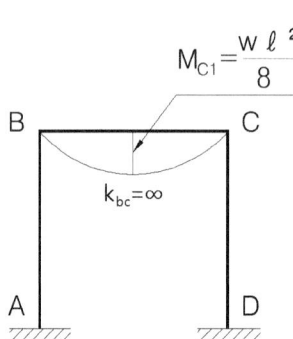
$k_{bc} \approx \infty$

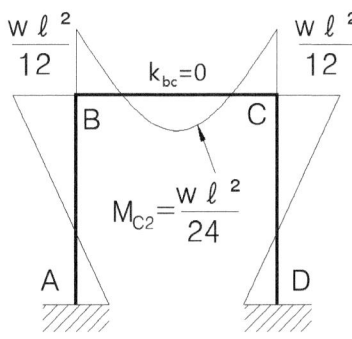
$k_{bc} \approx 0$

① BC재의 강비가 무한대일($k_{bc} \approx \infty$) 때 BC재의 중앙점 휨모멘트는 M_{C1}는 단순보와 마찬가지로 : $M_{C1} = \dfrac{w\ell^2}{8}$

② BC재의 강비가 0($k_{bc} \approx 0$)에 접근할 때 BC재의 중앙점 휨모멘트 M_{C2}는 양단 고정보와 같으므로 : $M_{C2} = \dfrac{w\ell^2}{8} - \dfrac{w\ell^2}{12} = \dfrac{w\ell^2}{24}$

③ 그림과 같은 라멘의 BC재 중앙점의 휨모멘트는

$M_{C1} = \dfrac{w\ell^2}{8}$ 과 $M_{C2} = \dfrac{w\ell^2}{24}$ 사이인 $\dfrac{w\ell^2}{10}, \dfrac{w\ell^2}{15}, \dfrac{w\ell^2}{20}$ 의 값이 된다.

<참고 2>

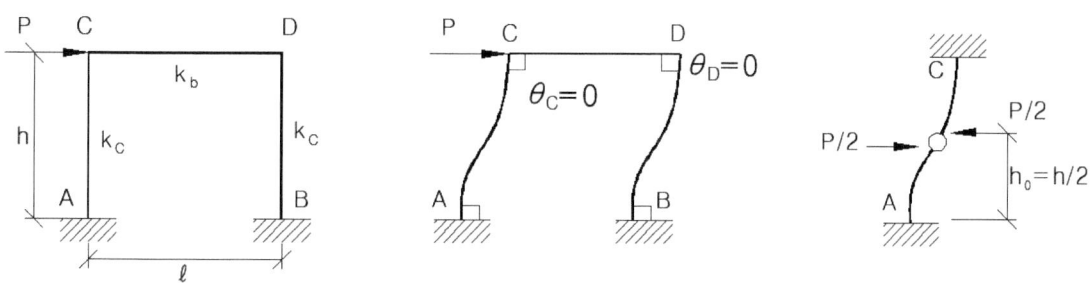

그림과 같은 라멘에서 보의 강비 k_b가 무한대일 때 기둥 양단의 휨모멘트는

① 강비 k_b가 무한대일 때 CD부재는 변형하지 않으므로 C, D점의 절점각은 0이다

② 이때 각 기둥 양단과 보 단부의 휨모멘트는 모두 같게 되며, 기둥의 변곡점의 위치 h_0는 주각 A로부터 $h_0 = 0.5h$ 위치에 있게 된다.

③ 각 기둥의 전단력은 P/2이므로 주각 A의 휨모멘트 M_A는 $M_A = \dfrac{P}{2} \cdot \dfrac{h}{2} = \dfrac{Ph}{4}$

- 수평하중을 받는 대칭라멘의 강비에 따른 기둥의 반곡점의 위치는 다음과 같다.

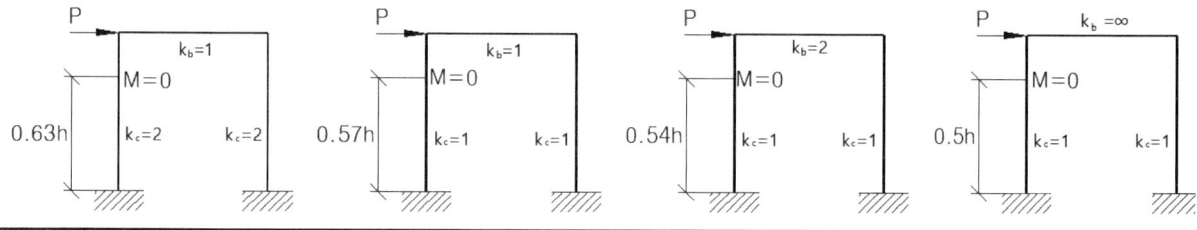

EX – 1 : 그림과 같은 라멘의 보는 단면 2차 모멘트가 무한대이고 기둥의 단면 2차 모멘트는 모두 같을 때 기둥의 최대 휨모멘트는?

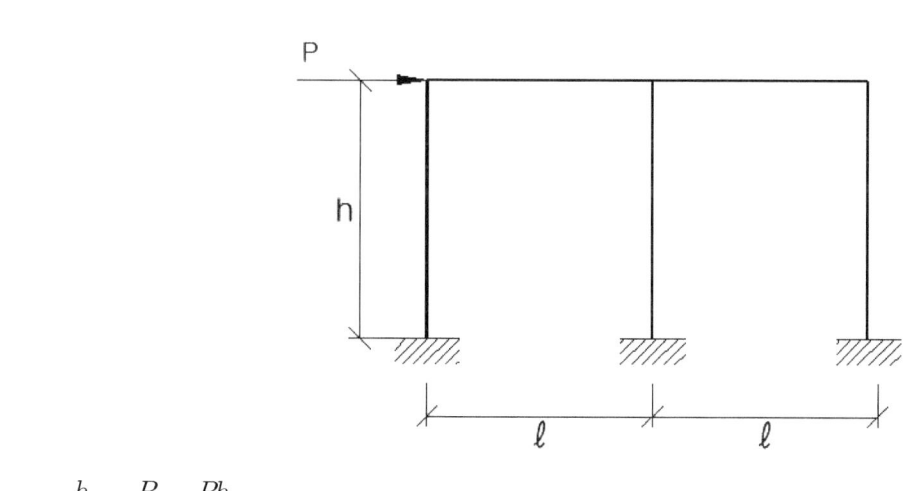

$M = \dfrac{h}{2} \cdot \dfrac{P}{3} = \dfrac{Ph}{6}$

EX – 1 : 그림과 같은 부정정라멘의 B점의 휨모멘트는?

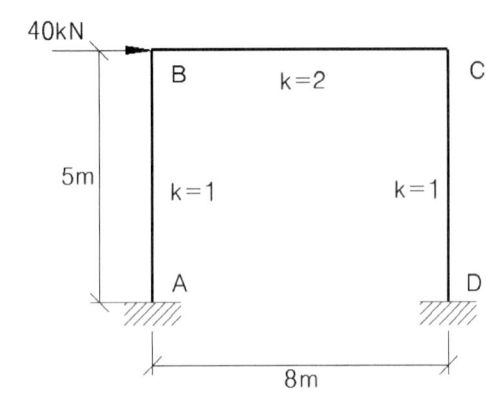 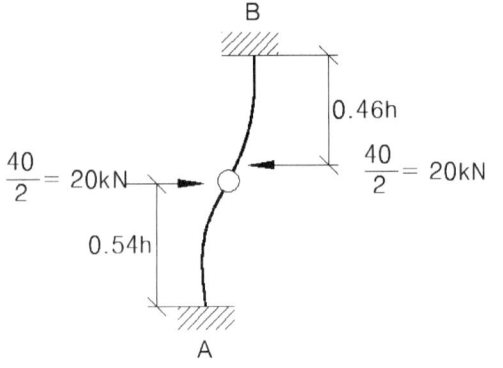

$$M_B = \frac{P}{2} \times 0.54h = 20 \times 0.54 \times 5 \fallingdotseq 54 kN.m$$

12.6 부정정 구조물의 영향선

12.6.1 Müller-Breslau의 원리(도해법)

구조물의 어느 한 응력요소(반력, 전단력, 휨모멘트 또는 처짐)에 대한 영향선 종거는, 구조물에서 그 응력요소에 대응하는 구속을 제거하고 그 점의 응력요소에 대응하는 단위변위를 일으켰을 때의 처짐곡선의 종거와 같다. 이 원리로서 연속보의 영향선을 작도한다.

12.6.2 3경간, 4경간 연속보의 영향선의 형태

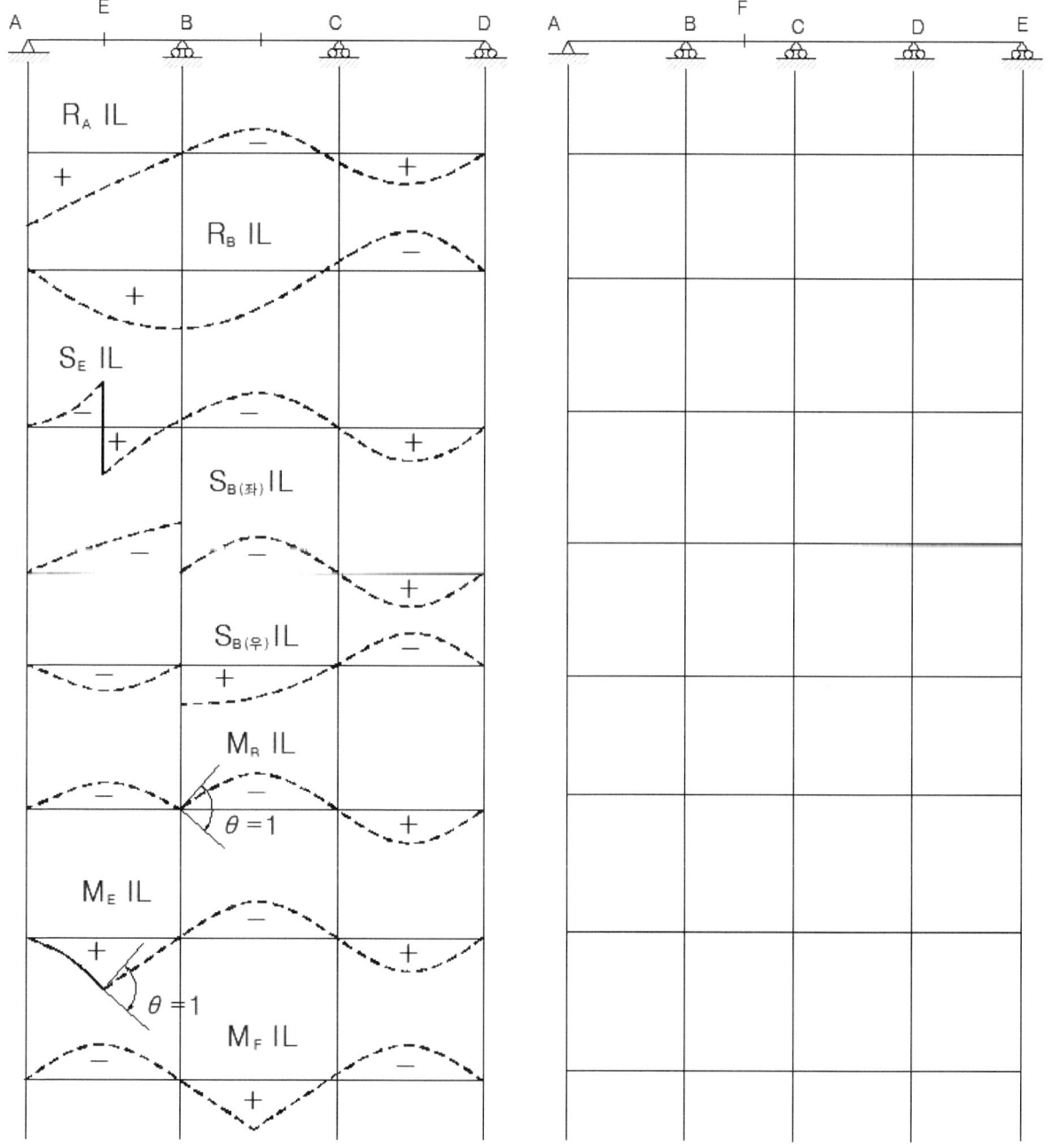

제13장   혼합법(Mixed method)

13.1 혼합법 소개 ·· **425**
13.2 혼합법 단계별 적용 순서 ····························· **425**
13.3 혼합법 단계별 적용 상세(오른손 법칙) · **426**
13.4 혼합법 문제 풀이 ··· **430**

13장 혼합법(Mixed method)

13.1 혼합법 소개

혼합법이란 처짐각법, 모멘트분배법과 매트릭스표현을 혼합하여 사용하기에 혼합법이라고 명명하였다. 이와 같은 이름(Mixed method)으로 외국 책에도 소개되어 있지만, 내용은 유사하면서도 다르다.

필자는 구조 엔지니어가 구조물의 거동을 직관적으로 이해하고, F=KD라고 하는 이미 우리에게 친숙한 훅크의 법칙을 직관적으로 구조해석에 활용하는 것이 매우 중요하다고 판단하여 소개하고자 한다.

13.2 혼합법 단계별 적용 순서

혼합법 단계별 적용 순서	
1. 구조물 모델링 단계	■ 실제 구조물에 대해 설계 가정조건, 지점조건, 부재 단면 형상, 부재간 연결조건 등을 고려하여 절점, 부재, 지점조건 및 부재 재질을 정의
2. 구조물 시스템분석 단계	■ 실제 구조물의 거동을 가정한 조건에 부합하게 모사할 수 있는 모델링의 변위수 (회전변위, 병진변위)를 확인하고, 동시에 이 구조물이 몇 차 부정정 구조인지 분석
3. 시스템 강성 산정 단계	■ 시스템 거동을 대변하는 변위(dof)에 대응하는 변형도를 이용하여 해당 단위 변위(dof) 1을 가했을 때의 부재력(강성)을 구함
4. 외력 산정 단계	■ 해당 변위(dof)에 작용하는 외력 산정 ■ $F = KD$ 완성한 후 미지의 변위 D를 구함
5. 변위 산정 단계	■ $D = \dfrac{F}{K}$ 로 구한 변위를 해당 부재력(처짐각식)에 적용
6. 부재력 산정 단계	■ $M_{AB} = \dfrac{4EI}{L}\theta_A + \dfrac{2EI}{L}\theta_B + \dfrac{6EI\Delta}{L^2} + FEM_{AB}$ (기본식) ■ $M_{AB} = \dfrac{3EI}{L}\theta_A + \dfrac{3EI\Delta}{L^2} + (FEM_{AB}) - \dfrac{FEM_{BA}}{2}$ (반각공식)

제 13 장 혼합법

13.3 혼합법 단계별 상세 설명(오른손 법칙)

1. 구조물 모델링 단계

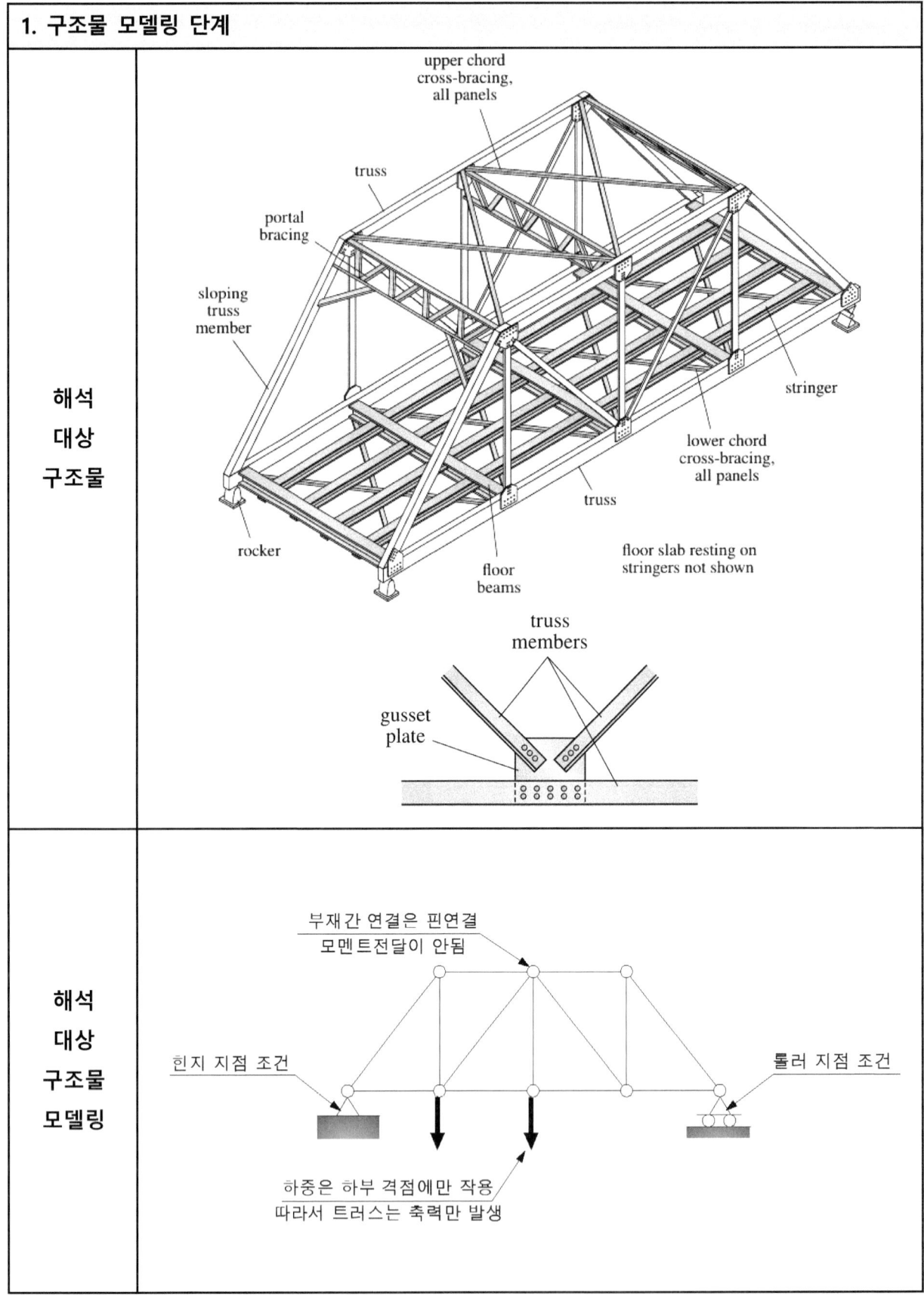

제 13 장 혼합법

2. 구조물 시스템분석 단계

자유도선정 (DOF)

자유도는 운동학적 부정정도(Degree of Kinematic indeterminacy)라고도 한다. 이는 다시 말해 구조물의 구성요소(부재, 절점, 지점)에 의해 구조물시스템이 **변형(움직임)할 수 있는 길**이다. 발생할 수 있는 모든 외력에 대해서 구조시스템은 외력에 대응하는 거동을 하는데, 이는 구조시스템의 지점조건과 부재와 부재의 연결조건 그리고 부재의 특성(단면, 재질등)등이 맞물려서 외력에 반응하기 때문이다. 이때 각 절점에 발생 가능한 변위가 자유도인 것이다.

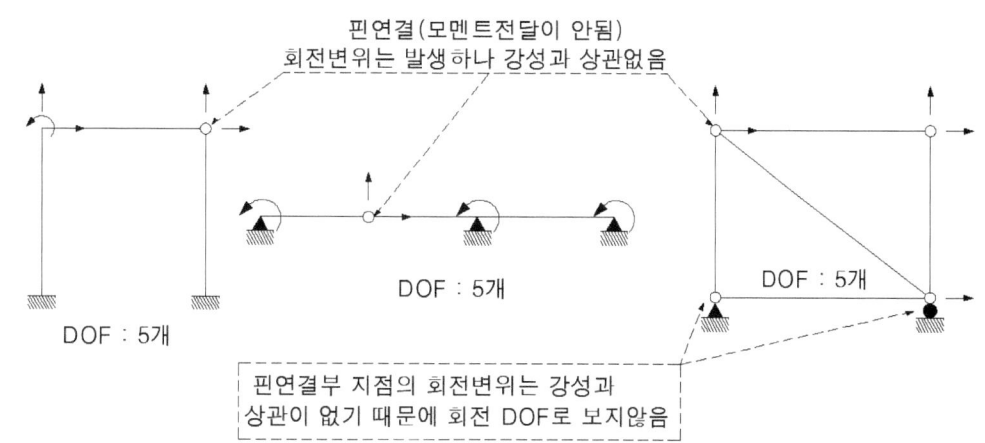

부정정차수 부재력-DOF

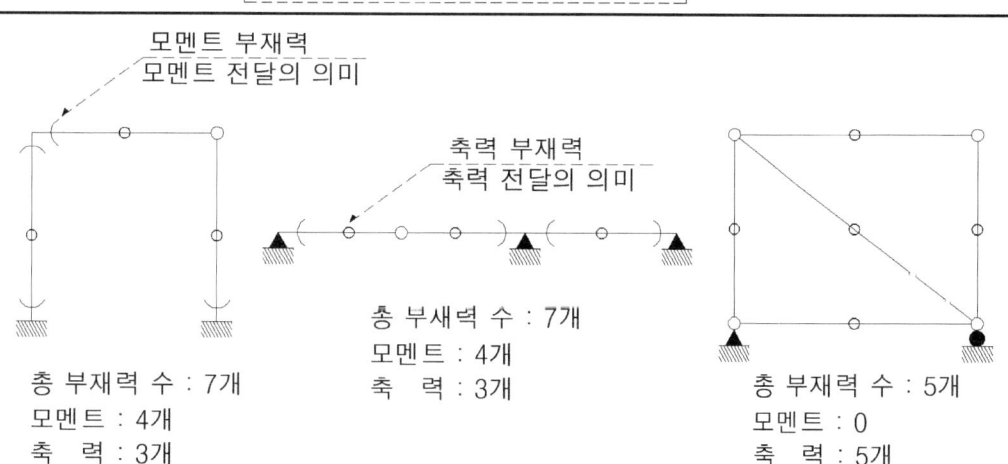

부정정 차수는 발생할 수 있는 부재력 수에서 이용할 수 있는 독립변위(DOF)를 뺀 값이 부정정 차수이다.

1번 : 7-5=2차 부정정 구조물

2번 : 7-5=2차 부정정 구조물

3번 : 5-5=0 정정 구조물

■ 부정정 차수 구하는 공식을 외우지 말고 DOF개념과 구해야 할 부재력과의 관계에서 부정정 차수를 구하는 것이 좋다

제 13 장 혼합법

3. 시스템 강성 및 외력 산정

시스템강성 외력항산정

① 구조계가 정의되고 (지점 조건, 부재 연결 등의 기하조건과 재료조건),

② 시스템의 DOF 선정(D)이 끝나면 F=KD에서 K를 구하는 것이 시스템 강성을 구하는 것이다.

다음 예제를 통해 시스템 강성 및 외력을 산정해 보자

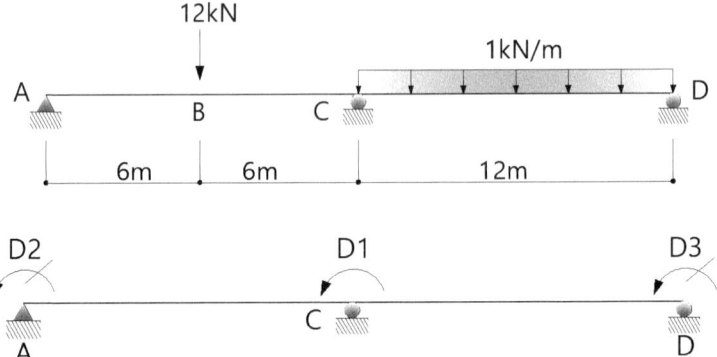

- 이 구조계의 DOF는 절점 A,C,D 의 회전변위 3개이다.

$$F = K \cdot D = \begin{bmatrix} K_{11} & K_{12} & K_{13} \\ K_{21} & K_{22} & K_{23} \\ K_{31} & K_{32} & K_{33} \end{bmatrix} \cdot \begin{bmatrix} D_1 \\ D_2 \\ D_3 \end{bmatrix}$$

- 따라서 F=KD에 의해 위 식처럼 3x3의 매트릭스가 형성된다. 하지만 처짐각 반각공식 $M_{BA} = \dfrac{3EI}{L}\theta_B + \dfrac{3EI\Delta}{L^2} + (FEM_{BA}) - \dfrac{FEM_{AB}}{2}$ 를 이용하면 M_{CA}를 구할 때 D2, D3에 해당하는 θ_A, θ_D를 구하지 않아도 M_{CA}, M_{CD} 를 구할 수 있게 되며 매트릭스는 1x1 즉 식 하나로 해결된다.

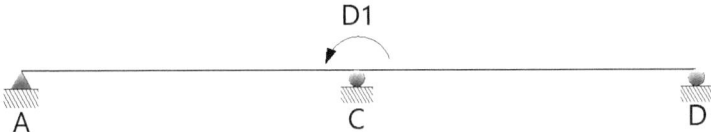

- 최종 DOF D1으로 수정되고, 이 때 시스템 강성은 처짐각 방정식으로부터 다음과 같이 산정된다.

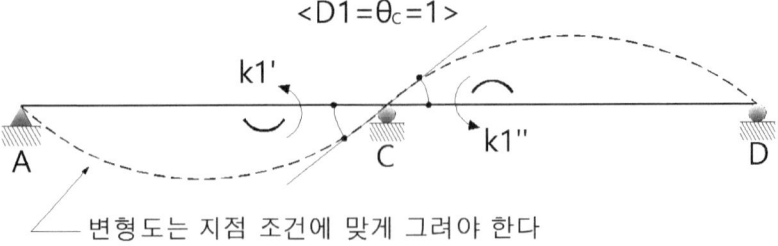

변형도는 지점 조건에 맞게 그려야 한다

- F=KD에서 최종 선정된 DOF D1는 회전변위이기 때문에 단위 회전변위 1을 가했을 때의 부재력이 D1에 대한 시스템 강성이다. 이때 시스템 강성(K)은 K=k1'+k1"가 된다

3. 시스템 강성 및 외력 산정(계속)

시스템강성 외력항산정	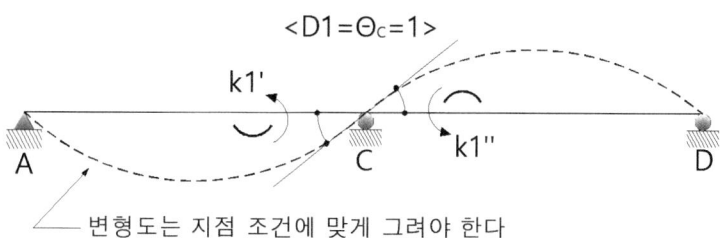

위 그림에서 반각공식을 적용하면, 일반식에서

$M_{BA} = \frac{3EI}{L}\theta_B + \frac{3EI\Delta}{L^2} + (FEM_{BA}) - \frac{FEM_{AB}}{2}$, 여기에 Δ, FEM 는 없고

C점에 단위 변위만 발생시켰으므로

$k1' = M_{CA} = \frac{3EI}{12}(1)$, $k1'' = M_{CD} = \frac{3EI}{12}(1)$, $K = k1' + k1'' = \frac{EI}{2}$ 가 된다

- F=KD에서 하중항 F 산정 ⇒ 이 때 하중은 D1, 즉 θ_C 에 작용하는 모멘트를 산정하는 것 ⇒ 해당 변위에 맞는 해당 작용 외력 산정

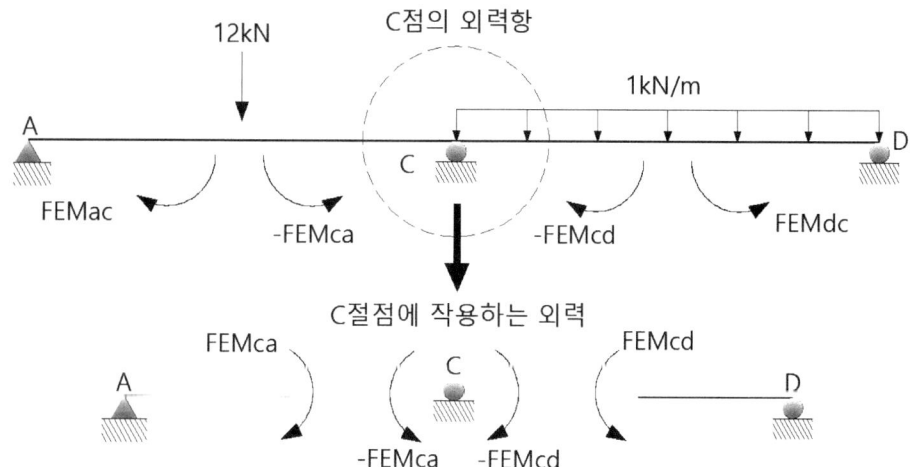

- 절점 C에 작용하는 외력은 결국 양단 고정일 때의 재단모멘트 FEM와 방향만 반대이고 크기는 같다. 이 경우에는 반각공식을 적용하였기 때문에

외력항 $= -[(FEM_{CA}) + \frac{FEM_{AC}}{2}] = -\frac{3}{2}(FEM_{CA})$ 된다. 따라서 절점C에

작용하는 총 외력항은

총 외력항 $= -\frac{3}{2}(FEM_{CA} + FEM_{CD})$

$-FEM_{CA} = \frac{Pl}{8}(\frac{3}{2}) = \frac{12(12)}{8}(\frac{3}{2}) = 27$ kN.m (↶)

$-FEM_{CD} = -\frac{wl^2}{12}(\frac{3}{2}) = -\frac{1(12^2)}{12}(\frac{3}{2}) = -18$ kN.m (↷)

총 외력항 $= 27 - 18 = 9$ kN.m (↶) |

4. 변위 및 부재력 산정 단계

변위 부재력산정	■ F = K·D에서 미지 변위 및 단면력 산정 $9 = \dfrac{EI}{2}\theta_c$, $\therefore \theta_C = \dfrac{18}{EI}(\curvearrowleft)$, $\therefore M_{CA} = \dfrac{3EI}{12}(\dfrac{18}{EI}) - 27 = -22.5 kN.m$ t·m ($\curvearrowright$) $\therefore M_{CD} = \dfrac{3EI}{12}(\dfrac{18}{EI}) + 18 = 22.5 kN.m$ t·m ($\curvearrowleft$) 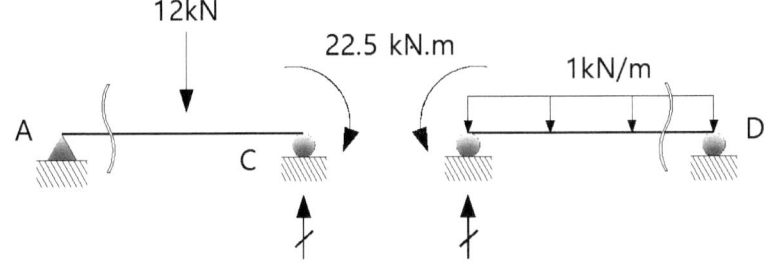 ■ F = K·D에서 시작하여 구조물 전체 DOF(D)와 외력항 F를 산정하고 변위(D)를 구한다. 그리고 변위를 처짐각 방정식에 대입하여 부재력(휨모멘트)을 구한다 ■ 순서가 다소 복잡해 보이지만 결국 F=KD이다. 단순하다. 하지만 강력한 해법이다.

제 13 장 혼합법

13.4 혼합법 문제 풀이

13-1. 토목구조기술사 129회 4교시 1번

1. 다음과 같은 연속보의 지점 B에서 지점침하(Δ)가 발생하였다. 이 연속보를 해석하여 전단력도와 휨모멘트도를 작성하시오.

   (단, 휨강성 EI는 일정하다.)

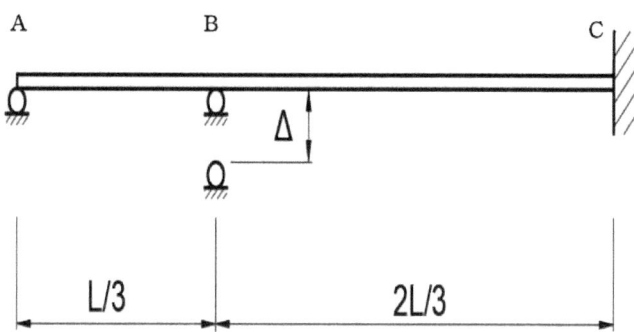

- 1dof 시스템이다. 부재 AB는 반각공식을 적용한다. F=KD에서 1dof 시스템으로 시스템 전체 강성 K = k1+k1' 이다. F는 1dof로 선정한 절점 B의 회전 변위에 대응하는 외력이므로 침하로 생긴 FEM_{ba} + FEM_{bc} 를 절점 B에 작용하는 외력 F로 보면 된다.

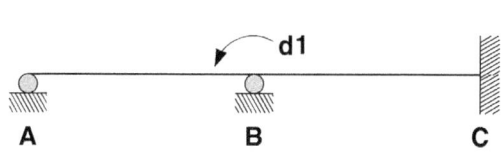

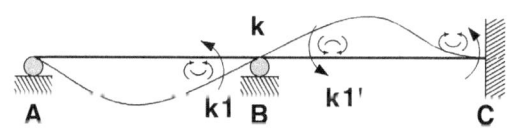

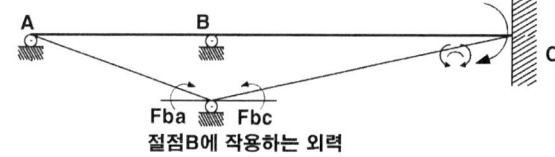

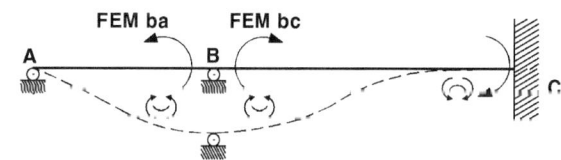

1. 시스템 강성

$$k1 = \frac{3EI}{l/3} = \frac{9EI}{l}, \quad k1' = \frac{4EI}{2l/3} = \frac{6EI}{l}$$

$$k = \frac{9EI}{l} + \frac{6EI}{l} = \frac{15EI}{l}$$

2. 외력항

$$F = Fba + Fbc = \frac{-3EI}{(l/3)^2}\Delta + \frac{6EI}{(2l/3)^2}\Delta$$

$$F = Fba + Fbc = \frac{-27EI}{2l^2}\Delta$$

3. 변위 $F = KD$ 에서

$$\frac{-27EI}{2l^2}\Delta = \frac{15EI}{l}\theta_B, \quad \theta_B = \frac{-9}{10l}\Delta$$

4. 부재력

$M_{BA} = \frac{3EI}{L}\Theta_B + FEM\ ba$ 공식 에서

$$M_{BA} = \frac{9EI}{l}(\frac{-9}{10l})(\Delta) + \frac{27EI}{l^2}(\Delta) = \frac{189EI}{10l^2}\Delta$$

$M_{BC} = \frac{4EI}{L}\Theta_B + FEM\ bc$ 공식 에서

$$M_{BC} = \frac{6EI}{l}(\frac{-9}{10l})(\Delta) - \frac{27EI}{2l^2}(\Delta) = \frac{-189EI}{10l^2}\Delta$$

$$M_{CB} = \frac{3EI}{l}(\frac{-9}{10l})(\Delta) - \frac{27EI}{2l^2}(\Delta) = \frac{-81EI}{5l^2}\Delta$$

우측 제일 하단 변형도에 의한 모멘트와 부호가 같다.

13-1. 토목구조기술사 129회 4교시 1번

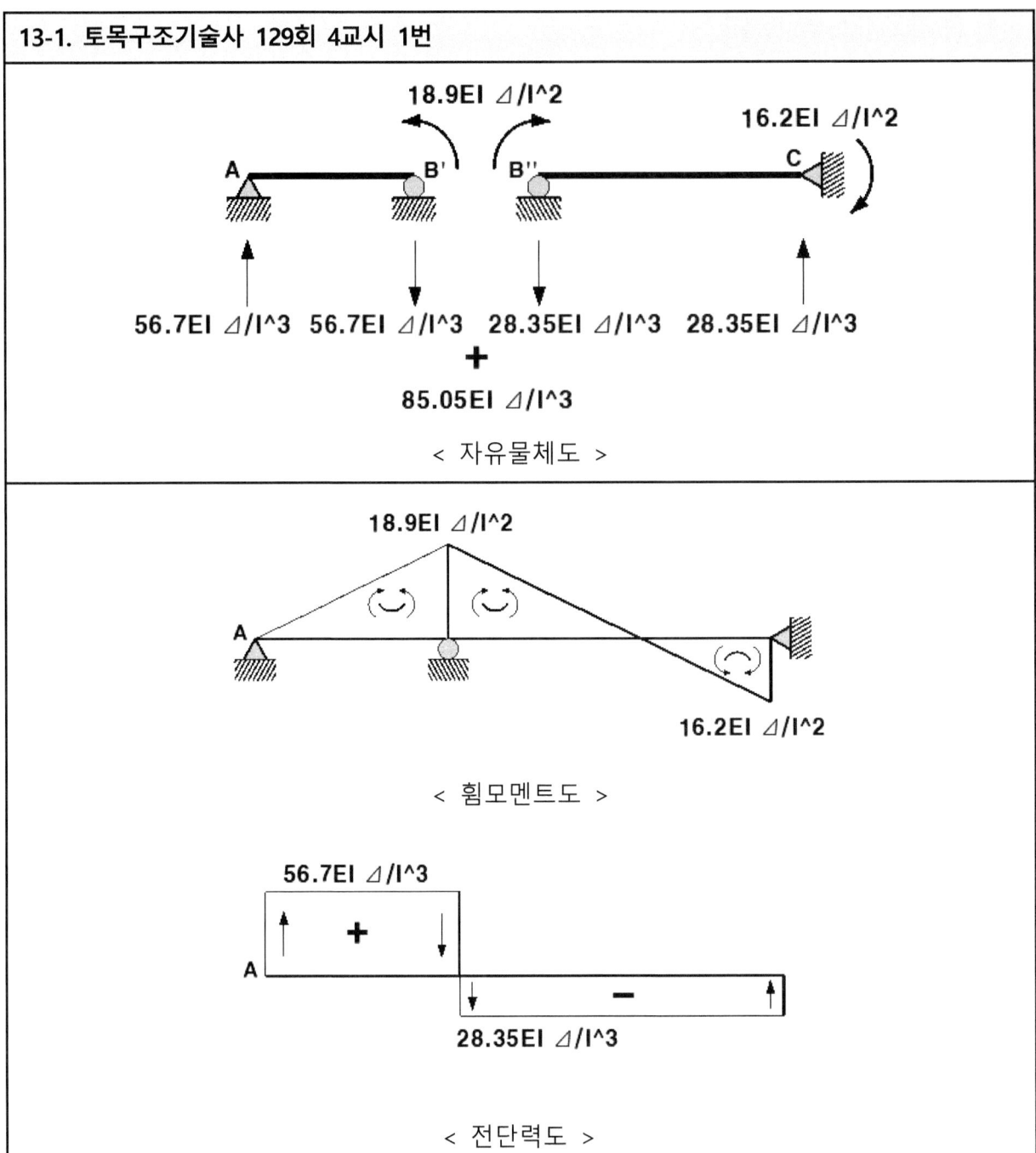

< 자유물체도 >

< 휨모멘트도 >

< 전단력도 >

13-2. 토목구조기술사 124회 2교시 5번

5. 그림과 같이 집중하중(10kN)을 받고 있는 3경간 연속보에 지점침하가 A에서 20mm, B에서 30mm, C에서 50mm, D에서 40mm 발생하였다. 지점 B에서의 모멘트(M_b)와 반력(R_b)을 구하시오. (단, E=200GPa, I=500×10⁶ mm⁴)

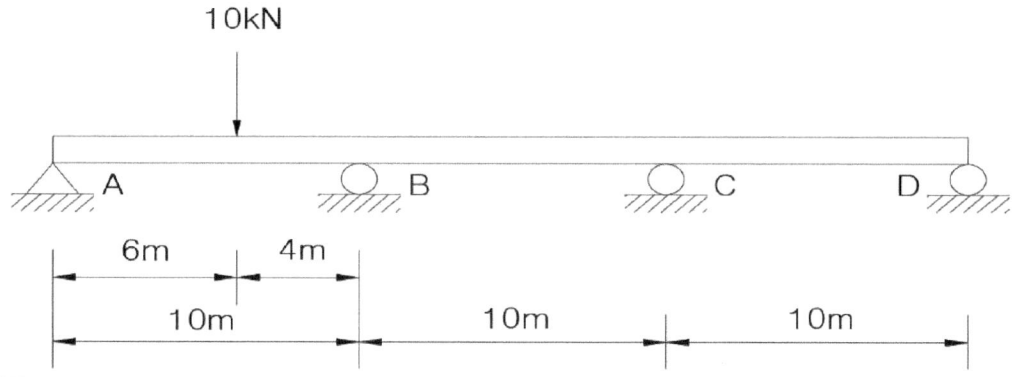

- 2dof 시스템이다. 부재 AB, CD는 반각공식을 적용한다. F=KD에서 2dof 시스템으로 K=[2X2] 매트릭스 형태가 된다.

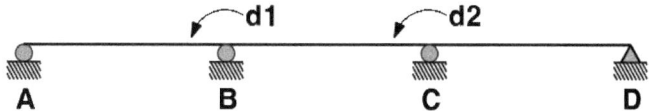

- dof 1, 2에 해당하는 외력과 강성 및 변위 관계는 F=KD이며, 2dof 시스템으로 다음과 같이 표현한다. $F = \begin{bmatrix} F1 \\ F2 \end{bmatrix} = \begin{bmatrix} K_{11} & K_{12} \\ K_{21} & K_{22} \end{bmatrix} \begin{bmatrix} \theta_B = d1 \\ \theta_C = d2 \end{bmatrix}$ 여기서 K_{ij}는 j번째 dof 해당 단위변위 1을 주었을 때 i dof에 발생하는 부재력이다. 결국 dof 1,2는 독립적이지 않고 서로 영향을 준다는 의미로 매트릭스 형태로 표현한다.

- $EI = 200(10^6)\frac{kN}{m^2} \times 500 \times 10^6 (10^{-12})m^4 = 100,000 kNm^2$

- $\frac{3EI}{L^2}\Delta = 30 kNm, \quad \frac{6EI}{L^2}\Delta = 120 kNm$

- 하중항 산정

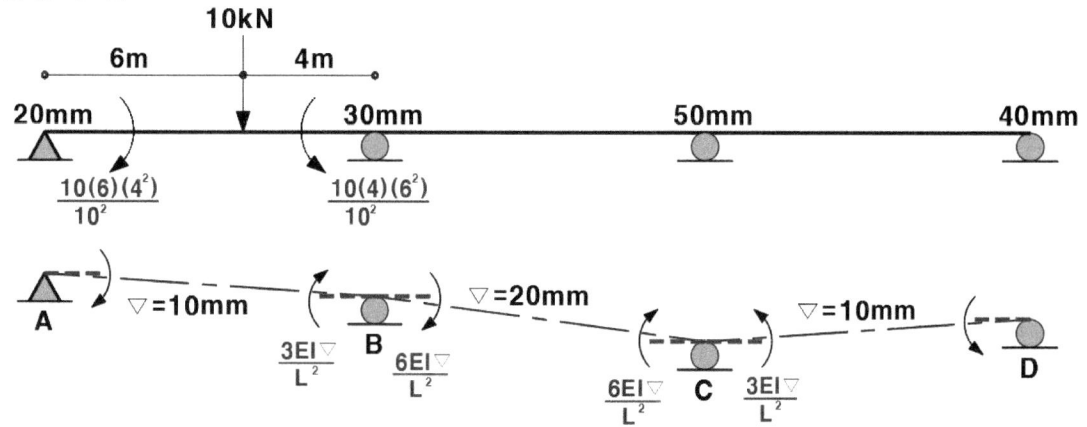

13-2. 토목구조기술사 124회 2교시 5번

절점 B와 C에 작용하는 하중항은 각각 다음과 같다

절점B : $\frac{1}{2}\frac{10(6)(4^2)}{10^2}+\frac{10(4)(6^2)}{10^2}-\frac{3(100,000)(0.01)}{10^2}-\frac{6(100,000)(0.02)}{10^2}=-130.8kN.m$

절점C : $-\frac{6(100,000)(0.02)}{10^2}+\frac{3(100,000)(0.01)}{10^2}=-90\,kN.m$

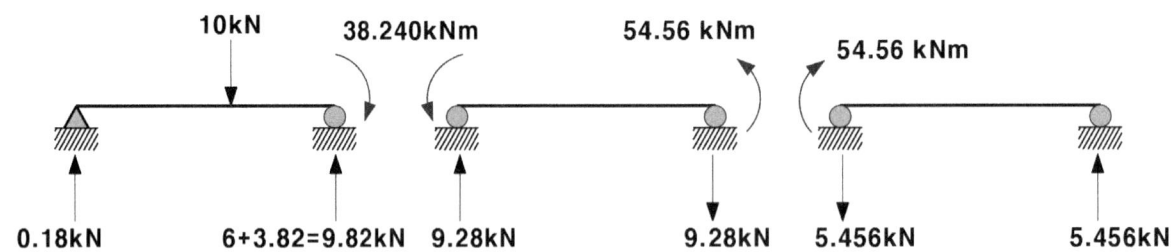

$k11=\frac{3EI}{10}+\frac{4EI}{10}=0.7EI,$

$k21=\frac{2EI}{10}=0.2EI$

$\begin{bmatrix}-130.8\\-90\end{bmatrix}=EI\begin{bmatrix}0.7 & 0.2\\0.2 & 0.7\end{bmatrix}\begin{bmatrix}\theta_B\\\theta_C\end{bmatrix}$

$\theta_B=\frac{-163.467}{EI},\;\theta_C=\frac{-81.867}{EI}$

$M_{BA}=\frac{3EI}{10}(\frac{-163.467}{EI})-19.2+30=-38.24kNm$

$M_{BC}=\frac{4EI}{10}(\frac{-163.467}{EI})+\frac{2EI}{10}(\frac{-81.867}{EI})+120=38.24kNm$

$M_{CB}=\frac{4EI}{10}(\frac{-81.867}{EI})+\frac{2EI}{10}(\frac{-163.467}{EI})+120=54.56kNm$

$M_{CD}=\frac{3EI}{10}(\frac{-81.867}{EI})-30=-54.56kNm$

$R_B=9.82+9.28=19.1kN$

$R_C=-9.28-5.456=-14.736kN$

13-3. 토목구조기술사 127회 4교시 4번

아래 그림과 같은 하중 M_{AB}가 작용하는 부정정보의 A점에서 B점으로의 전달율 C_{AB}와 C점에서의 수직처짐 δ_{CV}를 구하시오

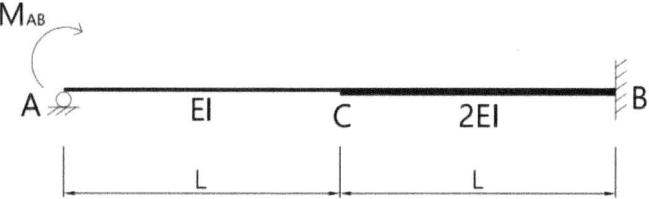

■ 시스템 강성

힌지 지점 A에 절점 하중이 작용하고 있다. 지간 내에 연직하중 등 외력에 의한 모멘트를 계산할 때는 단부 절점 A가 힌지라는 것을 이용하여 반각 공식으로 계산량을 줄이기도 하지만, 이 경우에는 힌지 절점에 외력이 바로 작용하고 있다는 점에 유의하여야 한다. 또한 중앙점 C점의 연직 처짐량과 단부 B점의 모멘트를 구하기 위하여는 C절점에 회전변위와 연직변위를 선정하여 문제를 푸는 점을 이해하여야 한다. 따라서 이 구조의 dof는 아래와 같이 3개를 선정하여야 한다.

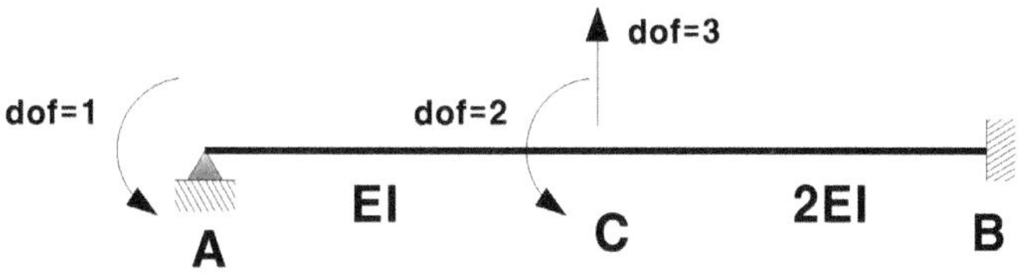

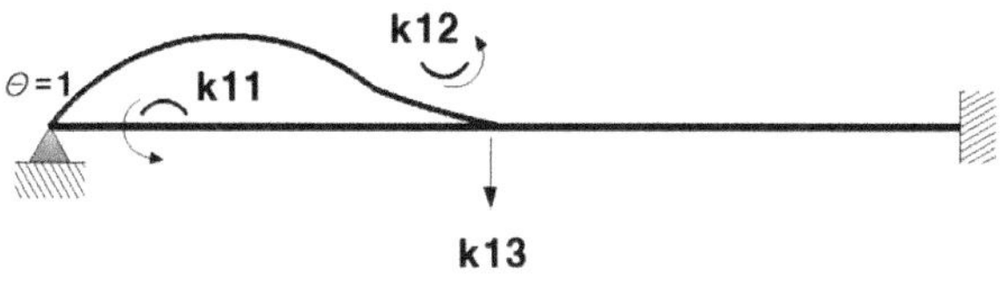

1) d1=1, d2, d3 =0
$$k_{11} = \frac{4EI}{l}, k_{12} = \frac{2EI}{l}, k_{13} = \frac{-6EI}{l^2}$$

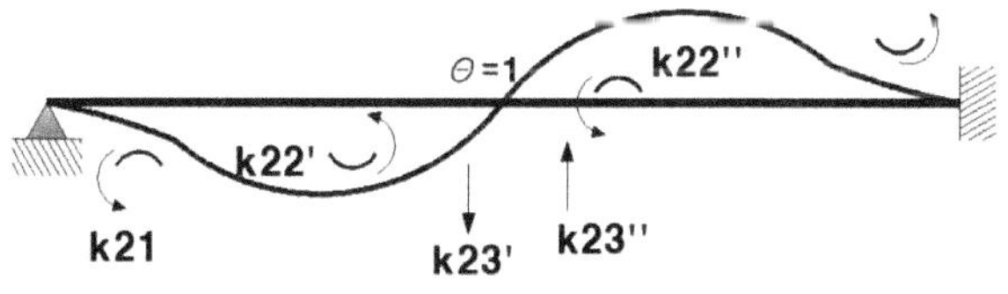

2) d2=1, d1, d3 =0
$$k_{21} = \frac{2EI}{l}, k_{22} = \frac{12EI}{l}, k_{23} = \frac{18EI}{l^2}$$

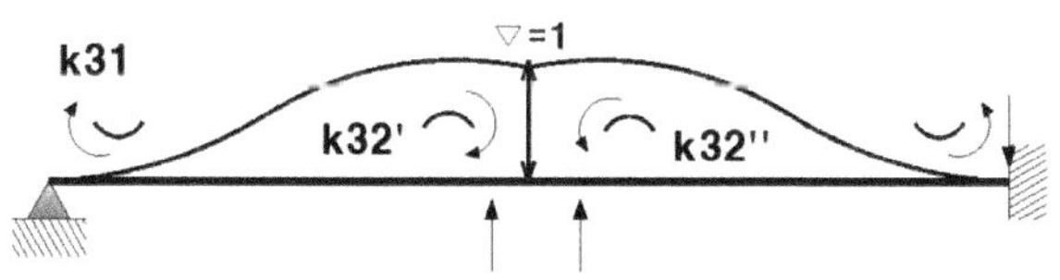

3) d3=1, d1, d2 =0
$$k_{31} = \frac{-6EI}{l^2}, k_{22} = \frac{6EI}{l^2}, k_{33} = \frac{36EI}{l^3}$$

$$\begin{bmatrix} -M_{ab} \\ 0 \\ 0 \end{bmatrix} = \frac{EI}{l} \begin{bmatrix} 4 & 2 & \frac{-6}{l} \\ 2 & 12 & \frac{18}{l} \\ \frac{-6}{l} & \frac{6}{l} & \frac{36}{l^2} \end{bmatrix} \begin{bmatrix} D_1 \\ D_2 \\ D_3 \end{bmatrix}, \begin{bmatrix} D_1 \\ D_2 \\ D_3 \end{bmatrix} = \begin{bmatrix} \dfrac{-3M_{ab}l}{4EI} \\ \dfrac{5M_{ab}l}{12EI} \\ \dfrac{-7M_{ab}l^2}{36EI} \end{bmatrix}$$

따라서 C점의 연직 처짐은
$$\frac{-7M_{ab}l^2}{36EI}$$

13-3. 토목구조기술사 127회 4교시 4번

아래 그림과 같은 하중 M_{AB}가 작용하는 부정정보의 A점에서 B점으로의 전달율 C_{AB}와 C점에서의 수직처짐 δ_{CV}를 구하시오

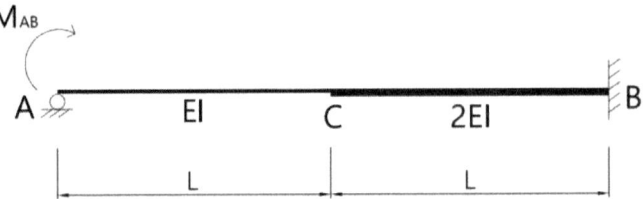

C점의 연직 처짐은 $\dfrac{-7 M_{ab} l^2}{36 EI}$

$M_{BC} = \dfrac{4(2)EI}{l}\theta_B + \dfrac{2(2)EI}{l}\theta_C + \dfrac{6(2)EI}{l^2}\Delta + FEM$ 에서

$M_{BC} = \dfrac{4(2)EI}{l}(0) + \dfrac{2(2)EI}{l}(\dfrac{5M_{AB}l}{12EI}) + \dfrac{6(2)EI}{l^2}(\dfrac{-7M_{AB}l^2}{36EI}) + 0 = \dfrac{-2}{3}M_{AB}$

따라서 전단율 C_{AB} 전달율은 –2/3 이다.

13-4. 토목구조기술사 124회 4교시 4번

4. 아래 캔틸레버보에 집중하중 100kN이 작용했을 때 BC(Cable)부재의 인장력을 구하시오.

$$BC부재 : A_1 = 6.83 cm^2, \quad AB부재 : A_2 = 683 cm^2, \quad I_2 = 12,800 cm^4$$

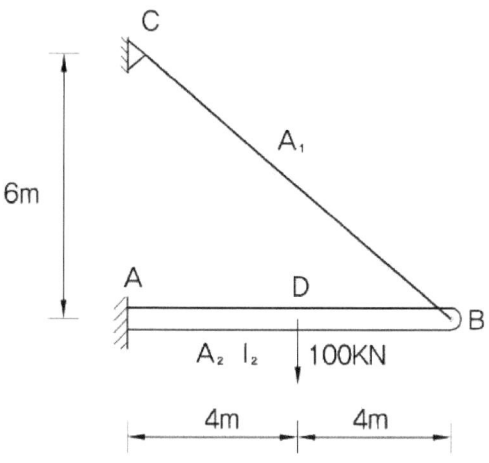

빔 : $A = 0.0683 \text{ m}^2$, $EA/l = E(0.00683) \, kN/m$, $I = 0.000128 \text{ m}^4$, $EI/l = (E)0.000016 \, kN \cdot m$

케이블 : $A = 0.000683 \text{ m}^2$, $EA/l = E(0.0000683) \, kN/m$

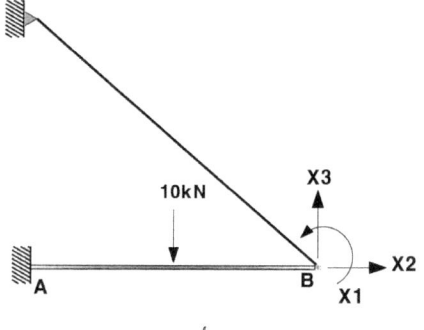

■ 집중하중 100kN에 의하여 절점 A, B에 연직력 50kN, 모멘트 100kNm가 작용 한다

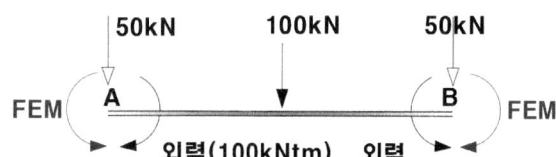

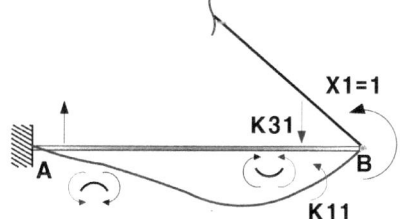

$K_{11} = 4EI/l = 4E(0.000128)/8 = E(0.000064)$

$K_{12} = 0$

$K_{13} = -6EI/l^2 = -6E(0.000128)/8^2 = E(-0.000012)$

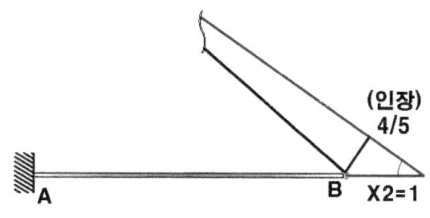

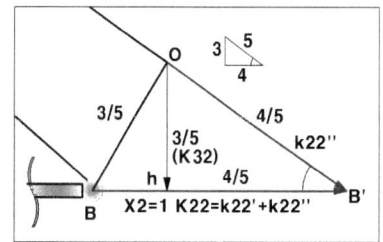

$K_{12} = 0, \quad K_{22} = k_{22}' + k_{22}'' = \dfrac{E(0.0683)}{8} + \dfrac{E(0.000683)}{10}(\dfrac{4}{5})(\dfrac{4}{5}) = E(0.008581212)$

$K_{32} = \dfrac{-E(0.000683)}{10}(\dfrac{4}{5})(\dfrac{3}{5}) = -E(0.000032784)$

13-4. 토목구조기술사 124회 4교시 4번

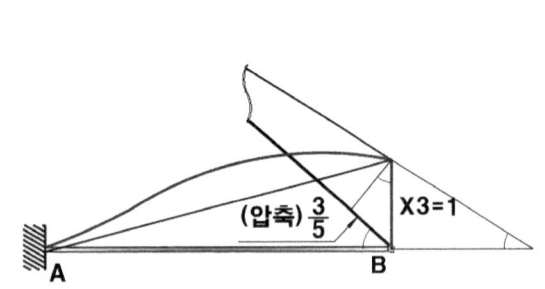
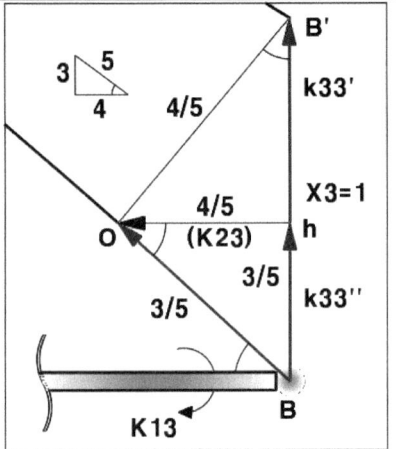

$K_{31} = -6EI/l^2 = -6E(0.000128)/8^2 = E(-0.000012)$

$K_{23} = \dfrac{-E(0.000683)}{10}(\dfrac{4}{5})(\dfrac{3}{5}) = -E(0.000032784)$

$K_{33} = k_{33}' + k_{33}'' = \dfrac{12E(0.000128)}{8^3} + \dfrac{E(0.000683)}{10}(\dfrac{3}{5})(\dfrac{3}{5}) = E(0.000027588)$

■ global 변위 산정

$$\begin{bmatrix} 100 \\ 0 \\ -50 \end{bmatrix} = E \begin{bmatrix} 0.000064 & 0 & -0.000012 \\ 0 & 0.008581212 & -0.000032784 \\ -0.000012 & -0.000032784 & 0.000027588 \end{bmatrix} \begin{bmatrix} \theta_B \\ h_B \\ v_B \end{bmatrix}$$

$\therefore E\theta_B = 1330102.708 \text{ rad } (\circlearrowleft)$,

$\therefore Eh_B = -4735.252057 \text{ } (\leftarrow)$,

$\therefore Ev_B = -1239452.226 \text{ } (\downarrow)$

■ 케이블 장력

$f = \dfrac{E}{10}(0.000683)[\dfrac{3}{5}(1239452.226) - \dfrac{4}{5}(4735.252057)](\dfrac{1}{E}) = 50.534 \, kN \, (인장)$

13-5. 토목구조기술사 127회 2교시 5번

트러스의 부재력을 매트릭스 변위법에 의해 구하고 그 전개 과정 설명

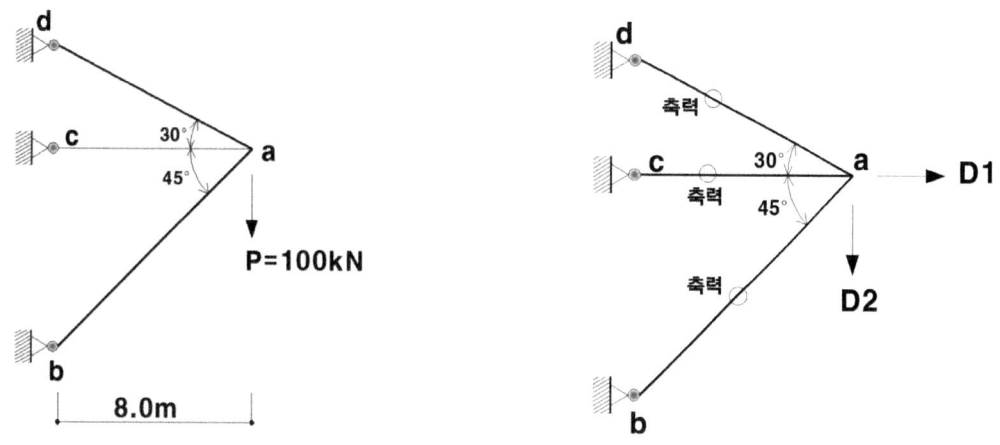

1. 시스템 분석
   - 절점a에 global 변위 D1, D2, 트러스 부재력 3개이므로 3-2=1, 1차 부정정 구조.
2. 트러스 구조의 경우는 F=KD에서 직접강도법으로 해석하는 것이 간단하다. 예제 13-4에서처럼 직접 시스템강성을 변형도로부터 계산하려면 실수의 소지가 많다. 따라서 $F = KD = T^T k_e TD$와 $d = TD, f = TF$의 로컬좌표와 글로벌좌표의 좌표변환을 이용하면 쉽다. $F=T^T k_e T \cdot D$ 좌표변환 매트릭스를 산정하여 global 변위 D를 구한다.
3. F는 global 변위에 대응하는 외력을 산정한다. 여기에는 D2에 해당하는 외력은 100kN이고 D1에 해당하는 외력은 없다.
4. $f=k_e d$에서, $d=TD$를 이용해서 $f=k_e TD$에 의해 부재력을 구한다.

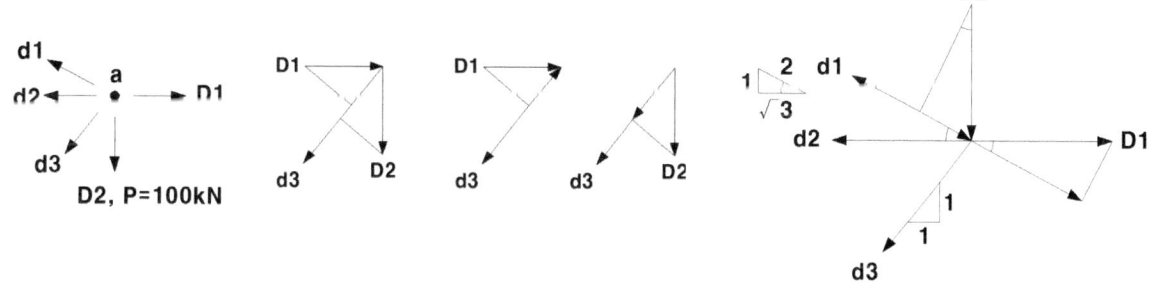

좌표변환매트릭스=T, d=TD에서(각각이 로컬축으로 글로벌축을 정리)

$d_1 = \dfrac{\sqrt{3}}{2}D_1 + \dfrac{1}{2}D_2$과 같이 하여 표로 정리하면 다음과 같다 ⇒ 이 방법이 제일 쉽다.

		D1	D2	T(좌표변환)
	d1	$\dfrac{\sqrt{3}}{2}$	$\dfrac{1}{2}$	T1 성분 ⇒ $d_1 = \dfrac{\sqrt{3}}{2}D_1 + \dfrac{1}{2}D_2$
	d2	1	0	T2 성분 ⇒ $d_2 = (1)D_1 + (0)D_2$
T=	d3	$\dfrac{1}{\sqrt{2}}$	$\dfrac{-1}{\sqrt{2}}$	T3 성분 ⇒ $d_3 = \dfrac{1}{\sqrt{2}}D_1 + \dfrac{-1}{\sqrt{2}}D_2$

13-5. 토목구조기술사 127회 2교시 5번

■ $F = T^T k_e T \cdot D$

$$\begin{bmatrix} 0 \\ 100 \end{bmatrix} = T^T EA \begin{bmatrix} \dfrac{\sqrt{3}}{16} & 0 & 0 \\ 0 & \dfrac{1}{8} & 0 \\ 0 & 0 & \dfrac{1}{8\sqrt{2}} \end{bmatrix} T \begin{bmatrix} D_1 \\ D_2 \end{bmatrix}$$

$$D = \begin{bmatrix} D_1 \\ D_2 \end{bmatrix} = \begin{bmatrix} -15.032 \\ 1403.9274 \end{bmatrix} / EA$$

■ $f_1 = k_1 d_1 = k_1 T_1 \begin{bmatrix} D_1 \\ D_2 \end{bmatrix} = EA[\dfrac{\sqrt{3}}{16}][\dfrac{\sqrt{3}}{2}, \dfrac{1}{2}]\begin{bmatrix} -15.032 \\ 1403.9274 \end{bmatrix}/EA = 74.581 kN$ (인장)

■ $f_2 = k_2 d_2 = k_2 T_2 \begin{bmatrix} D_1 \\ D_2 \end{bmatrix} = EA[\dfrac{1}{8}][1\;0]\begin{bmatrix} -15.032 \\ 1403.9274 \end{bmatrix}/EA = -1.879 kN$ (압축)

■ $f_3 = k_3 d_3 = k_3 T_3 \begin{bmatrix} D_1 \\ D_2 \end{bmatrix} = EA[\dfrac{1}{8\sqrt{2}}][\dfrac{1}{\sqrt{2}}, \dfrac{-1}{\sqrt{2}}]\begin{bmatrix} -15.032 \\ 1403.9274 \end{bmatrix}/EA = -88.684 kN$ (압축)

■ 직접강도법 풀이 전개과정

1. F=KD에서
   - $F = T^T k_e T \cdot D$ 좌표변환 매트릭스 산정하여 global 변위 D를 구한다.
   - F는 global 변위에 대응하는 외력을 산정한다. 여기에는 D2에 해당하는 외력은 100kN이고 D1에 해당하는 외력은 없다.

2. $f = k_e d$에서
   - d=TD를 이용해서 $f = k_e TD$에 의해 부재력을 구한다.

■ F=KD에서의 표현을 음미하자.

13-6. 토목구조기술사 130회 2교시 5번(고수구조역학 EX 4-2-32 사장교 초기평형해석 참고)

5. 다음은 사장교의 원리를 설명하는 단순 모델이다. 보 중앙에 설치된 케이블의 강성(剛性)을 스프링상수로 치환한 아래 단순보에 등분포하중 $w=10kN/m$이 재하되고 스프링상수 k값이 아래 조건과 같이 변할 때, 보에 대한 휨모멘트도를 작성하고 k값 변함에 따라 휨모멘트가 어떻게 변화하는지 설명하시오.
(단, 보의 $EI=7\times10^6 kN\cdot m^2$이며 자중은 고려하지 않는다.)

<사장교 케이블 모델>　　　　<단순화한 치환 모델>

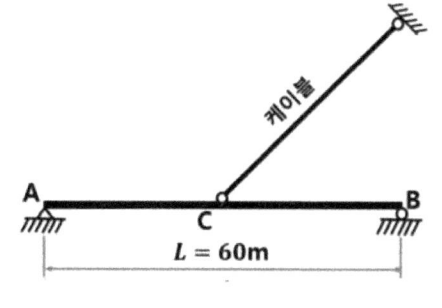
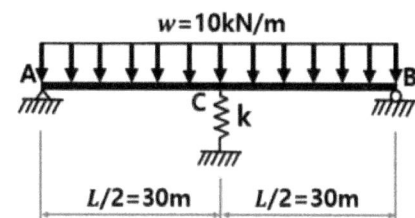

<조 건>
① 스프링상수 $k=0$
② 스프링상수 $k=4000kN/m$
③ 스프링상수 $k=\infty$

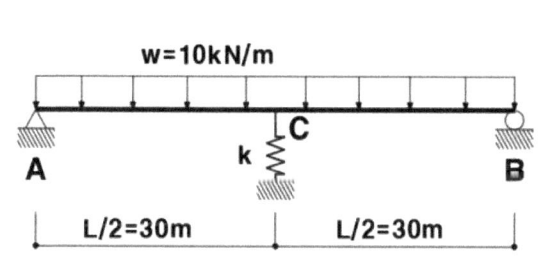
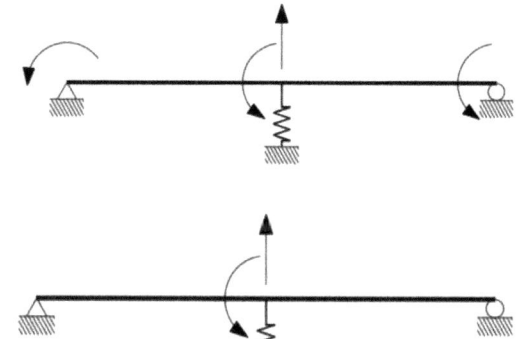

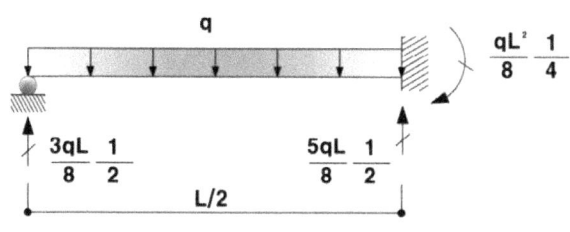
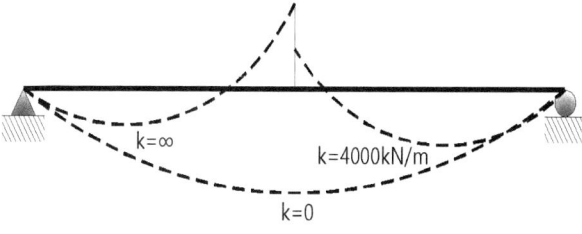

제 13 장 혼합법

13-6. 토목구조기술사 130회 2교시 5번(고수구조역학 EX 4-2-32 사장교 초기평형해석 참고)

■ 시스템 강성

반각 공식을 활용하면 2dof 시스템으로 규정하고 이때 변위는 C점의 회전변위와 연직변위로 선정한다.

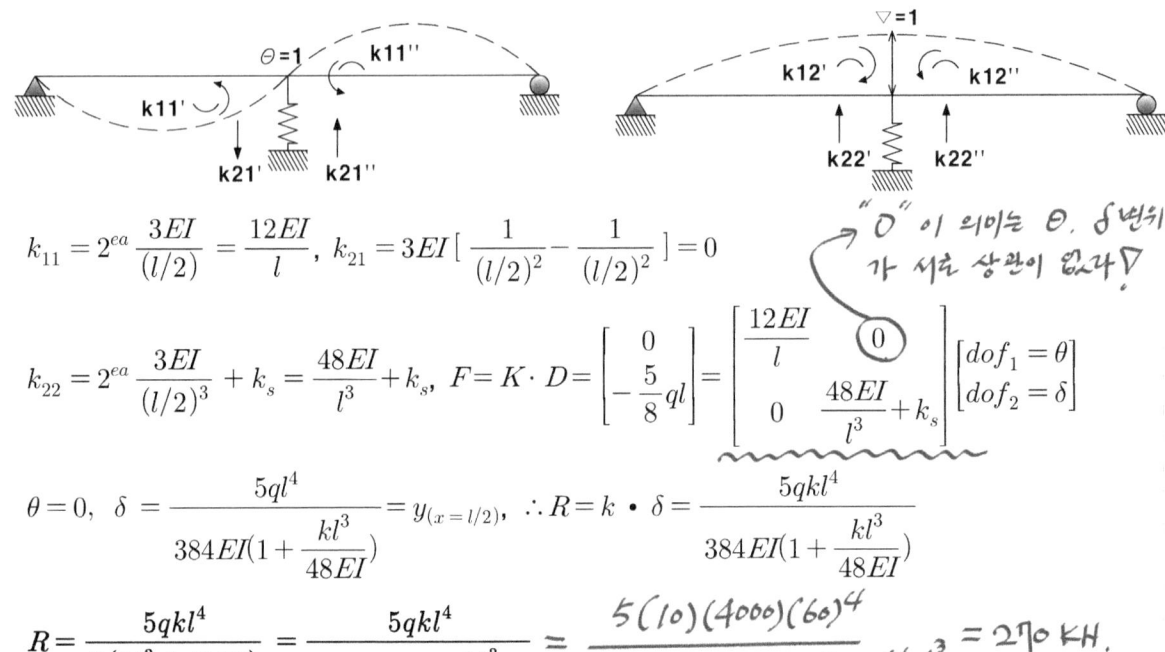

$$k_{11} = 2^{ea} \frac{3EI}{(l/2)} = \frac{12EI}{l}, \quad k_{21} = 3EI\left[\frac{1}{(l/2)^2} - \frac{1}{(l/2)^2}\right] = 0$$

"0"이 의미는 θ, δ 변위가 서로 상관이 없다!

$$k_{22} = 2^{ea} \frac{3EI}{(l/2)^3} + k_s = \frac{48EI}{l^3} + k_s, \quad F = K \cdot D = \begin{bmatrix} 0 \\ -\frac{5}{8}ql \end{bmatrix} = \begin{bmatrix} \frac{12EI}{l} & 0 \\ 0 & \frac{48EI}{l^3} + k_s \end{bmatrix} \begin{bmatrix} dof_1 = \theta \\ dof_2 = \delta \end{bmatrix}$$

$$\theta = 0, \quad \delta = \frac{5ql^4}{384EI(1 + \frac{kl^3}{48EI})} = y_{(x=l/2)}, \quad \therefore R = k \cdot \delta = \frac{5qkl^4}{384EI(1 + \frac{kl^3}{48EI})}$$

$$R = \frac{5qkl^4}{8(kl^3 + 48EI)} = \frac{5qkl^4}{384EI(1 + \frac{kl^3}{48EI})} = \frac{5(10)(4000)(60)^4}{384(7\times10^6)(1 + \frac{4000(60)^3}{48(7\times10^6)})} = 270 \, kN.$$

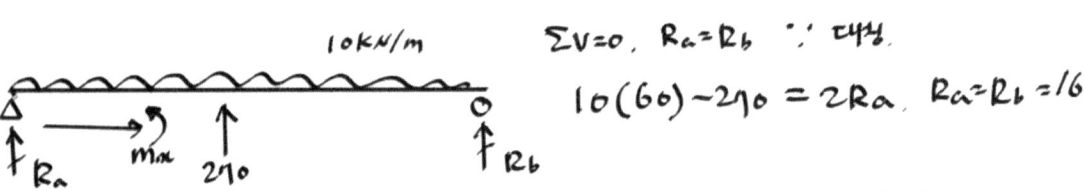

$\Sigma V = 0, \; R_a = R_b \; \because$ 대칭.

$10(60) - 270 = 2R_a, \; R_a = R_b = 165 \, kN$

$M_c = -165(30) + 10(30)(15) = -450 \, kN \cdot m \; (\curvearrowright) \; (k = 4000 \, kN/m \, 일때)$

$k = \infty, \; M = \frac{wl^2}{8} = \frac{10(60)^2}{8} = 4500 \, kN \cdot m, \quad k = 0 \Rightarrow \frac{wl^2}{8} = 4500 \, kN \cdot m$

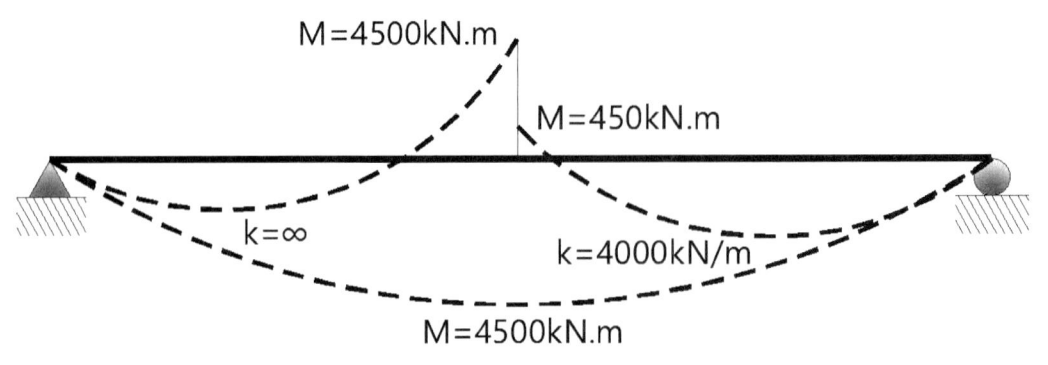

442

13-7. 유제 3경간 보의 C점에서 반력을 구하시오 $EI=$ 일정

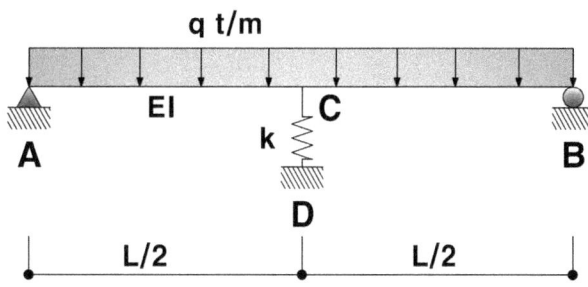

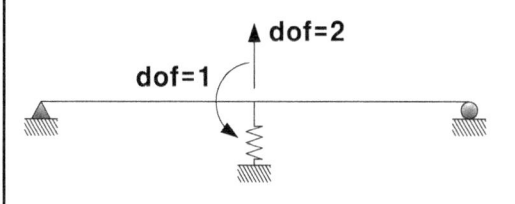
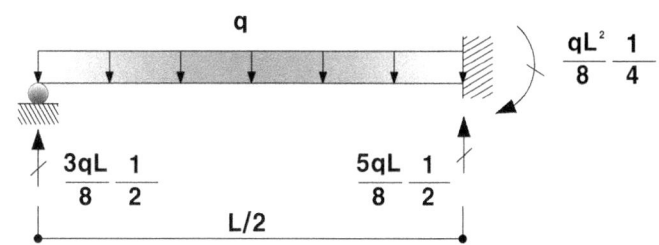

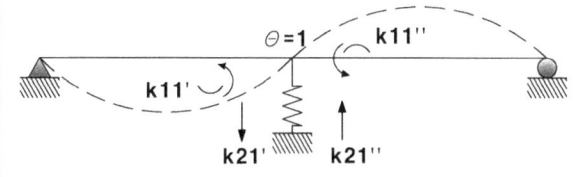
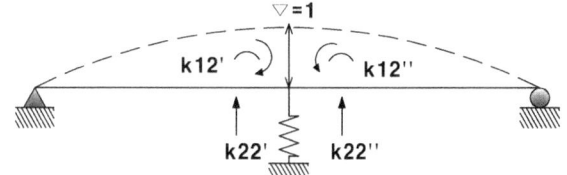

$$k_{11} = 2^{ea} \frac{3EI}{(l/2)} = \frac{12EI}{l}$$

$$k_{21} = 3EI\left[\frac{1}{(l/2)^2} - \frac{1}{(l/2)^2}\right] = 0$$

$$k_{22} = 2^{ea} \frac{3EI}{(l/2)^3} + k_s = \frac{48EI}{l^3} + k_s$$

$$F = K \cdot D = \begin{bmatrix} 0 \\ -\frac{5}{8}ql \end{bmatrix} = \begin{bmatrix} \frac{12EI}{l} & 0 \\ 0 & \frac{48EI}{l^3} + k_s \end{bmatrix} \begin{bmatrix} dof_1 = \theta \\ dof_2 = \delta \end{bmatrix}$$

$$\theta = 0, \quad \delta = \frac{5ql^4}{384EI(1 + \frac{kl^3}{48EI})} = y_{(x=l/2)},$$

$$\therefore R = k \cdot \delta = \frac{5qkl^4}{384EI(1 + \frac{kl^3}{48EI})}$$

13-8. 2017년 공무원 7급 응용역학 - 7번

그림과 같이 길이 2m인 캔틸레버보 AB가 B점에서 길이 1m인 수직 봉에 의해 지지되고 있다. 보 AB에 등분포하중 1,000 N/m가 작용할 때, C점의 수직반력[N]은? (단, 모든 부재의 자중은 무시하며, 보의 휨강성 $EI = 1.0 \times 10^4 \, kN \cdot m^2$이고, 수직 봉의 축강성 $EA = 1.0 \times 10^4 \, kN$이며, 수직봉의 좌굴은 고려하지 않는다)

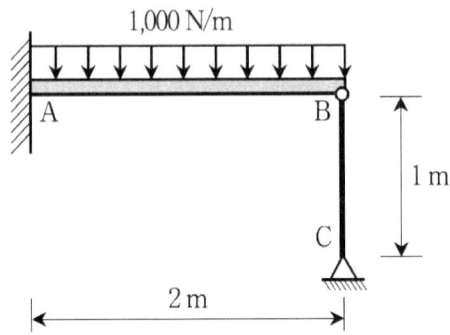

- 중첩의 원리가 성립되므로 주어진 구조물은 아래와 같이 3개의 구조계로 분리가 가능하며, 결국 적합조건은 $\Delta_1 + \Delta_2 = \Delta$ 이고, 수직 반력 C는 기둥(스프링 치환가능)의 부재력과 같다. 다시 말해 절점B의 연직변위에 대한 보의 강성과 스프링의 강성을 고려한 전체 구조계의 절점B의 유효강성에, 기둥이 없을 경우 자유단 절점B의 처짐을 곱하면 된다. 즉 $R_C = k_{eff}\,\Delta_1$ 이다.

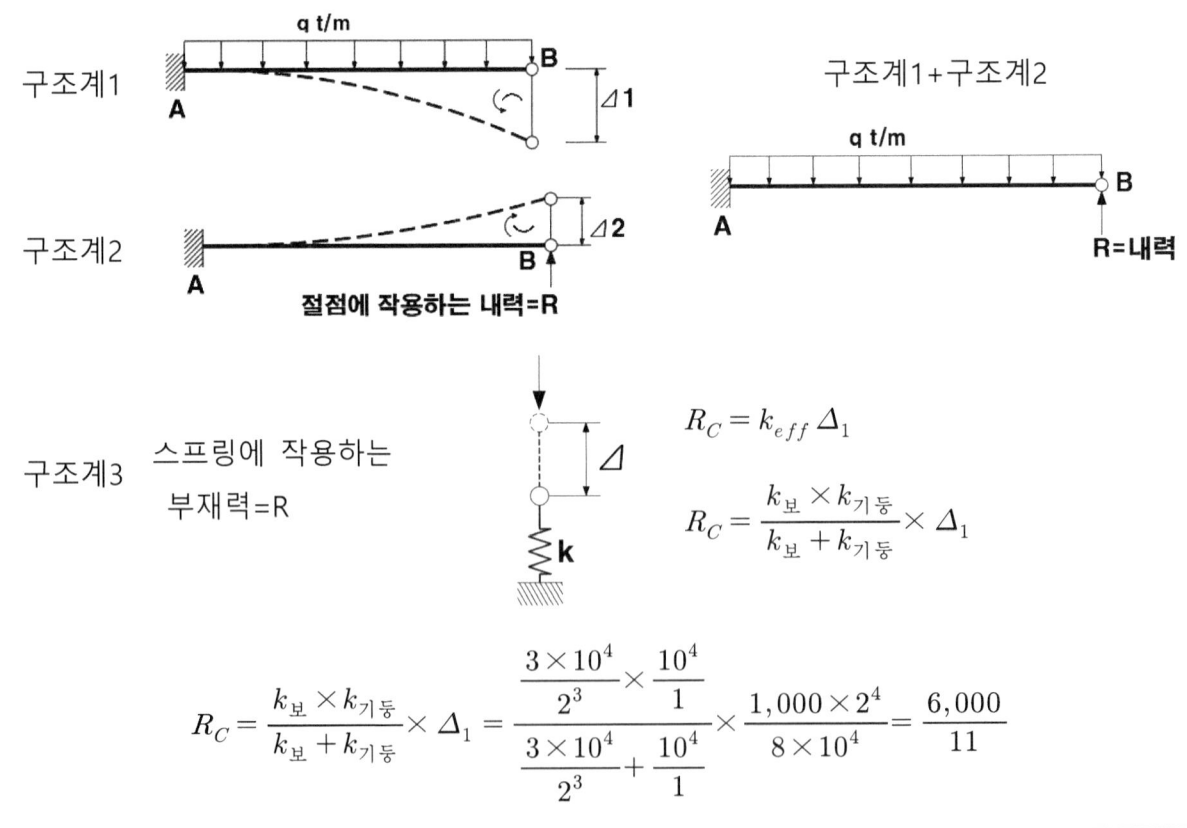

$$R_C = \frac{k_{보} \times k_{기둥}}{k_{보} + k_{기둥}} \times \Delta_1 = \frac{\dfrac{3 \times 10^4}{2^3} \times \dfrac{10^4}{1}}{\dfrac{3 \times 10^4}{2^3} + \dfrac{10^4}{1}} \times \frac{1{,}000 \times 2^4}{8 \times 10^4} = \frac{6{,}000}{11}$$

13-8. 2017년 공무원 7급 응용역학 – 7번(매트릭스 검증)

그림과 같이 길이 $2\,m$인 캔틸레버보 AB가 B점에서 길이 $1\,m$인 수직 봉에 의해 지지되고 있다. 보 AB에 등분포하중 $1,000\,N/m$가 작용할 때, C점의 수직반력[N]은? (단, 모든 부재의 자중은 무시하며, 보의 휨강성 $EI = 1.0 \times 10^4\,kN\cdot m^2$이고, 수직 봉의 축강성 $EA = 1.0 \times 10^4\,kN$이며, 수직봉의 좌굴은 고려하지 않는다)

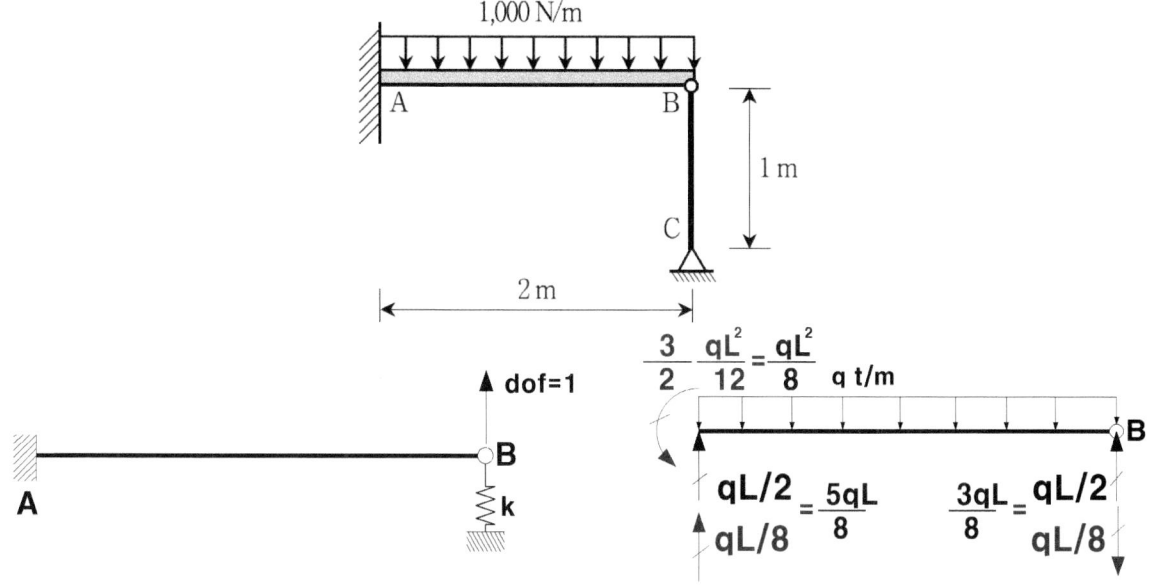

- F=KD에서 F는 B점의 연직변위에 작용하는 외력이고 K는 이 시스템의 연직변위에 대한 유효강성이다.

$F = KD$, $\dfrac{-3wl}{8} = (k_B + k_S)D$, $\dfrac{-3wl}{8}$ 은 **A점 고정, B점 힌지인 경우에 B점에 작용하는 반력**을 외력으로 넣은 것이다.

$D = \dfrac{1}{k_B + k_S}\dfrac{-3wl}{8}$ 스프링 부재력이 반력과 같으므로

$f_S = k_S D = \dfrac{k_S}{k_B + k_S}\dfrac{-3wl}{8}$, $\quad f_S = \dfrac{\dfrac{10^4}{1}}{\dfrac{3\times 10^4}{2^3} + \dfrac{10^4}{1}} \times \dfrac{-3(1\times 2)}{8} = \dfrac{6,000}{11}N$

$R_C = \dfrac{k_{보} \times k_{기둥}}{k_{보} + k_{기둥}} \times \Delta_1 = \dfrac{\dfrac{3\times 10^4}{2^3} \times \dfrac{10^4}{1}}{\dfrac{3\times 10^4}{2^3} + \dfrac{10^4}{1}} \times \dfrac{1,000 \times 2^4}{8 \times 10^4} = \dfrac{6,000}{11}N$

같은 결과이다.

13-9. 2017년 공무원 7급 응용역학 – 17번

문 17. 그림과 같이 보 AB의 지점 B에 44N의 힘이 작용할 때, 스프링의 변형량[mm]은? (단, 스프링 상수(k)는 3kN/m이고, 보의 탄성계수(E)는 200GPa이며, 보와 스프링의 자중은 무시한다)

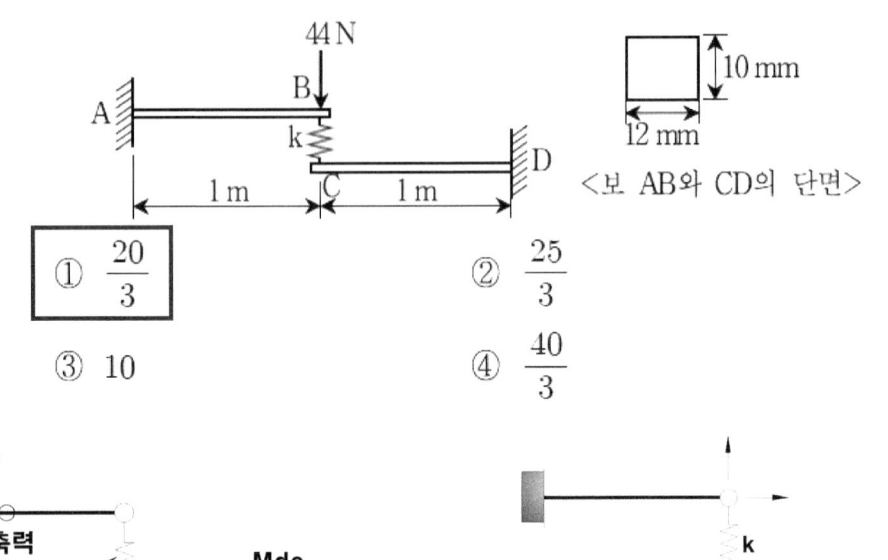

① $\dfrac{20}{3}$ ② $\dfrac{25}{3}$

③ 10 ④ $\dfrac{40}{3}$

<미지력수=5개>   <독립변위수=4개>

■ 미지력수5-독립변위수4 = 1차 부정정 구조물이다. F=KD에서 F는 B점의 연직변위에 작용하는 외력이고 K는 이 시스템의 연직변위에 대한 유효강성이다.

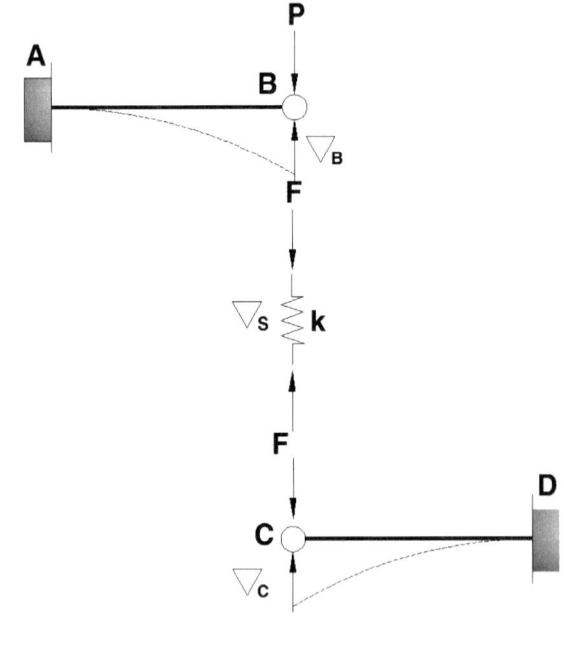

구해야 할 부재력 5개(미지력), 독립 변위수 4개(적합조건수) 따라서 5-4 = **1차 부정정 구조물**이다. B,C 점은 **활절**(트러스)이기 때문에 회전변위는 **독립변위가 아님.**

$$\Delta_B = \Delta_S + \Delta_C , \quad \dfrac{PL^3}{3EI} - \dfrac{FL^3}{3EI} = \dfrac{F}{k} + \dfrac{FL^3}{3EI}$$

$$F(\dfrac{1}{3} + \dfrac{2L^3}{3EI}) = \dfrac{PL^3}{3EI}$$

$$F(\dfrac{1}{3} + \dfrac{2}{3} \times 5) = \dfrac{44}{3} \times 5, \quad F = 20N$$

스프링 변화량 $\Delta_S = \dfrac{F}{k} = \dfrac{20}{3} mm$

13-9. 2017년 공무원 7급 응용역학 – 17번

문 17. 그림과 같이 보 AB의 지점 B에 44 N의 힘이 작용할 때, 스프링의 변형량[mm]은? (단, 스프링 상수(k)는 3 kN/m이고, 보의 탄성계수(E)는 200 GPa이며, 보와 스프링의 자중은 무시한다)

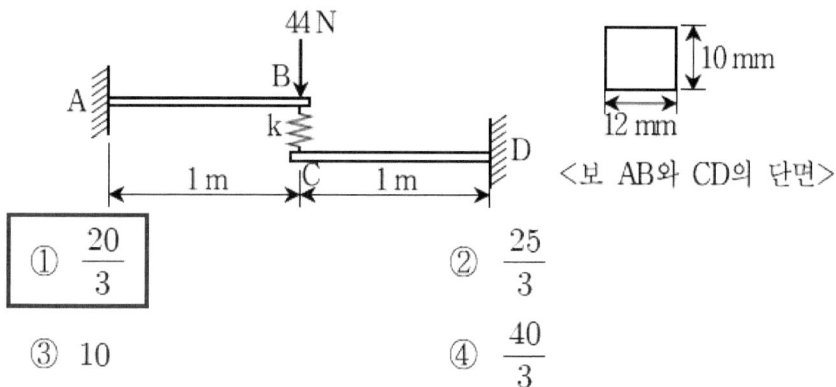

① $\dfrac{20}{3}$ ② $\dfrac{25}{3}$

③ 10   ④ $\dfrac{40}{3}$

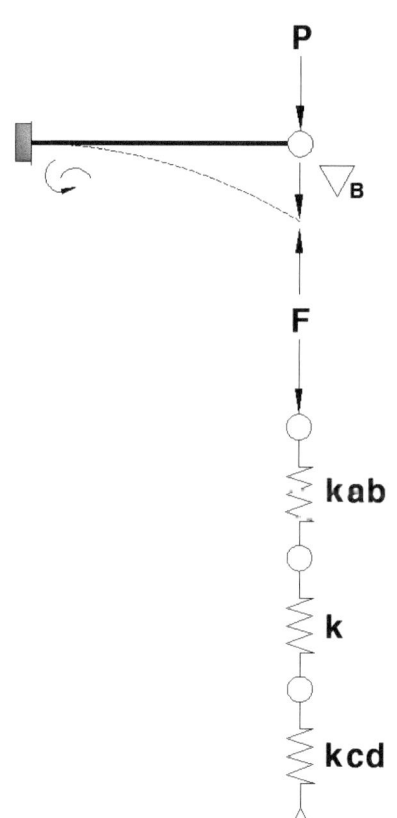

- 이 구조는 연직력을 부재AB, 스프링 및 부재CD의 강성으로 지지하는 구조 시스템이다.
- 연직력에 대한 전체 시스템의 유효강성을 활용하여 해석한다.
- 연직변위에 대한 강성은 직렬연결이므로 유효연직강성은

$$\dfrac{1}{k_{eff}} = \dfrac{1}{k_{ab}} + \dfrac{1}{k_{spring}} + \dfrac{1}{k_{cd}}$$

$F = k_{eff}\Delta_B$, Δ_B는 캔틸레버의 처짐임을 유의

$k_{ab} = k_{cd} = \dfrac{3EI}{L^3} = \dfrac{3}{5} N/mm$, $k_{spring} = 3 N/mm$

$\dfrac{1}{k_{eff}} = \dfrac{5}{3} + \dfrac{1}{3} + \dfrac{5}{3} = \dfrac{11}{3}$

$F = k_{eff}\Delta_B = k_{eff}\dfrac{PL^3}{3EI} = \dfrac{3}{11}(44)(\dfrac{5}{3}) = 20 N$

스프링 변화량 $\Delta_S = \dfrac{F}{k} = \dfrac{20}{3} mm$

13-9. 2017년 공무원 7급 응용역학 – 17번

문 17. 그림과 같이 보 AB의 지점 B에 44 N의 힘이 작용할 때, 스프링의 변형량[mm]은? (단, 스프링 상수(k)는 3 kN/m이고, 보의 탄성계수(E)는 200 GPa이며, 보와 스프링의 자중은 무시한다)

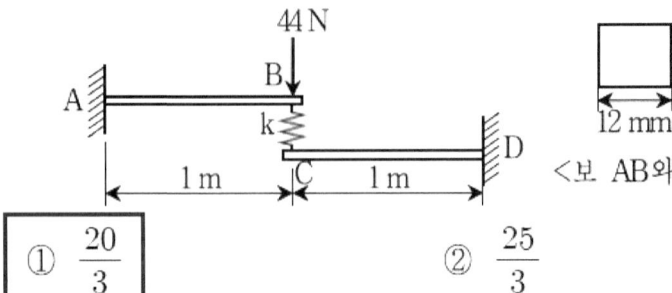

① $\dfrac{20}{3}$ ② $\dfrac{25}{3}$

③ 10 ④ $\dfrac{40}{3}$

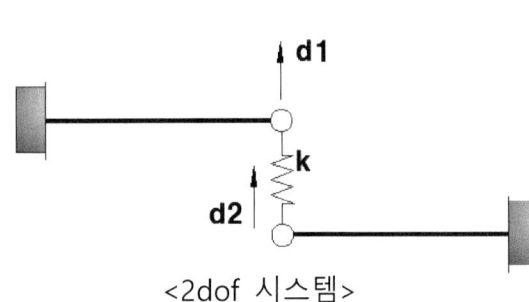

<2dof 시스템>

$$\begin{pmatrix} \dfrac{3EI}{L^3}+k & -k \\ -k & \dfrac{3EI}{L^3}+k \end{pmatrix} \begin{pmatrix} d_1 \\ d_2 \end{pmatrix} = \begin{bmatrix} -44 \\ 0 \end{bmatrix}$$

$$\begin{pmatrix} 3000+3(200) & -3000 \\ -3000 & 3600 \end{pmatrix} \begin{pmatrix} d_1 \\ d_2 \end{pmatrix} = \begin{bmatrix} -44 \\ 0 \end{bmatrix}$$

$d_1 = -40\,mm,\ d_2 = -\dfrac{100}{3}\,mm$

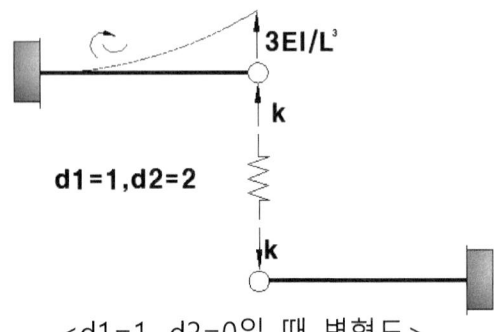

<d1=1, d2=0일 때 변형도>

따라서 스프링의 상대 늘음량

$\Delta_S = d_1 + d_2 = -\dfrac{120}{3} + \dfrac{100}{3} = -\dfrac{20}{3}\,mm$

하향 처짐(압축)

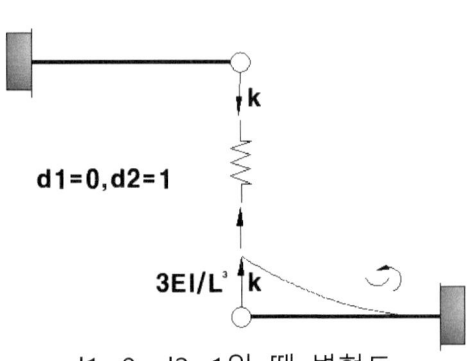

<d1=0, d2=1일 때 변형도>

13-10. 토목구조기술사 128회 2교시 3번

3. 하중 P가 그림과 같이 수직으로 작용할 때 A점의 수직처짐(δ)을 구하시오.
(단, 스프링계수 k, ABC보의 EI는 일정)

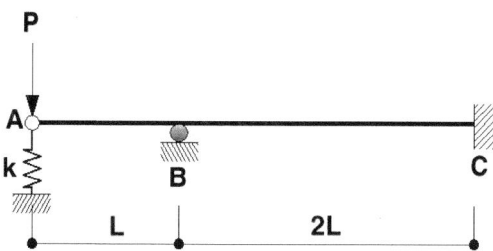

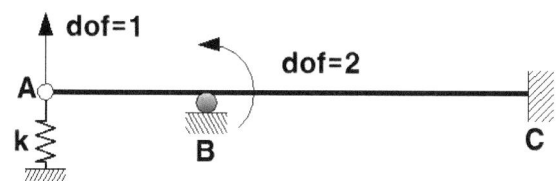

■ A점의 회전변위는 부재연결 조건(활절)으로 생기는데 강성과 무관하기에 dof로 선정하지 않았다(반각공식 적용). 회전 dof로 선정해도 된다.

■ 1 dof에 단위변위 1을 가했을 때,

$$k_{21} = M_{BA} = \frac{3EI}{L}(0) + \frac{3EI}{L^2}(1)$$

$$k_{11} = \frac{3EI}{L^3} + k_{spring}$$

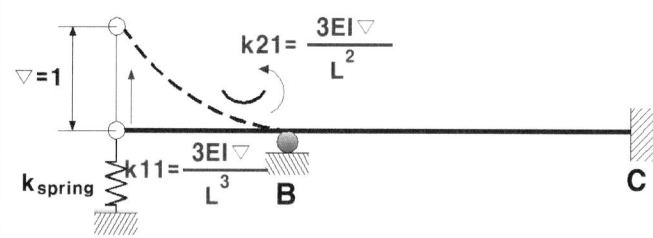

■ 2 dof에 단위변위 1을 가했을 때,

$$k_{22} = \frac{3EI}{L}(1) + \frac{4EI}{2L}(1) = \frac{5EI}{L}$$

$$k_{12} = \frac{3EI}{L^2}$$

$$F = K \cdot D$$

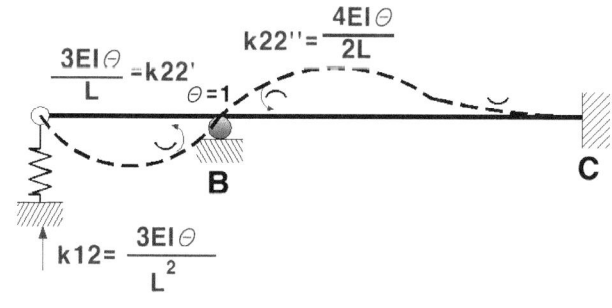

$$F = \begin{bmatrix} -P \\ 0 \end{bmatrix} = \begin{bmatrix} \dfrac{3EI}{L^3} + k & \dfrac{3EI}{L^2} \\ \dfrac{3EI}{L^2} & \dfrac{5EI}{L} \end{bmatrix} \begin{bmatrix} \Delta \\ \Theta_B \end{bmatrix}$$

$$\therefore \Delta = -\frac{5PL^3}{5kL^3 + 6EI}$$

13-11. 2017년 공무원 7급 응용역학 16번

그림과 같이 길이 L인 단순보의 중앙에 질량이 m인 물체가 매달려 있다. 시스템 (A)에서는 보가 스프링과 물체의 가운데에 연결되어 있고, 시스템 (B)에서는 물체가 보의 중앙에 매달린 스프링의 끝에 연결되어 있다. 두 시스템의 고유진동수 비 ($\omega_A : \omega_B$)는? (단, 보와 모든 스프링의 자중은 무시하며, 보의 휨강성은 EI이고, 물체의 질량 m과 스프링 상수 k는 두 시스템의 경우 모두 동일하며, 스프링 상수 $k = \dfrac{24EI}{L^3}$이다)

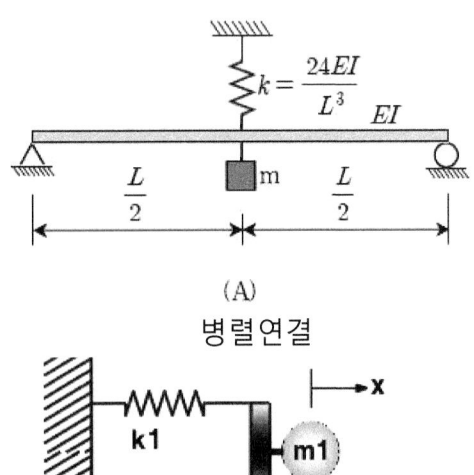

(A) 병렬연결

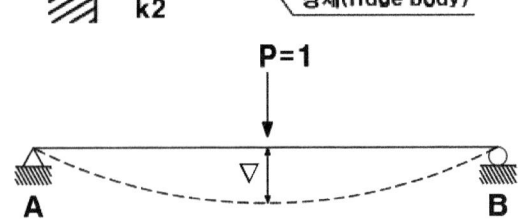

단순보 중앙 집중하중에 의한 처짐

$$\Delta = \frac{PL^3}{48EI}, \quad \therefore k_{beam} = \frac{48EI}{L^3}$$

$w_n = \sqrt{\dfrac{k}{m}}$ 이므로 A : B

$\sqrt{72} : \sqrt{16}, \quad \dfrac{3}{\sqrt{2}} : 1$

즉 A구조물의 강성이 B보다 커서 진동수가 높다는 뜻

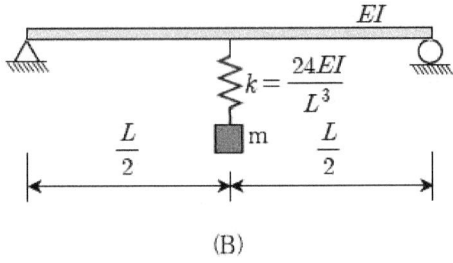

(B) 직렬연결

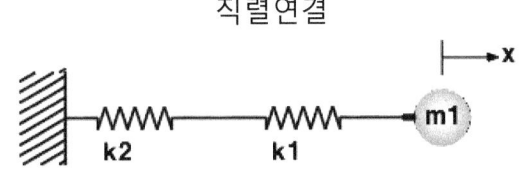

병렬연결의 유효강성

$$k_{eff} = k_{beam} + k = \frac{48EI}{L^3} + \frac{24EI}{L^3} = \frac{72EI}{L^3}$$

직렬연결의 유효강성

$$k_{eff} = \frac{k_{beam} \times k}{k_{beam} + k} = \frac{16EI}{L^3}$$

$$m\ddot{x} + kx = 0, \quad \ddot{x} + \frac{k}{m}x = 0$$

여기서 $m\ddot{x} + w_n^2 x = 0$ 이므로

$w_n^2 = \dfrac{k}{m}$ w는 회전 각속도,

$2\pi = wT, \quad T = \dfrac{2\pi}{w}$ 진동수 f = 1/T

13-12. 토목구조기술사 124회 2교시 6번

6. 다음 그림과 같은 구조물에서 온도 상승(ΔT)시 부재의 변형률과 부재 내 응력을 구하시오.
(단, 부재의 단면적(A), 탄성계수(E) 및 선팽창계수(α)는 일정하며, 스프링상수는 k 이다.)

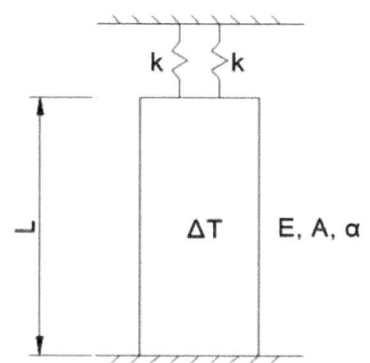

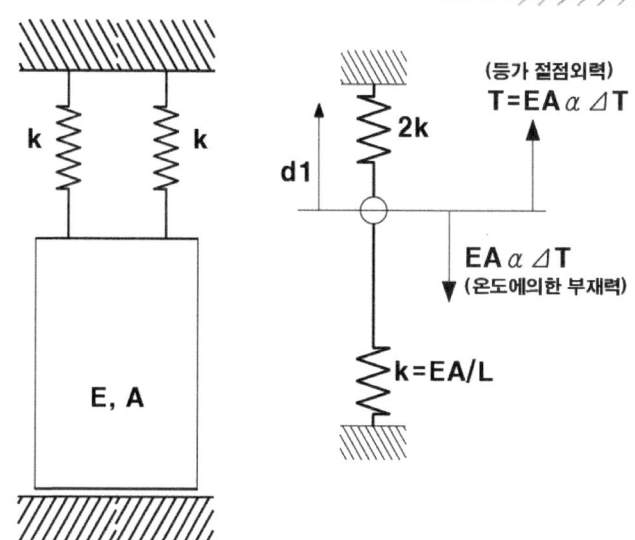

■ dof 1에 연직상향으로 단위 변위 1을 가했을 때 강성은 스프링 강성과 부재강성과의 합이므로 $k_{eff} = (\frac{EA}{L} + 2k)$로 표현 가능하고 하중항은 $EA\alpha\Delta T$ 온도하중이 상향으로 작용하는 걸 고려하면 $EA\alpha\Delta T = (\frac{EA}{L} + 2k)\Delta$ 와 같이 쓸 수 있다.

$EA\alpha\Delta T = (\frac{EA}{L} + 2k)\Delta$

$\Delta = \dfrac{EA\alpha\Delta T}{\dfrac{EA}{L} + 2k} = \dfrac{EA\alpha\Delta T}{\dfrac{EA + 2kL}{L}} = \dfrac{EA\alpha\Delta TL}{EA + 2kL}$

$F_{spring} = (2k)\dfrac{EA\alpha\Delta TL}{EA + 2kL}$ 스프링에 걸리는 힘 !!!!

$F_{부재} = \dfrac{EA}{L}\dfrac{EA\alpha\Delta TL}{EA + 2kL} - EA\alpha\Delta T$ 부재에 온도하중 작용(하중항 개념) !!!!

$\therefore F_{부재} + F_{spring} = 0$ 검증!!!!!!

$\sigma = \dfrac{F}{A} = \dfrac{E^2\alpha\Delta TL}{EA + 2kL} - E\alpha\Delta T$(인장응력)

$\epsilon = \dfrac{\sigma}{E} = \dfrac{E\alpha\Delta TL}{EA + 2kL} - \alpha\Delta T$

13-12. 토목구조기술사 124회 2교시 6번

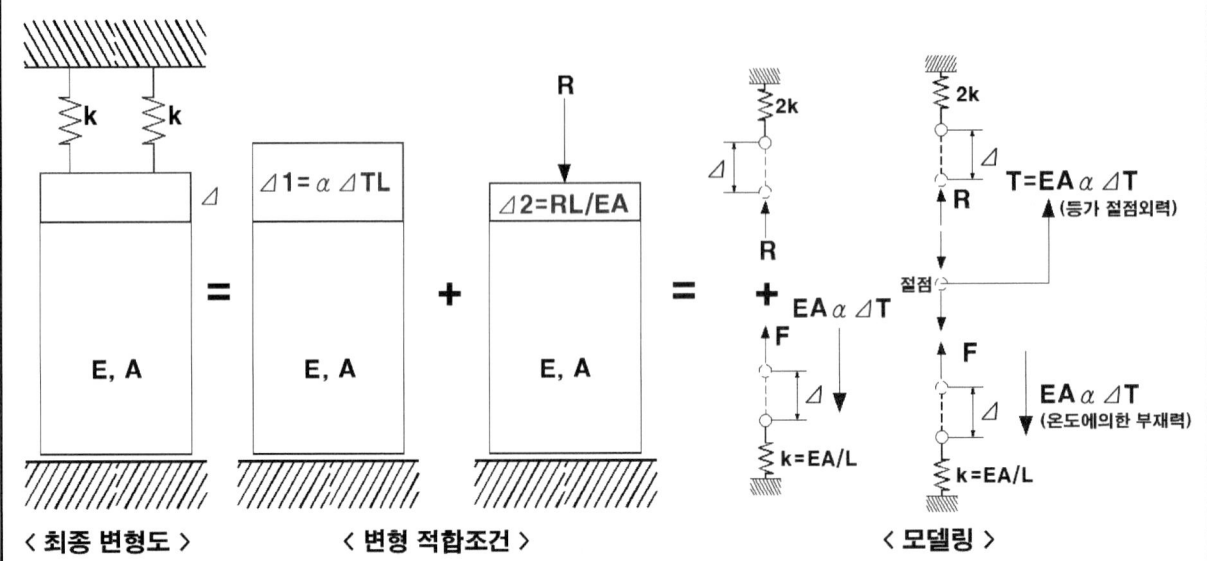

< 최종 변형도 >   < 변형 적합조건 >   < 모델링 >

$\Delta_1 + \Delta_2 = \Delta$ 에서 $\alpha \Delta TL - \dfrac{RL}{EA} = \dfrac{R}{2k}$ 따라서

$R = \dfrac{\alpha \Delta TL}{\dfrac{L}{EA} + \dfrac{1}{2k}} = \dfrac{\alpha \Delta TL}{\dfrac{(2k)L + EA}{EA(2k)}} = \dfrac{EA(2k)\alpha \Delta TL}{(2k)L + EA}$, 아래 공식과 동일하다

$R = \dfrac{k_{보} \times k_{srping}}{k_{보} + k_{spring}} \times \Delta_1 = \dfrac{\dfrac{EA}{L} \times 2k}{\dfrac{EA}{L} + 2k} \times \alpha \Delta TL = \dfrac{(2k)EA}{EA + 2kL}(\alpha \Delta TL)$

$\Delta_1 = \alpha \Delta TL$ 은 구속이 없는 경우의 변위임을 주의하자. 따라서 위 공식의 의미는 발생 가능한 변위에 대한 전체 구조계의 유효강성과의 곱이다. f=kd

$\Delta = \dfrac{R_1}{2k} = \dfrac{EA\alpha \Delta TL}{EA + 2kL}$, $R_{부재} = \dfrac{EA}{L} \dfrac{EA\alpha \Delta TL}{EA + 2kL} - EA\alpha \Delta T$

$\sigma = \dfrac{F}{A} = \dfrac{E^2 \alpha \Delta TL}{EA + 2kL} - E\alpha \Delta T$(인장응력)

$\epsilon = \dfrac{\sigma}{E} = \dfrac{E\alpha \Delta TL}{EA + 2kL} - \alpha \Delta T$

부 록

부록 1. 엔지니어 보안관 소개
부록 2. 엔지니어가 알아야 할 법과 설계기준 위계
부록 3. 대칭트러스해석, 아치해석, 소성해석
부록 4. 구조물의 이해와 유지관리 및 점검의 기본사항

부록 1 : 엔지니어 보안관 소개

1. 엔지니어 보안관 소개

보다 안전한 세상에 관심 있는 전문(Professional) 엔지니어 보안관들이 모였습니다. 토목구조기술사, 건축구조기술사, 시공기술사, 토질 및 기초기술사, 도로 및 공항 기술사, 박사님 들이 모였습니다. 안전진단 전문가, 보수보강 전문가, 유지관리 전문가 분들도 같이 모였습니다.

주변 시설물 안전에 대해 같이 모여 고민도 하고 해결도 하고 시민들과 같이 공유하겠습니다.

우리사회는 아직 사농공상이 사회 전반에 만연합니다.

여러분들은 엔지니어를 아시나요? 대부분 기술자하고 혼동하는데 **엔지니어(Engineer)** 는 우리가 흔히 알고 있는 기술자(Technician 또는 Technologist)와 다릅니다. 건축사도 엔지니어가 아닙니다.

엔지니어는 수학과 과학적 지식을 기반으로 해당 분야에 응용하는 엔지니어입니다. 해당분야 문제를 전공지식과 경험을 가지고 창의적으로 해결하기도 하는 사람들입니다.

2. 엔지니어 보안관 구성

엔지니어 보안관 전문분야 및 인원		
기술사	토목구조 기술사	9명
	건축구조 기술사	1명
	토목시공 기술사	1명
	도로 및 공항 기술사 / 산업안전 지도사	1명
공학박사	토목구조 박사	3명
	건축구조 박사	1명
	계측공학 박사	1명
	토질공학 박사	1명
안전진단	안전진단 전문가	1명
유지관리	유지관리 및 보수보강 전문가	1명
총 9개 전문분야		20명 참여

3. 엔지니어 보안관 활동

유튜브	
블로그	

부록1 : 엔지니어 보안관 소개

프로그램 개발	
소프트웨어 개발	
구조해석 및 컨설팅	

부록 2 : 엔지니어가 알아야 할 법과 설계기준 위계

1. 법규 전반

	법	주무 부처	주요 내용
1	건설산업기본법	국토교통부 (건설경제과)	건설업등록, 도급/하도급, 현장기술인배치, 협회설립, 벌점/처벌/과태료 ⇒ 건설기술인/건설용역업/건설사업자
2	건설기술진흥법 (구, 건설기술관리법)	**국토교통부** (기술정책과/기술기준과/건설안전과)	건설기술진흥계획수립(5년마다), 건설기술심의위원/자문, **신기술지정**, **건설기술인관리(교육, 경력신고)**, 건설기준, 안전관리, 협회설립 ⇒ **건설기술인/건설엔지니어링사업자/건설사업자**
3	시설물 안전 및 유지관리에 관한 특별법	국토교통부 (시설안전과)	안전진단 자격 및 설립조건, 유지관리, 성능평가, **책임기술자격**, 대가산정 ⇒ 정밀안전진단, 내진성능평가
4	엔지니어링산업 진흥법	산업통상자원부 (엔지니어링디자인과)	엔지니어링진흥계획수립(3년마다), **엔지니어링기술자/엔지니어링사업자** 신고, 경력신고, **학력경력제(특급, 고급등)**
5	지진화산재해대책법	**행정안전부** (지진방재정책과)	내진보강 관련 모든 제반 사항 **내진설계기준 / 내진성능평가 / 내진보강**
6	자연재해대책법	행정안전부 (재난관리정책과)	방재•재난 대책수립
7	지방자치단체를 당사자로 하는 계약에 관한 법률	행정안전부 (회계제도과)	**특정 공법 심의**
8	산업안전보건법	**고용노동부** (산업안전보건정책과)	토질 및 기초기술사 ⇒ **가시설 설계(시행령)**
9	국가기술자격법	고용노동부 (직업능력평가과)	**기술사**, 기능장, 기사, 산업기사, 기능사 시험관리, 교육
10	기술사법	과학기술정보통신부 (과학기술안전기반팀)	기술사 교육훈련, 기술사직무, **서명날인**, 대가

부록2 : 엔지니어가 알아야 할 법과 설계기준 위계

2. 법규 세부 내용

	법	주무 부처	주요 내용
1	건설산업기본법	국토교통부 (건설경제과)	회사설립 각종 업면허 등록 / 기술인력배치 (현장대리인, 품질관리자등) / 도급, 하도급, 벌점, 과태료 / 준공처리
2	건설기술진흥법 (구, 건설기술관리법)	**국토교통부** **(기술정책과/기술기준** **과/건설안전과)**	심의 / 자문 / 신기술등록 / **안전관리계획서** / 공사 중 점검 / **설계안전성검토(DfS)** / 스마트건설기술(BIM) / 가설구조물 구조안전성 검토 / **건설기술인협회 경력 등록** / **건설공사** **안전관리 종합정보망(CSI) 등록** / **안전관리비** 한국건설기술인협회 ⇒ 경력증명, 회비 한국건설엔지니어링협회(구,한국건설기술관리협회) ⇒ 실적관리, 회비 한국건설교통신기술협회 ⇒ 신기술지정, 회비
3	시설물 안전 및 유지관리에 관한 특별법	국토교통부 (시설안전과)	안전진단 / 내진성능평가 / 안전진단, 성능평가 **책임기술자 자격** **FMS(시설물통합정보관리시스템, 국토안전관리원)**
4	엔지니어링산업 진흥법	산업통상자원부 (엔지니어링디자인과)	엔지니어링 업면허 등록 / **엔지니어링 경력 신고** / 학경력 등급(**특급, 고급, 중급, 초급**) 관리 한국엔지니어링협회 ⇒ 경력증명, 회비
5	지진화산재해대책법	**행정안전부** **(지진방재정책과)**	내진설계 관련 모든 제반 사항 **내진설계기준 / 내진성능평가 / 내진보강**
6	자연재해대책법	행정안전부 (재난관리정책과)	방재·재난 대책수립 한국방재협회 ⇒ 회비
7	지방자치단체를 당사자로 하는 계약에 관한 법률	행정안전부 (회계제도과)	**지방자치단체 입찰 및 계약집행 기준** **제12절 신기술·특허공법 선정기준**
8	산업안전보건법	**고용노동부** **(산업안전보건정책과)**	**유해위험 방지 대책수립 / 산업안전보건관리비**
9	국가기술자격법	고용노동부 (직업능력평가과)	**기술사**, 기능장, 기사, 산업기사, 기능사 시험관리, **교육** 한국산업인력관리공단 ⇒ 문제출제, 배출인원 관리
10	기술사법	**과학기술정보통신부** **(과학기술안전기반팀)**	기술사 교육훈련, **기술사직무**, **서명날인**, 대가 한국기술사회 ⇒ 회비

3. 국가건설기준센터 / 건설기준 위계

	국가건설기준센터운영 : "건설기술진흥법 제44조의 2" 근거로 설립 운영			
건설 기준 위계	법(시행령, 시행규칙) 훈령　예규　공고　고시　→　・건설기준 　　　　　　　　　　　　　　　　- 설계기준 (KDS) 하위기술기준 (편람, 요령, 매뉴얼 등)　- 표준시방서 (KCS) 　　　　　　　　　　　　　　　　- 전문시방서			
건설 기준 통합 코드	○ 건진법 제44조, 시행령 제65조, 시행규칙 제36조 및 제38조 ○ 건설기술진흥업무운영규정 제40조 및 제41조, 제42조 ○ 설계기준(KDS: Korean Design Standards) : 578 EA ○ 표준시방서(KCS: Korean Construction Specifications) : 741 EA			
공통 사항 (5편)	공통 설계기준 (KDS 10 00 00) 내진 설계기준 (KDS 17 00 00)	지반 설계기준 (KDS 11 00 00) 1. 연약지반설계 2. 기초설계기준 3. 앵커설계기준 4. 비탈면설계기준 5. 옹벽설계기준	건설측량 설계기준 (KDS 12 00 00)	구조 설계기준 (KDS 14 00 00) 1. 콘크리트구조설계 2. 강구조설계
시설 물편 (6편)	가시설물 설계기준 (KDS 21 00 00) 설비 설계기준 (KDS 31 00 00)	교량 설계기준 (KDS 24 00 00) 조경 설계기준 (KDS 34 00 00)	터널 설계기준 (KDS 27 00 00)	공동구 설계기준 (KDS 29 00 00)
사업 분야편 (11편)	건축 구조기준 (KDS 41 00 00) 철도 설계기준 (KDS 47 00 00) 하수도 설계기준 (KDS 61 00 00)	소규모 건축 구조기준 (KDS 42 00 00) 하천 설계기준 (KDS 51 00 00) 항만 및 어항 설계기준 (KDS 64 00 00)	특수목적 건축기준 (KDS 43 00 00) 댐 설계기준 (KDS 54 00 00) 농업생산기반시설 설계기준 (KDS 67 00 00)	도로 설계기준 (KDS 44 00 00) 상수도 설계기준 (KDS 57 00 00)

4. 유지관리 관련법

법 / 지침 / 시행지침 / 세부지침 등

법 조문 체계
조(제1조..), 항(①..), 호(1..), 목(가..)

鐵道	道路
• 철도의 건설 및 철도시설 유지관리에 관한 법률 (약칭 : 철도건설법)	• 시설물의 안전 및 유지관리에 관한 특별법 (약칭 : 시설물안전법)
법제처 국가법령정보센터 / 법령	
• 철도시설의 정기점검등에 관한 지침	• 시설물의 안전 및 유지관리 실시 등에 관한 지침
법제처 국가법령정보센터 / 행정규칙	
국토교통부 / 정책자료 / 법령정보 / 행정규칙(훈령·예규·고시)	
• 구조물·궤도·건축물분야 정밀진단 및 성능평가 시행 지침	
국가철도공단 / 정보마당 / 법무정보 / 내규자료실	
철도 구조물 분야 세부지침 공통편 철도터널의 성능평가에 관한 세부지침	• 시설물의 안전 및 유지관리 실시 세부지침(성능평가 편) 2023. 12
관리주체 제공	국토안전관리원 / 기술정보 / 법령관련
1, 2, 3종, 3종 미만 대상	1, 2종 대상

일반사항 : 철도건설법

• 철도의 건설 및 철도시설 유지관리에 관한 법률 (약칭: 철도건설법)	법	제4장 철도시설의 유지관리 / 제2절 철도시설의 점검 및 유지관리 체계 / 제33조 철도시설의 성능평가 <u>철도시설관리자는 ... 제/항에 따른 성능평가 지침에 따라 ... 실시하여야 한다.</u>
	시행령	제31조 철도시설의 성능평가 / [별표 4] 성능평가의 실시시기 및 성능등급의 기준 제34조의2(허용되는 하도급의 범위 등)
	시행규칙	업무정지의 기준 및 관련 제반 서식 등
• 철도시설의 정기점검등에 관한 <u>지침</u>		제3장 정밀진단 및 성능평가의 실시 / 제14조 정밀진단 및 성능평가 대상 ... [별표 1] 철도시설 분류체계 및 시설분류코드 / 제15조 정밀진단 및 성능평가 절차 ... [별표 2] 철도시설 정밀진단 및 성능평가 절차 / 제17조 정밀진단 및 성능평가 방법 ... 제2항 ... 평가기준·항목·방법을 정하여 성능평가를 실시할 수 있다. [별표 3] 선로 및 건축시설 정밀진단·성능평가 기준 / 제18조 정밀진단 및 성능평가 결과의 정리 ... [별표 5] 철도시설 정밀진단 방법 및 종합 성능평가 방법
• 구조물·궤도·건축물분야 정밀진단 및 성능평가 <u>시행 지침</u>		[별표 1] 대상시설별 평가항목 및 수량 ... 구조물별, 종별, 정밀진단, 성능평가 항목 및 조사방법 + 재료시험 항목 및 기준수량 [별표 3] 구조물 대가 산정기준 ... 1종 ~ 3종, 3종 미만

※ 참고 : 유튜브 동영상(국토안전관리원) → "철도시설물의 정밀진단·성능평가 결과보고서 평가 관련법령 및 지침"

부록2 : 엔지니어가 알아야 할 법과 설계기준 위계

일반사항 : 철도건설법

P-유지관리-11
정기점검·정밀진단·성능평가
(구조물, 궤도, 건축물분야)

[국가철도공단 업무프로세스]

용역시 관리주체 제공

- 철도 구조물 분야 세부지침 공통편, 2023. 6., 국가철도공단
- 철도터널의 성능평가에 관한 세부지침, 2023. 6., 국가철도공단

일반사항 : 철도건설법

❏ 철도터널의 성능평가에 관한 세부지침, 58쪽 참조

- 철도터널 성능평가 절차

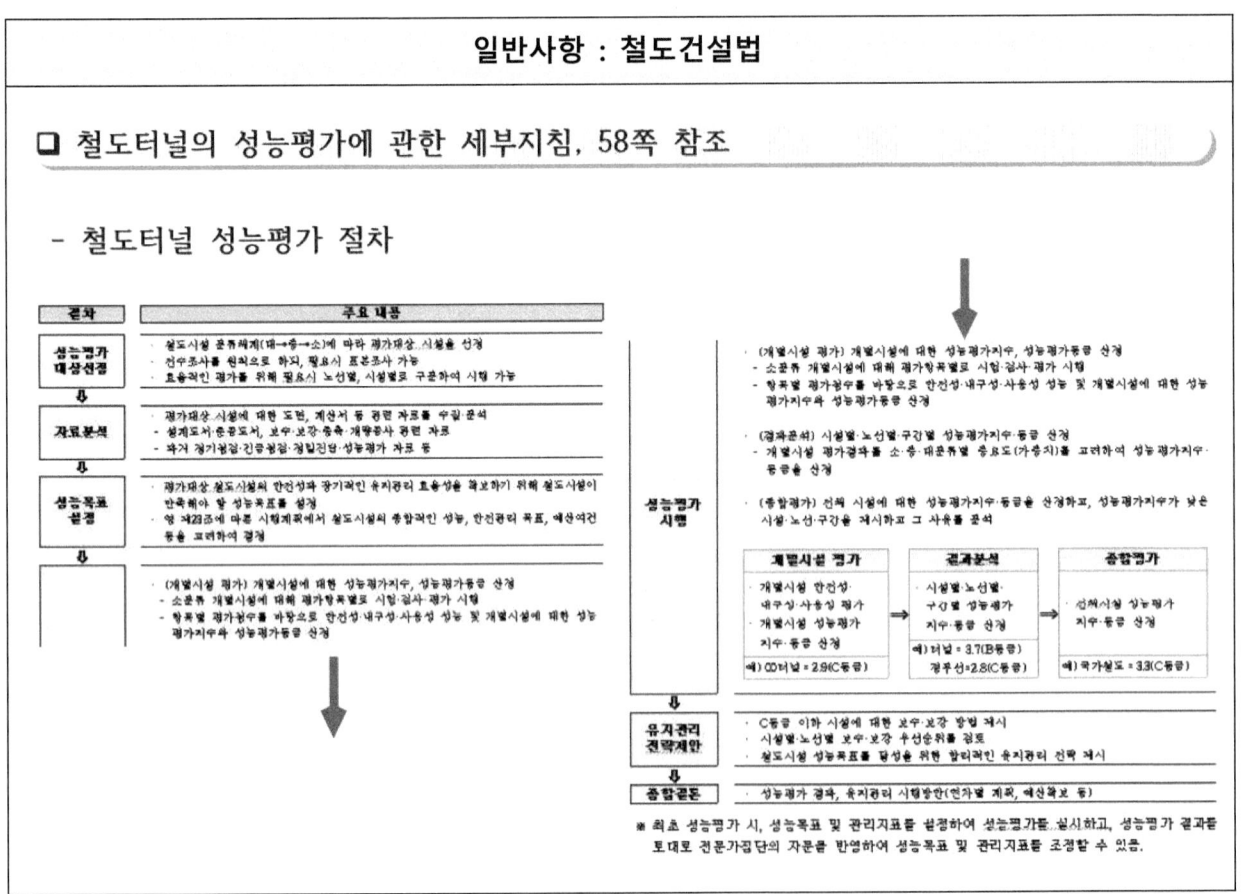

부록2 : 엔지니어가 알아야 할 법과 설계기준 위계

안전점검/안전진단 실시 시기 : 시설물안전법

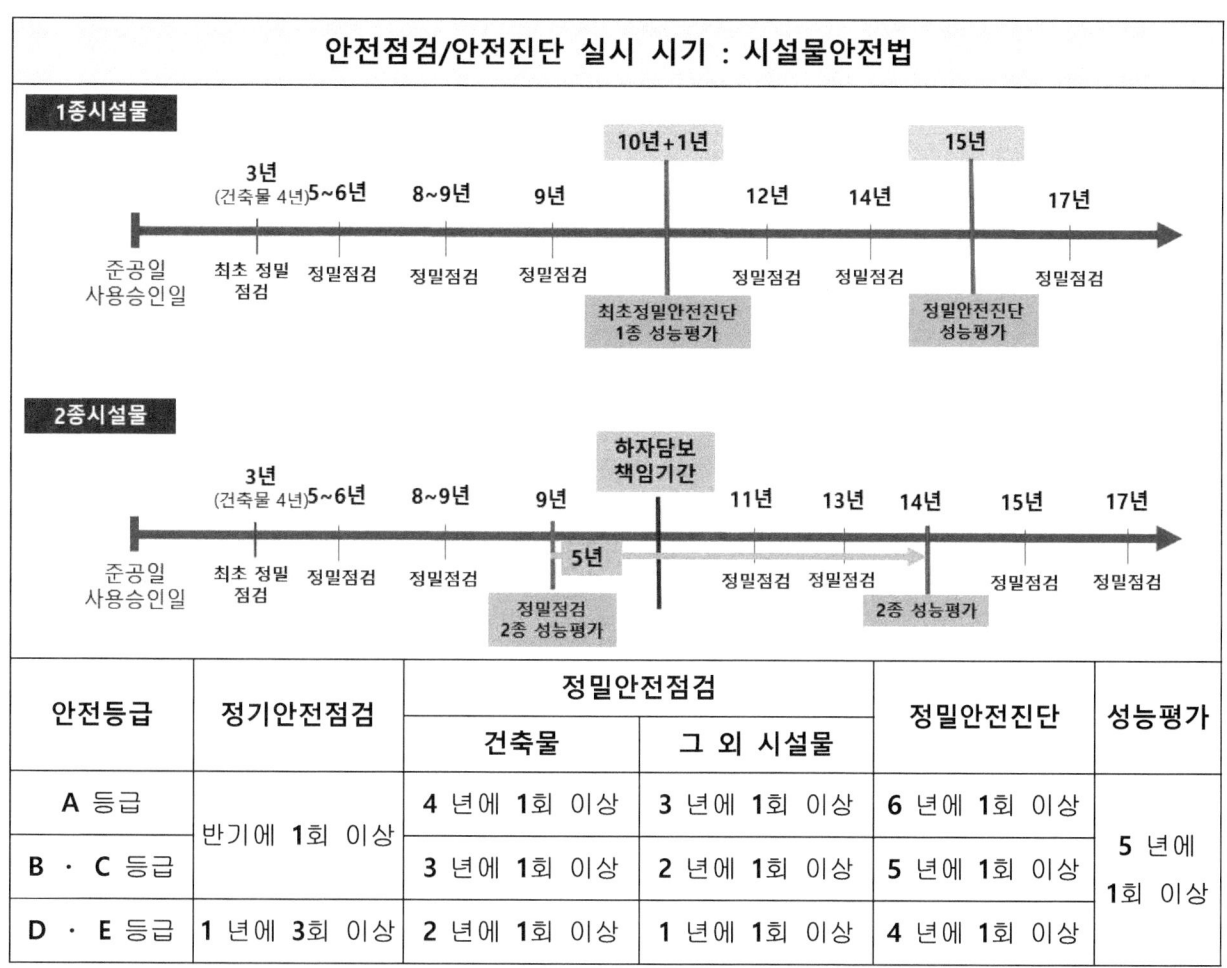

안전등급	정기안전점검	정밀안전점검 건축물	정밀안전점검 그 외 시설물	정밀안전진단	성능평가
A 등급	반기에 1회 이상	4년에 1회 이상	3년에 1회 이상	6년에 1회 이상	5년에 1회 이상
B · C 등급	반기에 1회 이상	3년에 1회 이상	2년에 1회 이상	5년에 1회 이상	5년에 1회 이상
D · E 등급	1년에 3회 이상	2년에 1회 이상	1년에 1회 이상	4년에 1회 이상	5년에 1회 이상

시설물의 안전등급 기준 : 시설물안전법/시행령/제12조, 별표8

안전등급	시설물의 상태
1. A (**우수**)	문제점이 없는 최상의 상태
2. B (**양호**)	보조부재에 경미한 결함이 발생하였으나 기능 발휘에는 지장이 없으며, 내구성 증진을 위하여 일부의 보수가 필요한 상태
3. C (**보통**)	주요부재에 경미한 결함 또는 보조부재에 광범위한 결함이 발생하였으나 **전체적인 시설물의 안전에는 지장이 없으며**, 주요부재에 내구성, 기능성 저하 방지를 위한 **보수**가 필요하거나 보조부재에 **간단한 보강**이 필요한 상태
4. D (**미흡**)	주요부재에 결함이 발생하여 긴급한 보수·보강이 필요하며 사용제한 여부를 결정하여야 하는 상태
5. E (**불량**)	주요부재에 발생한 심각한 결함으로 인하여 시설물의 안전에 위험이 있어 즉각 사용을 금지하고 보강 또는 개축을 하여야 하는 상태

부록2 : 엔지니어가 알아야 할 법과 설계기준 위계

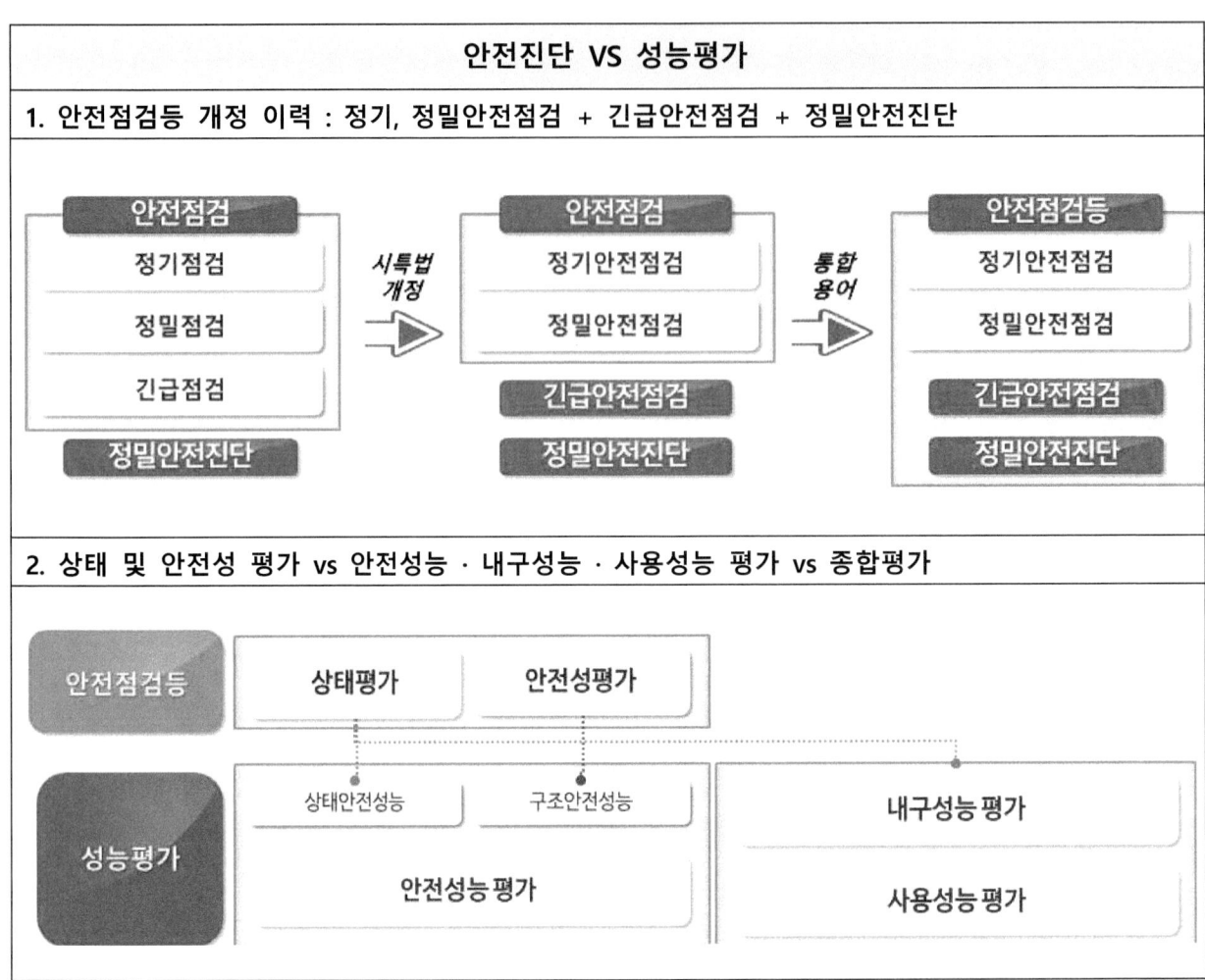

구 분	책임기술자(1인)	분야별책임기술자(2인)	분야별 참여기술자(2인)
등급	특급	특급, 고급	특급. 고급, 중급
경력	10년 이상	7년 이상	5년 이상
실적	14건 이상 (7년 이내, 1종)	11건 이상 (7년 이내, 1종)	8건 이상(7년 이내, 1종)
	7억 원 이상	5억 원 이상	—
등급점수	특급: 75점 이상 고급: 65점 이상 중급: 55점 이상 초급: 35점 이상	학 력 .... 10~20점 고졸 15점, 전졸 18점, 대졸 20점 자 격 .... 10~40점 기능사 15점, 산업기사 20점, 기사 30점, 기술사 40점 경 력 .... 0~40점 10년 24.9점, 20년 32.4점, 30년 36.8년, 40년 40점	

◎ **PQ(Pre Qualification)**: 입찰참가자격 사전심사
  SOQ(statement of qualification): 사업수행능력평가서

부록 3 : 트러스, 아치, 소성해석

부3-1 대칭 트러스 해석

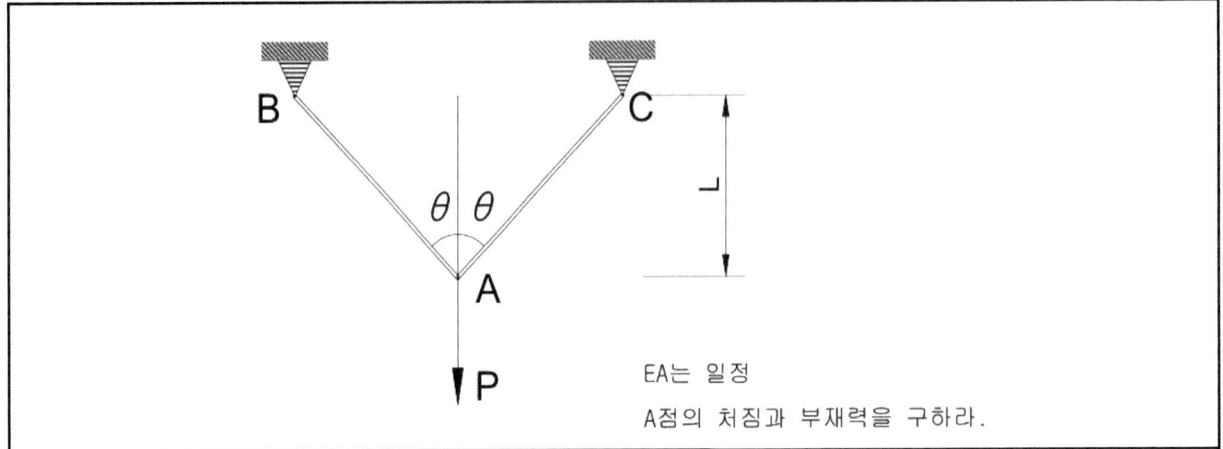

EA는 일정

A점의 처짐과 부재력을 구하라.

1. 평형방정식과 Wiliot Daigram

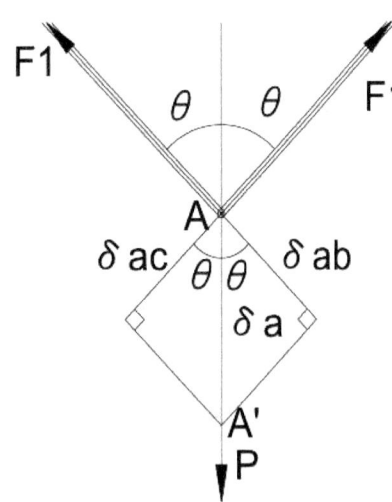

<F.B.D 와 Wiliot Diagram>

■ 평형 방정식에 의한 부재력 산정

$\sum Fy \uparrow + = 0$

$2F_1 \cdot \cos\theta = P$

$\therefore F_1 = \dfrac{P}{2\cos\theta}$

■ δa

$\delta ab = \delta ac = \dfrac{F_1 \cdot L/\cos\theta}{EA} = \dfrac{PL}{2EA\cos^2\theta}$

$\delta a = \dfrac{\delta ab}{\cos\theta} = \dfrac{PL}{2EA\cos^3\theta}$

2. 부재력과 A점 처짐

$$F_1 = \dfrac{P}{2\cos\theta} \qquad \delta a = \dfrac{PL}{2EA\cos^3\theta}$$

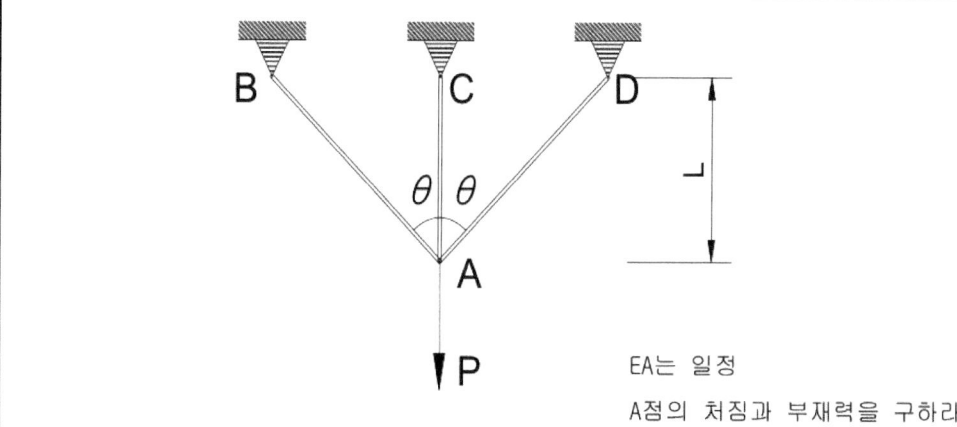

EA는 일정
A점의 처짐과 부재력을 구하라.

1.개요

1차 부정정 트러스 문제이다. 강성도법(변위도법)을 사용하여 A점의 처짐과 부재력을 산정하기로 한다.

2.미지 변위 선정 : δa

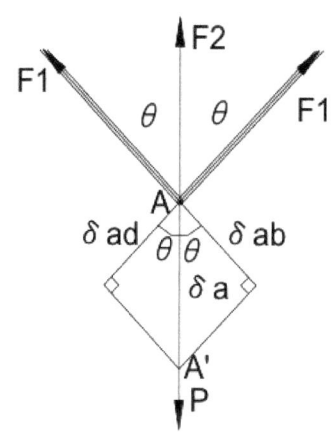

<Wiliot Diagram>

$\delta ab = \delta a \cdot \cos\theta$

3.구성조건 적용 (P=kδ)

$$F_1 = \frac{EA}{L/\cos\theta}\delta ab = \frac{EA}{L/\cos\theta}\delta a \cdot \cos\theta = \frac{EA\cos^2\theta}{L}\delta a$$

$$F_2 = \frac{EA}{L}\delta a$$

4.평형조건 적용

$\sum Fy \uparrow + = 0$

$2F_1 \cdot \cos\theta + F_2 = P$ ────── ①

3.구성조건에서 구한 F1,F2를 ①식에 대입

$$\frac{2EA\cos^3\theta}{L}\delta a + \frac{EA}{L}\delta a = P$$

$$\frac{EA}{L}(2\cos^3\theta + 1)\delta a = P$$

$$\therefore \delta a = \frac{PL}{(1 + 2\cos^3\theta)EA}$$

5. 평형조건에서 구한 δa를 3.구성조건에 대입하여 F의 계산

$$F_1 = \frac{\cancel{E}A\cos^2\theta}{\cancel{L}} \left[\frac{P\cancel{L}}{(1+2\cos^3\theta)\,\cancel{E}A} \right] = \frac{\cos^2\theta}{(1+2\cos^3\theta)} P$$

$$F_2 = \frac{\cancel{E}A}{\cancel{L}} \left[\frac{P\cancel{L}}{(1+2\cos^3\theta)\,\cancel{E}A} \right] = \frac{1}{(1+2\cos^3\theta)} P$$

$$\boxed{\begin{aligned} F_1 &= \frac{\cos^2\theta}{(1+2\cos^3\theta)} P \\ F_2 &= \frac{1}{(1+2\cos^3\theta)} P \\ \delta a &= \frac{PL}{(1+2\cos^3\theta)\,EA} \end{aligned}}$$

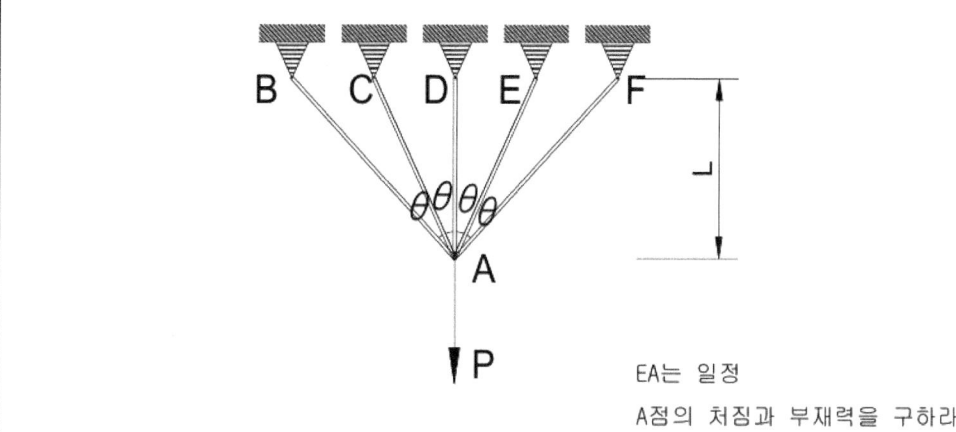

EA는 일정

A점의 처짐과 부재력을 구하라.

1. 개요

3차 부정정 트러스 문제이다. 강성도법(변위도법)을 사용하여 A점의 처짐과 부재력을 산정하기로 한다.

2. 미지 변위 선정 : δa

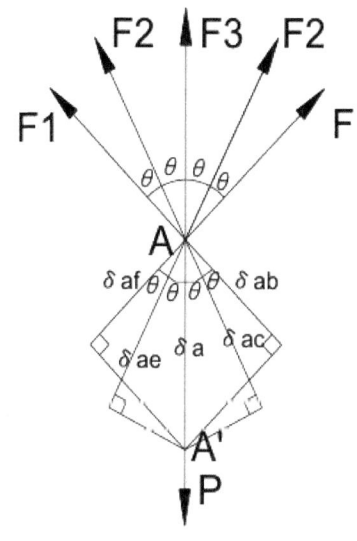

<Wiliot Diagram>

$\delta ab = \delta a \cdot \cos 2\theta$

$\delta ac = \delta a \cdot \cos \theta$

3. 구성조건 적용 ($P = k\delta$)

$$F_1 = \frac{EA}{L/\cos 2\theta} \delta ab = \frac{EA}{L/\cos 2\theta} \delta a \cdot \cos 2\theta$$
$$= \frac{EA \cos^2 2\theta}{L} \delta a$$

$$F_2 = \frac{EA}{L/\cos \theta} \delta ac = \frac{EA}{L/\cos \theta} \delta a \cdot \cos \theta$$
$$= \frac{EA \cos^2 \theta}{L} \delta a$$

$$F_3 = \frac{EA}{L} \delta a$$

부록3: 트러스, 아치, 소성해석

4. 평형조건 적용

$\sum F_y \uparrow + = 0$

$2F_1 \cdot \cos 2\theta + 2F_2 \cdot \cos\theta + F_3 = P$ ──── ①

3. 구성조건에서 구한 F1, F2, F3를 ①식에 대입

$$\frac{2EA\cos^2 2\theta}{L}\delta a + \frac{2EA\cos^3\theta}{L}\delta a + \frac{EA}{L}\delta a = P$$

$$\frac{EA}{L}(2\cos^3 2\theta + 2\cos^3\theta + 1)\delta a = P$$

$$\therefore \delta a = \frac{PL}{(1 + 2\cos^3\theta + 2\cos^3 2\theta)EA}$$

5. 평형조건에서 구한 δa를 3. 구성조건에 대입하여 F의 계산

$$F_1 = \frac{\cancel{EA}\cos^2 2\theta}{\cancel{L}}\left[\frac{P\cancel{L}}{(1 + 2\cos^3\theta + 2\cos^3 2\theta)\cancel{EA}}\right]$$

$$= \frac{\cos^2 2\theta}{(1 + 2\cos^3\theta + 2\cos^3 2\theta)} P$$

$$F_2 = \frac{\cancel{EA}\cos^2\theta}{\cancel{L}}\left[\frac{P\cancel{L}}{(1 + 2\cos^3\theta + 2\cos^3 2\theta)\cancel{EA}}\right]$$

$$= \frac{\cos^2\theta}{(1 + 2\cos^3\theta + 2\cos^3 2\theta)} P$$

$$F_3 = \frac{\cancel{EA}}{\cancel{L}}\left[\frac{P\cancel{L}}{(1 + 2\cos^3\theta + 2\cos^3 2\theta)\cancel{EA}}\right]$$

$$= \frac{1}{(1 + 2\cos^3\theta + 2\cos^3 2\theta)} P$$

$$F_1 = \frac{\cos^2 2\theta}{(1 + 2\cos^3\theta + 2\cos^3 2\theta)} P$$

$$F_2 = \frac{\cos^2\theta}{(1 + 2\cos^3\theta + 2\cos^3 2\theta)} P \qquad \delta a = \frac{PL}{(1 + 2\cos^3\theta + 2\cos^3 2\theta)EA}$$

$$F_3 = \frac{1}{(1 + 2\cos^3\theta + 2\cos^3 2\theta)} P$$

부록3: 트러스, 아치, 소성해석

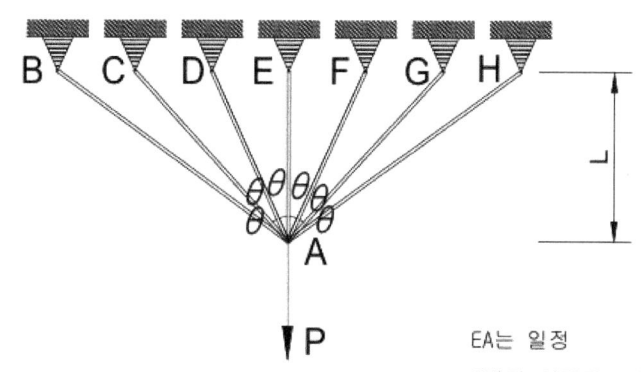

EA는 일정

A점의 처짐과 부재력을 구하라.

1. 개요

5차 부정정 트러스 문제이다. 강성도법(변위도법)을 사용하여 A점의 처짐과 부재력을 산정하기로 한다.

2. 미지 변위 선정 : δa 3. 구성조건 적용 ($P = k\delta$)

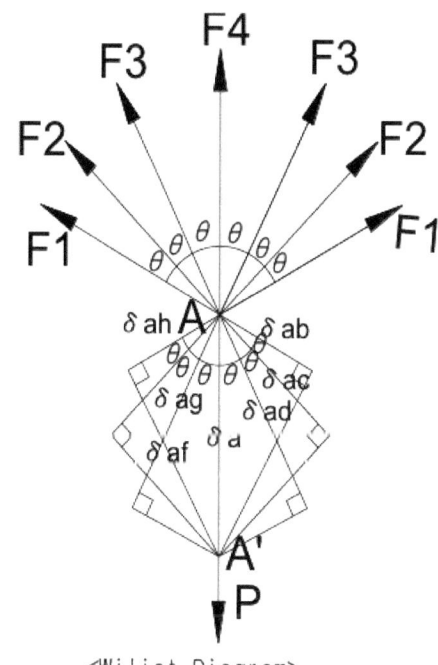

<Wiliot Diagram>

$\delta ab = \delta a \cdot \cos 3\theta$

$\delta ac = \delta a \cdot \cos 2\theta$

$\delta ad = \delta a \cdot \cos \theta$

$F1 = \dfrac{EA}{L/\cos 3\theta} \delta ab = \dfrac{EA}{L/\cos 3\theta} \delta a \cdot \cos 3\theta$

$ = \dfrac{EA\cos^2 3\theta}{L} \delta a$

$F2 = \dfrac{EA}{L/\cos 2\theta} \delta ab = \dfrac{EA}{L/\cos 2\theta} \delta a \cdot \cos 2\theta$

$ = \dfrac{EA\cos^2 2\theta}{L} \delta a$

$F3 = \dfrac{EA}{L/\cos \theta} \delta ab = \dfrac{EA}{L/\cos \theta} \delta a \cdot \cos \theta$

$ = \dfrac{EA\cos^2 \theta}{L} \delta a$

$F4 = \dfrac{EA}{L} \delta a$

부록3: 트러스, 아치, 소성해석

4. 평형조건 적용

$\sum F_y \uparrow + = 0$

$2F_1 \cdot \cos3\theta + 2F_2 \cdot \cos2\theta + 2F_3 \cdot \cos\theta + F_4 = P$ ────── ①

3. 구성조건에서 구한 F1,F2,F3를 ①식에 대입

$$\frac{2EA\cos^3 3\theta}{L} \delta a + \frac{2EA\cos^3 2\theta}{L} \delta a + \frac{2EA\cos^3 \theta}{L} \delta a + \frac{EA}{L} \delta a = P$$

$$\frac{EA}{L}(2\cos^3 3\theta + 2\cos^3 2\theta + 2\cos^3 \theta + 1)\delta a = P$$

$$\therefore \delta a = \frac{PL}{(1 + 2\cos^3 \theta + 2\cos^3 2\theta + 2\cos^3 3\theta)EA}$$

5. 평형조건에서 구한 δa를 3.구성조건에 대입하여 F의 계산

$$F_1 = \frac{\cos^2 3\theta}{(1 + 2\cos^3 \theta + 2\cos^3 2\theta + 2\cos^3 3\theta)} P$$

$$F_2 = \frac{\cos^2 2\theta}{(1 + 2\cos^3 \theta + 2\cos^3 2\theta + 2\cos^3 3\theta)} P$$

$$F_3 = \frac{\cos^2 \theta}{(1 + 2\cos^3 \theta + 2\cos^3 2\theta + 2\cos^3 3\theta)} P$$

$$F_4 = \frac{1}{(1 + 2\cos^3 \theta + 2\cos^3 2\theta + 2\cos^3 3\theta)} P$$

$$\delta a = \frac{PL}{(1 + 2\cos^3 \theta + 2\cos^3 2\theta + 2\cos^3 3\theta)EA}$$

부록3: 트러스, 아치, 소성해석

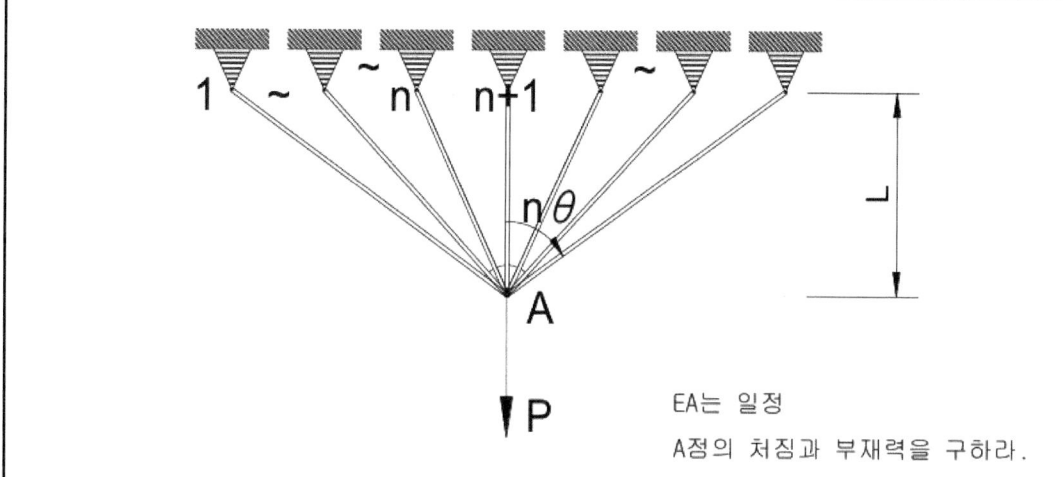

EA는 일정
A점의 처짐과 부재력을 구하라.

■ 앞의 결과들로 유추해보면 대칭이고 부재사이의 각이 같은 트러스의 부재력과 A점의 처짐을 식으로 표현하면 다음과 같다.

$$F_i = \frac{\cos^2 n\theta}{1 + \sum 2\cos^3 n\theta} P$$

$$F_{center} = \frac{1}{1 + \sum 2\cos^3 n\theta} P$$

$$\delta a = \frac{1}{1 + \sum 2\cos^3 n\theta} \frac{PL}{EA}$$

i=1부터 n은 n부터 꺼꾸로!!
부재는 3개이상일때 성립

부3-2 아치 해석

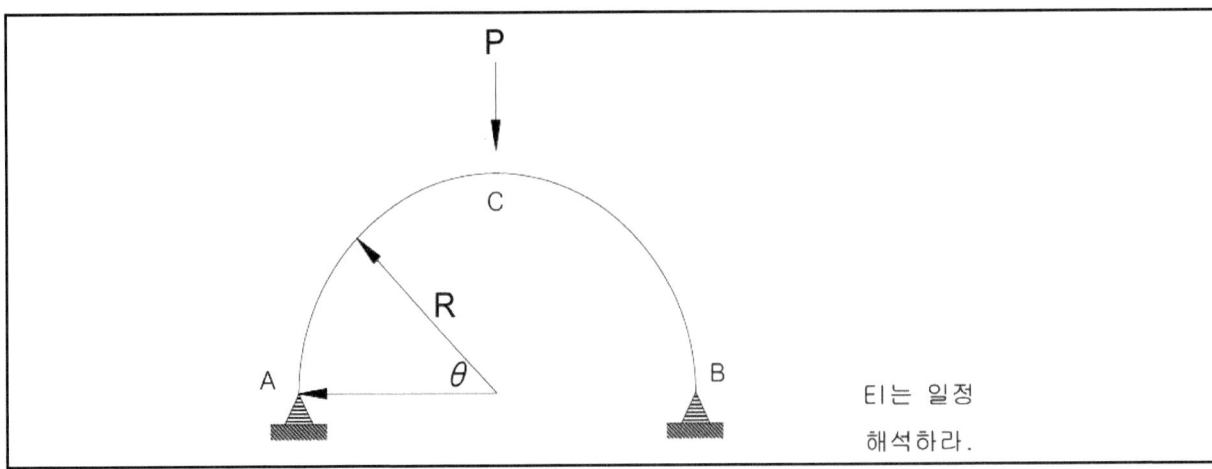

EI는 일정
해석하라.

1. 개요

1차 부정정 아치 문제이다. Castigliano의 최소일의 정리를 사용하여 해석한다.
축력과 전단력, 비틀림에 의한 영향은 미소하므로 무시하기로 한다.

2. 미지 반력 선정 : Ha

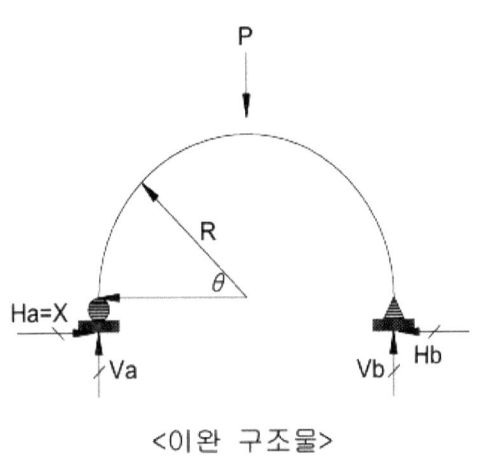

<이완 구조물>

3. Free Body Diagram

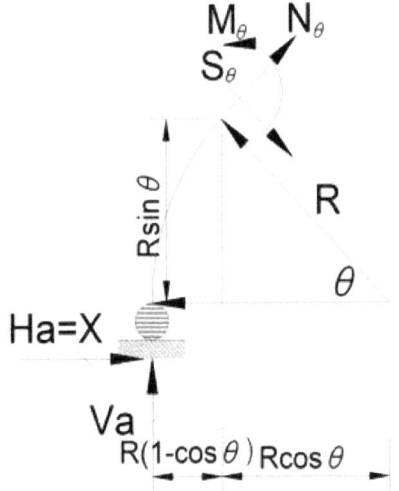

4. Moment의 계산

$\sum M_\theta \circlearrowright = 0$

$- M_\theta + V_a \cdot R(1 - \cos\theta) - X \cdot R\sin\theta = 0$

$\therefore M_\theta = V_a \cdot R(1 - \cos\theta) - X \cdot R\sin\theta$

5. 최소일의 정리

$$\int \frac{M_\theta}{EI} \left(\frac{\partial M_\theta}{\partial X} \right) R d\theta = 0$$

부록3: 트러스, 아치, 소성해석

$$\frac{2}{EI}\int_0^{\pi/2} (\ Va\ R(1-\cos\theta) - X\cdot R\sin\theta\ )(-R\sin\theta)\ R\ d\theta$$

$$= \frac{2R^3}{EI}\int_0^{\pi/2} (-Va\cdot\sin\theta + Va\cdot\sin\theta\cos\theta + X\cdot\sin^2\theta)\,d\theta$$

$$= \frac{2R^3}{EI}\left(-Va + \frac{1}{2}Va + \frac{\pi}{4}X\right) = 0$$

$$\boxed{\therefore\ X = Ha = \frac{2}{\pi}Va = \frac{P}{\pi}} \quad (\because Va = \frac{P}{2})$$

6. N_θ, S_θ, M_θ

$\sum F_\theta \nearrow + = 0$

$N_\theta + Va\cdot\cos\theta + Ha\cdot\sin\theta = 0$

$$\boxed{N_\theta = -\frac{P}{2}\cos\theta - \frac{P}{\pi}\sin\theta = -\frac{(\pi\cos\theta + 2\sin\theta)P}{2\pi}}$$

$\sum F_\theta \nwarrow + = 0$

$-S_\theta + Va\cdot\sin\theta - Ha\cdot\cos\theta = 0$

$$\boxed{S_\theta = \frac{P}{2}\sin\theta - \frac{P}{\pi}\cos\theta = \frac{(\pi\sin\theta - 2\cos\theta)P}{2\pi}}$$

$\sum M_\theta \circlearrowleft = 0$

$-M_\theta + Va\cdot R(1-\cos\theta) - Ha\cdot R\sin\theta = 0$

$$\boxed{M_\theta = \frac{PR(1-\cos\theta)}{2} - \frac{PR\sin\theta}{\pi} = \frac{(\pi - \pi\cos\theta - 2\sin\theta)PR}{2\pi}}$$

$$\boxed{\begin{aligned} N_\theta &= -\frac{(\pi\cos\theta + 2\sin\theta)P}{2\pi} \\ S_\theta &= +\frac{(\pi\sin\theta - 2\cos\theta)P}{2\pi} \\ M_\theta &= \frac{(\pi - \pi\cos\theta - 2\sin\theta)PR}{2\pi} \end{aligned}}$$

7. AFD, SFD, BMD

구분	0°	15°	30°	45°	60°	75°	90°	비고
N_θ	-0.5P	-0.565P	-0.592P	-0.578P	-0.526P	-0.437P	-0.318P	
S_θ	-0.318P	-0.178P	-0.026P	0.128P	0.274P	0.401P	0.5P	
M_θ	0	-0.065PR	-0.092PR	-0.079PR	-0.026PR	0.063PR	0.182PR	

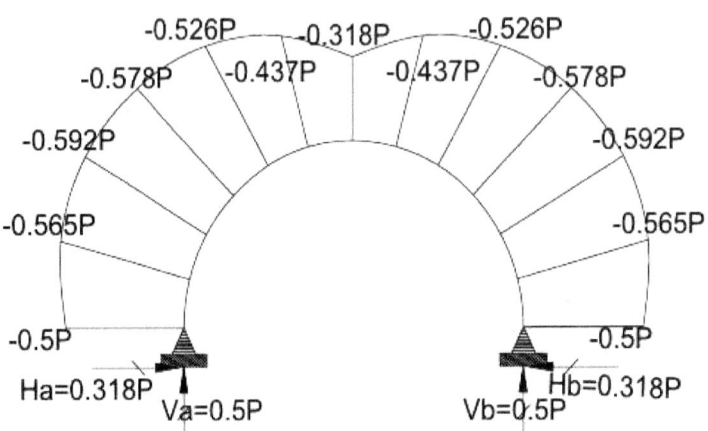

< Axial Force Diagram >

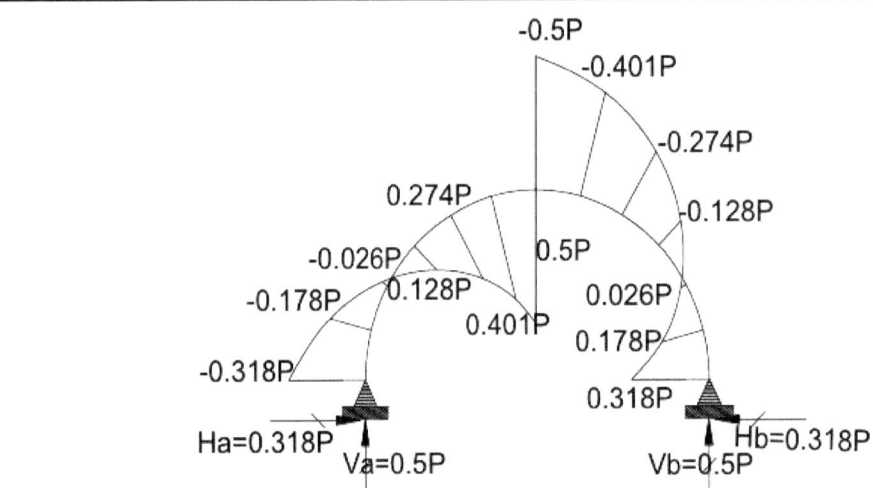

< Shear Force Diagram >

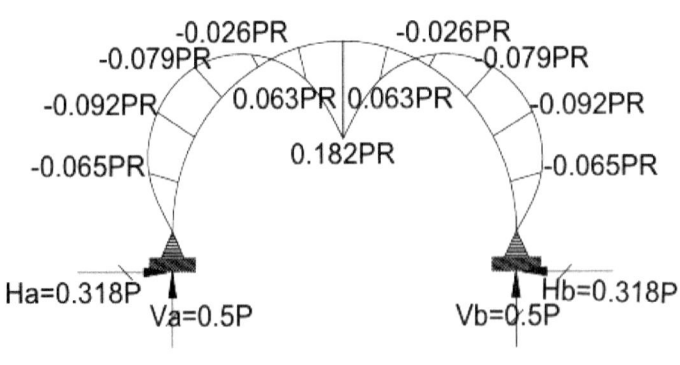

< Bending Moment Diagram >

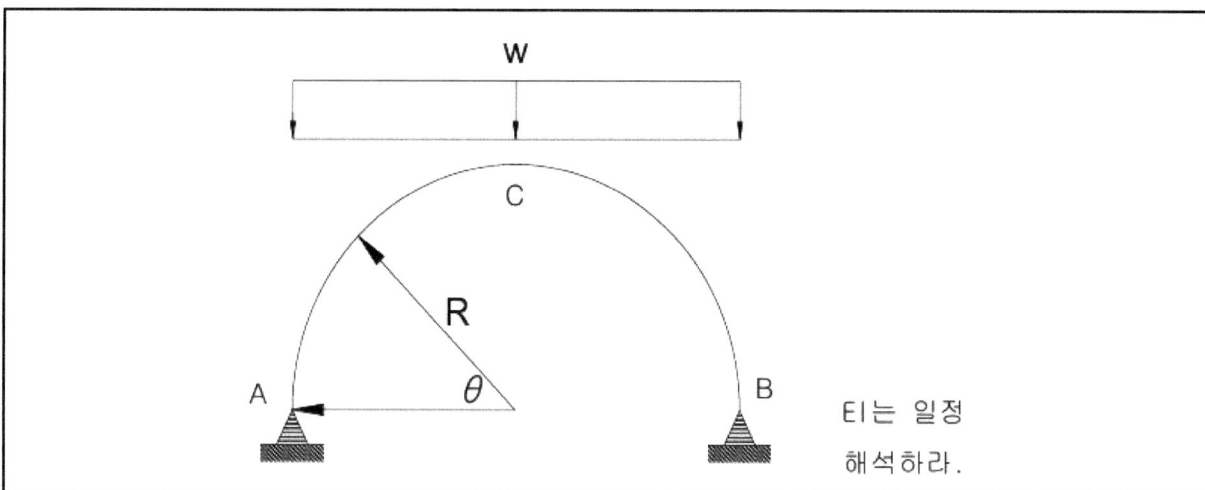

EI는 일정
해석하라.

1. 개요

1차 부정정 아치 문제이다. Castigliano의 최소일의 정리를 사용하여 해석한다.
축력과 전단력, 비틀림에 의한 영향은 미소하므로 무시하기로 한다.

2. 미지 반력 선정 : Ha

3. Free Body Diagram

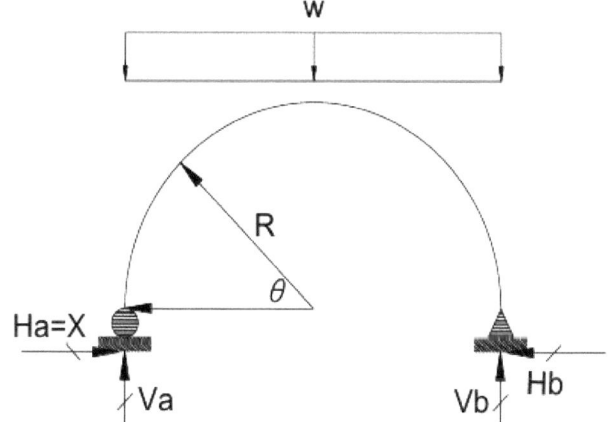

<이완 구조물>

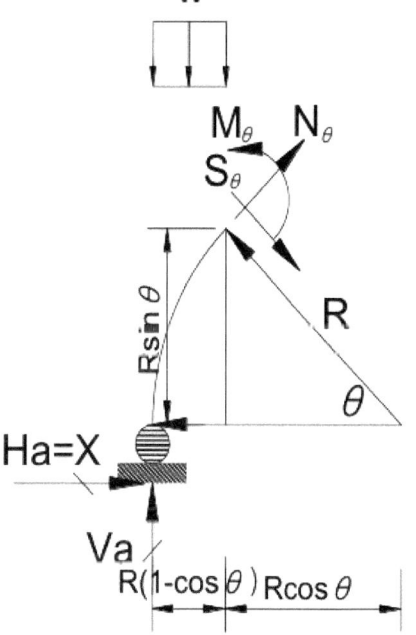

4. Moment의 계산

$\sum M_\theta \circlearrowleft = 0$

$- M_\theta + Va \cdot R(1-\cos\theta) - X \cdot R\sin\theta - wR((1-\cos\theta))^2/2 = 0$

$M_\theta = Va \cdot R(1-\cos\theta) - X \cdot R\sin\theta - w(R(1-\cos\theta))^2/2$

$\therefore M_\theta = \frac{1}{2}wR^2(1-\cos^2\theta) - X \cdot R\sin\theta$ where, $Va = wR$

5. 최소일의 정리

$$\int \frac{M_\theta}{EI} \left(\frac{\partial M_\theta}{\partial X} \right) R d\theta = 0$$

부록3: 트러스, 아치, 소성해석

$$\frac{2}{EI}\int_0^{\pi/2} \left(\tfrac{1}{2}wR^2(1-\cos^2\theta) - X\cdot R\sin\theta\right)(-R\sin\theta)\,R\,d\theta$$

$$= \frac{2R^3}{EI}\int_0^{\pi/2}\left(\frac{-wR}{2}(1-\cos^2\theta)\sin\theta + X\cdot\sin^2\theta\right)d\theta$$

$$= \frac{R^3}{EI}\int_0^{\pi/2}(-wR\sin\theta + wR\cos^2\theta\sin\theta + 2X\sin^2\theta)\,d\theta$$

$$= \frac{R^3}{EI}\left(-wR + \frac{1}{3}wR + \frac{2\pi}{4}X\right) = 0$$

$$\therefore\ X = H_a = \frac{4wR}{3\pi}$$

6. $N_\theta,\ S_\theta,\ M_\theta$

$\sum F_\theta\nearrow + = 0$

$N_\theta + V_a\cdot\cos\theta + H_a\cdot\sin\theta - wR(1-\cos\theta)\cos\theta = 0$

$$N_\theta = wR\left(-\cos^2\theta - \frac{4}{3\pi}\sin\theta\right)$$

$\sum F_\theta\nwarrow + = 0$

$- S_\theta + V_a\cdot\sin\theta - H_a\cdot\cos\theta - wR(1-\cos\theta)\sin\theta = 0$

$$S_\theta = wR\left(\sin\theta\cos\theta - \frac{4}{3\pi}\cos\theta\right)$$

$- M_\theta + V_a\cdot R(1-\cos\theta) - H_a\cdot R\sin\theta - w(R(1-\cos\theta))^2/2 = 0$

$$M_\theta = wR^2\left(\frac{1}{2} - \frac{\cos^2\theta}{2} - \frac{4}{3\pi}\sin\theta\right)$$

$$N_\theta = wR\left(-\cos^2\theta - \frac{4}{3\pi}\sin\theta\right)$$

$$S_\theta = wR\left(\sin\theta\cos\theta - \frac{4}{3\pi}\cos\theta\right)$$

$$M_\theta = wR^2\left(\frac{1}{2} - \frac{\cos^2\theta}{2} - \frac{4}{3\pi}\sin\theta\right)$$

7. AFD, SFD, BMD

구분	0°	15°	30°	45°	60°	75°	90°	비고
N_θ	$-wR$	$-1.042wR$	$-0.962wR$	$-0.8wR$	$-0.618wR$	$-0.479wR$	$-0.424wR$	
S_θ	$-0.424wR$	$-0.16wR$	$0.065wR$	$0.200wR$	$0.221wR$	$0.14wR$	0	
M_θ	0	$-0.076wR^2$	$-0.087wR^2$	$-0.050wR^2$	$0.007wR^2$	$0.057wR^2$	$0.076wR^2$	

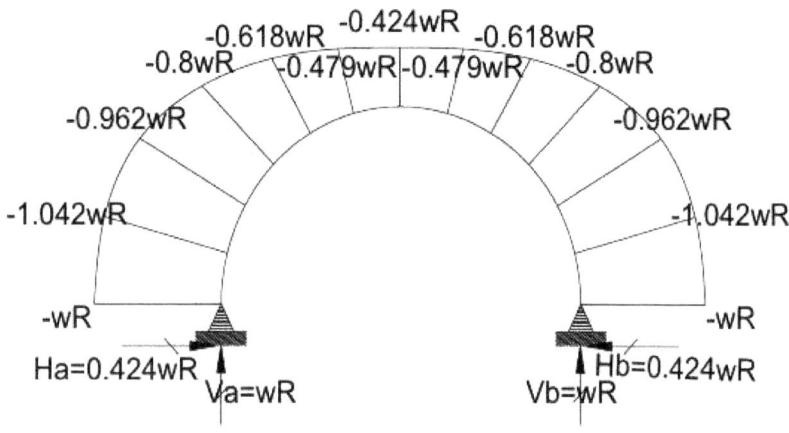

< Axial Force Diagram >

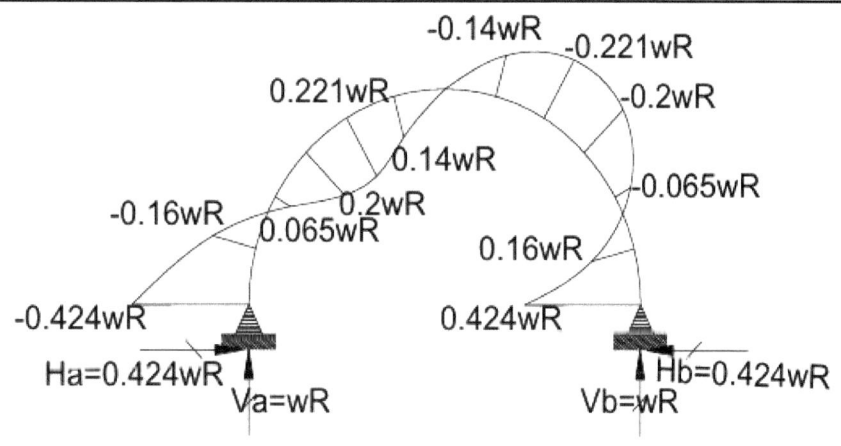

< Shear Force Diagram >

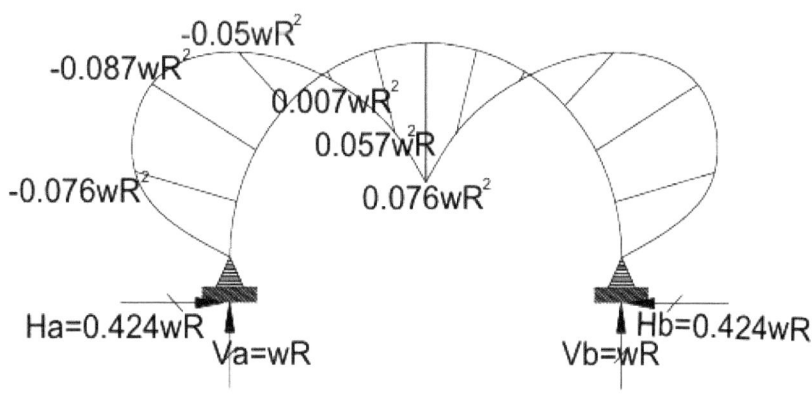

< Bending Moment Diagram >

부록3: 트러스, 아치, 소성해석

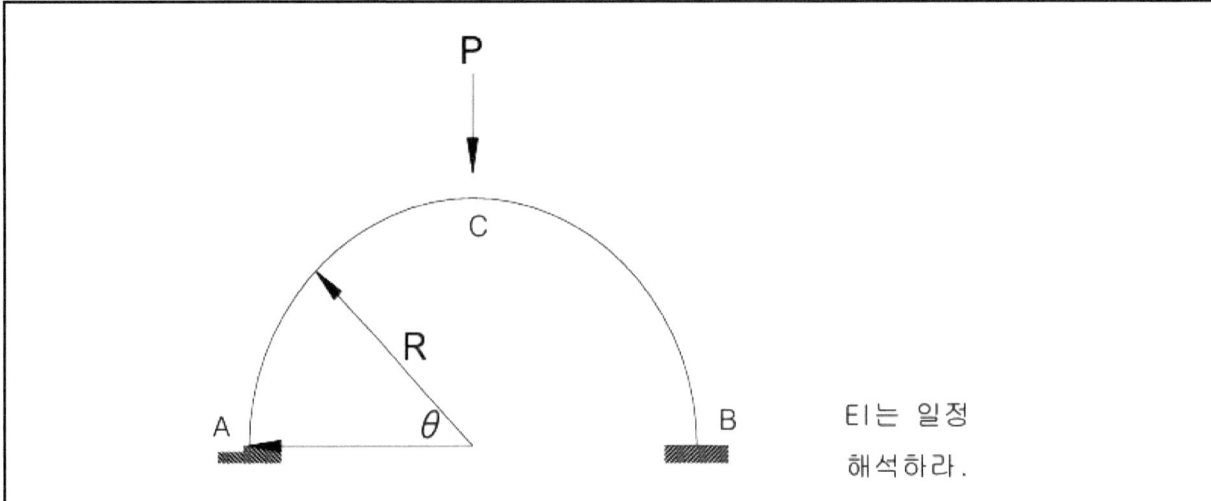

EI는 일정
해석하라.

1.개요
3차 부정정 아치 문제이다. Castigliano의 최소일의 정리를 사용하여 해석한다.
축력과 전단력, 비틀림에 의한 영향은 미소하므로 무시하기로 한다.

2.미지 반력 선정 : Ha, Ma   3.Free Body Diagram

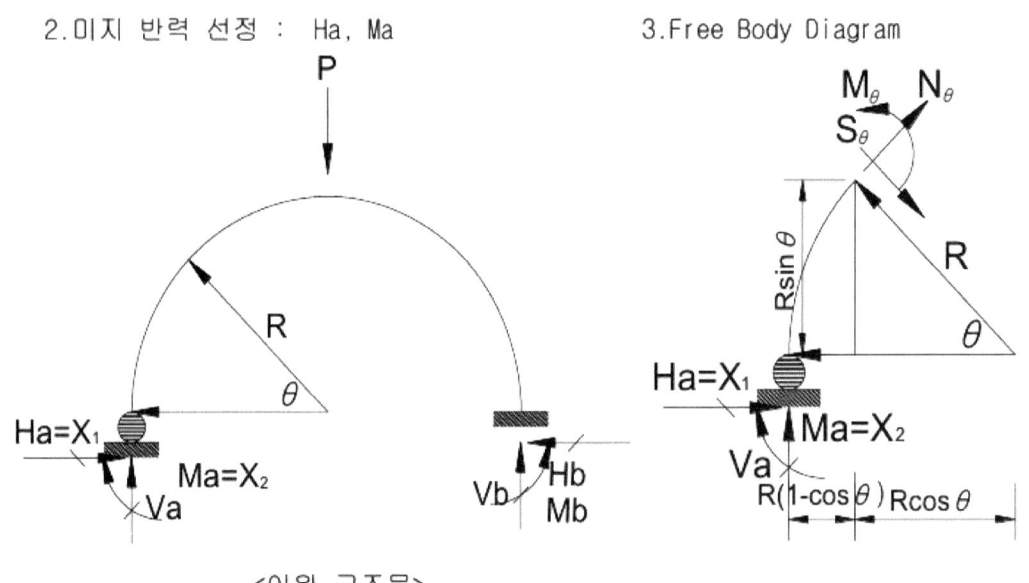

<이완 구조물>

4.Moment의 계산

$\sum M_\theta \curvearrowleft = 0$

$- M_\theta + V_a \cdot R(1 - \cos\theta) - X_1 \cdot R\sin\theta + X_2 = 0$

$M_\theta = V_a \cdot R(1 - \cos\theta) - X_1 \cdot R\sin\theta + X_2$

$\therefore M_\theta = \frac{1}{2} PR(1 - \cos\theta) - X_1 \cdot R\sin\theta + X_2$ where, $V_a = \frac{1}{2}P$

5.최소일의 정리

$\int \frac{M_\theta}{EI} \left(\frac{\partial M_\theta}{\partial X_1} \right) R d\theta = 0$ $\int \frac{M_\theta}{EI} \left(\frac{\partial M_\theta}{\partial X_2} \right) R d\theta = 0$

부록3: 트러스, 아치, 소성해석

1) X_1

$$\frac{2}{EI} \int_0^{\pi/2} \left(\tfrac{1}{2}PR(1-\cos\theta) - X_1 \cdot R\sin\theta + X_2 \right) \left(-R\sin\theta \right) R\, d\theta$$

$$= \frac{2R^2}{EI} \int_0^{\pi/2} \left(-\tfrac{1}{2}PR\sin\theta + \tfrac{1}{2}PR\cos\theta\sin\theta + X_1 \cdot R\sin^2\theta - X_2\sin\theta \right) d\theta$$

$$= \frac{2R^2}{EI} \left(\frac{-1}{2}PR + \frac{1}{4}PR + \frac{\pi}{4}X_1 R - X_2 \right) = 0$$

$$\longrightarrow \frac{\pi}{4}RX_1 - X_2 = \frac{1}{4}PR \quad\quad\quad\quad\quad\quad\quad\quad \text{(a)}$$

2) X_2

$$\frac{2}{EI} \int_0^{\pi/2} \left(\tfrac{1}{2}PR(1-\cos\theta) - X_1 \cdot R\sin\theta + X_2 \right) \left(1 \right) R\, d\theta$$

$$= \frac{2R}{EI} \int_0^{\pi/2} \left(\tfrac{1}{2}PR - \tfrac{1}{2}PR\cos\theta - X_1 \cdot R\sin\theta + X_2 \right) d\theta$$

$$= \frac{2R}{EI} \left(\frac{\pi}{4}PR - \frac{1}{2}PR - X_1 R + \frac{\pi}{2}X_2 \right) = 0$$

$$\longrightarrow RX_1 - \frac{\pi}{2}X_2 = \frac{\pi-2}{4}PR \quad\quad\quad\quad\quad\quad \text{(b)}$$

3) (a), (b)의 연립

$$X_1 = H_a = \frac{\pi - 4}{(8 - \pi^2)} P = 0.4591P$$

$$X_2 = M_a = \frac{\pi^2 - 2\pi - 4}{2(8 - \pi^2)} PR = 0.1106PR$$

6. $N_\theta, S_\theta, M_\theta$

$\sum F_\theta \nearrow^+ = 0$

$N_\theta + V_a \cdot \cos\theta + H_a \cdot \sin\theta = 0$

$$N_\theta = -\frac{P}{2}\cos\theta - \frac{\pi - 4}{(8 - \pi^2)} P \sin\theta$$

$$= -0.5P\cos\theta - 0.4591P\sin\theta$$

$\sum F_\theta \nwarrow + = 0$

$- S_\theta + V_a \cdot \sin\theta - H_a \cdot \cos\theta = 0$

$$S_\theta = \frac{P}{2} \sin\theta - \frac{\pi - 4}{(8 - \pi^2)} P \cos\theta$$

$$= 0.5P\sin\theta - 0.4591P\cos\theta$$

$\sum M_\theta \circlearrowleft = 0$

$- M_\theta + M_a + V_a \cdot R(1-\cos\theta) - H_a \cdot R\sin\theta = 0$

$M_\theta = M_a + V_a \cdot R(1-\cos\theta) - H_a \cdot R\sin\theta = 0$

$$M_\theta = \frac{\pi^2 - 2\pi - 4}{2(8 - \pi^2)} PR + \frac{PR}{2}(1-\cos\theta) - \frac{(\pi - 4)PR\sin\theta}{(8 - \pi^2)}$$

$$= 0.1106PR + 0.5PR(1-\cos\theta) - 0.4591PR\sin\theta$$

$$= 0.6106PR - 0.5PR\cos\theta - 0.4591PR\sin\theta$$

$N_\theta = -0.5P\cos\theta - 0.4591P\sin\theta$
$S_\theta = 0.5P\sin\theta - 0.4591P\cos\theta$
$M_\theta = 0.6106PR - 0.5PR\cos\theta - 0.4591PR\sin\theta$

7. AFD, SFD, BMD

구분	0°	15°	30°	45°	60°	75°	90°	비고
N_θ	-0.5P	-0.602P	-0.663P	-0.678P	-0.648P	-0.572P	-0.459P	
S_θ	-0.459P	-0.314P	-0.148P	0.029P	0.203P	0.364P	0.5P	
M_θ	0.111PR	0.009PR	-0.052PR	-0.068PR	-0.037PR	0.037PR	0.152PR	

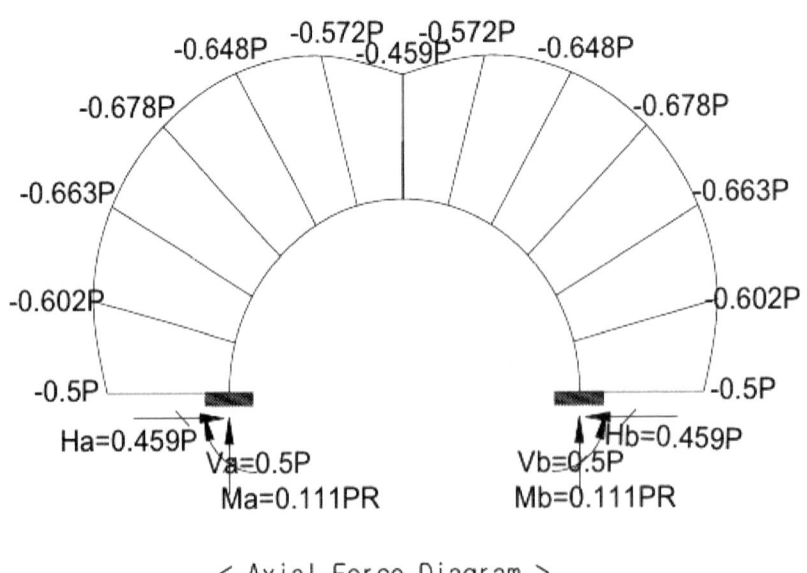

< Axial Force Diagram >

7. AFD, SFD, BMD

구분	0°	15°	30°	45°	60°	75°	90°	비고
N_θ	−0.5P	−0.602P	−0.663P	−0.678P	−0.648P	−0.572P	−0.459P	
S_θ	−0.459P	−0.314P	−0.148P	0.029P	0.203P	0.364P	0.5P	
M_θ	0.111PR	0.009PR	−0.052PR	−0.068PR	−0.037PR	0.037PR	0.152PR	

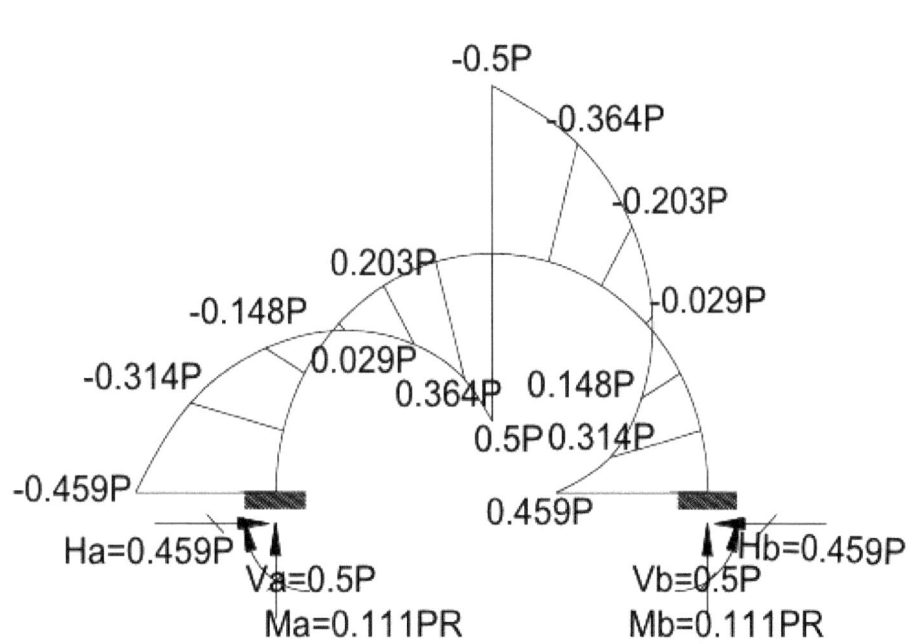

< Shear Force Diagram >

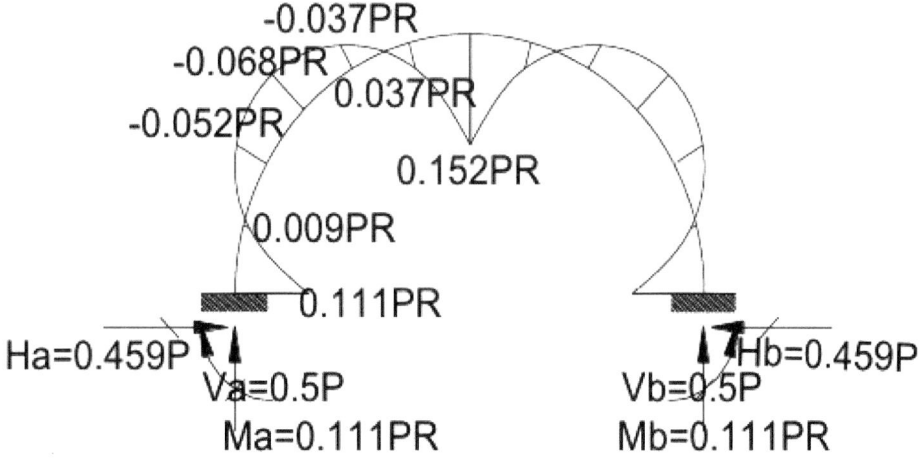

부록3: 트러스, 아치, 소성해석

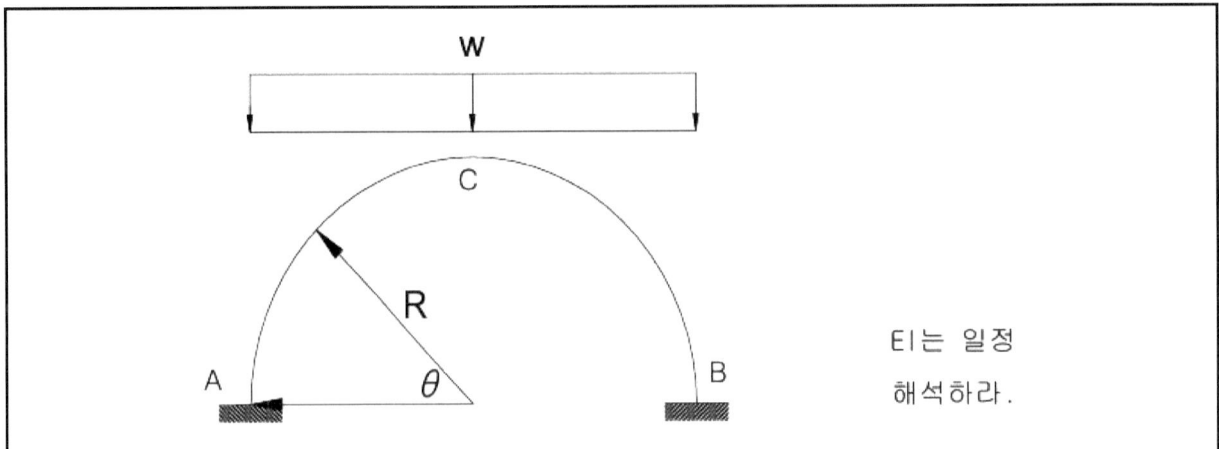

EI는 일정
해석하라.

1. 개요

3차 부정정 아치 문제이다. Castigliano의 최소일의 정리를 사용하여 해석한다.
축력과 전단력, 비틀림에 의한 영향은 미소하므로 무시하기로 한다.

2. 미지 반력 선정 : Ha, Ma

3. Free Body Diagram

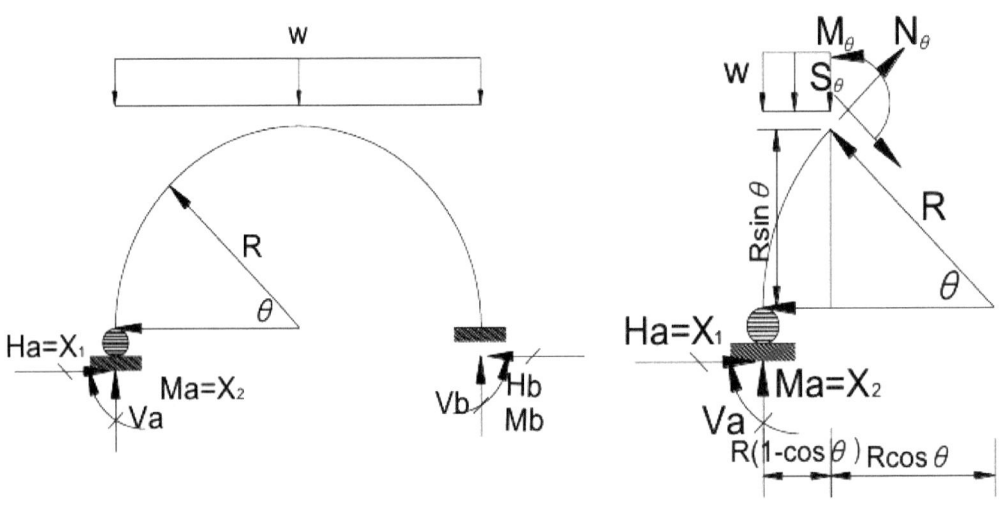

<이완 구조물>

4. Moment의 계산

$\sum M_\theta \circlearrowright = 0$

$- M_\theta + V_a \cdot R(1-\cos\theta) - X_1 \cdot R\sin\theta + X_2 - w(R(1-\cos\theta))^2/2 = 0$

$M_\theta = + V_a \cdot R(1-\cos\theta) - X_1 \cdot R\sin\theta + X_2 - w(R(1-\cos\theta))^2/2 = 0$

$M_\theta = \frac{1}{2}wR^2(1-\cos^2\theta) - X_1 \cdot R\sin\theta + X_2$ where, $V_a = wR$

5. 최소일의 정리

$\int \dfrac{M_\theta}{EI} \left(\dfrac{\partial M_\theta}{\partial X_1} \right) R d\theta = 0$ $\int \dfrac{M_\theta}{EI} \left(\dfrac{\partial M_\theta}{\partial X_2} \right) R d\theta = 0$

$$\frac{2}{EI} \int_0^{\pi/2} \left(\tfrac{1}{2}wR^2(1-\cos^2\theta) - X_1 \cdot R\sin\theta + X_2 \right)(-R\sin\theta) R\, d\theta$$

$$= \frac{2R^2}{EI} \int_0^{\pi/2} \left(\frac{-wR^2}{2}(1-\cos^2\theta)\sin\theta + X_1 R\sin^2\theta - X_2\sin\theta \right) d\theta$$

$$= \frac{R^2}{EI} \int_0^{\pi/2} (-wR^2\sin\theta + wR^2\cos^2\theta\sin\theta + 2X_1 R\sin^2\theta - 2X_2\sin\theta)\, d\theta$$

$$= \frac{R^2}{EI} \left(-wR^2 + \frac{1}{3}wR^2 + \frac{2\pi}{4}X_1 R - 2X_2 \right) = 0$$

$$\longrightarrow \frac{\pi}{2} RX_1 - 2X_2 = \frac{2}{3}wR^2$$

2) X_2

$$\frac{2}{EI} \int_0^{\pi/2} \left(\tfrac{1}{2}wR^2(1-\cos^2\theta) - X_1 \cdot R\sin\theta + X_2 \right)(1) R\, d\theta$$

$$= \frac{R}{EI} \int_0^{\pi/2} (wR^2 - wR^2\cos^2\theta - 2X_1 R\sin\theta + 2X_2)\, d\theta$$

$$= \frac{R}{EI} \left(\frac{\pi}{2}wR^2 - \frac{\pi}{4}wR^2 - 2X_1 R + \pi X_2 \right) = 0$$

$$\longrightarrow 2R\, X_1 - \pi X_2 = \frac{\pi}{4} wR^2 \quad\quad\quad\quad\quad\quad\quad\quad (b)$$

3) (a), (b)의 연립

$$X_1 = H_a = \frac{\pi}{3(\pi^2 - 8)} wR = 0.56 wR$$

$$X_2 = M_a = \frac{32 - 3\pi^2}{12(\pi^2 - 8)} PR = 0.106 wR^2$$

6. N_θ, S_θ, M_θ

$\sum F_\theta \nearrow + = 0$
$N_\theta + V_a \cdot \cos\theta + H_a \cdot \sin\theta - wR(1-\cos\theta)\cos\theta = 0$

$$N_\theta = (-\cos^2\theta - 0.56\sin\theta) wR$$

$\sum F_\theta \nwarrow + = 0$
$- S_\theta + V_a \cdot \sin\theta - H_a \cdot \cos\theta - wR(1-\cos\theta)\sin\theta = 0$

$$S_\theta = (\sin\theta\cos\theta - 0.56\cos\theta) wR$$

$\sum M_\theta \circlearrowleft = 0$
$- M_\theta + V_a \cdot R(1-\cos\theta) - H_a \cdot R\sin\theta - w(R(1-\cos\theta))^2/2 + M_a = 0$

$$M_\theta = (\tfrac{1}{2}(1-\cos^2\theta) - 0.56\sin\theta + 0.106) wR^2$$

$$N_\theta = (-\cos^2\theta - 0.56\sin\theta) wR$$

$$S_\theta = (\sin\theta\cos\theta - 0.56\cos\theta) wR$$

$$M_\theta = (\tfrac{1}{2}(1-\cos^2\theta) - 0.56\sin\theta + 0.106) wR^2$$

7. AFD, SFD, BMD

구분	0°	15°	30°	45°	60°	75°	90°	비고
N_θ	$-wR$	$-1.08wR$	$-1.03wR$	$-0.896wR$	$-0.735wR$	$-0.608wR$	$-0.56wR$	
S_θ	$-0.56wR$	$-0.291wR$	$-0.052wR$	$0.104wR$	$0.153wR$	$0.105wR$	0	
M_θ	$0.106wR^2$	$-0.005wR^2$	$-0.049wR^2$	$-0.04wR^2$	$-0.004wR^2$	$0.032wR^2$	$0.046wR^2$	

7. AFD, SFD, BMD

구분	0°	15°	30°	45°	60°	75°	90°	비고
N_θ	$-wR$	$-1.08wR$	$-1.03wR$	$-0.896wR$	$-0.735wR$	$-0.608wR$	$-0.56wR$	
S_θ	$-0.56wR$	$-0.291wR$	$-0.052wR$	$0.104wR$	$0.153wR$	$0.105wR$	0	
M_θ	$0.106wR^2$	$-0.005wR^2$	$-0.049wR^2$	$-0.04wR^2$	$-0.004wR^2$	$0.032wR^2$	$0.046wR^2$	

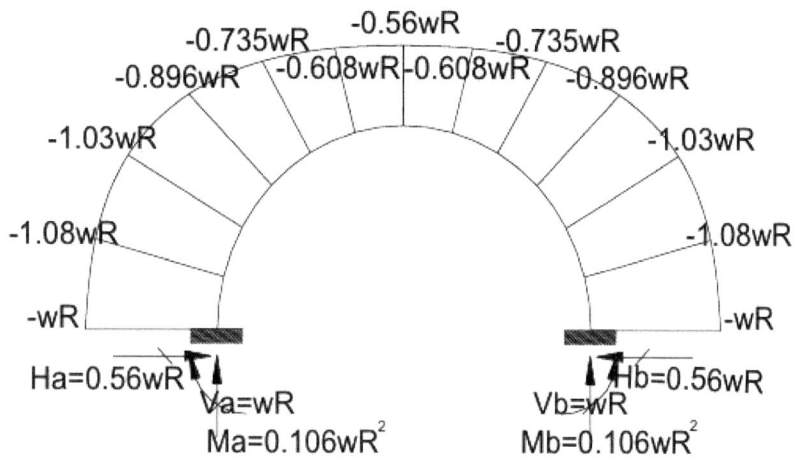

< Axial Force Diagram >

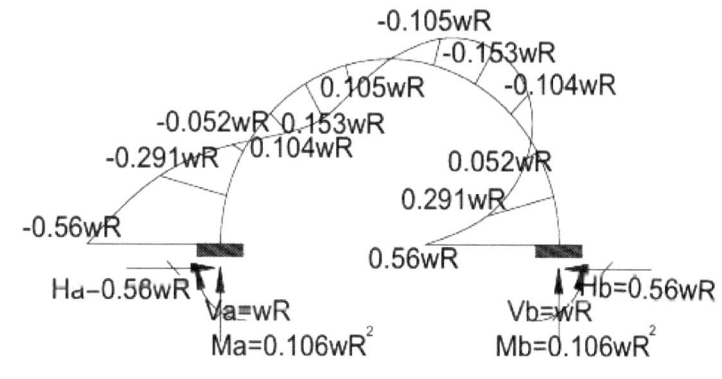

< Shear Force Diagram >

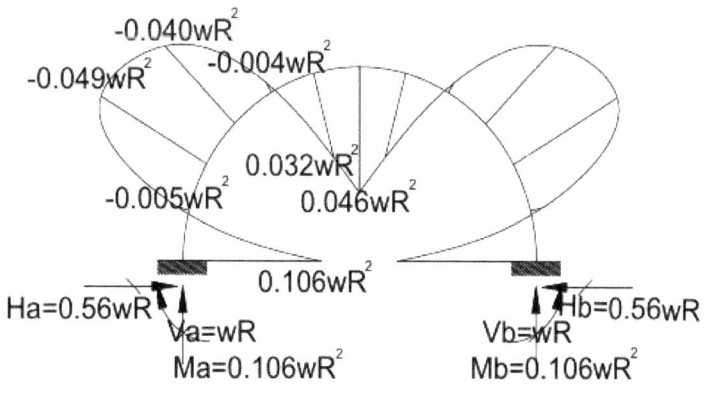

< Bending Moment Diagram >

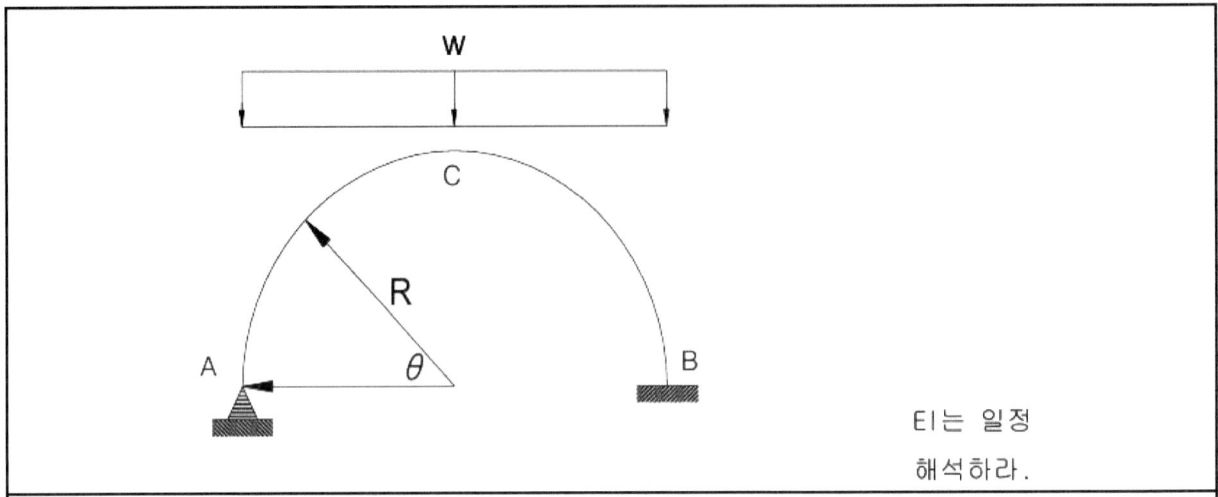

EI는 일정
해석하라.

1. 개요

2차 부정정 아치 문제이다. Castigliano의 최소일의 정리를 사용하여 해석한다.
축력과 전단력, 비틀림에 의한 영향은 미소하므로 무시하기로 한다.

2. 미지 반력 선정 : Ha, Va

3. Free Body Diagram

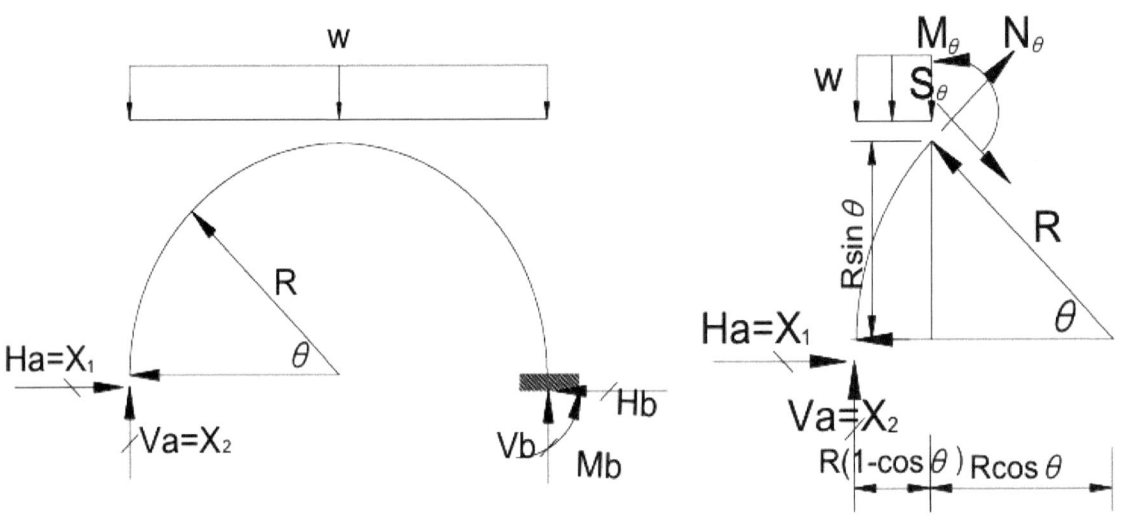

<이완 구조물>

4. Moment의 계산

$\sum M_\theta \circlearrowleft = 0$

$- M_\theta + X_2 \cdot R(1-\cos\theta) - X_1 \cdot R\sin\theta \quad - \quad w\,(R(1-\cos\theta))^2/2 = 0$

$M_\theta = + X_2 \cdot R(1-\cos\theta) - X_1 \cdot R\sin\theta \quad - \quad w\,(R(1-\cos\theta))^2/2$

5. 최소일의 정리

$$\int \frac{M_\theta}{EI} \left(\frac{\partial M_\theta}{\partial X_1} \right) R\,d\theta = 0 \qquad \int \frac{M_\theta}{EI} \left(\frac{\partial M_\theta}{\partial X_2} \right) R\,d\theta = 0$$

1) X1

$$\frac{1}{EI} \int_0^\pi (X_2 \cdot R(1-\cos\theta) - X_1 \cdot R\sin\theta - w(R(1-\cos\theta))^2/2)(-R\sin\theta)R\,d\theta$$

$$= \frac{R^3}{EI} \int_0^\pi (-X_2(1-\cos\theta)\sin\theta + X_1\sin^2\theta + \tfrac{1}{2}wR(1-\cos\theta)^2\sin\theta)\,d\theta$$

$$= \frac{R^3}{EI}(-2X_2 + \pi X_1/2 + 4wR/3)$$

$$\longrightarrow \frac{\pi}{2}X_1 - 2X_2 = -\frac{4}{3}wR \quad\text{————————} (a)$$

2) X2

$$\frac{1}{EI} \int_0^\pi (X_2 R(1-\cos\theta) - X_1 \cdot R\sin\theta - w(R(1-\cos\theta))^2/2)(R(1-\cos\theta))R\,d\theta$$

$$= \frac{R^3}{EI} \int_0^\pi (X_2(1-\cos\theta)^2 - X_1\sin\theta(1-\cos\theta) - wR(1-\cos\theta)^3/2)\,d\theta$$

$$= \frac{R^3}{EI}((3\pi/2)X_2 - 2X_1 - (5/4)\pi wR)$$

$$\longrightarrow -2X_1 + \frac{3\pi}{2}X_2 = \frac{5\pi}{4}wR \quad\text{————————} (b)$$

---

*참고)

$$\int_0^\pi (1-\cos\theta)\,dx = \pi \qquad \int_0^\pi (1-\cos\theta)^3\,dx = 5\pi/2$$

$$\int_0^\pi (1-\cos\theta)^2\,dx = 3\pi/2 \qquad \int_0^\pi (1-\cos\theta)\sin\theta\,dx = 2$$

$$\int_0^\pi (1-\cos\theta)^2 \sin\theta\,dx = 8/3$$

$$\int_0^\pi \sin^2\theta\,dx = \pi/2$$

부록3: 트러스, 아치, 소성해석

3) (a), (b)의 연립

$$X_1 = H_a = \frac{2}{(3\pi^2 - 16)} wR = 0.462wR$$

$$X_2 = V_a = \frac{15\pi^2 - 64}{6(3\pi^2 - 16)} wR = 1.029wR$$

6. N_θ, S_θ, M_θ

$\sum F_\theta \nearrow + = 0$

$N_\theta + V_a \cdot \cos\theta + H_a \cdot \sin\theta - wR(1-\cos\theta)\cos\theta = 0$

$$N_\theta = -(0.029\cos\theta + 0.462\sin\theta + \cos^2\theta)wR$$

$\sum F_\theta \nwarrow + = 0$

$- S_\theta + V_a \cdot \sin\theta - H_a \cdot \cos\theta - wR(1-\cos\theta)\sin\theta = 0$

$$S_\theta = (0.029\sin\theta - 0.462\cos\theta + \cos\theta\sin\theta)wR$$

$\sum M_\theta \circlearrowleft = 0$

$- M_\theta + V_a \cdot R(1-\cos\theta) - H_a \cdot R\sin\theta - w(R(1-\cos\theta))^2/2 = 0$

$$M_\theta = ((1 - \cos\theta)(0.529 + 0.5\cos\theta) - 0.462\sin\theta)wR^2$$

$$N_\theta = -(0.029\cos\theta + 0.462\sin\theta + \cos^2\theta)wR$$

$$S_\theta = (0.029\sin\theta - 0.462\cos\theta + \cos\theta\sin\theta)wR$$

$$M_\theta = ((1 - \cos\theta)(0.529 + 0.5\cos\theta) - 0.462\sin\theta)wR^2$$

구분	0°	30°	60°	90°	120°	150°	180°	비고
N_θ	-1.029wR	-1.006wR	-0.665wR	-0.462wR	-0.636wR	-0.967wR	-0.971wR	
S_θ	-0.462wR	0.047wR	0.227wR	0.029wR	-0.177wR	-0.018wR	0.462wR	
M_θ	0	-0.102wR²	-0.011wR²	0.067wR²	0.018wR²	-0.052wR²	0.058wR²	

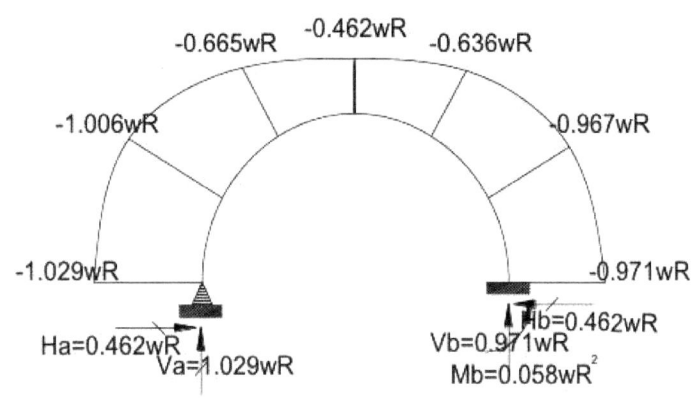

< Axial Force Diagram >

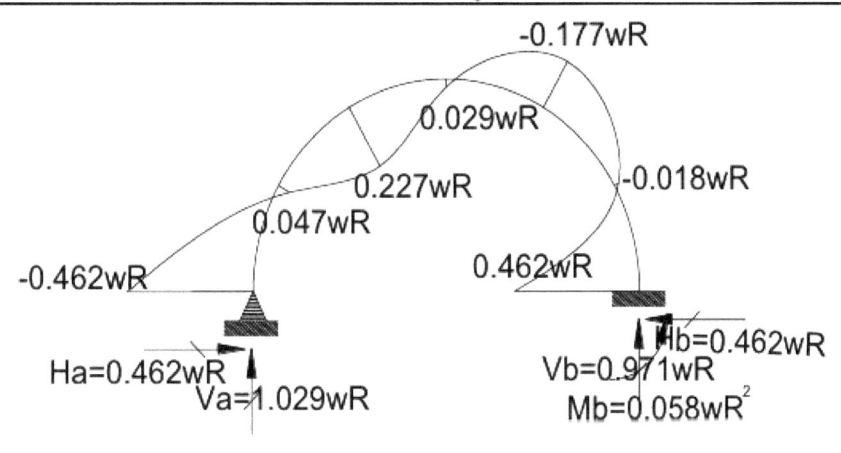

< Shear Force Diagram >

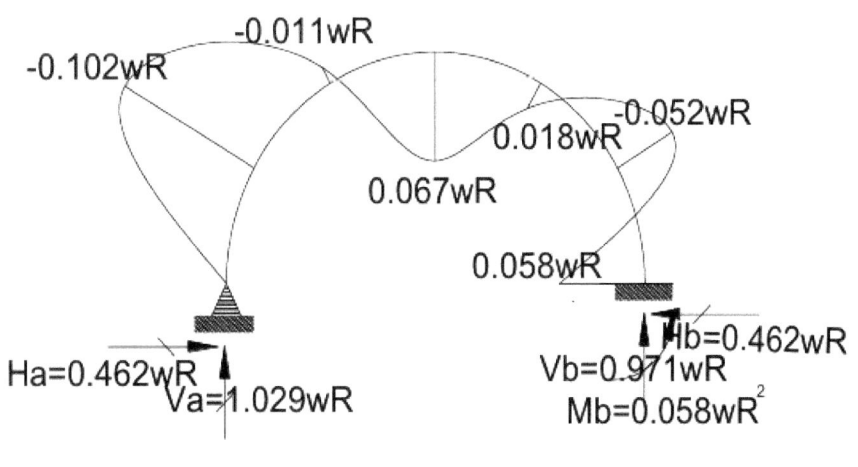

< Bending Moment Diagram >

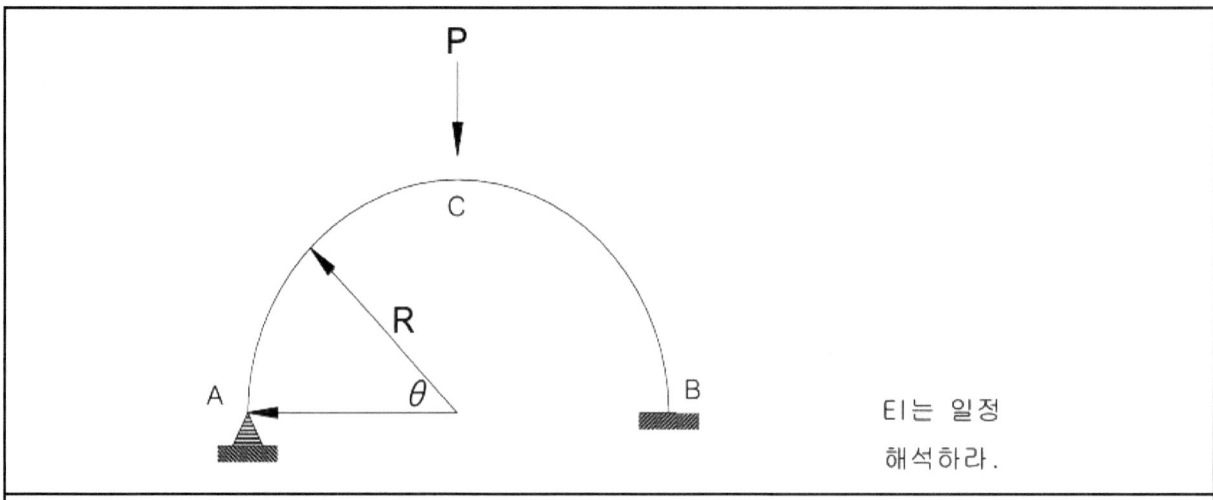

EI는 일정
해석하라.

1. 개요

2차 부정정 아치 문제이다. Castigliano의 최소일의 정리를 사용하여 해석한다.
축력과 전단력, 비틀림에 의한 영향은 미소하므로 무시하기로 한다.

2. 미지 반력 선정 : Ha, Va

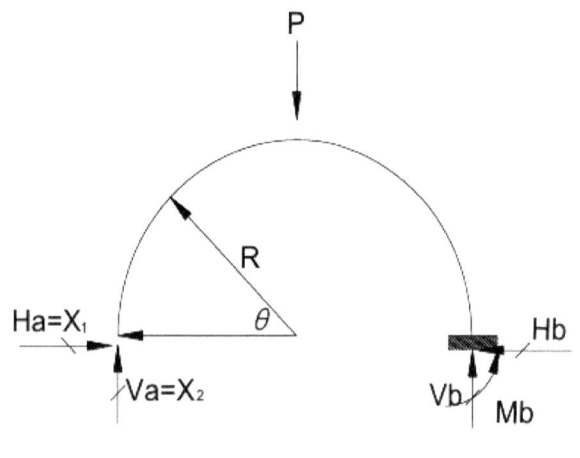

<이완 구조물>

3. Free Body Diagram

1) AB 구간

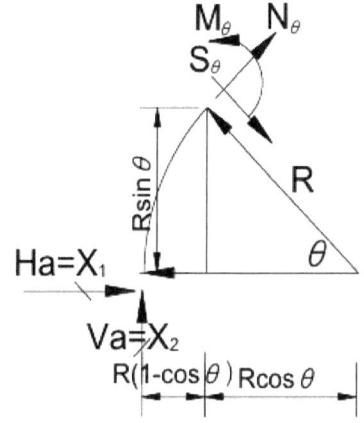

2) BC 구간

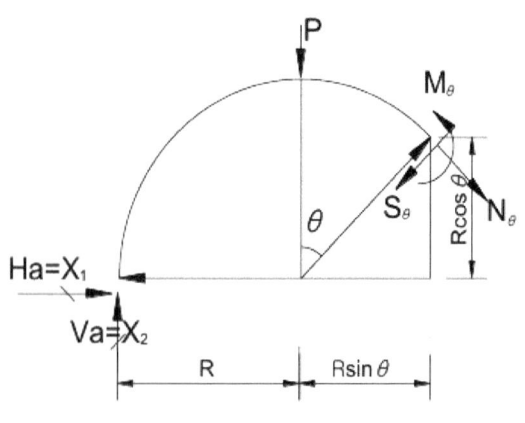

4. Moment의 계산

$\sum M_\theta = 0$

1) AB 구간

$- M_\theta + X_2 R(1 - \cos\theta) - X_1 R \sin\theta = 0$

$M_\theta = X_2 R(1 - \cos\theta) - X_1 R \sin\theta$

2) BC 구간

$$-M_\theta + X_2 R(1+\sin\theta) - X_1 R\cos\theta - PR\sin\theta = 0$$

$$M_\theta = X_2 R(1+\sin\theta) - X_1 R\cos\theta - PR\sin\theta$$

5. 최소일의 정리

$$\int \frac{M_\theta}{EI}\left(\frac{\partial M_\theta}{\partial X_1}\right) Rd\theta = 0 \qquad \int \frac{M_\theta}{EI}\left(\frac{\partial M_\theta}{\partial X_2}\right) Rd\theta = 0$$

1) X_1

$$\frac{1}{EI}\int_0^{\pi/2}(X_2\cdot R(1-\cos\theta) - X_1\cdot R\sin\theta)(-R\sin\theta)Rd\theta +$$

$$\frac{1}{EI}\int_0^{\pi/2}(X_2\cdot R(1+\sin\theta) - X_1\cdot R\cos\theta - PR\sin\theta)(-R\cos\theta)Rd\theta = 0$$

$$= \frac{R^3}{EI}\int_0^{\pi/2}(-X_2(1-\cos\theta)\sin\theta + X_1\sin^2\theta)d\theta +$$

$$\frac{R^3}{EI}\int_0^{\pi/2}(-X_2(1+\sin\theta)\cos\theta + X_1\cos^2\theta + P\sin\theta\cos\theta)d\theta = 0$$

$$= \frac{R^3}{EI}(-X_2(1-1/2) + X_1(\pi/4) - X_2(1+1/2) + X_1(\pi/4) + P(1/2))$$

$$\longrightarrow \frac{\pi}{2}X_1 - 2X_2 = \frac{-P}{2} \qquad\qquad\qquad\text{(a)}$$

2) X_2

$$\frac{1}{EI}\int_0^{\pi/2}(X_2\cdot R(1-\cos\theta) - X_1\cdot R\sin\theta)(R(1-\cos\theta))Rd\theta +$$

$$\frac{1}{EI}\int_0^{\pi/2}(X_2\cdot R(1+\sin\theta) - X_1\cdot R\cos\theta - PR\sin\theta)(R(1+\sin\theta))Rd\theta = 0$$

$$= \frac{R^3}{EI}\int_0^{\pi/2}(X_2(1-\cos\theta)^2 - X_1\sin\theta(1-\cos\theta))d\theta +$$

$$\frac{R^3}{EI}\int_0^{\pi/2}(X_2(1+\sin\theta)^2 - X_1\cos\theta(1+\sin\theta) - P\sin\theta(1+\sin\theta))d\theta =$$

$$= \frac{R^3}{EI}(X_2(3\pi/4 - 2) - X_1(1 - 1/2) + X_2(3\pi/4 + 2) - X_1(1 + 1/2) - P(1+\pi/4))$$

$$\rightarrow -2 X_1 + \frac{3\pi}{2} X_2 = \left(\frac{\pi + 4}{4}\right) P \quad \text{———— (b)}$$

*참고)

$$\int_0^{\pi/2} \sin\theta \cos\theta \, dx = 1/2 \qquad \int_0^{\pi/2} \cos^2\theta \, dx = \pi/4$$

$$\int_0^{\pi/2} (1-\cos\theta)^2 dx = 3\pi/4 - 2 \qquad \int_0^{\pi/2} \sin^2\theta \, dx = \pi/4$$

$$\int_0^{\pi/2} (1+\sin\theta)^2 dx = 3\pi/4 + 2$$

3) (a), (b)의 연립

$$X_1 = Ha = \frac{8 - \pi}{(3\pi^2 - 16)} P = 0.357P$$

$$X_2 = Va = \frac{\pi^2 - 4\pi - 8}{(6\pi^2 - 32)} P = 0.530P$$

6. N_θ

$\sum F_\theta \nearrow + = 0$

1) AB 구간

$N_\theta + Va \cdot \cos\theta + Ha \cdot \sin\theta = 0$

$N_\theta = -(0.53\cos\theta + 0.357\sin\theta)P$

2) BC 구간

$-N_\theta + Va \cdot \sin\theta - Ha \cdot \cos\theta - P \cdot \sin\theta = 0$

$N_\theta = (0.53\sin\theta - 0.357\cos\theta - \sin\theta)P$

7. S_θ

$\sum F_\theta \uparrow\!+ = 0$

1) AB 구간
$- S_\theta + V_a \cdot \sin\theta - H_a \cdot \cos\theta = 0$
$S_\theta = (0.53\sin\theta - 0.357\cos\theta)P$

2) BC 구간
$- S_\theta + V_a \cdot \cos\theta - H_a \cdot \sin\theta - P \cdot \cos\theta = 0$
$S_\theta = (0.53\cos\theta - 0.357\sin\theta - \cos\theta)P$

8. M_θ

$\sum M_\theta \circlearrowright = 0$

1) AB 구간
$- M_\theta + V_a \cdot R(1-\cos\theta) - H_a \cdot R\sin\theta = 0$
$M_\theta = ((0.53(1-\cos\theta) - 0.357\sin\theta)PR$

2) BC 구간
$- M_\theta + V_a \cdot R(1-\cos\theta) - H_a \cdot R\sin\theta - PR \cdot \sin\theta = 0$
$M_\theta = (0.53(1+\sin\theta) - 0.357\cos\theta + \sin\theta)PR$

$N_\theta = \begin{cases} -(0.53\cos\theta + 0.357\sin\theta)P & : \text{AB구간} \\ (0.53\sin\theta - 0.357\cos\theta - \sin\theta)P & : \text{BC구간} \end{cases}$

$S_\theta = \begin{cases} (0.53\sin\theta - 0.357\cos\theta)P & : \text{AB구간} \\ (0.53\cos\theta - 0.357\sin\theta - \cos\theta)P & : \text{BC구간} \end{cases}$

$M_\theta = \begin{cases} (0.53(1-\cos\theta) - 0.357\sin\theta)PR & : \text{AB구간} \\ (0.53(1+\sin\theta) - 0.357\cos\theta - \sin\theta)PR & : \text{BC구간} \end{cases}$

구분	AB구간				BC구간				비고
	0°	30°	60°	90°	0°	30°	60°	90°	
N_θ	-0.53P	-0.637P	-0.574P	-0.357P	-0.544P	-0.586P	-0.47P		
S_θ	-0.357P	-0.044P	0.281P	0.53P	-0.47P	-0.586P	-0.544P	-0.357P	
M_θ	0	-0.108PR	-0.044PR	0.173PR	-0.014PR	-0.056PR	0.06PR		

구분	AB구간				BC구간				비고
	0°	30°	60°	90°	0°	30°	60°	90°	
N_θ	-0.53P	-0.637P	-0.574P	-0.357P		-0.544P	-0.586P	-0.47P	
S_θ	-0.357P	-0.044P	0.281P	0.53P	-0.47P	-0.586P	-0.544P	-0.357P	
M_θ	0	-0.108PR	-0.044PR	0.173PR		-0.014PR	-0.056PR	0.06PR	

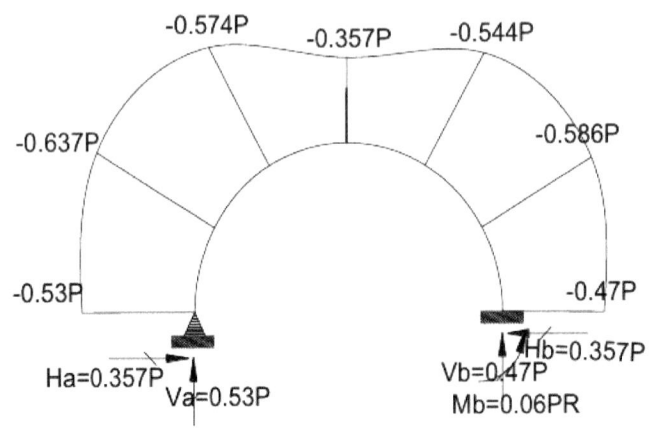

< Axial Force Diagram >

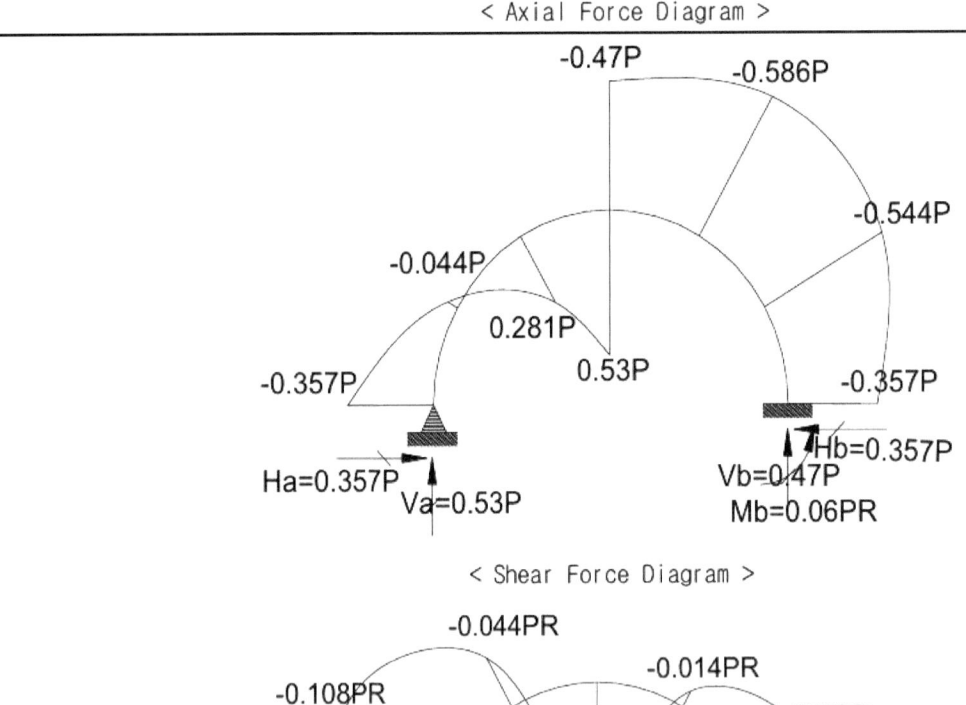

< Shear Force Diagram >

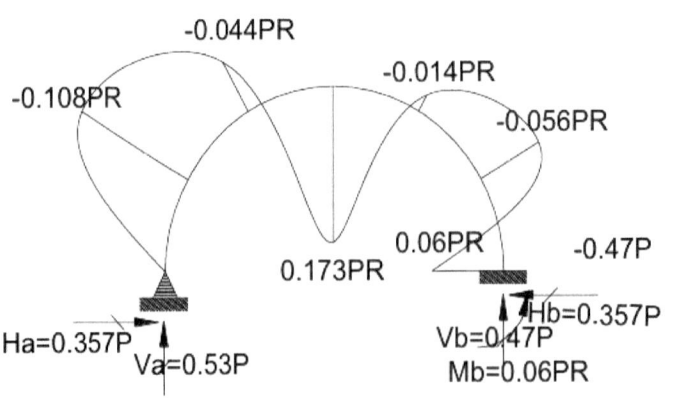

< Bending Moment Diagram >

부3-3 소성 해석

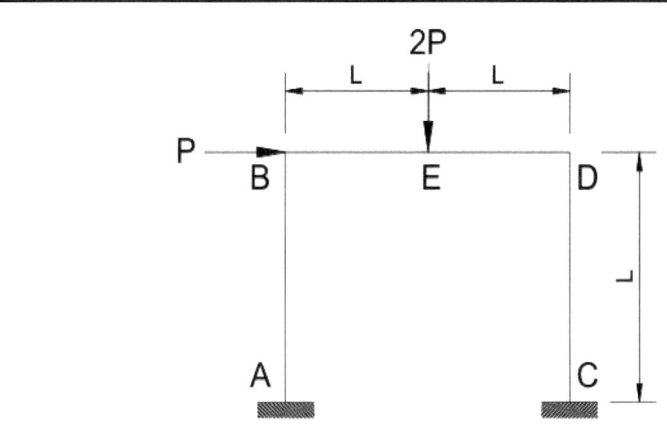

P_u를 구하라.
단, $(M_p)_{ab} = (M_p)_{cd} = m_p$
$(M_p)_{bd} = 1.5m_p$

1. 개요

라멘 구조물의 소성해석 문제이다. 보파괴기구, 뼈대파괴기구, 합성파괴기구에 대하여 가상일의 원리를 적용하여 해석한다.

2. 각부재의 소성모멘트

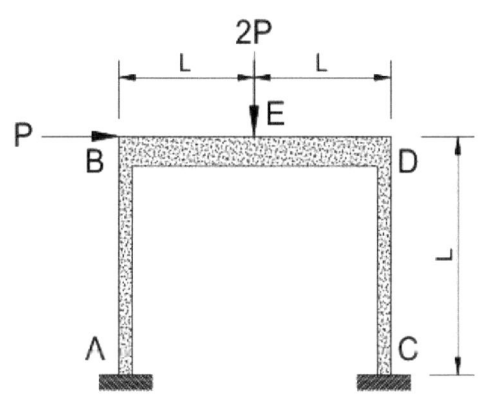

1) $(M_p)_{ab} = (M_p)_{cd} = m_p$: A, B, C, D점
2) $(M_p)_{bd} = 1.5m_p$: E점

3. 보 파괴기구

1) $\sum W_E = 2P\Delta = 2P(L\theta)$
2) $\sum W_I = m_p(\theta) + 1.5m_p(2\theta) + m_p(\theta) = 5m_p\theta$
3) $\sum W_E = \sum W_I$: $2PL\theta = 5m_p\theta$

$$\therefore P_{u1} = 2.5m_p/L$$

4. 뼈대 파괴기구

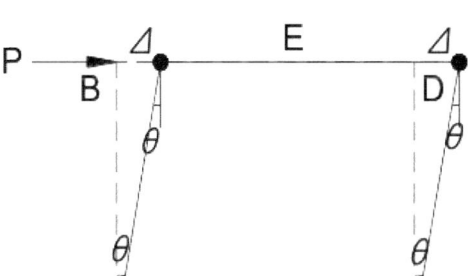

1) $\sum W_E = P\Delta = P(L\theta)$
2) $\sum W_I = m_p(\theta+\theta) + m_p(\theta+\theta) = 4m_p\theta$
3) $\sum W_E = \sum W_I$: $PL\theta = 4m_p\theta$

$$\therefore P_{u2} = 4m_p/L$$

5. 합성 파괴기구

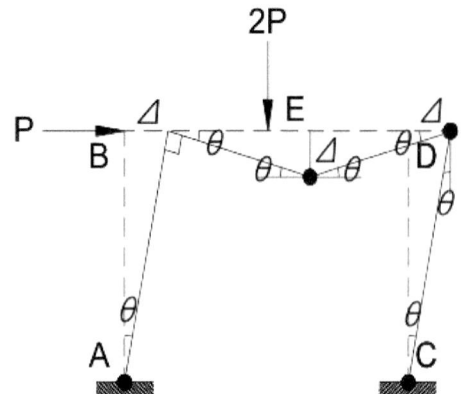

1) $\sum W_E = P\Delta + 2P\Delta = P(L\theta) + 2P(L\theta)$
   $= 3PL\theta$
2) $\sum W_I = m_p(\theta) + 1.5m_p(\theta+\theta)$
   $+ m_p(\theta+\theta) + m_p(\theta) = 7m_p\theta$
3) $\sum W_E = \sum W_I$
   $3PL\theta = 7m_p\theta$

$$\therefore P_{u3} = 2.33 m_p/L$$

6. 극한하중 산정

$P_u = \text{Min}(P_{u1}, P_{u2}, P_{u3})$

$$\therefore P_u = P_{u3} = 2.33 m_p/L$$

7. 프로그램 해석

파괴기구를 예측하기 위해 midas로 해석해보았다.

1) 보파괴기구

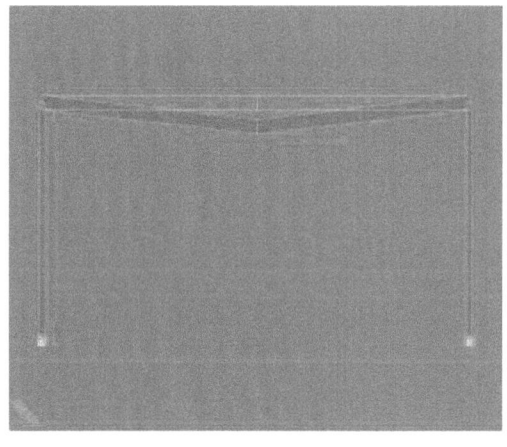

2) 뼈대 파괴기구

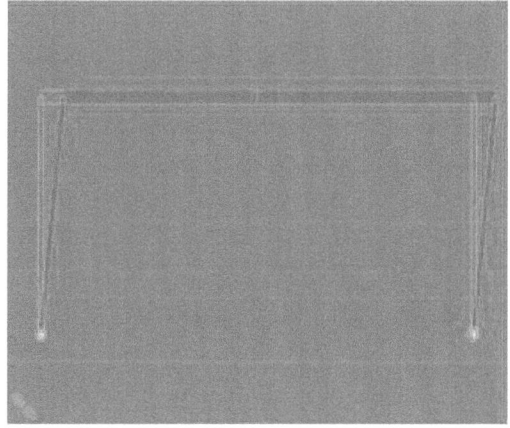

3) 합성 파괴기구

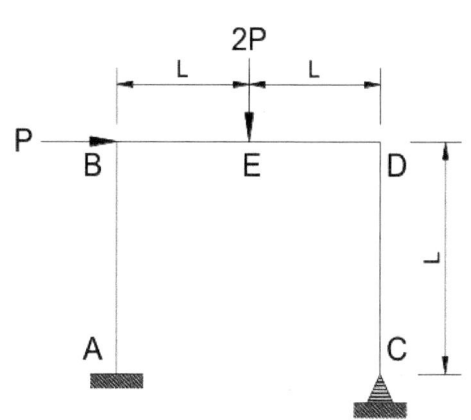

P_u를 구하라.

단, $(M_p)_{ab} = (M_p)_{cd} = m_p$

$(M_p)_{bd} = 1.5m_p$

1. 개요

라멘 구조물의 소성해석 문제이다. 보파괴기구, 뼈대파괴기구, 합성파괴기구에 대하여 가상일의 원리를 적용하여 해석한다.

2. 각부재의 소성모멘트

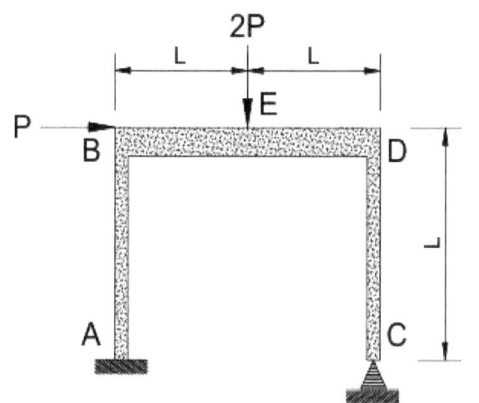

1) $(M_p)_{ab} = (M_p)_{cd} = m_p$: A,B,C,D점
2) $(M_p)_{bd} = 1.5m_p$: E점

3. 보 파괴기구

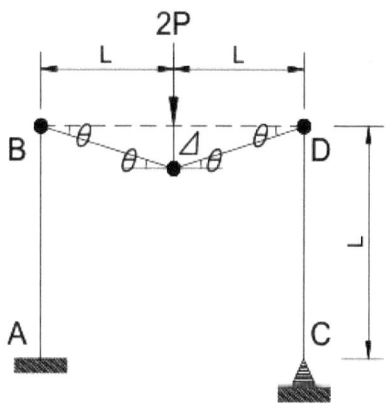

1) $\sum W_E = 2P\Delta = 2P(L\theta)$
2) $\sum W_I = m_p(\theta) + 1.5m_p(2\theta) + m_p(\theta) = 5m_p\theta$
3) $\sum W_E = \sum W_I$: $2PL\theta = 5m_p\theta$

$$\therefore P_{u1} = 2.5m_p/L$$

4. 뼈대 파괴기구

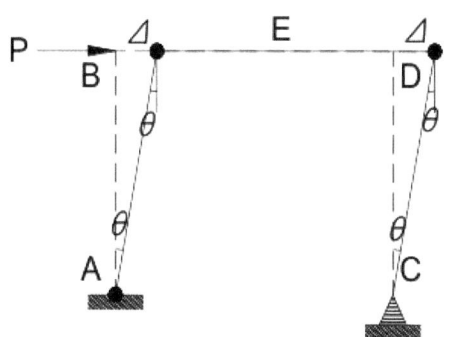

1) $\sum W_E = P\Delta = P(L\theta)$
2) $\sum W_I = m_p(\theta+\theta) + m_p(\theta) = 3m_p\theta$
3) $\sum W_E = \sum W_I$: $PL\theta = 3m_p\theta$

$$\therefore P_{u2} = 3m_p/L$$

5. 합성 파괴기구

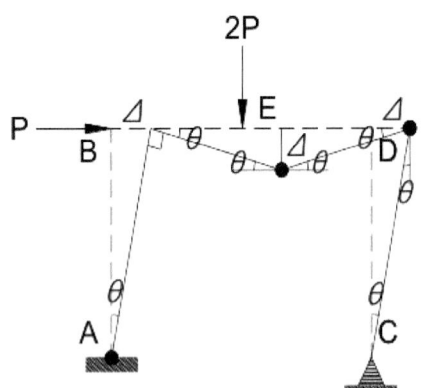

1) $\sum W_E = P\Delta + 2P\Delta = P(L\theta) + 2P(L\theta)$
   $= 3PL\theta$

2) $\sum W_I = m_p(\theta) + 1.5m_p(\theta+\theta)$
   $+ m_p(\theta+\theta) = 6m_p\theta$

3) $\sum W_E = \sum W_I$
   $3PL\theta = 6m_p\theta$

   $$\therefore P_{u3} = 2m_p/L$$

6. 극한하중 산정

$P_u = \text{Min}(P_{u1}, P_{u2}, P_{u3})$

$$\therefore P_u = P_{u3} = 2m_p/L$$

7. 프로그램 해석

파괴기구를 예측하기 위해 midas로 해석해보았다.

1) 보파괴기구

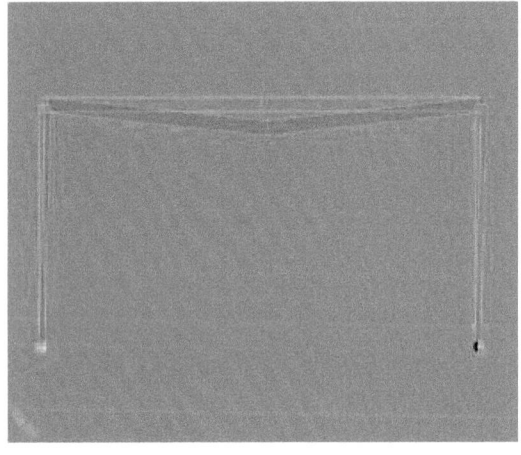

2) 뼈대 파괴기구

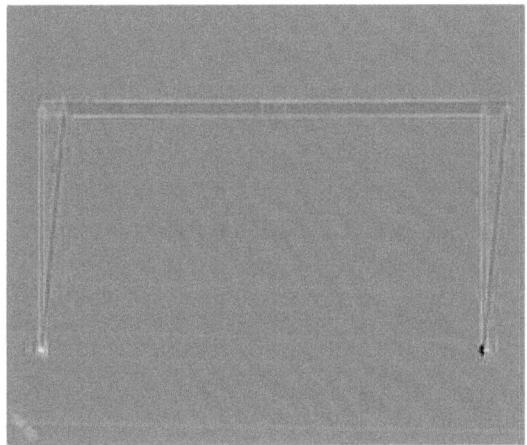

3) 합성 파괴기구

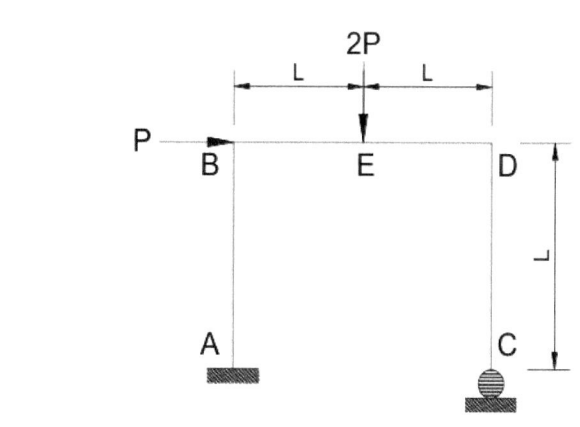

P_u를 구하라.

단, $(M_p)_{ab} = (M_p)_{cd} = m_p$

$(M_p)_{bd} = 1.5m_p$

1. 개요

라멘 구조물의 소성해석 문제이다. 보파괴기구, 뼈대파괴기구, 합성파괴기구에 대하여 가상일의 원리를 적용하여 해석한다.

2. 각부재의 소성모멘트

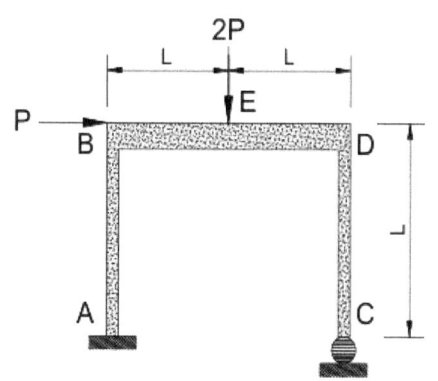

1) $(M_p)_{ab} = (M_p)_{cd} = m_p$: A,B,C,D점
2) $(M_p)_{bd} = 1.5m_p$: E점

3. 보 파괴기구

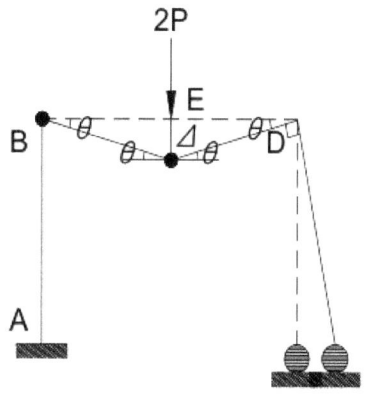

1) $\sum W_E = 2P\Delta = 2P(L\theta)$
2) $\sum W_I = m_p(\theta) + 1.5m_p(2\theta) = 4m_p\theta$
3) $\sum W_E = \sum W_I$: $2PL\theta = 4m_p\theta$

$$\therefore P_{u1} = 2m_p/L$$

4. 뼈대 파괴기구

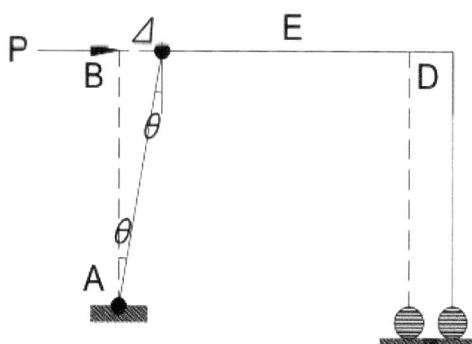

1) $\sum W_E = P\Delta = P(L\theta)$
2) $\sum W_I = m_p(\theta) + m_p(\theta) = 2m_p\theta$
3) $\sum W_E = \sum W_I$: $PL\theta = 2m_p\theta$

$$\therefore P_{u2} = 2m_p/L$$

5. 합성 파괴기구

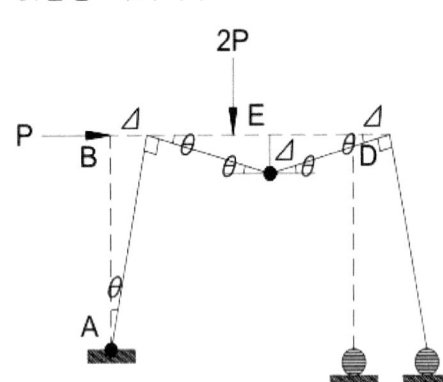

1) $\sum W_E = P\Delta + 2P\Delta = P(L\theta) + 2P(L\theta)$
   $= 3PL\theta$

2) $\sum W_I = m_p(\theta) + 1.5m_p(\theta+\theta) = 4m_p\theta$

3) $\sum W_E = \sum W_I \quad : 3PL\theta = 4m_p\theta$

$$\therefore P_{u3} = 1.33 m_p/L$$

6. 극한하중 산정

$P_u = Min(P_{u1}, P_{u2}, P_{u3})$

$$\therefore P_u = P_{u3} = 1.33 m_p/L$$

7. 프로그램 해석

파괴기구를 예측하기 위해 midas로 해석해보았다.

1) 보파괴기구

2) 뼈대 파괴기구

3) 합성 파괴기구

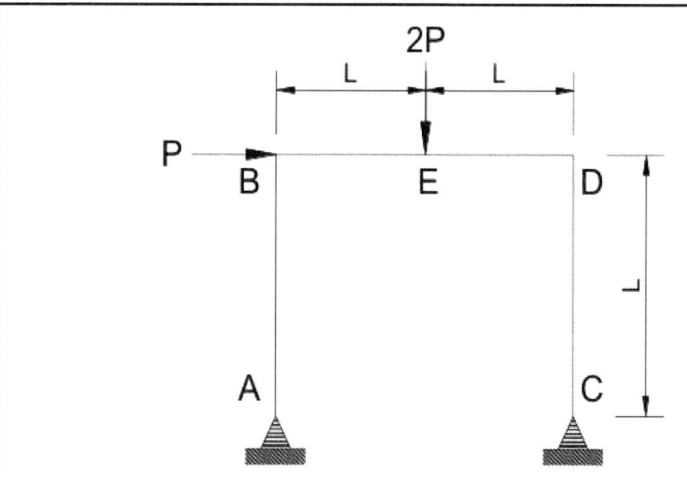

Pu를 구하라.
단, $(M_p)_{ab} = (M_p)_{cd} = m_p$
$(M_p)_{bd} = 1.5 m_p$

1. 개요

라멘 구조물의 소성해석 문제이다. 보파괴기구, 뼈대파괴기구, 합성파괴기구에 대하여 가상일의 원리를 적용하여 해석한다.

2. 각부재의 소성모멘트

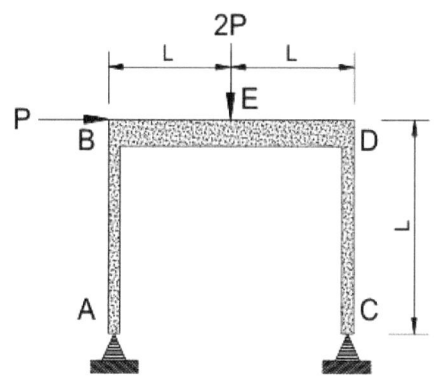

1) $(M_p)_{ab} = (M_p)_{cd} = m_p$: A,B,C,D점
2) $(M_p)_{bd} = 1.5 m_p$: E점

3. 보 파괴기구

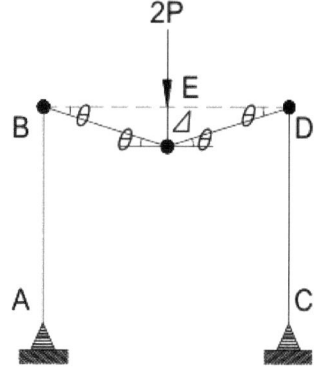

1) $\sum W_E = 2P\Delta = 2P(L\theta)$
2) $\sum W_I = m_p(\theta) + 1.5 m_p(2\theta) + m_p(\theta) = 5 m_p \theta$
3) $\sum W_E = \sum W_I$: $2PL\theta = 5 m_p \theta$

$$\therefore P_{u1} = 2.5 m_p / L$$

4. 뼈대 파괴기구

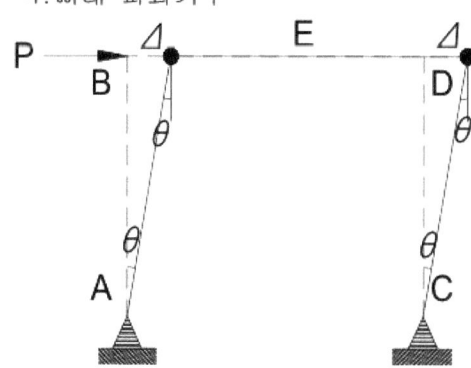

1) $\sum W_E = P\Delta = P(L\theta)$
2) $\sum W_I = m_p(\theta) + m_p(\theta) = 2 m_p \theta$
3) $\sum W_E = \sum W_I$: $PL\theta = 2 m_p \theta$

$$\therefore P_{u2} = 2 m_p / L$$

5. 합성 파괴기구

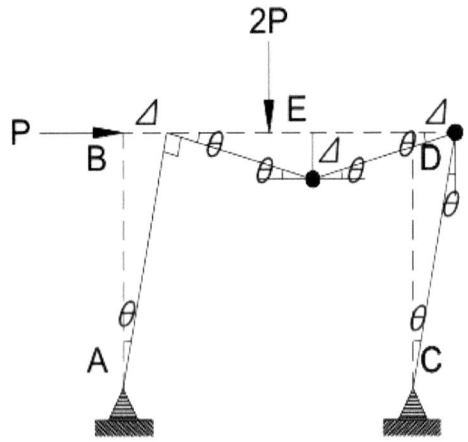

1) $\sum W_E = P\Delta + 2P\Delta = P(L\theta) + 2P(L\theta)$
   $= 3PL\theta$

2) $\sum W_I = 1.5m_p(\theta+\theta) + m_p(\theta+\theta) = 5m_p\theta$

3) $\sum W_E = \sum W_I \quad : 3PL\theta = 5m_p\theta$

$$\therefore P_{u3} = 1.67m_p/L$$

6. 극한하중 산정

$P_u = Min(P_{u1}, P_{u2}, P_{u3})$

$$\therefore P_u = P_{u3} = 1.67m_p/L$$

7. 프로그램 해석

파괴기구를 예측하기 위해 midas로 해석해보았다.

1) 보파괴기구

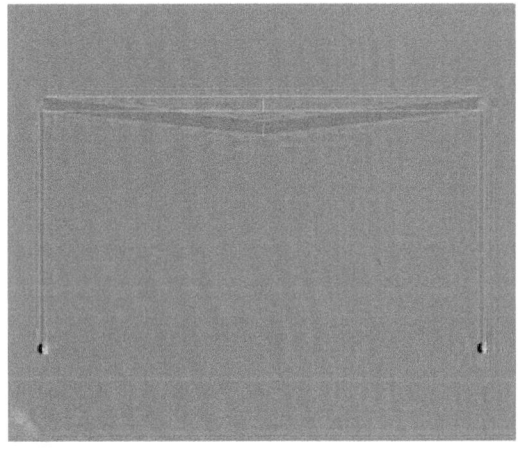

2) 뼈대 파괴기구

3) 합성 파괴기구

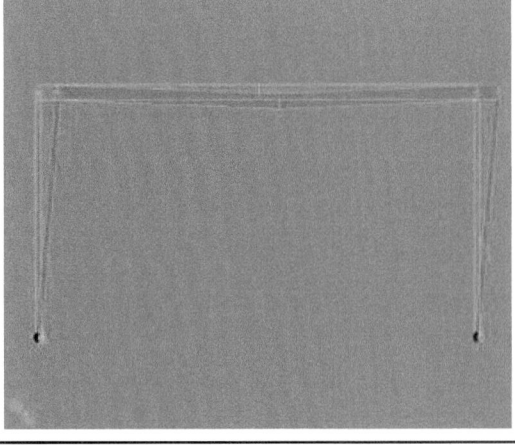

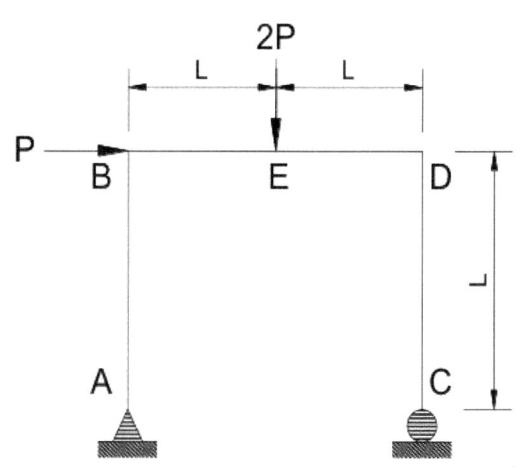

P_u를 구하라.
단, $(M_p)_{ab} = (M_p)_{cd} = m_p$
$(M_p)_{bd} = 1.5m_p$

1. 개요

라멘 구조물의 소성해석 문제이다. 보파괴기구, 뼈대파괴기구, 합성파괴기구에 대하여 가상일의 원리를 적용하여 해석한다.

2. 각부재의 소성모멘트

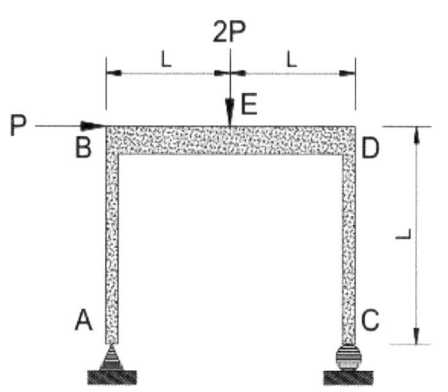

1) $(M_p)_{ab} = (M_p)_{cd} = m_p$: A,B,C,D점
2) $(M_p)_{bd} = 1.5m_p$: E점

3. 보 파괴기구

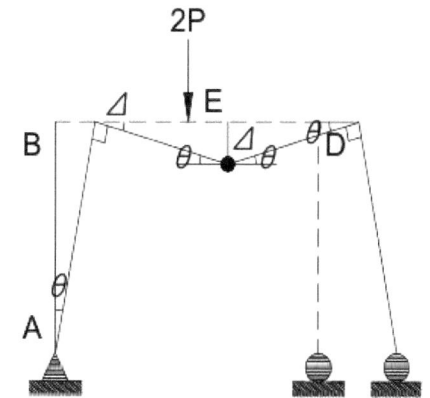

1) $\sum W_E = 2P\Delta = 2P(L\theta)$
2) $\sum W_I = 1.5m_p(2\theta) = 3m_p\theta$
3) $\sum W_E = \sum W_I$: $2PL\theta = 3m_p\theta$

$$\therefore P_{u1} = 1.5m_p/L$$

4. 뼈대 파괴기구

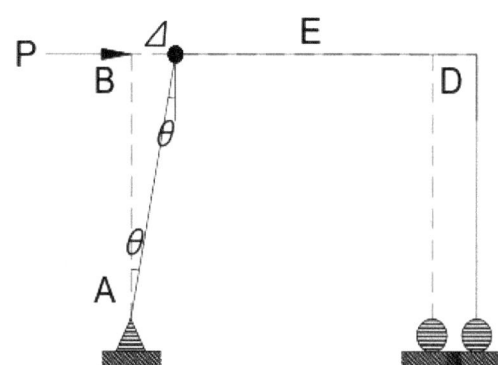

1) $\sum W_E = P\Delta = P(L\theta)$
2) $\sum W_I = m_p(\theta) = m_p\theta$
3) $\sum W_E = \sum W_I$: $PL\theta = m_p\theta$

$$\therefore P_{u2} = m_p/L$$

5. 합성 파괴기구

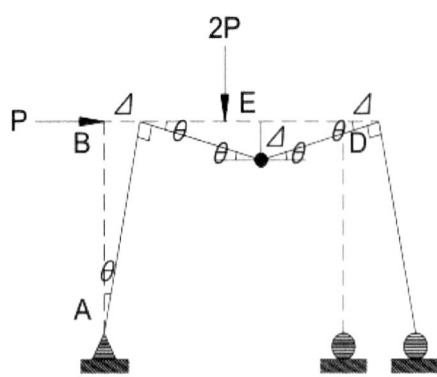

1) $\sum W_E = P\Delta + 2P\Delta = P(L\theta) + 2P(L\theta)$
   $= 3PL\theta$

2) $\sum W_I = 1.5m_p(\theta+\theta) = 3m_p\theta$

3) $\sum W_E = \sum W_I$: $3PL\theta = 3m_p\theta$

$$\therefore P_{u3} = m_p/L$$

6. 극한하중 산정

$P_u = Min(P_{u1}, P_{u2}, P_{u3})$

$$\therefore P_u = P_{u3} = P_{u3} = m_p/L$$

7. 프로그램 해석

파괴기구를 예측하기 위해 midas로 해석해보았다.

1) 보파괴기구

2) 뼈대 파괴기구

3) 합성 파괴기구

부록3: 트러스, 아치, 소성해석

★정리 : $(M_p)_{ab} = (M_p)_{cd} = m_p$, $(M_p)_{bd} = 1.5m_p$ 일때 극한하중

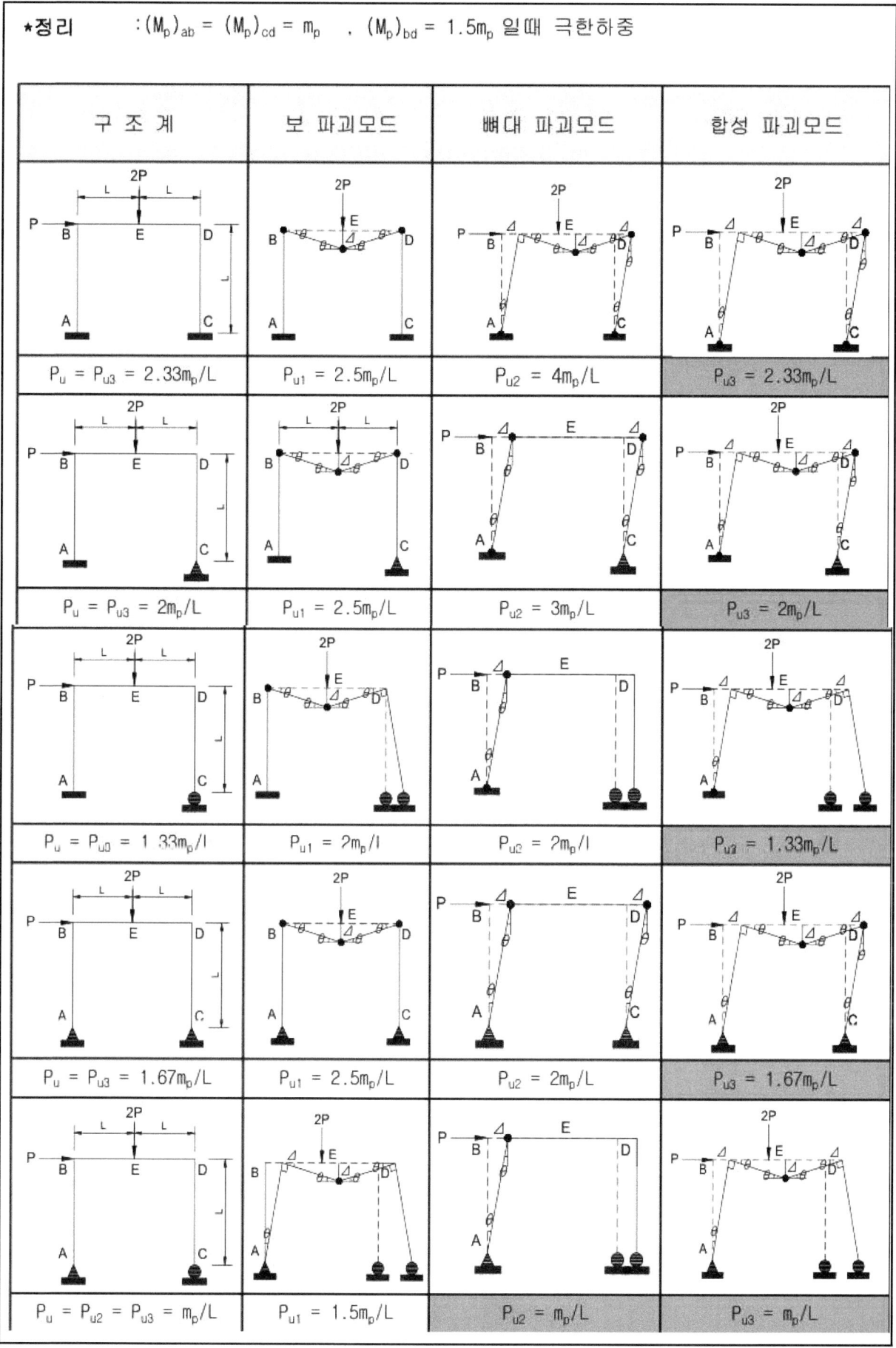

부록3: 트러스, 아치, 소성해석

* rank를 정해서 시스템의 강한 정도를 예측해보자.
 고정단 : 3   힌지 : 2   롤러 : 0.5

구 조 계	RANK	극한하중	파괴 순위
(A: 고정단, C: 고정단)	6	$2.33 m_p/L$	5
(A: 고정단, C: 힌지)	5	$2.0 m_p/L$	4
(A: 고정단, C: 롤러)	3.5	$1.33 m_p/L$	2
(A: 힌지, C: 힌지)	4	$1.67 m_p/L$	3
(A: 힌지, C: 롤러)	3	m_p/L	1

*NOTE) : 당연한 결과 지만 여러 지점 조건이 섞여 있을 때 써먹을 수 있겠다.

부록3: 트러스, 아치, 소성해석

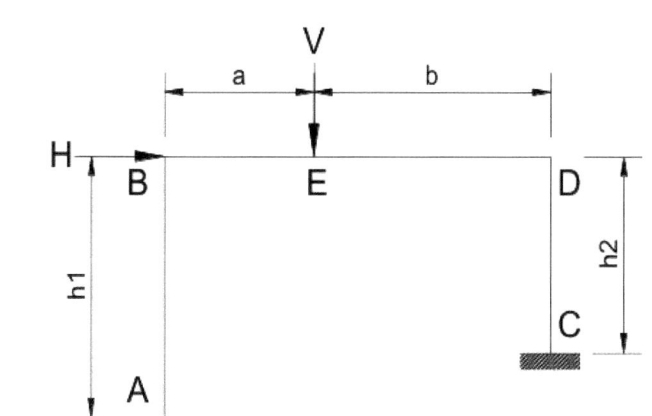

$V = 1.5H$
$a = 0.4L, \ b = 0.6L$
$h1 = 0.8L, \ h2 = 0.4L$
H_u를 구하라.
단, $(M_p)_{ab} = (M_p)_{cd} = m_p$
$(M_p)_{bd} = 1.5m_p$

1. 개요
라멘 구조물의 소성해석 문제이다. 보파괴기구, 뼈대파괴기구, 합성파괴기구에 대하여 가상일의 원리를 적용하여 해석한다.

2. 각부재의 소성모멘트

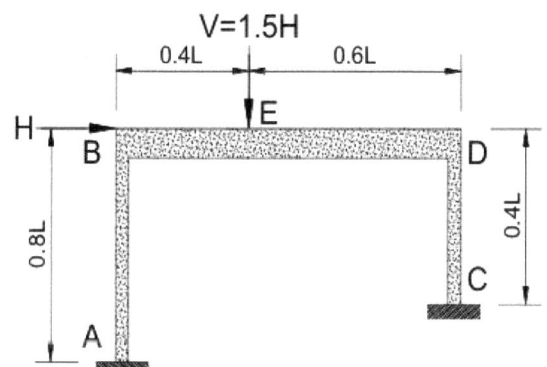

1) $(M_p)_{ab} = (M_p)_{cd} = m_p$: A,B,C,D점
2) $(M_p)_{bd} = 1.5m_p$: E점

3. 보 파괴기구

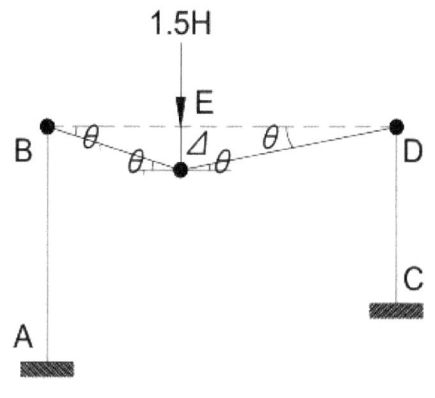

$\Delta = 0.4L(\theta_1) = 0.6L(\theta)$: $\theta_1 = 1.5\theta$

1) $\sum W_E = 1.5H\Delta = 1.5H(0.6L\theta) = 0.9HL\theta$
2) $\sum W_I = m_p(\theta_1) + 1.5m_p(\theta_1 + \theta) + m_p(\theta)$
   $= m_p(1.5\theta) + 1.5m_p(1.5\theta + \theta) + m_p(\theta)$
   $= 6.25m_p\theta$
3) $\sum W_E = \sum W_I$: $0.9HL\theta = 6.25m_p\theta$

$$\therefore P_{u1} = 6.944 m_p/L$$

4. 뼈대 파괴기구

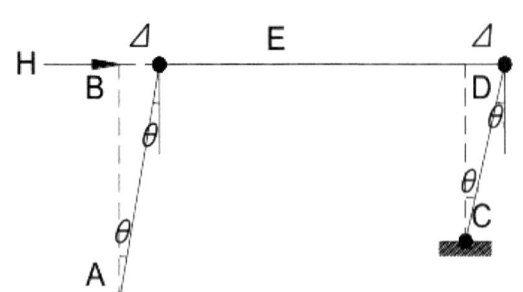

$\Delta = 0.8L(\theta) = 0.4L(\theta_1)$: $\theta_1 = 2\theta$

1) $\sum W_E = H\Delta = H(0.8L\theta) = 0.8HL\theta$
2) $\sum W_I = m_p(\theta+\theta) + m_p(\theta_1+\theta_1) = 6m_p\theta$
3) $\sum W_E = \sum W_I$: $0.8HL\theta = 6m_p\theta$

$$\therefore P_{u2} = 7.5m_p/L$$

5. 합성 파괴기구

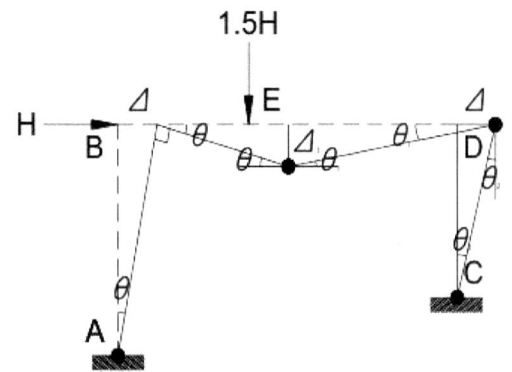

$\Delta = 0.8L(\theta) = 0.4L(\theta_2)$: $\theta_2 = 2\theta$
$\Delta_1 = 0.4L(\theta) = 0.6L(\theta_1)$: $\theta_1 = 2/3\theta$

1) $\sum W_E = H\Delta + 1.5H\Delta_1$
$= H(0.8L\theta) + 1.5H(0.4L\theta)$
$= 1.4HL\theta$

2) $\sum W_I = m_p(\theta) + 1.5m_p(\theta+\theta_1) + m_p(\theta_1+\theta_2) + m_p(\theta_2)$
$= m_p(\theta) + 1.5m_p(\theta+0.66\theta) + m_p(0.66\theta+2\theta) + m_p(2\theta)$
$= 8.1667m_p\theta$

3) $\sum W_E = \sum W_I$: $1.4HL\theta = 8.1667m_p\theta$

$$\therefore P_{u3} = 5.833m_p/L$$

6. 극한하중 산정

$P_u = Min(P_{u1}, P_{u2}, P_{u3})$

$$\therefore P_u = P_{u3} = 5.833m_p/L$$

7. 프로그램 해석

파괴기구를 예측하기 위해 midas로 해석해보았다.

1) 보파괴기구

2) 뼈대 파괴기구

3) 합성 파괴기구

부록3: 트러스, 아치, 소성해석

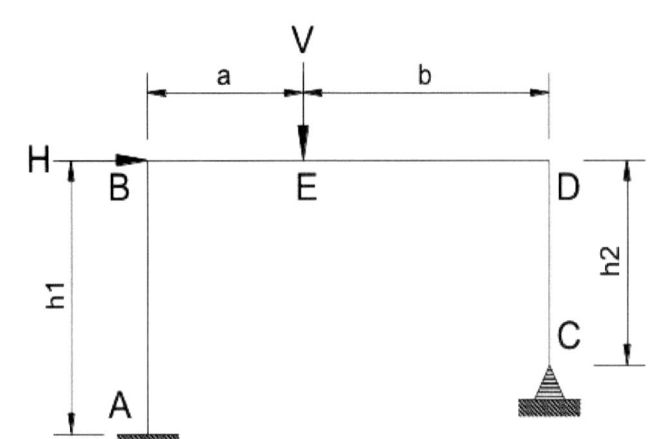

V=1.5H
a=0.4L, b=0.6L
h1=0.8L, h2=0.4L
H_u를 구하라.
단, $(M_p)_{ab} = (M_p)_{cd} = m_p$
$(M_p)_{bd} = 1.5m_p$

1. 개요

라멘 구조물의 소성해석 문제이다. 보파괴기구, 뼈대파괴기구, 합성파괴기구에 대하여 가상일의 원리를 적용하여 해석한다.

2. 각부재의 소성모멘트

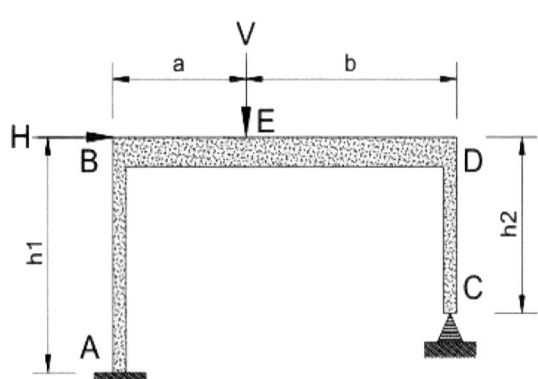

1) $(M_p)_{ab} = (M_p)_{cd} = m_p$: A,B,C,D점
2) $(M_p)_{bd} = 1.5m_p$: E점

3. 보 파괴기구

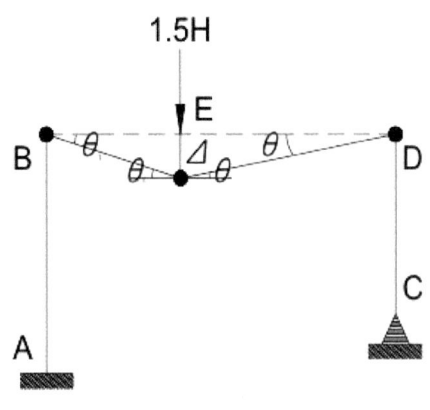

$\Delta = 0.4L(\theta_1) = 0.6L(\theta)$: $\theta_1 = 1.5\theta$

1) $\sum W_E = 1.5H\Delta = 1.5H(0.6L\theta) = 0.9HL\theta$
2) $\sum W_I = m_p(\theta_1) + 1.5m_p(\theta_1+\theta) + m_p(\theta)$
   $= m_p(1.5\theta) + 1.5m_p(1.5\theta+\theta) + m_p(\theta)$
   $= 6.25m_p\theta$
3) $\sum W_E = \sum W_I$: $0.9HL\theta = 6.25m_p\theta$

$$\therefore P_{u1} = 6.944 m_p/L$$

부록3: 트러스, 아치, 소성해석

4. 뼈대 파괴기구

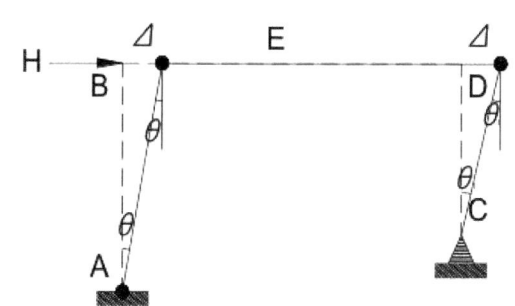

$\Delta = 0.8L(\theta) = 0.4L(\theta_1)$: $\theta_1 = 2\theta$

1) $\sum W_E = H\Delta = H(0.8L\theta) = 0.8HL\theta$
2) $\sum W_I = m_p(\theta+\theta) + m_p(\theta_1) = 4m_p\theta$
3) $\sum W_E = \sum W_I$: $0.8HL\theta = 4m_p\theta$

$$\therefore P_{u2} = 5m_p/L$$

5. 합성 파괴기구

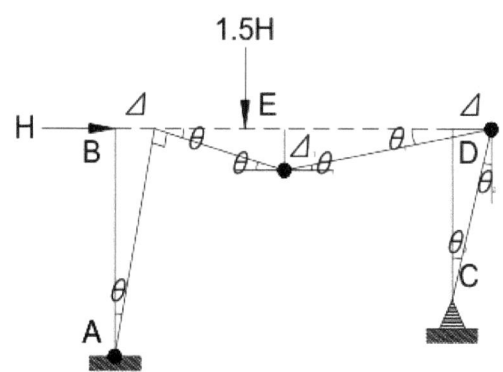

$\Delta = 0.8L(\theta) = 0.4L(\theta_2)$: $\theta_2 = 2\theta$
$\Delta_1 = 0.4L(\theta) = 0.6L(\theta_1)$: $\theta_1 = 2/3\theta$

1) $\sum W_E = H\Delta + 1.5H\Delta_1$
   $= H(0.8L\theta) + 1.5H(0.4L\theta)$
   $= 1.4HL\theta$

2) $\sum W_I = m_p(\theta) + 1.5m_p(\theta+\theta_1) + m_p(\theta_1+\theta_2)$
   $= m_p(\theta) + 1.5m_p(\theta+0.66\theta) + m_p(0.66\theta+2\theta)$
   $= 8.1667m_p\theta$

3) $\sum W_E = \sum W_I$: $1.4HL\theta = 6.1667m_p\theta$

6. 극한하중 산정

$P_u = Min(P_{u1}, P_{u2}, P_{u3})$ $\therefore P_u = P_{u3} = 4.404m_p/L$

7. 프로그램 해석

파괴기구를 예측하기 위해 midas로 해석해보았다.

1) 보파괴기구

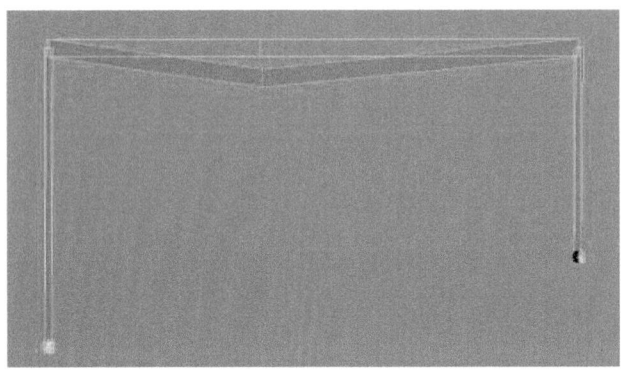

2) 뼈대 파괴기구

3) 합성 파괴기구

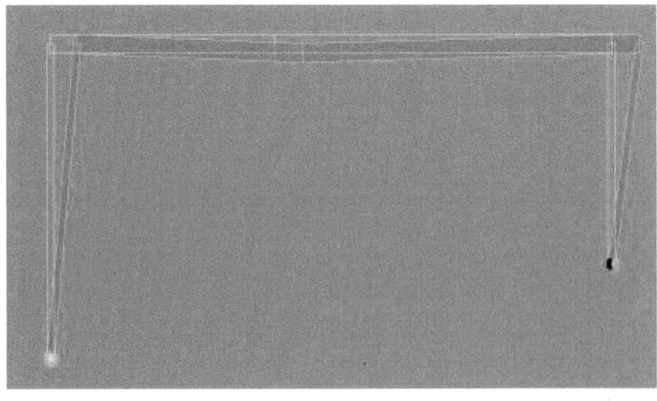

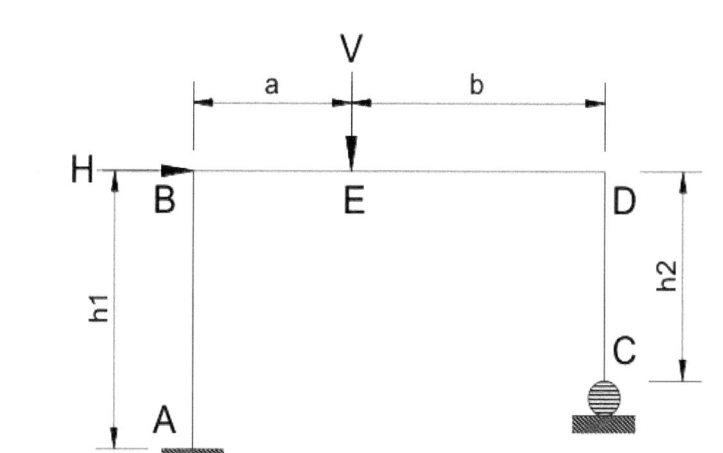

$V = 1.5H$
$a = 0.4L$, $b = 0.6L$
$h1 = 0.8L$, $h2 = 0.4L$
H_u를 구하라.
단, $(M_p)_{ab} = (M_p)_{cd} = m_p$
$(M_p)_{bd} = 1.5m_p$

1. 개요

라멘 구조물의 소성해석 문제이다. 보파괴기구, 뼈대파괴기구, 합성파괴기구에 대하여 가상일의 원리를 적용하여 해석한다.

2. 각부재의 소성모멘트

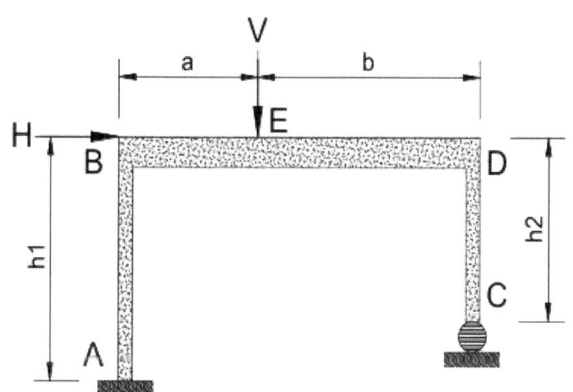

1) $(M_p)_{ab} = (M_p)_{cd} = m_p$: A, B, C, D점
2) $(M_p)_{bd} = 1.5m_p$: E점

3. 보 파괴기구

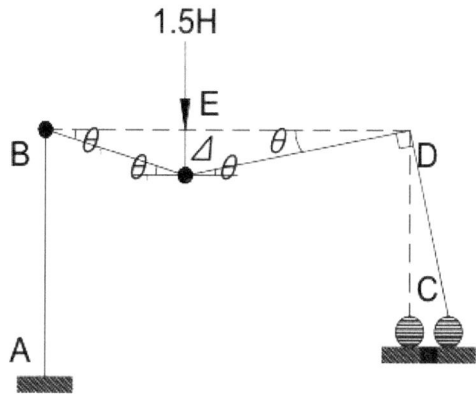

$\Delta = 0.4L(\theta_1) = 0.6L(\theta)$: $\theta_1 = 1.5\theta$

1) $\sum W_E = 1.5H\Delta = 1.5H(0.6L\theta) = 0.9HL\theta$
2) $\sum W_I = m_p(\theta_1) + 1.5m_p(\theta_1 + \theta)$
   $= m_p(1.5\theta) + 1.5m_p(1.5\theta + \theta)$
   $= 5.25m_p\theta$
3) $\sum W_E = \sum W_I$: $0.9HL\theta = 5.25m_p\theta$

$$\therefore P_{u1} = 5.833 m_p/L$$

4. 뼈대 파괴기구

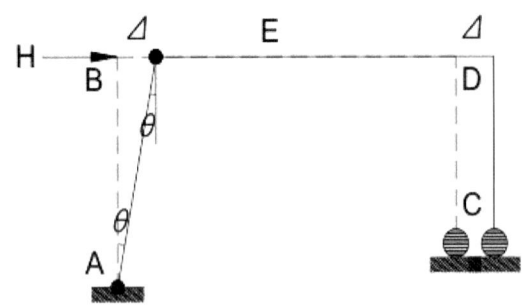

$\Delta = 0.8L(\theta)$

1) $\sum W_E = H\Delta = H(0.8L\theta) = 0.8HL\theta$
2) $\sum W_I = m_p(\theta + \theta) = 2m_p\theta$
3) $\sum W_E = \sum W_I$: $0.8HL\theta = 2m_p\theta$

$$\therefore P_{u2} = 2.5m_p/L$$

5. 합성 파괴기구

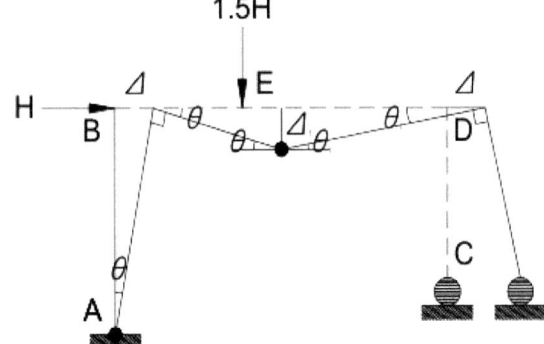

$\Delta = 0.8L(\theta)$
$\Delta_1 = 0.4L(\theta) = 0.6L(\theta_1)$: $\theta_1 = 2/3\,\theta$

1) $\sum W_E = H\Delta + 1.5H\Delta_1$
   $= H(0.8L\theta) + 1.5H(0.4L\theta)$
   $= 1.4HL\theta$

2) $\sum W_I = m_p(\theta) + 1.5m_p(\theta + \theta_1)$
   $= m_p(\theta) + 1.5m_p(\theta + 0.66\theta)$
   $= 3.5m_p\theta$

3) $\sum W_E = \sum W_I$: $1.4HL\theta = 3.5m_p\theta$

6. 극한하중 산정

$P_u = \text{Min}(P_{u1}, P_{u2}, P_{u3})$

$$\therefore P_u = P_{u2} = P_{u3} = 2.5m_p/L$$

7. 프로그램 해석

파괴기구를 예측하기 위해 midas로 해석해보았다.

1) 보파괴기구

2) 뼈대 파괴기구

3) 합성 파괴기구

부록3: 트러스, 아치, 소성해석

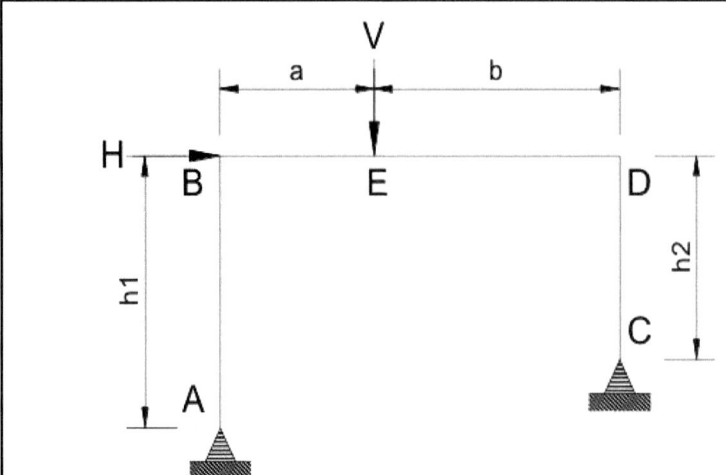

$V = 1.5H$
$a = 0.4L, \ b = 0.6L$
$h1 = 0.8L, \ h2 = 0.4L$
H_u를 구하라.
단, $(M_p)_{ab} = (M_p)_{cd} = m_p$
$(M_p)_{bd} = 1.5 m_p$

1. 개요

라멘 구조물의 소성해석 문제이다. 보파괴기구, 뼈대파괴기구, 합성파괴기구에 대하여 가상일의 원리를 적용하여 해석한다.

2. 각부재의 소성모멘트

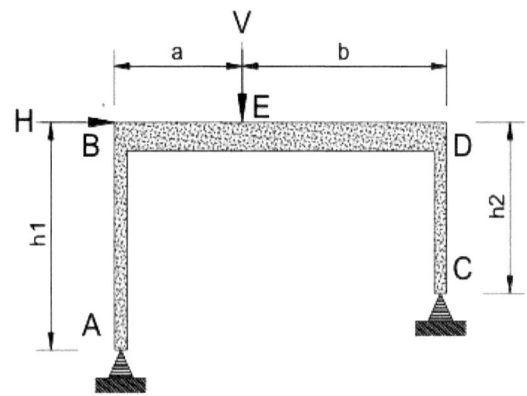

1) $(M_p)_{ab} = (M_p)_{cd} = m_p$: A, B, C, D점
2) $(M_p)_{bd} = 1.5 m_p$: E점

3. 보 파괴기구

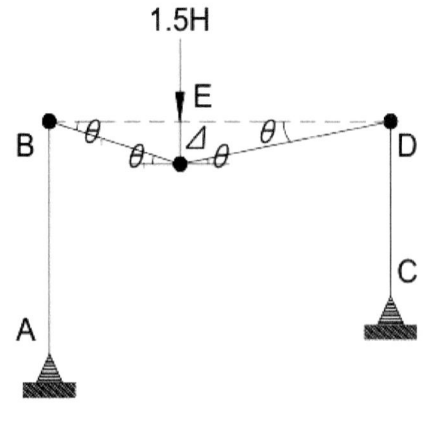

$\Delta = 0.4L(\theta_1) = 0.6L(\theta)$ ∴ $\theta_1 = 1.5\theta$

1) $\sum W_E = 1.5H \Delta = 1.5H(0.6L\theta) = 0.9HL\theta$
2) $\sum W_I = m_p(\theta_1) + 1.5m_p(\theta_1 + \theta) + m_p(\theta)$
   $= m_p(1.5\theta) + 1.5m_p(1.5\theta + \theta) + m_p(\theta)$
   $= 6.25 m_p \theta$
3) $\sum W_E = \sum W_I$: $0.9HL\theta = 6.25 m_p \theta$

$$\therefore P_{u1} = 6.944 m_p / L$$

4. 뼈대 파괴기구

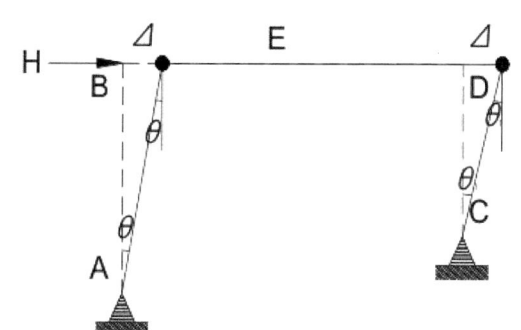

$\Delta = 0.8L(\theta) = 0.4L(\theta_1)$: $\theta_1 = 2\theta$

1) $\sum W_E = H\Delta = H(0.8L\theta) = 0.8HL\theta$
2) $\sum W_I = m_p(\theta) + m_p(\theta_1) = 3m_p\theta$
3) $\sum W_E = \sum W_I$: $0.8HL\theta = 3m_p\theta$

$$\therefore P_{u2} = 3.75m_p/L$$

5. 합성 파괴기구

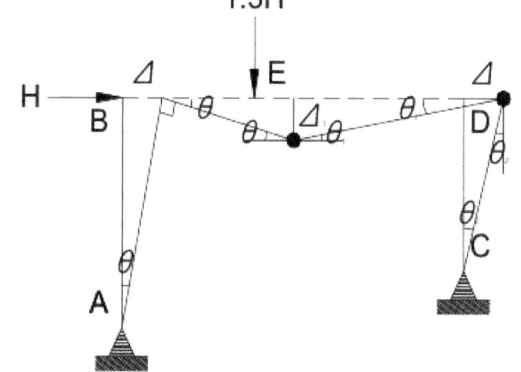

$\Delta = 0.8L(\theta) = 0.4L(\theta_2)$: $\theta_2 = 2\theta$
$\Delta_1 = 0.4L(\theta) = 0.6L(\theta_1)$: $\theta_1 = 2/3\theta$

1) $\sum W_E = H\Delta + 1.5H\Delta_1$
   $= H(0.8L\theta) + 1.5H(0.4L\theta)$
   $= 1.4HL\theta$

2) $\sum W_I = 1.5m_p(\theta + \theta_1) + m_p(\theta_1 + \theta_2)$
   $= 1.5m_p(\theta + 0.66\theta) + m_p(0.66\theta + 2\theta)$
   $= 5.1667m_p\theta$

3) $\sum W_E = \sum W_I$: $1.4HL\theta = 5.1667m_p\theta$

$$\therefore P_{u3} = 3.69m_p/L$$

6. 극한하중 산정

$P_u = Min(P_{u1}, P_{u2}, P_{u3})$

$$\therefore P_u = P_{u3} = 3.69m_p/L$$

7. 프로그램 해석

파괴기구를 예측하기 위해 midas로 해석해보았다.

1) 보파괴기구

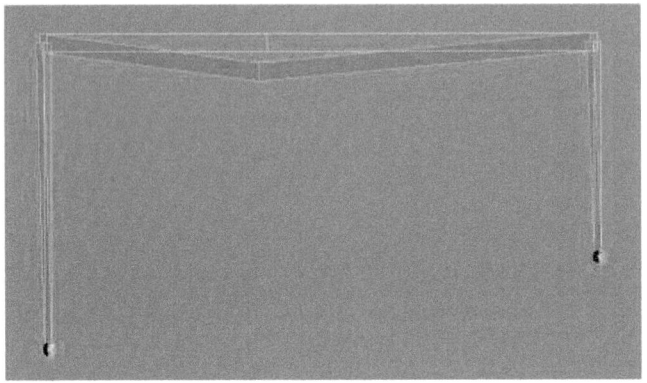

2) 뼈대 파괴기구

3) 합성 파괴기구

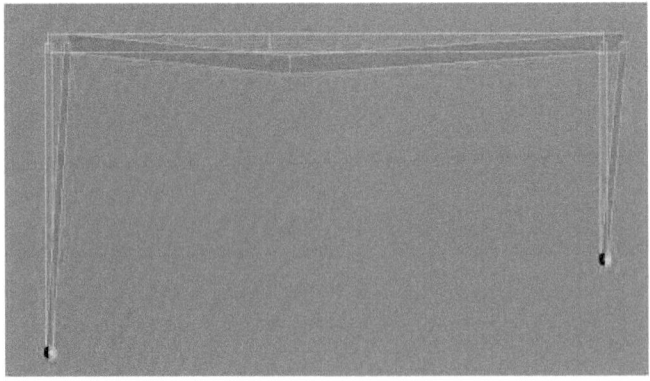

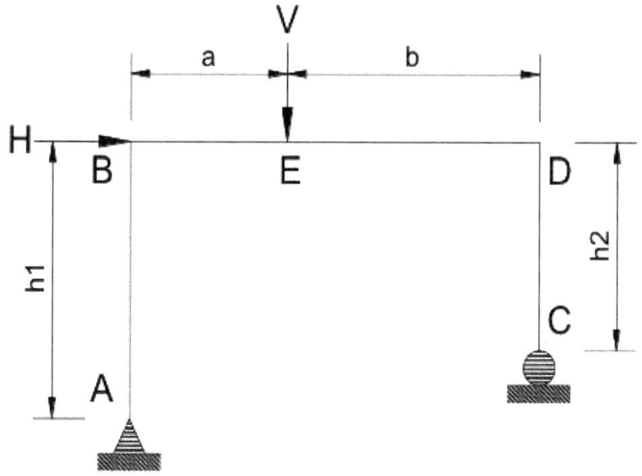

V=1.5H

a=0.4L, b=0.6L

h1=0.8L, h2=0.4L

H_u를 구하라.

단, $(M_p)_{ab} = (M_p)_{cd} = m_p$

$(M_p)_{bd} = 1.5m_p$

1.개요

라멘 구조물의 소성해석 문제이다. 보파괴기구, 뼈대파괴기구, 합성파괴기구에 대하여 가상일의 원리를 적용하여 해석한다.

2.각부재의 소성모멘트

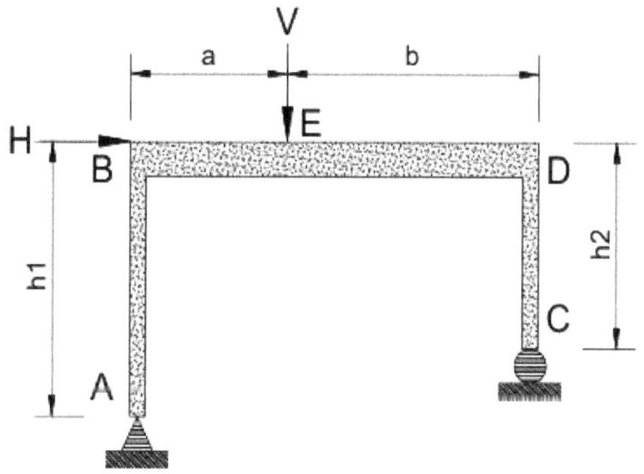

1) $(M_p)_{ab} = (M_p)_{cd} = m_p$: A,B,C,D점

2) $(M_p)_{bd} = 1.5m_p$: E점

3.보 파괴기구

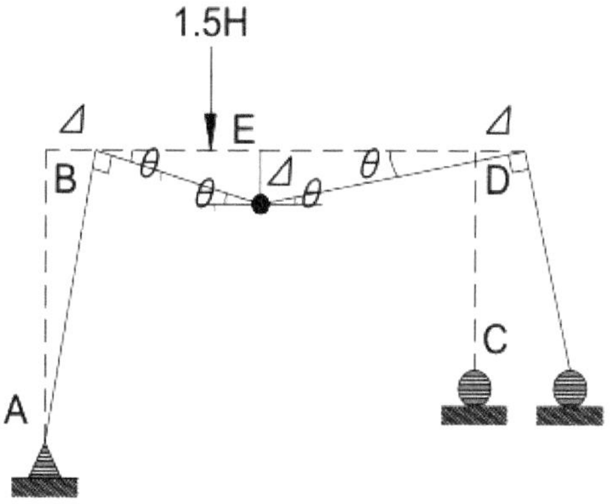

$\Delta = 0.4L(\theta_1) = 0.6L(\theta)$: $\theta_1 = 1.5\theta$

1) $\sum W_E = 1.5H\Delta = 1.5H(0.6L\theta) = 0.9HL\theta$

2) $\sum W_I = 1.5m_p(\theta_1 + \theta)$

$= 1.5m_p(1.5\theta + \theta)$

$= 6.25m_p\theta$

3) $\sum W_E = \sum W_I$: $0.9HL\theta = 3.75m_p\theta$

$\therefore P_{u1} = 4.167m_p/L$

4. 뼈대 파괴기구

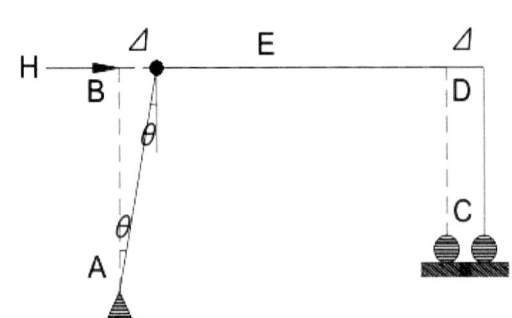

$\Delta = 0.8L(\theta)$

1) $\sum W_E = H\Delta \quad = H(0.8L\theta) = 0.8HL\theta$
2) $\sum W_I = m_p(\theta) \quad = m_p\theta$
3) $\sum W_E = \sum W_I \quad : 0.8HL\theta = m_p\theta$

$$\therefore P_{u2} = 1.25m_p/L$$

5. 합성 파괴기구

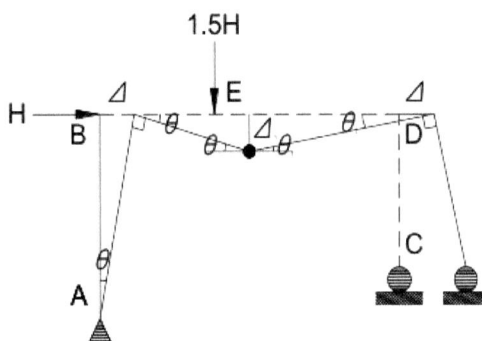

$\Delta = 0.8L(\theta)$
$\Delta_1 = 0.4L(\theta) = 0.6L(\theta_1) \quad : \theta_1 = 2/3\theta$

1) $\sum W_E = H\Delta + 1.5H\Delta_1$
   $= H(0.8L\theta) + 1.5H(0.4L\theta)$
   $= 1.4HL\theta$

2) $\sum W_I = 1.5m_p(\theta + \theta_1) = 1.5m_p(\theta + 0.66\theta) = 2.5m_p\theta$

3) $\sum W_E = \sum W_I \quad : 1.4HL\theta = 2.5m_p\theta$

$$\therefore P_{u3} = 1.78m_p/L$$

6. 극한하중 산정

$P_u = Min(P_{u1}, P_{u2}, P_{u3})$

$$\therefore P_u = P_{u2} = 1.25m_p/L$$

부록3: 트러스, 아치, 소성해석

7. 프로그램 해석

파괴기구를 예측하기 위해 midas로 해석해보았다.

1) 보파괴기구

2) 뼈대 파괴기구

3) 합성 파괴기구

7. 프로그램 해석

부록3: 트러스, 아치, 소성해석

★정리 : V=1.5H, a=0.4L, b=0.6L, h1=0.8L, h2=0.4L
: $(M_p)_{ab} = (M_p)_{cd} = m_p$, $(M_p)_{bd} = 1.5m_p$ 일때 극한하중

구 조 계	보 파괴모드	뼈대 파괴모드	합성 파괴모드
$P_u = P_{u3} = 5.83 m_p/L$	$P_{u1} = 6.944 m_p/L$	$P_{u2} = 7.5 m_p/L$	$P_{u3} = 5.83 m_p/L$
$P_u = P_{u3} = 4.4 m_p/L$	$P_{u1} = 6.944 m_p/L$	$P_{u2} = 5 m_p/L$	$P_{u3} = 4.4 m_p/L$
$P_u = P_{u3} = 2.5 m_p/L$	$P_{u1} = 5.833 m_p/L$	$P_{u2} = 2.5 m_p/L$	$P_{u3} = 2.5 m_p/L$
$P_u = P_{u3} = 3.69 m_p/L$	$P_{u1} = 6.944 m_p/L$	$P_{u2} = 3.75 m_p/L$	$P_{u3} = 3.69 m_p/L$
$P_u = P_{u2} = 1.25\ m_p/L$	$P_{u1} = 4.167 m_p/L$	$P_{u2} = 1.25 m_p/L$	$P_{u3} = 1.78 m_p/L$

부록3: 트러스, 아치, 소성해석

* rank를 정해서 시스템의 강한 정도를 예측해보자.
고정단 : 3   힌지 : 2   롤러 : 0.5

구 조 계	RANK	극한하중	파괴 순위
(A: 고정단, C: 고정단)	6	$5.83m_p/L$	5
(A: 고정단, C: 힌지)	5	$4.4m_p/L$	4
(A: 고정단, C: 롤러)	3.5	$2.5m_p/L$	2
(A: 힌지, C: 힌지)	4	$3.69m_p/L$	3
(A: 힌지, C: 롤러)	3	$1.25m_p/L$	1

*NOTE) : 당연한 결과 지만 여러 지점 조건이 섞여 있을 때 써먹을 수 있겠다.

부록 4 : 구조물의 이해와 유지관리 및 점검의 기본사항

1. 주요 시설물의 형식

> ■ **교량의 정의와 구성요소**
>
> ◎ **교량(橋梁)이란?**
> 시내나 강을 사람이나 차량이 건널 수 있게 만든 다리
>
>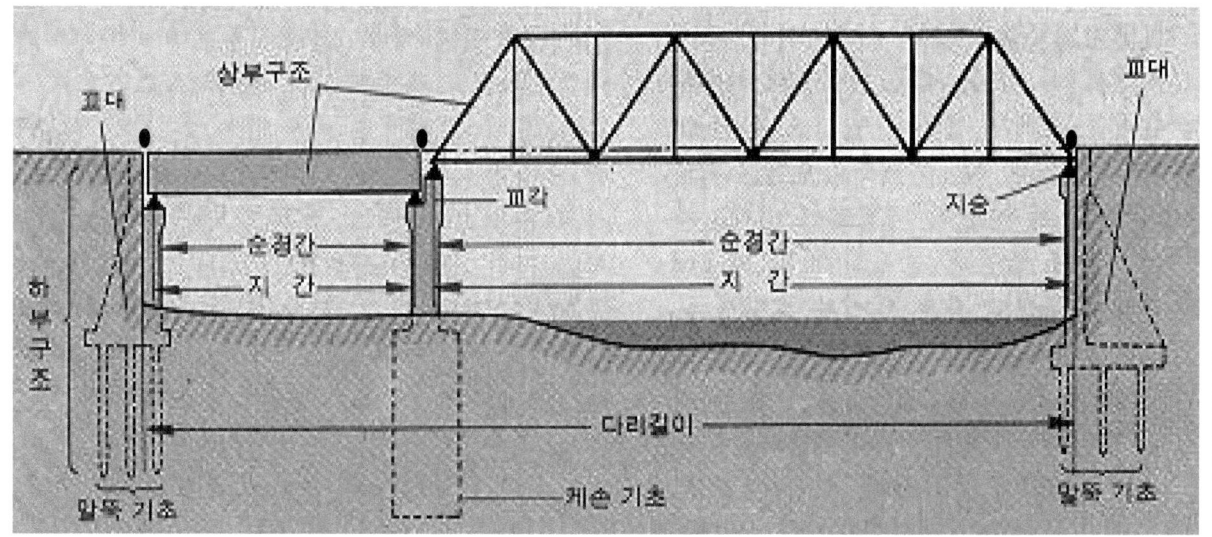
>
> ◎ **주요부재** ... 상, 하부구조, 받침, 케이블, 기타부재
> - 상부구조: 슬래브, 바닥판, 거더
> - 하부구조: 교대, 교각, 주탑, 기초
> - 받 침: 교량받침
> - 케 이 블: 케이블, 정착구, 행어밴드, 새들
> - 기타부재: 신축이음, 배수시설, 난간 및 연석, 교면포장
>
> ◎ **보조부재** ... 2차 부재
> - 가로보, 세로보
>
> ◎ **부속시설**
> - 점검로 .... 출입계단, 출입사다리 등
>
> 세부지침 1-3쪽

■ 교량의 상부구조 1/3

◎ 바닥판이란?

윤하중을 직접지지하며 바닥틀과 거더에 하중전달 역할을 하고 구성 재료에 따라 철근콘크리트와 강재로 구분한다.

- 슬래브교 --- 슬래브 하면
- 합성형교 --- 바닥판 하면으로 명칭
- 바 닥 틀 --- 바닥판을 지지하며 하중전달(가로보, 세로보)

| 콘크리트 바닥판 하면 | 강 바닥판 하면 |

◎ 거더란?

바닥판 등 상부구조 하중을 지지하며 상부 하중을 하부구조에 전달하는 주요 부재

| STB ... 거더 | PCT ... 거더 |

■ 교량의 상부구조 2/3

http://blog.naver.com/PostView.nhn?blogId=jlove928&logNo=130034207452

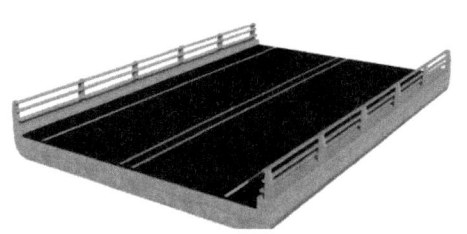
RC슬래브교 .... RCS(L≒13.5m)

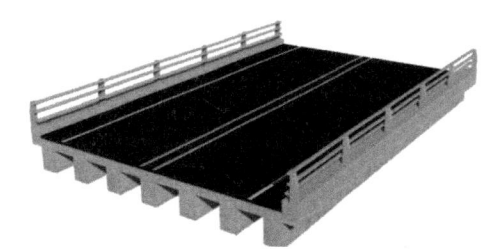
RC T형교 .... RCT(L≒12.0m)

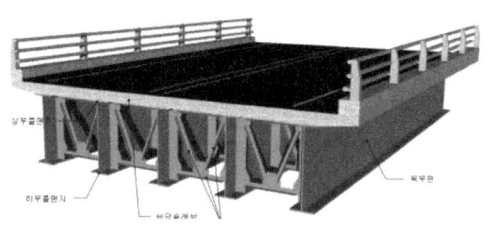
강 I빔교 STI(L≒12.0m)
강판형교 SPG(L≒40.0m)

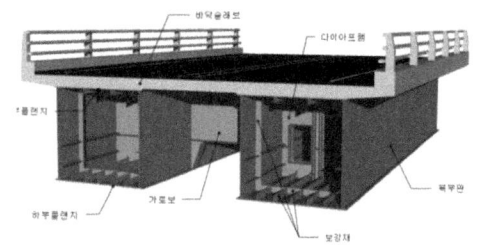
강박스거더교 STB(L≒75.0m 이하)

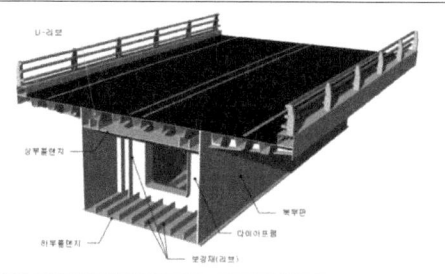
강상판형교 .... SPD(L≒75.0m 이상)

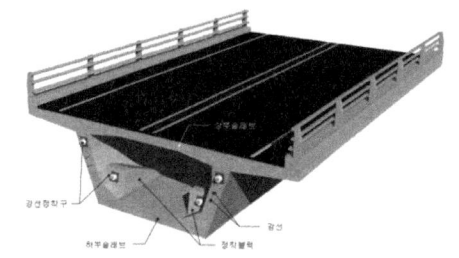
PSC상자형교 .... PSCB(L≒200.0m)

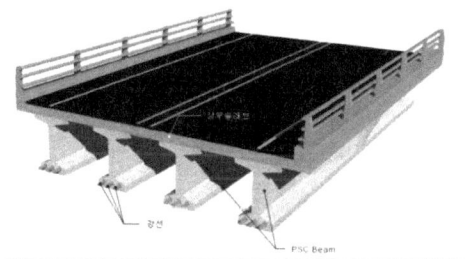
PSC I형교 .... PSCI(L≒30.0m 이내)

프리플렉스형교 PF(L≒40.0m 이내)

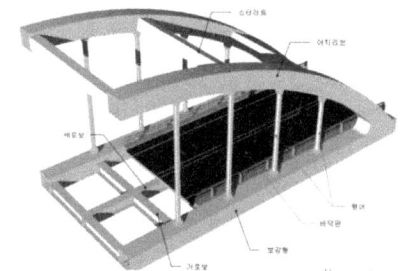
아치교 .... AR(L≒500.0m 이하)

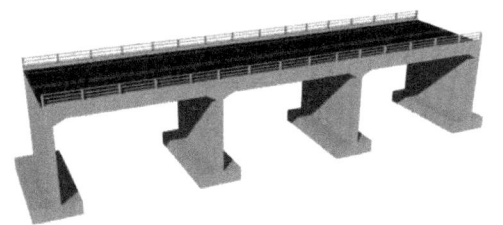
라멘교 .... RA(L≒15.0m 이하)

부록4 : 구조물의 이해와 유지관리 및 점검의 기본사항

■ 교량의 상부구조 3/3

https://m.blog.naver.com/PostView.nhn?blogId=dsoopark&logNo=20036454629&proxyReferer=https%3A%2F%2Fwww.google.com%2F

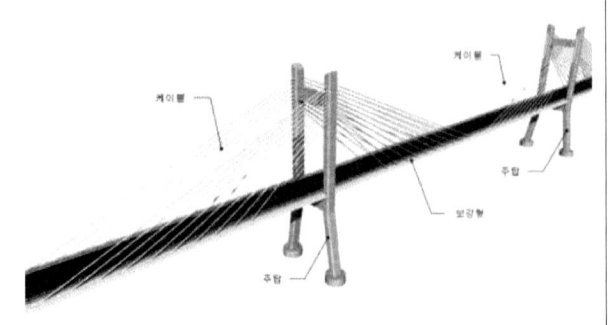
사장교

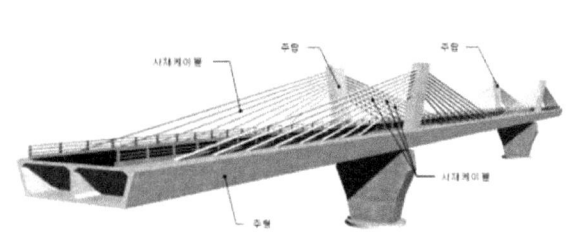
엑스트라도즈교

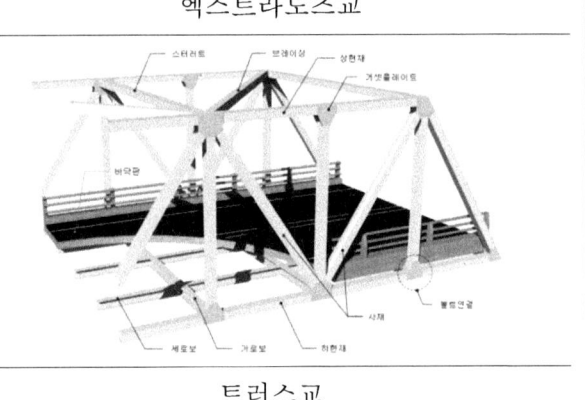
현수교   트러스교

■ 교량의 지지형태

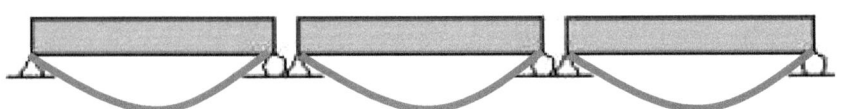

- 정정구조, 계산 간단, 처짐이 크고 비경제적
  $\sum H, V, M = 0$, 평형방정식으로 해석

  단순교 : ex) 15 + 15 + 15 = 45m

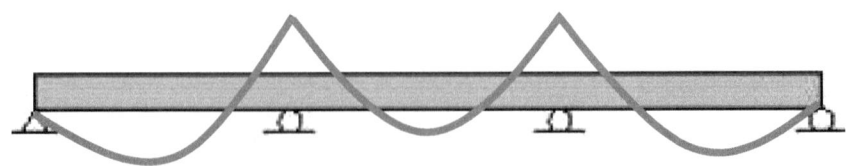

- 부정정구조, 계산 복잡, 처짐이 작고 경제적, 응력법, 변위법 등으로 해석

  연속교 : ex) 3 @ 15 = 45m

- 교량은 교각수를 적게 하는 것이 기술이고 경제적이다.

부록4 : 구조물의 이해와 유지관리 및 점검의 기본사항

■ 강박스 거더교의 명칭

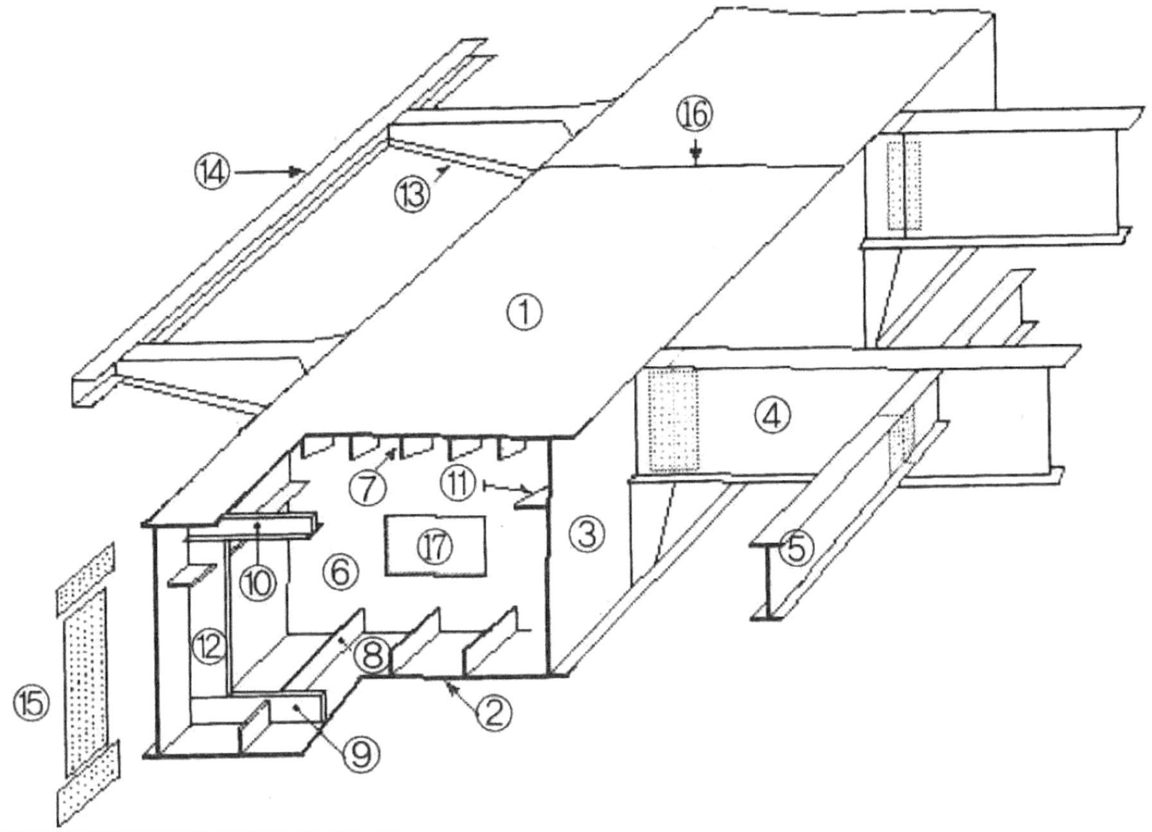

① 상부플랜지(upper flange)
② 하부플랜지(lower flange)
③ 복부(web)
④ 가로보(cross beam)
⑤ 세로보(stringer)
⑥ 격벽(diaphragm)
⑦ 상부 종방향 리브(upper longitudinal rib)
⑧ 하부 종방향 리브(lower longitudinal rib)
⑨ 하부 횡방향 리브(lower lateral rib)
⑩ 상부 횡방향 리브(upper lateral rib)
⑪ 수평보강재(longitudinal stiffener)
⑫ 수직보강재(vertical stiffener)
⑬ 브래킷(bracket)
⑭ 타이 빔(tie beam)
⑮ 복부 이음판(splice plate)
⑯ 맞댐이음(butt joint)
⑰ 맨홀(manhole)

■ 교량의 하부구조

◎ 교각(橋脚)이란? Pier
교량의 상부구조를 받치는 기둥으로 상부하중을 지반으로 전달한다.

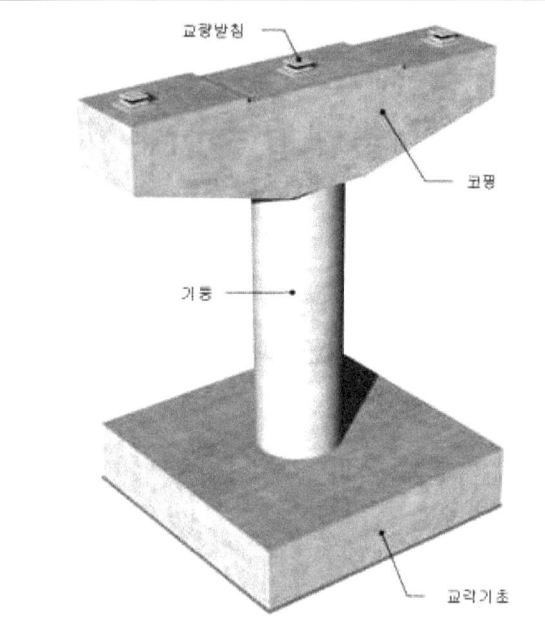

· 외관조사 : 재료, 시공, 구조적 + 공용 중 상태에 따른 교각두부(copping) 전단, 휨 균열

◎ 교대(橋臺)란? Abutment
교량의 양쪽 끝에 설치, 도로와 접속함으로 토압에 저항하며 제반하중을 지반으로 전달한다.

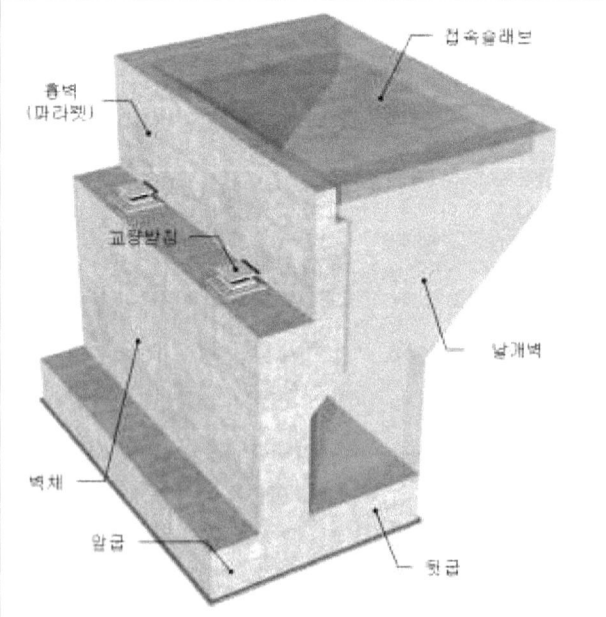

· 외관조사 : 재료, 시공, 구조적 + 공용 중 상태에 따른 측방유동

부록4 : 구조물의 이해와 유지관리 및 점검의 기본사항

■ 교량의 받침

◎ 교량받침(SHOE)이란?
  상, 하부구조를 연결, 상부의 제반 하중을 하부구조에 전달하는 중요 장치

| 탄성받침 | 포트받침 |

상부구조와 교량받침과 교각

- 외관조사 : 본체, 받침모르타르, 받침 콘크리트 상태 재료, 시공, 구조적 + 공용 중 상태에 따른 균열, 박리, 층분리, 박락 등
- 가동량 검토 : 동, 하절기(-10℃ ~ 40℃)잔여 가동량 검토

부록4 : 구조물의 이해와 유지관리 및 점검의 기본사항

■ 신축이음 장치

◎ 신축이음(EXP)장치란?
온도 등 제반 하중에 따른 교량의 신축, 회전을 수용하는 장치분리된 상판 사이에 설치되어 차량 통행에 문제가 없도록 하는 장치

강핑거 조인트	가이탑 조인트
트랜스플렉스 조인트	모노셀 조인트
레일식 조인트	AL 조인트

· 외관조사 : 본체, 받침모르타르, 받침 콘크리트 상태 재료, 시공, 구조적 + 공용 중 상태에 따른 균열, 박리, 층분리, 박락 등
· 가동량 검토 : 동, 하절기(-10℃ ~ 40℃)잔여 가동량 검토

2. 주요 용어 정의

■ 공통 용어

◎ **결함**(缺陷, defect)
설계 및 시공단계에서 목표와는 다르게 비정상적으로 축조되어 부정적으로 작용하는 불완전한 **초기 하자** 상태 ⇒ **콘크리트 다짐불량, 강도부족, 배근불량, 용접불량 등**

◎ **손상**(損傷, damage)
구조물에 외적 또는 내적으로 작용하는 물리적인 힘에 의하여 불완전하게 된 상태 ⇒ **균열, 파손, 변형 등**

◎ **열화**(劣化, deterioration)
자연력 및 인위적작용을 받는 구조물이 시간이 경과됨에 따라 물리적, 화학적으로 변질, 변형 되어가는 현상 ⇒ **동결융해, 염해, 중성화, 화학적 침식 등**

◎ **세굴**(洗掘, scour)
흐르는 물에 의해 구조물 주위의 하상 재료가 제거되는 현상

◎ **침식**(浸蝕, erosions)
흐르는 물 또는 파도로 인하여 구조물의 일부가 물리적으로 마모되는 현상

◎ **상태평가**(assessment)
결함, 손상, 열화의 정도를 포함한 시설물의 상태를 평가하는 행위

◎ **비파괴시험**(non-destructive test)
구조물을 손상시키지 않고 필요한 자료를 간접적으로 측정 또는 추정하는 시험

◎ **내구성**(durability)
구조물이 처해있는 환경조건에 대한 재료자체의 내적인 저항능력

◎ **내하력**(load carrying capacitiy)
외적인 하중조건에 대한 구조물의 내적인 저항능력

부록4 : 구조물의 이해와 유지관리 및 점검의 기본사항

■ 공통 용어

◎ **보수(Repair)**
구조물의 비정상적인 상태를 원래 상태로 수리하는 행위

◎ **보강(Strengthening)**
영구적인 구조의 변경 또는 부분적 교체를 통하여 원래 이상으로 기능을 향상시키는 행위

◎ **골재(aggregate)**
모르타르 또는 콘크리트를 만들기 위하여 시멘트 및 물과 혼합하는 재료

◎ **시멘트(cement)**
석회, 점토 등을 소성하여 클링커(Clinker)를 생산, 응결시켜 재분쇄하여 만든무기질 결합재로서 물과 접촉 할 시 수화반응으로 굳고 단단해진다.

◎ **시멘트 페이스트(cement paste)**
시멘트와 물 및 필요에 따라 첨가하는 혼화 재료를 구성 재료로 하여 이들을 비벼서 만든 것, 또는 경화된 것(물 + 시멘트)

◎ **모르타르(mortar)**
시멘트, 물, 잔골재 및 필요에 따라 첨가하는 혼화 재료를 구성 재료로 하여 이들을 비벼서 만든 것, 또는 경화된 것(물 + 시멘트 + 잔골재)

◎ **콘크리트(concrete)**
시멘트, 물, 잔골재, 굵은 골재, 물 및 필요에 따라 첨가하는 혼화 재료를 구성 재료로 하여 이들을 비벼서 만든 것, 또는 경화된 것(물 + 시멘트 + 잔골재 + 굵은 골재)

◎ **잔골재(fine aggregate)**
5mm체를 통과하고, 0.08mm체에 남는 골재

◎ **굵은 골재(coarse aggregate)**
5mm체에 거의 다(85% 이상) 남는 골재

◎ **콘크리트 설계기준압축강도(specified compressive strength of concrete)**
구조설계에서 기준으로 하는 콘크리트의 압축강도

◎ **콘크리트 라이닝**
무근 또는 철근 콘크리트로 구축되는 터널의 가장 내측에 시공되는 터널의 부재

◎ **건축한계(철도)**
차량이 안전하게 운행될 수 있도록 궤도상에 설정한 일정한 공간을 말한다.

■ 공통 용어

부록4 : 구조물의 이해와 유지관리 및 점검의 기본사항

■ 콘크리트 관련 용어

◎ 균열(Crack)

작용하중에 의한 인장응력이 콘크리트 인장강도를 초과하는 경우 한 부분 혹은 여러 부분으로 벌어지는 현상으로 균열의 원인은 수화열에 의한 온도강하, 건조수축 등의 재료적인 특성에 의한 비구조적인 균열과 하중에 의한 구조적인 균열로 구분할 수 있다.

- 균열 폭(Crack Width, CW)
  야장에서의 균열 표기 ⇒ 0.3/1.0 : 균열 폭(mm) / 균열 길이(m)

◎ 소성수축균열(plastic shrinkage cracks)

콘크리트 타설 후 발생한 수막이 시간 경과에 따라 대기 중으로 증발하여 표면이 건조해지면서 수축되는데 이 때 내부구속에 의해 인장응력이 발생하게 된다. 타설 초기이므로 콘크리트의 인장저항력 자체가 극히 작아 구속 응력이 이를 초과하여 균열이 발생함

비닥판 상면(포장 전)

망상(거북등) 균열

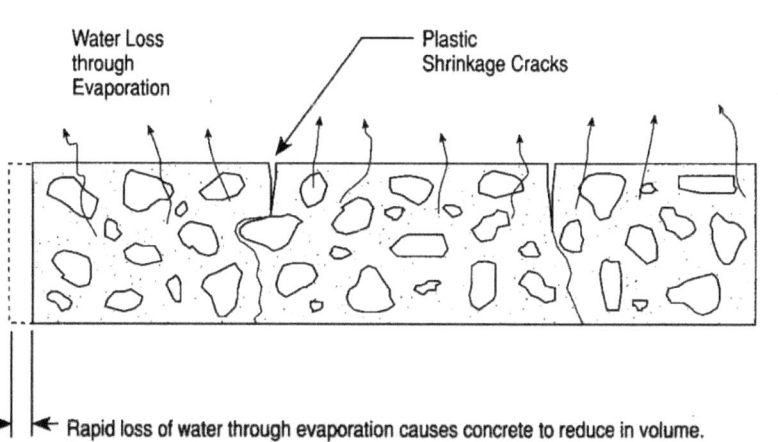

Plastic shrinkage is caused by the rapid evaporation of mix water (not *bleed water*) while the concrete is in its plastic state and in the early stages of initial set. Shrinkage results in cracking when it produces tension stress greater than the stress capacity of the newly placed concrete. Plastic shrinkage cracking rarely fractures aggregate, but separates around the aggregate. Plastic shrinkage cracks may lead to points of thermal and dry shrinkage movement, intensifying the cracking.

부록4 : 구조물의 이해와 유지관리 및 점검의 기본사항

■ 콘크리트 관련 용어

◎ **소성침하균열**(Plastic Settlement (Subsidence) Cracking)

콘크리트 타설 초기 거푸집의 침하 혹은 다짐 불량에 따라 상대적으로 단면이 두꺼운 부분의 철근 위치에서 침하량의 차이에 의해 일반적으로 발생함

캣 워크 침하균열

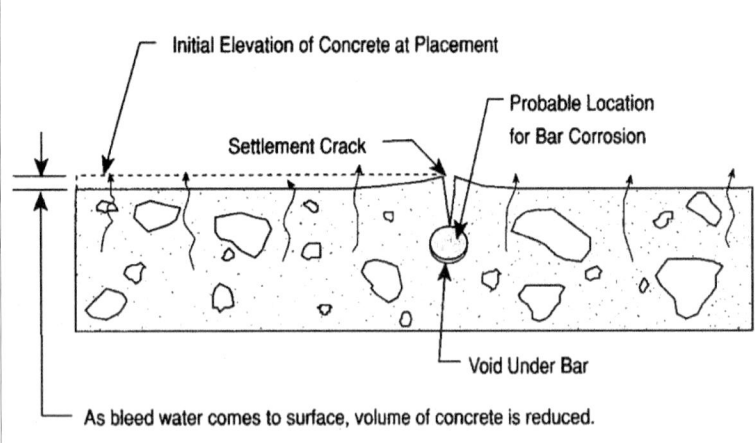

Plastic settlement cracking is caused by the settlement of plastic concrete around fixed reinforcement, leaving a plastic tear above the bar and a possible void beneath the bar. The probability of cracking is a function of:

1. Cover
2. Slump
3. Bar size

Settlement of plastic concrete is caused by:

1. Low sand content and high water content
2. Large bars
3. Poor thermal insulation
4. Restraining settlement due to irregular shape
5. Excessive, uneven absorbency
6. Low humidity
7. Insufficient time between top-out of columns and placement of slab and beam
8. Insufficient vibration
9. Movement of formwork

■ 콘크리트 관련 용어

◎ 건조수축균열(plastic shrinkage cracks)

콘크리트 양생 과정 중 콘크리트 내부의 수분이 대기 중으로 증발하게 됨에 따라 불규칙하게 발생하는 균열

건조수축영향 균열

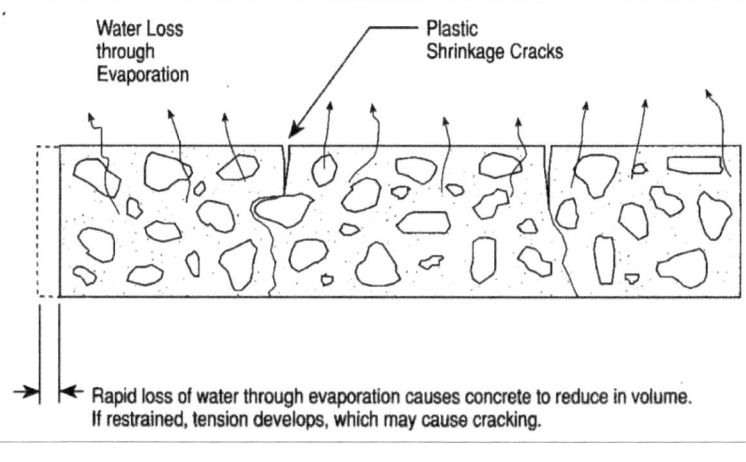

Plastic shrinkage is caused by the rapid evaporation of mix water (not *bleed water*) while the concrete is in its plastic state and in the early stages of initial set. Shrinkage results in cracking when it produces tension stress greater than the stress capacity of the newly placed concrete. Plastic shrinkage cracking rarely fractures aggregate, but separates around the aggregate. Plastic shrinkage cracks may lead to points of thermal and dry shrinkage movement, intensifying the cracking.

◎ 박리(scaling) ⇒ 동사로 비늘을 치다[벗기다]의 뜻

콘크리트 표면의 모르타르가 점진적으로 손실되는 현상으로, 콘크리트의 끝손질 및 양생이 부적절할 경우 주로 발생하며 표면에서 모르타르 손실깊이를 기준으로 4가지로 나눌 수 있다.

1) 경미한 박리 - 0.5mm 미만
2) 중간 정도의 박리 - 0.5mm 이상 1.0mm 미만
3) 심한 박리 - 1.0mm 이상 25.0mm 미만
4) 극심한 박리 - 25.0mm 이상으로 조골재 손실

■ 콘크리트 관련 용어

콘크리트 박리

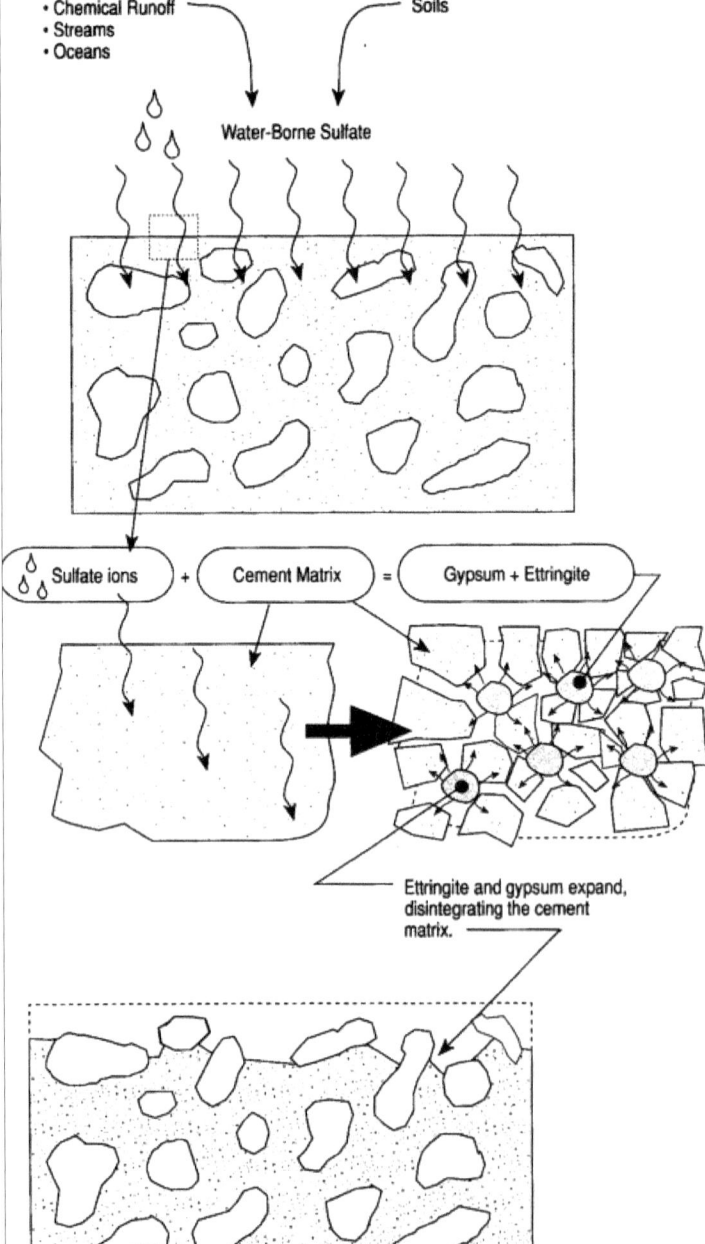

The presence of soluble sulfates (principally those of sodium, calcium and magnesium) is common in areas of mining operations, chemical and paper milling industries. Sodium and calcium are the most common sulfates in soils, water and industrial processes. Magnesium sulfates are less common, but more destructive. Soils or waters containing these sulfates are often called "alkali" soils or waters.

All sulfates are potentially harmful to concrete. They react chemically with cement paste's hydrated lime and hydrated calcium aluminate. As a result of this reaction, solid products with volume greater than the products entering the reaction are formed.

The formation of gypsum and ettringite expands, pressurizes and disrupts the paste. As a result, surface scaling and disintegration set in, followed by mass deterioration.

Sulfate resistance of the concrete is improved by a reduction in water-cement ratio and an adequate cement factor, with a low tricalcium aluminate and with proper air entrainment. With proper proportioning, silica fume (microsilica), fly ash and ground slag generally improve the resistance of concrete to sulfate attack, primarily by reducing the amount of reactive elements (such as calcium) needed for expansive sulfate reactions.

부록4 : 구조물의 이해와 유지관리 및 점검의 기본사항

■ 콘크리트 관련 용어

◎ 층분리(Delamination)

염화이온(Cl-)침투, 중성화 등의 원인에 의해 철근이 부식되고 이로 인한 부식 팽창압이 철근주변의 콘크리트에 작용하여 콘크리트와 철근을 분리시키는 현상

콘크리트 층분리

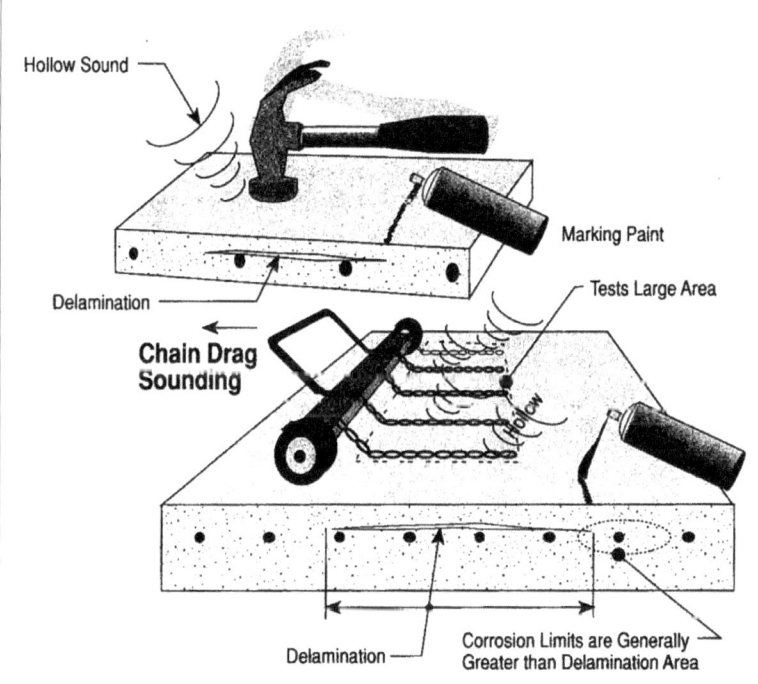

Delaminations and other discontinuities interrupt the heat transfer through the concrete. These defects cause a higher surface temper ature than the surrounding concrete during periods of heating, and a lower surface temperature than the sur rounding concrete during periods of cooling. The equipment can record and identify areas of delamination and indicate depth of delaminations below the surface.

부록4 : 구조물의 이해와 유지관리 및 점검의 기본사항

■ 콘크리트 관련 용어

◎ 박락(Spalling)

균열을 따라 콘크리트의 표면이 원형으로 떨어져나가는 층분리 현상이 심화된 것이며 정도에 따라 두 가지로 분류 한다.

1) 소형 박락

   깊이 25mm 미만 또는 직경 150mm 미만

2) 대형 박락

   깊이 25mm 이상 또는 직경 150mm 이상

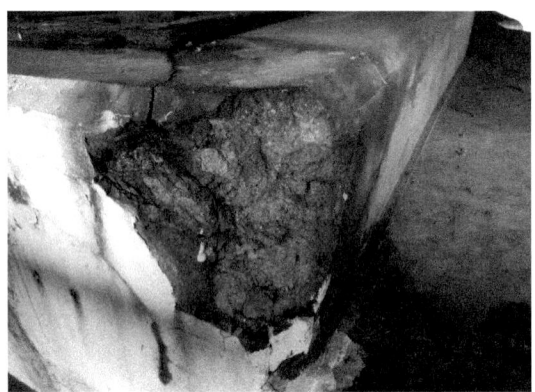

콘크리트 박락 및 철근 부식

Corrosion-Induced Cracking and Spalling

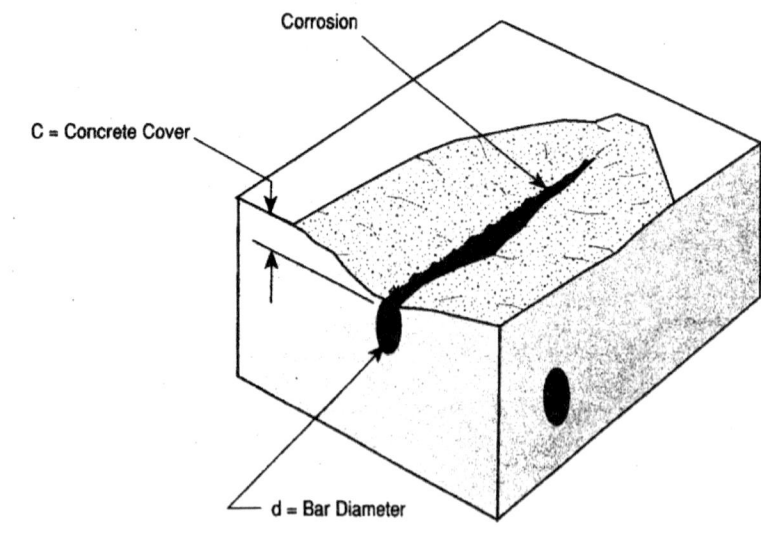

Cracking and spalling of concrete induced by steel corrosion is a function of the following variables:

1. Concrete tensile strength
2. Quality of concrete cover over the reinforcing bar
3. Bond or condition of the interface between the rebar and surrounding concrete
4. Diameter of the reinforcing bar
5. Percentage of corrosion by weight of the reinforcing bar

With a cover-to-bar diameter ratio (C/D) of 7, concrete cracking starts when corrosion reaches 4 percent, whereas, with a C/D ratio of 3, only 1 percent corrosion is enough to crack the concrete[1] (See table below).

부록4 : 구조물의 이해와 유지관리 및 점검의 기본사항

■ 콘크리트 관련 용어

◎ 침식(Erosion)

흐르는 물 또는 파도로 인하여 구조물의 일부가 물리적으로 마모되는 현상

교각침식 / 벽식교각 재료 분리+침식

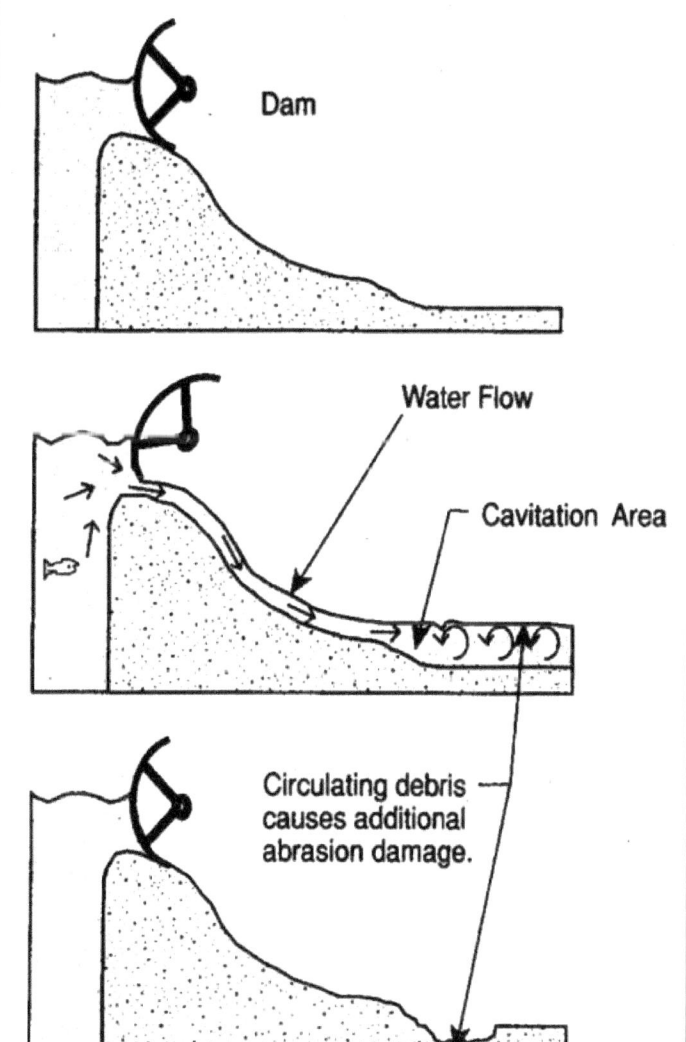

Cavitation

Cavitation causes erosion of concrete surfaces resulting from the collapse of *vapor bubbles* formed by pressure changes within a high velocity water flow. When vapor bubbles form, they flow downstream with the water. When they enter a region of higher pressure, they collapse (implode) with great impact. The formation of vapor bubbles and their subsequent collapse is called cavitation. The energy released upon their collapse causes "cavitation damage." Cavities are formed near curves and offsets, or at the center of vortices. Cavitation damage results in the erosion of the cement matrix, leaving harder aggregate in place. At higher velocities, the forces of cavitation may be great enough to wear away large quantities of concrete.

Cavitation damage is avoided by producing smooth surfaces and avoiding protruding obstructions to flow.

■ 콘크리트 관련 용어

◎ 재료 분리(Segregation)

콘크리트 시공시 운반.타설.다짐불량으로 인해 콘크리트 표면에 골재(자갈)가 벌집 형태로 노출되어있는 상태

재료 분리

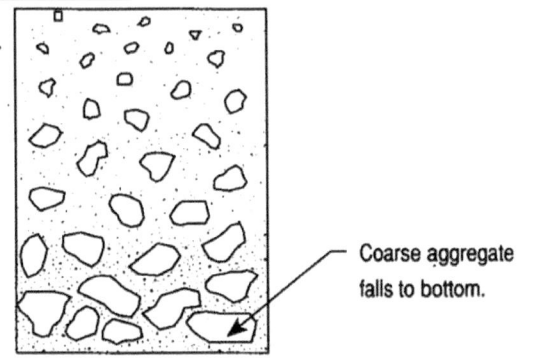

Segregation of concrete results in nonuniform distribution of its constituents. High slump mixes, incorrect methods of handling concrete, and over-vibration are causes of this problem. Segregation causes upper surfaces to have excessive paste and fines, and may have excessive water-cement ratio. The resultant concrete may lack acceptable durability.

◎ 백태(Efflorescence)

콘크리트 경화후 콘크리트 속의 수산화칼슘 등이 물에 녹아 물의 증발과 더불어 탄산가스와 화합하면서 표면에 고형화된 백색의 결정체

$CaO + H_2O = Ca(OH)_2$

$Ca(OH)_2 + CO_2 = CaCO_3 + H_2O$

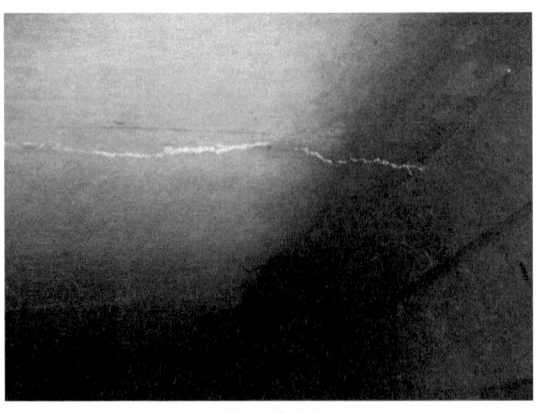

선 백태 면 백태

부록4 : 구조물의 이해와 유지관리 및 점검의 기본사항

■ 콘크리트 관련 용어

◎ 콜드조인트

시공 전에 계획하지 않은 곳에서 생겨난 이음으로 먼저 타설된 콘크리트와 나중에 타설되는 콘크리트 사이에 완전히 일체화가 되어 있지 않은 이음 부위

◎ 포트 홀

포장표면에 생기는 국부적인 패임(균열부 우수유입)

포트 홀

"고수 응용역학"을 마무리 하면서

학문(學問)은 '배우고 묻는다' 라는 뜻으로 사리(事理), 생리(生理), 물리(物理)의 세 가지로 나뉘어 축적, 전수되어 왔다. 사리는 인간사 법적인 문제를 망라하는 사리 분별이며, 생리는 생명의 이치, 물리는 사물에 대하여 깊이 연구해 지식을 넓히는 격물치지(格物致知)의 공학적 표현이다. 이 세 가지 중 필자의 관심사와 분야는 물리에 속한다고 할 수 있다. 인문학적으로 볼 때 사물 간 이치의 백미인 사서삼경(四書三經)이 그러하고 사실을 바탕으로 옳은 판단이 필요한 실사구시(實事求是)의 안전진단이 그러하다.

모든 부분이 어렸던 아해(兒孩) 시절 사서삼경에서 주역(周易)이 길흉화복(吉凶禍福)에 대해 점(占)을 치는 것이란 것을 알고 적잖이 놀란 기억이 있다. 네 글자 만으로도 고매(高邁)하게만 느꼈던 사서삼경의 주역이 역경(易經) 또는 역학(易學)이라고 불리우는 이것이 점치는 책이라니…

이순(耳順)으로 가는 길목에서 주역, 즉 역학(易學)은 천지만물의 상대적 현상과 인과관계를 연구, 현재와 미래를 예측하는 것이고 물체의 상대적인 현상과 인과관계를 계산하는 우리의 역학(力學) 과는 형제가 있냐 없냐의 차이지 같은 개념으로 일맥 상통함을 깨닫는다.

사서삼경에서 주역은 쪽 수로만 봐도 논어 다음으로 비중이 크다. 마찬가지로 이공계에 있어 역학은 특히 재료와 구조역학을 포함하는 응용역학은 수천 년 동안 인류가 축적해 온 물리의 정수로서 학문적으로나 실무적으로나 매우 중요하다.

몇 년 전 후배들에게 도움을 주고자 '신입사원 기초직무교육교재'를 작성하여 이 분야에서 작은 호응을 얻었지만 이 '高手 응용역학'이야 말로 안전진단 기술자가 알아야 할, 사서삼경을 배우기 전에 익혀야 할 천자문이요, 사자소학이요 명심보감이라 힘주어 말한다.

주 저자인 선민호씨는 막걸리 한 잔이 들어가면 늘 목청 높여 얘기하곤 한다. 우리나라는 여전히 사농공상(士農工商)이라는 계급이 존재하고 있다고 그것이 우리나라 발전을 저해하고 있다고... 일부 동감한다.

18세기 후반, 세상을 바꾼 건 산업혁명이며 그 근간은 공학이었다.
세계 10대 경제 대국의 반열에 오른 우리나라도 그 초석은 공학과 기술 교육이었는데 개국은 무신들이 하지만 평화가 길어지면 문신들이 득세하는 것이 세상의 이치인것인가! 지금은 찬밥 신세, 터부시된 공학의 들판에 봄이 오겠는가! 작금의 우리 현실은 이과와 문과를 나눈 순기능은 퇴락하고 학문이라는 틀로 나뉘어진 자본주의 경제성에 눌린 상태가 아닌가 싶다.

그럼에도 불구하고 자의던 타의던 이공계의 길에 들어서서 묵묵히 매진하는 분들에게 이 책이 삶에 조금이나마 도움이 되길 바란다.
그리고 '우리가 국가의 초석이다'란 자긍심을 갖고 조국의 미래에 같이 불을 밝혀 볼 것을 권면 드린다.

정치, 경제, 사회가 애석한 시절을 보내고 있는 다시오지 않을 날

2024년 10월

診斷 김병일

◆ 저자 약력 ◆

선 민 호
토목구조기술사
1997~2023 ㈜건화, 수성엔지니어링, 혜인E&C 등
2024~현재 한국시설안전연구원 재직중, 제17대 한국토목구조기술사회 이사
디자인브릿지(designbridge.net)운영(2005~2023), 고수구조역학 공동저자

이 소 림
토목구조기술사
2001~2015 ㈜건화
2015~현재 국토안전관리원 부장
디자인브릿지(designbridge.net)운영(2005~2023), 고수구조역학 공동저자

유 승 엽
토목구조기술사
1998~2024 ㈜건화 재직중
디자인브릿지(designbridge.net)운영(2005~2023), 고수구조역학 공동저자

구 자 춘
토목구조기술사
2000~2008 ㈜유신
2008~현재 다올이앤씨㈜ (舊 VSL Korea) 재직중
디자인브릿지(designbridge.net)운영(2005~2023), 제17대 한국토목구조기술사회 이사

김 상 길
토목구조기술사
1996~2004 ㈜동일기술공사
2004~2016 (주)마이다스아이티
2016~ 현재 (주)넥스기술 대표이사

서 진 환
토목구조기술사,
2001~2010 ㈜건화
2010~현재 삼성물산 건설부문
디자인브릿지(designbridge.net)운영(2005~2023), 고수구조역학 공동저자

김 창 성
토목구조기술사
2003~2016 (주)서영엔지니어링,(주)케이알티씨,(주)마이다스아이티 등
2016~현재 ㈜이노윜 대표이사
제4기 건설기준위원회 강구조 분야 위원, 제17대 한국토목구조기술사회 이사

김 석 태
공학박사(구조), 토목시공기술사, 건설VE전문가(CVP), 방재전문가
1997~2021 ㈜삼표이앤씨, ㈜에이티맥스, ㈜오케이건설 등
2022~현재 ㈜대림이엔씨 사장
국토교통부, 해양수산부, 환경부 기술자문위원, 서울특별시, 경기도 건설기술심의위원
한국기술사회 토목시공분회 이사, 대한토목시공기술사회 이사

최 종 오
공학석사수료, 토목기사, 건설안전기사, ISO 45001 인증 국제심사원
1996~2017 고려정밀안전진단, 동우구조기술단, 국제화건 등
2018~현재 화인테크건설(주) CTO
카페 '건설과 안전' 운영(2022~현재)

김 병 일
공학석사, 토목기사, 콘크리트기사
1995~2017 ㈜동우기술단, ㈜메가안전기술단 등
2017~현재 ㈜다음기술단 재직
국토안전관리원, 서울특별시인재개발원, 한국철도협회 등 진단, 성능평가 강사
안전진단분야 "신입사원기초직무교육교재" 저자

고수 응용역학

2024년 10월 30일 초판 발행

저　　자	선민호 · 이소림 · 유승엽 · 구자춘 · 김상길 · 서진환 · 김창성 · 김석태 · 최종오 · 김병일
발 행 인	김은영
발 행 처	오스틴북스
주　　소	경기도 고양시 일산동구 백석동 1351번지
전　　화	070)4123-5716
팩　　스	031)902-5716
등 록 번 호	제396-2010-000009호
e - m a i l	ssung7805@hanmail.net
홈 페 이 지	www.austinbooks.co.kr
ISBN	979-11-93806-30-2(13500)
정　　가	34,000원

* 이 책은 저작권법에 따라 보호받는 저작물이므로
　무단 전재와 무단 복제를 금합니다.
* 파본이나 잘못된 책은 교환해 드립니다.
※ 저자와의 협의에 따라 인지 첩부를 생략함.